高等职业教育“十四五”新形态教材

信息技术基础立体化教程

邹承俊　周洪林　刘和文　叶　煜　尹华国　等编著

中国水利水电出版社
www.waterpub.com.cn
·北京·

内 容 提 要

本书针对高等职业院校公共基础课的改革目标编写，以介绍计算思维、新信息技术、计算机基础知识与基本应用为主，内容安排上着重强调新颖性和实践性，包括计算机基础、新信息技术简介、Windows 7 操作系统应用、文字处理软件 Word 2016 的应用、电子表格处理软件 Excel 2016 的应用、演示文稿制作软件 PowerPoint 2016 的应用、计算机网络与 Internet 应用、信息安全等。

本书基于全国计算机等级考试大纲（一级）要求，由高职院校一线教师采用任务驱动式编写。全书图文并茂、操作步骤清晰，具有极强的可操作性和针对性，适合任务驱动、理实一体的教学方式。本书遵循立体化建设原则，以精品资源共享课程网站和手机微信微课视频集的形式配套建设了丰富的课程资源，方便教师组织教学和学生自主学习。

本书可作为高职高专院校计算机基础课教材，也可作为培训教材或计算机爱好者的自学用书。

图书在版编目（CIP）数据

信息技术基础立体化教程 / 邹承俊等编著. -- 北京：中国水利水电出版社，2021.8
高等职业教育“十四五”新形态教材
ISBN 978-7-5170-9796-9

Ⅰ. ①信… Ⅱ. ①邹… Ⅲ. ①电子计算机－高等职业教育－教材 Ⅳ. ①TP3

中国版本图书馆CIP数据核字(2021)第148145号

策划编辑：寇文杰　责任编辑：高　辉　加工编辑：孙　丹　封面设计：李　佳

书　名	高等职业教育“十四五”新形态教材 信息技术基础立体化教程 XINXI JISHU JICHU LITIHUA JIAOCHENG
作　者	邹承俊　周洪林　刘和文　叶　煜　尹华国　等编著
出版发行	中国水利水电出版社 （北京市海淀区玉渊潭南路 1 号 D 座　100038） 网址：www.waterpub.com.cn E-mail：mchannel@263.net（万水） sales@waterpub.com.cn 电话：（010）68367658（营销中心）、82562819（万水）
经　售	全国各地新华书店和相关出版物销售网点
排　版	北京万水电子信息有限公司
印　刷	三河市铭浩彩色印装有限公司
规　格	184mm×260mm　16 开本　25.5 印张　636 千字
版　次	2021 年 8 月第 1 版　2021 年 8 月第 1 次印刷
印　数	0001—6000 册
定　价	69.00 元

前　言

“信息技术基础”是高职院校的一门公共基础课，课程主要介绍程序、算法的基本概念，微型计算机的基础知识，微型计算机系统的组成和各部分功能，操作系统的基本功能和作用，Windows 7 的基本操作和应用，计算机网络的基本概念和 Internet 的初步知识，IE 浏览器软件和 Outlook 软件的基本操作和使用，文字处理软件 Word 2016 的基本操作和应用，电子表格软件 Excel 2016 的基本操作和应用，演示文稿制作软件 PowerPoint 2016 的基本操作和应用等。

近年来，我国中小学已经广泛开设“信息技术”课程，学生对计算机及其基本应用已不陌生，但是从高职高专的教学实践以及学生参加全国计算机等级考试的成绩来看，高职院校的新生对计算机基础知识的掌握还不扎实，操作应用还不熟练。当前，新一代信息技术（如物联网、大数据、云计算等）发展迅猛，对各行各业及社会生产生活产生了巨大影响，因此原“计算机应用基础”课程教材内容需要调整。

计算思维是人类科学思维中一个远早于计算机出现的组成部分，计算机的发展极大地促进了这种思维的研究和应用。培养计算思维，有利于提高人类改造和利用世界的能力。当我们处理诸如问题求解、系统设计、人类行为理解等方面的问题时，要求采用计算思维的模式描述和规划问题。随着现代科学的形成和发展，人们对计算思维的作用和意义的认识也越来越深入，使用计算思维考虑和陈述问题已经成为越来越普遍的事实，计算思维成为现代人必须具备的素质。因此，全世界都非常重视计算思维的培养。

2012 年，教育部高等教育司在《关于公布大学计算机课程改革项目名单的通知》（教高司函〔2012〕188 号）（以下简称《通知》）中明确指出，将“推动以大学生计算思维能力培养为重点的大学计算机课程改革”。《通知》为计算机基础课程的改革指明了方向。本科院校已经积极投入到计算机基础课课改中，如哈尔滨工业大学战德臣教授编写了《大学计算机：计算与信息素养》（教育部大学计算机课程改革项目规划教材），成都理工大学孙淑霞教授主持编写了《大学计算机基础》（普通高等教育“十一五”国家级规划教材）等，这些教材以计算思维为主线，以问题引导、案例分析、多视角讨论、图示化等手段引导学生形成计算思维。而高职高专院校鲜有介绍计算思维的计算机基础教材。为了积极落实教育部高等教育司推动培养大学生计算思维能力的文件精神，同步推进学生思维能力的培养和计算机操作能力的培养，我们尝试编写了这本融入计算思维和新信息技术内容的高职高专信息技术基础课程立体化教材。

本书内容安排上着重强调新颖性和实践性。第一部分介绍计算及计算思维、检错和纠错、信息压缩、程序设计、算法、排序、迭代与递归、网络路由与死锁等；第二部分介绍新信息技术，内容包括虚拟现实技术、云计算与大数据、物联网技术及应用、移动计算、量子计算、人工智能技术等；第三部分主要介绍 Windows 7 及 Office 2016 的操作，内容有 Windows 7 操作系统的基本应用、文字处理软件 Word 2016 的应用、电子表格处理软件 Excel 2016 的应用、演示文稿制作软件 PowerPoint 2016 的应用、计算机网络与 Internet 应用、信息安全等。

本书配套有电子资源，包括资源共享课程网站和手机微视课两部分。资源共享课程网站包含课程标准、演示文稿、教学课件、教学案例、实训资源、教学录像、在线测试、交流讨论等内容；扫描书中二维码即可进入手机微视课，非常方便。

本书由成都农业科技职业学院的邹承俊主持编写，周洪林负责全书的统稿工作。本书的第一部分和第三部分沿用原《信息技术基础立体化教程》中的内容，第二部分进行了重新编写与调整，主要编写者为周洪林、刘和文、叶煜、尹华国、陈琳、雷静，分别对 Word 部分、Excel 部分进行了审核与修订，王彪、李辉对书中的习题进行了审核与修订，在此对大家的辛勤付出表示衷心感谢。

由于本书涉及面广且编者水平有限，图书及资源中难免存在不足甚至错误之处，恳请读者批评指正。

编 者

2021 年 6 月

目　　录

项目一　计算机基础

计算机基础说课

理解计算及计算思维的概念和意义；理解如何将自然或社会现象表达为符号，然后进行符号计算，进一步将符号表达为 0 和 1（二进制数），并用计算机实现。0 和 1 可将各种计算统一为逻辑运算，0 和 1 是连接计算机软件和硬件的纽带，是各种计算自动化的基础。在此基础上，理解检错和纠错、信息压缩、程序设计、算法、排序、迭代与递归、网络路由与死锁等经典的计算思维。

任务 1　计算及计算思维

计算思维 1

计算思维 2

任务目标

- 掌握计算的概念。
- 理解自动计算，了解人类追求自动计算的历程。
- 了解计算系统的组成及发展历程。
- 掌握计算机科学与计算科学的概念。
- 掌握计算思维的概念、意义、特性和内容。

情境描述

王海是成都农业科技职业学院的新生，他听到了一个新词——“计算思维”，什么是计算思维？计算思维与学习计算机知识与技能有什么关系呢？经过学习，王海知道了计算思维是指个体在问题求解、系统设计的过程中，运用计算机科学领域的思想与实践方法产生的一系列思维活动。具备计算思维的学生，能采用计算机等智能化工具可以处理的方式界定问题、抽象特征、建立模型、组织数据，能综合利用各种信息资源、科学方法和信息技术工具解决问题，能将这种解决问题的思维方式迁移运用到职业岗位与生活情境的相关问题解决过程中。

学习内容

1. 计算的概念

计算是指“数据”在“运算符”的操作下，按“规则”进行的数据变换。

简单的例子：从幼儿就开始学习和训练的算术运算，如“1+2=3”“10×8=80”等。

较复杂的例子：求解 $ax^2+bx+c=0$ 方程式，可直接使用公式 $x=\frac{-b\pm\sqrt{b^2-4ac}}{2a}$ 进行计算。

在高中及大学阶段，我们不断地学习各种函数及其计算规则（对数、指数、微分和积分等)，并应用这些规则求解各种问题，得到正确的计算结果。

但是，如何判断$a_1x_1^{b_1}+a_2x_2^{b_2}+\cdots+a_nx_n^{b_n}=c$是否有整数解呢？

这说明，“规则”是可以学习和掌握的，但是应用“规则”进行计算有可能超出了人的计算能力。也就是说，人们知道规则却没有办法得到计算结果。要解决这个难题，有两种方法：一种是数学中研究的复杂计算的各种简化等效计算方法；另一种是让机器代替人执行“规则”自动计算，即机器重复执行人设计的规则完成计算。

求解上面的方程式，可从-n 到 n 产生 x 的每个整数值，将其依次代入方程中，如果方程式成立，则为解。

2. 自动计算

计算与自动计算需要解决以下 4 个问题：

- “数据”的表示。
- “计算规则”的表示。
- 数据和计算规则的存储及“自动存储”。
- 计算规则的“自动执行”。

按照这个规律，人类在长期实践中对自动计算进行了不懈的探索。表 1-1-1 总结了人类对自动计算的探索历程。

表 1-1-1 人类对自动计算的探索历程

计算工具	功能	方法和效果	备注
算盘	四则运算	算珠表示和存储“数”；口诀为“计算规则”；由人的大脑和手共同完成操作	辅助计算工具
机械计算机	四则运算	齿轮表示和存储“数”；机械运动为固定的“计算规则”；机器自动完成操作	自动计算工具
差分机	函数运算	齿轮表示和存储“数”；设计的可变机械运动程序构成可变的“计算规则”；机器程序自动完成操作	自动计算工具
电子计算机	数学计算、逻辑推理、图形图像变换、数理统计、人工智能和问题求解等任意形式的复杂计算	电子管、晶体管、集成电路可自动控制 0 和 1 的变化；ROM、RAM、磁鼓、磁带、磁盘、光盘、闪存等存储“数据”及程序；由输入设备、运算器、控制器、存储设备、输出设备和程序系统构成计算系统；由程序设定“计算规则”；机器系统理解并自动执行程序完成操作	自动计算工具

3. 计算系统

自动计算要解决数据的自动存取以及随规则自动变化的问题，找到能够满足这种特性的元器件是研究者不断追求的目标。存储十进制数需要有能够进行十种状态变化的元器件，存储二进制数仅需要能够进行两种状态变化的元器件，且二进制计算规则简单。表 1-1-2 是基于二进制的电子计算的探索历程。

表 1-1-2　基于二进制的电子计算的探索历程

起止年份	计算元器件	特性	应用	备注
1895—1946 年	电子管	单向导电，通/断两种状态可表达、存储、控制二进制数	1946 年，美国宾夕法尼亚大学研制成功世界上第一台电子计算机——ENIAC	电子计算发展的方向是：芯片体积越来越小，整体可靠性越来越强，电路规模越来越大，运行速度越来越快，计算功能越来越强大，并同时向巨型化、微型化、网络化、智能化发展
1947—1957 年	晶体管	单向导电，通/断两种状态可表达、存储、控制二进制数，廉价、省电	1954 年，美国贝尔实验室研制成功第一台使用晶体管线路的计算机，取名“催迪克”（TRADIC）	
1958 年至今	集成电路	成千上万个晶体管、二极管、电阻、电容集成在小块硅片上，功能更强、价格更低、可靠性更高，可自动实现一定的变换	1964 年 7 月，美国 IBM 公司采用双极型集成电路研制成功 IBM-360 系列计算机，从此各种类型的计算机应用于各领域，1975 年 1 月个人计算机诞生	
未来	生物体元件与芯片（蛋白质、基因芯片等）	解决复杂计算时能力更强，计算模式与人类相同	更加广泛的应用	

有了基本的计算元器件（计算元器件又称运算器），还需要其他设备（控制器、存储设备、输入设备和输出设备）构成计算系统才能实现自动计算。运算器和控制器是系统的核心，称为中央处理单元（CPU）。将运算器、控制器和高速缓存集成在一块芯片上形成的元器件称为微处理器。计算系统也处在不断的发展中，发展简表见表 1-1-3。

表 1-1-3　计算系统发展简表

起止年份	代表机器	硬件			软件	应用领域
		逻辑元件	主存储器	其他		
1946—1957 年	ENIAC ADVAC UNIVAC-1 IBM-704	电子管	水银延迟线、磁鼓、磁芯	输入/输出主要采用穿孔卡片	机器语言、汇编语言	科学计算
1958—1964 年	IBM-7090 ATLAS	晶体管	普遍采用磁芯	外存开始采用磁带、磁盘，输入/输出开始使用键盘、显示器	高级语言、管理程序、监控程序、简单的操作系统	科学计算、数据处理、事务管理
1965—1970 年	IBM-360 CDC-6000 PDP-11 NOVA	集成电路	磁芯、半导体	外存普遍采用磁带、磁盘，开始使用鼠标等图形输入设备	多种功能较强的操作系统、会话式语言	实现标准化、系列化，应用于各个领域
1971 年至今	IBM-4300 VAX-11 IBM-PC	大规模和超大规模集成电路	半导体	各种专用外设，大容量磁盘、光盘普遍使用，出现多种输入/输出设备	可视化操作系统、数据库、多媒体、网络软件	广泛应用于所有领域

4. 计算机科学与计算科学

计算机科学是研究计算机和计算系统理论的学科，包括软件和硬件等计算系统的设计和建造，发现并提出新的问题求解策略和求解算法，在硬件、软件、互联网方面发现并设计使用计算机的新方式和新方法等。简单来说，计算机科学围绕着“构造各种计算机器”和“应用各种计算机器”进行研究。

计算科学是将计算机科学与各学科结合所形成的以各学科计算问题研究为对象的科学。各学科人员可利用计算手段进行创新研究，对可感知、可度量的各种事物所形成的数量庞大的数据或数据群进行计算分析，发现和预测其规律。例如，生物学家利用计算手段研究生命体的特性，化学家利用计算手段研究化学反应的机理，建筑学家利用计算手段研究建筑结构的抗震性，经济学家和社会学家利用计算手段研究社会群体网络的各种特性等。由此，计算手段与各学科结合形成了所谓的计算科学，如计算物理学、计算化学、计算生物学、计算经济学等。

5. 计算思维

自然问题和社会问题自身的内部蕴含着丰富的属于计算的演化规律，这些演化规律伴随着物质的变换、能量的变换和信息的变换。因此正确提取这些信息变换，并通过恰当的方式表达出来，使之成为能够利用计算机处理的形式，就是基于计算思维概念解决自然问题和社会问题的基本理论和方法。计算机不能解决物质变换或者能量变换这样的问题，但是可以借助抽象的符号变换来计算、模拟甚至预测自然系统和社会系统的演化。

（1）计算思维的概念。计算思维是指个体在问题求解、系统设计的过程中，运用计算机科学领域的思想与实践方法所产生的一系列思维活动。

（2）计算思维的特点。

- 概念化，不是程序化。计算机科学不是计算机编程。像计算机科学家那样思考意味着远不止能为计算机编程，还要求能够在抽象的多个层次上思维。
- 根本的，不是刻板的技能。根本的技能是每个人为了在现代社会中发挥职能所必须掌握的。刻板的技能意味着机械的重复。
- 是人的，不是计算机的思维方式。计算思维是人类求解问题的一条途径，但绝非要使人类像计算机那样思考。计算机枯燥且沉闷，人类聪颖且富有想象力，是人类赋予了计算机以激情。配置了计算设备，人类就能用自己的智慧去解决在计算时代之前不敢尝试的问题，达到“只有想不到，没有做不到”的境界。
- 数学和工程思维的互补与融合。计算机科学在本质上源自数学思维，因为像所有的科学一样，其形式化基础建筑于数学之上。计算机科学又从本质上源自工程思维，因为我们建造的是能够与实际世界互动的系统，基本计算设备的限制迫使计算机专家必须计算性地思考，不能只是数学性地思考。构建虚拟世界的自由使我们能够设计超越物理世界的各种系统。
- 是思想，不是人造物。不只软件硬件等人造物以物理形式到处呈现并时时刻刻触及我们的生活，还有我们用以接近和求解问题、管理日常生活、与他人交流和互动的计算概念。
- 面向所有人、所有领域。

我们为大学新生开设这门包括“如何像计算机科学家一样思维”和熟悉计算机基本操作

的课程，面向所有专业的学生，而不仅是计算机类专业的学生，使学生接触计算的方法和模型，熟练计算机的基本操作技能，传播计算机科学的快乐、思想和力量，致力于使计算思维成为常识。

（3）计算思维的内容。计算思维除基本概念外，还包括规约、嵌入、转化、仿真、递归、并行、抽象、分解、保护、冗余、容错、纠错、系统恢复等广泛的概念和思维方法，在后续任务中将阐述和训练经典的内容，读者还可以查阅资料进行更广泛和深入的学习。

任务小结

本任务主要介绍了什么是计算、自动计算的发展、计算机科学与计算科学之间的关系，提出了计算思维的概念，分析了计算思维的概念、特性和内容。

任务2 计算机基础知识

任务目标

- 了解计算机在我国的发展。
- 了解计算机的发展趋势。
- 掌握计算机的组成结构。
- 掌握计算机中数据的表示、存储与处理。
- 了解计算机软硬件系统的组成及主要技术指标。
- 掌握多媒体技术的概念与应用。
- 了解 ASCII 码。
- 了解汉字编码。

情境描述

王海同学观看电影《黑客帝国》，电影的故事背景是 22 世纪，由于地球资源的枯竭以及生存环境的恶劣，世界已经不再具备人类生存的条件，统治者为了安抚人心，便编写了一个名为 Matrix 的程序来管理世界。绝大多数人并不知道自己生活在一个虚拟的世界之中，生活在一个程序之中，他们就像是一群在一个巨大的图形 MUD 游戏里的玩家，其中的统治者就像是传统 MUD 里的“巫师”，具有对玩家生杀予夺的特权，玩家们在这个世界里苦苦奋斗，却不知道自己已经被完全控制。终于有一天，在这些玩家里有人发现了统治者的秘密，于是破坏整个 Matrix 成为他们的目标，这些先知先觉的玩家就是我们平常津津乐道的“黑客”。黑客们联合起来开始发动攻击，要夺回对 Matrix 的管理权……

王海对电影中所谓的“比特”“程序”“虚拟世界”“黑客”等产生了兴趣，那么这些词语究竟表示什么呢？

学习内容

1. 计算机在我国的发展概况

我国从 1956 年开始电子计算机的科研和教学工作；1983 年研制成功 1 亿次/秒运算速度的“银河Ⅰ”巨型计算机；1992 年 11 月研制成功 10 亿次/秒运算速度的“银河Ⅱ”巨型计算机；1997 年研制了 130 亿次/秒运算速度的“银河Ⅲ”巨型计算机；2000 年我国自行研制成功高性能计算机“神威Ⅰ”，其主要技术指标和性能达到国际先进水平，每秒 3480 亿浮点的峰值运算速度使“神威Ⅰ”计算机位列世界高性能计算机的第 48 位。

2004 年我国自主研制成功的曙光 4000A 超级服务器由 2000 多个 CPU 组成，存储容量达到 42TB，峰值运算速度达 11 万亿次/秒。

2010 年 11 月 15 日，国际 TOP 500 组织在网站上公布了最新全球超级计算机前 500 强排行榜，中国首台千万亿次超级计算机系统——“天河一号”雄居第一。

2020 年建成投运的成都超算中心（图 1-2-1），最高运算速度达 10 亿亿次/秒，已进入全球前十。

图 1-2-1　成都超算中心

超算中心有什么用？据介绍，每秒钟运算能力为十亿亿次、百亿亿次的超级计算机看起来离人们的日常生活很遥远，实际上却服务于宇宙演化模拟、气象预报、航空航天、抗震分析、生命健康等科研创新领域，已全面融入人们生活的方方面面。如某电影全片 2003 个特效镜头均由计算机制作合成，其中有一个俯瞰地球长达 2 分钟的镜头，耗费了制作者半年时间才完成了动画设计、搭建场景、后期合成等环节，如果应用成都超算中心只需 6 天即可完成。

2. 计算机的未来发展趋势

随着新技术、新发明的不断涌现和科学技术水平的提高，计算机技术也将继续高速发展。从目前计算机科学的现状和趋势来看，它将向下述 4 个方向发展。

（1）巨型化。为了适应尖端科学技术的需要，将发展出一批高速度、大容量的巨型计算机。巨型机的发展集中体现了国家计算机科学的发展水平，推动了计算机系统结构、硬件和软件理论与技术、计算数学以及计算机应用等方面的发展，也是一个国家综合国力的反映。

（2）微型化。随着信息化社会的发展，微型计算机已经成为人们生活中不可缺少的工具，所以计算机将继续向着微型化的趋势发展。从笔记本电脑到掌上电脑，再到嵌入各种家电中的计算机控制芯片，而进入人体内部，甚至能嵌入人脑中的微电脑不久也将成为现实。

（3）网络化。计算机的网络化将是计算机发展的另一个趋势。随着网络带宽的增大，计算机与网络一起成为人们生活中不可或缺的部分。通过网络，可以下载自己喜欢的电影，可以控制远在万里之外的家电设备。

（4）智能化。智能化计算机一直是人们关注的对象，其研究领域包括自然语言的生成与理解、模式识别、自动定理证明、专家系统、机器人等。如随着 Internet 的发展而研究的计算机神经元网络和最新出现的量子计算机雏形就是在智能化计算机研究上的重大成果。智能化计算机的发展将使计算机科学和计算机的应用达到一个崭新的水平。

3. 计算机工作原理

目前主流的计算机系统架构都基于冯·诺依曼思想。冯·诺依曼计算机主要由运算器、控制器、存储器和输入/输出设备组成，它的特点如下：程序以二进制代码的形式存放在存储器中；所有指令都由操作码和地址码组成；指令按照执行的顺序存储；以运算器和控制器作为计算机结构的中心。冯·诺依曼计算机的工作原理如图 1-2-2 所示。

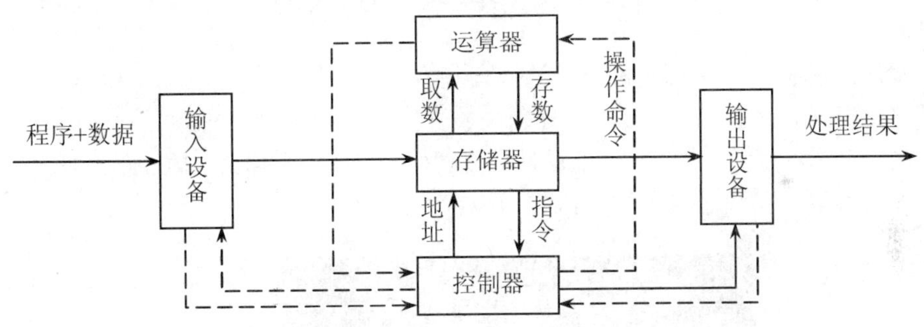

图 1-2-2 冯·诺依曼计算机的工作原理

下面给出计算机的工作过程。

第一步：将程序和数据通过输入设备送入存储器。

第二步：启动运行后，计算机从存储器中取出程序指令送到控制器去识别，分析该指令要做什么事。

第三步：控制器根据指令的含义发出相应的命令（如加法、减法），将存储单元中存放的操作数据取出并送往运算器进行运算，再把运算结果送回存储器指定的单元。

第四步：当运算任务完成后，就可以根据指令将结果通过输出设备输出。

※课堂讨论与训练

- 请同学们查找全球超级计算机的最新排行榜。
- 你所了解的计算机微型化有哪些应用？

4. 计算机硬件系统

计算机系统由硬件（Hardware）系统和软件（Software）系统两部分组成，先来看一下计算机的硬件部分。按照冯·诺依曼计算机体系结构，计算机硬件包括输入设备、运算器、控制器、存储器、输出设备 5 个部分。冯·诺依曼计算机体系结构如图 1-2-3 所示。

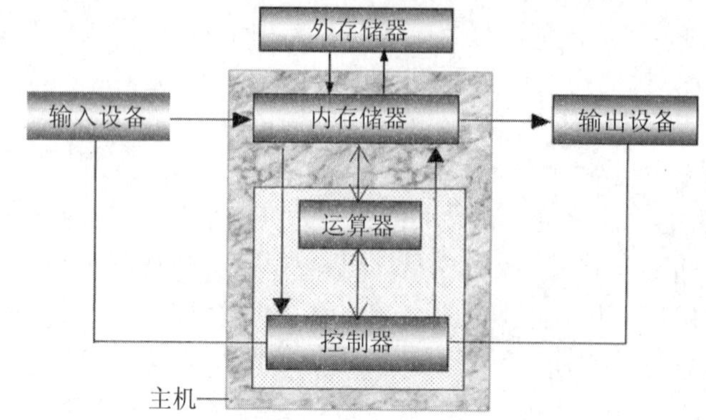

图 1-2-3 冯·诺依曼计算机体系结构

（1）输入设备。输入设备是指将数据和程序输入到计算机中的设备。在微型计算机系统中，常用输入设备包括键盘、鼠标、扫描仪、数字化仪等。

1）键盘。键盘是计算机系统中最常用的输入设备，文字编辑、表格处理、程序的编辑调试等绝大部分工作都通过键盘完成。图 1-2-4 所示是目前常用的增强型 107 键键盘。整个键盘分为以下 4 个区：

- 主键盘区：与标准英文打字机键盘的排列基本相同。
- 功能区：共 12 个键（F1～F12），分别由软件指定功能。
- 编辑区：在文本编辑中常用的功能键，如移动插入点、上下翻页、插入删除等。
- 数字小键盘区：为单手录入数字数据而设计。

图 1-2-4 增强型 107 键键盘

除了以上的标准键盘外，目前便携式计算机的键盘上还带有鼠标功能的指点杆（Trace Point）或触摸板（Touch Pad）等。

2）鼠标。目前鼠标（图 1-2-5）已经成为微型机系统的标准配置，它是一种通过移动光标（Cursor）实现选择操作的输入设备，分为机械式鼠标和光电式鼠标两种类型。机械式鼠标是通过移动鼠标带动底部的滚动球滚动引发屏幕上鼠标指针的移动，光电式鼠标是利用发光测量元件来测量鼠标位移从而引发屏幕上鼠标指针的移动。

图 1-2-5 鼠标

鼠标一般有 2～3 个按键，用于对指向的目标进行操作。常用操作有单击（左键单击）、双击（左键双击）、右键单击、右键双击、拖动等。

（2）CPU。CPU（Central Process Unit，中央处理器）是计算机的心脏，也称为微处理器，主要由运算器和控制器组成。CPU 采用超大规模集成电路制成，随着计算机技术的进步，微处理器的性能飞速提高。目前最具代表性的产品是 Intel 出品的微处理器系列，从 1985 年起已经陆续推出了 80386、80486、Pentium（奔腾）、Pentium Pro、Pentium Ⅱ、Celeron（赛扬）、Pentium Ⅲ和 Pentium 4。其内部结构也越来越复杂，如 Pentium 4 就在一个芯片上集成了多达 4200 万个电子元件。CPU 处于微型计算机的核心地位，人们习惯用 CPU 来概略地表示微型计算机的规格，如 486 微机、586 微机、Pentium Ⅲ微机等。典型的 CPU 外形如图 1-2-6 所示。

图 1-2-6　典型的 CPU 外形

时钟频率是衡量 CPU 运行速度的重要指标，是指时钟脉冲发生器输出周期性脉冲的频率。在整个计算机系统中，时钟频率决定了系统的处理速度。时钟频率从早期机器的 16 MHz 发展到 Pentium Ⅲ的 800 MHz，而 Pentium 4 的时钟频率高达 2.4 GHz。微处理器的另外一个重要技术指标是字长，如 16 位微处理器、32 位微处理器和 64 位微处理器，字长越长，处理信息的速度越快。

CPU 的功能就是高速、准确地执行预先安排好的指令，每条指令完成一次基本的算术运算或逻辑判断。CPU 中的控制器部分从内存储器中读取指令，并控制计算机的各部分完成指令指定的工作。运算器则是在控制器的指挥下，按指令的要求从内存储器中读取数据，完成运算，运算的结果再保存到内存储器中的指定地址。

※课堂讨论与训练

- 你所了解的 CPU 品牌有哪些？
- 你了解自己使用的手机、PAD 的 CPU 吗？
- 衡量 CPU 性能的主要参数有哪些？

（3）主板与总线。以台式计算机为例，主板（Main Board）是安装在微型计算机主机箱中的印刷电路板，是连接 CPU、内存储器、外存储器、各种适配卡、外部设备的中心枢纽。主板上安装有系统控制芯片组、BIOS ROM 芯片、二级 Cache 等部件，提供了 CPU 的插槽和内存储器的插槽及硬盘、软驱、打印机、鼠标、键盘等外部设备的接口。接口与插槽都是按标准设计的，可以接入相应类型的部件。主板上还有多个扩展槽，如 PCI 扩展槽和 AGP 扩展槽，用于插接各种适配卡，如显卡、声卡、调制解调器、网卡等。扩展槽为用户提供了增加可选设备的简易方法。

总线（Bus）是连接计算机中的 CPU、内存、外存、输入/输出设备的一组信号线以及相关控制电路，它是计算机中用于在各部件之间传输信息的公共通道。根据同时可以传送的数据位数分为 16 位总线、32 位总线等，位数越多，数据传送越快。根据传送的信号不同，总线分为数据总线（Data Bus，用于数据信号的传送）、地址总线（Address Bus，用于地址信号的传送）和控制总线（Control Bus，用于控制信号的传送）。微型计算机中的常用总线标准有 ISA 总线、EISA 总线、PCI 总线、USB 通用总线等。

（4）存储器。存储器是用来存放数据的设备，又分为内存储器、外存储器、高速缓冲存储器。

1）内存储器。内存储器简称内存，也称主存储器。它通常由半导体电路组成，通过总线与 CPU 相连。它可以保存 CPU 所需的程序指令和运算所需的数据，也可以保存一些运算中产生的中间结果和最终结果，通过总线快速地与 CPU 交换数据。典型的内存储器如图 1-2-7 所示。

图 1-2-7 典型的内存储器

内存储器分为只读存储器（Read Only Memory，ROM）和随机存储器（Random Access Memory，RAM）。

ROM 用于永久存放特殊的专门数据，如 BIOS（Basic Input/Output System）程序就放在 ROM 中。只能读出 ROM 中的程序，一般不能向 ROM 中写入程序，断电后 ROM 中的程序不会丢失。ROM 技术不断发展，如 PROM（可编程只读存储器）、EPROM（可擦写可编程只读存储器）都具有 ROM 的特点。

RAM 是可读写的内存储器，计算机运行时大量的程序、数据等信息保存在 RAM 中。常说的内存是指 RAM，RAM 中的数据和指令既可读也可写，断电后 RAM 中的数据和指令会丢失。RAM 技术不断发展：RAM→DRAM→SDRAM→DDR SDRAM→DDR2 SDRAM→DDR3 SDRAM，但它们都具有 RAM 的特点。

RAM 和 ROM 都由大规模集成电路制造，都可以直接与 CPU 打交道，都是容量小、价格高。

内存空间（一般指 RAM 部分）也称内存的容量，对计算机的性能影响很大，容量越大，保存的数据越多，从而减小与外存储器交换数据的频度，因此效率越高。目前流行的微型计算机的内存容量一般为 2～4GB。

内存中的数据存取以字节为基本单位，内存中的字节线性排列，因此每个字节都有确定的地址。在存取 CPU 数据时，就是以指令中提供的内存地址按照一定的寻址方式实现数据存取。

※课堂讨论与训练

- 平常所说的内存是指 RAM、ROM 还是硬盘？
- 你知道的内存品牌有哪些？衡量内存性能的主要参数有哪些？
- 内存容量与地址总线之间有什么关系？

2）外存储器。对计算机面临的任务而言，内存远远不能存放所有的程序和数据，且内存中的数据断电后会自动丢失，不能长期保存。因此，需要使用更大容量、数据能长期保存的存储设备，即外存储器（Secondary Storage）。在微型计算机上使用的外存储器很多，如硬盘（Hard Disk）、光盘存储器、闪存（Flash Memory）、U 盘等，下面就介绍这几种常用的外存储器。

- 硬盘。其工作原理与软磁盘的相同，硬盘中有一张或多张由硬质材料制成的磁性圆盘，具有很高的精度，连同驱动器一起密闭在外壳之中，固定于微型计算机机箱之内。硬盘的容量很大，目前出售的硬盘容量一般为300～500GB。硬盘的数据传输速率因传输模式不同而不同，通常为3.3～40MB/s。计算机的操作系统，常用的各种软件、程序、数据，注册的各种系统信息一般都保存在硬盘中。为了移动数据方便，人们还经常使用移动硬盘。
- 光盘存储器。光盘存储器简称光盘，是20世纪90年代中期开始广泛使用的外存储器，由固定在主机上的光盘驱动器驱动。将激光束聚焦成约1μm的光斑，在盘面上读写数据。写数据时用激光在盘面上烧蚀出一个个的凹坑来记录数据；读数据时则以激光扫描盘面是否是凹坑来实现。光盘存储器的数据密度很高，容量可达700 MB。目前使用的大多是只读光盘存储器（Compact Disk Read-Only Memory，CD-ROM），其中的信息已经在制造过程中写入。它体积小、重量轻、数据存储量大、易于保存。除CD-ROM外，市面上还有可读写的光盘、一次性写入的光盘、可重复写入的光盘等。另外，数字视盘存储器（Digital Video Disk Read-Only Memory，DVD-ROM）也已经成为PC机的常用配置，DVD-ROM的尺寸与CD-ROM一样，但是仅单面单层的数据容量就可达4.7 GB，双面双层的最高容量可达17.8GB。
- 闪存。闪存是一种寿命长的非易失性（在断电情况下仍能保持所存储的数据信息）存储器，数据删除不是以单个的字节为单位，而是以固定的区块为单位，区块一般为256KB～20MB。闪存是电可擦除只读存储器（EEPROM）的变种，EEPROM与闪存不同的是，能在字节水平上删除和重写，而不是整个芯片擦写，因此闪存比EEPROM的更新速度快。由于断电时仍能保存数据，闪存通常用来保存设置信息，如在计算机的BIOS（基本输入/输出系统）、PDA（个人数字助理）、数码相机中保存资料等。常见的闪存类型有CF卡、SM卡、SD/MMC卡、记忆棒、XD卡、MS卡、TF卡等。图1-2-8所示为闪存芯片。

图1-2-8 闪存芯片

- U盘。U盘也称优盘，是采用闪存存储技术的USB设备。USB是指“通用串行接口”，用第一个字母U命名，所以简称“U盘”，是一种即插即用的外存储设备。U盘不容易损坏，便于长期保存资料。对U盘进行读取写入后切勿直接拔除，因为读写U盘时系统会把数据写入缓存，如果此时直接拔除可能导致数据丢失。

3）高速缓冲存储器（Cache）。高速缓冲存储器也称高速缓存，是在CPU与内存之间设立的一种高速缓冲器。由于与高速运行的CPU数据处理速度相比，内存的数据存取速度太慢，因此在内存和CPU之间设置了高速缓存，可以保存下一步处理的指令和数据，以及在CPU运行过程中重复访问的数据和指令，从而降低CPU直接到内存中访问的频率。

Cache 一般有两级：一级 Cache（Primary Cache）设置在 CPU 芯片内部，容量较小；二级 Cache（Secondary Cache）设置在主板上。

（5）输出设备。输出设备是将计算机的处理结果或处理过程中的有关信息交付给用户的设备。常用的输出设备有显示器和打印机，其中显示器是计算机系统的基本配置。

1）显示器。目前使用最多的显示器（Display、Monitor）有两种：阴极射线管显示器（Cathode Ray Tube，CRT）和液晶显示器（LCD、LED）。

显示器的尺寸以显像管对角线的长度来衡量，有 14 英寸、15 英寸、17 英寸、19 英寸、22 英寸等。显示器通过显示适配卡（简称“显卡”）与计算机相连接，标准的 VGA 显卡在一个屏幕上的分辨率为 640×480 像素(Pixel)，支持 16 色，简称其分辨率为 640×480×16；SVGA 显卡的分辨率为 1024×768×256。如今显卡一般都带有 256MB、512MB 甚至 1GB 的显示内存以及图形加速芯片，用以支持图形加速功能。目前流行的显卡除了支持 VGA、SVGA 以外，显示分辨率可以支持到 800×600×16.7MB、1024×768×16.7MB 等。能显示 16.7MB 种颜色的显卡为真彩色显卡。

对于显示器本身，测量分辨率的单位为点距（Dot pitch），点距越小，图像越清晰。常用的显示器点距为 0.31mm、0.28mm、0.25mm 等。

2）打印机。打印机也是经常使用的输出设备。目前使用的打印机主要有 3 种：点阵打印机、喷墨打印机和激光打印机。

- 点阵打印机：现在常用的 24 针打印机由 24 根打印针击打出文字或图形点阵的方式打印，其打印速度慢、分辨率低、噪声大，但是性能价格比高，可以打印蜡纸和多层打印，目前仍有广泛的市场。点阵打印机按打印的宽度分为宽行打印机和窄行打印机两种。
- 喷墨打印机：使用喷墨来代替针打，它利用振动或热喷管使带电墨水喷出，在打印纸上绘出文字或图形。喷墨打印机无噪声、质量轻、清晰度高，可以喷打出逼真的彩色图像，但是需要定期更换墨盒，成本较高。目前喷墨打印机有黑白喷墨打印机和彩色喷墨打印机两种类型。
- 激光打印机：激光打印机实际上是复印机、计算机和激光技术的结合。它应用激光技术在一个光敏旋转磁鼓上写出图形及文字，再经过显影、转印、加热固化等一系列复杂的工艺，最后把文字及图像印在打印纸上。激光打印机无噪声、速度快、分辨率高。目前激光打印机有黑白激光打印机和彩色激光打印机两种类型。

计算机硬件系统中还包含机箱、电源、网络设备（如网卡、调制解调器）、多媒体设备（如音箱、麦克风）等。

※课堂讨论与训练

- 你知道的主流 IT 网站有哪些？
- 现阶段市场上 PC 机的主流 CPU 型号、品牌是什么？价格区间是怎样的？
- 现阶段市场上 PC 机的内存、硬盘、显卡、光驱、机箱、电源的品牌有哪些？你可以到电脑城或网络进行调研，形成一个 DIY 攒机方案。

5. 计算机软件系统

计算机系统由硬件系统和软件系统构成，计算机软件系统分为系统软件和应用软件两大类，如图 1-2-9 所示。

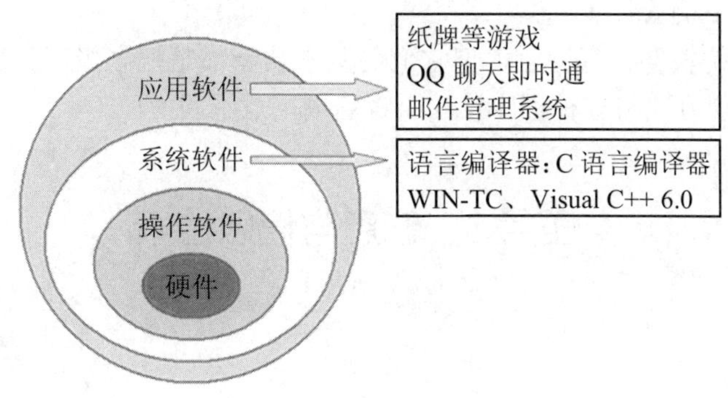

图 1-2-9　计算机系统的构成

软件系统是计算机上除硬件之外的所有东西，是为运行、管理和维护计算机而编制的程序和文档的总和。没有软件的计算机称为“裸机”，软件是计算机的灵魂，是最具有创造性的部分。

系统软件主要是调度、监控和维护计算机系统，负责管理计算机系统中各种独立的硬件，使得它们可以协调工作。主要分为操作系统（Operating System，OS）（如 Windows、Linux、DOS、UNIX、MAC 等）、程序语言设计、语言处理程序（如汇编语言汇编器、C 语言编译器）、数据库管理程序、系统辅助程序。

操作系统是一个管理计算机硬件与软件资源的程序，同时是计算机系统的内核与基石。操作系统是一个庞大的管理控制程序，包括 5 个方面的管理功能：进程与处理机管理、作业管理、存储管理、设备管理、文件管理。操作系统是人与计算机之间的一座桥梁，用户无须了解计算机内部的结构就可以很轻松地使用计算机，硬件和软件等一切系统资源都由操作系统完成。

应用软件是为满足用户不同领域、不同问题的应用需求而提供的软件。它可以拓宽计算机系统的应用领域，放大硬件的功能。应用软件是用户可以使用的各种程序设计语言，以及用各种程序设计语言编制的应用程序的集合，分为应用软件包和用户程序。常见的应用软件分类如下：

- 办公软件：微软 Office、永中 Office、WPS、苹果 iWork、Google Docs。
- 图像处理：Adobe Photoshop、绘声绘影、影视屏王。
- 图像浏览工具：ACDSee。
- 截图工具：EPSnap、HyperSnap。
- 动画编辑工具：Flash、GIF Movie Gear（动态图片处理工具）、Picasa、光影魔术手。
- 媒体播放器：PowerDVD XP、RealPlayer、Media Player 等。

开发应用软件需要软件开发工具，开发工具属于系统软件部分。开发工具需要编译系统软件支持，编译软件又称编译器，编译器就是将“高级语言”翻译为“机器语言（低级语言）”的程序。现代编译器的主要工作流程如下：源代码（Source Code）→预处理器（Preprocessor）→编译器（Compiler）→目标代码（Object Code）→连接器（Linker）→可执行程序（Executable）。根据语言编译工具系统软件工作的操作系统平台的不同，编译工具系统软件也有所不同。如 DOS 操作系统平台下常用语言开发工具及编译器有 FORTRAN、BASIC、Pascal、C 等；Windows 操作系统平台下常用开发应用程序的工具及编译器有 Visual C++、Visual Basic、

Delphi、C++ Builder、Java、C#等。

不同的编译系统软件各有特色，但它们的基本功能都是把高级语言转换成机器语言，只不过各自的具体实现方式与每种程序设计语言的侧重点不同而已。

任务 3 信息与信息检索

任务目标

- 了解信息的定义。
- 了解信息技术。
- 掌握信息检索的方法。
- 了解 ASCII 码。
- 了解汉字编码。

1. 信息及信息技术

“信息”是一个普遍使用的概念，一般认为，信息就是对客观事物的反映，从本质上看信息是对社会、自然界的事物特征、现象、本质及规律的描述。从信息来源的角度来看，信息包括自然信息和社会信息。

物质、能量和信息是人类社会赖以发展的三大重要资源。而且，信息的重要性越来越受到人们的重视，信息资源的开发和利用已经成为独立的产业，即信息产业。

信息与数据、知识、情报、消息等概念有区别与联系。数据是信息的载体，而信息是对数据的分析和挖掘的结果。知识是人类对客观世界的概括与反映，信息是知识的基础，并非所有信息都是知识，有的信息有知识内容，有的信息没有知识内容。情报通常是秘密的、特定的、新颖的信息，可以说所有的情况都是信息，但不能说所有的信息都是情报。消息是指包含某种内容的音讯，消息是信息的外表，信息是消息的内涵。有的消息包含的信息量大，有的信息量小，有的毫无信息。

信息具有普遍性、传递性、可识别性、转换性、存储性、再生性、时效性、共享性等特征。

信息技术是指利用电子计算机和现代通信手段实现获取信息、传递信息、存储信息、处理信息和显示信息等的相关技术。

2. 信息检索

信息检索是用户通过一定的方式方法找到有价值的信息资源。人们现在常用计算机等工具在互联网上进行信息检索，下面介绍步骤与方法。

① 选择数据库。数据库的选择对信息检索工作十分重要。每个数据库都有其倾向的专业范围。

目前国内使用率最高的三大综合型中文数据库系统是中国知网（CNKI）、万方数据知识服务平台和维普期刊资源整合服务平台。三大检索平台都有自身特点、收录范围及学科类型。在信息资源上有交叉也有不同，各有特色，各有长短。常用的外文数据库有 INSPEC、EI、Google Scholar。

② 确定检索词。选取检索字段应遵循“选全、选准”的原则。

③ 选择检索范围。在检索结果不理想的情况下，可以考虑调整检索范围，对检索词进行适当的扩展。

④ 优化检索策略。在检索过程中，应充分利用大型数据库检索系统提供的“高级检索”和“专业检索”等方法。

⑤ 巧用特殊检索符。巧妙使用各种算符，编写恰当的检索式，可以合理地限制检索词，优化检索策略，提高检索精度。

- 双引号“”：双引号表示精确匹配。
- 减号：“-”的作用是去除标题中很多不相关的结果。
- 逻辑算符 AND：用 AND 连接两个关键词进行搜索时，两个词必须同时出现在查询结果中。
- 逻辑算符 OR：将若干个检索词组合起来，检索结果中至少包含一个检索词。
- 逻辑算符 NOT：排除一个检索词，检索结果中不包含紧跟在 NOT 后面的检索词。
- 通配符：“*”用于通配多个字符，“？”用于通配单个字符，只能用于英文和数字。

（1）使用专业数据库进行信息检索。

“知网”是中国最大的学术论文数据库和学术电子资源集成商，收录了 95%以上正式出版的中文学术资源，汇聚了数量庞大的学术期刊、专利、优秀博士/硕士学位论文等资源，是目前中国文献数据最全面的网上数字资源库。在知网上进行信息检索主要使用“一框式检索”和“高级检索”两种检索方式。

1）一框式检索。

① 一框式检索的概念。将检索功能浓缩至“一框”中，根据不同检索项的需求特点采用不同的检索机制和匹配方式。

② 检索方法。首先选择检索范围，然后选择检索项，接着在检索框内输入检索词，最后单击“检索”按钮或按 Enter 键执行检索，如图 1-3-1 所示。

图 1-3-1　检索首页

检索项有主题、篇关摘、关键词、篇名、全文、作者、第一作者、通讯作者、作者单位、基金、摘要、小标题、参考文献、分类号、文献来源、DOI。

③ 智能提示/引导功能。平台提供“智能提示”和“引导”功能。

a．主题词智能提示。

输入检索词，自动进行检索词补全提示。适用检索项有主题、篇名、关键词、摘要、全文。例如：输入检索词“centos 防火墙”，下拉列表显示以“centos”开头的智能提示，选中提示词执行检索，如图 1-3-2 所示。

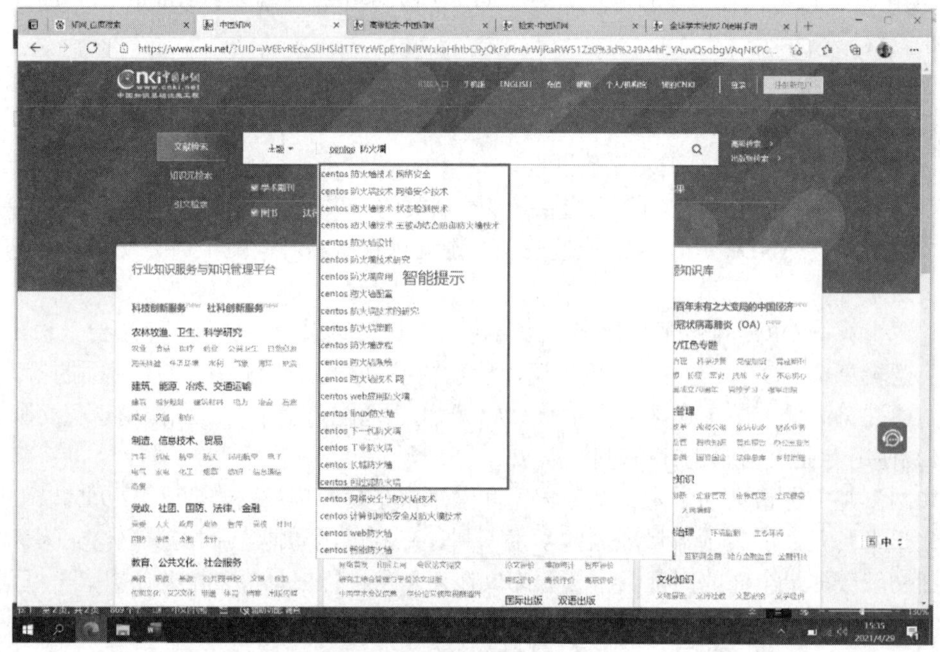

图 1-3-2 主题词智能提示

b．作者引导。单击“高级检索”→“一框式检索”，输入检索词，进行检索引导，可根据需要勾选复选框，精准定位所要查找的作者，如图 1-3-3 所示。

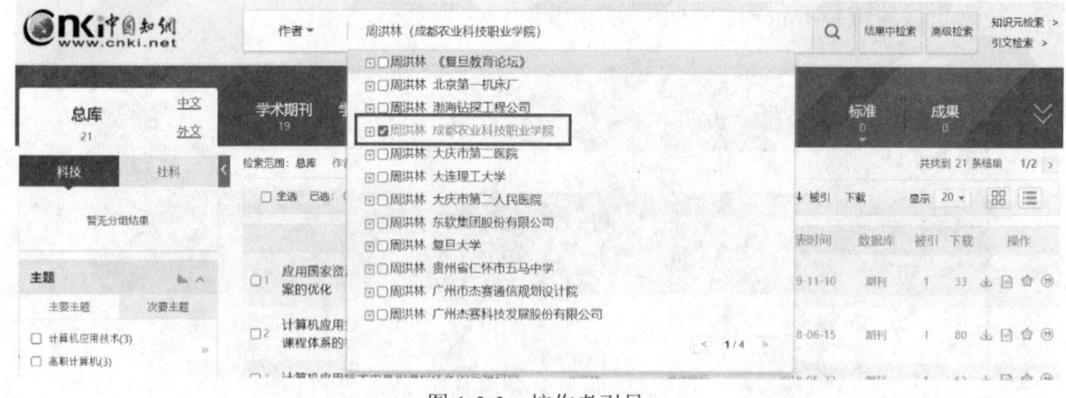

图 1-3-3 按作者引导

还可以按基金引导、文献来源引导等方式。

④ 字段组合运算。支持运算符*、+、-、''、""、()进行同一检索项内多个检索词的组合运算，检索框内输入的内容不得超过 120 个字符。输入运算符*（与）、+（或）、-（非）时，前后要空一个字节，优先级需用英文半角括号确定。

若检索词本身含空格或*、+、-、()、/、%、=等特殊符号，进行多词组合运算时，为避免歧义，须将检索词用英文半角单引号或英文半角双引号引起来。

例如：

a．篇名检索项后输入“centos * 防火墙”，可以检索到篇名包含“centos”及“防火墙”的文献。

b．主题检索项后输入“(centos+ubuntu) * 防火墙”，可以检索到主题为“centos”或“ubuntu”，且有关“防火墙”的文献。“+”“*”的左右要有空格。

c．如果需检索篇名包含“3+2”和“人才培养”的文献，为避免歧义，在检索项后输入“'3+2' * 人才培养”。

⑤ 结果中检索。“结果中检索”是在上一次检索结果的范围内按新输入的检索条件进行检索。

如输入检索词“centos”，执行检索，此时在结果中“检索”按钮是灰色的。然后输入“cetnos 防火墙”，此时就可以单击“结果中检索”按钮，执行后在检索结果区上方显示检索条件。

2）高级检索。

在首页单击“高级检索”按钮进入高级检索页。或在“一框式检索”结果页单击“高级检索”按钮进入高级检索界面，如图 1-3-4 所示。

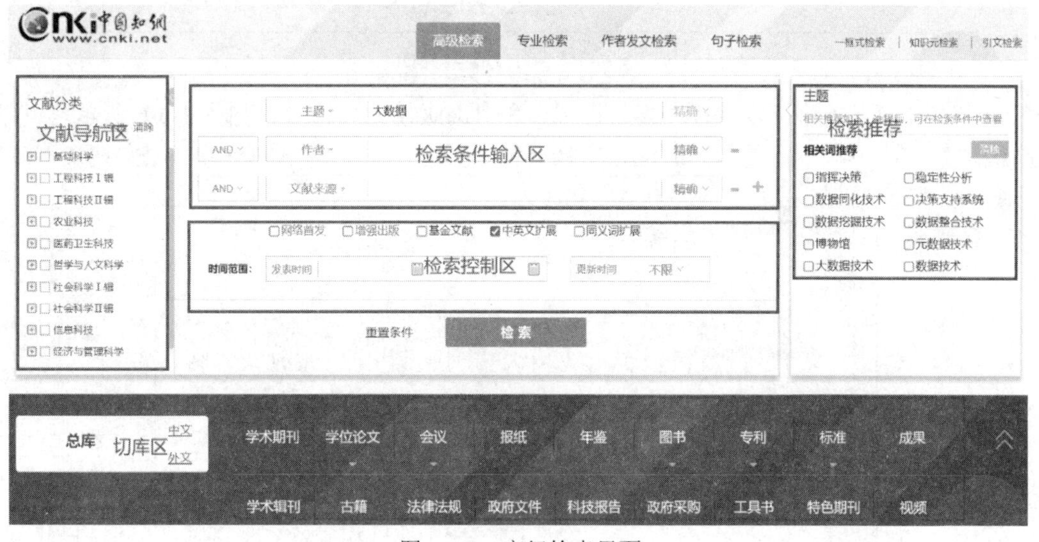

图 1-3-4 高级检索界面

① 检索区。检索区主要分为两部分，上半部分为检索条件输入区，下半部分为检索控制区。检索条件输入区默认显示主题、作者、文献来源 3 个检索框，可自由选择检索项、检索项间的逻辑关系、检索词匹配方式等。单击检索框后的“+”“-”按钮可添加或删除检索项，最多支持 10 个检索项的组合检索。检索控制区的主要作用是通过条件筛选、时间选择等，对检索结果进行范围控制。控制条件包括出版模式、基金文献、时间范围、检索扩展。

② 切库区。高级检索页面下方为切库区，单击库名，可切至某单库高级检索。

③ 文献导航。文献分类导航默认为收起状态，单击展开后勾选所需类别，可缩小和明确文献检索的类别范围。

④ 检索推荐/引导功能。例如输入“大数据”，推荐相关的指挥决策、稳定性分析等，可根据检索需求勾选复选框。

⑤ 匹配方式。除主题只提供相关度匹配外，其他检索项均提供精确和模糊两种匹配方式。

另外，超星上还提供了专业检索、作者发文检索、句子检索等检索方式。

（2）使用搜索引擎进行信息检索。

在互联网上有上百亿可用的公共 Web 页面，搜索引擎（Search Engine）是根据一定的策略、运用特定的计算机程序从互联网上搜集信息，在组织和处理信息后，为用户提供检索服务，将用户检索相关的信息展示给用户。Google、百度、微软 Bing 是比较流行的搜索引擎。

在浏览器地址器中输入www.baidu.com，进入百度主页，如图 1-3-5 所示。输入检索词，单击“百度一下”按钮即可进行全文检索，通常按检索词在网页中出现的频率排序并把检索结果呈现给用户。单击“更多”按钮可以缩小检索范围。

图 1-3-5 百度检索界面

单击“设置”按钮可以进行“搜索设置”和“高级搜索”设置，如图 1-3-6 所示。可以在“高级搜索”选项卡中设置搜索时间、文档格式、关键词位于网页的位置、限定搜索网站等。

图 1-3-6 百度高级搜索

在浏览器地址器中输入www.bing.com，进入微软 Bing 主页，如图 1-3-7 所示。当国内搜索工具不能检索到有用的信息时，可以利用微软 Bing 的国际版进行搜索，往往会有意想不到的结果。

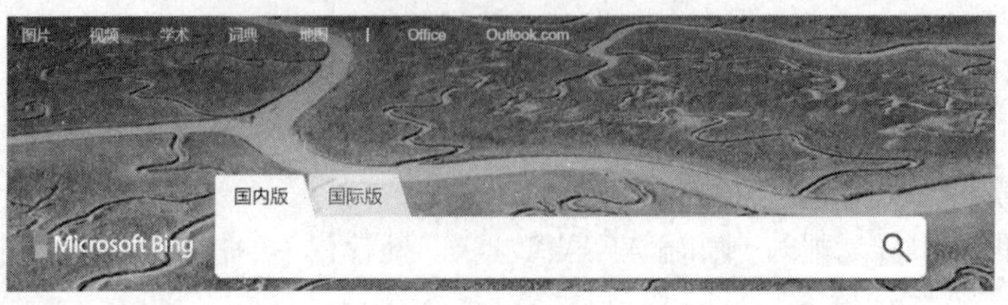

图 1-3-7 微软 Bing 主页

3. 数制转换

最初计算机的设计目的是进行数值计算，后来发展到处理文字信息、声音信息、图像信息等。那么信息是如何在计算机中保存的呢？计算机又是如何处理这些浩如烟海的信息的呢？实际上，计算机中信息的保存和处理方法很简单。

在日常生活中，人们习惯用十进制计数法，而计算机电路很难用十种状态来表示十进制的十个数码。下面介绍数的进制。

数制转换

（1）数制。数制即表示数值的方法，有非进位数制和进位数制两种。表示数值的数码与它在数中的位置无关的数制称为非进位数制，如罗马数字。按进位的原则进行计算的数制称为进位数制，简称进制。对于任何进位数制，都有以下特点：

- 数制的基数确定了所采用的进位计数制。表示一个数时所用的数字符号的个数称为基数。如十进制数制的基数为 10，二进制数制的基数为 2，*N* 进制数制有 *N* 个数字符号。如十进制有 10 个符号：0～9；二进制有 2 个符号：0 和 1；八进制有 8 个符号：0～7；十六进制有 16 个符号：0～9、A～F。
- 逢 *N* 进 1。如十进制中逢 10 进 1，八进制中逢 8 进 1，二进制中逢 2 进 1，十六进制中逢 16 进 1。
- 采用位权表示方法。处在不同位置上的相同数字所代表的值不同，一个数字在某个位置上所表示的实际数值等于该数值与这个位置的因子的乘积，而该位置的因子由所在位置相对于小数点的距离来确定，简称位权。位权与基数的关系如下：位权的值是基数的整数次幂。小数点左边第一位的位权为基数的 0 次幂，第二位的位权为基数的 1 次幂，依此类推；小数点右边第一位的位权为基数的-1 次幂，第二位的位权为基数的-2 次幂，依此类推。因此，任何进制的数都可以写成按位权展开的多项式之和。表 1-3-1 所示为不同进制中数的展开式。

表 1-3-1 不同进制的数按位权展开式

进制	原始数	按位权展开	对应的十进制数
十进制	923.45	$9\times10^2+2\times10^1+3\times10^0+4\times10^{-1}+5\times10^{-2}$	923.45
二进制	1101.1	$1\times2^3+1\times2^2+0\times2^1+1\times2^0+1\times2^{-1}$	13.5
八进制	572.4	$5\times8^2+7\times8^1+2\times8^0+4\times8^{-1}$	378.5
十六进制	3B4.4	$3\times16^2+11\times16^1+4\times16^0+4\times16^{-1}$	948.25

在数的各种进制中，二进制是最简单的计数进制：

- 它的数码只有两个：0 和 1。在自然界中，具有两种状态的物质俯拾即是，如电灯的“亮”与“灭”、开关的“开”与“关”等。如果用物质的这两种状态分别表示“0”和“1”，按照数位进制的规则，采用一组同类物质可以很容易地表示出一个数据。
- 二进制的运算规则很简单：

$$0+0=0 \qquad 0+1=1 \qquad 1+1=10$$

这种运算很容易实现，在电子电路中，只要用一些简单的逻辑运算元件即可完成。因此在计算机中数的表示全部用二进制，并采用二进制的运算规则完成数据间的计算。

※课堂讨论与训练

写出下面各组符号表示的二进制数。

序号	表示方法	表示数值	二进制数
1	↑=1 ↓=0	↑↓↑↑↓↑	
2	☑=1 ☒=0	☑☑☑☒☒	
3	👍=1 👎=0	👎👎👍👍👍👎	
4	■=1 □=0	■□■■■□	
5	○=1 ◉=0	○○◉◉○	
6	◐=1 ◑=0	◐◐◐◑◑◑	

在输入/输出数据时，可以用数据后加一个特定字母来表示它所采用的进制：字母 D 表示数据为十进制（也可以省略）；字母 B 表示数据为二进制；字母 O 表示数据为八进制；字母 H 表示数据为十六进制。例如 567.17D（十进制的 567.17）、110.11（十进制的 110.11，省略了字母 D）、110.11B（二进制的 110.11）、245O（八进制的 245）、234.5BH（十六进制的 234.5B）。

（2）二进制数的算术运算。二进制数的算术运算与十进制数的算术运算类似，但其运算规则更简单，如表 1-3-2 所示。

表 1-3-2 二进制数的运算规则

加法	乘法	减法	除法
0+0=0	0×0=0	0-0=0	0÷0=0
0+1=1	0×1=0	1-0=1	0÷1=0
1+0=1	1×0=0	1-1=0	1÷0=（没有意义）
1+1=10（逢二进一）	1×1=1	0-1=1（借一当二）	1÷1=1

1）二进制数的加法运算。

例：二进制数 1001 与 1011 相加。

算式：被加数 $(1001)_2$

加数 $(1011)_2$

和数 $(10100)_2$

结果：$(1001)_2+(1011)_2=(10100)_2$

由算式可以看出，两个二进制数相加时，每位最多有 3 个数（本位被加数、加数和来自低位的进位）相加，按二进制数的加法运算法则得到本位相加的和及向高位的进位。

2）二进制数的减法运算。

例：二进制数 11000001 与 00101101 相减。

算式：被减数 $(11000001)_2$

减数 $(00101101)_2$

差数 $(10010100)_2$

结果：$(11000001)_2-(00101101)_2=(10010100)_2$

由算式可以看出，两个二进制数相减时，每位最多有 3 个数（本位被减数、减数和向高位的借位）相减，按二进制数的减法运算法则得到本位相减的差和向高位的借位。

（3）数制转换。

1）非十进制数转换为十进制数。

方法：按权（该位的数码值×该位的位权）展开。

例：$(11010)_2=1\times2^4+1\times2^3+0\times2^2+1\times2^1+0\times2^0=(26)_{10}$

$(A35)_{16}=10\times16^2+3\times16^1+5\times16^0=(2613)_{10}$

2）十进制数转换为 N 进制数。

方法：十进制整数转换为 N 进制整数——“除 N 取余，直至商为 0”。

十进制小数转换为 N 进制小数——“乘 N 取整，直至所需的精度”。

例：将十进制数$(133.8125)_{10}$转换成二进制数。

首先将该数拆为整数部分 133 和小数部分 0.8125，然后分别按照整数和小数转换原则进行转换。

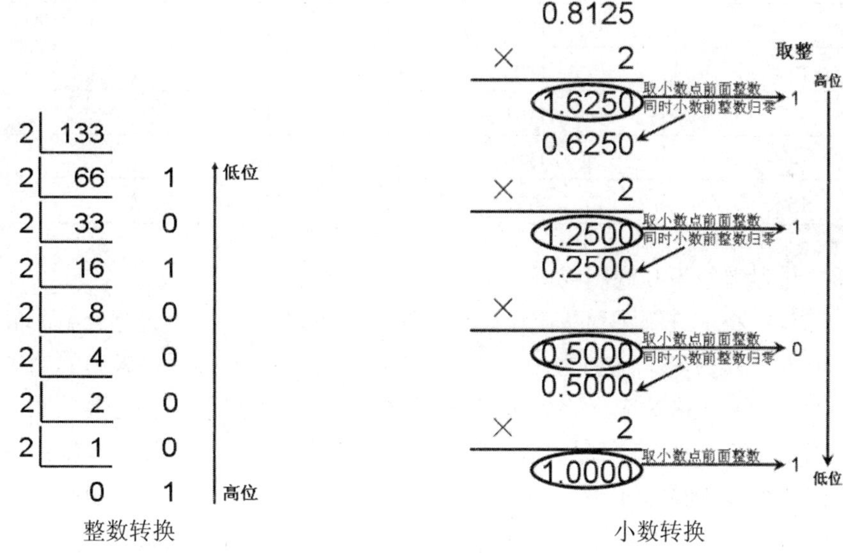

整数转换　　　　小数转换

这样得到整数部分二进制序列为 10000101，小数部分二进制序列为 1101，所以转换成的二进制数为$(10000101.1101)_2$。转换为其他进制的方法类似。

※课堂讨论与训练

1. 二进制加法 1110111+10010=（　　　　）。
2. 二进制减法 110111-10010=（　　　　）。
3. 十进制转化为二进制。

128D=（　　）B，127D=（　　）B，256D=（　　）B，255D=（　　）B

3）二进制数和八进制数、十六进制数之间的相互转换。

由于 3 位二进制可以表示一位八进制（$2^3=8$），4 位二进制可以表示一位十六进制（$2^4=16$），因此二进制、八进制和十六进制之间相互转换的方法可以参照表 1-3-3。

表 1-3-3 十进制、二进制、八进制和十六进制对照表

十进制	二进制	八进制	十六进制
0	0000	0	0
1	0001	1	1
2	0010	2	2
3	0011	3	3
4	0100	4	4
5	0101	5	5
6	0110	6	6
7	0111	7	7
8	1000	10	8
9	1001	11	9
10	1010	12	A
11	1011	13	B
12	1100	14	C
13	1101	15	D
14	1110	16	E
15	1111	17	F

①将二进制转换为八进制或十六进制。

整数部分：将二进制序列从低位向高位 3 个（或 4 个）一组进行分组，最后一组如果不足 3 个（或 4 个），则最高位前补 0，以达到 3 个（或 4 个），最后将各组的二进制序列与八进制（或十六进制）严格对应，写成对应的八进制（或十六进制）的序列。

小数部分：将二进制序列从高位向低位 3 个（或 4 个）一组进行分组，最后一组如果不足 3 个（或 4 个），则最低位后补 0，以达到 3 个（或 4 个），最后将各组的二进制序列与八进制（或十六进制）严格对应，写成对应的八进制（或十六进制）的序列。

例：将二进制序列$(11011011110010.10110)_2$转换为十六进制。

整数部分 11011011110010 从低位到高位（即从右到左）4 位一组分组：

11 0110 1111 0010

高位不足 4 位，补上两个 0，结果为 0011011011110010。

故得到的整数部分十六进制序列为 36F2。

小数部分 0.10110 从高位到低位（即从左到右）4 位一组分组：

0.1011 0

最后一组是 0，不是有效位，故低位没有必要补足 4 位 0，结果为 0.1011。

故得到的小数部分十六进制序列为 0.B。

所以最终转换结果是$(36F2.B)_{16}$。

②将八进制（或十六进制）转换为二进制。

将八进制（或十六进制）各位分别转换为对应的 3 位（或 4 位）二进制序列组，最后将各组二进制序列组合为整体二进制序列，并去掉左侧多余的 0。

例：把$(345.23)_8$转换成二进制数。

八进制数：	3	4	5	.	2	3
	↓	↓	↓		↓	↓
二进制数：	011	100	101	.	010	011

$(345.23)_8=(11100101.010011)_2$

※课堂讨论与训练

可以用卡片的正面和反面分别表示二进制的 0 和 1:

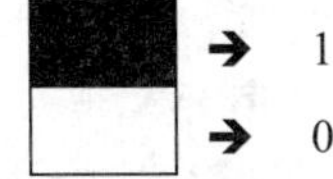

下面是 5 张卡片的组合:

表示 10100B。

1. 与二进制数 10100 等值的十进制数是多少？

2. 需要几张卡片表示数字 20?

3. 4 张卡片能表示的最大数值是多少？5 张、6 张、10 张能表示的最小数值分别是多少？

4. 任何数字都能用不止一种方法来表示，你能用 3 种方法表示数字 20 吗?

5. 十进制数中，任何数位都是其右侧数位的 10 倍，如十进制数 546，最左侧的 5 代表 5 的 100 倍，位权是 100，4 表示 4 的 10 倍，位权是 10。那么，二进制数中，任何数位都是其右侧数位的多少倍呢?

6. 如何用二进制数来表示 165?

7. 如果用手指向上伸直表示 1，弯曲表示 0，十个手指如何表示 20 和 31? 十个手指能表示的最大数值是多少？如果加上脚趾呢?

（4）数据存储的单位。在计算机中，数据存储的最小单位是比特（bit），1 比特为 1 个二进制位。由于 1 比特太小，无法用来表示出数据的信息含义，因此引入了字节［Byte（B），注意这里 B 作为数据量的单位，不要与数的表示中表示为二进制数的 B 混淆］作为数据存储的基本单位。在计算中规定，1 个字节为 8 个二进制位，它可以表示 256 个不同的数值（0～255）。一般来说，用 K 比特可表示的最大数是 2^K-1，可表示的最小数是 0，可以表达 2^K 个不同的数值。

除字节外，还有千字节（KB）、兆字节（MB）、吉字节（GB）、太字节（TB）。它们之间的换算关系如下：

1 KB=1024 B

1 MB=1024 KB

1 GB=1024 MB

1 TB=1024 GB

在谈到计算机的存储容量或某些信息的大小时，常使用上述数据存储单位。目前个人计算机的内存容量一般约为 2GB、4GB，硬盘的容量一般在 300～500GB 之间，甚至是 1TB、2TB。

4. 字符编码

字符编码

计算机除进行数值计算以外，大多还处理各种信息。其中字符信息的处理占相当大的比重。人们看到的字符实际上是一个个图形符号，直接保存这些图形符号不但要占用大量的存储空间，而且给信息的处理带来很大的麻烦。采用为字符编码的方法，既可以节省存储空间，又很容易完成信息处理的过程。

在日常处理的字符信息中，有西文字符和中文字符两种，因为两种字符本身有差别所致，所以编码方法大不相同。

（1）ASCII 码。在计算机中，最常用的是英文字符，它的编码为 ASCII 码（American Standard Code for Information Interchange，美国信息交换标准码），它最初是美国国家标准，1967 年被确定为国际标准。在标准 ASCII 码中，用 7 个二进制位表示 1 个字符（剩下 1 位为 0），共可以表示 128 个字符，其中 95 个可打印或显示的字符，其他为不可打印或显示的字符。在 ASCII 码的应用中，用二进制表示 ASCII 码范围是 0000000～1111111，也经常用十进制表示，如空格：32；数字 0～9：48～57；大写字母 A～Z：65～90；小写字母 a～z：97～122。这样英文中的每个字符都有一个固定的编码，保存字符时只需保存其 ASCII 码即可。ASCII 码表见表 1-3-4。

表 1-3-4 ASCII 码表

低 4 位	高 4 位							
	0000	0001	0010	0011	0100	0101	0110	0111
0000	NULL	DLE	空格	0	@	P	`	p
0001	SOH	DC1	!	1	A	Q	a	q
0010	STX	DC2	"	2	B	R	b	r
0011	ETX	DC3	#	3	C	S	c	s
0100	EOT	DC4	$	4	D	T	d	t
0101	ENQ	NAK	%	5	E	U	e	u
0110	ACK	SYN	&	6	F	V	f	v
0111	BELL	ETB	’	7	G	W	g	w
1000	BS	CAN	(	8	H	X	h	x
1001	HT	EM	)	9	I	Y	i	y
1010	LF	SUB	*	:	J	Z	j	z
1011	VT	ESC	+	;	K	[	k	{
1100	FF	FS	,	<	L	\	l	|
1101	CR	GS	-	=	M	]	m	}
1110	SO	RS	.	>	N	^	n	~
1111	SI	US	/	?	O	_	o	DEL

从表中可以看出，大写字母 A 的 ASCII 码值是 01000001，即十进制的 65；小写字母 a 的 ASCII 码值是 01100001，即十进制的 97。小写字母比对应大写字母的 ASCII 码值大 32。一个 ASCII 码的长度不超过 8 个二进制位。因此，保存一个 ASCII 码只需一个字节。由于一个字节的内容可以用一个 2 位的十六进制数来表示，因此在书写字符的 ASCII 码时也常使用十六进制，如 20H 为空格的 ASCII 码，41H 为字母 A 的 ASCII 码。

从表中还可以看出，数字 ASCII<大写字母 ASCII<小写字母 ASCII，相邻字符的 ASCII 码值相差 1。

※课堂讨论与训练

二进制系统可以用来表示计算机中的所有数据，所以当计算机通过调制解调器（Modem）连接到网络时，也是用二进制数来发送数据的。电话系统是用来承载音频信号的，它使用蜂鸣声来表达传送声音信息。我们可以用高音调的蜂鸣声表示 1，低音调的蜂鸣声表示 0。

1. 如何用蜂鸣声传递二进制数 01011?
2. 十进制数 9 该如何传送?
3. 如何用蜂鸣声传送字母 q?
4. 用 ASCII 码编写“I love you”。

（2）汉字编码。计算机输入、保存和输出汉字的过程如下：输入汉字时，操作者在键盘上输入输入码，通过输入码找到汉字的国标码，再计算出汉字的机内码后以内码保存。而当显示或者打印汉字时，首先从指定地址取出汉字内码，根据内码从字模库中取出汉字的字形码，再通过一定的软件转换将字形输出到屏幕或打印机上。

汉字与西文字符相比，特点是量大且字形复杂，需要通过对汉字编码来解决问题。下面来看汉字的编码问题。

1）输入码。由于汉字字量大、同音字多，因此人们发明了多种汉字输入法，如全拼输入法、双拼输入法、智能 ABC 输入法、表形码输入法、五笔字型输入法等。任何一种汉字输入法都有一套对汉字的编码，称为汉字输入码。汉字输入码实际上是输入汉字时使用的代码，它按该输入法制定的规则编码，编码输入后，通过相应的软件查找到此汉字的内码。因此，汉字输入码不是计算机内部的表示形式，只是一种快速有效地输入汉字的手段。不同输入法的汉字输入码完全不同，如“汉”字在拼音输入法中的输入码为“han”，而在五笔字型输入法中的输入码为“icy”。

2）区位码。为了解决汉字的编码问题，1980 年我国公布了 GB 2312－1980《信息交换用汉字编码字符集 基本集》。此标准共含有 6763 个简化汉字和 682 个汉字符号。在该标准的汉字编码表中，汉字和符号按区位排列，共分成 94 个区，每个区有 94 个位。一个汉字的编码由它所在的区号和位号组成，称为区位码。例如，“啊”字在此标准中的第 16 区第 1 位，所以它的区位码为“1601”，其中区码在前，位码在后。

区位码中规定，1～15 区（其中有些区没有被使用）为汉字符号区，16～94 区为汉字区。在汉字区中，根据汉字的使用频度分成了两级：使用频率最高的汉字共 3755 个，为一级汉字，按汉语拼音排序，占用了 16～55 区；其余的 3008 个汉字为二级汉字，按部首排序，占用了 56～87 区，这样在区位码表中包括了使用频率占 99.99%的汉字。区位码表的汉字符号区包括西文字母、日文平假名和片假名、俄文字母、数字、制表符以及一些特殊的图形符号。

3）国标码。国标码并不等于区位码，它由区位码稍作转换得到，转换方法如下：先将十进制区码和位码转换为十六进制的区码和位码，再将这个代码的第一个字节和第二个字节分别加上 20H，即得到国标码。当系统中同时存在ASCII 码和汉字国标码时，将产生二义性。例如有两个字节的内容为 30H 和 21H，它既可表示汉字“啊”的国标码，又可表示西文“0”和“!”的 ASCII 码。因此，国标码不可能在计算机内部直接采用。

4）汉字的机内码。为了避免汉字区位与 ASCII 码无法区分的问题，汉字在计算机内的保存采用了机内码，也称汉字的内码。汉字机内码是将区位码的区码和位码分别加上数 A0H 作为机内码（或者将国标码的区码和位码分别加上 80H），如“啊”字的区位码的十六进制表示为 1001H，而“啊”字的机内码为 B0A1H。这样汉字机内码的两个字节的最高位均为“1”，很容易与西文的 ASCII 码区分。

汉字机内码、国标码和区位码之间的关系如下：区位码（十进制）的两个字节分别转换为十六进制后加 20H 得到对应的国标码；机内码是汉字交换码（国标码）两个字节的最高位分别加 1，即汉字交换码（国标码）的两个字节分别加 80H 得到对应的机内码；区位码（十进制）的两个字节分别转换为十六进制后加 A0H 得到对应的机内码。

国标码=区位码+2020H

机内码=区位码+A0A0H

机内码=国标码+8080H

例如：啊

区号：16D=10H

位号：1D=1H

机内码：1001H+A0A0H（注：区号加区号，位号加位号）

“啊”的机内码：B0A1

像英文字符一样，汉字排序是根据编码的大小来确定的，即分在不同区里的汉字由机内码的第一字节决定大小，在同一区中的汉字则由第二字节的大小来决定。由于汉字的内码都大于 128，因此汉字无论是高位内码还是低位内码都是大于 ASCII 码的（仅对 GB2312 码而言）。

在我国台湾地区，目前广泛使用的是“大五码（BIG-5）”，这种内码一个汉字也是用两个字节表示，共可以表示 13053 个汉字。

5）汉字字形码。汉字字形码又称汉字字模，是指一个汉字供显示器和打印机输出的字形点阵代码。要在屏幕或打印机上输出汉字，汉字操作系统必须输出以点阵形式组成的汉字字形码。汉字点阵有多种规格：简易型 16×16 点阵、普及型 24×24 点阵、提高型 32×32 点阵、精密型 48×48 点阵，点阵规模越大，字形越清晰美观，在字模库中占用的空间也越大。

此外，现在经常使用的还有多种轮廓字模库，这种汉字字模保存的是采用抽取特征的方法形成字的轮廓描述。这种字形的好处是字体美观，可以任意地放大、缩小甚至变形，如 PostScript 字库、TrueType 字库。

为了统一表示世界各国的文字，1992 年 6 月国际标准化组织公布了“通用多 8 位编码字符集”的国际标准 ISO/IEC 10646，简称 UCS（Universal Multiple-Octet Coded Character Set）。UCS 的基本多文种平面与另一个工业标准 Unicode（美国的一个民间团体制定的一个 16 位编码的多文种字符集，1990 年推出）一致。Unicode 用两个字节编码一个字符，可以容纳 65536 个不同的字符，目前已经包括了日文、拉丁文、俄文、希腊文、希伯来文、阿拉伯文、韩文和中文的共约 29000 个字符，ASCII 字符集只是其中一个小小的子集。为了适应该趋势，我国于 2010 年正式公布了与 ISO/IEC 10646 一致的 GB 13000－2010《信息技术通用多八位编码字符集（UCS）》，又提出了“扩充汉字机内码规范（GBK）”，从而产生了 GBK 大字符集。微软公司在中国大陆地区销售的 Windows 9x/2000/NT/Me/XP 操作系统都使用了 GBK 内码，能统一地表示 20902 个汉字及汉字符号。

※课堂讨论与训练

1. 已知某个字符的 ASCII 码是 69，请写出它的二进制代码，比它值大 5 的是哪个字符？比它值大 32 的是哪个字符？

2. 已知某个汉字的区位码是 3721，请计算出它的国标码与机内码。

3. 已知某个汉字的机内码是 A3E6，请计算出它的国标码与区位码。

4. 已知汉字字模采用 48×48 点阵，请计算全部汉字与符号、一级汉字、二级汉字存储时分别占用的存储空间。

任务小结

本任务主要简单介绍了我国计算机的发展史、计算机硬件系统、计算机中信息的表示和存储方式、字符编码等。

任务 4　多媒体信息的数字化与压缩

任务目标

- 掌握像素的概念。
- 掌握颜色深度的概念。
- 了解行程压缩。
- 了解 JPEG 压缩。
- 了解运动图像的 MPEG 压缩。
- 了解声音压缩与解压缩的原理。

情境描述

王海同学知道计算机在调整显示属性时有一项是设置颜色深度，但什么是颜色深度呢？为什么有 256 色、16 位色、24 位色呢？

王海也知道计算机可以处理数字图片，以方便进行网络传输，那么计算机是如何进行数字图像压缩的呢？

学习内容

1. 像素与分辨率

先来看看计算机是如何在屏幕上显示图像的。图 1-4-1 所示是放大的图像。如果将图片放得更大，如图 1-4-2 所示，将发现图片其实由一大堆小方块拼成，它们称为像素。在计算机显示器或打印机中，人的肉眼并不能看见如此微小的像素，一张图片需要由数以千计的像素构成，而一张数码照片需要用到高达数百万个像素来构成。

图 1-4-1 放大的图像

图 1-4-2 像素

分辨率是指屏幕图像的精密度，指显示器能显示的像素。屏幕上的点、线和面都由像素组成。显示器可显示的像素越多，画面就越精细，屏幕区域内能显示的信息也越多，所以分辨率是显示器非常重要的性能指标之一。

例如分辨率为 1024×768 的屏幕，即在每屏上包含 1024×768 个像素点。分辨率不仅与显示尺寸有关，还受显像管点距、视频带宽等因素的影响。

※课堂讨论与训练

1. 你了解的计算机显示器的分辨率是多少？
2. 显示器的分辨率与显示质量有什么关系？
3. 现在电视机有标清、高清、超高清，你知道分别是什么意思吗？

2. 颜色深度

什么是颜色深度呢？我们从一张玩具鸭子图片说起，如图 1-4-3 所示。

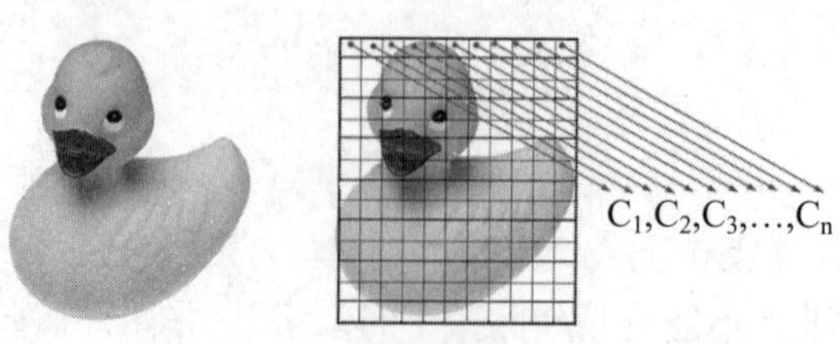

图 1-4-3 分割图像

把图片打格子分成若干小块，每块用一个数字来表示一种颜色。如果图像是纯黑白两色的，那么每块只用 1 或 0 表示即可；如果图像是 16 色的，则每块用 4 位二进制数表示，因为 2^4=16，即 4 位二进制数有 16 种组合，每种组合表示一种颜色；真彩色位图的每个小块都是由不同等级的红绿蓝三种色彩组合的，每种颜色有 2^8 个等级，共有 2^{24} 种颜色，所以每小块需要用 24 位二进制数来表示。计算机中颜色显示的差别如表 1-4-1 所示。

表 1-4-1 计算机中颜色显示的差别

位图	1 个像素用几位二进制数表示	可以表示的颜色数
4 位图	4 位	2^4=16
8 位图	8 位	2^8=256
16 位图	16 位	2^{16}=65536
24 位图	24 位	2^{24}=16777216

可见，数字图像越艳丽，需要记录的二进制数就越多越长。除此之外，打的格子越密，一幅图的总数据量就越大。此例中鸭子图片分成了 11×14=154 块，按真彩色位图来计算，则总数据量为 154×24=3696 比特。

3. 黑白图像信息的数字化与压缩

在黑白图像中，每个像素只有两种值——黑和白，当计算机存储这种图片时，只需要记录图像中哪些是黑像素，哪些是白像素，如图中的“C”点。

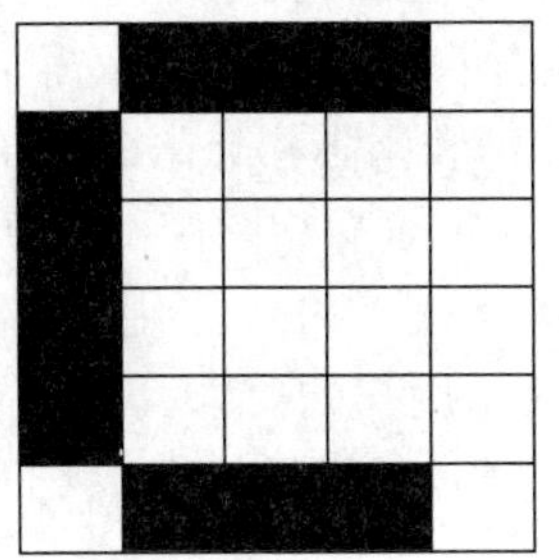

图像的数字化

※课堂讨论与训练

每个像素用 1 个比特来表示，如果是白像素，计算机将其存为 0；如果是黑像素，计算机将其存为 1。第 1～4 行的数字化可表示为

0	1	1	1	0
1	0	0	0	0
1	0	0	0	0
1	0	0	0	0
?	?	?	?	?
?	?	?	?	?

1. 第 5 行的编码是多少？
2. 第 6 行的编码是多少？
3. 存储这样一个图像需要多少比特？

这就是对字母形状的数字化。我们知道 ASCII 码是计算机处理字母、数字和符号的一种二进制编码，但这种编码方式并没有记录字母、数字和符号的形状。计算机使用 ASCII 码处理完字母、数字和符号后，如果要在屏幕上显示或打印它们，则还需要与它的字形编码相对应。

用相同的方法可以存储更复杂的黑白图像。例如，可以将写满文字的页面视为一大张图片，这张图片的每个像素用一个比特表示，如果要在网络中传送图片，图像占用比特太多，则会占用太多时间，还需要更大的内存与硬盘。可以采用不同的方法来减少存储或发送图片需要占用的体积，减小文件体积的过程称为压缩。

对于黑白图像来说，图像中有大块连续的白像素和大块连续的黑像素，所以只需要记录每个白色或黑色像素连续区块的长度，这种方式称为行程压缩或行程编码。

行程编码的基本原理如下：用一个符号值或串长代替具有相同值的连续符号（连续符号构成了一段连续的“行程”，行程编码因此而得名），使符号长度小于原始数据的长度。只在各行或者各列数据的代码发生变化时依次记录该代码及相同代码重复数，从而实现数据的压缩。

例如：5555557777733322221111111

行程压缩为：（5,6）（7,5）（3,3）（2,4）（1,7）。可见，行程压缩的位数远远少于原始字符串的位数。

行程编码一般用于传真机以及一些 TIFF 图像和 PDF 文件中，采用其他算法的图像压缩格式还有 JPEG（主要用于照片）和 GIF（主要用于简单图片）。

4. 静止图像压缩

图像压缩处理的目的是减小图像（包括静止图像和运动图像）数据存储量和降低数据传输率，以满足现有 PC 的要求。对静止图像和运动图像需要采用不同的压缩方法。

国际电报电话咨询委员会（CCITT）和国际标准化组织（ISO）组成的联合图像专家小组（Joint Photographic Expert Group，JPEG）制定了静止图像压缩算法标准，并且已经广泛采用。这个标准适用于静止的灰度或彩色图像的压缩。JPEG 采用的算法是一种有损压缩算法，也就是说，压缩图像的质量与压缩比有关，取决于用户的要求，压缩比可以在 10:1～50:1 之间。目前大量存在的 JPG 格式的图像文件就是采用此项压缩标准。下面来看图 1-4-4 所示的滑雪图。

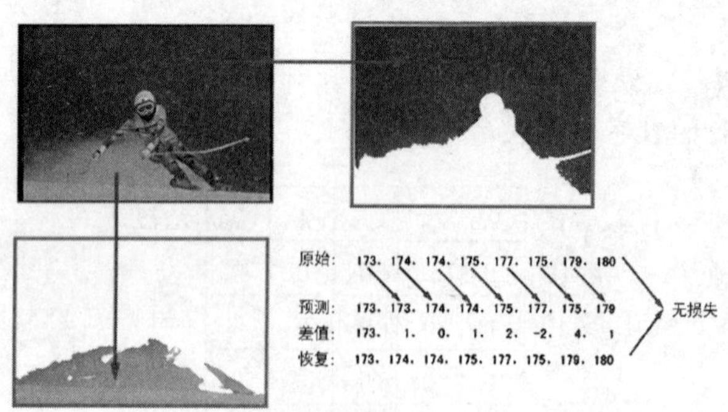

图 1-4-4 滑雪图

在图中，人体的色彩变化比较大，而天空和雪的色彩非常单调，可以想象，代表每个小格颜色的数值也应该非常接近，图右下方的原始数据是 8 个相邻格子的色彩数据，由于两个相邻格子的数据差异很小，因此可以用第一个格子数据当作第二个格子数据的预测值，经实际测量后，求出真实值与预测值的差值，并用这个差值表示第二个格子的色彩，那么实际记录下的就是第三行差值。但恢复数据时，用前面一个值加上差值就是当前色彩值，只要有第一位的基础值，后面的色彩值就可以滚雪球式地一个个求出来。

用差值来记录色彩只是简单地进行了很多个减法运算，在还原时再加回来，数据没有任何的损失，因此称为无损压缩，如果把很少的差值彻底丢弃，在还原时一个格子的色彩信息代表了周围很多格子的色彩，则压缩率更高，但格子之间的微小差别就丢失了，这种方法属于有损压缩。

BMP 格式位图的每个格子都独立记录，因此数据量很大，而经过上述的预测差值运算后就变成了有损压缩格式。画质基本相同的两幅图，JPG 格式的数据量要比 BMP 格式的小得多。JPG 是有损压缩，但画质的损失非常小。

JPG 压缩是智能的，例如对图 1-4-5（a）而言，上面有大面积相似色彩的山水照，给予较大的压缩率；而图 1-4-5（b）有色彩丰富的人群照，给予较小的压缩率。

（a）

（b）

图 1-4-5 JPG 压缩

5. 运动视频图像压缩

运动视频压缩有多种方法，但是目前普遍采用的是由 CCITT 和 ISO 联合推荐的运动图像专家小组（Motion Photographic Expert Group，MPEG）标准。MPEG 采用的算法（称为 MPEG 算法）用于信息系统中视频和音频信号的压缩，它是一个与特定应用对象无关的通用标准，从 CD-ROM 上的交互式系统到电信网络和视频网络上的视频信号都可以使用。MPEG 算法分为 MPEG-1、MPEG-2、MPEG-4 等级别。

MPEG-1 算法压缩图像的质量与家用电视系统的相近，适用于目前大多数存储介质和电信通道。MPEG-1 的压缩比约为 100:1，现在的 VCD 就是采用 MPEG-1 标准。MPEG-2 算法适用于数字电视或计算机显示质量的运动图像压缩，目前是 DVD 和高清晰度电视的标准。近年新出台的 MPEG-4 标准不仅是一种压缩技术，而且引入了全新的概念。无论是 MPEG-1 还是 MPEG-2，都采用基于像素或某种图像格式的数据表示方法，而 MPEG-4 采用的是基于对象的数据表示方法，该标准具有极强的灵活性、交互性和可扩充性。

一秒钟视频会切换几十张画面，而这些画面的绝大部分都是相同的，采集时每幅都是独立采集的，生成的 AVI 格式的（图片）数据量很大，不仅每幅画面本身可以压缩，而且幅与幅之间可以压缩，这就形成了数据量小很多的 MPEG 格式。也可以采用压缩率更高的 RM 格式，RM 格式的画质与 MPEG 的差不多，但数据量小了很多，更方便在网上传输。

不同的视频，幅与幅之间的相似度不同，韩剧的相似度很大，甚至几分钟内演员都坐在沙发上聊，除了嘴巴外每幅画面都基本相同，对这种视频可以采用较大的压缩率，而对动感性很强的武打片，采用较小的压缩率，这种格式就是 RMVB。与 RM 格式不同的是，它的压缩率是可变的，VB 就是可变比特率的意思。RMVB 比 RM 更先进，相同数据量的 RMVB 视频会比 RM 视频清晰；而相同清晰度的视频，RMVB 格式的数据量更小。

6. 音频数据格式和音频压缩

音频是对声音和振动频率的综合描述。音频数据与视频数据相比数据量较小，现在的设备完全可以满足要求。根据声音文件的产生和存储形式的不同，常用以下两种音频数据格式。

- 波形数据格式（WAV 文件）：从声音的波形上抽样、量化、编码后形成的文件格式，播放时还原成波形信号输出，其音质与数据的采样率有关。
- MIDI 音乐格式（MID 文件）：这是保存音乐演奏信号的文件格式，对不同的乐器奏出的音乐有专门的信号格式描述，将这些音乐信号描述记录下来保存为文件，播放时通过专门的软件还原成音乐，在 MIDI 配套设备上输出。

目前音频压缩使用最多的是 MP3 格式，它采用 MPEG-1 压缩标准，经三层压缩而成。在 Internet 上流行的 MP3 音乐就是采用这种格式，它具有很高的压缩比，可以达到 CD 音质。

任务小结

本任务主要介绍了像素、颜色深度等概念，还介绍了静止图像压缩和运动图像压缩的方法。

任务 5　检测错误

任务目标

- 了解二进制传输与存储出错的原因。
- 了解 ISBN 检测的方法。
- 掌握奇偶校验的原理。

情境描述

二进制数据在传输与存储的过程中很容易受外界干扰，王海同学想知道计算机是如何检测与纠错的。

学习内容

1. ISBN 检测

书籍编码中会用到一种检测技术，每本书都有一个 13 位的国际标准书号（International Standard Book Number，ISBN），ISBN 的最后一位数字称为计算机校验码。如果用 ISBN 订购一本书，书店可以用其中的计算机校验码来检查是否订错。输入 ISBN 经常发生的错误包括某位数值发生改变、两个相邻的数字弄反、多输入一位数字或少输入一位数字等。

13 位的 ISBN 生成校验码的公式如下：首先将第 1 位数字乘以 1，第 2 位数字乘以 3，第 3 位数字乘以 1，第 4 位数字乘以 3，依此类推，直到第 12 位数字乘以 3，然后将各位结果相加取总和的末位数字，最后用 10 减去这个末位数字。

※课堂讨论与训练

1. 查看你的《计算机应用基础》教材的 ISBN 是多少？你能算出它的校验码吗？
2. 如果把计算机应用基础教材的 ISBN 中的两位数字交换，校验码可以发现这个错误吗？
3. 如果颠倒计算机应用基础教材的 ISBN 中的连续 3 位数字，校验码可以发现这个错误吗？

2．奇偶校验

二进制位在传输或存储过程中可能出现错误，很容易导致数据突然变化。如 CD 上的划痕或表面上的灰尘会把 0 变成 1 或把 1 变成 0，硬盘存放数据的区域可能会被意外磁化，网络中的干扰和连接不畅也会导致比特改变。

奇偶校验是一种校验比特传输或存储正确性的方法。根据被传输或存储的一组二进制代码的数位中“1”的数量是奇数还是偶数来进行校验。采用奇数的称为奇校验，反之称为偶校验，采用何种校验是事先规定好的。通常专门设置一个奇偶校验位，用它使这组代码中“1”的数量为奇数或偶数。若用奇校验，则当接收端收到这组代码时校验“1”的数量是否为奇数，从而确定传输代码的正确性。

奇偶校验能够检测出信息传输过程中的部分误码（1 位误码能检出，2 位及 2 位以上误码不能检出），但它不能纠错，在发现错误后只能要求重发。奇偶校验实现简单，得到了广泛使用。

例如，要传输图 1-5-1 所示的原数据。

1	1	0	0	0	1	0	1
1	0	0	1	1	1	1	1
1	0	1	1	1	0	0	0
0	0	1	1	1	0	1	1
0	1	0	1	0	1	1	0
1	0	0	0	0	0	1	0
1	1	1	1	1	0	0	0
1	0	0	0	1	1	1	1

图 1-5-1　原数据

如果采用偶校验，可以在第 9 列和第 9 行分别插入 0 和 1，使该行和该列的二进制数 1 为偶数，新增加的位可以称为奇偶校验位，如图 1-5-2 所示。如果数据传输后得到的结果如图 1-5-3 所示：第 4 行 1 的数量变成了奇数，第 6 列 1 的数量变成了奇数，因此是第 4 行第 6 列的数据传输出现了错误。可见，采用奇偶校验方法可以检测并修正一个错误。

1	1	0	0	0	1	0	1	0
1	0	0	1	1	0	1	1	1
1	0	1	1	1	0	0	0	0
0	0	1	1	1	0	1	1	1
0	1	0	1	0	1	0	0	1
1	0	0	0	0	0	1	0	0
1	1	1	1	1	0	0	0	1
1	0	0	0	1	1	1	1	0
0	1	1	1	1	1	0	0	1

图 1-5-2　采用奇偶校验

1	1	0	0	0	1	0	1	0
1	0	0	1	1	0	1	1	1
1	0	1	1	1	0	0	0	0
0	0	1	1	1	1	1	1	1
0	1	0	1	0	1	0	0	1
1	0	0	0	0	0	1	0	0
1	1	1	1	1	0	0	0	1
1	0	0	0	1	1	1	1	0
0	1	1	1	1	1	0	0	1

图 1-5-3 传输后的数据

计算机往往不会只发生一个比特的错误。有时仅需要检测到有错误发生即可。比如，两台计算机正通过网络收发数据，如果接收方察觉数据在传输过程中被改变了，则只需让发送方再传送一次即可。然而有时数据无法再一次被发送，例如用磁盘或闪存保存的数据。一旦由于磁化或过热导致磁盘上的数据被改变，除非计算机能够修正错误，否则该数据就永远遗失了。因此检错与纠错都是相当重要的事情。

※课堂讨论与训练

下图是一个原始阵列，其中黑色格子表示 1，白色格子表示 0。

若采用偶校验，则可以表示为

现在数据在存储或传输过程中出现了错误，你能检测到有错误吗？

任务小结

本任务主要介绍了数字存储与传输过程中出现错误的原因，以及使用奇偶校验检测错误的方法。

任务6　程序设计与算法

任务目标

- 掌握计算机程序的基本概念，能解释计算机程序执行的基本过程。
- 了解程序设计语言、编辑程序、编译程序、连接程序、程序开发环境等基本知识。

情境描述

小明很喜欢程序设计，因为他听说可以让计算机按照自己的想法完成任务，但是他觉得程序设计非常高深莫测。他听很多人说，作为程序员，数学和英语一定要好，而自己数学不好，而且不喜欢数学，对数学不感兴趣，但是对程序语言很感兴趣，因此很矛盾。那么如何学习程序设计呢？

学习内容

1. 计算机程序设计语言

计算机程序（Program）是计算机执行的一系列指令的有序集合，通过这些有序的指令集合，计算机可以实现数值计算、信息处理、信息显示等功能。

编写计算机程序所用的语言称为程序设计语言，它是人与计算机之间交换信息的工具，是软件系统的重要组成部分，一般分为机器语言、汇编语言和高级语言三类。计算机每做一次动作、一个步骤都是按照已经用计算机语言编好的程序来执行的，程序是计算机要执行的指令的集合，而程序全部用语言编写，所以人们控制计算机要通过计算机语言向计算机发出命令。

计算机内的所有信息均采用二进制格式保存，无论是执行指令、处理数据还是显示文字符号。例如，处理文字时，通过键盘输入字符“A”时，输入设备键盘把“A”字符转换成二进制 01000001，将十进制数 65 的二进制格式发给显卡，再由显卡根据 65 对应的字母“A”的点阵特征输出视频信号给显示器，从而在显示器的某个位置“画”出字母“A”。

（1）机器语言。计算机采用二进制格式存储计算机指令，这种格式的指令称为机器语言，是 CPU 唯一能够识别的内容。机器语言格式为 10111011　00010010　00000000。

计算机语言命令是一个由“0”和“1”组成的序列，由计算机来执行这种语言，称为机器语言。用机器语言写程序很困难，尤其是在程序中出现了需要纠正的错误。另外，在计算机程序中，每台计算机指挥系统经常变化，若运行在另一台计算机上，则必须有另一种程序，从而导致工作重复。由于使用的语言为特定的计算机模型，因此计算效率是最高的，所有机器语言都是第一代的计算机语言。

（2）汇编语言。若干 0 和 1 组成的指令组合不利于记忆，一般情况下，人们往往无法记住 CPU 某个指令的二进制格式。为此引入了“助记符”概念，即采用便于记忆的英文单词或其缩写格式代表相应的机器语言，如采用以下格式表示：

```
ADD AX,20
```

用“ADD”字符串表示加法，一般程序员只要了解代表指令的助记符就可以编写程序，采用助记符格式的编程语言称为汇编语言，所有 CPU 系统都有自己的汇编语言。但是，这样书写的计算机程序，CPU 无法识别，为此需要把助记符格式的程序翻译成对应的机器语言，这个过程称为编译（compile），是由专门的编译工具实现的。

汇编语言虽然解决了程序设计的基本问题，不需要记忆那些 0、1 的组合，但仍然存在如下问题：汇编语言需要程序员了解 CPU 的结构和基本工作原理。如果需要计算 18+20 的结果，必须先将参与计算的一个数送到计算机内部的某个寄存器（如上面的 AX 寄存器）中，然后才能执行加法指令，加的结果还需要再送回内存的某个区域，以便 CPU 进行下一步计算。程序员必须知道 CPU 内部有哪些寄存器，其中又有哪些寄存器能够用于存放参与计算的数据。

例如，用汇编语言书写如下：

```
MOV AX,18
ADD AX,20
MOV [1000],AX
```

采用汇编语言编写程序虽然不如高级程序设计语言简便直观，但是汇编出的目标程序占用内存较少、运行效率较高，且能直接引用计算机的各种设备资源。它通常用于编写系统的核心部分程序或需要耗费大量运行时间和实时性要求较高的程序段。

（3）高级程序设计语言。计算机语言具有高级语言和低级语言之分，而高级语言主要是相对于汇编语言而言，它是较接近自然语言和数学公式的编程，基本脱离了机器的硬件系统，用人们更容易理解的方式编写程序。高级语言并不是特指的某一种具体的语言，而是包括很多编程语言，如目前流行的 C、C++、Pascal、Python、LISP、PROLOG、FoxPro、Delphi 等，这些语言的语法、命令格式都不相同。对编程人员来说，仅需要确定让 CPU 计算加法，而不想了解其细节，它们均采用符合人类自然描述语言的语法书写计算机程序，如 C 语言实现上述计算的格式为

```
A=18+20;
```

高级语言降低了程序设计的难度，程序员不必了解细节，编写的程序由专门的编译工具转换成机器语言。这些高级语言使得计算机编程能够推广开来。计算机程序设计语言的发展趋势如图 1-6-1 所示。

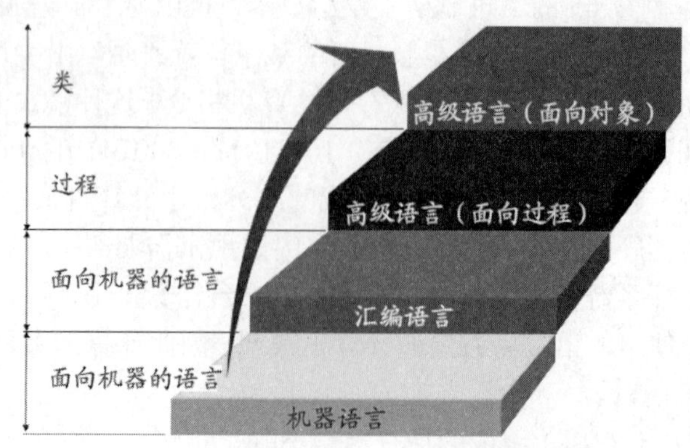

图 1-6-1 计算机程序设计语言的发展趋势

（4）高级语言转换成机器语言的过程。所有编程语言开发应用程序的步骤为编辑（编写源程序）→编译（转换成目标程序）→连接（生成可执行程序）。

当编译工具把程序员编写的高级语言程序（称为源程序）编译成机器语言时，遇到其中的函数并不能转换成机器语言，这样编译的程序称为目标程序，以.obj 为后缀。无论是什么编程语言，编译后的目标程序都是统一的机器格式。

为了产生真正可以运行的程序，还需要将编译好的目标程序与编程语言提供的库文件中的某些函数的指令连接在一起。这个步骤称为连接（Link），只有经过连接的程序才能产生可执行.exe 文件。

- 汇编程序：把用汇编语言编写的源程序翻译成机器语言程序的程序称为汇编程序，翻译的过程称为“汇编”。
- 编译程序：编译程序将高级语言源程序整个翻译成机器指令表示的目标程序，使目标程序和源程序在功能上完全等价，然后执行目标程序，得出运算结果。翻译的过程称为“编译”。
- 解释程序：解释程序将高级语言源程序一句一句地翻译为机器指令，每译完一句就执行一句。当源程序翻译完后，目标程序即执行完毕。

不同的语言，编译的方式不同。有的语言是先将所有程序代码一起编译成机器语言，再连接生成可执行文件，如 C 语言、Pascal 语言，这种语言称为编译型语言，最后以可执行的.exe 文件运行；有的语言则可以边编译边执行，如 Basic 语言、Java 语言，这种语言称为解释型语言；有些语言既提供编译运行的方式，又提供解释运行的方式，如 Visual Basic 语言，在调试程序时可以采用解释型，一旦调试完成，就采用编译型，将源程序编译成可执行的.exe 文件。编译型语言的程序执行速度比解释型语言的程序要快。

（5）高级编程语言的程序控制结构。大多数应用程序并不按照指令存放的顺序执行程序，需要根据条件改变指令的执行顺序，基本的程序控制结构包括顺序、条件、循环。

顺序控制结构是计算机执行指令的基本结构，程序员按照算法把指令顺序安排好，计算机就会自动地按照指令的先后顺序每条指令都执行一遍。因而最初的计算机称为“自动机”。顺序结构是一种最简单、最基本的结构，在顺序结构内，各块是按照它们出现的先后顺序依次执行。图 1-6-2 所示为顺序结构示意，从图中可以看出它有一个入口 a 点和一个出口 b 点，在结构内 A 框和 B 框都是顺序执行的处理框。

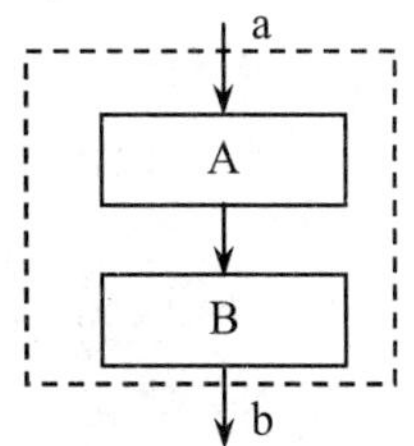

图 1-6-2　顺序结构示意

但是现实问题是，并不是所有的程序指令都要执行一遍，在某些情况下，只有满足一定条件才能执行一次指令，不满足条件的不执行，这需要条件结构语句，高级语言中一般采用 If 语句，有的语言提供了更好的分支结构，如 C 语言的 Switch 语句。条件的判断以零和非零为准则，非零则条件满足，零则条件不满足。不同的条件可以采用逻辑“与”（两个条件都满足）“或”（只要有一个条件满足）“异或”（两个条件只能有一个满足）进行组合。选择结构流程图如图1-6-3所示。

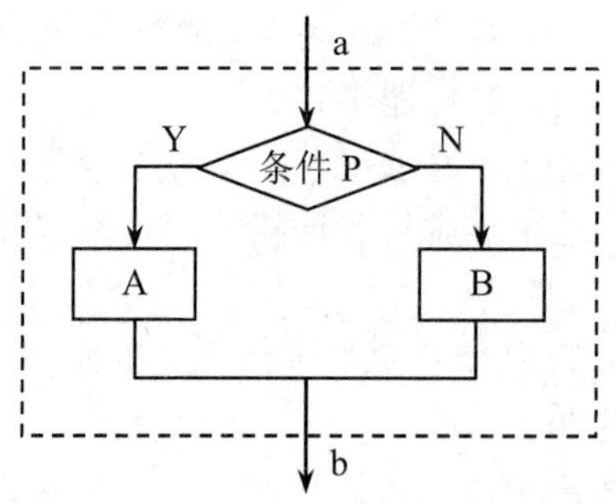

图 1-6-3　选择结构流程图

在现实中，会出现某些指令需要重复执行多遍的情况，计算机高级语言提供了循环结构。循环结构一般采用 for、do-while 等语句进行。实际上，循环是一种特殊的条件。满足条件时循环执行部分代码，不满足条件就结束循环。循环结构流程图如图 1-6-4 所示。

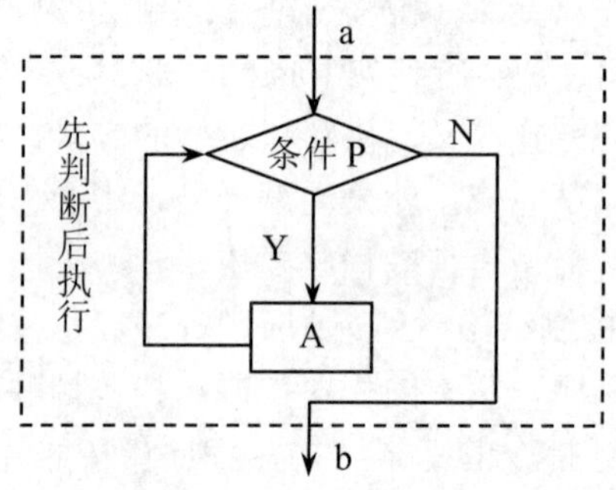

图 1-6-4　当型循环结构流程图

如循环语句：

```
For i=1 to 10 Step 1
  //指令序列
Next i
```

循环变量 i，初值 1，终值 10，步长 1。当 i 变成 11 时，循环正常结束。

所有高级程序设计语言都需要使用这三种基本结构来控制指令的执行顺序。

2. 现实生活中的“算法”

生活中每做一件事情都是在设计一个解决问题的方法或步骤，即“算法”，编制一段具体解决问题的动作即所谓的“程序”，只不过是用人类自己的语言把要做的事情的过程描述出来。在现实生活中，我们是用自己的语言作为描述程序的语言，描述的程序是为了给人看，是需要人按照去做的。生活中有许多编写“程序”的案例。

案例 1：我们要成为一名正式的党员，需要哪些步骤或“程序”呢？现在用自己的语言描述出来，如下：

入党程序

自愿提出入党申请

确定入党积极分子，入党需要上党课

进入考察期

确定发展对象

短期培训

政治审查

确定入党介绍人

填写入党志愿书

支委会审查并征求党内外群众意见

召开支部大会

上级党组织派专人同申请人谈话，作进一步考察

党委审批

支部向本人发出入党通知书

入党宣誓

预备期的培养考察

预备期满办理转正手续

以上是入党的整个流程，也称程序，它与计算机程序设计的算法概念等同。过程具有顺序性，每个动作（或指令）有先后。“程序”是完成某项事务的一套既定活动方式或活动过程的描述。

案例 2：一名学生早上起床后到上课前的行为描述（算法）。

起床：get up

刷牙：clean teeth

洗脸：wash face

吃饭：have breakfast

早自习：study early by oneself

案例 3：到图书馆借教学参考书的算法。

1）进入图书馆。

2）查书目。

3）填写索书单。

4）将索书单交给图书馆工作人员取书。

5）如果该书已经借出，可以有两种选择：

5.1）回到第 2）步（重新查书目，选其他书）。

5.2）放弃借书，离开图书馆。

6）（工作人员找到要借的书）办理借书手续。

7）离开图书馆。

※课堂讨论与训练

白菜问题

狼、羊和白菜过河游戏。一条河岸有狼、羊和白菜，牧羊人要将它们渡过河去，但由于

他的船太小，每次只能载一样东西。并且，当牧羊人不在时，狼会把羊吃掉，而羊又会把白菜吃掉。问牧羊人如何将它们安全渡过河去？

游戏规则：没有牧羊人看管时，狼会吃羊，而羊会吃白菜。

试着写出你的方案（算法）。

计算机程序

3. 程序设计示例

计算机程序是用计算机语言描述的解决某个问题的步骤，是遵循一定语法规则的指令序列（代码）。人们借助计算机语言告诉计算机要处理什么（即要处理哪些数据）以及如何处理（即按什么步骤来处理），这就是程序设计。在计算机上运行编写好的程序，便可使计算机按人们的要求解决特定的问题。

案例 1：一天任务安排的程序设计。

```
if 9 点以前
    then
        do  私人事务;
else 9 点到 18 点
    then
        工作;
else
        下班;
end if
```

案例 2：输入 3 个数，打印输出其中最大的数。

```
begin
  输入 A,B,C
   if A>B
     则 A→max
     否则 B→max
   if C>max
     则 C→max
   print max
end
```

这样不但可以达到预期的效果，而且可以节约时间。更重要的是使结构比较清晰，表达方式更加直观。

具体到某种语言的程序又是什么呢？

下面以 C 语言为例，在屏幕上显示一个“hello world!”。

```
void main(void)              //程序开始执行入口位置，固定不变
{                            //程序开始处
  printf("\nhello world!")   //在屏幕上显示 hello world!指令
  …                          //指令序列
}                            //程序结束处
```

※课堂讨论与训练

程序与算法的概念有区别吗？它们有什么关系？

任务小结

本任务主要介绍了计算机算法的基本概念、算法编制方法、程序设计基本方法，让读者初步掌握了算法与程序设计的基本方法。

任务 7　排序与查找

任务目标

- 掌握计算机中数据排序的概念和方法。
- 掌握计算机中数据查找的概念和方法。
- 掌握计算机中常见数据排序算法的思想和实现方式。
- 掌握计算机中常见数据查找算法的思想和实现方式。

情境描述

请同学们快速地把与你同寝室同学的身高从高到低排出序列；如果给出全班同学的身高，能够快速从高到矮排出顺序吗？请找出你所在班级某门课程得分最高的同学并写出查找的算法。

问题 1：对一个班的期末成绩进行排序，得出学生排名顺序。

问题 2：让计算机把数列 11　35　6　35　9 变成有序的。

学习内容

随着科技的不断发展，计算机的应用领域越来越广，但由于计算机硬件的运行速度和存储空间有限，提高计算机运算速度并节省存储空间一直是软件开发人员努力的方向。在众多措施中，排序操作成为程序设计人员考虑的因素之一，排序方法选择得当与否直接影响程序执行的速度和辅助存储空间的占用量，进而影响整个软件的性能。

几乎所有计算机中的序列都是被排过序的，如电子邮件列表、歌曲列表、资源管理器中的文件列表。那么计算机是如何进行排序的呢？

数据排序是指按一定规则对数据进行整理、排列，为数据的进一步处理做好准备。好的排序方法可以有效地提高排序速度和排序效果。按所用策略不同，排序可以归纳为 5 类：插入排序、选择排序、交换排序、归并排序和基数排序。在计算机领域，常见的经典排序算法有冒泡、插入、选择等。

1. 排序

（1）冒泡排序法。

排序

基本思想：比较相邻的元素，如果第一个元素比第二个元素大，就交换它们的位置；每对相邻元素做相同操作，从开始第一对到结尾的最后一对。执行完一遍后，最后的元素应该是序列中最大的数；针对所有的元素重复上述步骤，除了最后一个。

持续每次对越来越少的元素重复上面的步骤，直到没有任何一对数字需要比较。

冒泡排序法的执行过程如图 1-7-1 所示。

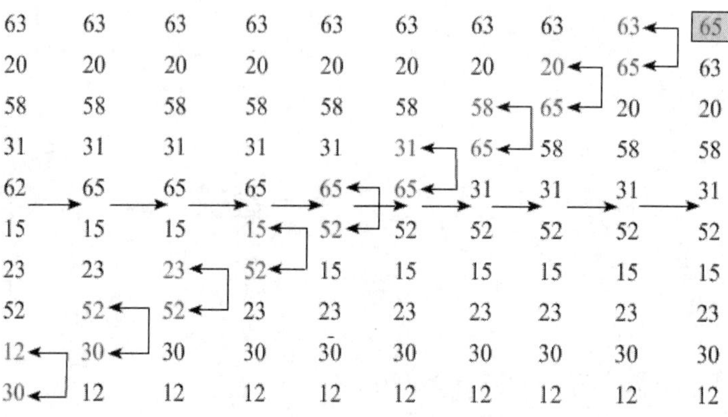

图 1-7-1 冒泡排序法的执行过程

※课堂讨论与训练

用冒泡排序法把同寝室的同学按年龄排序。

（2）插入排序法。

基本思想：每次将一个待排序的数据元素插入前面已经排好序的数列中的适当位置，使数列依然有序，直到待排序数据元素全部插入完为止。

插入排序法的执行过程图如图 1-7-2 所示。

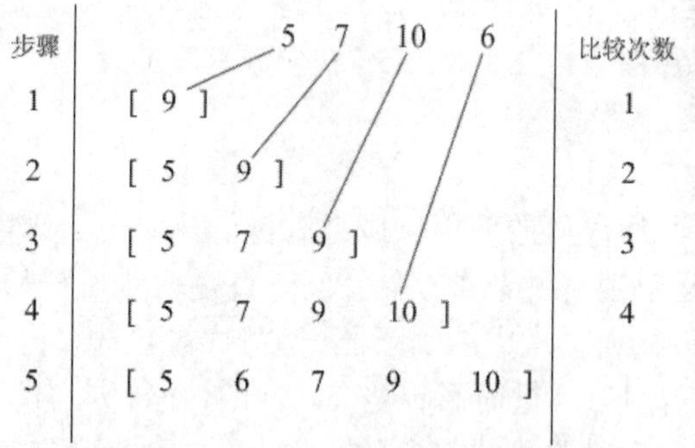

图 1-7-2 插入排序法的执行过程

※课堂讨论与训练

用插入排序法实现全部男生（女生）的年龄排序。

2. 查找

计算机最重要的功能之一就是在浩瀚的数据中找到用户所要的信息。逐一查看全部数据很容易找到想要的数据，但是计算机的速度还没有快到能瞬间完成该过程的程度。往往计算机要查找的数据集异常庞大，因此需要更快捷、更有效的搜索方法。

顺序查找

（1）顺序查找方法。

顺序查找实现方式：从数据集合的开头走到末尾，依次与目标进行比较，如果找到了，就停止遍历；如果走完了还没找到，就表示失败。

针对无序序列，如果要实现查找序列中的所有满足条件的元素，那么比较

次数一定是 n 次，因为找到其中一个并不一定意味着找到所有的，所以要把所有的元素都搜索一遍才行。

如果是有序序列，要查找序列中所有满足条件的元素，比较次数要少一些，只需从开始满足的地方到第一个不满足的地方就可以结束了，而不必等到序列末尾。

（2）折半查找方法。

基本思想：将数列按有序化（递增或递减）排列，查找过程中采用跳跃式方式查找，即先以有序数列的中点位置为比较对象，如果要找的元素值小于该中点元素值，则将待查序列缩小为左半部分，否则为右半部分。通过一次比较，将查找区间缩小一半。

折半查找是一种高效的查找方法，可以明显减少比较次数，提高查找效率。但是，折半查找的先决条件是查找表中的数据元素必须有序。

折半查找过程图如图 1-7-3 所示。

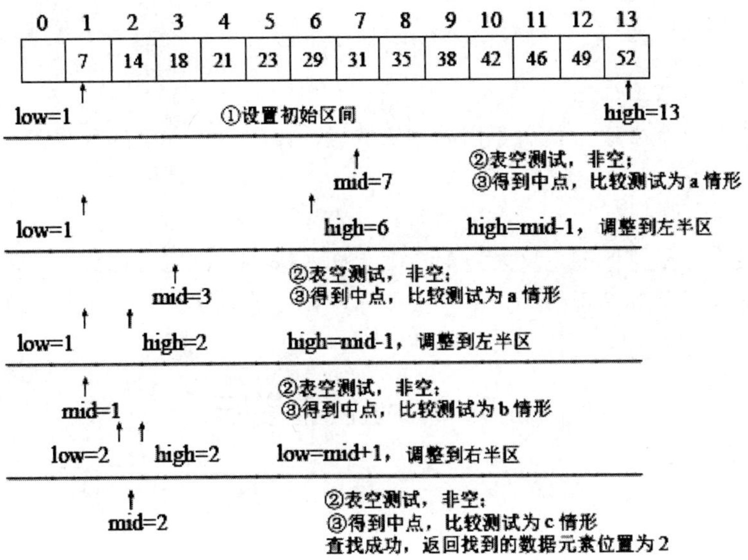

图 1-7-3 折半查找过程

算法操作步骤描述：

确定整个查找区间的中间位置

mid = (left + right)/2

用待查关键字值与中间位置的关键字值进行比较

若相等，则查找成功

若大于，则在后（右）半个区域继续进行折半查找

若小于，则在前（左）半个区域继续进行折半查找

再对确定的缩小区域按折半公式重复上述步骤，最后得到结果：要么查找成功，要么查找失败。

※课堂讨论与训练

猜价格游戏：假设篮球价格在 1～200 元之间，并且为整数，请同学们用折半查找法猜测篮球价格。若你猜测的价格偏高，老师提示“高”；若你猜测的价格偏低，老师提示“低”；若你猜对了，老师提示“正确”。

（3）分块查找方法。

基本思想：用标记记住每块中的最大值及最大值的位置，为原数据集合做一个索引（索引本身递增有序），这样先查索引，再查块内位置，如图 1-7-4 所示。如果索引的选择科学有效，则可以获得比顺序查找快的速度。

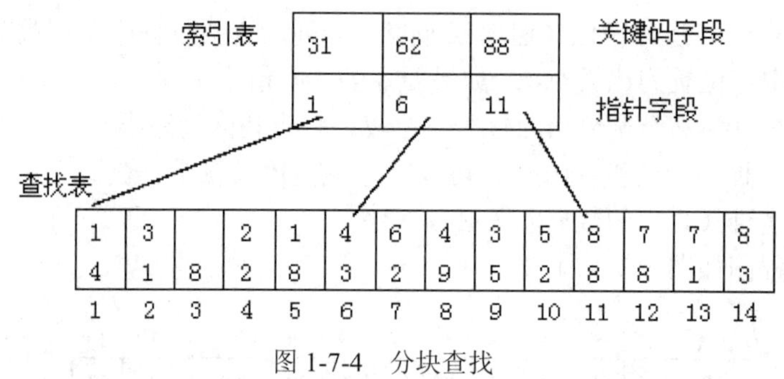

图 1-7-4　分块查找

※课堂讨论与训练

在字典中查找一个生字，使用不同的方法实现，比较它们各自的效率。

任务小结

本任务主要介绍了排序的定义及冒泡排序、插入排序、直接选择排序等常见的排序方法，还讲解了查找的定义及顺序查找、折半查找和分块查找等方法。

迭代

任务 8　迭代与递归

任务目标

- 了解计算机中常见的迭代思想和实现方式。
- 了解计算机中常见的递归思想和实现方式。

情境描述

实现 36!=1*2*3*…*34*35*36？

学习内容

1．迭代

迭代是利用计算机解决问题的一种基本方法。它利用计算机运算速度快、适合做重复性操作的特点，让计算机对一组指令（或一定步骤）进行重复执行，在每次执行这组指令或这些步骤时都从变量的原值推出它的一个新值。如 X=X+1，其中 X 是迭代变量。迭代是重复反馈过程的活动，其目的通常是逼近所需目标或结果。每次对过程的重复称为一次“迭代”，而每次迭代得到的结果会作为下一次迭代的初始值。

要实现 N!，最基本的解决问题的步骤是使用顺序控制结构。

```
n=1;          '1 的阶乘
n=n*2;        '2 的阶乘
n=n*3;        '3 的阶乘
n=n*4;        '4 的阶乘
…             '代表省略，但是计算机编写时是不能省略的
n=n*(n-1)     'n 的阶乘
```

此算法程序员需要写很长的代码，而且很多地方相同。

比较简单的一种方法是使用循环控制结构来实现上面的过程，如下：

```
for i=1 to n          '表示循环 n 次，x 是迭代变量，i 控制迭代次数
    x=x*i             '要重复做的指令，注意每次它的具体内容不同
```

上面这个执行过程就是一个迭代过程。

计算机程序实现迭代的基本过程如下：

首先，确定迭代变量。在可以用迭代算法解决的问题中，至少存在一个直接或间接的不断由“旧值”递推出“新值”的变量，这个变量就是迭代变量。上面的 x 就是一个迭代变量。

其次，建立迭代关系式。所谓迭代关系式，是指如何从变量的前一个值推出其下一个值的公式（或关系）。迭代关系式的建立是解决迭代问题的关键，通常可以使用递推或倒推的方法来完成。例如需要求出 4! 就必须已知 3!，要求出 3! 就必须已知 2!，……，迭代关系是 $n!=(n-1)!*n$。

最后，对迭代过程进行控制。在什么时候结束迭代过程呢？这是编写迭代程序必须考虑的问题。不能让迭代过程无休止地重复执行下去。迭代过程的控制通常可分为两种情况：一种是所需的迭代次数是个确定的值，可以计算出来；另一种是所需的迭代次数无法确定。对于前一种情况，可以构建一个固定次数的循环来实现对迭代过程的控制；对于后一种情况，需要进一步分析出用来结束迭代过程的条件。

案例：一个饲养场引进一只刚出生的新品种兔子，种兔从出生的下一个月开始，每月新生一只兔子，新生的兔子也如此繁殖。如果所有的兔子都不死去，问到第 12 个月时，该饲养场共有兔子多少只？

分析：这个问题是一个典型的迭代问题。不妨假设第 1 个月时兔子的只数为 u_1，第 2 个月时兔子的只数为 u_2，第 3 个月时兔子的只数为 u_3，……。根据题意，这种兔子从出生的下一个月开始每月新生一只兔子，则有 $u_1=1$，$u_2=u_1+u_1\times1=2$，$u_3=u_2+u_2\times1=4$，……。根据这个规律，可以归纳出迭代关系公式为 $u_n=u_{n-1}+u_{n-1}\times1$（$n\geqslant2$），循环次数是 12，迭代变量是 u_n。

※课堂讨论与训练

编写一个算法实现斐波那契数列：1，1，2，3，5，8，13，21，…

如果设 $F(n)$为该数列的第 n 项（$n\in N+$），那么此算法可以写成如下形式：

$F(1)=F(2)=1$，$F(n)=F(n-1)+F(n-2)$　（$n\geqslant3$）

2. 递归

递归

程序调用自身的编程方法称为递归。递归调用是一种特殊的嵌套调用，指某个函数调用自己，而不是调用另外一个函数。递归调用是一种解决方案，是一种逻辑思想，递归作为一种算法在程序设计中广泛应用。一个过程或函数在其定义或说明中有直接或间接调用自身的情况，它通常把一个大型复杂的问题

层层转化为一个与原问题相似的规模较小的问题来求解，递归策略只需少量的程序就可以描述出解题过程所需要的多次重复计算，大大减小了程序的代码量。递归的功能在于用有限的语句来定义对象的无限集合。一般来说，递归需要有边界条件、递归前进段和递归返回段。当边界条件不满足时，递归前进；当边界条件满足时，递归返回。斐波那契数列的递归调用过程如图1-8-1所示。

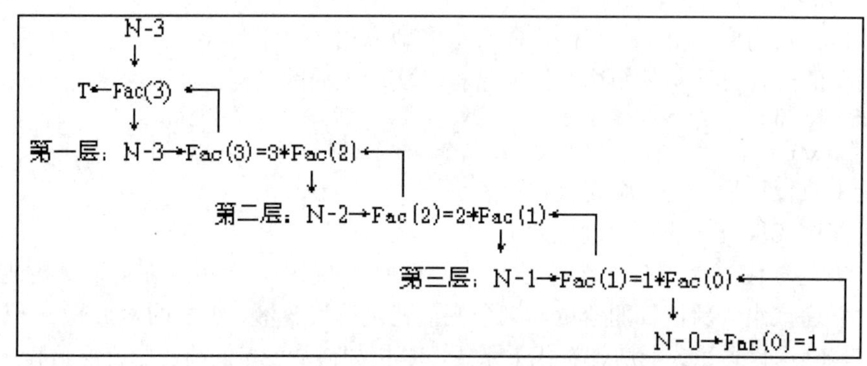

图1-8-1　斐波那契数列的递归调用过程

递归算法一般用于解决以下三类问题：

- 数据的定义是按递归定义的：斐波那契函数、杨辉三角、阶乘。
- 问题解法按递归算法实现：回溯。
- 数据的结构形式是按递归定义的：树的遍历、图的搜索。

递归也有不足之处，如在递归算法解题相对常用的算法（如普通循环等）运行效率较低。因此，应该尽量避免使用递归，除非没有更好的算法或者某种特定情况下递归更适合。在递归调用的过程中系统为每层的返回点、局部量等开辟了“栈”来存储，递归次数过多容易造成“栈”溢出。

※延伸阅读：汉诺塔趣闻

一个印度的古老传说：在贝拿勒斯（在印度北部）的圣庙里，一块黄铜板上插着三根宝石针。印度教的主神梵天在创造世界时，在其中一根针上从下到上地穿好了由大到小的64片金片，这就是所谓的汉诺塔。无论白天黑夜，总有一个僧侣在按照下面的法则移动这些金片：一次只移动一片，无论在哪根针上，小金片必须在大金片上面。僧侣们预言，当所有金片都从梵天穿好的那根针上移到另外一根针上时，世界就将在一声霹雳中消失，而梵塔庙宇和众生也都将同归于尽。

如果考虑一下把64片金片由一根针移到另一根针，并且始终保持上小下大的顺序，需要移动多少次呢？这里需要用递归的方法。假设有 n 片，移动次数是 $f(n)$。显然 $f(1)=1$，$f(2)=3$，$f(3)=7$，且 $f(k+1)=2f(k)+1$。此后不难证明 $f(n)=2^n-1$。$n=64$ 时，假如每秒一次，共需多长时间呢？一个平年365天有31536000秒，闰年366天有31622400秒，平均每年31556952秒，计算得到18446744073709551615秒，表明这移动完这些金片需要5845.54亿年以上，而地球存在至今不过45亿年，太阳系的预期寿命据说也就是数百亿年。真的过了5845.54亿年，不说太阳系和银河系，至少地球上的一切生命，连同梵塔庙宇等都早已经灰飞烟灭，而用计算机模拟递归这个过程只需要几十秒。

※课堂讨论与训练

请同学们讨论一下你身边能用到的递归问题。

任务小结

本任务主要介绍了迭代与递归的基本概念和相关知识。

任务 9 网络、路由和死锁

任务目标

- 了解网络的基本概况。
- 理解计算机网络设计的原则。
- 理解计算机网络路由的算法。
- 理解计算机网络死锁及其防止的算法。

情境描述

王海是某公司新招的信息管理员，承担公司网络系统及网络办公系统的管理与维护任务。为了保证工作正常开展，王海必须掌握网络相关概念并保证网络的畅通和可靠使用。

学习内容

1. 网络

网络在我们的生活中随处可见，电话网络、计算机网络、交通网络、人际关系网络等将人们的日常生活高效地连接起来。无论是网络中的电缆、无线电通信线路还是道路，都能以多种方式连接事物。

网络由节点和连线构成，表示诸多对象及其相互联系。在数学上，网络是一种图，一般认为专指加权图。网络除了数学定义外，还有具体的物理含义，即网络是从某种相同类型的实际问题中抽象出来的模型。在计算机领域，网络是传输、接收、共享信息的虚拟平台，通过它把各个点、面、体的信息联系到一起，从而实现这些资源的共享。网络是人类发展史中最重要的发明，促进了科技和人类社会的发展。

在 1999 年之前，人们认为网络的结构都是随机的。但随着 Barabasi 和Watts在 1999 年分别发现网络的无标度和小世界特性并分别在世界著名的《科学》和《自然》杂志上发表后，人们才认识到网络的复杂性。

网络会借助文字阅读、图片查看、影音播放、下载传输、游戏、聊天等软件工具从文字、图片、声音、视频等给人们带来极其丰富的生活和美好的享受。

2. 计算机网络的概念

计算机网络是现代通信技术与计算机技术结合的产物，把分布在不同地理区域的计算机与专门的外部设备用通信线路互连成一个规模大、功能强的网络系统，从而使众多计算机可以方便地相互传递信息，共享硬件、软件、资料信息等资源。

3. 计算机网络设计的原则

计算机网络设计的原则包括安全原则，需求、风险、代价平衡的原则，综合性、整体性原则，一致性原则，易操作性原则，适应性及灵活性原则，多重保护原则，可评价性原则等。但最基本的应是可靠连接所有应连接计算机主机的原则和所花费经费最少的原则（花费最少即网线最短的原则。但实际的计算机网络为了保证通信的可靠性，网线是有冗余的。如果一条连接失效，那么还能从另一条连接）。

※课堂讨论与训练

根据可靠连接所有应连接计算机主机的原则和所花费经费最少的原则画出图 1-9-1 所示的计算机网络关系图（可以用字母给每台计算机主机命名）。

提示：图中圆圈代表计算机主机，数字代表两台计算机主机间的距离。

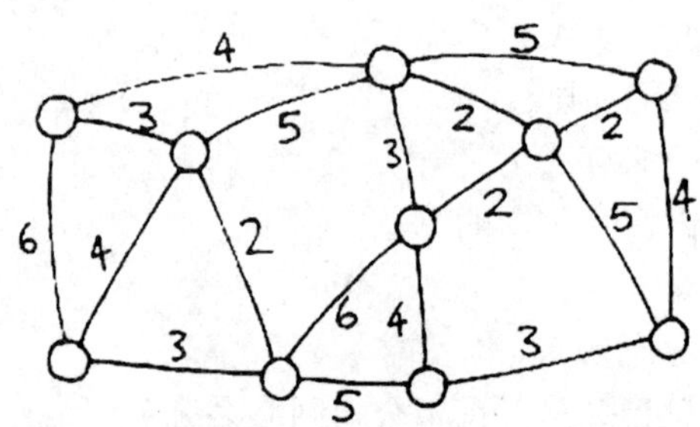

图 1-9-1 计算机网络关系图

按上述原则设计网络用到的是最小生成树算法，还有许多其他的算法能帮助现实世界的网络解决问题。比如，寻找两点间最短距离的算法决定了如何将发出的 E-mail 传送给其他人。如果一封相同的电子邮件被同时抄送给许多人，则需要一种算法来寻找访问所有接收方的最短路径，这个问题通常称为“旅行商问题”，即一名销售员如何访问居住在不同城市的客户。计算机科学家们迄今还未在任何网络中找到旅行商问题的最优解。

路由与死锁

4. 路由和死锁

死锁是一种相持不下的情况。当许多人同时使用一个资源时，常常会发生死锁。交通堵塞会引起道路死锁，网络消息的拥堵会引起网络死锁。当一系列竞争状态的操作互相等待时也可能会出现死锁。为了避免发生死锁，唯一能做的就是寻找一条有效合作的方法。

网络负责从一台计算机传送消息到另一台计算机，直到信息到达目的地。当你给朋友发送电子邮件时，计算机会先将它传给你所在城市的另外一台计算机，然后将电子邮件转发到离接收方较近的另外一座城市，直到最终传送到你朋友的计算机上。同样地，当你单击网页上的一条链接后，你的计算机便提交一项请求页面的要求，并将它从一台计算机传到另一台计算机，直到到达存储该网页的计算机。然后该网页从一台计算机到另一台计算机被回传过来，直到到达你的计算机。而所有这一切只发生在一瞬间。

你可以把网络想象成一个高速公路系统，信息在繁忙的路上奔驰着，计算机在岔口处认真地接收着每条信息，然后将它们转发到正确的目的地。与真正的道路不同，这些路上的每个岔口处每秒都有数以千计的信息到达。将信息发送给正确的目的地称为“路由”。事实上，常常有一个名叫“路由器”（Router，一种特殊的计算机装置）的设备作为网络的一部分，用以传送所有信息到正确的计算机。如果不按照这些路由的步骤发送信息，那么我们将不得不在每两台计算机间建立一个直接连接用于交流信息，这将需要用到无穷根网线。

为了理解网络信息传递的机制，请观看教师播放的视频“橘子游戏”，如图 1-9-2 所示。

图 1-9-2 “橘子游戏”视频截图

提示：游戏中的每个小孩代表网络中的一台计算机，不同颜色的衣服代表计算机的名称（地址），不同颜色的橘子代表要传递的不同信息，每个小孩的两只手就是计算机传递处理信息的存储空间（缓冲），传递橘子的方式就是处理信息的规则（算法）。

※课堂讨论与训练：

以游戏的方式来体验网络路由。

游戏的目标是“路由”，即将每条信息转发到目标计算机（给拥有相同名字的“计算机”），但你只能将信息传递给相邻计算机，最终所有“计算机”都需要拿到属于它们的正确信息。由于每台“计算机”一次只能“拿着”两条信息，因此当你开始传递信息时，只有与有空位的“计算机”相邻的“计算机”才能传递信息。应该注意，每台“计算机”每次只能传递一条信息。

为了让游戏更容易进行，我们设定在你的网络上只有 5 台计算机，每次只有一条或两条信息传送给每台计算机。我们必须牢牢记住规则，即该网络上的每台计算机每次不能同时让两条以上的信息停留。

在教师的组织下，每 5 个学生（代表 5 台计算机）一组，用字母 A、B、C、D、E 为每位学生标上号（代表每台计算机在该网络中的地址），并为每位学生准备两张卡片，上面标上相同的字母 A、B、C、D、E（表示要传递到同名的计算机上的 5 组信息）。我们要求除了一位学生只有一条与自身字母编号（或衣服颜色）匹配的信息外，其他每位学生都有两条信息。由于每只手都只能拿一条信息，因此有一位学生将空一只手出来，而其他学生每只手上都拿着一个卡片（信息）。每组成员应该像视频中那样完成这个训练。

初始情况下，“信息”（卡片）们将随机放在这个网络中，每台“计算机”（即每位学生）将拥有两条任意信息，除了一个空位外。

当传递信息时，你需要控制网络中的全部信息，而且可以控制每台“计算机”每步应该做什么。这与真实网络中计算机的运行方式不同，因为真实情况下每台计算机都是自主运行的，并没有人告诉它们每步必须怎么做。

尽管所有计算机都为一个共同目标工作着，但计算机有时会使用贪婪算法，即在每个时刻每台计算机都试图按照能让自己获得最大利益的方式来运行。在贪婪路由算法中，一旦某台计算机收到它的目标信息后，就不会再让这条信息离开自己。

你认为贪婪算法在我们的路由游戏中行得通吗?

在这个路由游戏中，贪婪算法将导致死锁。而当出现死锁时，游戏便无法继续下去，因为有人拿着他人需要的资源不肯放手。

除了在计算机间传送信息外，网络上还会出现其他情况的死锁。

你能举出几个真实世界中会发生死锁的例子吗?

任务小结

本任务主要介绍了构建网络的原理，以及网络形成阻塞的原因和解决的思路。

项目二　新信息技术简介

任务 1　虚拟现实技术

任务目标

- 了解虚拟现实技术（VR）及其特点。
- 了解虚拟现实技术的应用。
- 了解增强现实技术（AR）和混合现实技术（MR）。

情境描述

王海最近经常在电视上、网络上听到虚拟现实等新名词，他想了解一下什么是虚拟现实技术，于是与老师展开了对话交流。

学习内容

王海：老师，我最近经常听到虚拟现实技术，到底虚拟现实技术是什么呀？

老师：VR 是 Virtual Reality 的缩写，中文意思就是虚拟现实。虚拟现实技术是一种能够创建和体验虚拟世界的计算机仿真技术，它利用计算机生成一种交互式的三维动态视景，其实体行为的仿真系统能够使用户沉浸到该环境中。我们可以用“可交互的、三维（3D）的、沉浸的”来描述 VR 观感。

（1）VR 虚拟现实场景是可交互的。通过人机界面、控制设备等实现人机交互。目前比较常见的 VR 交互设备有控制手柄、数据手套、数据头盔等，如图 2-1-1 至图 2-1-3 所示。

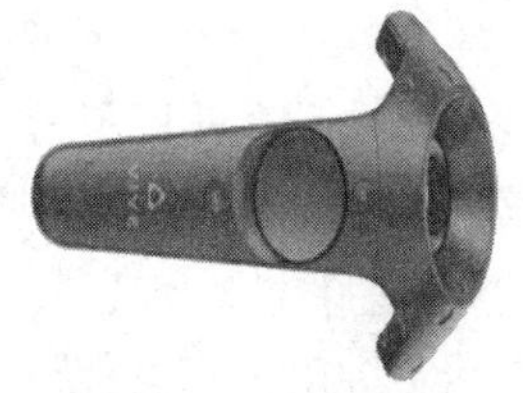

图 2-1-1　控制手柄

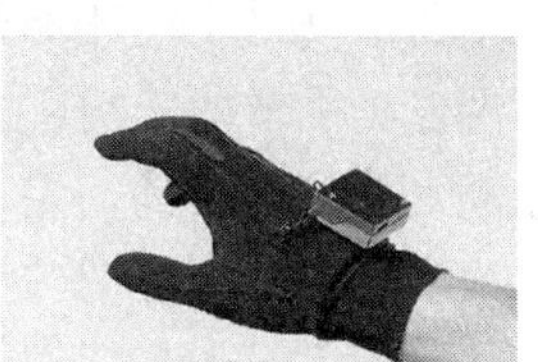

图 2-1-2　数据手套

图 2-1-3　数据头盔

（2）视觉效果是 3D 的，但又与 3D 电影不是一个概念。VR 与 3D 最直观的区别就在于 VR 实现了 720° 全景无死角 3D 沉浸观感。720° 全景是指在水平 360° 的基础上，增加垂直 360° 的范围。配戴 VR 头盔，头部上下左右转动时，观看到的画面也会同步切换场景。

（3）沉浸感渐渐让你分不清虚拟与现实。沉浸感是衡量一台 VR 设备质量的重要指标，沉浸感越强的设备，用户就越相信自己所处的虚拟场景为真实的，理论上来讲，当达到完全沉浸时，用户便无法区分自己处于虚拟世界还是现实世界。当然以目前的技术想要达到完全沉浸还为时尚早，真正的完全沉浸不只是视觉与听觉，触觉甚至嗅觉、味觉都将实现与虚拟场景的交互，如图 2-1-4 所示。

图 2-1-4 VR 体验

王海：老师，这样听起来还是有点抽象，能告诉我虚拟现实技术的一些典型应用吗？

老师：VR 技术可应用的领域很多，如游戏、医疗、直播、影视、营销、教育、社交等。目前消费能力最强、规模最大的领域当属 VR 游戏。VR 游戏与传统游戏相比最大的优势在于它的沉浸感，更能达到物我两忘的境界。VR 教育被认为是最具发展前景的应用领域，比如学生们在学习有关太空的知识时，可以通过 VR 技术呈现太空的景象，让枯燥的课堂变得生动。VR 购物与传统线上的购物相比有极大的优势，虚拟购物商城环境，以三维的形式观看相关物品，触摸、把玩、试用。VR 技术在农业领域目前已经有了很多的应用。比如，通过 VR 眼镜观察深层次的植物结构，利用立体仿真效果观察植物结构，甚至可以近距离地感受细胞的内在结构，如玉米的授粉受精阶段。比如，利用 VR 技术模拟生产环境和生产栽培品种，通过温度、光照、水分等情况，结合施肥整地情况，模拟一年来的生产场景，针对当年的产量及产值情况，分析在生产过程中有哪些环节需要进一步改进，并对生产中存在的问题采用模拟仿真的形式进行不同调节，以找出最适合当季栽培的品种及生产方法，合理调控温度、光照、水肥等。通过模拟仿真可以结合真实的生产找出最佳生产方案。又比如，要想取得插花员这个工种证书，就需要有大量的花材和叶材，而花卉的价格受季节的影响有很大的变化，并且在实际操作过程中受有限花材和叶材数量的影响，无法满足插画造型的需要，而且培训费用又很高，这也影响了很多从业人员技能水平的提升。然而在模拟仿真的条件下，我们仿佛置身于一个插花工作室，摆在面前的是丰富充足的花材，此时就可以尝试多种造型的练习，利用 VR 技术就能满足操作者对花材的需要。在模拟仿真实验室可以反复练习、反复修改作品的造型，极大地节约了成本。总之，VR 技术正在不断地进步，VR 技术应用会越来越广泛。

王海：老师，听起来虚拟现实技术很酷很炫，我很想体验一下，应该怎么办呢？

老师：要想体验虚拟现实技术，硬件上至少需要购置 VR 眼镜，价格从几百元到几千元，然后下载 VR 视频、VR 电影就可以体验了。当然，如果想要体验更逼真的 VR，还需要购置定位器、控制手柄、数据手套、VR 主机等设备。

王海：看起来 VR 是信息技术发展的一个很好的方向，如果我想学习虚拟现实技术，应该怎么学呢？

老师：VR 技术分为两块，一块是 VR 界面设计，另一块是 VR 开发。VR 界面设计主要是针对 VR 所呈现出来的内容进行设计，用到 UI 设计的知识及 UNITY 3D 软件。如果偏向于开发，可以通过不同的语言去实现，现在比较主流的是用 Java 或者 C#开发 VR，Python 也渐渐加入这个领域。

王海：您能否给我提供一些虚拟现实技术的资源呢？

老师：你可以访问https://www.vrzy.com/网站，其中有一些可供下载的 VR 电影和 VR 视频等内容。

王海：老师，我还听说什么 VR、AR、MR，您能指出它们之间的区别吗？

老师：VR 中看到的、感受到的逼真的立体世界实际上全是虚拟的，由计算机生成。AR（Augmented Reality，增强现实）是一种将真实世界信息和虚拟世界信息“无缝”集成的新技术，通过计算机系统提供的信息增强用户对现实世界的感知的技术，并将计算机生成的虚拟物体、场景或系统提示信息叠加到真实场景中，把无法实现的场景在真实世界中展现出来，从而实现对现实的“增强”，达到超越现实的感官体验。MR（Mix Reality，混合现实）包括增强现实和增强虚拟，指的是合并现实和虚拟世界而产生的新的可视化环境。在新的可视化环境里物理和数字对象共存并实时互动。混合现实的实现需要在一个能与现实世界各事物相互交互的环境中。

任务小结

本任务主要介绍了虚拟现实技术、虚拟现实技术的概念、特征和应用，并对 VR、AR、MR 进行了比较。

任务 2　云计算与大数据

任务目标

- 了解云计算与大数据的概念和特点。
- 了解云计算与大数据之间的关系。
- 了解大数据的相关应用。
- 了解大数据的相关技术。

情境描述

王海最近经常在电视上、网络上听到云计算、大数据等新名词，感觉它们非常热门、神奇且功能强大，他想了解一下到底什么是云计算和大数据，于是与老师展开了对话交流。

学习内容

王海：老师，我最近经常听到云计算与大数据，到底什么是云计算和大数据呢？

老师：云计算和大数据实际上是两个独立的概念，两者没有必然的联系。而在实践中，大数据由于要进行海量的数据存储和计算，需要强大的算力做支撑，云计算恰好是灵活又廉价的解决方案；反过来，各类大数据应用又是云计算赖以发展的重要业务，两者相辅相成，共同推进了新一轮的信息技术革命。先来看看云计算，自从 2006 年 Google 首席执行官埃里克·施密特率先提出了"云计算"一词后，其概念众说纷纭，相关领域的机构和专家从不同角度对云计算进行了定义。目前，引用较多的为美国国家标准技术研究院（NIST）对云计算的定义："云计算是一种可以通过网络方便地接入共享资源池，按需获取计算资源（这些资源包括网络、服务器、存储、应用、服务等）的服务模型。共享资源池中的资源可以通过较少的管理代价和简单的业务交互过程而快速部署和发布。"该定义指出了云计算的主要特点。

王海：老师，我觉得这个概念还是有点抽象，您能说简单点吗？

老师：通俗来讲，云计算就是通过相应技术将若干计算资源组成一个逻辑上的整体（这个整体具备强大的数据存储、计算和网络服务能力），然后客户按需申请资源并付费。之所以称为"云"，是因为云计算的某些特征与现实中的云非常切合，如云是抽象的，没有具体形态；云的规模是动态变化的，边界是模糊的；云在空中飘忽不定，无法也无须确定其具体位置，但它确实存在于某处。

王海：好的，老师，我懂了。云计算这么热门，那它有哪些优点呢？

老师：云计算的优点很多，主要体现在以下几个方面：

（1）超强算力。"云"具有相当的规模，Google 云计算已经拥有 100 多万台服务器，Amazon、IBM、微软、Yahoo！等的"云"均拥有几十万台服务器。企业私有云一般拥有数百上千台服务器。"云"能赋予用户前所未有的计算能力。

（2）便捷性。云计算支持用户在任意位置、使用各种终端获取应用服务。所请求的资源来自"云"，而不是固定的有形的实体。应用在"云"中某处运行，但实际上用户无须了解也不用担心应用运行的具体位置。只需要一台笔记本或者一部手机，就可以通过网络服务来实现需要的一切，甚至包括超级计算这样的任务。

（3）高可靠性。"云"使用了数据多副本容错、计算节点同构可互换等措施来保障服务的高可靠性，使用云计算比使用本地计算机可靠。

（4）通用性。云计算不针对特定的应用，在"云"的支撑下可以构造出千变万化的应用，同一个"云"可以同时支撑不同的应用运行。通俗地讲，云计算就是让计算变成像水、电、煤气一样的基础设施，人们可以像购买水、电、气一样购买计算服务，因此可以说云计算重新定义了 IT 软硬件资源的设计和购买的方式，从而可能引发 IT 产业的大规模变革。

（5）低成本。云计算将建设成本转化为运营成本，用户不需要为峰值业务购置设施，不需要大量的软硬件购置和运维成本就可以享用各种 IT 应用和服务。

（6）灵活性。云计算可以快速灵活地构建基础信息设施，并可以根据需求灵活地扩容 IT 资源。云计算提供给用户短期使用 IT 资源的灵活性（例如按小时购买处理器或按天购买存储）。当不再需要这些资源时，用户可以方便地释放资源。

（7）可计量性。云计算具有对 IT 资源的计量能力，可以实现对资源的使用进行监测、控制和优化，使 IT 系统向更便捷、转变更加智能化。

王海：老师，能举例说明我们生活中哪些地方用到了云计算吗？

老师：云计算本质上是一种计算资源，可以把它理解成一台很强大的服务器，对用户来说，它是透明的，与传统服务器没有区别，所以我们感受不到它的存在。但如今，我们身边云计算无处不在，电子政务、电商购物、游戏娱乐、在线办公、在线教育、智慧医疗、智能交通、智慧农业等背后都有云计算做支撑。再说近一点，我们的计算机及手机上的各种网络应用，大部分都运行在云上，比如淘宝、微信、QQ 音乐这些应用都运行在云上，而阿里云、腾讯云也是国内市场占有率较高的公有云。

王海：哦，原来云计算离我们这么近啊，看来云计算已是互联网时代的一种普遍现象了。老师，什么又是大数据呢？

老师："大数据"（Big Data）是一个简单直白的名词，也是时下最热门的词，它不仅是一个概念、一种技术，而且是一种全新的观察、了解和处理问题的方式。大数据的核心任务就在于管理好数据，用好数据，挖掘数据的价值，通过数据分析方法去解释过去，总结规律，预测未来，从中获得可转换为业务执行的洞察力。国际权威咨询机构麦肯锡认为："大数据指的是涉及的数据集规模已经超过了传统数据库软件获取、存储、管理和分析的能力。"这是一个定性并带有主观性的定义，但指出了大数据最核心的两个要素：一是数据规模大，二是对数据的管理和使用与传统的方法有本质的区别。该定义并没有指定一个特定的数字（如大于多少 TB 的才称为大数据），因为随着技术的发展，符合大数据标准的数据集也会不断增长，并且针对不同行业应用，大数据范围可以从 GB 到 TB 甚至到 PB 级别。IBM 公司认为，可以用 3 个特征（3V）相结合来定义大数据：数量（Volume）、速度（Velocity）和种类（Variety），即庞大容量、极快速度和种类丰富的数据。后来，IBM 在 3V 的基础上归纳总结了第 4 个 V，即 Veracity（真实性和准确性），只有真实准确的数据才能让对数据的管控和治理真正有意义。IDC 公司认为："大数据不是一个事物，而是一个跨多个信息技术领域的现象。大数据技术描述了新一代的技术和架构，通过使用高速（Velocity）的采集、发现或分析方法，从超大容量（Volume）的多样（Variety）数据中经济地提取价值（Value）。"我们可以根据以上见解，总结出大数据的以下典型特点：

（1）数量大（Volume）。大数据所包含的数据量很大，而且在急剧增长中。但是，在可供使用的数据数量不断增长的同时，可处理、理解和分析的数据比例不断下降。

（2）种类多（Variety）。随着技术的发展，数据源不断增加，数据的类型也不断增加，不仅包含传统的关系型数据，还包含来自网页、互联网、搜索引擎、论坛、电子邮件、传感器数据等原始的、半结构化和非结构化数据。而实际上，大数据中超过 95%的数据都是非结构化数据。

（3）速度快（Velocity）。除了搜集数据的数量和种类发生变化，需要处理和生成数据的速度也在变化。数据流动的速度在加快，要有效地处理大数据，需要在数据变化的过程中实时分析数据，而不是滞后地处理数据。

（4）价值量（Value）。在信息时代，信息具有很重要的商业价值。但是，信息具有生命周期，数据的价值会随时间迅速降低。另外，大数据数量庞大，种类繁多，变化也快，数据的价值密度很低。如何从大量多样的数据中尽快地分析出有价值的信息非常重要。对海量的数据进行挖掘和分析，也是大数据技术的难点。

（5）真实性（Veracity）。这是一个衍生特征，真实有效的数据才有意义。随着新数据源的增加、信息量的爆炸式增长，我们很难控制数据的真实性和安全性，因此需要对大数据进行有效的信息治理。

王海：老师，数据每时每刻都在大量产生，为什么近两年大数据才火起来？

老师：这主要有三个方面的原因。一是伴随着移动互联、物联网的快速发展，人与人、人与机器、机器与机器之间的连接无处不在，数据产生的速度可以用“瞠目结舌”来形容，下面来看看我们是如何被数据包围着。互联网上的一分钟，有 395833 人登录微信，19444 人进行视频或语音聊天，62.5 万部优酷、土豆视频被观看，百度上有 4166667 个搜索请求，Netflix 共有 69444 小时的视频被观看，1 亿 5 千万封电子邮件被发送，Uber 产生了 1389 次驾驶，Snapchat 上分享了 527760 张照片，苹果商店有 51000 个 App 被下载，Amazon 产生了$203596 的销售额，Twitter 上发布了 347222 条新推文，Instagram 上发布了 28194 张新照片，Spotify 上的音乐播放时长达 38052 小时，Vine 上的小视频播放了 100 万次，Tinder 上又有 972222 的新配对，Youtube 上有 278 万的视频被观看，WhatsApp 上发送了 2000 万条新信息（以上为 2016 年数据）。如今，全球数据总量每年增长 50%。二是硬件技术得到快速发展，成本大幅下降，使得单位存储和算力成本大幅降低，为存储和分析海量数据提供了物理条件。三是大数据处理技术的发展和大数据应用的逐渐落地，极大地提高了生产力，越来越多的人开始认识到大数据的价值。

王海：老师，为什么要把大数据这个概念单独提出来，它与传统的数据管理有什么区别呢？

老师：这个问题非常好！如前所述，大数据是一种新的认识和处理问题的方式、一种新的思维变革。这种变革至少包含以下几个方面：

（1）更多。大数据使用的是全体数据，而不是随机样本。小数据时代采用随机采样，力求用最少的数据获得较多的信息，当数据处理技术已经发生翻天覆地的变化时，我们有能力去收集、存储和分析所有的数据，此时“样本=总体”。

（2）更杂。不是精确性，而是混杂性。执迷于精确性是信息缺乏时代和模拟时代的产物。只有 5%的数据是结构化且能适用于传统数据库的。如果不接受混乱，剩下的 95%的非结构化数据都无法被利用。大数据允许不精确、纷繁的数据越多越好，当数据足够多时，大数据的简单算法比小数据的复杂算法更有效。所以，混杂性不是竭力避免，而是大数据的标准途径。

（3）更好。不是因果关系，而是相关关系。在大数据时代，我们不必知道现象背后的原因，知道“是什么”就够了，没必要知道“为什么”，要让数据自己“发声”。

王海：老师，能举几个大数据应用的实例吗？

老师：（1）京东用大数据技术勾勒用户画像。用户画像提供统一数据服务接口供网站其他产品调用，提高与用户间的沟通效率，提升用户体验。比如提供给推荐搜索调用，针对不同用户属性特征、性格特点或行为习惯，在他搜索或单击时展示符合该用户特点和偏好的商品，给用户以友好舒适的购买体验，能很大程度上提高用户的购买转化率甚至重复购买，对提高用户忠诚度和用户黏性有很大帮助；再比如数据接口提供给网站智能机器人 JIMI，可以基于用户画像为用户量身定做咨询应答策略，如快速理解用户意图、针对性商品评测或商品推荐、个性化关怀等，大幅提升 JIMI 智能水平和服务力度，赢得用户的肯定。

（2）爱奇艺大数据分析工具绿镜通过搜集、分析用户对《高科技少女喵》每分钟收视喜好乃至用户对每个内容片段的不同反应，协助创作方对剧集进行优化，也让网络播放量直线飙升。新鲜创意的不断尝试给观众带来了与众不同的体验，用户对此类剧的热忱与日俱增。

（3）浪潮 GS 助力广安集团“一猪一 ID”强化食品安全。作为辐射全国的农牧企业集团，多年来广安集团一直致力于解决企业信息化进程与企业发展需求不匹配的问题。2013 年，广安集团引入浪潮 GS，采用单件管理系统，通过"一猪一 ID"对其成长周期进行全过程监控，促使食品安全可追溯，实现饲养流程精细化、集约化管理，使每年饲料节约 20%左右，为广安集团的智慧企业养成之路奠定了基础。

（4）微软大数据成功预测奥斯卡 21 项大奖。2013 年，微软纽约研究院的经济学家大卫•罗斯柴尔德利用大数据成功预测 24 个奥斯卡奖项中的 19 个；2014 年预测出第 86 届奥斯卡金像奖颁奖典礼 24 个奖项中的 21 个，继续向人们展示现代科技的神奇魔力。

（5）PredPol 预测犯罪发生概率。PredPol 公司通过与洛杉矶和圣克鲁斯的警方以及一群研究人员合作，基于地震预测算法的变体和犯罪数据来预测犯罪发生的概率，可以精确到 500 平方英尺的范围内。在洛杉矶运用该算法的地区，盗窃和暴力犯罪数量分别下降了 33%和 21%。

基于大数据应用的行业案例不计其数，为各行各业带来可观的收益和广阔的前景。如今，大数据正在与政务、商业、教育、医疗、交通、制造等行业加速融合，极大地促进了生产效率的提升和社会的进步。

王海：老师，如果我想进一步学习大数据技术应该怎么办呢？

老师：大数据是一门热门技术，对应的岗位也很多，初级岗位有数据采集、数据治理、初级数据分析、平台运维等，高级岗位有数据分析师、大数据架构师、算法工程师等。一般来说，从事大数据初级岗位至少应熟悉一门编程语言，如 Java 或 Python，熟悉一种主流的关系型数据库及 SQL 语言，熟悉 Linux，另外，必须对 Hadoop 生态圈相关产品有较深入的了解，因为目前绝大多数大数据产品都是基于 Hadoop 技术体系开发的。除了在课堂打好基础外，更要充分利用课余时间和网络资源，制订计划，循序渐进地学习。网络课程可参考爱课程 http://www.icourses.cn 和中国大学 MOOC http://www.icourse163.org。

任务小结

本任务主要介绍了云计算与大数据的概念及其特点与应用，并对大数据技术作了简单介绍。

任务 3　物联网技术及应用

任务目标

- 掌握物联网的基本概念。
- 了解物联网的体系架构。
- 了解物联网的典型应用。

情境描述

11 月中旬的周末，虽然天气晴朗，但气温骤降，冷飕飕的。成都农业科技职业学院的大三学生大明本想待在宿舍，但一想到毕业设计需要进行实验时，便拿出手机，在网上申请了成都农业科技职业学院物联网实验室的使用。

申请得到批准后，大明于当天下午好不容易约上大一学弟小明前来协助，共同前往实验室。大明使用自己的一卡通在实验室所在的大楼底楼刷卡，开启卷帘门，随后又使用一卡通开启三楼的实验室大门。刚进入实验室，实验室里的窗帘就自动打开了，还没等到正式开始实验，小明就感觉到室内已经变暖，原来空调早已开始工作。此时，小明不仅感觉神奇，而且心情舒畅，非常愉快地加入到了大明的实验中。

时间过得很快，不知不觉天色已晚，正当小明寻找电灯开关时，电灯自动开启，随后窗帘也自动关闭。联想到刚进入实验室时的情景，小明感觉特别温馨。一阵感慨后，小明陷入了沉思：是谁为我们打开了窗帘、空调和电灯？室内温度为什么恰到好处？如何知道我们什么时候需要灯光？

看到小明激动而疑惑的眼神，大明骄傲地告诉小明，我们所感受的温馨及呵护实际上就是物联网应用的效果，这一切的实现需要物联网技术。物联网已经进入各行各业，融入我们的工作、学习和生活中。

学习内容

1. 物联网的概念

随着网络覆盖的普及，人们提出了一个问题，既然无处不在的网络能够成为人际间沟通的无所不能的工具，那么为什么不能将网络作为物体与物体沟通的工具、人与物体沟通的工具，乃至人与自然沟通的工具呢？物联网的形成如图 2-3-1 所示。

图 2-3-1 物联网的形成

1998 年，美国麻省理工学院（MIT）的 Kevin Ashton 第一次提出：把 RFID（射频识别）技术与传感器技术应用于日常物品中形成一个“物联网”；1999 年，美国麻省理工学院 Auto-ID 实验室首先提出物联网概念，主要建立在物品编码、RFID 技术和互联网的基础上；2005 年，国际电信联盟（ITU）在发布的《ITU 互联网报告 2005：物联网》报告中正式提出了“物联网”概念：物联网是通过 RFID 和智能计算等技术实现全世界设备互连的网络。报告指出，人类在信息与通信世界里将获得一个新的沟通维度，从任何时间、任何地点的人与人之间的沟通连接扩展到人与物和物与物之间的沟通连接；2008 年，IBM 提出：把传感器设备安装到各种物体中，并且普遍连接形成网络，即“物联网”，进而在此基础上形成“智慧地球”；2009 年，欧洲物联网研究项目工作组制定《物联网战略研究路线图》，介绍传感网、RFID 等前端技术和 20 年发展趋势。

物联网形式早已存在，统一意义上的物联网概念提出是在架构在互联网发展成熟的基础上，将其用户端延伸和扩展到任务物品与物品之间进行信息交换和通信的一种网络。因此，物联网就是“物物相连的互联网”，它把所有物品通过信息传感设备与互联网连接起来，以实现智能化识别和管理。

物联网被视为互联网的应用扩展，应用创新是物联网发展的核心，以用户体验为核心的创新是物联网发展的灵魂。物联网是指通过各种信息传感设备，如传感器、射频识别（RFID）技术、全球定位系统、红外感应器、激光扫描器、气体感应器等各种装置与技术，实时采集任何需要监控、连接、互动的物体或过程，采集其声、光、热、电、力学、化学、生物、位置等各种信息，与互联网结合形成的一个巨大网络。其目的是实现物与物、物与人、所有的物品与网络的连接，方便识别、管理和控制。

奥巴马 2009 年 1 月 20 日就职美国第 44 任总统，1 月 28 日为了摆脱经济危机阴影的笼罩，提出了两项国家新战略计划：新能源和“物联网”。“互联网+物联网=智慧的地球”，奥巴马期望利用“智慧的地球”来刺激经济复苏，把美国经济带出低谷。

在我国，2009 年 8 月温家宝总理提出“感知中国”，物联网被正式列入国家五大新兴战略性产业，写入《政府工作报告》，物联网在中国受到了全社会的极大关注。

※课堂讨论与训练

1. 物联网为什么突然火了？
2. 物联网是忽悠还是又一场技术革命？
3. 物联网概念是否在反复炒冷饭？

2. 物联网体系架构

物联网的价值在于让物体拥有了“智慧”，从而实现人与物、物与物之间的沟通。物联网的核心在于全面感知、可靠传输和智能计算，其工作过程与人的智能处理过程基本相同，如图 2-3-2 所示。

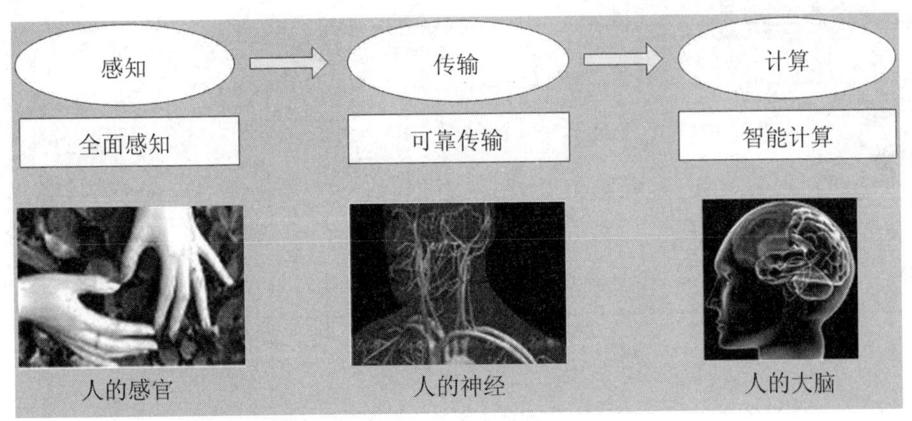

图 2-3-2　物联网体系与人的智能处理过程

物联网体系架构公认有三个层次：感知层、网络层和应用层，如图 2-3-3 所示。

（1）感知层（图 2-3-4）。感知层相当于人的感官，是物联网全面感知的基础。其作用是感知和识别物体，采集和捕获信息。其实现方式有 RFID 标签和读写器、M2M 终端和传感器、传感器网络和网关、摄像头和监控、GPS/北斗定位、智能家居网关等。

（2）网络层（图 2-3-5）。网络层是物联网无处不在的前提，类似于人体结构中的神经中枢和大脑。该层包括通信与互联网的融合网络、网络管理中心和信息处理中心。其作用是随时随地连接感知层和应用层。其主要层次分为接入网，无线/光纤各种类型的接入形式；核心网，统一 IP 协议上的大带宽的可靠网络；业务支撑平台，业务统一管理部署和运营支撑。

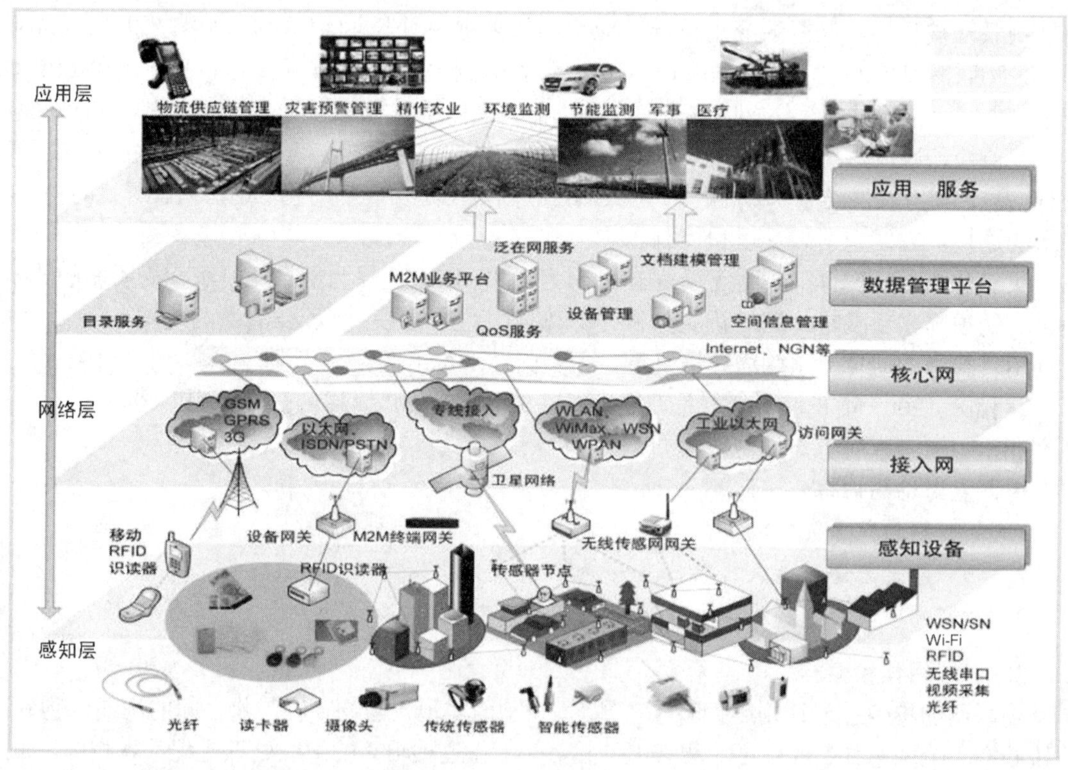

图 2-3-3 物联网技术体系架构

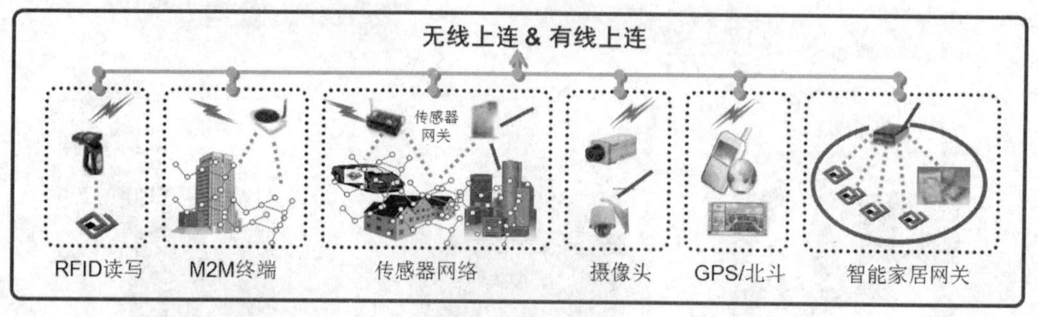

图 2-3-4 感知层

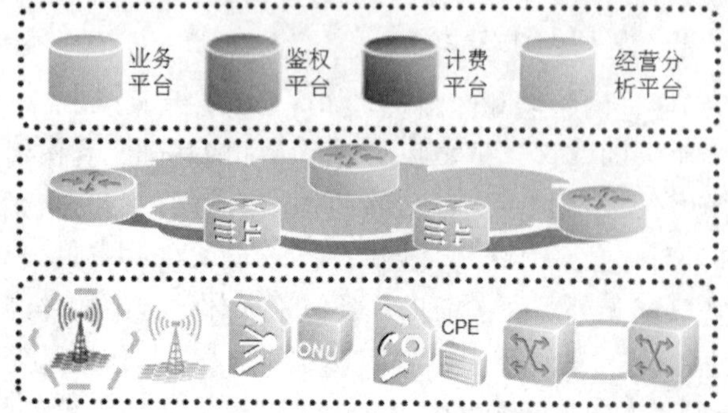

业务支撑平台

- 提供终端和业务的通道和联动控制逻辑
- 实现不同终端和业务统一管理、部署和扩展
- 针对客户提供用户自定义业务环境和接口

核心网络&业务网关

- 统一IP协议的高效率的核心网络/设备/接口
- 针对海量流量和高可靠性要求的拓扑和机制
- 边缘业务控制实现业务感知、控制和策略转发

接入网络

- 无线接入：2G/3G/LTE/WLAN/WiMax
- 有线接入：光纤（PON）和铜线（xDSL）
- 汇集承载：IP化传输网络（PTN/CE）

图 2-3-5 网络层

（3）应用层。应用层是物联网智能处理的中枢。其作用是信息技术与行业专业技术结合，实现广泛智能化应用的解决方案集合，如智能农业、智能家居、智能交通、智能医疗、智能城管、智能电力、智能通信服务等。

※课堂讨论与训练

1. 工业领域中的自动化与物联网中的智能化有什么不同？
2. 物联网与互联网的关系如何？互联网在物联网体系结构中涉及哪些层？

3. 物联网应用

物联网已经广泛应用于各行各业，主要应用方向有智能家居、智能交通、智能农业、智能城管、智能电力、智能医疗、智能通信服务等。

（1）农业物联网。纵观国内外现代农业进程，可以分为四个期间（表 2-3-1）。

表 2-3-1　农业进程的四个期间

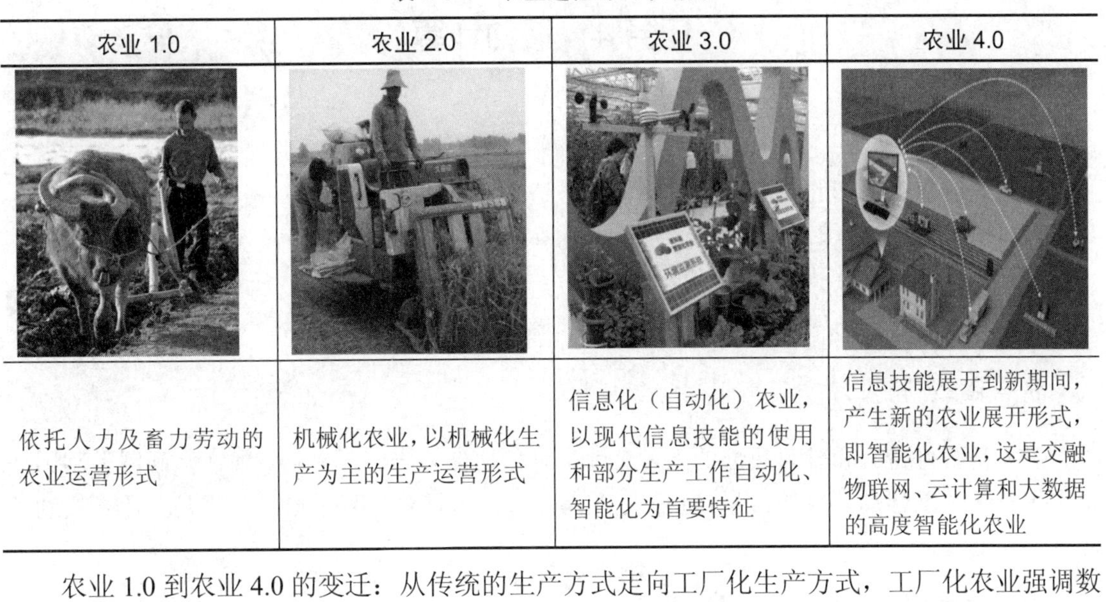

农业 1.0	农业 2.0	农业 3.0	农业 4.0
依托人力及畜力劳动的农业运营形式	机械化农业，以机械化生产为主的生产运营形式	信息化（自动化）农业，以现代信息技能的使用和部分生产工作自动化、智能化为首要特征	信息技能展开到新期间，产生新的农业展开形式，即智能化农业，这是交融物联网、云计算和大数据的高度智能化农业

农业 1.0 到农业 4.0 的变迁：从传统的生产方式走向工厂化生产方式，工厂化农业强调数值化、集约化、智能化、信息化、标准化。物联网技术在智能农业中的作用是提高效率转变发展方式、智能农业助力绿色发展和传统农业转型的催化剂。

（2）智能交通。智能交通是将先进的信息技术、数据通信传输技术、电子传感技术、控制技术及计算机技术等有效地集成运用于整个地面交通管理系统而建立的一种在大范围内全方位发挥作用的，实时、准确、高效的综合交通运输管理系统。智能交通可实现环保、便捷、安全、高效、可视和可预测交通。

（3）智能家居。智能家居是在互联网影响之下物联化的体现。利用先进的计算机技术、网络通信技术、综合布线技术、传感器技术等物联网技术手段，将与家居生活有关的各种设备（如音视频设备、照明系统、窗帘控制、空调控制、安防系统、数字影院系统、影音服务器、影柜系统、网络家电等）有机地结合在一起，提供家电控制、照明控制、电话远程控制、室内外遥控、防盗报警、环境监测、暖通控制、红外转发、可编程定时控制等多种功能和手段，构成兼备建筑、网络通信、信息家电、设备自动化，集系统、结构、服务、管理于一体的高效、舒适、安全、便利、环保的居住环境。

※课堂讨论与训练

1. 农产品溯源的意义是什么?
2. 智能家居是否是继家居装修装饰后的另一个热点?
3. 无人驾驶是否依赖智能交通?

任务小结

物联网就是“物物相连的互联网”，它把所有物品通过信息传感设备与互联网连接起来，以实现智能化识别和管理。

物联网体系架构公认有三个层次：感知层、网络层和应用层。

物联网已经广泛应用于各行各业。

任务4 移动计算

任务目标

- 了解移动计算的基本作用。
- 了解移动计算的基本应用。
- 了解移动计算与移动互联的区别。
- 了解移动计算与云计算的关联。

情景描述

王海是有好奇心和学习热情的人，最近又对移动计算产生了兴趣。他在互联网上利用搜索引擎查找关于移动计算的信息，获得了一些信息，又产生了新的疑问。于是，他又找到了老师。

学习内容

王海：老师，移动互联和移动计算有什么区别呢？

老师：移动互联是移动互联网的简称，是将移动通信与互联网结合而成的，是一种通过智能移动终端，采用移动无线通信方式获取业务和服务的新兴技术。

王海：我在互联网上搜索得知，移动计算是随着移动通信、互联网、数据库、分布式计算等技术的发展而兴起的新技术。移动计算技术将使计算机或其他信息智能终端设备在无线环境下实现数据传输及资源共享。它的作用是将有用、准确、及时的信息提供给任何时间、任何地点的任何客户。

老师：是的，利用现代无线通信技术和设备进行数据交互和处理均叫作移动计算。从移动计算的定义来看，移动计算要包含以下要素：无线通信、移动设备、数据的交互和处理。

移动计算是在计算机技术和通信技术迅猛发展以及用户对网络应用的更高需求下产生的一种新的计算模式，是分布式计算在移动通信环境下的扩展和延伸，随着3G、4G技术的应用，移动计算在理论、技术、产品、应用、市场等多个层面获得了飞速发展，成为当前计算机技术的前沿领域。

移动计算就是应用便携式计算设备与移动通信技术，使用户能够随时随地的访问网上的信息或者获取相关计算环境下的服务。移动计算系统由移动终端、无线网络单元（MU）、移动基站（MSS）、固定节点和固定网络连接而成，如图 2-4-1 所示。

图 2-4-1　移动计算系统的组成

其中，固定网络构成连接固定节点的主干；固定节点包含通常的文件服务器和数据库服务器；移动基站是一类特殊的固定节点，它带有支持无线通信的接口，负责建立一个无线网络单元，无线网络单元内的移动终端通过无线网络单元与移动基站连接，进而通过移动基站和固定网络与固定节点（固定主机和服务器）以及其他移动计算机（或移动终端）通信。

王海：可以举一个实际的例子吗？

老师：移动计算已经融入生活的方方面面，从国防军事、航空航天到交通运输、能源化工、金融保险、教育科研、卫生保健、采矿制造等无处不在。士兵通过 GPS（全球定位导航系统）随时了解自己的战斗位置；雷达站将敌情通过信息共享数据链发送给任何一架正在执勤的战斗机；森林、海洋、天气、地震实时监测；酒店服务员使用手机 App 方便地下菜单；随时随地通过手机将自己的照片发布到微博上；记者们在新闻现场使用数字 DC、DV 做到即拍即发；超市的员工使用手持无线设备扫描磁条进行出入库或结账等，这些都是移动计算的实际应用。

王海：我明白了，那么抖音、微信也使用了移动计算技术吧？

老师：是的。还记得什么是云计算吗？

王海：记得，云计算采用一种按使用量付费的模式，这种模式提供可用的、便捷的、按需的网络访问，进入可配置的计算资源共享池（资源包括网络、服务器、存储、应用软件、服务），这些资源能够被快速提供，只需投入很少的管理工作或与服务供应商进行很少的交互。

老师：其实现在的很多应用都是云计算和移动计算的结合，如图 2-4-2 所示。在移动互联背景下，将复杂的、大数据量的工作交给云计算中心去完成，将处理完成的数据在移动平台上显示给用户，这是移动计算部分。有一种说法叫移动云计算，是指通过移动网络以按需、易扩展的方式获得所需的基础设施、平台、软件（或应用）等的一种 IT 资源或（信息）服务的交付与使用模式。移动云计算是云计算技术在移动互联网中的应用。

老师：随着大数据、云计算、人工智能技术、物联网技术的结合与发展，移动互联网将会承载更加智能、更加丰富的功能，让我们的生活更加便捷、更加精彩。

王海：我明白了，好期待啊，谢谢老师！

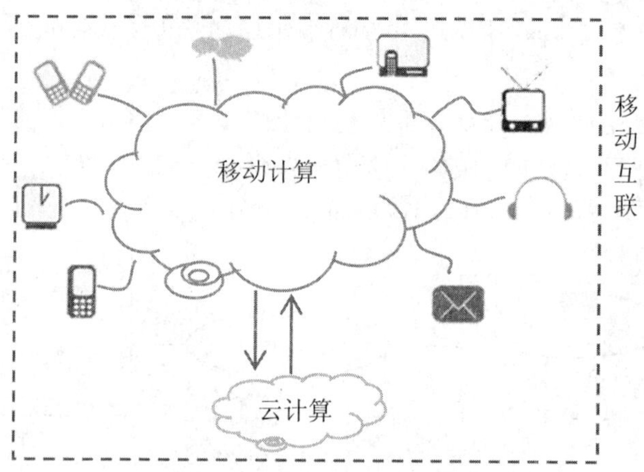

图 2-4-2　移动互联技术关系图

任务小结

本节主要讲述了移动计算的基本作用和实际应用，对移动计算与移动互联进行了区分，说明了云计算与移动计算的关联。

任务 5　量子计算

任务目标

- 了解量子计算的概念。
- 了解量子计算机与经典计算机在计算上的差异性。
- 了解量子计算机的发展现状与研究意义。

情境描述

王海经常在网上看到一种说法叫“薛定谔的猫”，但不了解这个词到底是什么意思。于是，他与老师进行探讨，从“薛定谔的猫”入手，了解量子计算的概念以及量子计算机的研究。

学习内容

王海：老师，我最近经常在电视节目里看到一种说法“薛定谔的猫”，好像是用来形容事物结论的不确定性和同一时空多重可能性的存在。这种说法的来源是什么？真的有一只属于薛定谔的猫吗？

老师：“薛定谔的猫”并不是指一只真的猫，它是由奥地利物理学家薛定谔于 1935 年提出的有关猫生死叠加的著名思想实验，如图 2-5-1 所示。实验是这样的：在一个盒子里有一只猫和少量的放射性物质。之后，有 50%的概率放射性物质会衰变并释放出毒气杀死这只猫，同时有 50%的概率放射性物质不会衰变而使猫活下来。按照经典物理学，在打开盒子时，就会观测到两种结果：猫死了和猫还活着。但是当盒子处于关闭状态时，盒子里面的情况就不得而知了，以量子的思想来看，系统处于不确定的状态，猫处于既死又活的叠加态。猫到底是死是活必须在盒子打开后，外部观测者观测时，物质以粒子形式表现后才能确定。很多科学家认为，这是由“平行宇宙”造成的，即当我们向盒子里看时，整个世界分裂成两个同时存在的版本，一个世界是原子衰变了，猫死了；另一个世界里原子没有衰变，猫还活着。

图 2-5-1　“薛定谔的猫”实验

在经典物理学中，世界上所有的物质都可分成两种类型：粒子的特性——可以把粒子想象成棒球或者网球，它很坚硬且有弹性，处在特定的位置上；波的特性——比如我们看到湖中的水波。但是后来科学家们逐渐认识到，每个物体可能都具有两面性，这就是波粒二象性。而波粒二象性及平行宇宙的理念对量子计算来说十分重要。量子计算机在特定问题下的计算速度远超经典计算机的计算速度。

王海：老师，量子计算又是什么呢？为什么能比经典计算机计算快得多呢？

老师：我们要清楚什么是量子计算机。量子计算机是一种使用量子力学原理进行计算的计算机，它能比常规计算机更有效地执行特定类型的计算。我们前面学习过，经典计算机以 0 和 1 的序列来存储各类信息，每个存储单元都称为比特位，一个比特位是 1 或者是 0。但是量子计算机不使用比特位存储信息，它使用的存储单位叫量子位，每个量子位可以是 0 或 1，还可以是 1 和 0。现在，我举个例子让你感受下传统计算和量子计算的不同。

案例：假设小明、小王和小李在同一个城市租住在同一栋楼里。现在这栋楼要拆迁，租户需要搬家，我们帮助他们三人预定了 0 号车和 1 号车两辆车。我们假设：小明和小王是朋友，小明和小李是敌人，小王和小李是敌人。我们把这三个人分成两组上车，希望知道谁上了哪辆车，并且实现以下两个目标：

- 最大限度地增大共享同一辆车的朋友对的数量。
- 最大限度地减小共享同一辆车的敌人对的数量。

经典计算机的计算方法

经典计算机的计算方法如下：

因为每个人都有上 0 号车或者 1 号车两种选择，所以就有 $2\times2\times2=8$ 种方法将这三人分到两辆车上。

小明 |小王 |小李
0 |0 |0
0 |0 |1
0 |1 |0
0 |1 |1
1 |0 |0
1 |0 |1
1 |1 |0
1 |1 |1

使用 3 个比特位，就可以表示这些组合中的任何一种。

怎样才是最好的方案呢？我们简单地定义分数如下：分数=共享同一辆车的朋友对数 – 共享同一辆车的敌人对数。

假设三个人都乘坐 0 号车，那么用 3 个比特位表示就是 000。这种情况下，只有一对朋友——小明和小王，却有两对敌人——小明和小李、小王和小李，那么这种组合的分数就是 1-2=-1。

经典计算机就要把所有的配置都计算一遍，看哪种配置的分数最高。结论如下：

小明 |小王 |小李 |得分
0 |0 |0 |-1
0 |0 |1 |1 ——一个最佳方案
0 |1 |0 |-1
0 |1 |1 |-1
1 |0 |0 |-1
1 |0 |1 |-1
1 |1 |0 |1 ——另一个最佳方案
1 |1 |1 |-1

有两个方案能达到最高分：001 和 110。看上去，3 个人的分配十分简单，但随着越来越多的人参与分配，计算量就会急剧增大。比如 4 个人，就需要计算 $2 \times 2 \times 2 \times 2=2^4=16$ 个配置，100 个人就需要计算 2^{100}=1267650600228229401496703205376 个配置，这是经典计算机无法解决的问题。

量子计算机的计算方法

换个思维，如果用量子计算机如何解决这个难题呢？

用一台普通的计算机，用 3 个比特位，一次只能表示其中一个解，例如 001。然而，使用量子计算机，通过 3 个量子位，可以同时表示所有 8 个解。首先，来看这 3 个量子位中的第一个量子位。当将其设置为 0 和 1 时，就好像创建了两个并行世界。在其中一个平行世界中，量子位被设置为 0，而在另一个平行世界中为 1。现在，如果再把第二个量子位也设为 0 和 1 呢？就像是创造了 4 个平行世界。在第一个平行世界中，两个量子位被设置为 00，第二个平行世界中是 01，第三个平行世界中是 10，第四个平行世界中是 11。类似地，如果将这 3 个量子位都设置为 0 和 1，就会创建 8 个平行世界——000、001、010、011、100、101、110 和 111。相当于是使用 3 个量子位进行计算时，其实是同时在对这 8 个平行世界进行同样的计算。这样，就可以同时计算所有的解，而不是按顺序挨个计算所有可能的解。

由此知道，理论上，当 3 个人需要分配到两辆车上时，量子计算机需要 3 个量子位，操作次数是 1 次；当 4 个人需要分配到车上时，量子计算机需要 4 个量子位，操作的次数还是 1 次；当 100 个人需要分配到车上时，量子计算机需要 100 个量子位，操作次数依然是 1 次。正是这种量子并行性使得量子计算机如此强大。

因为在运行量子计算机时可能存在错误，所以它可能会找到次优解、次次优解等。随着问题变得越来越复杂，这些错误变得越来越突出。因此，在实践中可能需要在量子计算机上运行相同的操作数十次或数百次，然后从结果中选出最优解。

王海：老师，量子计算机现在发展到什么阶段了？对我们的生活到底有什么意义呢？

老师：大约在 2016 年，IBM 提供了一种量子计算机——5 量子比特资源的 IBM Q，如图 2-5-2 所示。

图 2-5-2　IBM Q

老师：2017 年 5 月 3 日，科技界的一则重磅消息，世界上第一台超越早期经典计算机的光量子计算机诞生（计算能力为 10 量子比特）。该“世界首台”是货真价实的“中国造”，是由中国科学技术大学潘建伟教授及其同事，联合浙江大学王浩华教授研究组攻关突破的成果，计算能力当时位居世界第一。2017 年 11 月，IBM 又公布了他们研制的世界首台计算能力为 20 量子比特的量子原型机，如图 2-5-3 所示。2018 年美国的 CES 大展上，IBM 又将其研制的 50 量子比特原型机的内部结构和配置公诸于世。2017 年 9 月初，世界科技巨头微软宣布准备推出量子编程语言，设计复杂药物和先进材料、大型数据库搜索等，对于人类的疾病、生理研究和航空航天深海探索，以及高精尖科技工程都有划时代的意义，商业级量子计算机会成为未来科技的引擎。

图 2-5-3　量子原型机

任务小结

本任务主要介绍了量子计算的概念，通过案例对比了量子计算机与经典计算机在计算上的差异性，并介绍了量子计算机的发展现状与研究意义。

任务 6 人工智能技术

任务目标

- 了解人工智能技术的发展趋势、分类及特点。
- 掌握人工智能技术的相关概念及内涵。
- 了解人工智能技术在各领域的应用。

情境描述

2016 年 3 月，一台名叫“阿尔法狗”（AlphaGo）的计算机与围棋世界冠军、职业九段棋手李世石进行了围棋人机大战，最终以 4:1 的总比分获胜；2016 年底 2017 年初，该计算机又在中国棋类网站上以“大师”（Master）为注册账号与中国、日本、韩国三国的数十位围棋高手进行快棋对决，连续 60 局无一败绩；2017 年 5 月，在中国乌镇围棋峰会上，它与排名世界第一的围棋冠军柯洁对战，以 3:0 的总比分获胜。围棋界公认“阿尔法狗”的棋艺已经超过人类职业围棋顶尖水平，在 GoRatings 网站公布的世界职业围棋排名中，其等级分超过人类排名第一的棋手柯洁。DeepMind 团队公布“阿尔法狗”是第一个击败人类职业围棋选手、第一个战胜围棋世界冠军的人工智能机器人。机器是如何战胜人类的呢？这就要归功于当下非常热门的“人工智能”。

学习内容

1. 人工智能概述

信息化实现了从“认知世界”到“数据世界”。人们对“数据世界”的需求发展到对“知识世界”的需求。为了试探性地搜索启发式的、不精确的、模糊的甚至允许出现错误的推理方法，以便符合人类的思维过程，因此产生了人工智能（Artificial Intelligence，AI）。

（1）智能的含义。首先了解一下“智能”的内涵。所谓智能是指智力和能力的总称。中国古代思想家一般把智与能看作两个相对独立的概念。《荀子・正名》：“所以知之在人者谓之知，知有所合谓之智。”其中，智是指进行认知活动的某些心理特点，能是指进行实际活动的某些心理特点。

（2）人工智能的含义。人工智能可分成两个部分来理解，即“人工”和“智能”。人工，自然就是一些人力所能做到的事情，由人去完成活动。智能，应该理解为智慧和能力。人工智能是研究、开发用于模拟、延伸和扩展人的智能的理论、方法、技术及应用系统的一门新的技术科学。

人工智能作为计算机科学的一个分支，它企图了解智能的实质，并生产出一种新的能以与人类智能相似的方式作出反应的智能机器，如机器人、语言识别、图像识别和专家系统等。它是多种学科相互渗透的一门综合性新学科，是研究如何制造出人造的智能机器或智能系统，来模拟人类智能活动的能力，以延伸人们智能的科学。人工智能诞生以来，理论和技术日益成熟，应用领域也不断扩大，未来人工智能带来的科技产品将会是人类智慧的“容器”。人工智能可以对人的意识、思维的信息过程进行模拟。人工智能不是人的智能，但能像人一样思考，也可能超过人的智能。

人工智能是内容十分广泛的一门科学，它由不同的领域组成，如机器学习、计算机视觉等。人工智能是一门极富挑战性的科学，从事这项工作的人必须懂得计算机知识、心理学和哲学。人工智能研究的一个主要目标是使机器能够胜任一些通常需要人类智能才能完成的复杂工作。

（3）人工智能的分类。人工智能具有复杂性，已发展成一个大学科，并分化出许多分支研究领域。

- 按功能分为机器感知、机器联想、机器推理、机器学习、机器理解、机器行为等。
- 按实现技术分为知识工程与符号处理技术、神经网络技术等。
- 按应用领域分为难题求解、自动定理证明、自动程序设计、自动翻译、智能控制、智能管理、智能决策、智能通信、智能仿真、智能 CAD 等。
- 按应用系统分为专家系统、知识库系统、智能数据库系统、智能机器人系统等。
- 按系统结构分为智能操作系统、智能多媒体系统、智能计算机系统。

（4）人工智能与大数据。人工智能的本质就是机器自学习的过程。机器学习包括两大模块：一是数据来源，即大数据；二是数据处理方式，即机器学习算法。机器在自学习过程中两大模块同时运行。深度学习是机器学习研究中的全新领域，主要是为建立、模拟人脑进行分析学习的神经网络，它模仿人脑的机制来解释数据。深度学习能增强机器学习的能力，整个机理得到大幅改进。

基于大数据分析和处理的人工智能可实现精准推荐，但用它来模拟人工存在较大瓶颈，即模拟不出情感、道德等人类特有的特征，最根本的解决方法是基于生物计算机去变革，这是人工智能演化必经的基础性变革。但受限于技术瓶颈，目前人工智能远未到达成熟的地步。人工智能一旦做成，将对现有移动互联网产品商业模式产生巨大的颠覆，甚至很多移动互联网、互联网产品将不复存在，它的到来将改变现有的购物、聊天和通信方式，甚至对社交产生冲击。

2. 人工智能的发展阶段

人类自古就幻想制造出代替人类工作的机器，我国在公元前 900 多年就有歌舞机器人的记载。在公元前 850 年，古希腊也有机器人帮助人类劳动的传说。“机器人”（Robot）一词来自捷克作家卡雷尔·查培克的一部戏剧。他在 1920 年写了一部名为《罗莎姆万能罗伯特公司》（*Rossum's Universal Robots*）的科幻剧。该剧描写了一批听命于人、进行各种日常劳动的人形机器，捷克语名为 Robota，意为“苦力”“劳役”，英语的 Robot 由此衍生而来。该剧演出后轰动一时，很快译传到国外。Robot 一词也就成了机器人的代名词。然而，在电子计算机出现之前，人工智能还只是幻想，无法成为现实。

（1）第一阶段：孕育期。20 世纪 50 年代，人工智能的兴起和冷落。首次提出人工智能概念后，相继出现了一批显著的成果，如机器定理证明、跳棋程序、通用问题求解程序、LISP 表处理语言等。但由于消解法推理能力的有限，以及机器翻译等的失败，人工智能走入低谷。

本阶段的特点如下：重视问题求解的方法，忽视知识的重要性。图 2-6-1 所示是人工智能创始人——约翰·麦卡锡。

图 2-6-1 人工智能创始人——约翰·麦卡锡

（2）第二阶段：AI 基础技术的形成时期。20 世纪 60 年代末到 70 年代，专家系统出现，使人工智能研究出现新高潮。DENDRAL 化学质谱分析系统、MYCIN 疾病诊断和治疗系统、PROSPECTIOR 探矿系统、Hearsay-Ⅱ语音理解系统等专家系统的研究和开发，将人工智能引向了实用化。1969 年成立了国际人工智能联合会议。

（3）第三阶段：AI 发展和实用。20 世纪 80 年代，随着第五代计算机的研制，人工智能得到了很大发展。1982 年日本开始了“第五代计算机研制计划”，即“知识信息处理计算机系统 KIPS”，目的是使逻辑推理达到数值运算的速度。虽然此计划最终失败，但它的开展形成了一股研究人工智能的热潮。

（4）第四阶段：知识工程与机器学习发展。20 世纪 80 年代末，神经网络飞速发展。1987 年，美国召开第一次神经网络国际会议，宣告了该新学科的诞生。此后，各国在神经网络方面的投资逐渐增加，神经网络迅速发展起来。

（5）第五阶段：智能综合集成。20 世纪 90 年代，人工智能出现新的研究高潮。随着网络技术特别是国际互连网技术的发展，人工智能开始由单个智能主体研究转向基于网络环境的分布式人工智能研究。不但研究基于同一目标的分布式问题求解，而且研究多个智能主体的多目标问题求解，使人工智能更面向实用。另外，Hopfield 多层神经网络模型的提出，使人工神经网络研究与应用出现了欣欣向荣的景象，人工智能已深入社会生活的各个领域。

3. 人工智能的研究与应用领域

（1）人工智能的研究领域。自 20 世纪中叶电子计算机产生以来，科学技术得到迅猛发展，人工智能也随之产生和发展。人工智能已经应用到我们生活的很多领域，伴随着研究的发展，人工智能会更加深入地影响我们的生活。但是人工智能依赖现有计算机去模拟人类某些智力行为的基本原理、技术和方法。目前，人工智能的主要研究领域有模式识别、自动定理证明、机器视觉、专家系统、智能机器人、自然语言处理、计算机博弈、人工神经网络、机器学习。

1）模式识别（Pattern Recognition）。模式识别是通过计算机用数学技术方法来研究模式的自动处理和判读。我们把环境与客体统称为“模式”。随着计算机技术的发展，人类有可能研究复杂的信息处理过程。信息处理过程的一个重要形式是生命体对环境及客体的识别。对人类来说，特别重要的是对光学信息（通过视觉器官来获得）和声学信息（通过听觉器官来获得）的识别。模式识别的代表性产品有光学字符识别、语音识别系统。

2）自动定理证明。自动定理证明是人工智能研究领域中的一个非常重要的课题，其任务是对数学中提出的定理或猜想寻找一种证明或反证的方法。因此，智能系统不仅需要具有根据假设进行演绎的能力，而且需要一定的判定技巧。自动定理证明的主要方法有自然演绎法、判定法、定理证明器、计算机辅助证明。

3）机器视觉（Machine Vision，MV）。机器视觉是人工智能正在快速发展的一个分支。简单说来，机器视觉就是用机器代替人眼来进行测量和判断。机器视觉系统是通过机器视觉产品（即图像摄取装置，分为 CMOS 和 CCD 两种）将被摄取目标转换成图像信号，传送给专用的图像处理系统，得到被摄目标的形态信息，根据像素分布和亮度、颜色等信息，转换成数字化信号；图像系统对这些信号进行各种运算来抽取目标的特征，进而根据判别的结果来控制现场的设备动作。

4）专家系统（Expert System，ES）。专家系统是指具有大量专门知识与经验的智能计算机系统，它在计算机中存储、整理某个专门领域中人类专家的思考解决问题的方法，有着大量某个领域专家水平的知识与经验。专家系统不但能模拟领域专家的思维过程，而且能让计算机宛如人类专家那样智能地解决实际存在的困难和复杂的问题。专家系统是一种模拟人类专家解决领域问题的计算机程序系统。

专家系统是人工智能中最重要的也是最活跃的一个应用领域，它实现了人工智能从理论研究走向实际应用、从一般推理策略探讨转向运用专门知识的重大突破。专家系统的理论和技术不断发展，已经渗透到各个领域，包括军事、法律、商业、计算机设计与制造等。专家系统在功能上已达到甚至超过同领域中人类专家的水平，并在实际应用中产生了巨大的经济效益。

5）智能机器人（图 2-6-2）。机器人（Robot）是自动执行工作的机器装置，它既可以接受人类指挥，又可以运行预先编排的程序，还可以根据以人工智能技术制定的原则纲领行动。它的任务是协助或取代人类工作，例如生产业、建筑业或是危险的工作。它是高度整合控制论、机械电子、计算机、材料和仿生学的产物。在工业、医学、农业、建筑业甚至军事等领域中均有重要用途。

图 2-6-2 智能机器人

智能机器人可以把感知和行动智能化结合起来。它的智能分为两个层次：第一是具有感觉、识别、理解和判断的功能；第二是具有总结经验和学习的功能。智能机器人是靠自身动力和控制能力来实现各种功能的一种机器。智能机器人一般由执行机构、驱动装置、检测装置、控制系统和复杂机械等组成。

智能机器人的发展必将伴随着智能化算法的不断涌现，模糊控制、神经网络、遗传算法及其相互结合也是智能机器人的研究热点之一。由于智能机器人工作环境复杂度和任务的加重，因此人类对其要求不再局限于单台智能机器人，在动态环境中多智能机器人的合作与单个机器人路径规划要很好地统一，才能更好地实现智能化。

现在常见智能机器人分类如下：

- 家务型：能帮助人们打理生活，做简单的家务劳动。
- 操作型：能自动控制，可重复编程，多功能，可固定或运动，用于相关自动化系统中。
- 程控型：按照预先要求的顺序及条件，依次控制机器人的机械动作。
- 数控型：通过数值、语言等对机器人进行示教，机器人根据示教后的信息进行作业。
- 搜救型：在大型灾难后，能进入人进入不了的废墟中，用红外线扫描废墟中的景象，把信息传送给外面的搜救人员。
- 平台型：是在不同的场景下，提供不同的定制化智能服务的机器人应用终端。从外观、硬件、软件、内容和应用等方面都可以根据用户场景需求进行定制。
- 示教再现型：通过引导或其他方式，先教会机器人动作，输入工作程序，机器人则自动重复进行作业。
- 感觉控制型：利用传感器获取的信息控制机器人的动作。
- 适应控制型：能适应环境的变化，控制其自身的行动。
- 学习控制型：能“体会”工作的经验，具有一定的学习能力，并将所“学”的经验用于工作中。

智能机器人是当前人工智能领域一个十分重要的应用领域和热门的研究方向，它直接面向应用。它的研制几乎需要所有人工智能技术，而且涉及其他许多科学技术部门和领域。作为人工智能的理想研究平台，它是一个集感知、思维、效应等多方面全面模拟人的机器系统，但其外形不一定像人类。它是人工智能技术的综合试验场，可以全面地考察人工智能各个领域的技术，其能力和水平已经成为人工智能技术水平甚至人类科学技术综合水平的一个表现和体现，研究它们相互之间的关系还可以在有害环境中代替人类从事危险工作。

6）自然语言处理（Natural Language Processing，NLP）。自然语言处理又称自然语言理解，是一门融语言学、计算机科学、数学于一体的科学。它采用人工智能的理论和技术将设定的自然语言机理用计算机程序表达出来，构造能理解自然语言的系统。自然语言理解的人机对话如图 2-6-3 所示。

图 2-6-3　自然语言理解的人机对话

与机器进行语音交流，让机器明白你说什么，是人们长期以来梦寐以求的事情。语音识别技术就是让机器通过识别和理解过程把语音信号转换为相应的文本或命令的技术。它主要包括特征提取技术、模式匹配准则和模型训练技术三个方面。语音识别技术在车联网得到了充分的应用，例如在翼卡车联网中，只需按一键通客服人员口述即可设置目的地直接导航，安全、便捷。目前，通过语音应答交互系统和移动应用程序对人类语言进行转录的系统已多达数十万，例如 Siri 和各种中文输入法是实现语音识别功能的应用，如图 2-6-4 所示。

图 2-6-4　语音识别

7）计算机博弈（机器博弈）。计算机博弈是人工智能领域的重要研究方向，是机器智能、兵棋推演、智能决策系统等人工智能领域的重要科研基础。机器博弈被认为是人工智能领域最具挑战性的研究方向之一。

国际象棋的计算机博弈已经有很长的历史，并且经历了一场波澜壮阔的“搏杀”。20 世纪 90 年代，IBM 公司以其雄厚的硬件基础，开发了名为“深蓝”的计算机，该计算机配置了国际象棋程序，并为此开发了专用的芯片，以提高搜索速度。1996 年 2 月，“深蓝”与国际象棋世界冠军卡斯帕罗夫进行了第一次比赛，经过六个回合的比赛，“深蓝”以 2:4 告负。1997 年 5 月，系统经过改进之后，“深蓝”第二次与卡斯帕罗夫交锋，并最终以 3.5:2.5 战胜了卡斯帕罗夫，在世界范围引起了轰动。“深蓝”计算机的胜利也给人类留下了深刻印象。人机博弈如图 2-6-5 所示。

图 2-6-5　人机博弈

8）人工神经网络（Artificial Neural Nets）。人工神经网络是由大量处理单元互联组成的非线性、自适应信息处理系统，如图 2-6-6 所示。它是在现代神经科学研究成果的基础上提出的，试图通过模拟大脑神经网络处理、记忆信息的方式进行信息处理。人工神经网络具有 4 个基本特征：非线性、非局限性、非常定性和非凸性。

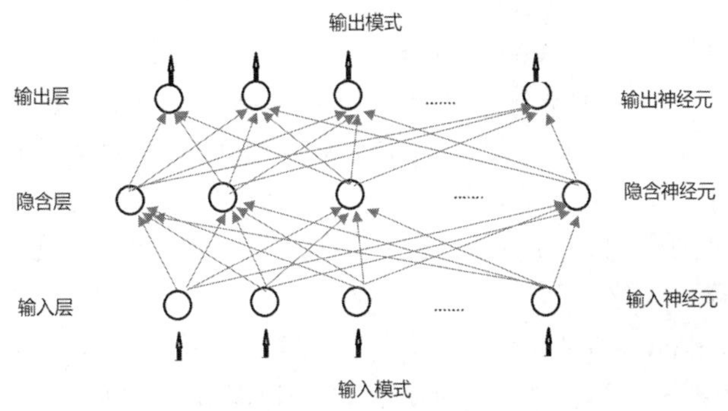

图 2-6-6　人工神经网络

9）机器学习（Machine Learning，ML）（图 2-6-7）。机器学习是一门多领域交叉学科，涉及概率论、统计学、逼近论、凸分析、算法复杂度理论等多门学科。机器学习是计算机科学和人工智能技术的分支，专门研究计算机如何模拟或实现人类的学习行为，以获取新的知识或技能，重新组织已有的知识结构，使之不断改善自身的性能，提升计算机的学习能力。

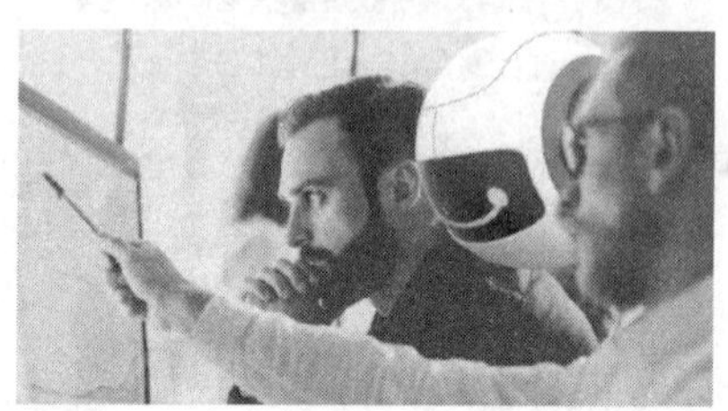

图 2-6-7　机器学习

Adext 是世界上第一个也是唯一一个观众管理工具，它将人工智能和机器学习应用于数字广告，以将广告精准地投放给最符合产品定位的受众。

（2）人工智能在商业管理领域的应用。人工智能应用于企业管理的意义主要不在于提高效率，而是用计算机实现人们非常需要做的，但工业工程信息技术是靠人工做不了或是很难做到的事情。刘玉然在《谈谈人工智能在企业管理中的应用》一文中指出把人工智能应用于企业管理中，以数据管理和处理为中心，围绕企业的核心业务和主导流程建立若干主题数据库，而所有应用系统应该围绕主题数据库来建立和运行。

1）智能投资顾问（图 2-6-8）。智能投资顾问是根据客户理财需求和资质信息、市场状况、投资品信息、资产配置经验等数据，基于大数据的产品模拟和模型预测分析等人工智能技术，输出符合客户风险偏好和收益预期的投资理财建议。

图 2-6-8　智能投资顾问

国内智能投资顾问的参与者众多，包括银行系（如广发智投、招商摩羯智投）、基金系（如南方基金超级智投宝、广发基金基智理财等）、大型互联网公司系（如百度金融、京东智投、同花顺）和第三方创业公司系（如弥财、蓝海财富）等。到目前为止，市场部门已经从人工智能中获益良多，业界对人工智能的信任有充分理由，55%的营销人员确信人工智能在他们的领域会比社交媒体有更大的影响力。决策管理在多类企业应用中得以实现，它能协助或者进行自动决策，实现企业收益最大化。

2）智能营销（Marketing Automation）。智能营销能够提升公司的参与度和效率，对客户进行细分，集成客户数据和管理活动，并简化重复任务，让决策者有更多的时间专注战略制定。通过分析用户的购买、浏览、单击等行为，结合各类静态数据得出用户的全方位画像，搭建机器学习模型去预测用户何时会购买什么样的产品，并进行相应的产品推荐。新一代人工智能技术会精准营销，带来的不止是机器模型效果的提升，通过机器视觉技术搜集消费者在线下门店内的数据，通过自然语言处理技术分析客户在与客服沟通时的语料数据，用于构建消费者画像的数据维度与数据量得到了极大的提升与丰富，提高了精准营销的效果。

精准营销和个性化推荐系统是零售行业内应用最广泛、效果最显著的人工智能技术，线上线下的零售巨头都运用此技术帮助进行交叉销售、向上销售，提高复购率。如天猫 2016 年创造的一千亿元人民币销售额的背后就是一套成熟稳定的个性化推荐系统。

3）新零售应用。无人超市采用了计算机视觉、深度学习算法、传感器定位、图像分析等多种智能技术，消费者在购物流程中将依次体验自动身份识别、自助导购服务、互动式营销、商品位置侦测、线上购物车清单自动生成和移动支付。

亚马逊的 Amazon Go 是一个典型的无人超市案例，它通过自动检测与跟踪系统捕捉并追踪消费者在店内的所有行为，并在入场和消费者身份识别方面采用人脸识别确认用户亚马逊账号身份。在商品位置判断方面，通过货架上的红外传感器、压力感应装置、荷载传感器和摄像头图片对比检索判断货物是否被拿起/放回以及是否在正确的位置。在结算意图识别和交易方面，以室内定位技术（图像以及音频分析、GPS 及 Wi-Fi 信号定位）判断商品与人的关联，以绑定的信用卡等支付方式结算。

（3）人工智能在医学工程领域的应用。医学专家系统是人工智能和专家系统理论与技术在医学领域的重要应用，具有极大的科研和应用价值，它可以帮助医生解决复杂的医学问题，作为医生诊断、治疗的辅助工具。目前，医学专家系统已通过其在医学影像方面的重要作用，应用于内科、骨科等多个医学领域，并在不断发展完善中。

医疗图像分析是人工智能在医学影像方面的应用，主要分为两个部分：一部分是在感知环节应用机器视觉技术识别医疗图像，帮助影像医生减少读片时间，提升工作效率，降低误诊概率；另一部分是在学习和分析环节，通过大量影像数据和诊断数据，不断对神经元网络进行深度学习训练，促使其掌握“诊断”的能力。其中图像识别（Image Recognition）是指在数字图像或者视频中识别和检测出物体或特征的过程，人工智能技术在该领域具有独特的优势。人工智能可以在社交媒体平台上搜索照片，并将其与大量数据集进行比较，从而找出与之最相关的内容。图像识别技术还可以用于车牌识别、客户意见分析和身份验证（图 2-6-9）等。

图 2-6-9　身份验证

人脸识别是通过对人脸视觉特征信息的分析和比较进行的识别，特别是计算机身份识别技术，如图 2-6-10 所示。人脸识别是计算机技术的一个研究热点，属于生物特征识别技术，包括人脸跟踪检测、图像放大自动调整、夜间红外检测和曝光强度自动调整。正是生物体（特别是人）的生物学特性才能区分生物体个体。

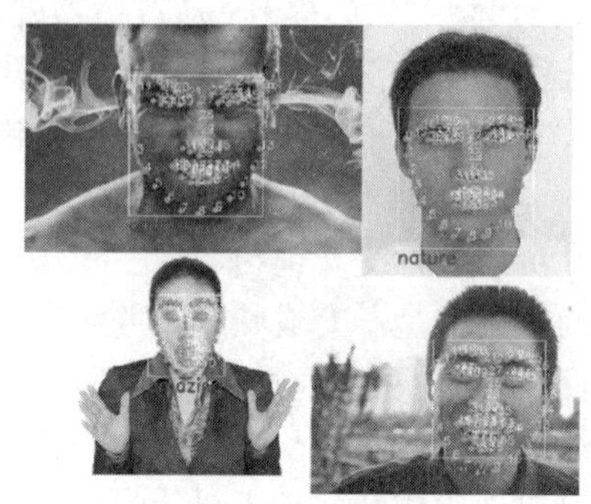

图 2-6-10 人脸识别

（4）人工智能在无人驾驶领域的应用。驾驶辅助系统是汽车人工智能领域目前最火热的方向。在感知层面，利用机器视觉与语音识别技术感知驾驶环境、识别车内人员、理解乘客需求；在决策层面，利用机器学习模型与深度学习模型建立可自动作出判断的驾驶决策系统。按照机器介入程度，无人驾驶系统可分为无自动驾驶（L0）、驾驶辅助（L1）、部分自动驾驶（L2）、有条件自动驾驶（L3）和完全自动驾驶（L4）五个阶段。目前，技术整体处于多个驾驶辅助系统融合控制、可监控路况并介入紧急情况（L2）向基本实现自动驾驶功能（L3）的转变阶段。未来，完全的自动驾驶可以基于感知的信息作出应变，一边担任驾驶员的角色，一边提供车内管家的服务，还能应对其他各方面的需求和任务。谷歌无人驾驶汽车如图 2-6-11 所示。

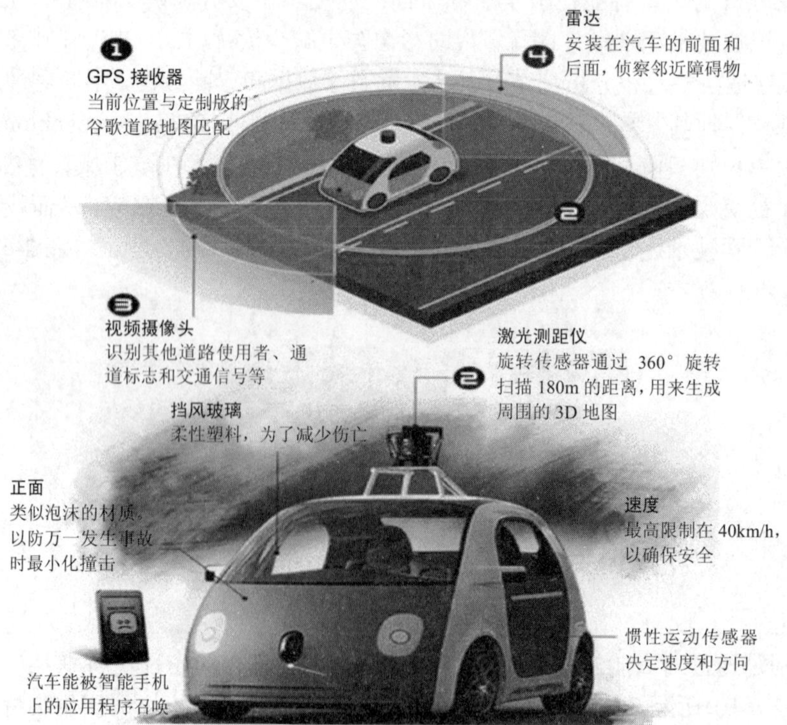

图 2-6-11 谷歌无人驾驶汽车

（5）人工智能在农业及其他领域的应用。地质勘探、石油化工等领域也是人工智能的主要应用领域。1978 年美国斯坦福国际研究所研制出了矿藏勘探和评价专家系统——PROSPECTOR，该系统用于勘探评价、区域资源估值和钻井井位选择等，是工业领域的首个人工智能专家系统，它发现了一个钼矿沉积，价值超过 1 亿美元。

在人工智能的引领下，农业已迈入数字化和信息化的崭新时代，借助其技术优势来提高农业生产的经济效益，是全面实现农业生产现代化、智能化、信息化的必由之路。人工智能在农业种植生产过程中可通过卫星和气象大数据收集、处理、分析和可视化系统，为农场提供种植面积测算、作物长势监测、生长周期估算、产量预估、自然灾害预测、病虫害预警等服务。在畜禽养殖业中，传统养猪中的监测猪场、繁育管理、疫病防治等工作均要依靠人力才能完成，而人工智能时代都可以由视频图像分析、人脸识别、语音识别、数据算法等技术来完成。在现实中阿里云 ET“大脑”已经可以胜任这些工作，它具备多维感知、全局洞察、实时决策等能力，可持续地在较复杂的情况下快速作出优先级的决策。

1）农业专家系统的应用及发展现状。面对众多新技术、新成果，把它们投入农业生产中才是关键。如何让技术能够适应我国复杂的农业生产环境，同时面对不同知识水平的用户，这些都是人工智能技术、云计算技术、农业专家系统等高新技术在农业生产中面临的问题。

农业专家系统可应用于农业的各个领域，如作物栽培、植物保护、配方施肥、农业经济效益分析、市场销售管理等。例如，病虫草害防治专家系统是针对作物不同时期出现的各种症状和不同环境条件，诊断可能出现的病虫草害，提出有效防治方法。栽培管理专家系统是在各作物的不同生育期，根据不同的生态条件，进行科学的农事安排，其中包括栽培、施肥、灌水、植物保护等。栽培部分包括品种选择、种子准备、整地、播种、田间管理与收获，优化它们之间及其与产量之间的关系；施肥部分主要是优化肥料与产量的关系；水分管理部分主要是合理灌排，优化水分与产量的关系；植保部分主要是病虫草害的预测和控制。

农业专家系统来自专家经验，它们代替极少的专家群体，走向地头，进入农家，在各地具体地指导农民科学种田，培训农业技术人员，把先进、适用的农业技术直接教给广大农民。农业专家系统像“傻瓜”照相机那样，可以把农民种田技术提高到专家水平，这是科技普及的一项重大突破。

2）国外农业专家系统的应用现状。国外农业信息系统研究始于 20 世纪 60 年代，初期它仅由农业数据库和数据库管理程序构成。60 年代中期，美国斯坦福大学 Feigen-baum 等人研制了第一个专家系统。从此，人工智能专家系统发展起来，并迅速渗透到各领域，在农业上应用更是方兴未艾。此类专家系统的研制和应用已成为高新技术应用于农业生产的成功案例。

农业专家系统的研究以美国最先进和成熟。1978 年美国伊利诺斯大学开发的大豆病虫害诊断专家系统（PLANT/ds）是世界上应用最早的。到了 20 世纪 80 年代中期，随着专家系统技术的成熟，农业专家系统在国际上得到了迅速发展。功能上已从解决单项问题的病虫害诊断转向解决生产管理、经济分析、辅助决策、环境控制等综合问题的多个方向发展。20 世纪 90 年代，在专家系统的研究中，以欧洲国家、日本、美国最突出。如 1991 年荷兰 Zvi Hoehman 等人开发的用于肉牛养殖场的专家系统，囊括了牛的育种、草场改良和草场质量监控 3 个领域；1992 年 Montas 等人使用地理信息系统（GIS）和专家系统相结合为水土保持计划决策提供依据；1993 年英国 Gareth 等人开发了用于农业环境保护培训的 KMS 系统；1995 年

URSPKREVIER 等人开发的 GAAT 工具用于开发分析天然牧场系统的经济效益的多知识库专家系统；1996 年以色列 Wolfson 开发了花卉管理专家系统；1997 年希腊 Yialouris 开发了用于土地评价的EXGIS专家系统；1998年意大利Jacucci等人开发了用于灌溉管理的HYDRA专家系统等。

近年来，又开发了 CALEX/RICE 用于水稻生产管理，涉及多种作物的病虫害诊断、预测与管理、施肥、防御低温冷害等，一般用于解决带有经验性的定性问题。作物模拟模型是在荷兰和美国创立的，而园艺作物模型出现在 20 世纪 70 年代末 80 年代初，作物模拟模型与农业专家系统的研究和应用表明了农业科学开始进入计算机信息时代。80 年代出现了以农业专家系统为主体而与作物模型、GIS 等相结合向深度发展的趋势，并大面积应用于生产。较典型的有美国棉花管理专家系统 Cotton++、APSIM 等。90 年代以来，农业专家系统、作物模型、3S 技术之间的集成已成为信息技术领域研究的热点之一，印度、加拿大等将 AE-GIS/Win 与 RS、模型、专家系统等结合进行干旱地区决策、农业生产模式等领域的深层次决策支持系统的研究与应用。

3）国内农业专家系统的应用现状。我国农业专家系统的研究始于 20 世纪 80 年代，研究与应用起步较早，许多科研院所、高等院校和各地有关部门都开展了各种农业专家系统的研究、开发及推广应用。如中国农业大学的作物病虫预测专家系统和农作制度专家系统、中国农业科学院农业气象研究所的玉米低温冷害防御专家系统、浙江大学与中国农业科学院蚕桑研究所合作的蚕育种专家系统、河北省农业厅与廊坊市农林局开发的冀北小麦专家系统等。

20 世纪 90 年代以后，我国农业专家系统得到了迅速发展，并且引起了有关部门的高度重视。1998 年 12 月，国家科技部召开的全国农业信息化技术工作会议明确提出：农业专家系统是农业信息技术的突破口。国家自然科学基金委、科技部、农业部和许多省级部门都安排了相应的攻关课题；“863”项目已将农业专家系统等智能化农业信息技术列为国家重点课题，搭建了我国农业专家系统研究开发的战略平台，对农业专家系统的进一步开发起到了积极催化作用。

进入 21 世纪以后，农业专家系统的开发速度日益加快，不仅数量增大，而且涉及的领域更加全面，开发的深度和广度有了很大的进展，为大范围推广应用农业专家系统铺平了道路。如柴萍等开发的农业专家系统在小麦栽培管理中的应用、米湘成等开发的水稻高产栽培专家决策系统、涂云华等开发的番茄栽培管理专家系统、李佐华等开发的温室番茄病虫害缺素诊断与防治系统等。这些农业专家系统的开发在一定程度上促进了农业科技成果的转化，为发展高产、优质、高效农业作出了积极的贡献。

（6）人工智能在农业领域的应用。2016 年世界人口总数已达到 72 亿，其中有 7.8 亿人面临着饥饿威胁。根据联合国粮农组织预测，到 2050 年，全球人口将超过 90 亿，尽管人口较目前只增长 25%，但由于生活水平的提高和膳食结构的改善，对粮食需求量将增长 70%。与此同时，全球仍面临土地资源紧缺、化肥农药过度使用造成的土壤和环境破坏等问题。如何在耕地资源有限的情况下增加农业的产出，同时保持可持续发展呢？人工智能是解决方法之一，其展示出巨大的应用潜力。

1）人工智能在农业生产中的主要功能。人工智能在农业生产与综合治理中的主要功能集中在以下几个方面：

- 病虫害诊断。在病虫害诊断中，如果人工开具病虫处方，工作人员必须有牢固的植物保护基础知识和丰富的实践经验，需要查询大量资料，无法及时满足农户的需要。农业专家系统把这些资料编制成简单的程序，达到迅速确定目标的目的，从而得到最佳防治时期和方案。
- 预测预报。病虫预测预报需要的基本信息有病虫害的生物学参数（如发生虫态、分布范围、空间分布状况等）、发生环境状况（如经纬度、作物品种等）和气象条件资料。获得这些数据需要通过烦琐的计算，人工操作费时费工，容易出错。专家系统可根据输入的原始资料自动选择模拟和计算方法来预测或预报目标信息，快速得出预测预报模型，以掌握其防治时期。
- 管理决策。管理决策型专家系统为病虫害综合管理提供了一种有力的工具。由于影响病虫害发生的各种因素之间的关系复杂，不确定因素很多，同时在治理中既要保护作物的正常生长，又要使防治措施不危害环境，需要进行全面的考虑。专家系统采用模块化方式解决了该难题。
- 专家咨询。专家系统可帮助用户分析和解决具体问题，提供计算机专家咨询服务。系统内容涵盖十分全面，根据用户的不同要求，分别由相应的条件触发相应的动作，实现模拟专家咨询的过程。

2）人工智能在农业中的应用案例。农业专家系统也称农业智能系统，它是运用人工智能知识工程的知识表示、推理、知识获取等技术，总结农业专家长期积累的大量宝贵经验和汇集农业领域的知识与技术，以及通过试验获得的各种资料数据及数学模型等，建造的各种农业“电脑专家”计算机软件系统，模拟农业专家就某个（类）复杂农业问题进行决策。由于具有智能化分析推理、独立方便的知识库增加和修改、使用户不必了解计算机程序语言的开发工具和解释说明功能等，因此是普通计算机程序系统难以比拟的。

根据农业生产流程的需要，有针对性地研究开发出一系列适合不同地区生产条件的实用经济型农业专家系统，为农技工作者和农民提供方便的、全面的、实用的农业生产技术咨询和决策服务，包括蔬菜生产、果树管理、作物栽培、花卉栽培、畜禽饲养、水产养殖、牧草种植等不同类型的农业专家系统。

- 水稻病虫害防治专家系统。由彭莹琼、王映龙等开发的基于 B/S 模式的水稻病虫害诊断专家系统，采用 ASP.Net 编程技术，且融合专家系统、网络信息系统、多媒体技术等理论，主要包括水稻病虫害诊断模块、病虫害防治专业知识模块和专家与用户交流 BBS 平台等，用户通过互联网即可使用该系统，具有使用方便、通用性强等特点。
- 蔬菜病虫害防治专家系统。由刘鹤、李东明等将 CBR 技术引入蔬菜病虫害诊断中，解决蔬菜病虫害诊断专家系统在知识获取上存在的瓶颈问题。针对农业专家在对病虫害诊断时的思维过程和 CBR 基本原理的一致性，构建了 CBR 的蔬菜病虫害诊治专家系统，为蔬菜病虫害诊断问题开辟了一条新的途径。将其应用到蔬菜病虫害的防治工作中，不仅使广大菜农能独立完成病虫害的防治工作，而且由于 CBR 具有能够对未知案例进行推理得出新结论的功能，也能够辅助农业专家对复杂问题进行诊断和防治，因此对生产实践具有重要意义。农业专家系统界面如图 2-6-12 所示。

图 2-6-12 农业专家系统界面

- 土壤、病虫害探测智能识别系统。人工智能应用在土壤探测领域实现土壤探测智能识别。美国的 IntelinAir 公司开发了一款无人机，通过类似核磁共振成像的技术拍下土壤照片，通过计算机智能分析，确定土壤肥力，精准判断适宜栽种的农作物。人工智能在病虫害防护领域也能大展“神威”，实现智能识别功能。生物学家戴维·休斯和作物流行病学家马塞尔·萨拉斯将关于作物叶子的 5 万多张照片导入计算机，并运用相应的深度学习算法开发了一款手机 App——Plant Village（美国），农户将在符合标准光线条件及背景下拍摄出来的农作物照片上传，App 能智能识别作物所患的虫害。目前，该 App 可检测出 14 种作物的 26 种疾病，识别准确率高达 99.35%。此外，该 App 上还有用户和专家交流的社区，农户可咨询专家有关作物所患病虫害的解决方案。人工智能在产量预测领域也有独特的一面，美国 Descartes Labs 公司通过人工智能和深度学习技术，利用大量与农业相关的卫星图像数据，分析其与农作物生长之间的关系，从而对农作物的产量作出精准预测。据测算，这家公司预测的玉米产量比传统预测方法准确率高出 99%。
- 耕作、播种、采摘等智能机器人。将人工智能识别技术与智能机器人技术结合，可广泛应用于农业中的播种、耕作、采摘等场景，极大地提升了农业生产效率，同时降低了农药和化肥消耗。在播种环节，美国 David Dorhout 研发了一款智能播种机器人——Prospero，它可以通过探测装置获取土壤信息，然后通过算法得出最优化的播种密度并且自动播种。在耕作环节，美国 Blue River Technologies 生产的 Lettuce Bot 农业智能机器人可以在耕作过程中为沿途经过的植株拍摄照片，利用计算机图像识别和机器学习技术判断是否为杂草或长势不好、间距不合适的作物，从而精准喷洒农药杀死杂草，或拔除长势不好及间距不合适的作物。据测算，LettuceBot 可以帮助农民减少 90%的农药化肥使用。在采摘环节，美国 Aboundant Robotics 公司开发了一款苹果采摘机器人，其通过摄像装置获取果树的照片，用图片识别技术识别适合采摘的苹果，结合机器人的精确操控技术，可以在不破坏果树和苹果的前提下实现一秒一个的采摘速度，大大提升了工作效率，降低了人力成本。
- 人工智能与禽畜智能穿戴产品。畜禽智能穿戴产品主要应用在畜牧业，它可以实时搜集所养殖畜禽的个体信息，通过机器学习技术识别畜禽的健康状况、发情期探测和预测、喂养状况等，从而及时获得相应处置。在畜牧业领域，加拿大 Cainthus 机器视觉公司通过农场的摄像装置获得牛脸以及身体状况的照片，进而对牛的情绪、健康状况、是否到了发情期等进行智能分析判断，并将结果及时告知农场主。以日本 Farmnote 开发的一款用于奶牛身上的可穿戴设备 Farmnote Color 为例，它可以实时收集每头奶牛的个体信息。这些数据信息会通过配套的软件进行分析，采用人工智能技术分析出奶牛是否出现生病、排卵或是生产的情况，并将相应信息自动推送给农户，以得到及时的处理。

4. 人工智能的发展趋势

人工智能是引领未来的战略性技术。因此，世界主要发达国家都争先恐后地把发展人工智能作为重大战略，以提升国家竞争力、维护国家安全、重塑发展新优势。人工智能已成为经济发展的新引擎、社会发展的加速器，人工智能技术正在渗透并重构生产、分配、交换、消费等经济活动的各环节，形成从宏观到微观各领域的智能化新需求、新产品、新技术、新业态，改变人类生活方式甚至社会结构，实现社会生产力的整体跃升。人工智能在未来的主要发展趋势有如下 5 个方面：

- 大数据智能。它是建立在大数据基础上的智能，深度神经网络是其中重要的内容之一，还包括其他内容，比如语义网络、知识图谱自动化，还有自我博弈系统。把人工智能 1.0 和人工智能 2.0 技术混合在一起，会产生新的大数据智能化的各种各样的技术。
- 跨媒体智能。过去的多媒体技术包括图像处理、声音处理等多种技术，但这些技术都是分开进行的，而人在处理这些情况时是同步进行的。比如看到“张三正在吃苹果”这句话，我们可以联想到很多知识，咬下去的声音是什么，味道怎么样，吃苹果时很可能一些地方已经变色了。我们将视觉、听觉、味觉、触觉等多种感觉融合在一起，这些东西一下子在脑子里调出来了。
- 群体智能。群体智能是指用人工智能方法组织很多人和计算机联合去完成一件事情。实际上人工智能 1.0 已经有这个技术的雏形，称为多智能体系统，但是该系统连接的智能体太少，这个方面还需要突破。
- 人和机器混合的增强智能。这种智能不但比机器聪明，而且比人聪明，能够解决更多问题。比如现在医院使用的达芬奇手术机器人，就是人和机器结合在一起。
- 智能自主系统。人工智能 1.0 热衷于制造机器人，最成功的机器人是机械手，在生产线上被大规模使用。而人工智能 2.0 应该从原有的机器人圈子里跳出来，从一个新的视角来看待新的自动化和智能化相结合的行为。

任务小结

本任务主要介绍了人工智能的含义、人工智能分类、人工智能的发展阶段、人工智能的应用领域、人工智能（农业专家系统、农业机器人）在农业生产过程中的应用案例。在 21 世纪，随着人工智能的蓬勃发展，人工智能在各领域广泛应用，特别是在农业生产过程中的应用，它是农业现代化、信息化的必由之路，是农业生产辅助决策的重要手段。特别是各种专家系统可以对传统的育种技术改善和综合栽培技术推广发挥巨大作用，因而展示出人工智能（专家系统）的广阔发展前景和应用前景。

项目三　Windows 7 操作系统应用

Windows 7 是微软公司于 2009 年 10 月 22 日发布（正式版）的新一代操作系统，它在继承了 Windows XP 实用性和 Windows Vista 华丽的同时，完成了很大变革。Windows 7 包含 6 个版本，能够满足不同用户使用需求。系统围绕用户个性化设计、应用服务设计、用户易用设计、娱乐视听设计等方面增加了很多特色功能。本项目主要介绍 Windows 7 的基本操作、文件管理与系统管理。

任务 1　Windows 7 基本操作

任务目标

在 Windows 7 系统下，掌握启动应用程序及桌面、窗口、“开始”菜单和任务栏的个性化设置操作，了解鼠标操作和常见快捷键的功能。

知识与技能目标

- 掌握正确启动与退出 Windows 7 的方法。
- 熟悉 Windows 7 窗口及对话框的组成和操作。
- 了解鼠标和键盘的操作。
- 掌握常见快捷键的功能。
- 掌握 Windows 7 的桌面组成及基本操作。
- 掌握 Windows 7 应用程序的启动和关闭操作。
- 掌握 Windows 7 下“开始”菜单和任务栏的个性化设置方法。
- 了解桌面快捷方式的创建方法。
- 学会使用 Windows 7 的帮助系统。

情境描述

计算机已经成为我们工作和生活中不可缺少的部分，对计算机的使用要求也越来越高。现在王海同学要设计一个便捷又具个性的任务栏、炫酷的桌面和便捷的“开始”菜单，以方便自己平时使用计算机。

实现方法

本任务主要介绍在 Windows 7 中设计一个具有个性的任务栏、“开始”菜单、桌面图标快捷方式的方法，以及应用程序的启动、任务管理器、Windows 帮助系统和工作窗口的操作等。

实现步骤

1. 启动和关闭计算机

打开主机、显示器的电源，注意观察启动过程和屏幕上的显示信息。计算机进行硬件自检，发出“嘀”的一声短鸣，表示自检通过，硬件系统运行正常。

以默认方式启动计算机，如果设置了开机密码，则在进入用户登录界面时需要在“密码”文本框中输入用户密码，然后按 Enter 键或单击“箭头”图标按钮进入 Windows 7 启动过程。启动完成出现 Windows 7 桌面，如图 3-1-1 所示。

图 3-1-1　Windows 7 桌面

Windows 7 基本操作 1

在保存好各窗口中的数据后，关闭所有打开的窗口和应用程序，单击任务栏左侧的“开始”按钮，在弹出的“开始”菜单中单击“关机”按钮，即可进行关机操作。如果需要重新启动计算机或进行注销等操作，则单击“关机”按钮右侧的三角形按钮，弹出“关机”按钮的级联菜单，如图 3-1-2 所示，在其中选择相应的选项可以执行相应的操作。

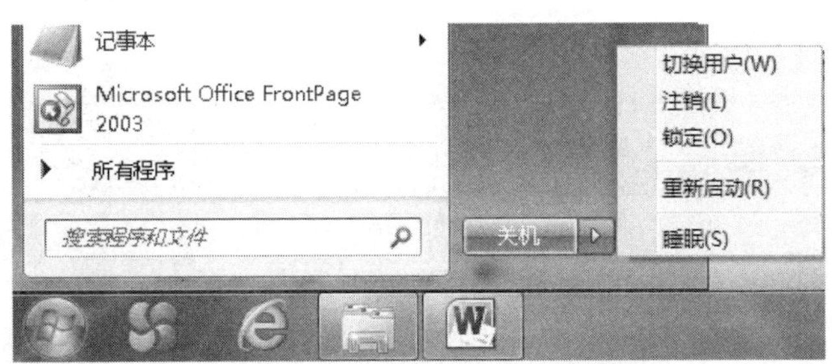

图 3-1-2　“关机”按钮的级联菜单

2. 鼠标和键盘操作

鼠标和键盘是 Windows 中主要的也是最基本的输入设备。

（1）鼠标操作练习。

- 指向：在桌面滑动鼠标，计算机屏幕上的鼠标指针将随之移动，将鼠标指针移动到某个对象上（如“计算机”图标）。

- 单击鼠标左键（简称“单击”）：将鼠标指针指向某个对象，例如“计算机”图标，按下鼠标左键一次后释放。“计算机”图标将以蓝底反白显示，表示处于选中状态。
- 双击鼠标左键（简称“双击”）：将鼠标指针指向桌面上的某个对象，例如“计算机”图标，连续按两下鼠标左键，将打开“计算机”窗口。
- 拖动：将鼠标指向某个对象，如“计算机”窗口的标题栏，按住鼠标左键移动至某个位置后释放鼠标，则该对象移动到新的位置。
- 单击鼠标右键（简称“右击”）：将鼠标指针指向不同的对象，按下鼠标右键一次并放开，将打开不同的快捷菜单，显示针对该对象的一些常用操作命令，其中“属性”命令中包含该对象的有关信息。图 3-1-3 所示为右击“计算机”图标时打开的快捷菜单，图 3-1-4 所示为右击桌面空白处时打开的“桌面”快捷菜单。

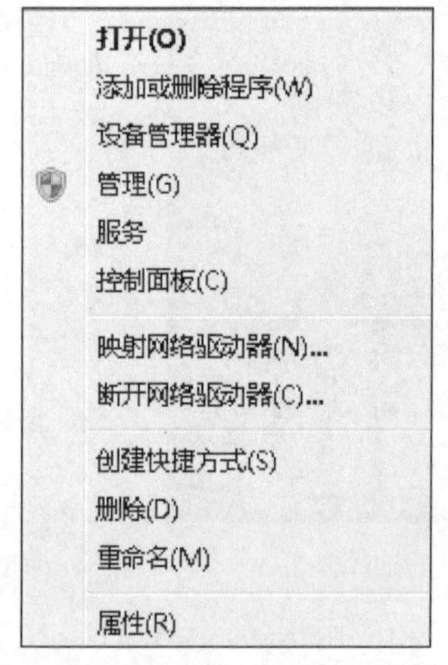

图 3-1-3 “计算机”图标快捷菜单

图 3-1-4 “桌面”快捷菜单

（2）键盘的功能和使用。常用的计算机键盘有 104 键键盘和 107 键键盘，如图 3-1-5 所示，包括数字、字母、常用符号和功能键等。键盘常用键及其功能列表说明见表 3-1-1 至表 3-1-3，供参考使用。

图 3-1-5 键盘

表 3-1-1 常用操作键

键	功能
↵（Enter）	按 Enter 键，确定有效或结束逻辑行
←（Backspace）	退格键，按一次则删除光标左侧的一个字符
Shift	上挡键，按住此键不放，再按双字符键，则取双字符键上显示的字符。对于字母键，则取与当前所处状态相反的大写或小写字母形式
Caps Lock	大小写字母转换键。按下此键后键盘右上角的 Caps Lock 指示灯亮（再次按下时熄灭），输入字母为大写，否则为小写
Num Lock	小键盘数字锁定键。控制小键盘的数字键与编辑键之间的换挡，按下此键后 Num Lock 灯亮，表示数字键有效，否则编辑键有效
Print Screen	拷屏键。按此键将屏幕信息复制到剪贴板中（在 DOS 环境下为输出到打印机上）
空格键	用于输入空格，即输入空字符

表 3-1-2 常用控制键

键	功能
Ctrl	控制键，与其他键一起使用完成某种功能
Alt	控制键，与其他键合用完成某种功能
Tab	制表键，按一次光标右移 8 个字符位置
Esc	取消键，按下该键，则取消当前进行的操作
Ctrl+Alt+Delete	热启动组合键

表 3-1-3 常用编辑键

键	功能
↑	按一次光标上移一行
→	按一次光标右移一个字符
↓	按一次光标下移一行
←	按一次光标左移一个字符
Home	光标移到行首
End	光标移到行尾
Page Up	向上翻页键，按一次光标上移一屏
Page Down	向下翻页键，按一次光标下移一屏
Insert	插入/改写状态转换键
Delete	删除键，按一次删除光标右侧的一个字符
Ctrl+Home	光标移至文档的开始
Ctrl+End	光标移至文档的尾部

3. Windows 7 桌面图标操作

（1）添加桌面图标。Windows 7 桌面非常简洁，默认只有一个“回收站”图标。如果需要添加“计算机”“网络”“控制面板”等基本桌面图标，则需要进行如下操作：

1）在桌面空白位置右击，在弹出的快捷菜单中选择“个性化”命令，打开“个性化”设置窗口。

2）选择窗口左侧的“更改桌面图标”链接，弹出“桌面图标设置”对话框，如图 3-1-6 所示。

图 3-1-6 “桌面图标设置”对话框

3）在“桌面图标”选项卡中，选中“计算机”“网络”和“控制面板”复选项，再单击“确定”按钮，即可将勾选的桌面基本图标添加到桌面上。

（2）添加桌面快捷方式。在“桌面图标设置”对话框的列表框中选择图标，如“计算机”图标，再单击“更改图标”按钮，弹出“更改图标”对话框，如图 3-1-7 所示，在图标选择框中选择一个图标，然后单击“确定”按钮，可以更改图标。

图 3-1-7 “更改图标”对话框

将某个程序添加为桌面快捷方式图标有以下两种方法（例如将 Microsoft PowerPoint 2010 添加为桌面快捷方式）：

- 单击“开始”→“所有程序”→Microsoft Office 命令，然后将鼠标移动到 Microsoft PowerPoint 2010 选项，按下鼠标左键不放，移动鼠标指针到桌面空白位置，松开鼠标左键，即可将 Microsoft PowerPoint 2010 从“所有程序”的 Microsoft Office 下移动到桌面上以快捷方式图标显示，原来“开始”菜单中的对应项就不存在了。
- 单击“开始”→“所有程序”→Microsoft Office 命令，然后将鼠标移动到 Microsoft PowerPoint 2010 选项并右击，在弹出的快捷菜单中选择“发送到”→“桌面快捷方式”命令，即可将 Microsoft PowerPoint 2010 添加为桌面快捷方式，如图 3-1-8 所示。

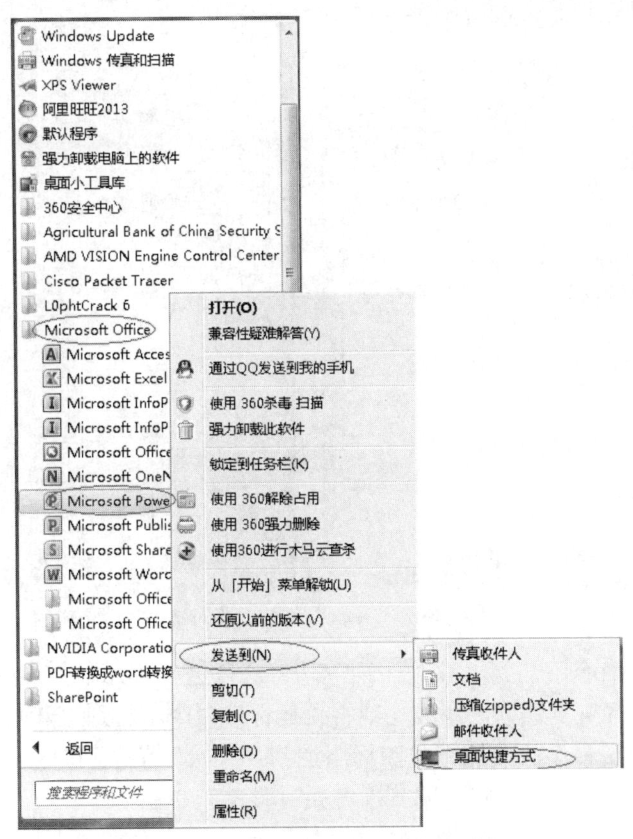

图 3-1-8 创建桌面快捷图标操作

“开始”菜单中的命令项图标移动到桌面后，原始位置不再有该命令项的图标。如果要添加回“开始”菜单，操作方式如下：在桌面上的该图标上按下鼠标左键不放，移动到“开始”按钮，弹出“开始”菜单，移动到“所有程序”选项，弹出“所有程序”次级菜单，移动鼠标指针到菜单后松开鼠标，可以看到在相应位置出现桌面图标对应的命令项，同时桌面上的图标被删除。

调整桌面图标显示方式：在桌面空白位置右击，在弹出的快捷菜单中选择“排序方式”命令，在级联菜单中选择“名称”“大小”“项目类型”或“修改日期”命令进行图标排列，然后观察结果。

隐藏或显示桌面图标：右击桌面空白位置，在弹出的快捷菜单中选择“查看”命令，在级联菜单中取消选择“显示桌面图标”，即可隐藏所有桌面图标，再次选择“显示桌面图标”命令，则可显示所有桌面图标。

Windows 7 基本操作 2

4. 调整“开始”菜单和任务栏属性

（1）调整“开始”菜单。在默认状态下，“开始”菜单以分类方式显示。在任务栏空白位置右击，在弹出的快捷菜单中选择“属性”命令，弹出“任务栏和「开始」菜单属性”对话框，在“「开始」菜单”选项卡中单击“自定义”按钮，弹出“自定义「开始」菜单”对话框，可对“开始”菜单上的链接、图标、菜单的外观和行为进行操作，需要在菜单上显示链接的就选中需要显示项前的复选框，否则取消选中，如图 3-1-9 所示。

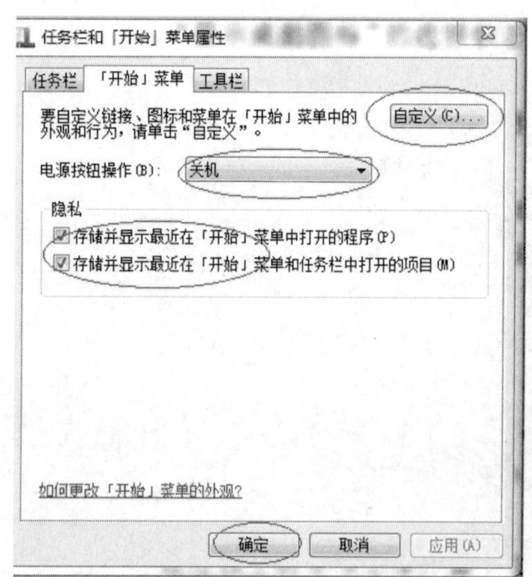

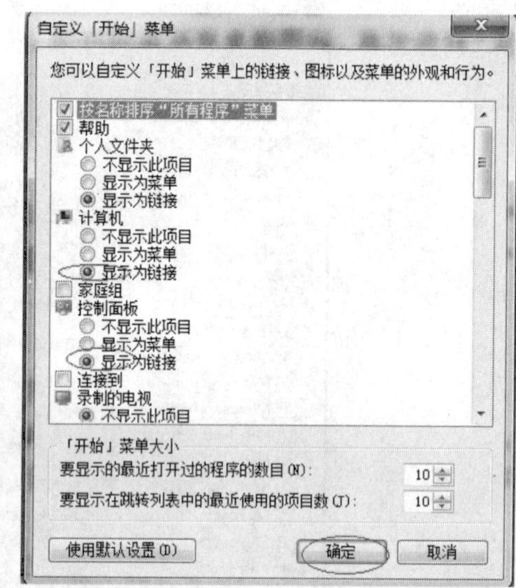

图 3-1-9 “开始”菜单设置对话框

例如将“运行”命令添加到“开始”菜单，将“自定义「开始」菜单”对话框的滚动条往下滑动，选择“运行”复选框，即成功地将“运行”命令添加到“开始”菜单中。

将桌面上某些应用程序的快捷方式图标添加到“开始”菜单的方法：选择桌面快捷图标并右击，在弹出的快捷菜单中选择“附到「开始」菜单”命令。

将“开始”菜单中的某些一级命令从“开始”菜单中移除的方法：打开“开始”菜单，将鼠标移到需要移除的命令项并右击，在弹出的快捷菜单中选择“从列表中删除”命令。

对“开始”菜单中显示的“关机”命令，在“任务栏和「开始」菜单属性”对话框的“「开始」菜单”选项卡中“电源按钮操作”后的下拉列表框中选择“关机”命令，即可设置对计算机电源的操作。

（2）设置和调整任务栏。将应用程序图标锁定到任务栏中，例如将“画图”程序锁定到任务栏中有如下 3 种方法：

- 打开“画图”窗口，右击任务栏上的“画图”图标，选择“将此程序锁定到任务栏”命令。
- 右击桌面上的“画图”图标，在弹出的快捷菜单中选择“锁定到任务栏”命令。

- 选中桌面上的“画图”图标，按住鼠标左键拖拽到任务栏，松开鼠标时会出现“附到任务栏”的提示信息，即操作成功。

将应用程序图标从任务栏中解除的方法：右击或拖拽任务栏上需要解除锁定的图标，在弹出的快捷菜单中选择“将此程序从任务栏解锁”命令。

在任务栏的空白位置右击，在弹出的快捷菜单中选择“属性”命令，弹出“任务栏和「开始」菜单属性”对话框，选择“任务栏”选项卡，如图 3-1-10 所示，取消选择“锁定任务栏”复选项，然后单击“确定”按钮，才能进行下面的任务栏调整操作。

在“任务栏”选项卡中取消选择其他选项，单击“应用”按钮，然后观察任务栏的变化，了解各选项所起的作用。

将鼠标指针移动到任务栏的边缘，当指针变成上下双向箭头时按下鼠标左键上下拖动，可以改变任务栏的宽度。

在任务栏空白位置按下鼠标左键不放，向屏幕左侧、顶端、右侧移动，任务栏随着鼠标指针移动，松开鼠标可以放置任务栏到指定位置。

通过任务栏的右键快捷菜单（图 3-1-11）可以控制任务栏上的内容显示。

图 3-1-10　“任务栏”选项卡

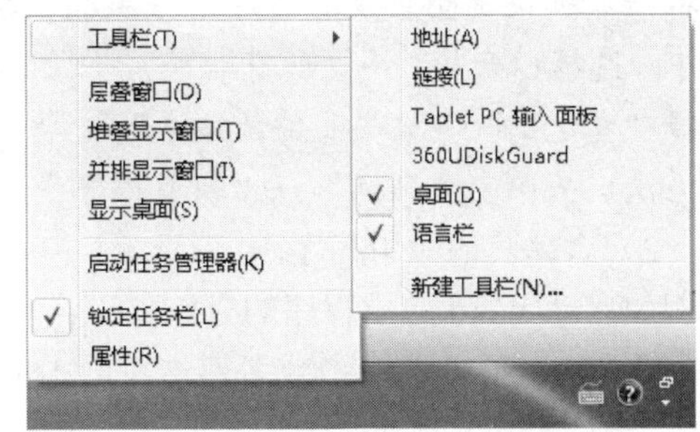

图 3-1-11　任务栏的右键快捷菜单

在任务栏上添加“桌面”“地址”“链接”等工具。在“任务栏和「开始」菜单属性”对话框中，选中“工具栏”选项卡中的“链接”复选框，然后单击“确定”按钮，可以将“链接”添加到任务栏。

在任务栏空白位置右击，在弹出的快捷菜单中选择“锁定任务栏”命令，可以锁定任务栏在当前位置，不能任意移动。

任务栏右边为通知区域，现要取消通知区域的“网络”显示。在任务栏空白位置右击，在弹出的快捷菜单中选择“属性”命令，弹出“任务栏和「开始」菜单属性”对话框，在“任务栏”选项卡中单击“通知区域”栏中的“自定义”按钮，打开“通知区域图标”窗口，在“图标”列表框中“网络”下拉列表框中选择“隐藏图标和通知”选项，然后单击“确定”按钮，如图 3-1-12 所示。

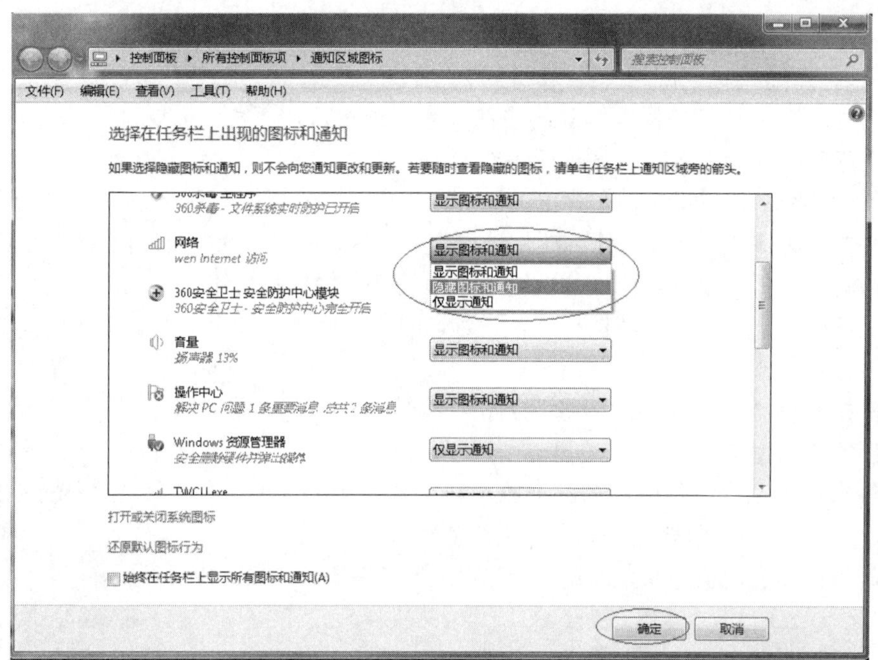

图 3-1-12 “通知区域图标”窗口

5. 应用程序的启动

（1）启动“画图”应用程序。

方法一：双击桌面上的“画图”图标，打开对应程序窗口。

提示：如果桌面上没有该应用程序的快捷图标，则需要创建一个桌面快捷图标，创建方法如下：选择“开始”→“所有程序”→“附件”→“画图”命令并右击，在弹出的快捷菜单中选择“发送到”→“桌面快捷方式”命令。

方法二：单击“开始”→“所有程序”→“附件”→“画图”命令。

（2）启动其他应用程序。

例如启动 Word 应用程序的方法如下：单击“开始”→“所有程序”→Microsoft Office→Microsoft Word 2010 命令；或者双击桌面上的 Word 快捷图标。

6. 窗口的基本操作

（1）窗口的打开、最小化、最大化、还原及关闭操作。

窗口打开的方法如下：双击桌面上的“计算机”图标，打开“计算机”窗口，如图 3-1-13 所示。

注意：在 Windows 7 的窗口中，默认不显示菜单栏，需要单击“组织”→“布局”→“菜单栏”命令来显示菜单栏。

窗口的最小化：在“计算机”窗口中，单击窗口标题栏右上角的“最小化”按钮，窗口将最小化为一个图标显示在任务栏中。

窗口的最大化和还原：双击桌面上的“计算机”图标，打开的“计算机”窗口为正常尺寸占据屏幕中间，单击窗口标题栏右上角的“最大化”按钮，窗口将最大化占据整个屏幕。当窗口处于最大化时，单击窗口标题栏右上角的“还原”按钮，窗口即还原到原来的尺寸。

窗口的关闭：单击窗口标题栏右上角的“关闭”按钮，窗口即关闭。

图 3-1-13 “计算机”窗口

（2）窗口的移动和窗口尺寸的调整。

将鼠标指向窗口的标题栏，拖拽鼠标，窗口将随着拖拽移动位置，可以将窗口移动到任意位置。

当窗口处于非最大化状态时才能调整窗口的尺寸。将鼠标指针指向非最大化窗口的 4 个边和角时鼠标指针会变成水平、垂直和左右斜角的双向箭头形状，此时拖拽鼠标能够调整窗口的尺寸。

7. 窗口的切换

Windows 7 基本操作 3

打开“计算机”“回收站”和 Word 窗口，在任务栏中单击任务图标切换窗口；单击某个窗口可见的任意位置切换窗口；利用 Alt+Tab 组合键切换窗口。

窗口的排列：右击任务栏空白位置，在弹出的快捷菜单（图 3-1-11）中有多种窗口排列方式，用户可以依次选择“层叠窗口”“堆叠显示窗口”和“并排显示窗口”命令，观察屏幕上窗口的不同排列样式。选择“显示桌面”命令或单击任务栏最右边的“显示桌面”按钮，所有窗口都会最小化。

8. 任务管理器的使用

启动任务管理器，了解任务管理器的功能。在 Windows 7 下，启动任务管理器有以下 3 种方法：

- 按 Ctrl+Shift+Esc 组合键。
- 右击任务栏空白位置，在弹出的快捷菜单中选择“启动任务管理器”命令。
- 按 Ctrl+Alt+Delete 组合键，返回锁定界面，单击“启动任务管理器”链接。

打开“Windows 任务管理器”窗口，如图 3-1-14 所示。通过任务管理器可以查看和结束当前打开的任务和进程。例如结束打开的“画图”程序，操作方法如下：单击“应用程序”选项卡，选择“任务”栏中的“画图”选项，然后单击“结束任务”按钮。

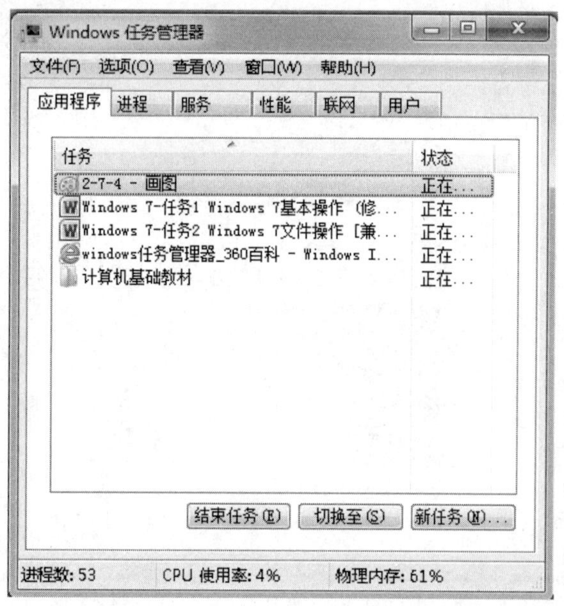

图 3-1-14 “任务管理器”窗口

在“Windows 任务管理器”窗口中，还可以查看各项进程占用计算机软硬件资源的情况，请参考学习下面的知识链接。

※知识链接

Windows 任务管理器的功能

“Windows 任务管理器”窗口提供了文件、选项、查看、窗口、帮助五大菜单项，其下还有应用程序、进程、服务、性能、联网、用户 6 个选项卡，窗口底部是状态栏，可以查看当前系统的进程数、CPU 使用率、物理内存等数据。默认设置下系统每隔两秒对数据进行一次自动更新，当然也可以单击“查看”→“更新速度”命令来重新设置。

1. “应用程序”选项卡

这里显示了所有当前正在运行的应用程序，但只会显示当前已打开窗口的应用程序，而 QQ、MSN Messenger 等最小化至系统托盘区的应用程序不会显示。

可以在这里单击“结束任务”按钮直接关闭某个应用程序，如果需要同时结束多个任务，可以按住 Ctrl 键复选；单击“新任务”按钮，可以直接打开相应的程序、文件夹、文档或 Internet 资源，如果不知道程序的名称，可以单击“浏览”按钮进行搜索，其实这个“新任务”的功能看起来有些类似于“开始”菜单中的“运行”命令。

2. “进程”选项卡

这里显示了所有当前正在运行的进程，包括应用程序、后台服务等，隐藏在系统底层深处运行的病毒程序或木马程序都可以在这里找到，当然前提是知道它的名称。找到需要结束的进程名，右击并选择快捷菜单中的“结束进程”命令即可强行终止，但这种方式将丢失未保存的数据，而且如果结束的是系统服务，则系统的某些功能可能无法正常使用。

Windows 任务管理器只能显示系统中当前进行的进程，而 Process Explorer 可以树状方式显示出各进程之间的关系，即某个进程启动了哪些其他进程；还可以显示某个进程所调用的文件或文件夹，如果某个进程是 Windows 服务，则可以查看该进程所注册的所有服务。

3. “性能”选项卡

从任务管理器中可以看到计算机性能的动态概念，例如 CPU 和内存的使用情况。

CPU 使用情况：是表明处理器工作时间百分比的图表，该计数器是处理器活动的主要指示器，查看该图表可以知道当前使用的处理时间是多少。

CPU 使用记录：是显示处理器的使用程序随时间的变化情况的图表，图表中显示的采样情况取决于“查看”菜单中所选择的“更新速度”设置值，“高”表示每秒 2 次，“正常”表示每两秒 1 次，“低”表示每 4 秒 1 次，“暂停”表示不自动更新。

PF 使用情况：PF 是 Page File（页面文件）的缩写。但这个数字常常会让人误解，以为是系统当时所用页面文件的大小。正确含义是正在使用的内存之和，包括物理内存和虚拟内存。那么如何得知实际所使用的页面文件大小呢？一般用第三方软件，如 PageFile Monitor，也可以通过 Windows 控制面板来查看。

页面文件使用记录：是显示页面文件的量随时间的变化情况的图表，图表中显示的采样情况取决于“查看”菜单中所选择的“更新速度”设置值。

总数：显示计算机上正在运行的句柄、线程、进程的总数。

执行内存：分配给程序和操作系统的内存，由于存在虚拟内存，因此“峰值”可以超过最大物理内存，“总数”值则与“页面文件使用记录”图表中显示的值相等。

句柄数：所谓句柄实际上是一个数据，是一个 Long 型（长整型）数据。

句柄地址（稳定）：记载着对象在内存中的地址。

对象在内存中的地址（不稳定）：实际对象。

本质：Windows 程序中并不是用物理地址来标识一个内存块、文件、任务或动态装入模块的，相反地，Windows API 给这些项目分配确定的句柄，并将句柄返回给应用程序，然后通过句柄来进行操作。

程序每次重新启动，系统不能保证分配给该程序的句柄还是原来的句柄，而且绝大多数情况下的确不同。假如把进入电影院看电影看成一个应用程序的启动运行，那么系统给应用程序分配的句柄总是不同的，这与每次电影院售给我们的门票总是不同的一个座位是相同的道理。

线程是指程序的一个指令执行序列，也称轻量进程，计算机科学术语中指运行程序的调度单位。WIN32 平台支持多线程程序，允许程序中存在多个线程。

线程是进程中的实体，一个进程可以拥有多个线程，一个线程必须有一个父进程。线程不拥有系统资源，只有运行必需的一些数据结构；它与父进程的其他线程共享该进程所拥有的全部资源。可以创建和撤销线程，从而实现程序的并发执行。一般地，线程具有就绪、阻塞和运行 3 种基本状态。

进程是程序在一个数据集合上运行的过程（一个程序有可能同时属于多个进程），它是操作系统进行资源分配和调度的一个独立单位，进程可以简单地分为系统进程（包括一般 Windows 程序和服务进程）和用户进程。

物理内存：计算机上安装的总物理内存，也称 RAM，“可用数”是物理内存中可被程序使用的空余量。但实际的空余量要比这个数值略大，因为物理内存不会在完全用完后才去转用虚拟内存。也就是说，这个空余量是指使用虚拟内存前剩余的物理内存。“系统缓存”是被分配用于系统缓存的物理内存量，主要用来存放程序和数据等，一旦系统或者程序需要，部分内存会被释放出来，即这个值是可变的。

认可用量总数：其实就是被操作系统和正在运行的程序所占用的内存总和，包括物理内存和虚拟内存，它与上面的 PF（页面文件）使用率相等。“限制”是指系统所能提供的最高内存量，包括物理内存和虚拟内存。“峰值”是指一段时间内系统曾达到的内存使用最高值。如果该值接近上面的“限制”，则意味着要么增大物理内存，要么增大虚拟内存，否则系统会给你颜色看的。

内核内存：操作系统内核和设备驱动程序所使用的内存，“分页数”是可以复制到页面文件中的内存，一旦系统需要这部分物理内存，它会被映射到硬盘，由此可以释放物理内存；“未分页”是保留在物理内存中的内存，这部分不会被映射到硬盘，不会被复制到页面文件中。

4. “联网”选项卡

“联网”选项卡显示了本地计算机所连接的网络通信量的指示，使用多个网络连接时，可以在这里比较每个连接的通信量，当然只有安装网卡后才会显示该选项卡。

5. “用户”选项卡

这里显示了当前已登录和连接到本机的用户数、标识（标识该计算机上的会话的数字 ID）、活动状态（正在运行、已断开）、客户端名，可以单击“注销”按钮重新登录或者通过“断开”按钮断开与本机的连接，如果是局域网用户，还可以向其他用户发送消息。

9. Windows 7 帮助中心的使用

单击“开始”→“帮助和支持”命令，打开“Windows 帮助和支持”窗口，如图 3-1-15 所示。

单击“如何开始使用我的计算机”链接，进入“如何开始使用我的计算机”界面，如图 3-1-16 所示。

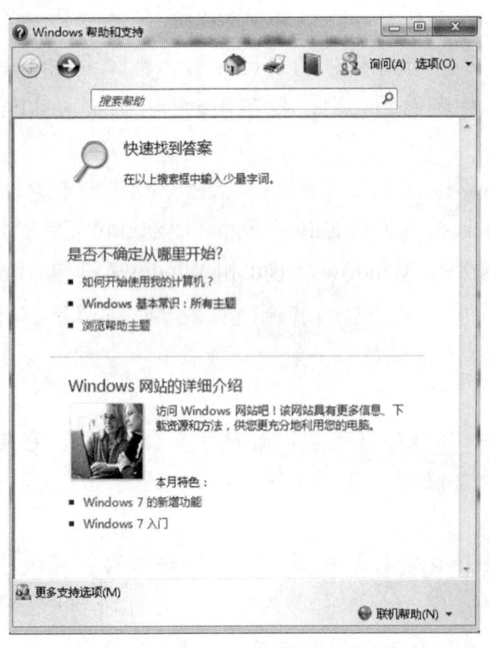

图 3-1-15 “Windows 帮助和支持”窗口

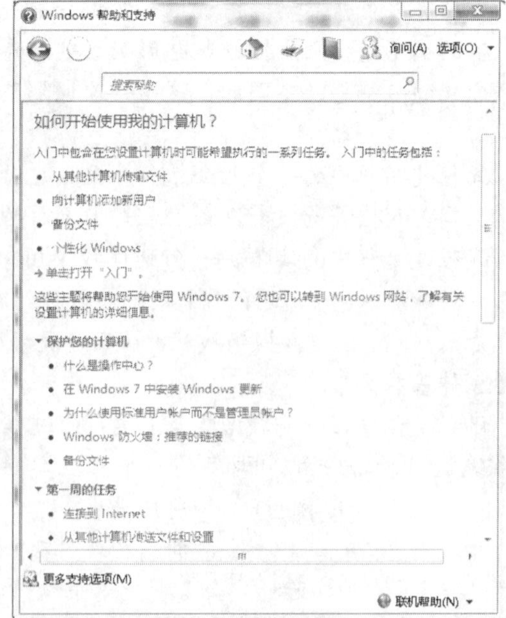

图 3-1-16 “如何开始使用我的计算机”界面

单击“Windows 基本常识：所有主题”链接，进入“Windows 基本常识：所有主题”界面，包括桌面、程序、文件和文件夹的设置帮助信息，如图 3-1-17 所示。

单击“浏览帮助主题”链接，可以浏览有关各项主题的浏览目录，如图 3-1-18 所示。

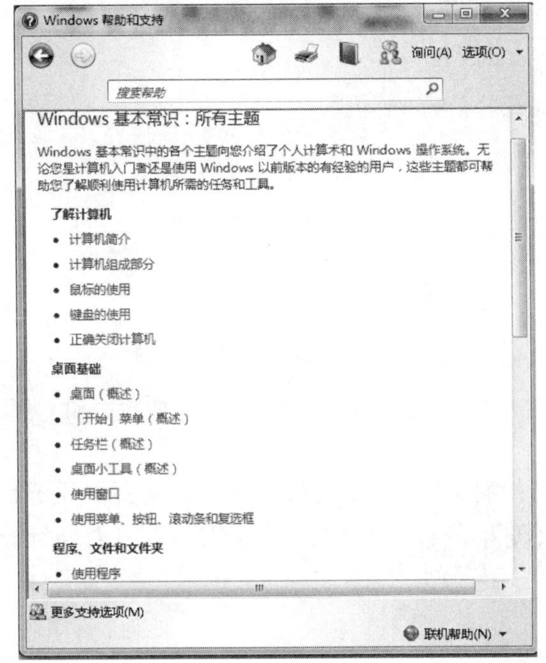

图 3-1-17 “Windows 基本常识：所有主题”界面

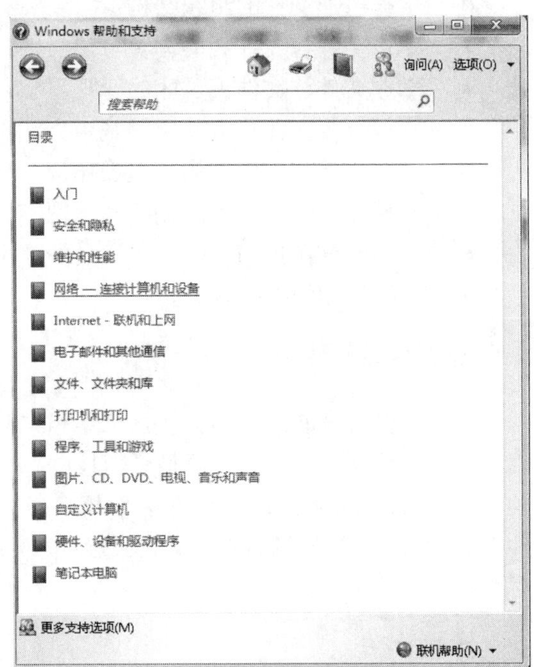

图 3-1-18 浏览各项帮助主题

在“Windows 帮助和支持”窗口的“搜索帮助”文本框中输入不知道如何操作的内容，然后单击“搜索帮助”按钮或按 Enter 键开始搜索，可以获得相关帮助主题的信息。

拓展训练

Windows 7、Windows Vista 是 Windows XP 以后 Windows 操作系统的改进提高版本。随着微软宣布 Windows XP 退出市场，现在配置的个人计算机安装的操作系统大多是 Windows 7 版本，请查阅相关资料进行比较：分别比较 Windows XP、Windows Vista 和 Windows 7 的性能，写出它们的改进功能和特点；分析比较 Windows XP、Windows Vista 和 Windows 7，写出它们分别适应的计算机硬件参数范围。

用 Windows 7 如何设置网络“本地连接”的 TCP/IP 属性？用 Windows XP 如何设置？

任务 2 Windows 7 文件管理

任务目标

根据要求创建文件夹，并在文件夹中创建不同的子文件夹和添加存放文件，创建库。

知识与技能目标

- 了解“资源管理器”的使用。
- 了解树形文件的组织结构。
- 掌握文件与文件夹的浏览方法。
- 掌握文件、文件夹及库的管理。
- 掌握查找文件与文件夹的基本方法。
- 掌握文件与文件夹的基本操作。
- 掌握 Windows 7 库的创建和使用。
- 掌握屏幕拷贝和“画图”工具的使用。
- 掌握磁盘的操作管理。

情境描述

在计算机普及的信息化时代，工作和生活都离不开计算机，需要用它来处理数据和文件，因此创建和管理文件和文件夹是必需技能。

王海要在 D:盘创建以自己学号和姓名为名称的文件夹，并在文件夹中创建不同的子文件夹和存放文件，然后创建一个名为“教学资源”的库，将这些文件夹存放在“教学资源库”中。

实现方法

本任务主要介绍 Windows 7 资源管理器的使用、Windows 7 文件和文件夹的操作及创建图片库。最后学生按照要求创建以自己学号、姓名为名称的文件夹，并在文件夹中创建不同的子文件夹，创建一个名为“文件.txt”的记事本文件存放在姓名的文件夹中，创建一个“教学资源”库。

实现步骤

※知识链接

文件与文件夹

1. 文件和文件夹的概念

文件是一组相关信息的集合，任何程序和数据都以文件的形式存放在计算机的外存储器上，通常存放在磁盘上。在计算机中，文本文档、电子表格、数字图片、歌曲等都属于文件。任何一个文件都必须有文件名，文件名是存取文件的依据，即计算机中的文件是按名存取的。

文件夹是在磁盘上组织程序和文档的一种手段，相当于一个容器，它既可包含文件，也可包含其他文件夹，文件夹中包含的文件夹通常称为“子文件夹”。

2. 文件和文件夹的命名规则

在文件名或文件夹名中，最多可用 255 个字符，如果全部是汉字，则只能有 127 个汉字。

每个文件都有 3 个字符的文件扩展名，用以标识文件的类型，常用文件扩展名如表 3-2-1 所示。

表 3-2-1 常用文件扩展名

扩展名	文件类型	扩展名	文件类型
.exe	二进制码可执行文件	.bmp	位图文件
.txt	文本文件	.tif	TIF 格式图形文件
.sys	系统文件	.html	超文本标记语言文件
.bat	批处理文件	.zip	ZIP 格式压缩文件
.ini	Windows 配置文件	.arj	ARJ 格式压缩文件
.wri	写字板文件	.wav	声音文件
.doc	Word 2003/2007 文档文件	.au	声音文件
.bin	二进制码文件	.dat	VCD 播放文件
.cpp	C++语言源程序文件	.mpg	MPG 格式压缩移动图形文件

文件名或文件夹名中不能出现以下字符：\/:* ? " < > | 。

查找文件名或文件夹名时可以使用通配符“*”和“?”，其中“*”代表一串字符，“? ”代表一个字符。

文件名和文件夹名中可以使用汉字，可以使用多分隔符的名字。

1．资源管理器的使用

Windows 7 文件管理 1

具体要求：启动 Windows 7 资源管理器，使用导航窗格导航至 C:\Windows 文件夹，将其窗口中的图标以“详细信息”方式显示，并按“修复日期”和“递减”方式排列。

启动 Windows 7 资源管理器的常用方法有以下 3 种：

- 单击“开始”→“所有程序”→“附件”→“Windows 资源管理器”命令。
- 右击“开始”按钮，选择“打开 Windows 资源管理器”命令。
- 按 Win+E 组合键。

Windows 7 的“资源管理器”窗口如图 3-2-1 所示。

图 3-2-1 Windows 7 的“资源管理器”窗口

在资源管理器左侧的导航窗格中单击“计算机”或左侧的三角形按钮符号展开各驱动器，然后单击“本地磁盘（C:)”展开C:盘中的所有文件夹，找到Windows文件夹图标后单击，在右侧窗格中会显示此文件夹下的所有内容。

选择“查看”→“详细信息”命令；或者单击窗口右上角的“更多选项”按钮右侧的下拉三角形按钮，在下拉菜单中选择“详细信息”命令；或者在右侧窗格的空白位置右击，在弹出的快捷菜单中选择“查看”→“详细信息”命令，窗口中的图标将以“详细信息”方式显示。

选择“查看”→“排序方式”命令；或在右侧窗格的空白位置右击，在弹出的快捷菜单中选择“查看”→“排序方式”命令，在级联菜单中选择“修改日期”和“递减”选项，即可以“详细信息”“修改日期”等方式显示文件和文件夹，如图3-2-2所示。

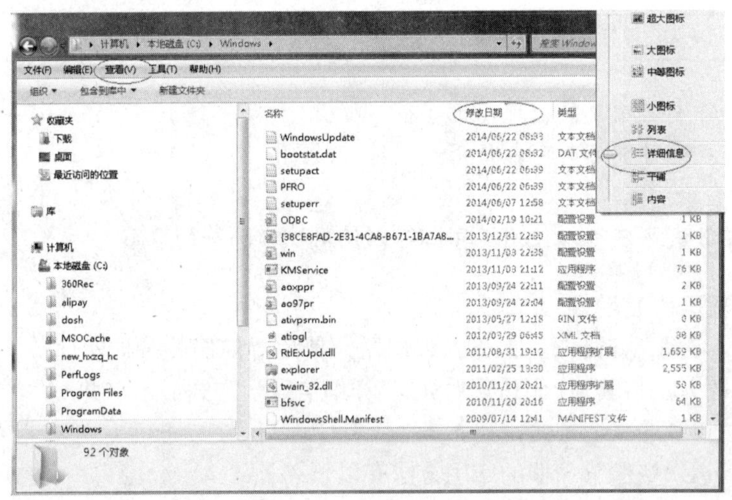

图3-2-2　资源管理器查看文件窗口

资源管理器的布局：单击“资源管理器”窗口左上角“组织”按钮旁的向下箭头，在下拉菜单中选择“布局”选项，在级联菜单中选择需要的窗格，如细节窗格、预览窗格、导航窗格、库窗格，如图3-2-3所示。选择各种窗格看一看窗口布局的效果。

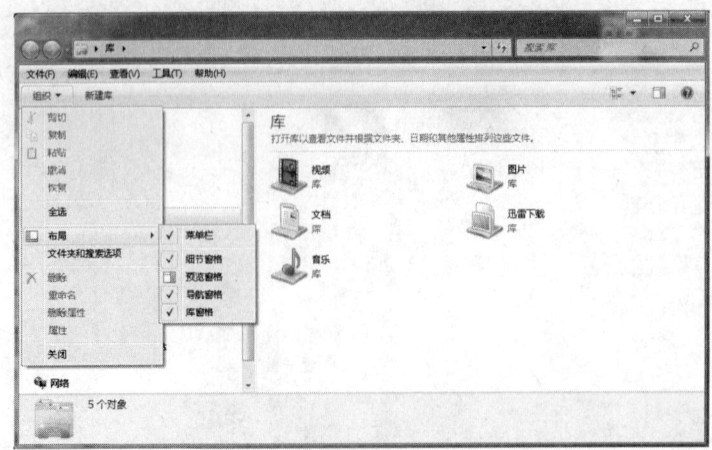

图3-2-3　资源管理器的布局设置窗口

※知识链接

Windows 7 资源管理器

Windows 7 作为微软新一代操作系统，界面设计炫酷美观，在操作方面也有更精妙的设计，操作更便利，节约时间。

Windows 7 资源管理器在管理方面的设计更利于用户使用，特别是在查看和切换文件夹时。查看文件夹时，上方目录处会根据目录级别依次显示，中间还有向右的三角形小箭头。当用户单击其中的某个三角形小箭头时，该三角形箭头会变为向下，显示该目录下所有文件夹的名称。单击其中任意文件夹，即可快速切换至该文件夹访问页面，非常方便用户快速切换目录。此外，当用户单击文件夹地址栏处时，可以显示该文件夹所在的本地目录地址，就像 Windows XP 中的文件夹目录地址一样。

与 Windows XP 系统相比，Windows 7 在资源管理器界面方面的功能设计更周到，页面功能布局也较多，设有菜单栏、细节窗格、预览窗格、导航窗格等；内容更丰富，如收藏夹、库、家庭组等。

在 Windows 7 资源管理器的收藏夹栏中增加了“最近访问的位置”，方便用户快速查看最近访问的位置目录，类似于菜单栏中的“最近使用的项目”功能，但“最近访问的位置”只显示位置和目录。在查看最近访问位置时，可以查看访问位置的名称、修改日期、类型及大小等，一目了然。

2. Windows 7 文件及文件夹的操作

（1）新建文件夹、文本文档和 Word 文档。要求：在本地磁盘（D:）中创建名为“201306011101 王海”的文件夹，然后在“201306011101 王海”文件夹下创建名为“资料”“音乐”“图片”和 test 的子文件夹，以及名为“文件.txt”的文本文档和名为 Windows 7.docx 的 Word 文档。

Windows 7 文件管理 2

打开资源管理器，在左侧导航窗格中单击“本地磁盘（D:）”；或者双击桌面上的“计算机”图标，然后选择“本地磁盘（D:）”，在右侧窗格中显示出 D:盘中的所有内容，如图 3-2-4 所示。

图 3-2-4 D:盘中的所有内容

在该窗口中创建“201306011101 王海”文件夹有以下 3 种方法：

- 在右侧窗格的空白位置右击，在弹出的快捷菜单中选择“新建”→“文件夹”命令。
- 单击窗口工具栏中的“新建文件夹”按钮。
- 单击“文件”→“新建”→“文件夹”命令。

以上 3 种方法操作后，均会在窗口右侧窗格的最下边出现默认的“新建文件夹”，单击蓝色显示的“新建文件夹”处或者将鼠标移到“新建文件夹”上右击并选择“重命名”命令，即可重命名文件夹。

双击“201306011101 王海”文件夹，进入“201306011101 王海”目录，按照刚才 3 种方法中的任何一种分别创建“资料”“音乐”“图片”和 test 文件夹。

所有文件夹创建完成后，单击“文件”→“新建”→“文本文档”命令创建“文件.txt”，单击“文件”→“新建”→“Microsoft Word 文档”命令创建 Word 文档 Windows 7.docx；或者在空白处右击，在弹出的快捷菜单中选择“新建”→“文本文档”命令创建“文件.txt”，选择“新建”→“Microsoft Word 文档”命令创建 Word 文档 Windows 7.docx。

（2）文件和文件夹的复制和移动。将“文件.txt”移动到“资料”文件夹中并重命名为 test.txt，将 Windows 7.docx 和 test 复制到“资料”文件夹中。

在移动和复制文件或文件夹之前，先要选中需要移动或复制的对象，选择对象有以下 4 种情况：

- 选择单个文件或文件夹：将鼠标直接移动到需要选择的对象上并单击。
- 选择全部：可以按 Ctrl+A 组合键，也可以按住鼠标左键并移动来实现，还可以利用 Shift 键选定多个连续的文件，选中第一个，按住 Shift 键，再选择最后一个。
- 选择多个不连续的文件：选中某个文件后，按住 Ctrl 键不放，再选择需要的对象，选择完成放开 Ctrl 键。
- 利用 Ctrl 键反选：选中所有文件后，按住 Ctrl 键，再单击需要取消选择的对象。

进入“201306011101 王海”文件夹移动文件和文件夹，有以下 4 种方法：

- 将鼠标移到“文件.txt”上并右击，在弹出的快捷菜单中选择“剪切”命令，然后进入“资料”文件夹，右击并选择“粘贴”命令。
- 选中“文件.txt”后单击“编辑”→“剪切”命令，然后进入“资料”文件夹，单击“编辑”→“粘贴”命令。
- 在选择“文件.txt”后，按 Ctrl+X 组合键，然后进入“资料”文件夹，按 Ctrl+V 组合键。
- 拖拽“文件.txt”至“资料”文件夹下。

将鼠标移到“文件.txt”上并右击，在弹出的快捷菜单中选择“重命名”命令，将文件名改为 test.txt。注意文件重命名之前应先关闭文件。

进入“201306011101 王海”文件夹，在右侧窗格中按住 Ctrl 键的同时单击 test 和 Windows 7.docx 选中复制目标，然后复制粘贴文件和文件夹，有以下 3 种方法：

- 按 Ctrl+C 组合键。
- 单击“文件”→“复制”命令。
- 右击并选择“复制”命令。

进入“资料”文件夹，按 Ctrl+V 组合键或单击“文件”→“粘贴”命令或右击并选择“粘贴”命令。

（3）文件和文件夹的删除。将“201306011101 王海”文件夹下的test文件夹删除，并将Windows 7.docx文件永久删除。

进入“201306011101 王海”文件夹，右击test文件夹并选择“删除”命令或者选中后按Delete键，即可将test删除至回收站。

选择Windows 7.docx文件，按Shift+Delete组合键；或者按住Shift键右击并选择“删除”命令，文件被永久删除。

（4）还原文件或文件夹。将test文件夹还原到“201306011101 王海”文件夹中。

双击桌面上的“回收站”图标进入“回收站”窗口，查看回收站的内容，选中test文件夹后单击工具栏中的“还原此项目”按钮；或者将鼠标移到test文件夹并右击，选择“还原”命令；或者选中test文件夹，再选择“文件”→“还原”命令，均可将test文件夹还原到删除前的位置。

（5）设置文件、文件夹和驱动器的属性。将“201306011101 王海”文件夹下的test文件夹属性设置为“隐藏”，将test.txt文件的属性设置为“只读”和“存档”，并将“201306011101 王海”文件夹的属性设置为“局域网络内共享”。在“文件夹选项”对话框中设置隐藏文件、文件夹和驱动器的可显示性，观察“201306011101 王海”文件夹的变化情况。

打开“201306011101 王海”文件夹，将鼠标移到test文件夹并右击，在弹出的快捷菜单中选择“属性”命令，弹出“test属性”对话框，在“常规”选项卡的“属性”区域中选中“隐藏”复选项，再单击“确定”按钮，设置test文件夹隐藏属性成功，如图3-2-5所示。

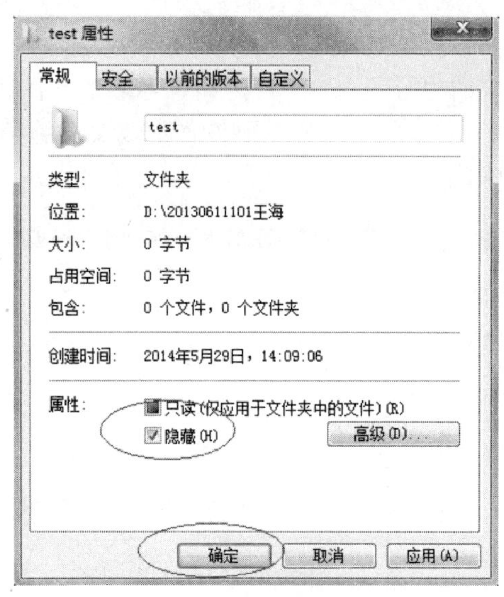

图3-2-5 “test属性”对话框

打开“资料”文件夹，将鼠标移到test.txt文件并右击，在弹出的快捷菜单中选择“属性”命令，弹出“test属性”对话框，选择“常规”选项卡中的“只读”复选项，然后单击“高级”按钮，弹出“高级属性”对话框，在“文件属性”区域中选中“可以存档文件”复选项，然后单击“确定”按钮返回“test属性”对话框，再单击“确定”按钮，成功设置文件的“只读”和“存档”属性，如图3-2-6所示。

说明：还可以在“高级属性”对话框里设置文件或文件夹的压缩和加密属性。

图 3-2-6 “test 属性”对话框和“高级属性”对话框

在文件或文件夹的属性设置对话框中，可以通过“安全”选项卡设置系统用户对文件或文件夹的访问权限，也可以利用“自定义”选项卡设置文件夹的显示图标等。

可以通过“文件夹选项”对话框设置文件或文件夹的查看和搜索选项，打开“文件夹选项”对话框的方法有以下两种：

- 打开“计算机”或“网上邻居”等窗口，单击“组织”→“文件夹和搜索选项”命令。
- 打开“计算机”或“网上邻居”等窗口，选择“工具”→“文件夹选项”命令。

“文件夹选项”对话框如图 3-2-7 所示。选择“查看”选项卡，调整“高级设置”列表框的滚动条，然后选择“隐藏文件和文件夹”下的“显示隐藏的文件、文件夹或驱动器”单选项，即可显示隐藏的文件、文件夹和驱动器，顺便观察设置隐藏属性的和没有设置隐藏属性的文件、文件夹及驱动器的图标有哪些区别。

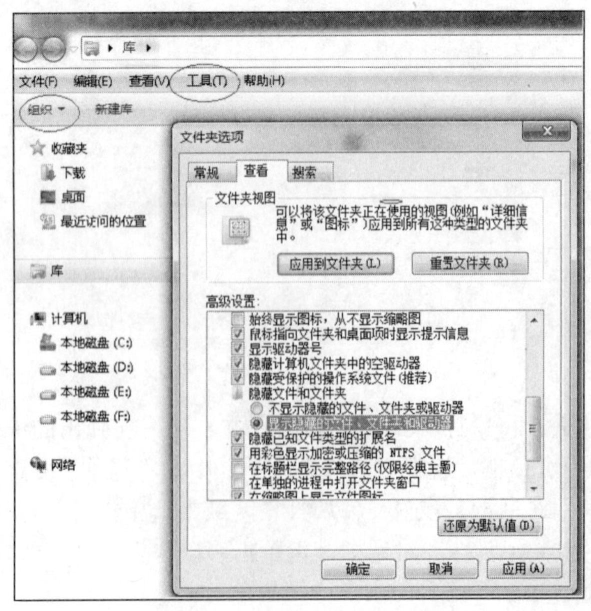

图 3-2-7 “文件夹选项”对话框

可以在“搜索”选项卡中对搜索文件进行设置，例如设置搜索内容、搜索方式和对搜索没有索引位置时的搜索项进行按需设置。

（6）文件与文件夹的压缩。将桌面上的“日常教学资料”文件夹分别添加压缩到当前位置和“201306011101 王海”文件夹下，然后将压缩文件释放到“201306011101 王海”文件夹下。操作步骤如下：将鼠标移到桌面上的“日常教学资料”文件夹并右击，选择“添加到‘日常教学资料.rar’”命令，如图 3-2-8 所示，桌面上就会出现一个名为“日常教学资料.rar”的压缩文件；将鼠标移到桌面上的“日常教学资料”文件夹并右击，选择“添加到档案文件”命令，弹出“档案文件名字和参数”对话框，如图 3-2-9 所示，单击“预览”按钮，弹出“查找档案文件”对话框，在其中选择“D:\201306011101 王海”，单击“打开”按钮返回“档案文件名字和参数”对话框，再单击“确定”按钮，则将“日常教学资料”文件夹压缩到了“201306011101 王海”文件夹下。

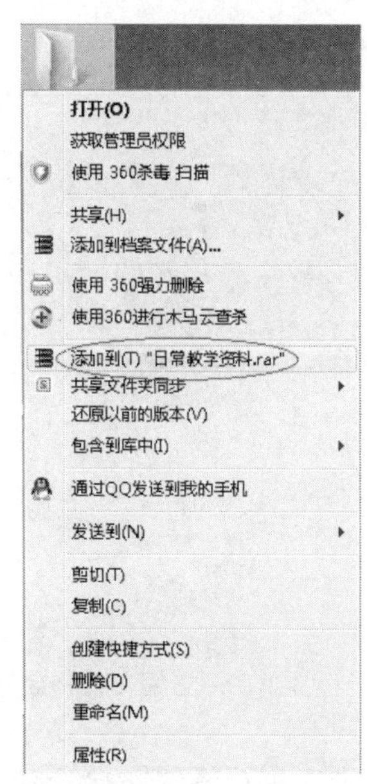

图 3-2-8 文件夹压缩菜单

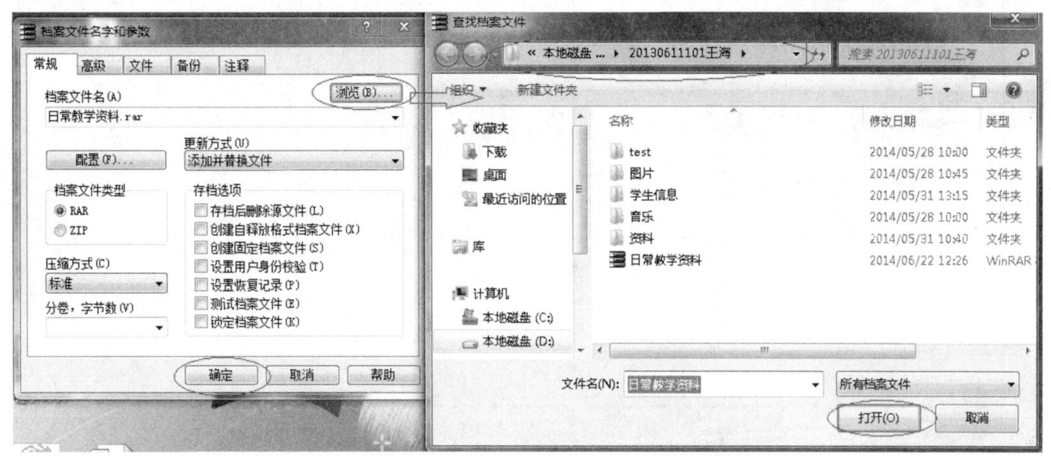

图 3-2-9 “档案文件名字和参数”对话框和“查找档案文件”对话框

（7）文件与文件夹的解压。将鼠标移到压缩包“日常教学资料.rar”上并右击，选择“释放文件”命令（图 3-2-10），弹出“释放路径和选项”对话框，如图 3-2-11 所示，在列表框中选择“D:\201306011101 王海”选项，然后单击“确定”按钮，即可将“日常教学资料.rar”释放到“D:\201306011101 王海”文件夹中。

（8）文件与文件夹的搜索。在本机中查找 calc.exe 文件，找到后将其复制到“201306011101 王海”文件夹中。

在“开始”菜单的“搜索程序和文件”文本框中输入 calc.exe；或者打开资源管理器，在窗口右上角的搜索栏中输入 calc.exe，如图 3-2-12 所示，即可在计算机的所有驱动器中搜索名为 calc.exe 的所有文件。

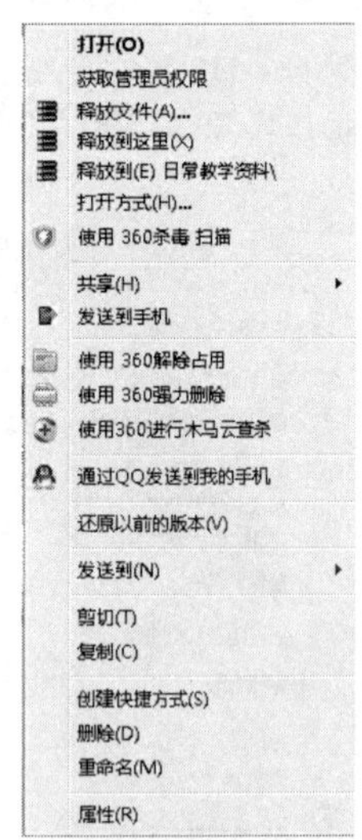

图 3-2-10 压缩文件释放菜单

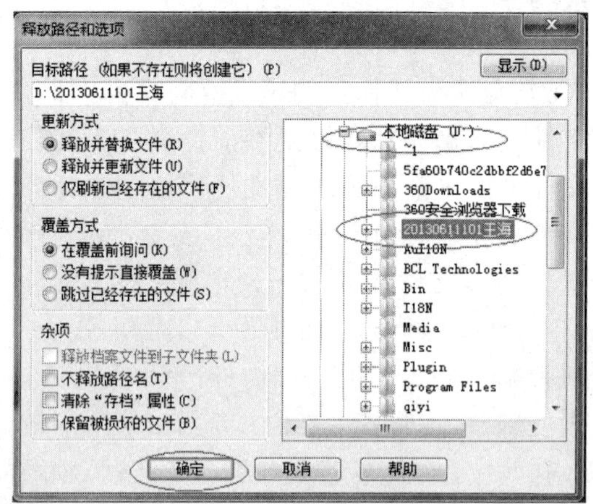

图 3-2-11 “释放路径和选项”对话框

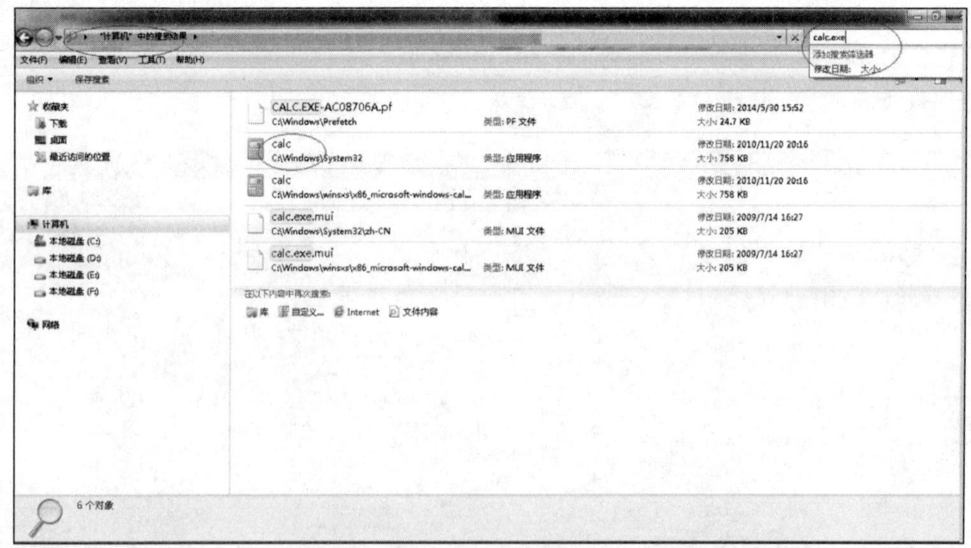

图 3-2-12 文件搜索窗口

搜索时可以根据具体情况在窗口的地址栏中设置搜索位置，在搜索栏中通过“添加搜索筛选器”来添加搜索条件，如修改日期、大小等选项。

在搜索文件时可以使用通配符“*”和“？”，“*”表示一串字符，“？”表示一个字符。例如要搜索所有的文本文件，则可以使用通配符，只需在搜索栏中输入*.txt，即可搜出某个位置下扩展名为.txt 的所有文本文件。

3. 创建教学资源库

Windows 7 系统默认有视频、音乐、图片、文档 4 个库，用户也可以根据需要创建其他库。预先在不同的路径下创建多个文件夹，在“库”文件夹中创建一个名为“教学资源”的新库，并要求包含创建的多个不同路径下的文件夹。关于 Windows 7 中库的基本知识参见后面的知识链接。

在桌面上创建“日常教学资料”文件夹，在 D:盘的“20130611101 王海”文件夹下创建“学生信息”文件夹，在 E:盘根目录下创建“教学资料下载”文件夹。

打开“资源管理器”窗口，单击窗口左侧任务栏中的“库”图标打开“库”文件夹，右击“库”，在弹出的快捷菜单中选择“新建”→“库”命令；或者单击工具栏中的“新建库”按钮创建一个新库，并选择输入库的名称“教学资源”，然后按 Enter 键，如图 3-2-13 所示。

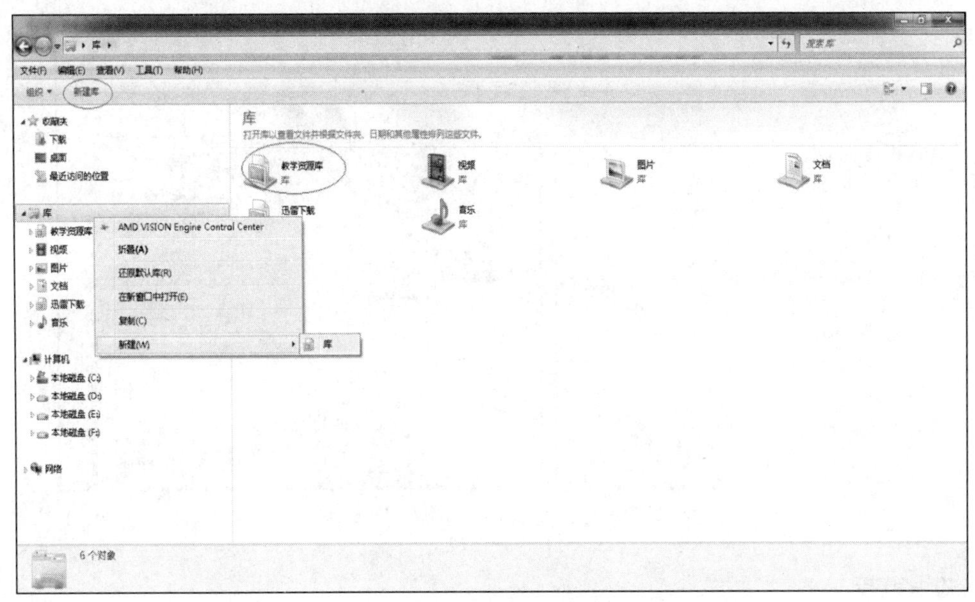

图 3-2-13　库操作窗口

双击“教学资源库”图标进入“教学资源库”窗口，单击“包括一个文件夹”按钮，弹出“将文件夹包括在‘教学资源库’中”对话框，选择需要添加到库中的文件夹（桌面上的“日常教学资料”文件夹），再单击“包括文件夹”按钮，如图 3-2-14 所示。

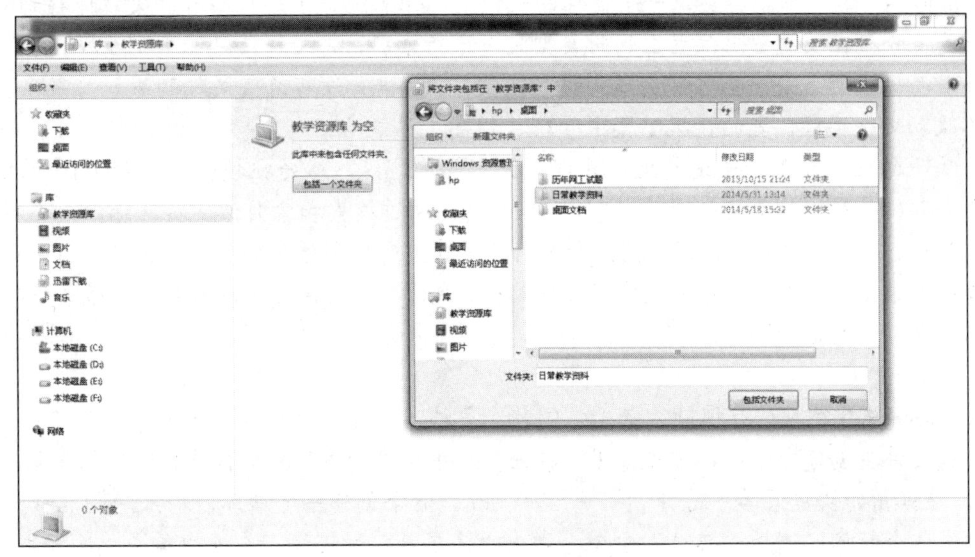

图 3-2-14　将文件夹包含到库操作

成功添加一个文件后打开“教学资源”库，在窗口右侧的窗格中单击“教学资源”下的“1 个位置”链接，弹出“教学资源库位置”对话框，单击“添加”按钮，弹出“将文件夹包括在‘教学资源库’中”对话框，选择“学生信息”文件夹，然后单击“包括文件夹”按钮，添加完成后单击“确定”按钮，如图 3-2-15 所示。用相同的方法分别将“教学资料下载”和“日常教学资料”文件夹添加到“教学资源”库中。

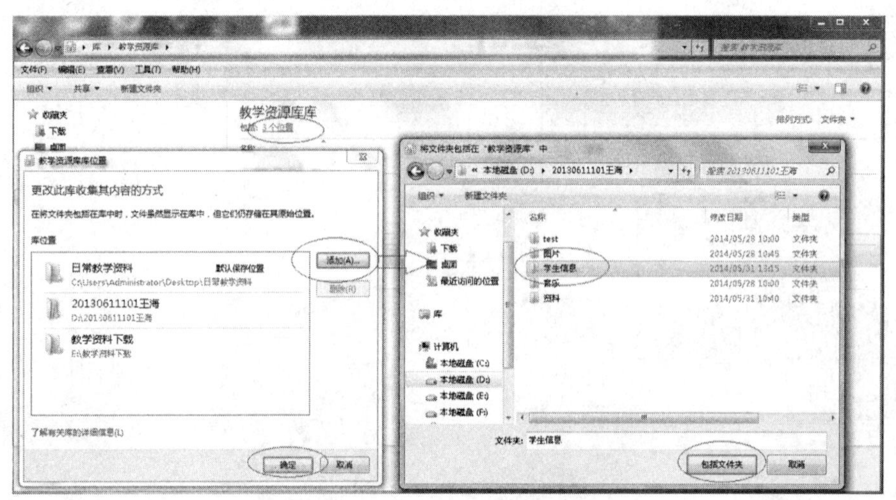

图 3-2-15 将文件夹添加到库操作

※知识链接

关于 Windows 7 中的库

在 Windows 7 中引入了一个“库”功能，这是一个强大的文件管理器。从资源的创建、修改到管理、沟通和备份还原，都可以基于库的体系完成，还可以通过这个功能统一管理、搜索越来越多的视频、音频、图片、文档等资料，大大提高了工作效率。

Windows 7 的“库”其实是一个特殊的文件夹，但系统并不是将所有的文件保存到“库”中，而是将分布在硬盘不同位置上的同类型文件进行索引，将文件信息保存到“库”中，简单地说库里面保存的只是一些文件夹或文件的快捷方式，这并没有改变文件的原始路径，这样可以在不改动文件存放位置的情况下集中管理，提高工作效率。

“库”的出现改变了传统的文件管理方式，简单地说，库是把搜索功能和文件管理功能整合在一起的一种文件管理的功能。“库”倡导的是通过搜索和索引访问所有资源，而不是按照文件路径、文件名的方式访问。搜索和索引就是建立对内容信息的管理，让用户通过文档中的某条信息来访问资源，抛弃原先使用文件路径、文件名来访问，这样不需要知道文件的文件名和路径即可方便地找到它。

（1）创建库。

Windows 7 系统默认有视频、音乐、图片、文档 4 个库，用户可以根据需要创建其他库，如为下载文件夹创建一个库，方法如下：在任务栏中单击“库”图标打开“库”文件夹，右击“库”，在弹出的快捷菜单中选择“新建”→“库”命令创建一个新库，输入库的名称。

右击这个新库，选择“属性”命令，弹出“库属性”对话框，在其中单击“选择文件夹”按钮，在此选择下载文件夹。库创建后，单击该库的名称即可快速打开。

库与文件的不同之处是可以在一个库中添加多个子库，这样可以将不同文件夹中的同一类型文件放在同一个库中进行集中管理。在库中添加其他子库时，单击窗口右上方的“包含文件夹”项右侧的“库位置”，随后打开一个添加对话框，可以添加多个文件夹到库中。

（2）在库中找文件。

通过导入的方式将文件导入库中，为了让用户更方便地在“库”中查找资料，系统还提供了一个强大的库搜索功能，这样可以不用打开相应的文件或文件夹就能找到需要的资料。

搜索时，在库窗口上方的搜索框中输入需要搜索文件的关键字并按 Enter 键，系统自动检索当前库中的文件信息，随后在该窗口中列出搜索到的信息。库搜索功能非常强大，不但能搜索到文件夹、文件标题、文件信息、压缩包中的关键字信息，还能检索一些文件中的信息，这样可以非常轻松地找到需要的文件。

（3）库共享。

在库中可以根据需要对某个库进行共享，其他用户就可以通过“网上邻居”来使用计算机中的库功能。在 Windows 7 中对某个库进行共享与对文件夹共享的方式是相同的，右击需要共享的库，在弹出的快捷菜单中选择“共享”命令，在级联菜单中选择共享权限即可。

4. 屏幕复制和画图工具的使用

将当前桌面屏幕画面保存在“201306011101 王海”文件夹下的“图片”文件夹中，并命名为“桌面.jpg”。

返回桌面，按 Print Screen（屏幕复制）键。

注意：键盘不同，在按键的显示上有些差异，如 Pr Scrn、Prt Sc 等。

单击“开始”→“所有程序”→“附件”→“画图”命令打开“画图”窗口，如图 3-2-16 所示，按 Ctrl+V 组合键或单击工具栏中的“粘贴”按钮将刚才复制的桌面屏幕粘贴到“画图”窗口的编辑区域中。

图 3-2-16　“画图”窗口

在“画图”窗口中可以对图片进行编辑和调整，编辑完成后单击工具栏中的“保存”按钮，在弹出的对话框中选择保存的位置、文件名和保存类型，最后单击“保存”按钮，如图 3-2-17 所示。

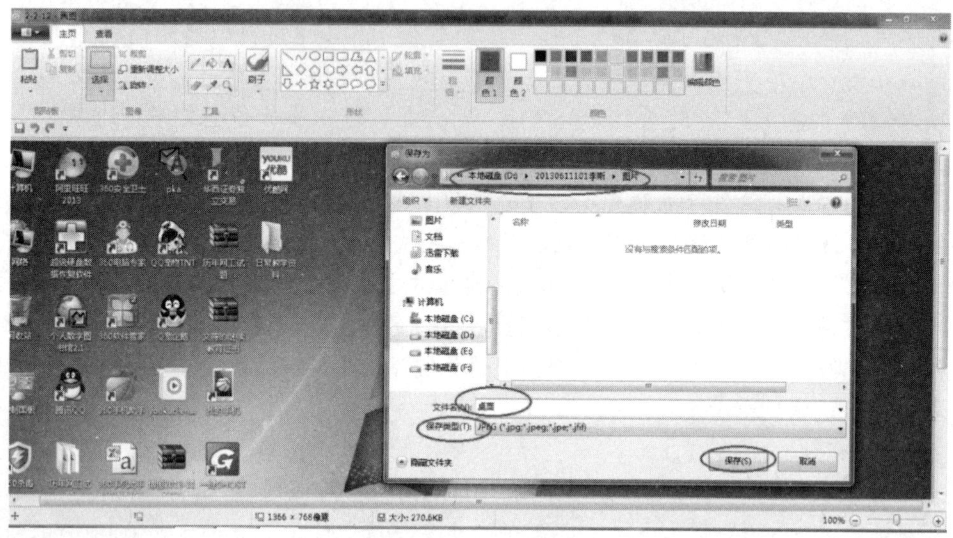

图 3-2-17 保存操作

拓展训练

已知某计算机装有 Windows 7 系统，开机后桌面上某些图标消失，某些应用程序无法正常打开，并且原来能够正常工作的外设不能正常工作，严重时计算机无法正常启动，不能进入系统的桌面，请利用系统管理修复计算机。

任务 3 Windows 7 系统管理

任务目标

通过本任务，能够利用“控制面板”查看和设置键盘、鼠标、区域和语言选项，并能够利用 Windows 7 系统对计算机的软硬件资源进行最优配置和管理。

知识与技能目标

- 掌握控制面板的启动方法。
- 掌握系统日期和时间的设置方法。
- 掌握区域和语言选项的设置方法。
- 掌握系统属性的查看方法。
- 掌握用户账户的创建和配置管理。
- 掌握桌面显示参数的设置和参数的含义。
- 掌握软件和 Windows 组件的安装与卸载方法。
- 掌握硬件驱动程序的安装。
- 掌握磁盘的管理。
- 掌握计算机的管理。
- 熟悉个性化属性设置。

情境描述

一台高配置的计算机是基础，还必须有一个好的操作系统来对计算机的软硬件资源进行协调和控制，所以对计算机的使用者来说，只有掌握利用操作系统对计算机的软件和硬件资源进行合理的配置和管理，才能最大化利用高配置的计算机。

现在李斯同学的计算机刚刚安装了 Windows 7 系统，通过“控制面板”对计算机进行设置，创建一个自己姓名的系统用户，并设置自己账户登录的密码；再对鼠标和键盘、系统日期和时间、区域和语言进行设置；通过系统对磁盘进行管理，查看系统属性；安装自己需要的系统组件和应用软件等；安装各硬件设备的驱动程序。

实现方法

通过系统的配置和管理让计算机的软硬件资源的利用率达到最优，使用最便捷。

Windows 7 系统管理包括控制面板的启动、鼠标键盘的设置、日期和时间设置、区域和语言选项设置、系统属性的查看、磁盘的管理、系统用户的创建和账户信息的设置、软件和系统组件的安装与卸载、个性化属性的设置。

实现步骤

1. 控制面板的应用

启动控制面板的方法有以下 4 种：

- 单击“开始”→“控制面板”命令。
- 打开“计算机”窗口，然后单击工具栏中的“打开控制面板主页”按钮。
- 将鼠标移动到桌面上的“计算机”图标上并右击，选择“控制面板”命令。
- 在桌面上的空白位置右击，在弹出的快捷菜单中选择“个性化”命令，弹出“个性化”窗口，在左侧导航栏中选择“控制面板主页”链接。

在“控制面板”窗口中，可以通过窗口右上角的“查看方式”下拉列表框选择各种图标显示方式来观察窗口中的图标，以便调整计算机的设置，如图 3-3-1 所示。

图 3-3-1 “查看方式”下拉列表框

2. 系统和安全

打开“控制面板”窗口，单击“系统和安全”链接进入“系统和安全”窗口，如图 3-3-2 所示，可以对系统的软硬件资源和系统本地安全进行查看和管理。

图 3-3-2 “系统和安全”窗口

单击“操作中心”链接，可以对用户账户控制信息设置、常见计算机疑难问题解答、计算机状态检测等问题进行操作和设置；单击“系统”链接，在“系统”窗口中可以查看有关计算机的基本信息，包括 Windows 版本、系统、计算机名称等，如图 3-3-3 所示。单击窗口左侧的“设备管理器”链接，打开“设备管理器”窗口，可以查看硬件设备信息和设备属性、进行设备驱动程序的安装与卸载，如图 3-3-4 所示。在“设备管理器”窗口中，要查看是否安装了新的硬件而没有安装驱动程序，则选择“操作”→“扫描检测硬件改动”命令，当扫描出没有安装驱动程序的硬件时即可进入自动安装硬件驱动向导，可以根据向导来安装改动的硬件驱动程序，安装后硬件可以正常使用；如果要更新硬件驱动程序，则选择“更新驱动程序软件”命令进入安装向导来更新安装；如果要卸载某硬件的驱动程序，则选择“卸载”命令，然后根据向导完成，注意硬件驱动程序卸载后硬件不能正常使用。

在“系统”窗口中单击左侧导航栏中的“远程设置”链接，弹出“系统属性”对话框，默认是“远程”选项卡，可以远程协助管理桌面。

在“系统”窗口中单击左侧导航栏中的“系统保护”链接，弹出“系统属性”对话框，默认是“系统保护”选项卡，可以对系统还原信息进行设置和管理，如图 3-3-5 所示。

在“系统”窗口中单击左侧导航栏中的“高级系统设置”链接，弹出“系统属性”对话框，默认是“高级”选项卡，可以对系统的性能、用户配置文件以及启动和故障恢复进行配置和管理，如图 3-3-6 所示。

图 3-3-3　“系统”窗口

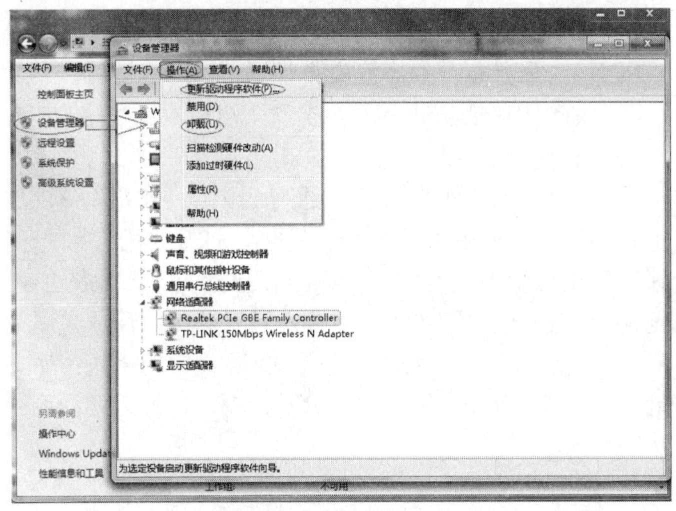

图 3-3-4　“设备管理器”窗口

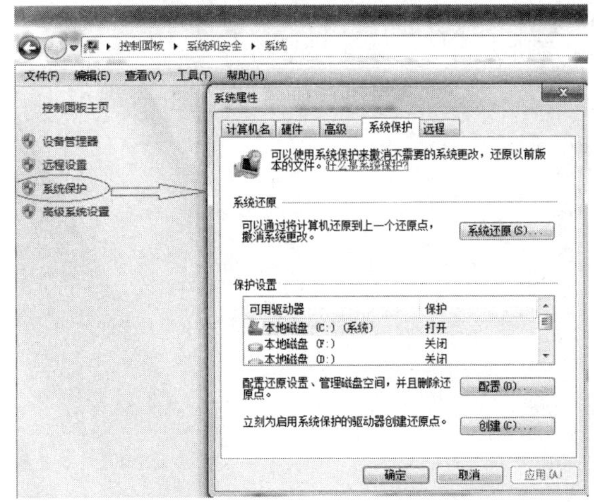

图 3-3-5　“系统属性”对话框的“系统保护”选项卡

图 3-3-6 “系统属性”对话框的“高级”选项卡

Windows 7 系统管理 1

3. 用户账户和家庭安全设置

在“用户账户和家庭安全”下可以对用户账户管理、用户家长控制和凭证管理等进行配置。

（1）用户账户信息的更改。单击“开始”→“控制面板”命令，单击“用户账户和家庭安全”链接，打开“用户账户和家庭安全”窗口，单击右侧的“用户账户”链接更改已有的用户账户，包括更改账户图片和密码等信息，如图 3-3-7 所示。如果要创建/更改密码，则单击“更改密码”链接，弹出密码设置对话框，输入新密码；如果要删除密码，则单击“删除密码”链接，删除设定的密码；如果要更改用户账户图片，则单击“更改图片”链接，弹出“图片更改”对话框，选择需要的图片，然后单击“更改图片”按钮。

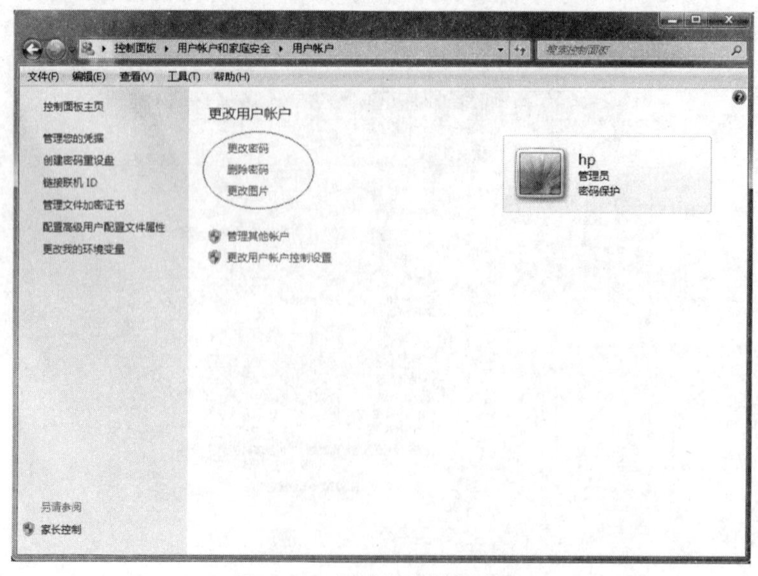

图 3-3-7 用户账户设置窗口

（2）用户账户的创建和删除。单击“开始”→“控制面板”命令，单击“用户账户和家庭安全”链接，打开“用户账户和家庭安全”窗口，单击右侧“用户账户”下的“添加或删除用户账户”进入“管理账户”窗口；或者单击“开始”→“控制面板”命令，单击“用户账户和家庭安全”，再单击“用户账户”→“管理其他账户”进入“管理账户”窗口，单击“创建一个新账户”链接，在“创建新账户”窗口（图 3-3-8）中输入需要创建的账户名“20130611101 李斯”，再选择账户的类型，然后单击“创建账户”按钮，用户账户创建成功。

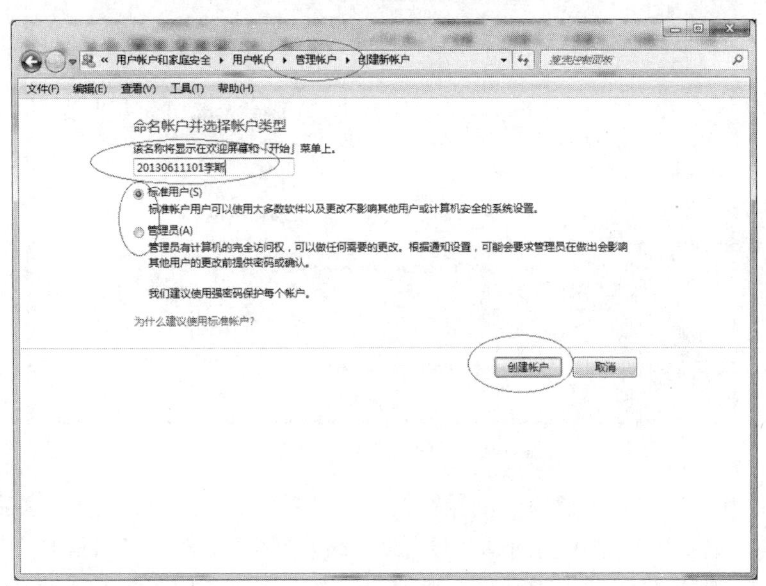

图 3-3-8　“创建新账户”窗口

要限制用户使用计算机的时间、限定孩子玩游戏的类型以及可运行的程序，则可以使用“家长控制”管理孩子使用计算机的方式，通过管理员用户账户才能设置家长控制，被控制的为一个标准的用户账户。

单击打开“家长控制”。如果系统提示输入管理员密码或进行确认，则输入该密码或提供确认。

单击要设置家长控制的标准用户账户。如果尚未设置标准用户账户，则单击“创建新用户账户”来设置一个新账户。

在“家长控制”下单击“启用，强制当前设置”按钮。

为孩子的标准用户账户启用家长控制后，可以调整要控制的以下个人设置：

- 时间限制。对允许孩子登录到计算机的时间进行控制，时间限制可以禁止孩子在指定的时段登录计算机，如果在分配的时间结束后仍处于登录状态，则自动注销。
- 游戏。控制对游戏的访问、选择年龄分级级别、选择要阻止的内容类型，以及确定是允许还是阻止未分级游戏或特定游戏。
- 允许或阻止特定程序。阻止孩子运行家长不希望其运行的程序。

4. 网络与 Internet 设置

网络与 Internet 主要是查看网络状态和任务、网络设备、联网状态、家庭网络情况、浏览网页等的一系列设置。

单击“开始”→“控制面板”命令，选择“网络与 Internet”选项打开“网络和 Internet”窗口，单击窗口右侧的“网络和共享中心”，可以查看网络连接的情况和连接设备，还可以新建网络连接，如图 3-3-9 所示。

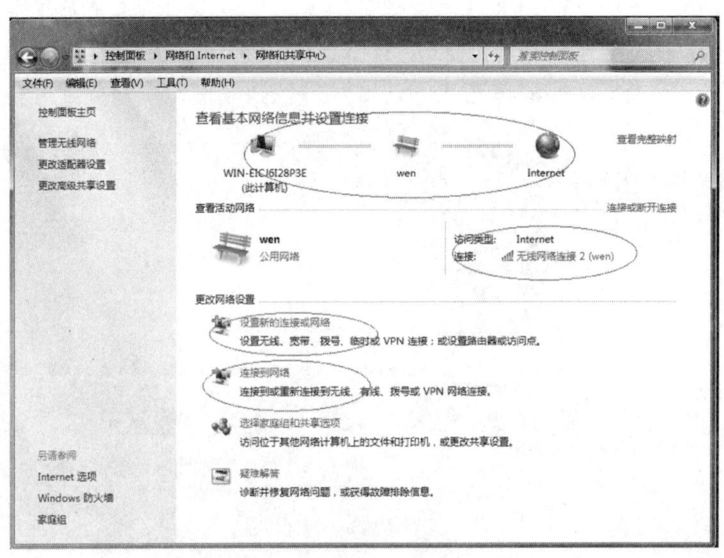

图 3-3-9 “网络和共享中心”窗口

单击“网络和共享中心”窗口左侧导航栏中的“更改高级共享设置”，然后在右侧窗格中的“家庭或工作”区域中根据不同的需要设置“网络发现”“文件和打印机共享”“公用文件夹共享”等的参数，设置好参数选项后单击“保存修改”按钮，如图 3-3-10 所示。

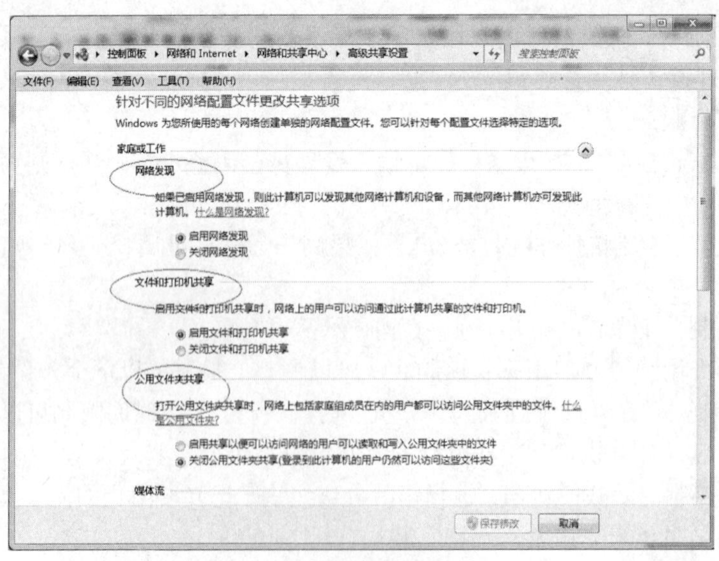

图 3-3-10 “高级共享设置”窗口

单击“开始”→“控制面板”命令，选择“网络与 Internet”选项，再单击窗口右侧的“Internet 选项”，弹出“Internet 属性”对话框，如图 3-3-11 所示，在“常规”选项卡中设置打开浏览器后默认的主页、浏览历史记录、外观颜色等。

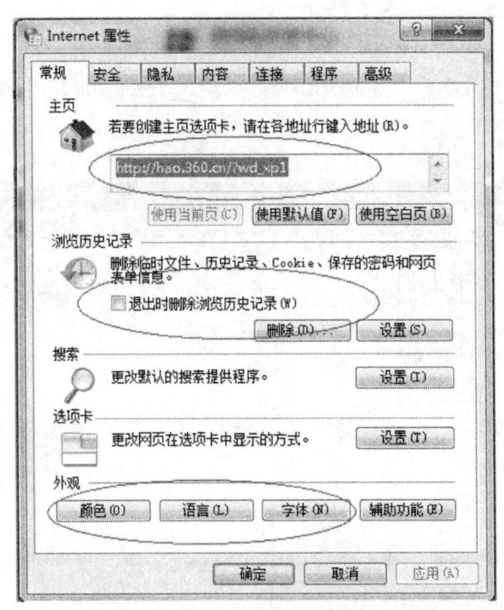

图 3-3-11　“Internet 属性”对话框

在“安全”选项卡和“隐私”选项卡中可以设置可信任站点访问、受限站点、访问区域的安全级别和隐私保护等。

5. 外观与个性化设置

在桌面的空白位置右击，在弹出的快捷菜单中选择“个性化”命令，或单击“控制面板”窗口的“外观与个性化”右侧窗格中的“个性化”链接，出现图 3-3-12 所示的“个性化”设置窗口。

Windows 7 系统管理 2

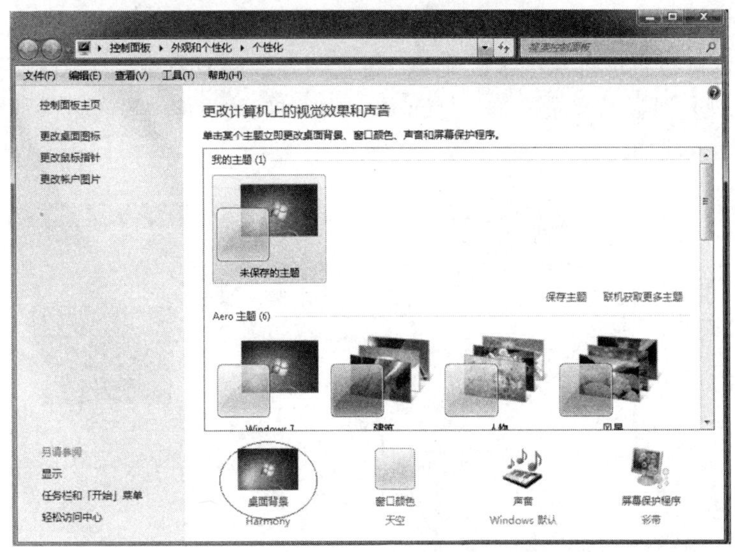

图 3-3-12　“个性化”设置窗口

在“个性化”设置窗口中单击“桌面背景”链接，出现图 3-3-13 所示的“桌面背景”设置窗口，单击“图片位置”下拉列表框，其中展示的是系统自带的桌面背景图片，如果要选择系统以外的图片作为桌面背景，则单击“浏览”按钮选择图片文件。如果要创建一个幻灯片作为多彩变化桌面背景，则单击“全选”按钮或者选择“全选”按钮下面图片框中喜欢的多张图片，然后设置“更改图片时间间隔”来改变图片交替转换的时间，最后单击“保存修改”按钮，桌面背景设置完成。

图 3-3-13 “桌面背景”设置窗口

在“个性化”设置窗口中单击“窗口颜色”链接，进行窗口的颜色和外观个性化设置。

在“个性化”设置窗口中单击“声音”链接，弹出系统启动时“声音”设置对话框，如图 3-3-14 所示。

在“个性化”设置窗口中单击“屏幕保护程序”链接，弹出“屏幕保护程序设置”对话框，如图 3-3-15 所示。在其中选择屏幕保护的图片后，单击“预览”按钮可以预览效果，单击“设置”按钮可以设置屏幕保护中的文字。设置好屏幕保护图片后，再设置出现屏幕保护的等待时间和“在恢复时显示登录屏幕”复选项，单击“应用”按钮设置效果便应用成功，单击“确定”按钮退出对话框。

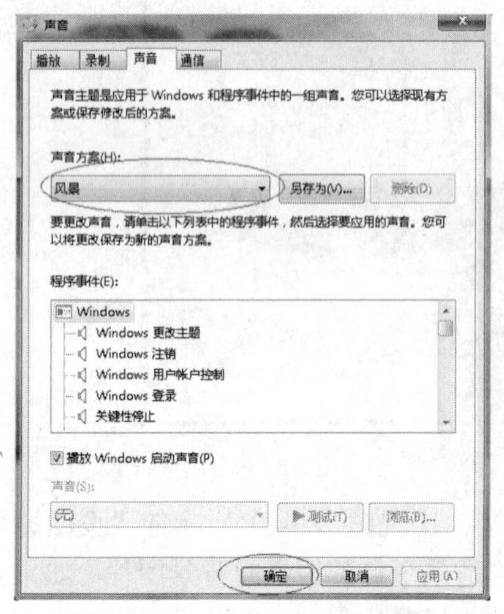

图 3-3-14 “声音”设置对话框

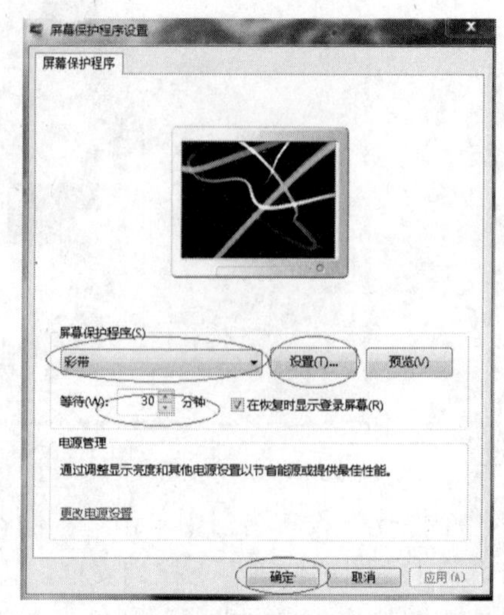

图 3-3-15 “屏幕保护程序设置”对话框

单击“控制面板”窗口“外观与个性化”右侧窗格中的“显示”链接；或在桌面空白位置右击，在弹出的快捷菜单中选择“屏幕分辨率”命令，设置显示器和屏幕外观、分辨率、刷新频率、分辨阅读的校准颜色等，如图 3-3-16 所示。

图 3-3-16　屏幕分辨率设置

单击“控制面板”窗口“外观与个性化”右侧窗格中的“桌面小工具”链接；或在桌面空白位置右击，在弹出的快捷菜单中选择“小工具”命令，弹出“小工具”窗口，将鼠标移到“时钟”工具图片上，按住鼠标左键拖拽到桌面，然后松开鼠标左键，或者将鼠标移到小工具图标上右击并选择“添加”命令，均可成功地将“时钟”工具添加到桌面上。如果要删除桌面上的小工具，则将鼠标移到桌面需要删除的小工具图标上，小工具的右上角出现一个☒按钮，单击该按钮即可，如图 3-3-17 所示。通过右上角的“搜索小工具”按钮可以查找和安装新的小工具。

图 3-3-17　桌面小工具设置窗口

6. 鼠标和声音设置

设置鼠标属性，要求理解各种鼠标指针形状的含义、鼠标指针轨迹显示的可见性、鼠标键主/次切换的配置等。

（1）鼠标的设置。单击“控制面板”窗口中的“鼠标”选项，弹出“鼠标 属性”对话框，在“鼠标键”选项卡的“鼠标键配置”区域中设置“切换主要和次要的按钮”，可根据习惯设置左右手，再根据习惯在“双击速度”区域中设置鼠标双击时的速度快慢，如图 3-3-18 所示。

在“指针”选项卡中选择“方案”列表中的“放大（系统方案）”选项，通过自定义列表可以查看指针形状的各种意思。

在“指针选项”选项卡中，可以查看和设置鼠标移动的速度、轨迹等参数，如图 3-3-19 所示。

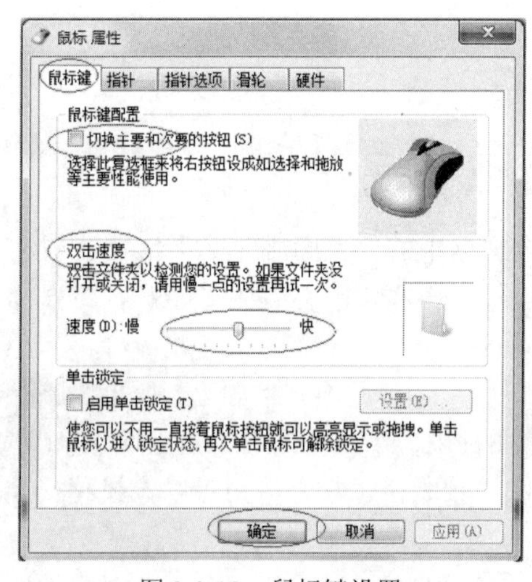

图 3-3-18 鼠标键设置

图 3-3-19 “指针选项”选项卡

（2）声音的设置。单击“控制面板”窗口中的“声音”选项，弹出“声音”对话框，单击“播放”选项卡中的“扬声器”，再单击“属性”按钮，即可在弹出的对话框中设置扬声器的属性；在“录制”选项卡中可以设置“麦克风”的属性。

7. 系统时钟、语言和区域的设置

要求：将系统日期改为 2014 年 8 月 1 日，时间修改为 10:10:10，再改回当前的正确日期和时间；将日期格式设置为 yyyy/MM/dd，长时间格式设置为 HH:mm:ss，一周的第一天设置为“星期一”，在“自定义格式”对话框中设置货币为￥，添加一些输入法并设置一种默认的输入法，在桌面上显示语言栏。

单击“控制面板”窗口中的“时钟、语言和区域”选项，再单击“日期和时间”，弹出“日期和时间”对话框，单击“更改日期和时间”按钮，弹出“日期和时间设置”对话框，然后选择 2014 年 8 月 1 日，再输入时间 10:10:10，单击“确定”按钮，返回“日期和时间”对话框，再设置时区，最后单击“确定”按钮，修改时间完成。单击任务栏通知区域中的“时钟”图标，在弹出的界面中单击“更改日期和时间设置”链接，也可以弹出“日期和时间”对话框，如图 3-3-20 所示，再按上述操作把日期和时间修改回当前日期和时间。

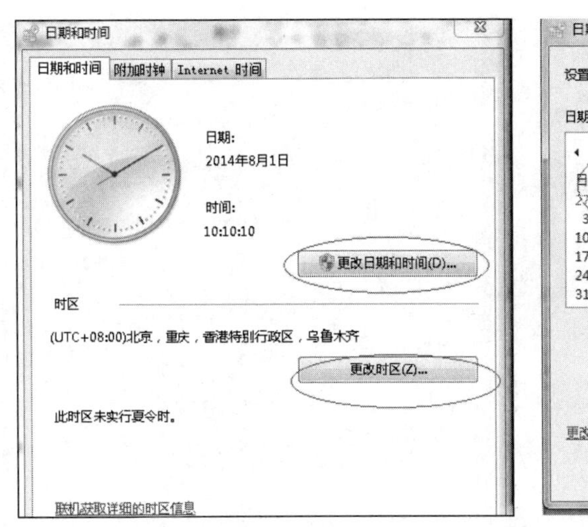

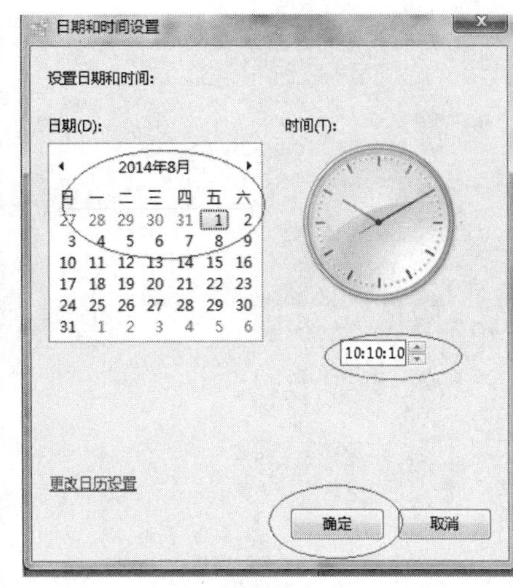

图 3-3-20　“日期和时间”对话框和“日期和时间设置”对话框

单击“控制面板”窗口中的“时钟、语言和区域”选项，再单击“区域和语言”选项，弹出“区域和语言”对话框，如图 3-3-21 所示。在“格式”选项卡中将“短日期”设置为 yyyy/MM/dd，将“长时间”修改为 HH:mm:ss，“一周的第一天”设置为“星期一”，再单击“其他设置”按钮，弹出“自定义格式”对话框，在“货币”选项卡中将货币符号改为￥，最后单击“确定”按钮完成自定义设置。

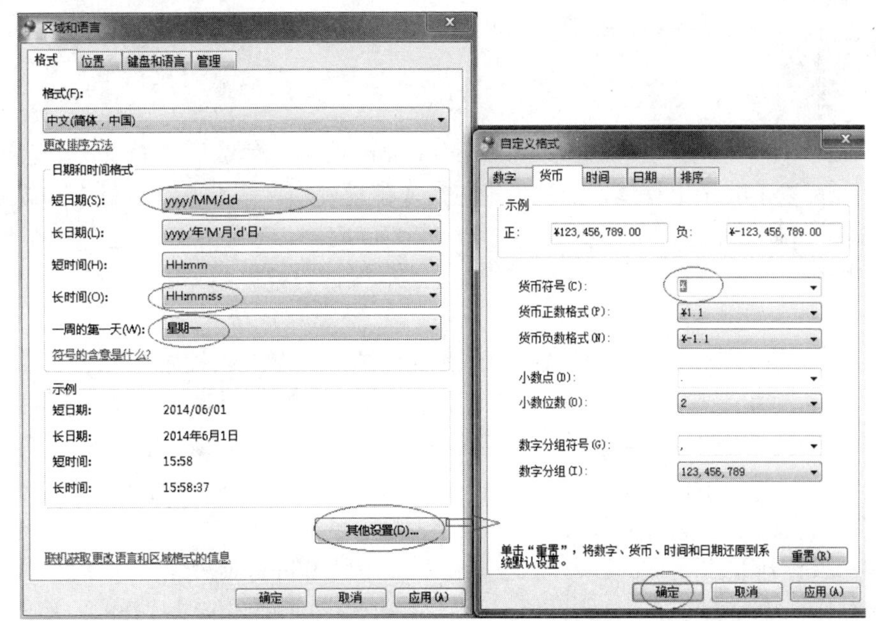

图 3-3-21　“区域和语言”对话框设置

在“区域和语言”对话框的“键盘和语言”选项卡中单击“更改键盘”按钮，弹出“文本服务和输入语言”对话框，如图 3-3-22 所示。在“常规”选项卡中单击“添加”按钮，弹出“添加输入语言”对话框，选择需要添加的输入法后单击“确定”按钮，然后在“默认输入语言”区域的下拉列表框中选择刚才添加的输入法作为输入的默认语言。

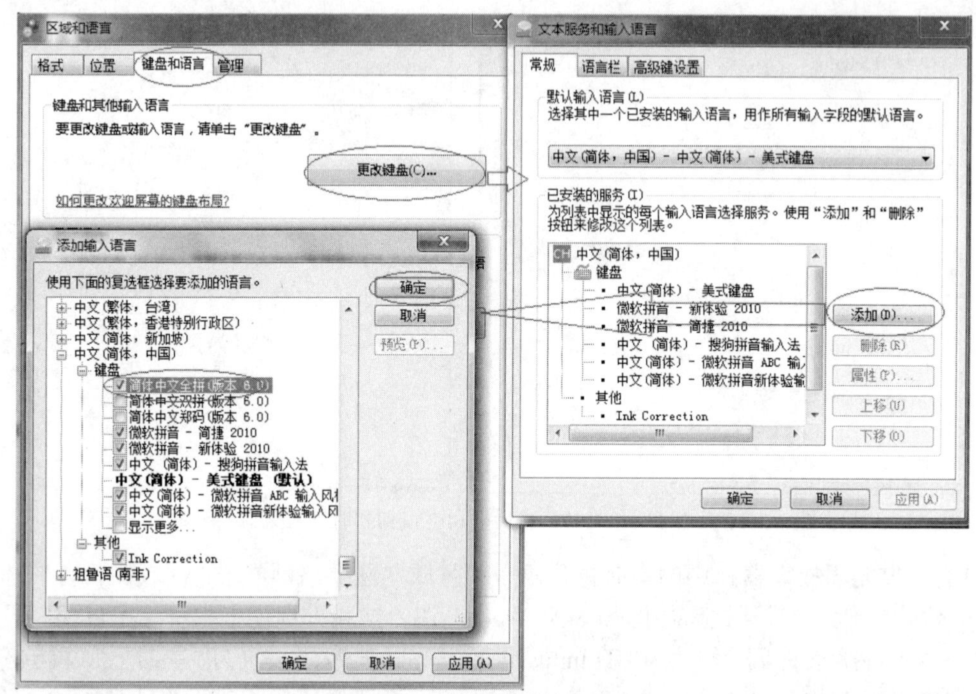

图 3-3-22 "文本服务和输入语言"对话框

在"文本服务和输入语言"对话框的"语言栏"选项卡中选中"悬浮于桌面上"单选项，单击"确定"按钮返回"键盘和语言"选项卡，单击"安装/卸载语言"按钮安装或卸载显示语言。

8. 安装和卸载程序

（1）从网站下载安装程序。打开 http://pc.qq.com/网站，免费下载 QQ.exe 安装程序。对于不免费的，可以下载试用程序，但试用期过后不能再使用，需要从计算机上卸载删除。

双击 QQ.exe 安装程序即可根据安装向导安装 QQ 应用程序，在安装过程中需要"同意"该软件的使用协议，还需要选择软件安装位置，然后根据向导提示单击"下一步"按钮，直到安装完成。

（2）卸载安装的 QQ 应用软件。在"控制面板"窗口中单击"程序"，选择"程序和功能"选项打开"程序和功能"窗口，如图 3-3-23 所示。在右侧的"卸载或更改程序"列表框中找到需要卸载的 QQ 应用软件，选中后单击工具栏中的"卸载"按钮或者右击并选择"卸载"命令即可根据提示卸载应用程序。

（3）打开或关闭 Windows 功能。在"控制面板"窗口中单击"程序"选项，在"程序和功能"下单击"打开或关闭 Windows 功能"链接，弹出"Windows 功能"对话框，如图 3-3-24 所示。在该对话框的列表框中，复选框处于选中状态，说明此项功能是打开的，否则是关闭的。如果要关闭打开的功能，则取消某项功能前的复选框的选中状态，例如要关闭 Internet Explorer 9 功能，则将其前面的复选框取消选中，然后单击"确定"按钮。如果要打开功能，则某项功能前的复选框为选中状态，例如打开"FTP 服务"，则将"FTP 服务"前的复选框选中，然后单击"确定"按钮进入安装过程，需要提供安装所需的安装文件，然后根据向导操作，安装结束后即可使用该项功能。

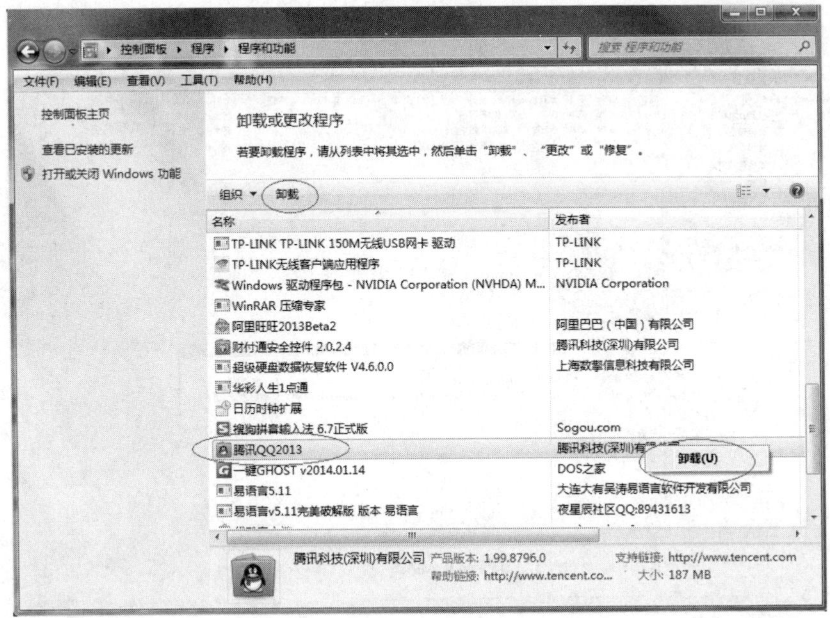

图 3-3-23 “程序和功能”窗口

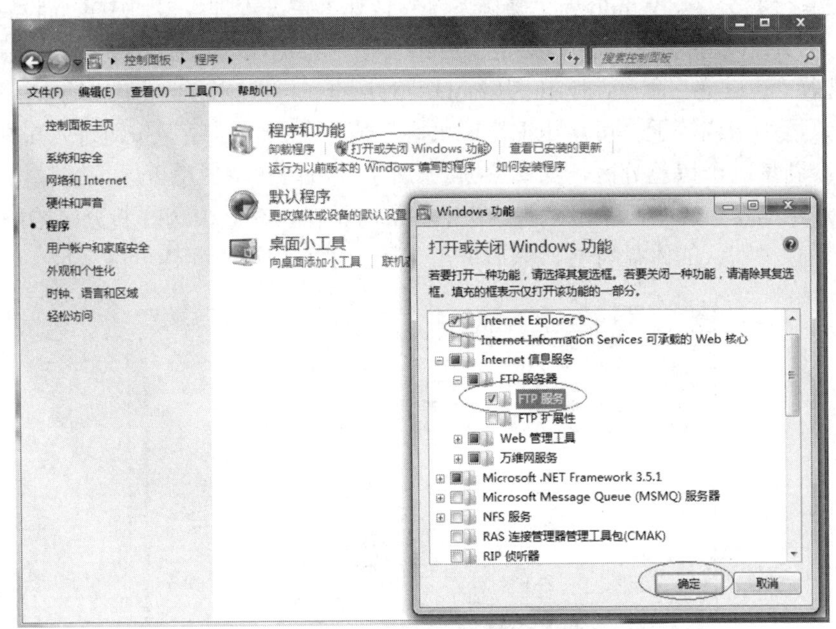

图 3-3-24 打开“Windows 功能”对话框

9. 磁盘管理

利用磁盘管理对硬盘进行管理、分区、格式化、删除硬盘分区和设置硬盘属性。

注意：C:盘是操作系统默认的安装盘，下述操作在 C:盘以外进行，以免破坏操作系统。

（1）查看“磁盘管理”。右击桌面上的“计算机”图标，在弹出的快捷菜单中选择“管理”命令，打开“计算机管理”窗口，如图 3-3-25 所示。在左侧的导航栏中单击“存储”→“磁盘管理”，在右侧窗格中会显示磁盘的分区状态、类型、容量等参数。

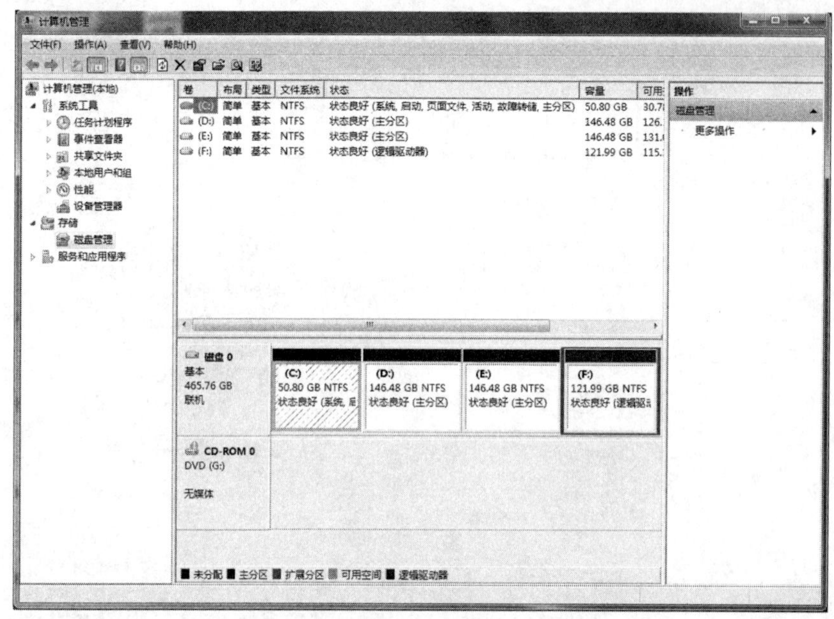

图 3-3-25 “计算机管理”窗口

（2）设置硬盘分区。Windows 7 操作系统支持在“磁盘管理”窗口中重新设置硬盘分区，例如现在要对 D:盘重新分区，操作如下：右击窗口下方的 D:盘区，在弹出的快捷菜单（图 3-3-26）中选择“压缩卷”命令，弹出“压缩 D:”对话框，再根据需要设置“输入压缩空间量”，压缩空间量只能小于或等于“可用压缩空间大小”值，单击“压缩”按钮进入压缩处理状态，压缩完成后会新增一个黑色分区，如图 3-3-27 所示。右击新增黑色分区，在弹出的快捷菜单中选择“新建压缩卷”命令，弹出“新建压缩卷”对话框，在其中选择新分区的磁盘符号 H:；也可以采用计算机默认的磁盘符号，然后单击“下一步”按钮，新建分区完成。

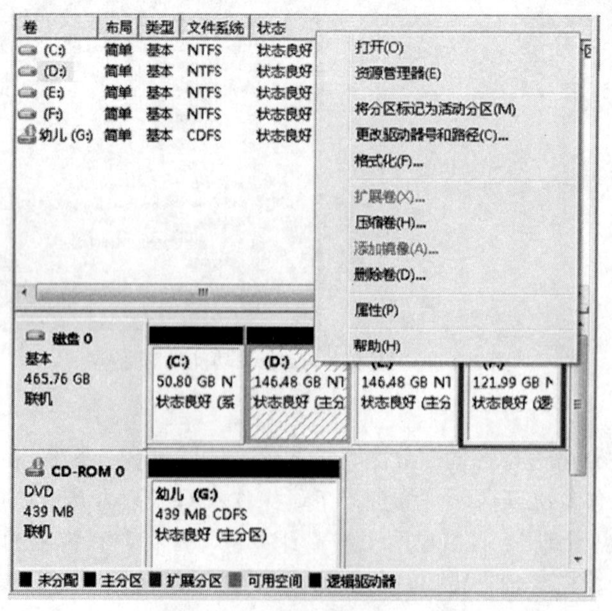

图 3-3-26 磁盘管理快捷菜单

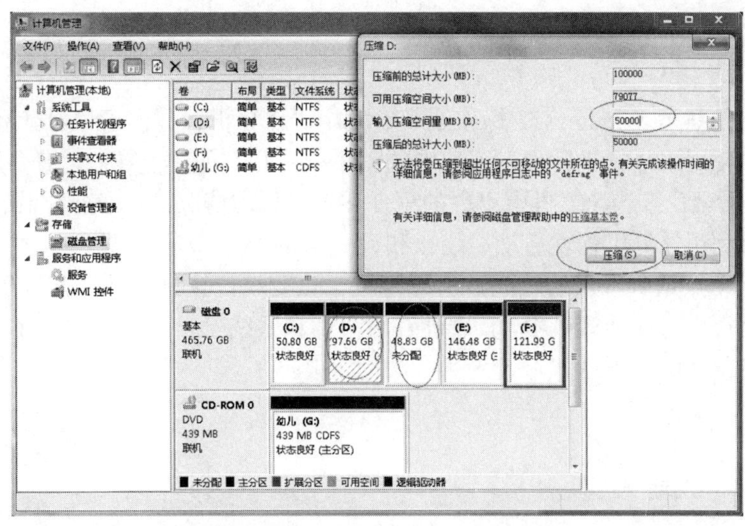

图 3-3-27 新增一个黑色分区

（3）对新建分区的硬盘格式化。右击窗口下方的 H:盘（新建的分区），在弹出的快捷菜单中选择“格式化”命令，即可根据向导对 H:盘进行格式化。

注意：新分区的磁盘在使用前都需要进行格式化；如果对已经使用过的磁盘进行格式化，则格式化时会自动删除原磁盘上的所有文件。

（4）删除分区。要删除 H:盘分区，则右击窗口下方的 H:盘分区，在弹出的快捷菜单中选择“删除卷”命令，根据向导删除 H:盘分区。如果要将 H:分区重新整合到 D:盘分区，则右击 D:盘分区，在弹出的快捷菜单中选择“扩展卷”命令，根据向导提示完成整合 D:盘。

（5）查看和设置磁盘属性。右击窗口下方的 D:盘分区，在弹出的快捷菜单中选择“属性”命令，弹出图 3-3-28 所示的“本地磁盘（D:）属性”对话框，在“常规”选项卡中查看磁盘的基本属性或进行磁盘清理，在“工具”选项卡中进行磁盘查错、磁盘碎片整理和磁盘文件备份操作，在“安全”“配额”和“自定义”选项卡中可以对用户权限、子盘配额等进行设置和管理。

图 3-3-28 “本地磁盘（D:）属性”对话框

拓展训练

本训练主要是熟悉 Windows 7 操作系统，利用“计算机管理”窗口对计算机系统进行管理和设置：能够使用“计算机管理”窗口中的“系统工具”创建、导入“任务计划程序”；能够通过“事件查看器”查看计算机中出现的事件和系统日志情况；能够查看系统用户和共享文件的信息；能够利用计算机管理启动、终止和设置 Windows 服务。

要求：每天十点是听音乐的时间，所以每天十点要求计算机自动打开音乐播放器；了解计算机各事件是否出现在计算机中，查看计算机事件和系统日志；查看系统用户和系统性能的情况；启动或终止某服务项目。

项目四　文字处理软件 Word 2016 的应用

Word 是微软公司 Microsoft Office 软件包中的一个通用文字处理软件，用于制作和编辑办公文档，通过它不仅可以输入、编辑、排版和打印文字，还可以制作出各种图文并茂的办公文档和商业文档，并且使用 Word 2016 自带的各种模板还能快速地创建和编辑各种专业文档。本项目包括美文编排、制作简历、制作工资表、绘制流程图、论文排版和制作信封与信函 6 项基本任务。

任务 1　美文编排

任务目标

初步利用 Word 2016 编排一篇具有较丰富格式的文档。

知识与技能目标

- 了解 Word 的使用流程。
- 掌握字体格式、段落格式的设置方法。
- 掌握页眉页脚的插入方法。
- 掌握分栏、首字下沉、项目符号等格式的设置方法。
- 掌握文档审阅的方法。
- 掌握文档打印预览和打印的设置方法。

情境描述

成都农业科技职业学院学生王海初次接触 Word 2016，他想利用该文字处理软件对一篇文档进行图文混排。

实现方法

使用 Word 提供的字体和段落格式设置方法对文本、段落进行格式化，使用分栏、首字下沉、插入图片和项目符号等方法实现图文混排。

样张如图 4-1-1 所示。

实现步骤

本任务所用素材：素材\Word 素材\美文素材.docx。

1．输入文本

此步略。

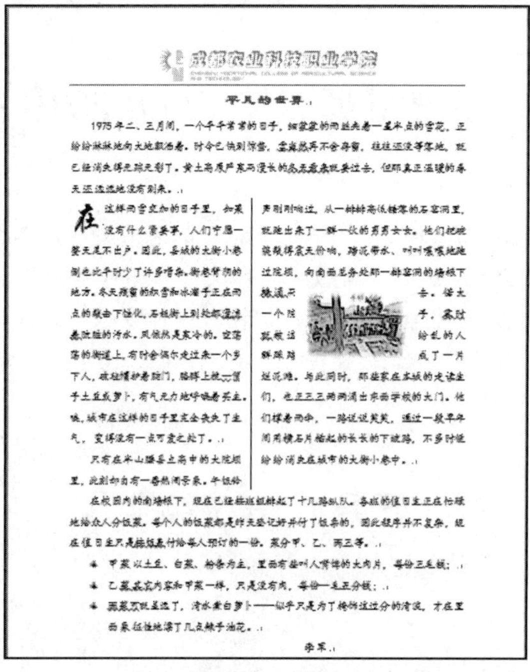

成都农业科技职业学院

平凡的世界

1975年二、三月间，一个平平常常的日子，细蒙蒙的雨丝夹着一星半点的雪花，正纷纷淋淋地向大地飘洒着。时令已快到惊蛰，雪当然再不会存留，往往还没等落地，就已经消失得无踪无影了。黄土高原严寒而漫长的冬天看来就要过去，但那真正温暖的春天还远远地没有到来。

在这样雨雪交加的日子里，如果没有什么紧要事，人们宁愿一整天足不出户。因此，县城的大街小巷倒也比平时少了许多嘈杂。街巷背阴的地方，冬天残留的积雪和冰溜子正在雨点的敲击下蚀化，石板街上到处都漫流着肮脏的污水。风依然是寒冷的。空荡荡的街道上，有时会偶尔走过来一个乡下人，破毡帽护着脑门，胳膊上挽一筐子土豆或萝卜，有气无力地呼唤着买主。唉，城市在这样的日子里完全丧失了生气，变得没有一点可爱之处了。

只有在半山腰县立高中的大院坝里，此刻却自有一番热闹景象。午饭铃声刚刚响过，从一排排高低错落的石窑洞里，就跑出来了一群一伙的男男女女。他们把碗筷敲得震天价响，踏泥带水、叫叫嚷嚷地跑过院坝，向南面总务处那一排窑洞的墙根下蜂涌而去。偌大一个院子，霎时就被这纷乱的人群踩踏成了一片烂泥滩。与此同时，那些家在本城的走读生们，也三三两两涌出东面学校的大门。他们撑着雨伞，一路说说笑笑，通过一段早年间用横石片铺起的长长的下坡路，不多时就纷纷消失在城市的大街小巷中。

在校园内的南墙根下，现在已经按班级排起了十几路纵队。各班的值日生正在忙碌地给众人分饭菜。每个人的饭菜都是昨天登记好并付了饭票的，因此程序并不复杂，现在值日生只是按饭表付给每人预订的一份。菜分甲、乙、丙三等。

- 甲菜以土豆、白菜、粉条为主，里面有些叫人嘴馋的大肉片，每份三毛钱；
- 乙菜其实内容和甲菜一样，只是没有肉，每份一毛五分钱；
- 丙菜可就差远了，清水煮白萝卜——似乎只是为了掩饰这过分的清淡，才在里面象征性地滴了几点辣子油花。

李军

图 4-1-1　样张

2. 页面设置

单击“布局”选项卡“页面设置”组中的“页边距”按钮，选择“自定义边距”选项，弹出“页面设置”对话框，如图 4-1-2 所示，在“页边距”选项卡中设置上下左右页边距均为 2.5 厘米，纸张方向为纵向；在“纸张”选项卡中设置纸张大小为 A4。

Word 工作界面

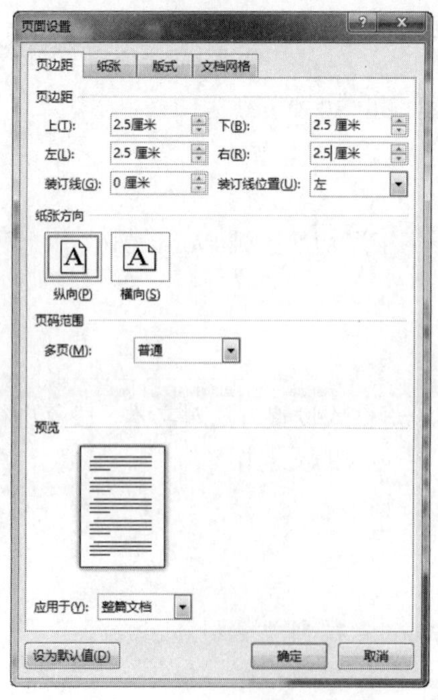

图 4-1-2　“页面设置”对话框

※知识链接

纸张的规格

纸张的规格是指纸张制成后，经过修整切边，裁成一定的尺寸。过去是以多少“开”（例如 8 开或 16 开等）来表示纸张的大小，如今我国采用国际标准，规定以 A0、A1、A2、B1、B2 等标记来表示纸张的幅面规格。标准规定纸张的幅宽（以 X 表示）和长度（以 Y 表示）的比例关系为 X:Y=1:n。

按照纸张幅面的基本面积把幅面规格分为 A 系列、B 系列和 C 系列，幅面规格为 A0 的幅面尺寸为 841mm×1189mm，幅面面积为 1 平方米；B0 的幅面尺寸为 1000mm×1414mm，幅面面积为 1.5 平方米；C0 的幅面尺寸为 917mm×1279mm，幅面面积为 1.25 平方米；复印纸的幅面规格只采用 A 系列和 B 系列。若将 A0 纸张沿长度方向对开成两等分，便成为 A1 规格，将 A1 纸张沿长度方向对开，便成为 A2 规格，如此对开至 A8 规格；B0 纸张亦按此法对开至 B8 规格。A0 ~ A8 和 B0 ~ B8 的幅面尺寸如表 4-1-1 所示。其中 A3、A4、A5、A6 和 B4、B5、B6 七种幅面规格为复印纸常用的规格。

表 4-1-1　纸张幅面规格尺寸

规格	A0	A1	A2	A3	A4	A5	A6	A7	A8
幅宽/mm	841	594	420	297	210	148	105	74	52
长度/mm	1189	841	594	420	297	210	148	105	74
规格	B0	B1	B2	B3	B4	B5	B6	B7	B8
幅宽/mm	1000	707	500	353	250	176	125	88	62
长度/mm	1414	1000	707	500	353	250	176	125	88

3. 文本编辑

切换到中文输入法状态，把文档中的所有英文标点“,”替换为中文标点“，”，把文档中的所有英文标点“.”替换为中文标点“。”，如图 4-1-3 所示。

图 4-1-3　查找和替换

Word 文本编辑

把光标移动到最后一段“在校园内的南墙根下，现在已经按班级排起了十几路纵队。”句子开始的地方，按 Enter 键产生新的一段。

把光标移动到“甲菜以土豆、白菜、粉条为主，里面有些叫人嘴馋的大肉片，每份三毛钱；”句子开始的地方，按 Enter 键产生新的一段。

把光标移动到“乙菜其他内容和甲菜一样，只是没有肉，每份一毛五分钱。”句子开始的地方，按 Enter 键产生新的一段。

把光标移动到“丙菜可就差远了，清水煮白萝卜——似乎只是为了掩饰这过分的清淡……”句子开始的地方，按 Enter 键产生新的一段。

※知识链接

段落标记

段落标记是在 Microsoft Word 中按 Enter 键后出现的弯箭头标记，在一个段落的尾部显示，它包含了段落格式信息。

设置页眉与页脚

4. 页眉页脚设置

单击“插入”选项卡“页眉和页脚”组中的“页眉”按钮，选择“编辑页眉”选项，单击“插图”组中的“图片”按钮，插入素材图片“学院图片”。

单击“插入”选项卡“页眉和页脚”组中的“页码”按钮，选择“页面底端”选项，再选择“马赛克 2”样式。双击正文，退出页眉页脚的编辑。

5. 字体格式设置

按 Crtl+Home 键，使插入条移动到文档的开始处。输入标题文本“平凡的世界”，按 Enter 键。在标题左侧的选定栏处单击选择标题；单击“字体”组中的按钮，弹出图 4-1-4 所示的“字体”对话框，将字体格式设置为隶书、三号、加粗、红色。

选择正文部分（1975 年——每份五分钱），用相同方法设置正文部分的字体格式为楷体、小四。

6. 段落格式设置

在标题左侧的选定栏处单击选择标题，单击“段落”组中的“居中对齐”按钮，如图 4-1-5 所示。

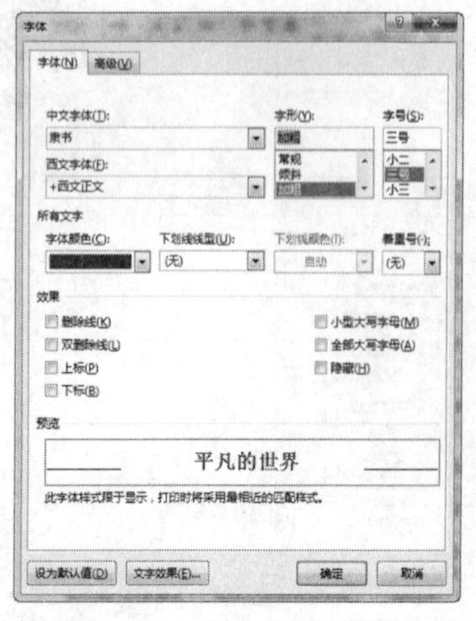

图 4-1-4 “字体”对话框

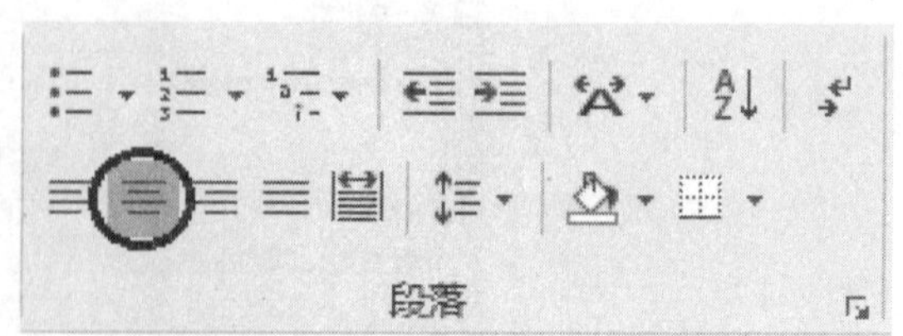

图 4-1-5 “居中对齐”按钮

选择正文，单击“段落”组中的按钮，弹出“段落”对话框，如图 4-1-6 所示，设置段落格式：首行缩进 2 字符，行距为 1.5 倍行距。

7. 分栏

分栏

选择正文第二段和第三段，单击“页面布局”选项卡“页面设置”组中的“分栏”按钮，弹出“分栏”对话框，如图 4-1-7 所示，分成两栏，栏宽不等，第一栏 18 字符，间隔 2 字符，显示分隔线。

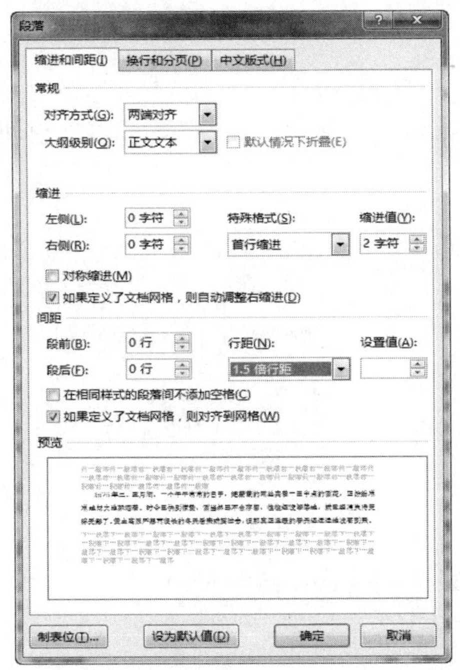

图 4-1-6　“段落”对话框

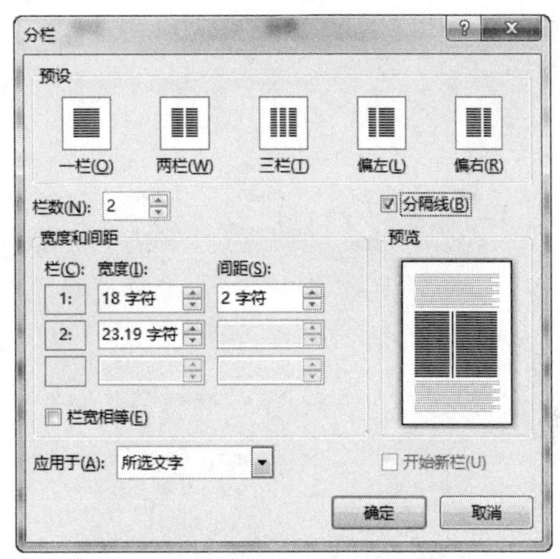

图 4-1-7　“分栏”对话框

8. 插入图片

单击“插图”组中的“图片”按钮，弹出“插入图片”对话框，如图 4-1-8 所示，在“Word 素材\基本”文件夹中选择“排队”图片并单击“插入”按钮。

插入图片

图 4-1-8　“插入图片”对话框

选择“排队”图片，拖动四周的小圆圈改变图片的尺寸。

在“格式”选项卡的“排列”组中单击“位置”按钮，选择“其他布局选项”命令，弹出“布局”对话框，如图 4-1-9 所示，在“文字环绕”选项卡中将环绕方式设置为“紧密型”，单击“确定”按钮。

在“格式”选项卡的“图片样式”组中选择“柔化边缘矩形”，在“格式”选项卡的“调整”组中选择艺术效果“影印”。

把插入的图片调整到合适的位置。

9. 首字下沉

把插入条移动到“在这样雨雪交加的日子里……”段落，在“插入”选项卡的“文本”组中单击“首字下沉”按钮，弹出“首字下沉”对话框，如图 4-1-10 所示，设置下沉两行，下沉字体为“华文行楷”。

图 4-1-9 “布局”对话框

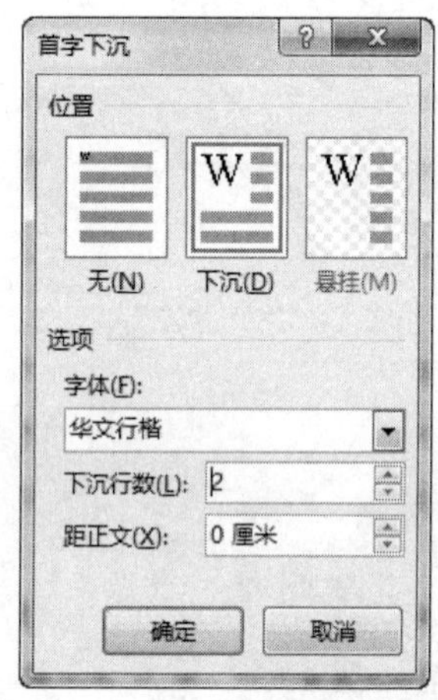

图 4-1-10 “首字下沉”对话框

10. 项目符号

选择“甲菜以土豆……每份五分钱。”三个段落，在“开始”选项卡的“段落”组中单击“项目符号”按钮，选择项目符号 。

11. 插入日期

把光标移动到文档的结尾处（或按 Ctrl+End 组合键），按 Enter 键。右对齐，输入你的姓名，如“李军”。再次按 Enter 键，单击“插入”选项卡“文本”组中的“日期和时间”按钮，弹出图 4-1-11 所示的“日期和时间”对话框，插入系统日期。

12. 拼写与语法检查

Word 2016 提供的“拼写和语法”功能可以将文档中的拼写和语法错误检查出来，以避免可能由拼写和语法错误造成的麻烦，从而大大提高工作效率。默认情况下，Word 2016 在用户输入词语的同时自动进行拼写检查，用红色波浪下划线表示可能出现的拼写问题，用绿色波浪下划线表示可能出现的语法问题，以提醒用户注意。此时用户可以立刻检查拼写和语法错误。

单击“审阅”选项卡“校对”组中的“语言”按钮，选择“设置校对语言”命令，弹出

“语言”对话框，如图 4-1-12 所示，在“将所选文字标为（国家/地区）”列表框中选择“中文（中国）”选项。

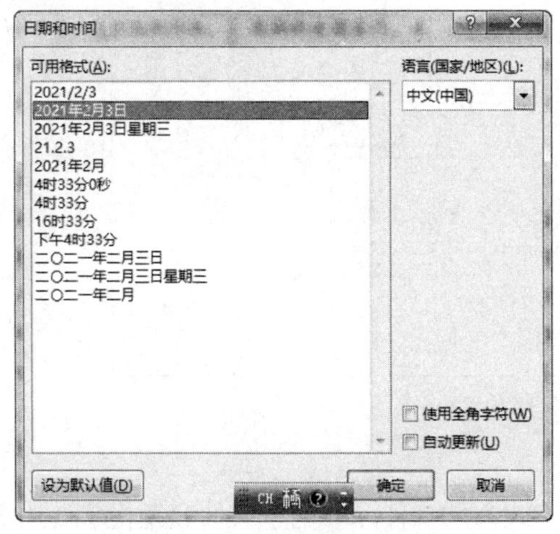

图 4-1-11　“日期和时间”对话框

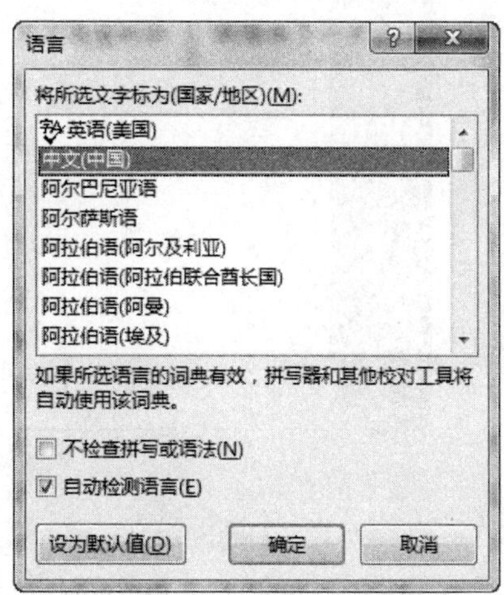

图 4-1-12　“语言”对话框

单击“审阅”选项卡“校对”组中的“拼写和语法”按钮，在右侧弹出“语法”对话框，如图 4-1-13 所示，对文档中的典型拼写错误或语法错误进行检查，单击“更改”按钮，把“蜂涌”更改为“蜂拥”，其他可忽略。

13. 字数统计

单击“审阅”选项卡“校对”组中的“字数统计”按钮，弹出“字数统计”对话框，如图 4-1-14 所示。

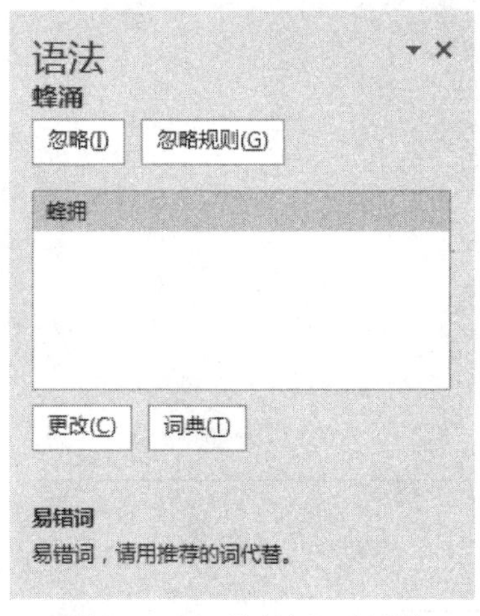

图 4-1-13　“语法”对话框

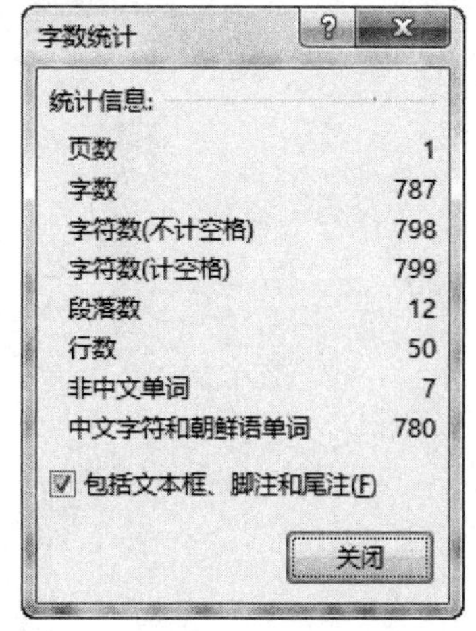

图 4-1-14　“字数统计”对话框

14. 打印预览

单击“文件”选项卡中的“打印”命令，在右侧窗格内可以预览打印的效果，拖动滑块可以改变预览大小，如图 4-1-15 所示。

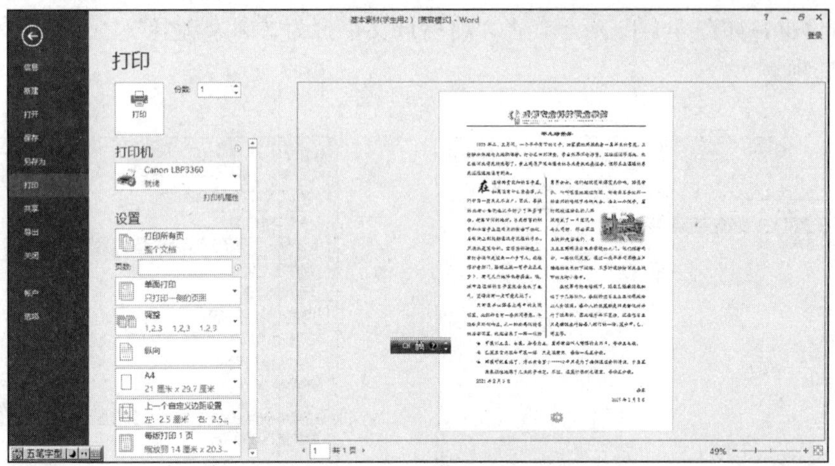

图 4-1-15　打印预览

15. 另存为加密 PDF 文档

PDF（Portable Document Format，便携文件格式）是一种标准电子文件交换格式，由美国 Adobe 公司开发。PDF 文档可以忠实地再现原稿的每个字符、颜色以及图像，无论是在 Windows、UNIX 还是在苹果公司的 Mac OS 操作系统中，PDF 文档都是通用的。

单击“文件”菜单中的“另存为”，在“另存为”对话框的“保存类型”中单击下拉按钮，选择“PDF(*.pdf)”选项。单击“选项”按钮，选择“使用密码加密文档”复选项，如图 4-1-16 所示。

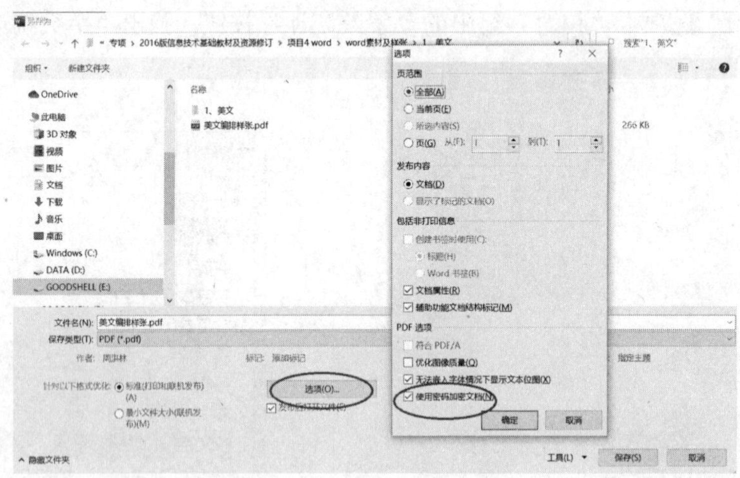

图 4-1-16　另存为 PDF 文档

任务 2　制作简历

任务目标

制作图文并茂的简历。

知识与技能目标

- 了解简历。
- 掌握插入图片艺术字的方法。
- 掌握表格插入、删除、格式化等操作。
- 掌握表格排序、公式应用等。
- 掌握绘制形状、编辑形状的方法。

情境描述

成都农业科技职业学院计算机应用技术专业的王海临近毕业，最近他通过网络了解了一家比较符合自己专长和兴趣的公司，按照公司招聘新员工的要求，王海准备制作一份简历投递给公司的人力资源部。

实现方法

简历是用于应聘的书面交流材料，是对个人学历、经历、特长、爱好及其他有关情况所作的简明扼要的书面介绍。对应聘者来说，简历是求职的“敲门砖”，成功的简历就是一件营销武器。

写一份好的简历，单独寄出或与求职信配套寄出，以应聘自己感兴趣的职位。参加求职面试时带上几份，既能为介绍自己提供思路和基本素材，又能供主持面试者详细阅读。当然，也可以制作其他形式的个性化简历，如视频简历、多媒体简历、Web 简历等。

本任务将介绍使用 Word 2016 制作书面简历，主要操作包括文本和段落的格式设置、页面设置、表格应用、插入艺术字和剪贴画等。

样张如图 4-2-1 所示。

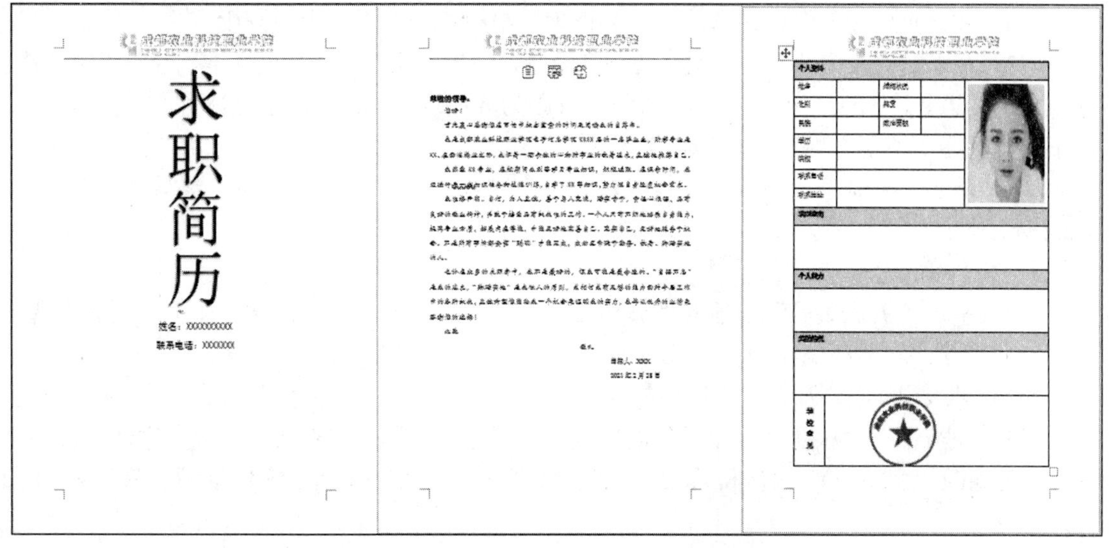

图 4-2-1　样张

实现步骤

本任务所用素材：素材\Word 素材\简历素材.docx。

简历封面制作

1. 制作封面

（1）打开素材\Word 素材\简历素材.docx 文档。

（2）将插入点移动到文档的开始处，单击“布局”菜单“页面设置组”中“分隔符”下拉按钮下的“分页符”。双击第一页，出现段落标记。单击“插入”选项卡“文本”组中的“艺术字”按钮，选择第 1 行第 1 列的“艺术字样式”，输入“求职简历”，字号设置为 96 磅，在文本组中选择“文字方向”为垂直。

段落格式设置为居中对齐，也可以把光标移动到艺术字的右下角边缘，当光标变成对角线箭头形状时直接拖动改变缩放比例。

（3）输入联系人姓名与电话，字体格式设置为黑体、三号、居中对齐。

（4）单击“插入”选项卡“页眉与页脚”组中的“页眉”按钮进入页眉编辑状态，插入来自简历素材的学院 Logo 图片。

※知识链接

关于艺术字

艺术字是经过专业的字体设计师艺术加工的汉字变形字体，字体特点符合文字含义，具有美观有趣、易认易识、醒目张扬等特点，是一种有图案意味或装饰意味的字体变形。艺术字能从汉字的义、形和结构特征出发，对汉字的笔画和结构做合理的变形装饰，书写出美观形象的变体字。

艺术字广泛应用于宣传、广告、商标、标语、黑板报、企业名称、会场布置、展览会，以及商品包装和装潢，各类广告、报刊杂志和书籍的装帧上等。

2. 页面设置

（1）在“页面布局”选项卡的“页面设置”组中单击“页边距”按钮。

（2）在下拉列表中选择“自定义边距”命令，弹出“页面设置”对话框，单击“页边距”选项卡，页面上、下边距为 2.5 厘米，左、右边距为 3 厘米，“纸张方向”选择“纵向”，将“应用于”设置为“整篇文档”，如图 4-2-2 所示。

（3）单击“纸张”选项卡，设置纸张大小为 A4，“应用于”设置为“整篇文档”，如图 4-2-3 所示。

3. 文本编辑

（1）单击“页面布局”选项卡“页面设置”组中的“分隔符”按钮，在下拉列表中选择“下一页”选项。

（2）录入图 4-2-1 所示自荐书的内容。

（3）在正文中对标题“自荐书”进行设置：字体格式为华文彩云、二号、字体颜色为红色、字符间距加宽 10 磅；段落格式设置为段前段后 1 行、居中对齐、多倍行距值为 2.4，如图 4-2-4 所示。

（4）文本“尊敬的×××××公司领导”字体设置为宋体、小四、加粗。

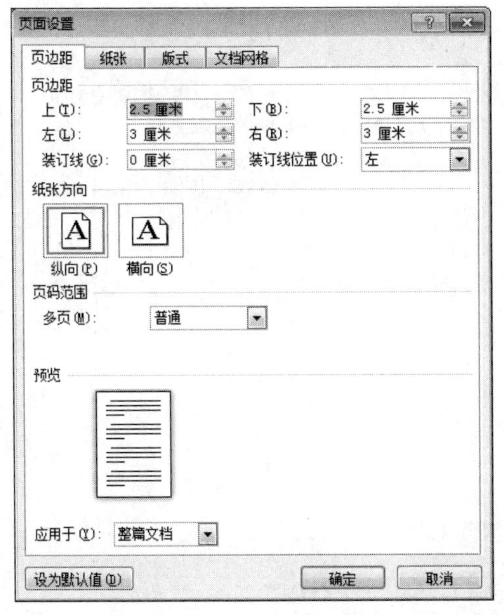

图 4-2-2　“页面设置”对话框的“页边距”选项卡

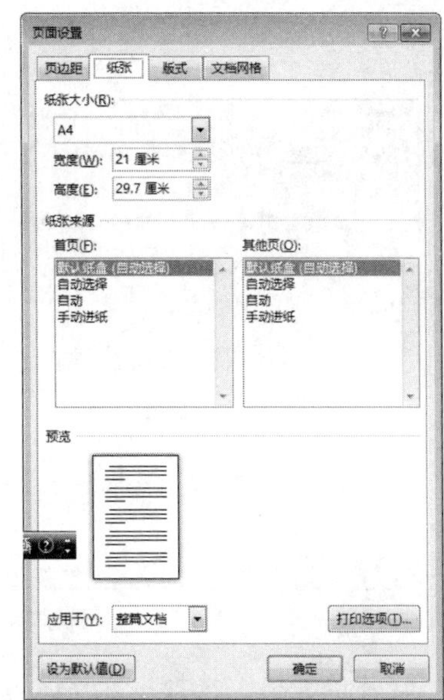

图 4-2-3　“页面设置”对话框的“纸张”选项卡

（5）正文文本“您好……此致”字体设置为楷体_GB2312、小四，“敬礼……2014 年 10 月 28 日”字体设置为宋体，段落格式：行距 1.5 倍行距，首行缩进 2 字符，如图 4-2-5 所示。选择“自荐人……2021 年 2 月 28 日”，向左侧缩进 26 个字符。

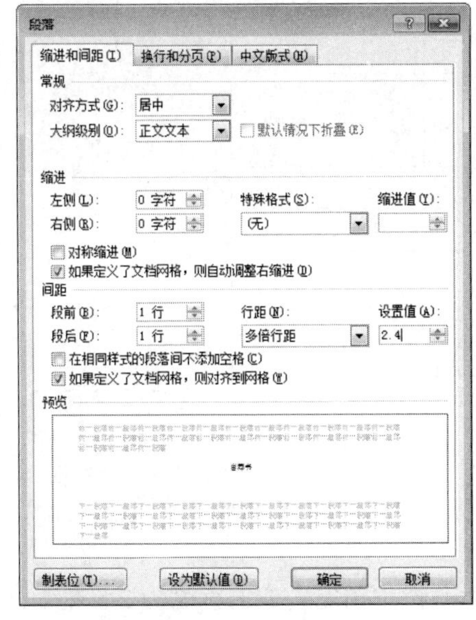

图 4-2-4　设置段落格式一

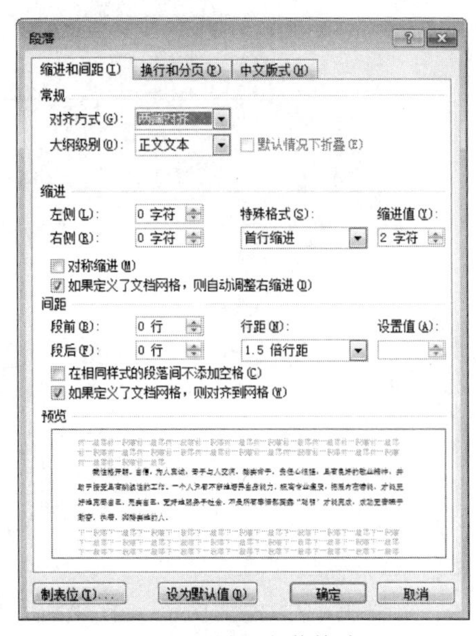

图 4-2-5　设置段落格式二

4. 表格操作

（1）插入“分页符”。单击“插入”选项卡“表格”组中的“表格”按钮，选择“插入表格”命令，插入一个 15 行 5 列的表格。

简历表格制作

（2）在“布局”选项卡的“表”组中单击“属性”按钮，弹出“表格属性”对话框，如图 4-2-6 所示，在“列”选项卡中选中“指定宽度”复选项，第 1～4

列设置列宽为 2.5 厘米，第 5 列设置列宽为 4.8 厘米，表格的行高设置为 1 厘米。

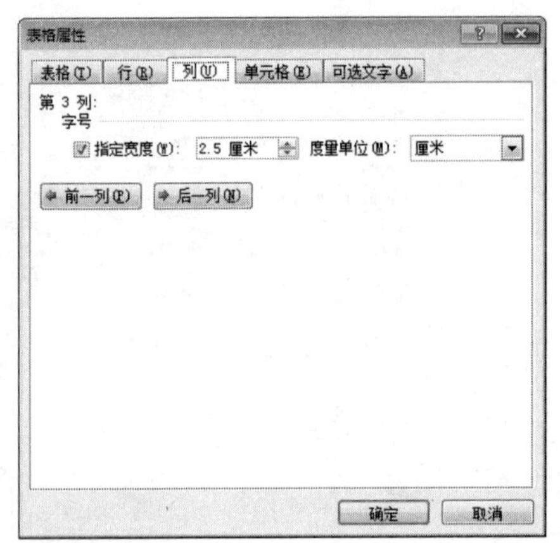

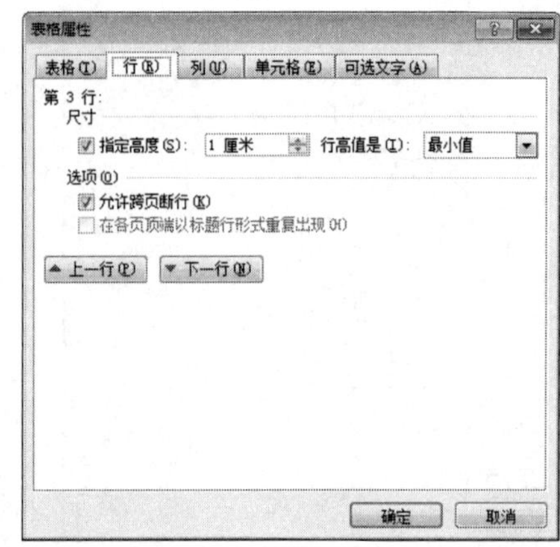

图 4-2-6 “表格属性”对话框

（3）合并单元格。选择单元格区域，合并单元格，如图 4-2-7 所示。

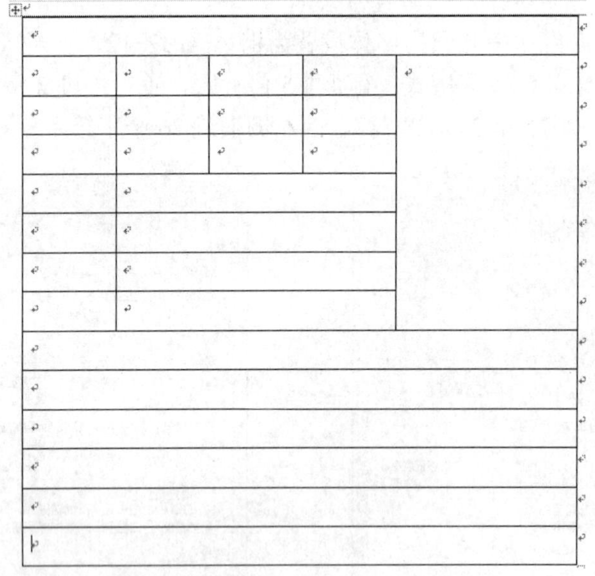

图 4-2-7 合并单元格

（4）填充底纹。按住 Ctrl 键，然后单击鼠标左键选择第 1、9、11、13 行，填充“白色，背景 1，深色 15%”底纹。

（5）选择第 10、12、14 行，在“表格属性”对话框中指定它们的行高为 2.5 厘米；选择第 15 行，在“表格属性”对话框中指定行高为 4 厘米。

（6）在表格中填充如样表中的文字内容。

（7）在布局菜单中“绘图”组中选择“绘制表格”，在第 15 行画一条竖线。选择“学校意见”，在“对齐方式”组中把文字方向设置为纵向、居中对齐，文字间距加宽 4 磅。

（8）在贴照片区域中插入联机图片。

单击“插入”选项卡“插图”组中的“联机图片”按钮，在“插入图片”任务窗格的“必应图像搜索”文本框中输入“人脸”为关键词进行搜索，如图 4-2-8 所示。

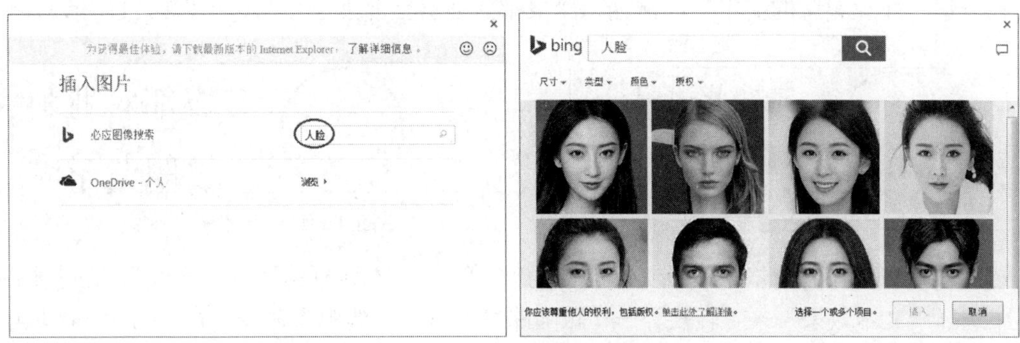

图 4-2-8　必应图像搜索

※知识链接

关于必应

必应（Bing）是微软公司于 2009 年 5 月 28 日推出的全新搜索引擎服务。其集成了多个独特功能。用户可登录微软必应首页 www.bing.com，其中包括网页、图片、视频、词典、翻译、资讯、地图等全球信息搜索服务。

（9）绘制公章。把插入点移动到最后一个单元格，单击“插入”选项卡“插图”组中的“形状”按钮，在基本形状中选择“椭圆”工具，按住 Shift 键的同时拖动鼠标画出尺寸合适的圆。选择画好的圆并右击，在弹出的快捷菜单中选择“设置形状格式”命令，在右窗格中设置图形的填充和线条格式，在“填充”下拉选项中设置填充颜色为“无填充”，在“线条”选择“红色”，线型选择“实线”，粗细为 3 磅，如图 4-2-9 所示。

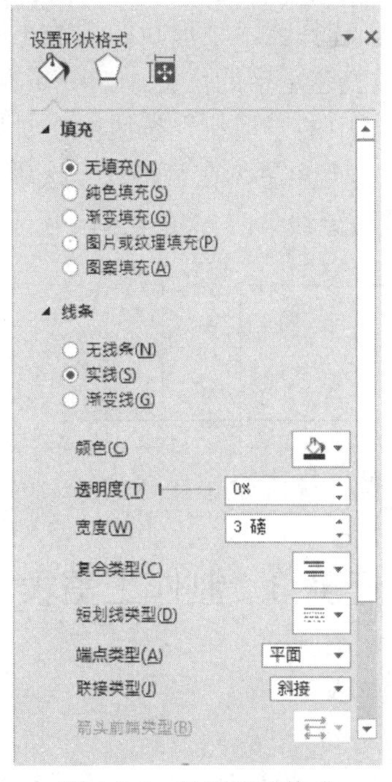

图 4-2-9　设置形状格式

在“文本”组中单击“艺术字”的第 1 行第 1 列艺术字样式，如图 4-2-10 所示。

在“请在此放置您的文字”区域输入“成都农业科技职业学院”，如图 4-2-11 所示。

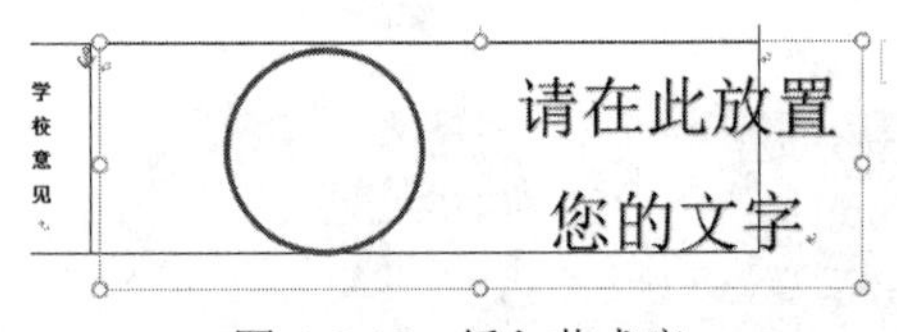

图 4-2-10　插入艺术字

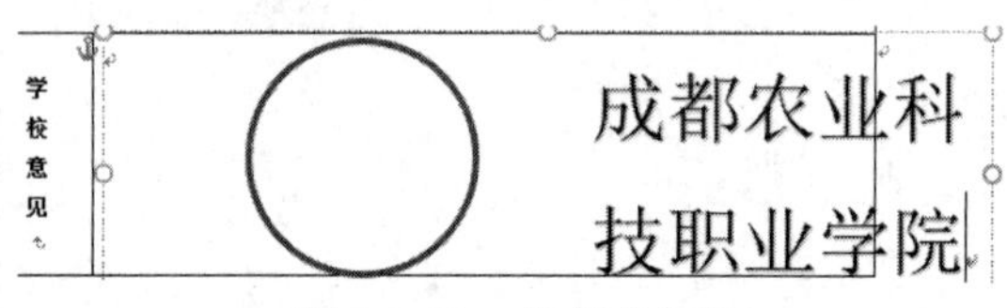

图 4-2-11　艺术字内容

选择艺术字，在右窗格中设置文本填充为“红色”，文本边框为“红色实线”。在艺术字样式组中选择“文本效果”→“转换”→“跟随路径”→“上弯弧”命令，在“阴影”区域中选择“无阴影”，如图 4-2-12 所示。

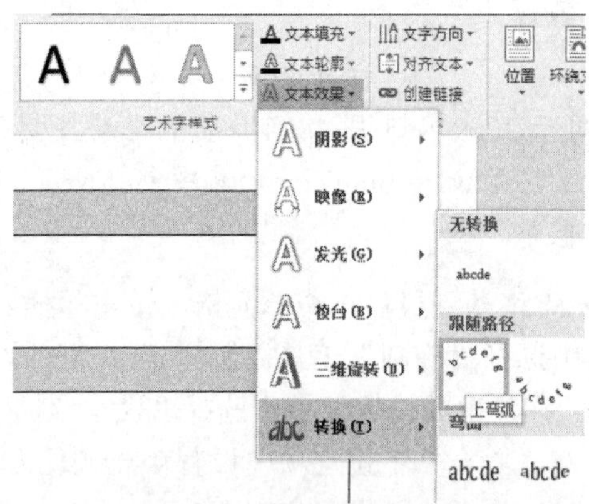

图 4-2-12　设置艺术字格式

艺术字文本大小设置为四号。选择艺术字形状四周的小圆点调节艺术字尺寸。左手按住 Ctrl 键，右手按下光标移动键，改变艺术字的位置，如图 4-2-13 所示。

单击“插入”菜单“插图”组中的“形状”按钮，在“星与旗帜”中选择五角星，按住 Shift 键，在公章区域中拖出一个正五角星，在“格式”选项卡“设置形状格式”中将“形状填充”设置为红色，“线条”设置为无线条，如图 4-2-14 所示。

图 4-2-13　改变艺术字的位置

图 4-2-14　公章

任务 3　制作工资表

任务目标

制作员工工资表。

知识与技能目标

- 掌握表格的创建与修改方法。
- 掌握表中数据的输入与编辑方法。
- 掌握数据排序方法。
- 掌握 Word 表格中数据公式计算的方法。
- 掌握更新域的方法。
- 掌握文档背景设置的方法。
- 掌握文档的保护方法。
- 了解文档属性的设置方法。

情境描述

要求王海为成都德海科技有限公司制作一份员工工资表，该工资表能实现在员工基础工资、考勤等数据变化后快速更新员工的实发工资，并能统计出公司员工的人数，求出公司员工中的最高实发工资、最低实发工资和平均实发工资。同时，为了保证文档的安全，要求能够对文档采取一定的安全策略。

实现方法

王海决定用 Word 2016 绘制员工工资表，同时决定采用在表格中插入 Word 公式域的方法实现统计出公司员工的人数，计算公司员工中的最高实发工资、最低实发工资和平均实发工资。

采用文档加密和文档编辑保护的方法为文档提供一定的安全保证。

工资表样张如图 4-3-1 所示。

成都德海科技有限公司员工工资表

员工编号	员工姓名	所在部门	基本工资	奖金	住房补助	车费补助	保险金	请假扣款	应发金额	扣税所得额	实发金额
1001	白建强	人事部	3000	300	100	0	200	20	¥3,580.00	¥ 89.00	¥3,491.00
1002	陈晓莉	行政部	2000	340	100	120	200	23	¥2,737.00	¥ 46.85	¥2,690.15
1003	段冬妮	财务部	2500	360	100	120	200	14	¥3,266.00	¥ 73.30	¥3,192.70
1004	郭玉莹	销售部	2000	360	100	120	200	8	¥2,772.00	¥ 48.60	¥2,723.40
1005	何杨	业务部	3000	340	100	120	200	9	¥3,751.00	¥ 97.55	¥3,653.45
1006	胡杰	人事部	2000	300	100	120	200	50	¥2,670.00	¥ 43.50	¥2,626.50
1007	蒋远婷	行政部	800	300	100	0	200	36	¥1,364.00	¥ 0.00	¥1,364.00
1008	李红艳	财务部	3000	340	100	120	200	40	¥3,720.00	¥ 96.00	¥3,624.00
1009	李玲	销售部	2500	250	100	120	200	60	¥3,110.00	¥ 65.50	¥3,044.50
1010	李琼	业务部	1500	450	100	120	200	25	¥2,345.00	¥ 27.25	¥2,317.75
人数	10	最高实发工资		¥3,491.00		最低实发工资		¥2,690.15		平均实发	¥2,872.75

图 4-3-1　工资表样张

实现步骤

工作表制作 1

1. 新建文档

（1）打开 Word 2016，新建一个普通文档。

（2）在“页面布局”选项卡的“页面设置”组中单击“纸张方向”按钮，选择“横向”选项。

2. 输入表标题

（1）输入表标题“成都德海科技有限公司员工工资表”。

（2）按 Enter 键换行。

（3）选择表标题，格式设置：字号为二号，宋体；居中对齐，段前段后各一行。

3. 绘制工资表

（1）单击“插入”选项卡“表格”组中的“表格”按钮，在下拉列表中选择“插入表格”命令，弹出“插入表格”对话框，如图 4-3-2 所示，在“表格尺寸”区域的“列数”数值框中输入 12，在“行数”数值框中也输入 12，单击“确定”按钮。

（2）调整“资金”列与“扣税所得额”列的列宽。

（3）对最后一行的单元格按照样张所示合并单元格。

（4）单击“插入”选项卡“文本”组中的“日期和时间”按钮，在“语言（国家/地区）”下拉列表框中选择“中文（中国）”，在“可用格式”列表框中选择第二行，如图 4-3-3 所示，插入制表日期。

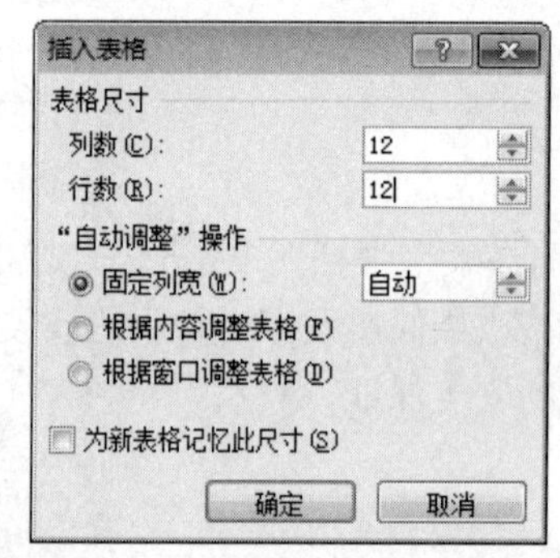

图 4-3-2 “插入表格”对话框

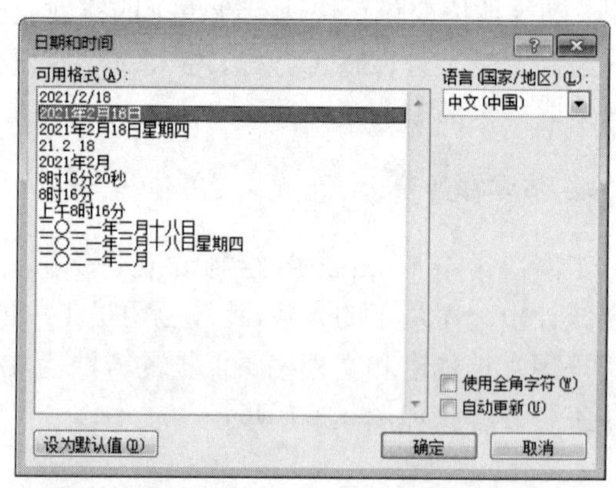

图 4-3-3 插入日期和时间

（5）按照样张输入表格内容，如图 4-3-4 所示。

成都德海科技有限公司员工工资表

员工编号	员工姓名	所在部门	基本工资	奖金	住房补助	车费补助	保险金	请假扣款	应发金额	扣税所得额	实发金额
1001	白建强	人事部	3000	300	100	0	200				
1002	陈晓莉	行政部	2000	340	100	120	200				
1003	段冬妮	财务部	2500	360	100	120	200				
1004	郭玉莹	销售部	2000	360	100	120	200				
1005	何杨	业务部	3000	340	100	120	200				
1006	胡杰	人事部	2000	300	100	120	200				
1007	蒋远婷	行政部	800	300	100	0	200				
1008	李红艳	财务部	3000	340	100	120	200				
1009	李玲	销售部	2500	250	100	120	200				
1010	李琼	业务部	1500	450	100	120	200				
人数		最高实发工资				最低实发工资				平均实发	

经理审核：　　财务部：　　制表人：王海

2021 年 2 月 18 日

图 4-3-4 输入表格内容

4. 利用表格公式计算应发金额

工作表制作 2

（1）把插入点移动到第 10 列第 2 行的单元格中，单击“布局”选项卡“数据”组中的“公式”按钮，弹出“公式”对话框，如图 4-3-5 所示，输入公式，选择编号格式，单击“确定”按钮。

（2）复制该单元格。

（3）把插入点移动到第 9 列第 3 行的单元格中进行粘贴，单击“布局”选项卡“数据”组中的“公式”按钮，弹出“公式”对话框，编辑公式，如图 4-3-6 所示。

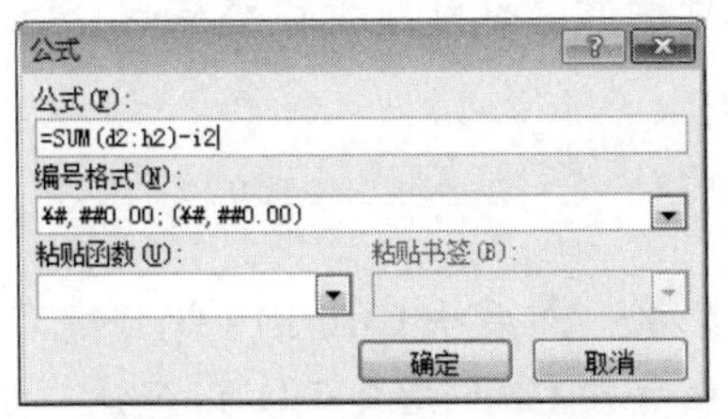

图 4-3-5　“公式”对话框

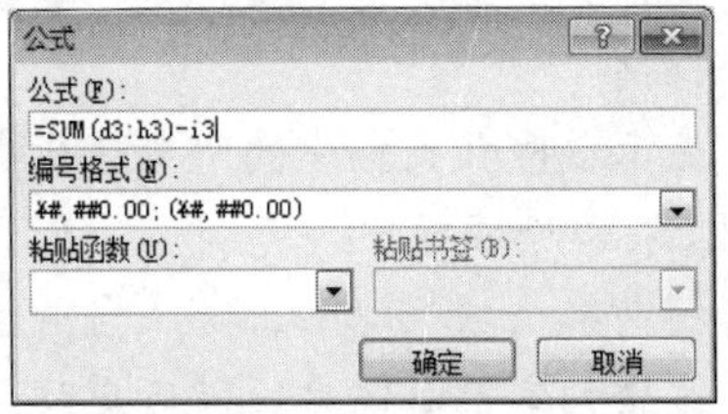

图 4-3-6　编辑公式

（4）采用相同方法计算其他员工的应发金额，注意公式中行号的变化。

※知识链接

Word 域

域是文档中的变量，分为域代码和域结果。域代码是由域特征字符、域类型、域指令和开关组成的字符串；域结果是域代码所代表的信息。域结果根据文档的变动或相应因素的变化而自动更新。域特征字符是指包围域代码的大括号“{}”，它不是从键盘上直接输入的，按 Ctrl+F9 组合键可以插入这对域特征字符。域类型就是 Word 域的名称，域指令和开关是设定域类型如何工作的指令和开关。

例如，域代码{ DATE * MERGEFORMAT }在文档中每个出现此域代码的地方插入当前日期，其中 DATE 是域类型，* MERGEFORMAT 是通用域开关。

如当前时间域：

域代码：{DATE\@"yyyy'年'M'月'd'日'"*MERGEFORMAT}

域结果：2014 年 6 月 16 日（当天日期）

使用 Word 域可以实现许多复杂的工作，主要有自动编页码、图表的题注、脚注、尾注的号码；按不同格式插入日期和时间；通过链接与引用在活动文档中插入其他文档的部分或整体；实现无须重新输入即可使文字保持最新状态；自动创建目录、关键词索引、图表目录；插入文档属性信息；实现邮件的自动合并与打印；执行加、减及其他数学运算；创建数学公式；调整文字位置等。

域是 Word 中的一种特殊命令，由花括号、域名（域代码）及选项开关构成。域代码类似于公式，域选项开关是特殊的指令，在域中可触发特定的操作。在用 Word 处理文档时若能巧妙地应用域，会给我们的工作带来极大的方便。特别是制作理科试卷时，域具有公式编辑器无法替代的优点。

1. 更新域操作

当 Word 文档中的域没有显示出最新信息时，用户应采取以下措施进行更新，以获得新域结果：

- 更新单个域：单击需要更新的域或域结果，然后按 F9 键。
- 更新一篇文档中的所有域：单击“编辑”→“全选”命令选定整篇文档，然后按 F9 键。

另外，用户也可以单击“工具”→“选项”命令，再单击“打印”选项卡，选中“更新域”复选项，以实现 Word 在每次打印前都自动更新文档中所有域的目的。

2. 显示或隐藏域代码

- 显示或隐藏指定的域代码：单击需要实现域代码的域或其结果，然后按 Shift+F9 组合键。
- 显示或隐藏文档中的所有域代码：按 Alt+F9 组合键。

3. 锁定/解除域操作

- 锁定某个域，以防止修改当前域结果：单击此域，然后按 Ctrl+F11 组合键。
- 解除锁定，以便对域进行更改：单击此域，然后按 Ctrl+Shift+F11 组合键。

4. 解除域的链接

选择有关域内容，然后按 Ctrl+Shift+F9 组合键即可解除域的链接，此时当前的域结果就会变为常规文本（即失去域的所有功能），以后不能进行更新。用户若需要重新更新信息，必须在文档中插入同样的域才能实现。

5. 利用表格公式计算扣税所得额

（1）把插入点移动到第 11 列第 2 行的单元格中，单击“布局”选项卡“数据”组中的“公式”按钮，弹出“公式”对话框，输入图 4-3-7 所示的公式，选择编号格式，单击“确定”按钮。

（2）复制该单元格，把插入点移动到第 11 列第 3 行的单元格中进行粘贴。单击“布局”选项卡“数据”组中的“公式”按钮，弹出“公式”对话框，编辑公式，注意公式中行号的变化。

（3）采用相同方法计算其他员工的扣税所得额。

6. 利用表格公式计算实发金额

（1）把插入点移动到第 12 列第 2 行的单元格中，单击“布局”选项卡“数据”组中的“公式”按钮，弹出“公式”对话框，输入图 4-3-8 所示的公式，选择编号格式，单击“确定”按钮。

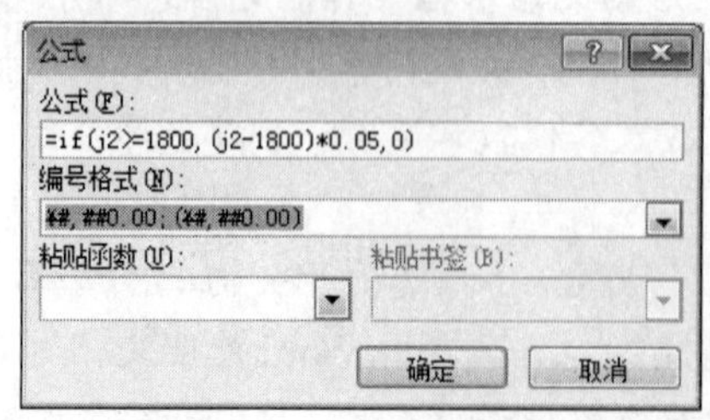

图 4-3-7 “公式”对话框

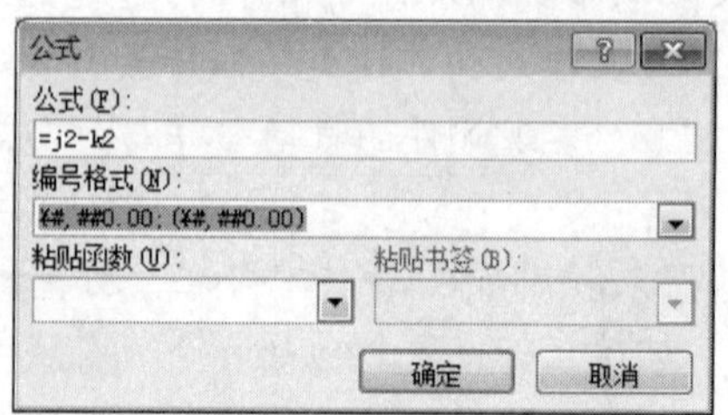

图 4-3-8 编辑公式

（2）复制该单元格，把插入点移动到第 12 列第 3 行的单元格中进行粘贴。单击“布局”选项卡“数据”组中的“公式”按钮，弹出“公式”对话框，编辑公式，注意公式中行号的变化。

（3）采用相同方法计算其他员工的实发金额。

7. 统计人数、最高实发工资、最低实发工资、平均工资

（1）把插入点移动到第 2 列第 12 行的单元格中，单击“布局”选项卡“数据”组中的“公式”按钮，弹出“公式”对话框，输入图 4-3-9 所示的公式，单击“确定”按钮。

（2）把插入点移动到合并单元格“最高实发工资”后面的单元格中，单击“布局”选项卡“数据”组中的“公式”按钮，弹出“公式”对话框，输入图 4-3-10 所示的公式，选择编号格式，单击“确定”按钮。

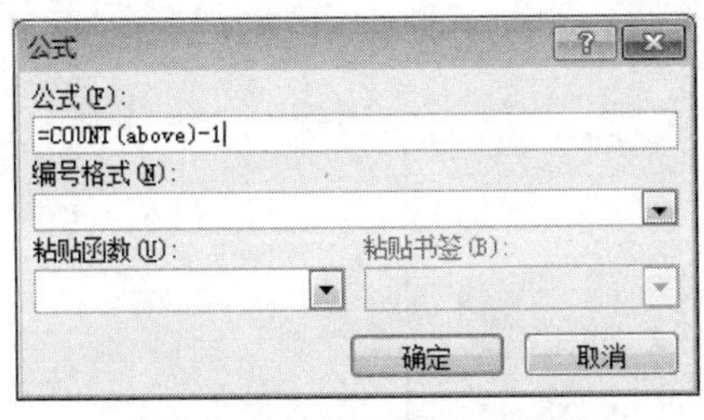

图 4-3-9　“公式”对话框

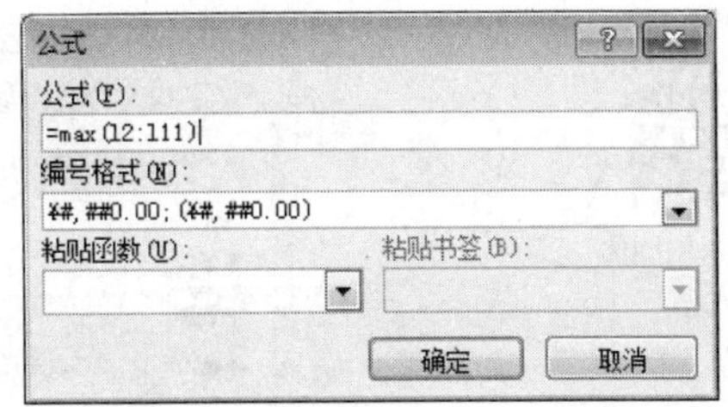

图 4-3-10　“公式”对话框

（3）把插入点移动到合并单元格“最低实发工资”后面的单元格中，单击“布局”选项卡“数据”组中的“公式”按钮，弹出“公式”对话框，输入图 4-3-11 所示的公式，选择编号格式，单击“确定”按钮。

（4）把插入点移动到第 12 列第 12 行的单元格中，单击“布局”选项卡“数据”组中的“公式”按钮，弹出“公式”对话框，输入图 4-3-12 所示的公式，选择编号格式，单击“确定”按钮。

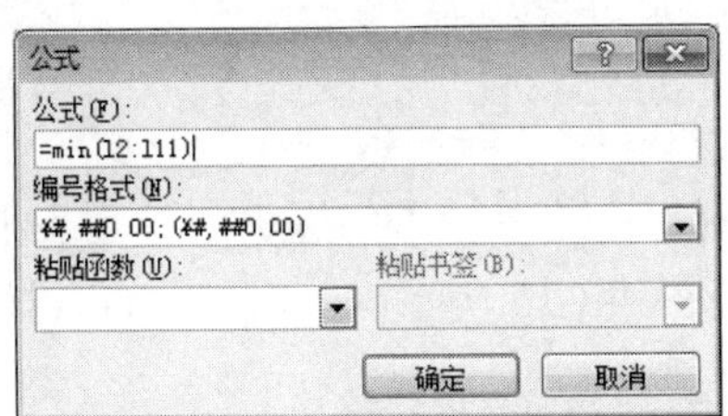

图 4-3-11　“公式”对话框

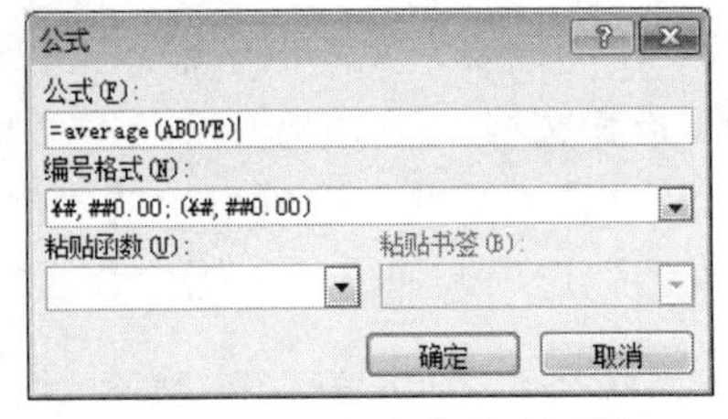

图 4-3-12　“公式”对话框

表格内容如图 4-3-13 所示。

成都德海科技有限公司员工工资表

员工编号	员工姓名	所在部门	基本工资	奖金	住房补助	车费补助	保险金	请假扣款	应发金额	扣税所得额	实发金额
1001	白建强	人事部	3000	300	100	0	200	20	¥3,580.00	¥ 89.00	¥3,491.00
1002	陈晓莉	行政部	2000	340	100	120	200	23	¥2,737.00	¥ 46.85	¥2,690.15
1003	段冬妮	财务部	2500	360	100	120	200	14	¥3,266.00	¥ 73.30	¥3,192.70
1004	郭玉莹	销售部	2000	360	100	120	200	8	¥2,772.00	¥ 48.60	¥2,723.40
1005	何杨	业务部	3000	340	100	120	200	9	¥3,751.00	¥ 97.55	¥3,653.45
1006	胡杰	人事部	2000	300	100	120	200	50	¥2,670.00	¥ 43.50	¥2,626.50
1007	蒋远婷	行政部	800	300	100	0	200	36	¥1,364.00	¥ 0.00	¥1,364.00
1008	李红艳	财务部	3000	340	100	120	200	40	¥3,720.00	¥ 96.00	¥3,624.00
1009	李玲	销售部	2500	250	100	120	200	60	¥3,110.00	¥ 65.50	¥3,044.50
1010	李琼	业务部	1500	450	100	120	200	25	¥2,345.00	¥ 27.25	¥2,317.75
人数	10	最高实发工资		¥3,491.00		最低实发工资		¥2,690.15		平均实发	¥2,872.75

图 4-3-13　表格内容

8. 给文档添加水印和背景

（1）在“设计”菜单的“页面背景”组中单击“水印”按钮，选择“机密 2”选项。

（2）在“设计”菜单的“页面背景”组中单击“页面颜色”按钮，选择“蓝色，个性色 1，淡色 80%”选项。

9. 设置文档属性

（1）单击“文件”选项卡中的“信息”，在右侧窗格的“属性”下拉列表框中选择“高级属性”选项，弹出如图 4-3-14 所示的对话框。

工作表制作 3

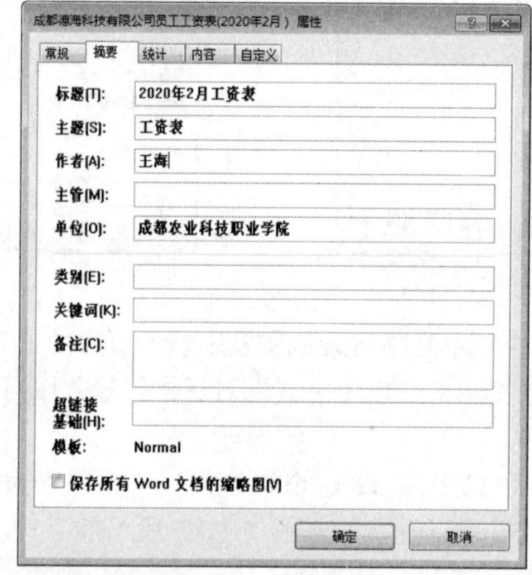

图 4-3-14　文档属性

（2）在“摘要”文本框中输入文档信息。

10. 检查文档

（1）单击“文件”选项卡中的“信息”，在右侧窗格的“检查问题”下拉列表框中选择“检查文档”选项，弹出“文档检查器”对话框，如图 4-3-15 所示，单击“检查”按钮。

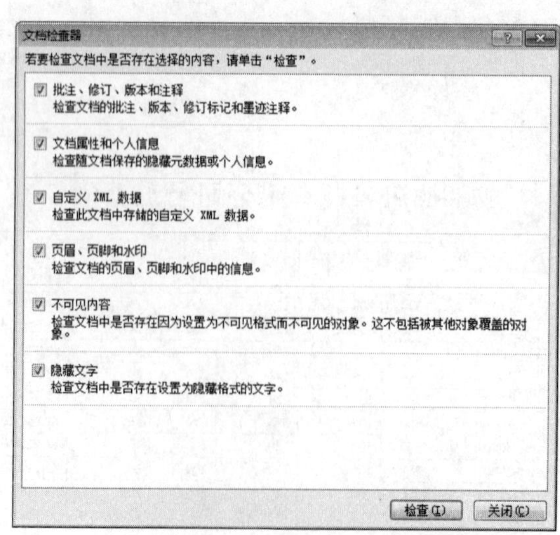

图 4-3-15　“文档检查器”对话框

（2）如果需要删除文档属性和个人信息，则可以单击右侧的“全部删除”按钮，如图 4-3-16 所示。

图 4-3-16　删除文档属性

（3）单击“关闭”按钮。

11. 把文档标记为最终状态

（1）单击“文件”选项卡中的“信息”，在右侧窗格的“保护文档”下拉列表框中选择“标记为最终状态”选项，弹出图 4-3-17 所示的提示框，单击“确定”按钮。

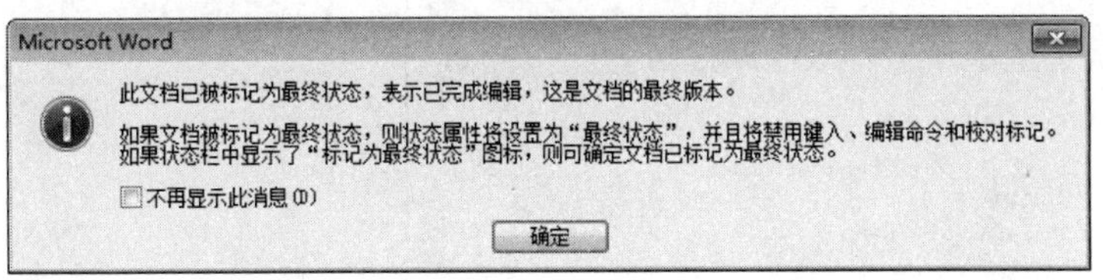

图 4-3-17　提示框

（2）“保护文档”右侧的“权限”显示为“此文档已标记为最终状态以防止编辑”，如图 4-3-18 所示。退出 Word。

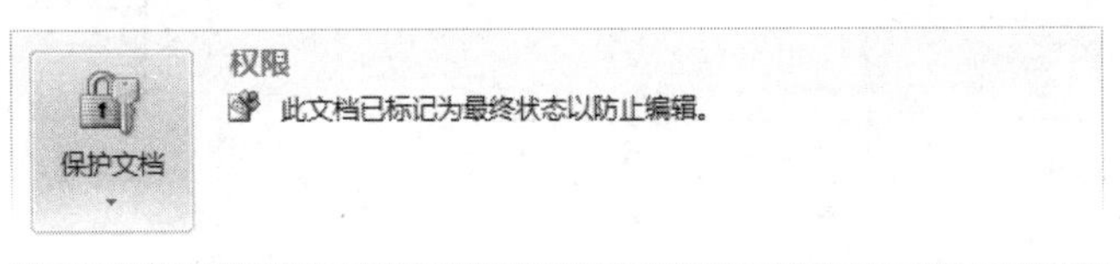

图 4-3-18　文档标记

（3）重新打开文档后向用户提示该文档已标记为最终版本以防止编辑，如图 4-3-19 所示。如果用户不顾提示而单击“仍然编辑”按钮，则该文档进入正常编辑状态，但也不是原作者的最终文档了。

图 4-3-19　打开标记的文档

12. 为文档设置密码

（1）单击“文件”选项卡中的“信息”，在右侧窗格中单击“保护文档”按钮，在下拉列表中选择“用密码进行加密”选项，弹出“加密文档”对话框，如图 4-3-20 所示，输入密码，单击“确定”按钮。

（2）在弹出的“确认密码”对话框中重新输入密码，如图 4-3-21 所示，单击“确定”按钮。

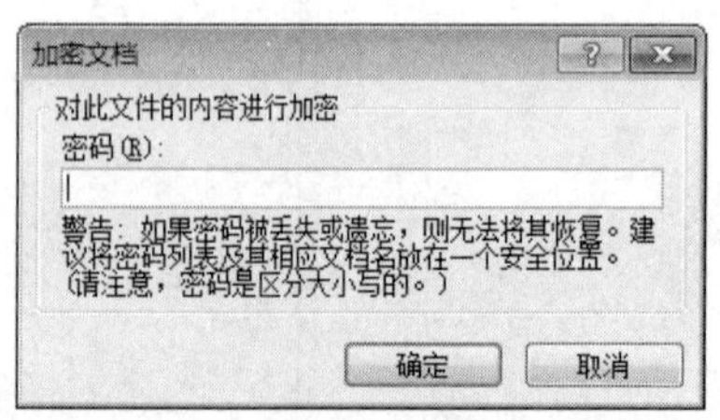

图 4-3-20　“加密文档”对话框

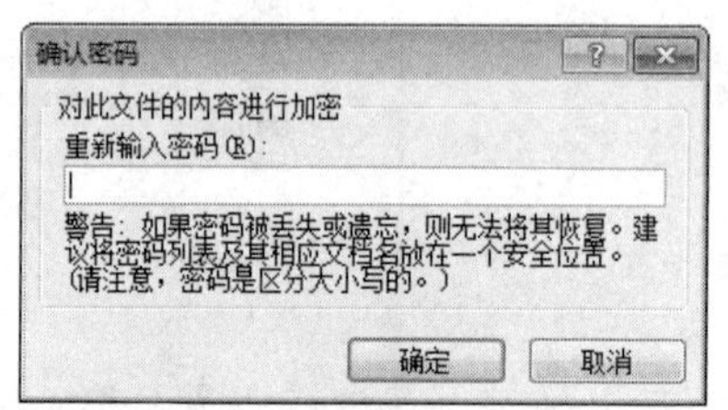

图 4-3-21　重新输入密码

（3）此时“保护文档”右侧的权限显示为“必须提供密码才能打开此文档”，如图 4-3-22 所示。保存文档后退出。

（4）重新打开文档则首先弹出“密码”对话框，如图 4-3-23 所示，用户只有输入正确的密码才能打开文档。

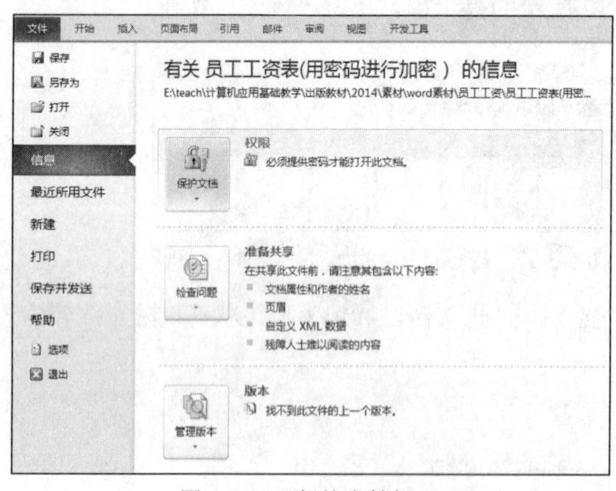

图 4-3-22　保护文档提示

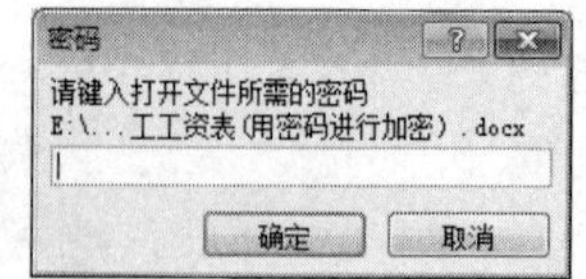

图 4-3-23　“密码”对话框

13. 限制编辑

（1）单击“文件”选项卡中的“信息”，在右侧窗格中单击“保护文档”按钮，在下拉列表中选择“限制编辑”选项，在文档的右侧显示“限制编辑”任务窗格，如图 4-3-24 所示。

（2）打开“启动强制保护”对话框，如图 4-3-25 所示，输入密码，单击“确定”按钮。

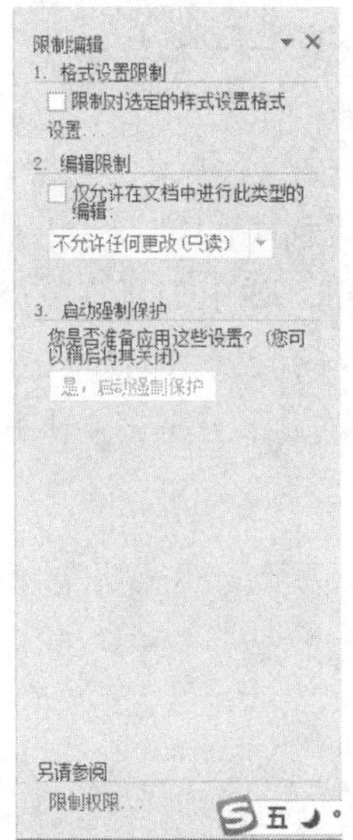

图 4-3-24　“限制编辑”任务窗格

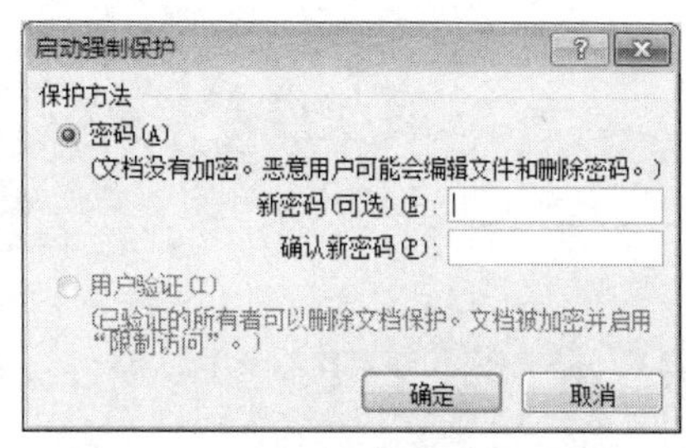

图 4-3-25　“启动强制保护”对话框

（3）在“编辑限制”区域的下拉列表框中选择“修订”选项，单击“是，启动强制保护”按钮（图 4-3-26），文档进入强制保护，如图 4-3-27 所示。

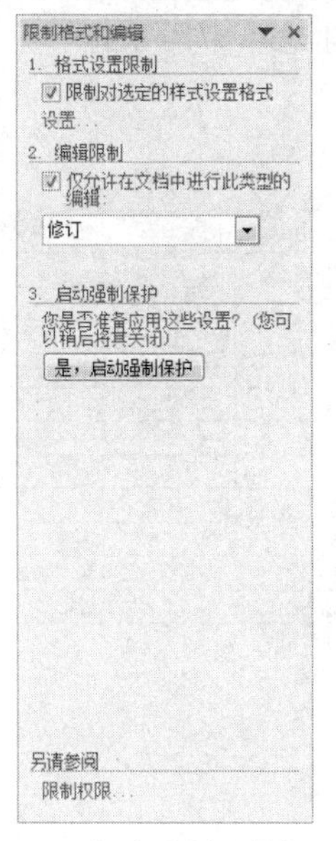

图 4-3-26　启动强制“修订”保护

图 4-3-27　进入强制保护模式

此时“开始”选项卡中很多功能区中的按钮不能使用，如图 4-3-28 所示。

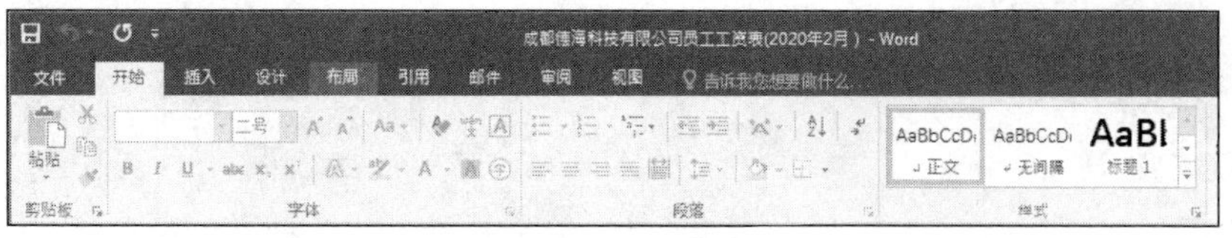

图 4-3-28　修订保护模式

文档进入修订保护模式，对文档的更改将作为修订，如图 4-3-29 所示。

单击“停止”保护按钮，输入密码。

14. 自定义排序

（1）把鼠标指针移动到左侧的选定栏，拖动鼠标选择表格中的第 1～11 行。

（2）单击“布局”选项卡“数据”组中的“排序”按钮，弹出“排序”对话框，在“列表”区域中选择“有标题行”单选项，在“主要关键字”下拉列表框中选择“所在部门”选项，在“次要关键字”下拉列表框中选择“实发金额”选项，在“第三关键字”下拉列表框中选择“员工编号”选项，如图 4-3-30 所示。

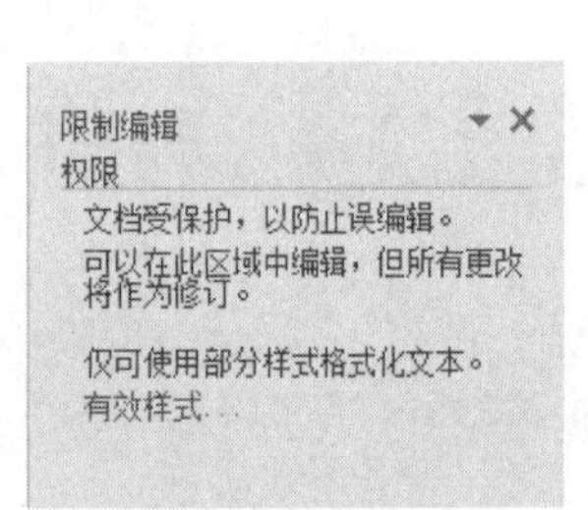

图 4-3-29 修订保护

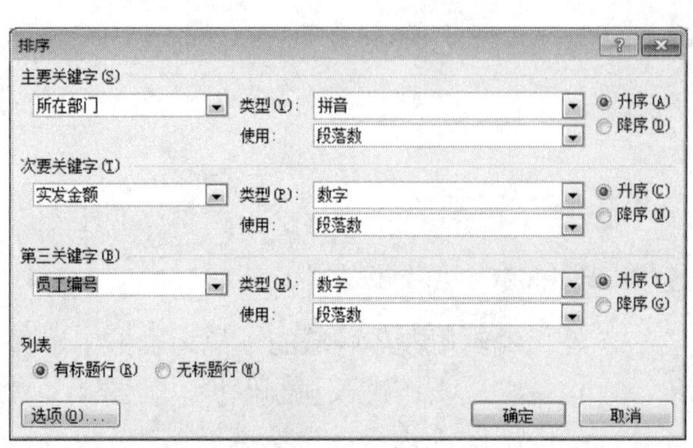

图 4-3-30 自定义排序

排序后的结果如图 4-3-31 所示。

员工编号	员工姓名	所在部门	基本工资	奖金	住房补助	车费补助	保险金	请假扣款	应发金额	扣税所得额	实发金额
1003	段冬妮	财务部	2500	360	100	120	200	14	¥3,266.00	¥ 73.30	¥3,192.70
1008	李红艳	财务部	3000	340	100	120	200	40	¥3,720.00	¥ 96.00	¥3,491.00
1002	陈晓莉	行政部	2000	340	100	120	200	23	¥2,737.00	¥ 46.85	¥2,690.15
1007	蒋远婷	行政部	800	300	100	0	200	36	¥1,364.00	¥ 0.00	¥3,491.00
1001	白建强	人事部	3000	300	100	0	200	20	¥3,580.00	¥ 89.00	¥3,491.00
1006	胡杰	人事部	2000	300	100	120	200	50	¥2,670.00	¥ 43.50	¥3,491.00
1004	郭玉莹	销售部	2000	360	100	120	200	8	¥2,772.00	¥ 48.60	¥3,491.00
1009	李玲	销售部	2500	250	100	120	200	60	¥3,110.00	¥ 65.50	¥3,491.00
1005	何杨	业务部	3000	340	100	120	200	9	¥3,751.00	¥ 97.55	¥3,491.00
1010	李琼	业务部	1500	450	100	120	200	25	¥2,345.00	¥ 27.25	¥3,491.00
人数	10	最高实发工资		¥3,491.00		最低实发工资		¥2,690.15		平均实发	¥3,381.09

图 4-3-31 排序后的结果

任务 4 论文排版

任务目标

制作符合格式要求的毕业论文。

知识与技能目标

- 了解纸张规格。

- 了解节、样式、模板、毕业论文的结构。
- 掌握使用节的方法。
- 掌握自动目录的生成方法。
- 掌握多级自动编号的方法。
- 掌握页眉页脚的设置方法。

情境描述

成都农业科技职业学院的王海即将毕业，按照学院要求，毕业论文必须按照格式要求进行排版。

实现方法

毕业论文是高校毕业生提交的有一定学术价值的文章，是大学生完成学业的标志性作业，是对大学期间学习成果的综合性检阅。

毕业论文主要包括封面、摘要、英文摘要、关键词、目录、正文、参考文献等。在论文撰写的整个过程中，排版是很重要的工作。不同的学校对毕业论文的排版要求会有一些差别。

本任务主要介绍使用 Word 2016 对毕业论文进行排版的方法，主要操作包括文本和段落的格式设置、页面设置、样式的管理和使用、插入分隔符、插入页眉与页脚、创建目录等。

样张如图 4-4-1 至图 4-4-5 所示。

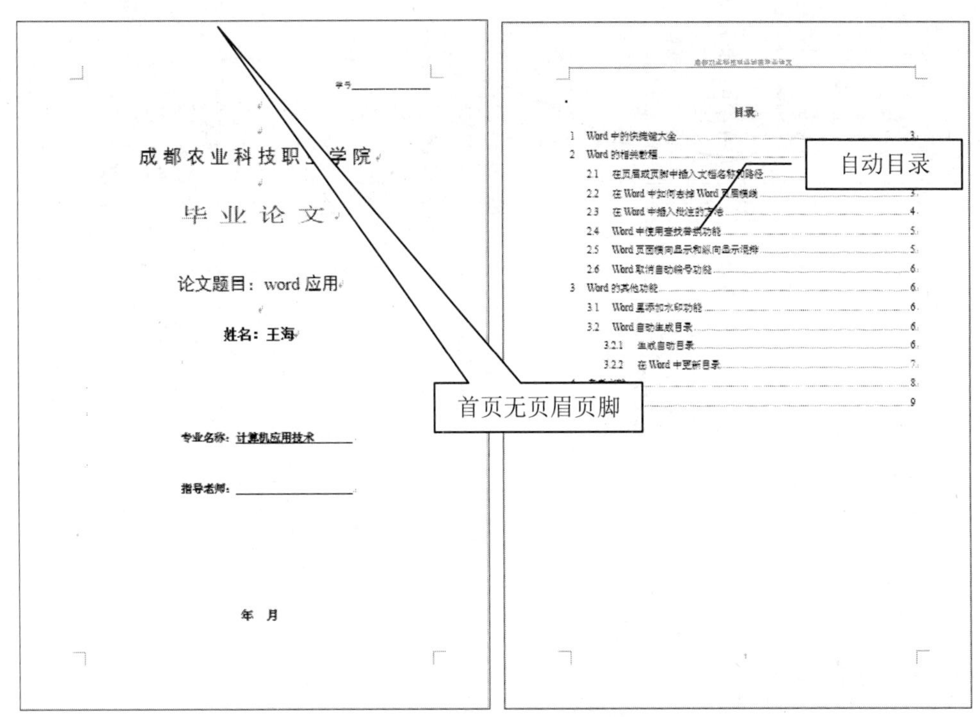

图 4-4-1　封面及目录

正文页眉，居中

毕业论文正文用小四号宋体字，标准字间距，1.25～1.5倍的行距。页面左边距为3厘米，上边距、下边距和右边距均为2.5厘米。单面打印，打印时页码排在页脚居中位置

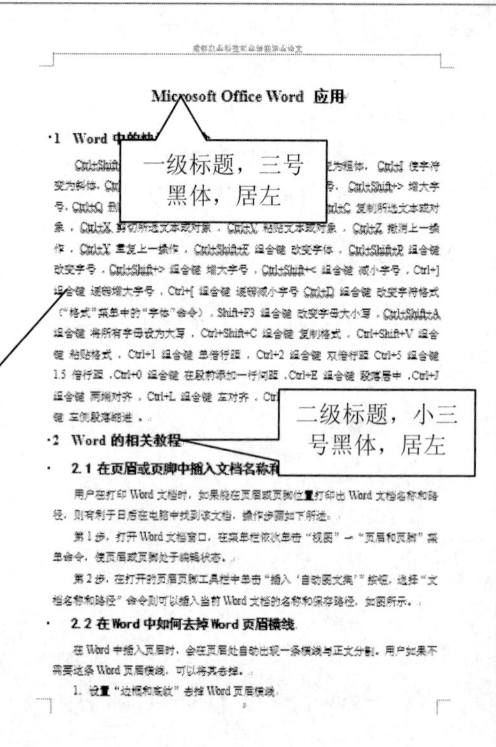

图 4-4-2　摘要、关键词及正文部分一

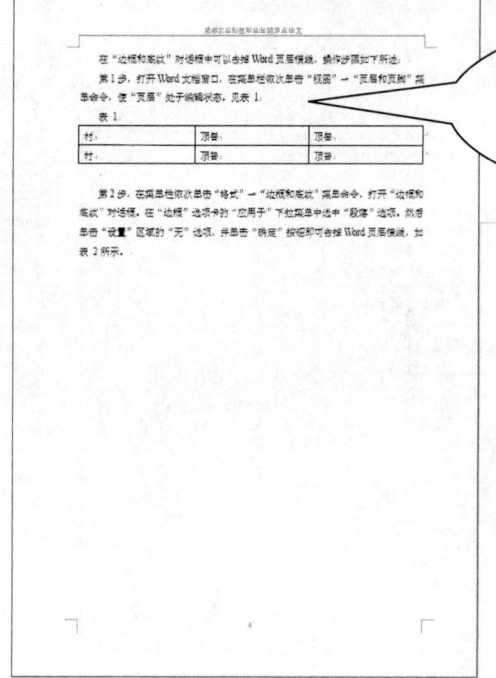

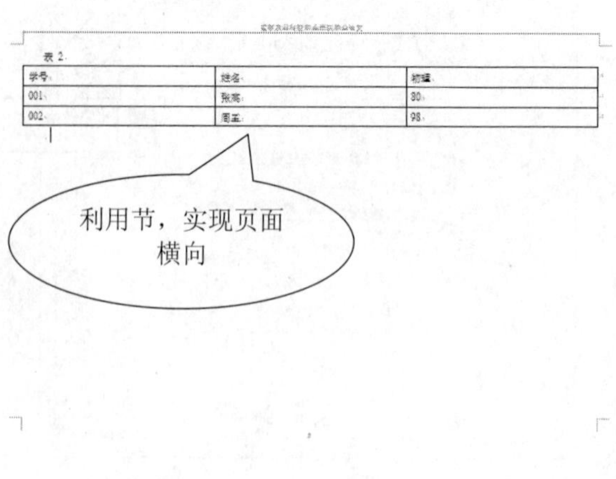

图 4-4-3　正文部分二

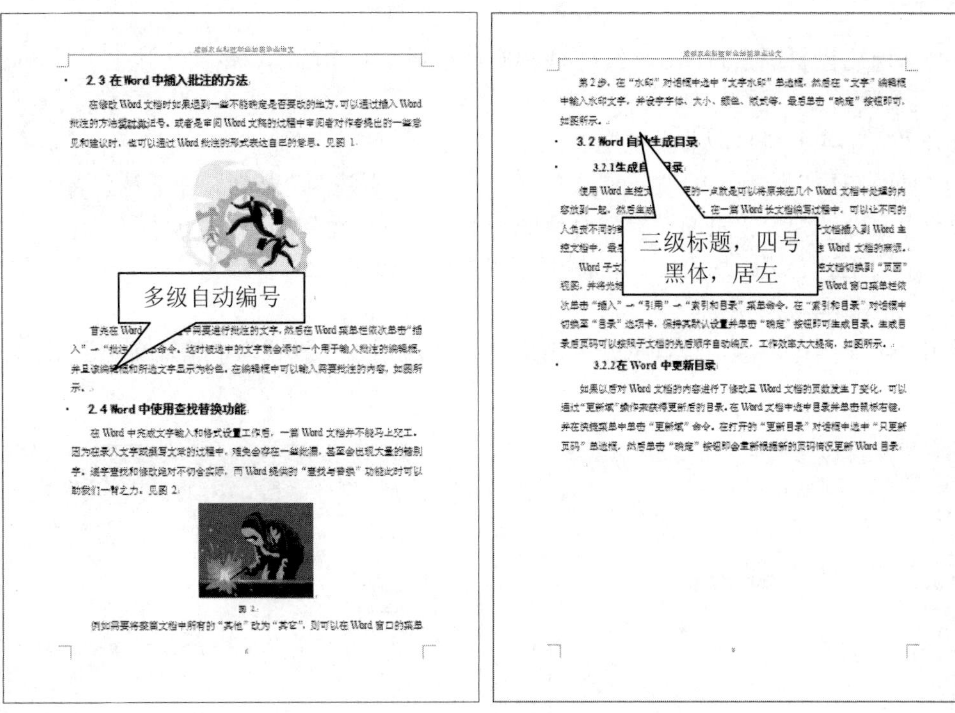

图 4-4-4　正文部分三

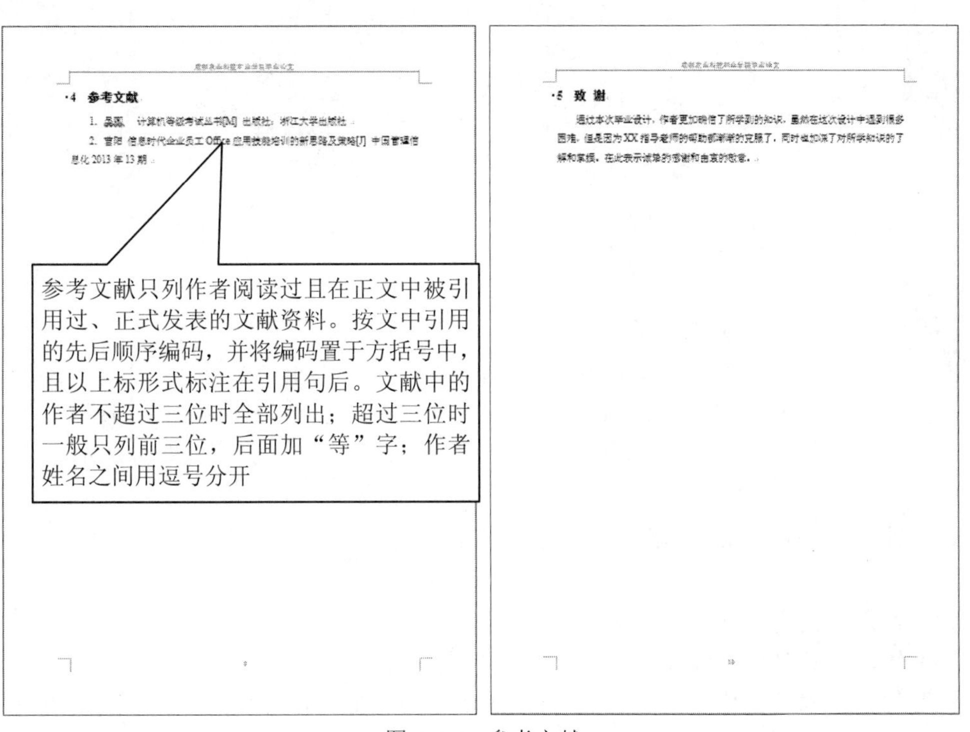

图 4-4-5　参考文献

实现步骤

本任务所用素材：素材\Word素材\成都农业科技职业学院毕业论文（学生用）.docx。

1．页面设置

打开“成都农业科技职业学院毕业论文（学生用）.docx文档”。

在“页面布局”选项卡的“页面设置”组中单击“页边距”按钮，在下拉列表中选择“自定义边距”命令，弹出“页面设置”对话框，单击“页边距”选项卡，页面左边距为3厘米，上边距、下边距和右边距均为2.5厘米；“纸张方向”选择“纵向”；将“应用于”设置为“整篇文档”，如图4-4-6所示。

单击“纸张”选项卡，设置纸张大小为A4，“应用于”设置为“整篇文档”，如图4-4-7所示。

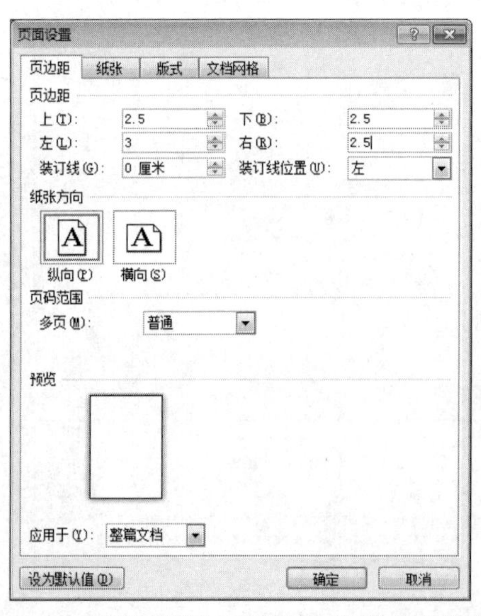

图4-4-6 “页面设置”对话框的“页边距”选项卡

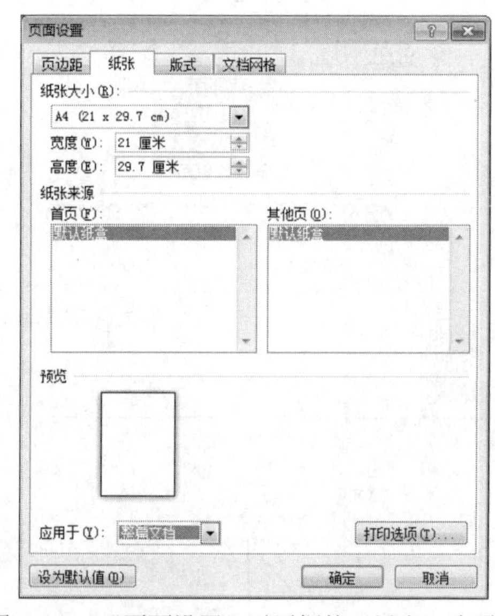

图4-4-7 “页面设置”对话框的“纸张”选项卡

制作封面

2．制作封面

（1）输入“学号”，添加下划线，在“段落”组中单击“右对齐”按钮。

（2）输入“成都农业科技职业学院”，单击“字体”组中的按钮（或按Ctrl+D组合键），弹出“字体”对话框。在“字体”选项卡中，设置中文字体为“黑体”，字号为“小一”；在“高级”选项卡中，设置间距为加宽3磅，如图4-4-8所示。

（3）输入“毕业论文”，字体格式为“宋体”，字号为“一号”，缩放150%，间距加宽5磅，居中对齐。

（4）输入“论文题目”，字体格式为黑体、二号、居中对齐。

（5）输入“姓名”，字体格式为宋体、小二号、加粗、居中对齐。

（6）输入“专业名称”，字体格式为宋体、四号、加粗。在段落格式中添加左对齐制表位，制表位位置12字符。

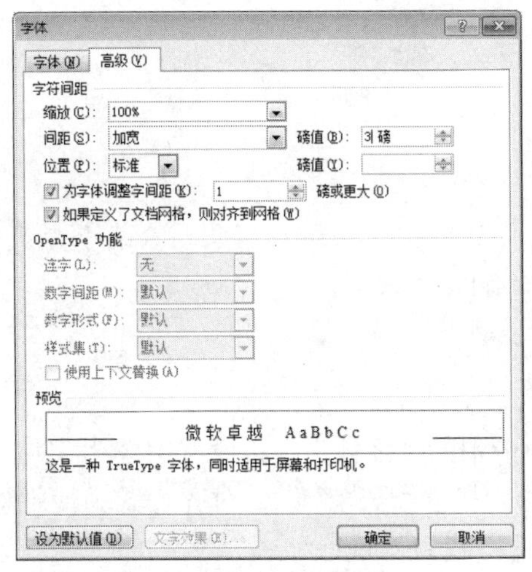

图 4-4-8　设置字体

（7）输入“指导老师”，字体格式为宋体、四号、加粗。在段落格式中添加左对齐制表位，制表位位置 12 字符。

（8）输入“年　月”，设置字体为宋体、三号、居中对齐。

节的使用

3. 文章分节

（1）插入点放在“年　月”的结尾处，单击“布局”菜单“页面设置”组中的“分隔符”按钮，选择“下一页分节符”选项，在下一页产生新的一节。该页用来做自动目录。

（2）在正文素材“Microsoft Office Word 应用”的开始处插入“下一页分节符”。

（3）在“参考文献”开始处插入“下一页分节符”。

（4）在 “致 谢”开始处处插入“下一页分节符”。

经过以上的分节工作，整个文档被分成 6 节。

※知识链接

关于节和分节符

“节”用来改变文档的布局。

1. 可插入的分节符类型

- 下一页：插入一个分节符，新节从下一页开始。
- 连续：插入一个分节符，新节从同一页开始。
- 奇数页或偶数页：插入一个分节符，新节从下一个奇数页或偶数页开始。

2. 可为节设置的格式类型

可以更改下列节格式：

- 页边距
- 纸张大小或方向
- 打印机纸张来源
- 页面边框
- 垂直对齐方式
- 页眉和页脚

- 分栏
- 页码编排
- 行号
- 脚注和尾注

分节符控制其前面文字的节格式。例如，如果删除某个分节符，则其前面的文字将合并到后面的节中，并且采用后者的格式设置。

4. 文档编辑

（1）选择从“摘要开始至文档结束处”。

（2）单击“开始”选项卡中的“字体”组，设置字体为宋体，字号为小四，标准字间距。

（3）单击“开始”选项卡中的“段落”组，对齐方式为两端对齐，大纲级别为正文文本，设置左右缩进为 0，设置特殊格式为“首行缩进”2 字符，设置段前段后间距为 0，设置行距为 1.5 倍行距。

（4）单击“审阅”选项卡“校对”组中的“拼写和语法”按钮，对全文进行拼写与语法检查，修改文档中的典型拼写与语法错误。

5. 应用样式

（1）把插入点放到第一段“Word 中的快捷键大全”中，单击“开始”选项卡“样式”组中的 按钮（或按 Alt+Ctrl+Shift+S 组合键），弹出“样式”对话框。单击“选项”按钮，弹出“样式窗格选项”对话框，如图 4-4-9 所示，选择要显示的样式为“推荐的样式”，单击“确定”按钮。

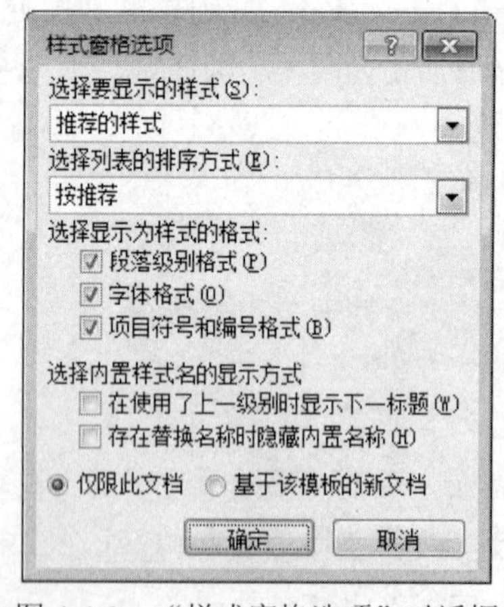

图 4-4-9 “样式窗格选项”对话框

（2）单击“样式”对话框中的“管理样式”按钮，弹出“管理样式”对话框，如图 4-4-10 所示，把标题 1、标题 2、标题 3 的样式设置为显示，把标题 4、标题 5、标题 6 等的样式设置为隐藏。如果需要用到标题 4、标题 5、标题 6 的样式，则可以选择显示所有样式。

（3）正文标题“Microsoft Office Word 应用”设置字体格式小二、宋体、居中对齐。

（4）在“样式”对话框中选择标题 1 样式，单击“向下”按钮，选择“修改”选项，弹出“修改样式”对话框，如图 4-4-11 所示，设置字体格式为黑体、三号，段落格式为 1.5 倍行距、左对齐，编号格式为无。这样对“Word 中的快捷键大全”应用修改后的标题 1 样式。

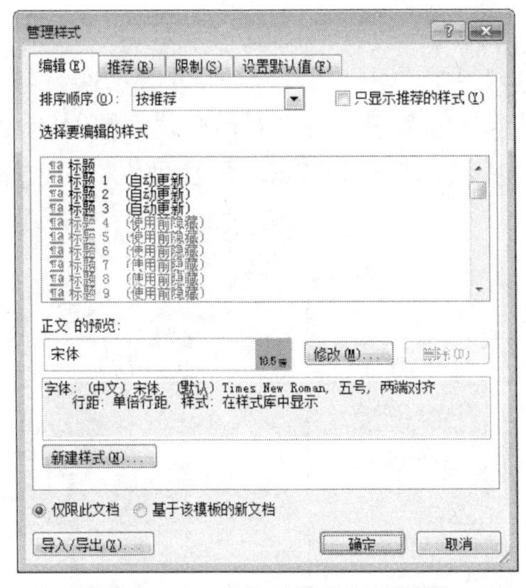

图 4-4-10 “管理样式”对话框

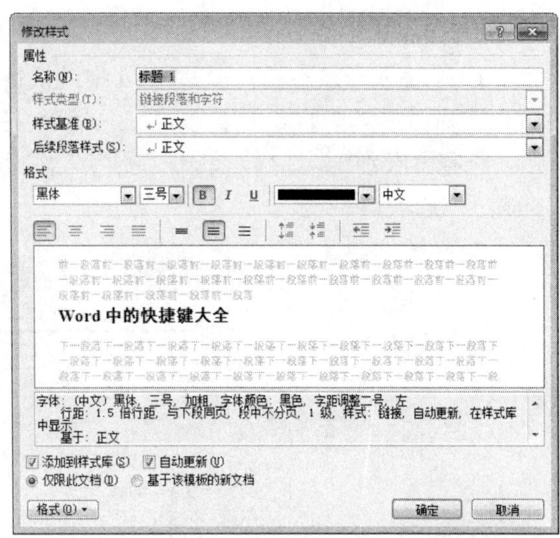

图 4-4-11 “修改样式”对话框

对“Word 的相关教程”段落应用标题 1 样式。

对“Word 的其他功能”段落应用标题 1 样式。

（5）修改标题 2 样式，字体格式为小三、黑体、黑色，段落格式为左对齐、1.5 倍行距、特殊格式无、段前段后 0 行，编号格式为无。

对段落“在页眉或页脚中插入文档名称和路径”应用标题 2 样式。

对段落“在 Word 中如何去掉 Word 页眉横线”应用标题 2 样式。

对段落“在 Word 中插入批注的方法”应用标题 2 样式。

对段落“Word 中使用查找替换功能”应用标题 2 样式。

对段落“Word 页面横向显示和纵向显示混排”应用标题 2 样式。

对段落“Word 里添加水印功能”应用标题 2 样式。

对段落“Word 自动生成目录”应用标题 2 样式。

（6）修改标题 3 样式，字体格式为四号、黑体、黑色，段落格式为左对齐、1.5 倍行距、左右缩进为 0、特殊格式为无、段前段后为 0 行。编号格式为无。

对段落“生成自动目录”应用标题 3 样式。

对段落“在 Word 中更新目录”应用标题 3 样式。

※知识链接

什么是样式

样式是应用于文档中的文本、表格和列表的一套格式特征，是指一组已经命名的字符和段落格式。它规定了文档中标题、题注、正文等各文本元素的格式。用户可以将一种样式应用于某个段落或者段落中选定的字符上。使用样式定义文档中的各级标题，如标题 1、标题 2、标题 3、……、标题 9，就可以智能化地制作出文档的标题目录。

使用样式能减少许多重复的操作，在短时间内排出高质量的文档。例如用户要一次改变使用某个样式的所有文字的格式时，只需修改该样式即可。再例如标题 2 样式最初为“四号、宋体、两端对齐、加粗”，如果用户希望标题 2 样式为“三号、隶书、居中、常规”，此时不必重新定义标题 2 的每个实例，只需改变标题 2 样式的属性即可。

6. 应用多级编号

（1）把插入点放在第一段“Word 中的快捷键大全”中，单击“段落”组中的“多级编号”按钮，选择“定义新的多级编号列表”命令，弹出“定义新多级列表”对话框，如图 4-4-12 所示，选择“级别 1”选项，单击“更多”按钮，在“将级别链接到样式”下拉列表框中选择“标题 1”选项。

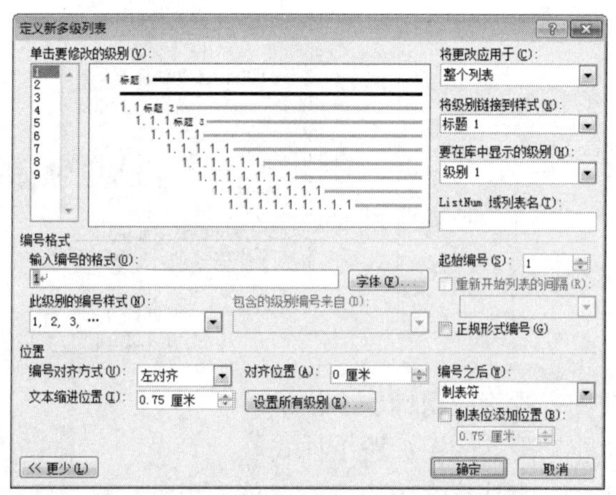

图 4-4-12 “定义新多级列表”对话框

（2）用相同方法修改列表级别 2，在“将级别链接到样式”下拉列表框中选择“标题 2”选项。

（3）用相同方法修改列表级别 3，在“将级别链接到样式”下拉列表框中选择“标题 3”选项。

（4）单击“确定”按钮，这样在标题中自动应用了多级编号。

7. 使用自动目录

把插入点移动到文档第二节空的段落中，单击“引用”选项卡“目录”组中的“自动目录”按钮，生成自动目录。把目录文本设置成居中对齐。

也可以单击“引用”选项卡“目录”组中的“插入目录”按钮，弹出“目录”对话框，如图 4-4-13 所示。单击“选项”按钮可以设置目录来源的样式，单击“修改”按钮可以设置目录的格式，如图 4-4-14 所示。

制作目录

图 4-4-13 “目录”对话框

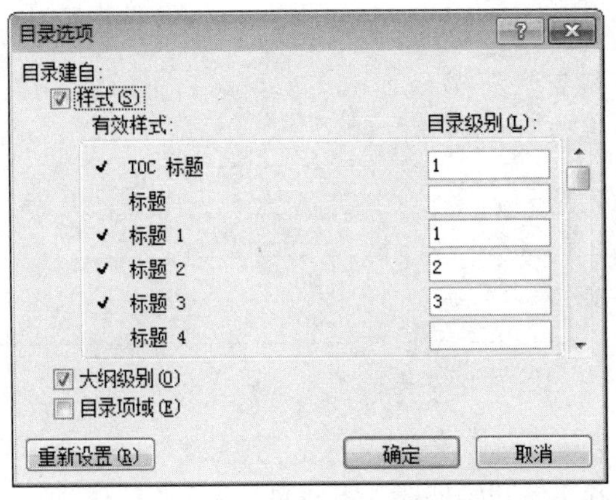

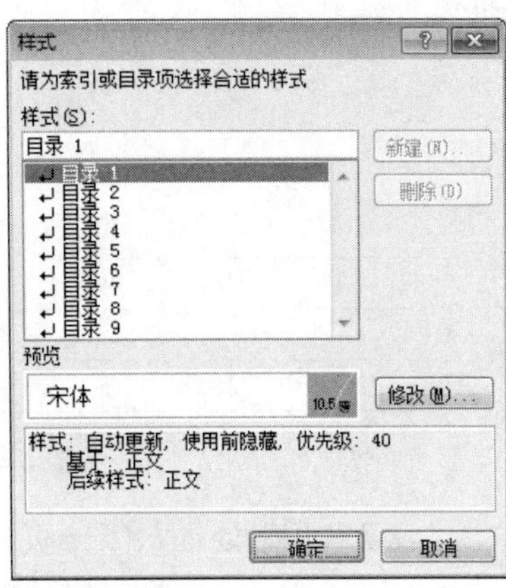

图 4-4-14　“目录选项”对话框和“样式”对话框

8. 插入页眉

把插入点移动到第二页，单击“插入”选项卡“页眉与页脚”组中的“页眉”按钮，选择空白页眉，输入“成都农业科技职业学院毕业论文”。

把插入点移动到封面的页眉与页脚处，在布局菜单打开“页面设置”对话框中，在版式选项卡中选择“首页不同”选项。

在“开始”菜单“段落”组中选择“边框”按钮下拉菜单中的“无边框”选项。

退出页眉与页脚的编辑。

9. 插入页码

把插入点移动到第二页，单击“插入”选项卡“页眉与页脚”组中的“页码”按钮，选择“设置页码格式”命令，在弹出的“页码格式”对话框（图 4-4-15）中选中“页码编号”区域中的“起始页码”单选项并设为 1。

页码格式
编号格式(F): 1, 2, 3, …
包含章节号(N)
章节起始样式(P) 标题 1
使用分隔符(E): - (连字符)
示例: 1-1, 1-A
页码编号
续前节(C)
起始页码(A): 1
确定　取消

图 4-4-15　“页码格式”对话框

10. 设置摘要与关键词格式

把“摘要”文本设置为居中对齐、加粗、字符加宽 5 磅。

把“关键词”文本设置为黑体、加粗。

11. 设置表格式

把以下文本内容转换成图 4-4-16 所示的表 1。

村　顶替　顶替
村　顶替　顶替

表 1

村	顶替	顶替
村	顶替	顶替

图 4-4-16　文本转化成表 1

把以下文本内容转换成图 4-4-17 所示的表 2。

学号	姓名	物理
001	张高	80
002	周王	98

表 2↵

学号↵	姓名↵	物理↵
001↵	张高↵	80↵
002↵	周王↵	98↵

图 4-4-17　文本转化成表 2

在文本“表 2”开始处插入下一页分节符。

在文本“2.3　在 Word 中插入批注的方法”开始处插入下一页分节符。

将表 2 所在面的页面设置为“横向”。

选择表 2，在“布局”菜单“单元格大小”组中自动调整下拉选项中选择“根据窗口自动调整表格”选项。

12. 设置图片格式

把文档中所有图片的首行缩进，设置图片为居中对齐。添加图片的题注。

单击“引用”菜单中的“插入题注”按钮。添加新的标签“图”，然后对所有的图片插入题注。题注居中对齐。

13. 设置参考文献、致谢的格式

对“参考文献”文本应用标题 1 样式。

对“致谢”文本应用标题 1 样式。

对目录更新域，选择更新整个目录。目录文本设置成小四、宋体，1.5 倍行距。

14. 打印预览

保存文档，单击“文件”选项卡中的“打印”命令，对文档进行打印预览。

任务 5　绘制流程图

任务目标

绘制流程图、插入数学公式。

知识与技能目标

- 掌握绘图工具的使用方法。
- 掌握图形的格式化。
- 掌握数学公式的插入方法。
- 了解流程图的概念和思想。

情境描述

在 Word 2016 文档中，利用自选图形库提供的丰富的流程图形状和连接符可以制作各种用途的流程图。流程图有时也称输入/输出图，它直观地描述了一个工作过程的具体步骤。流程图使用图框、文字和符号表示操作内容，箭头流程线表示操作的先后顺序。流程图对准确了解事情的过程，以及如何改进过程很有帮助。这一方法可用于企业，便于直观地跟踪和图解企业的运作方式，也可用于程序设计，以便表示算法。

实现方法

流程图有三种结构：顺序结构、条件结构、循环结构。为便于识别，绘制流程图的习惯做法如下：圆角矩形表示“开始”与“结束”；矩形表示行动方案、普通工作环节；菱形表示问题判断或判定环节；平行四边形表示输入/输出；箭头代表工作流方向。

实现步骤

1. 绘制顺序结构流程图

绘制顺序流程图

现在绘制一张榨水果汁的流程图。这是一项只需做一些简单顺序操作的工作，现在以顺序结构流程图来表示操作过程。

（1）启动 Word 2016。

（2）单击“插入”选项卡“插图”组中的“形状”按钮，在下拉列表中选择“新建绘图画布”命令，如图 4-5-1 所示，在文档中插入画布。

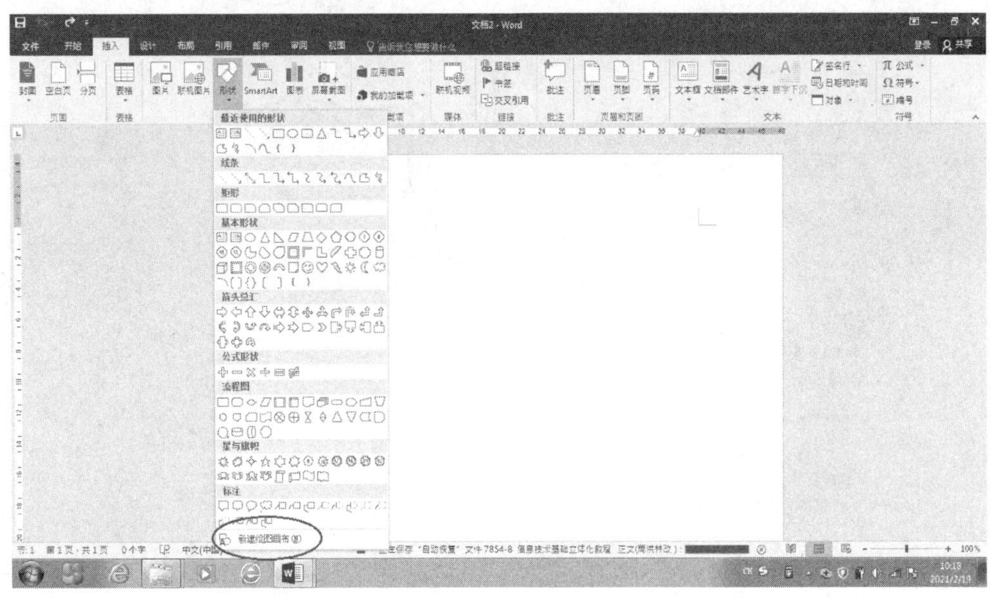

图 4-5-1　新建画布

（3）选中绘图画布，在“插入”选项卡的“插图”组中单击“形状”按钮，并在“流程图”类型中选择插入合适的流程图形，此处选择“可选过程”选项，如图 4-5-2 所示。

（4）在形状上右击，在弹出的快捷菜单中选择“设置形状格式”命令，在弹出的“设置形状格式”侧边栏进行设置：填充色改为“无填充”；线型宽度改为 1.5 磅，如图 4-5-3 所示；设置文本填充色、线型、垂直对齐方式、文字方向、文本与框线的上下左右间距，如图 4-5-4 和图 4-5-5 所示。

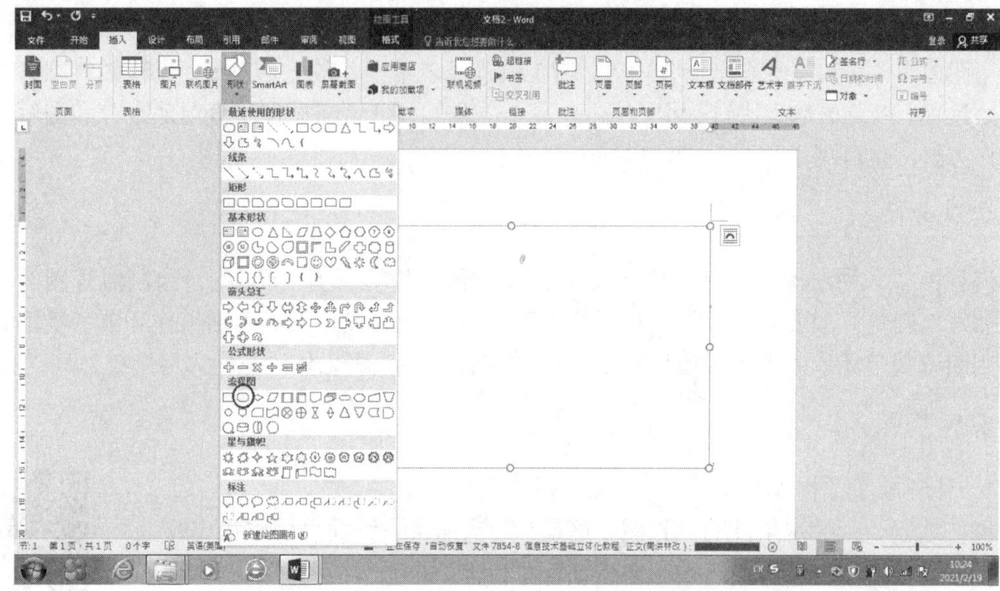

图 4-5-2　插入流程图元素

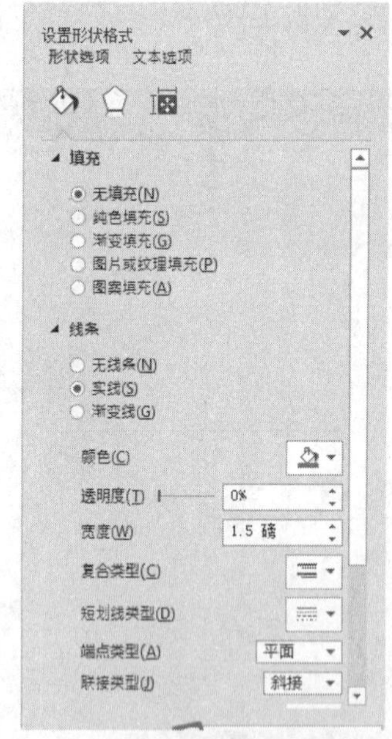

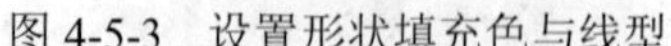

图 4-5-3　设置形状填充色与线型

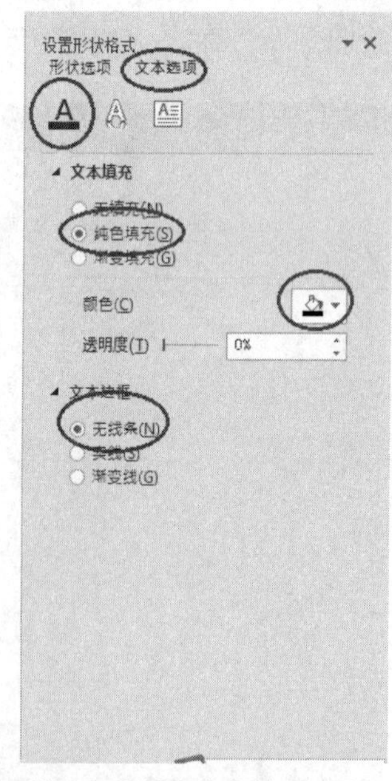

图 4-5-4　设置文本填充色与线型、上下左右间距

（5）继续选中形状并右击，在弹出的快捷菜单中选择“添加文字”命令，输入“开始”并设置字号和字的颜色。

（6）在“插入”选项卡的“插图”组中单击“形状”按钮，并在“流程图”类型中选择“流程图：过程”形状。形状填充为无填充，线条为黑色实线。

重复以上步骤，依次插入 5 个“过程”，分别为这 5 个“过程”输入文字“清洗并切好水果”“将水果放入榨汁机”“榨汁机加电工作”“断电，倒出果汁”“清洗榨汁机”并格式化。最后插入一个“可选过程”，输入“结束”。选中画布中的所有形状，在“格式”菜单的“排列”组中选择“对齐”下拉菜单中的“对齐所选对象”选项，然后选择“水平居中”和“纵向分布”，完成效果如图 4-5-6 所示。

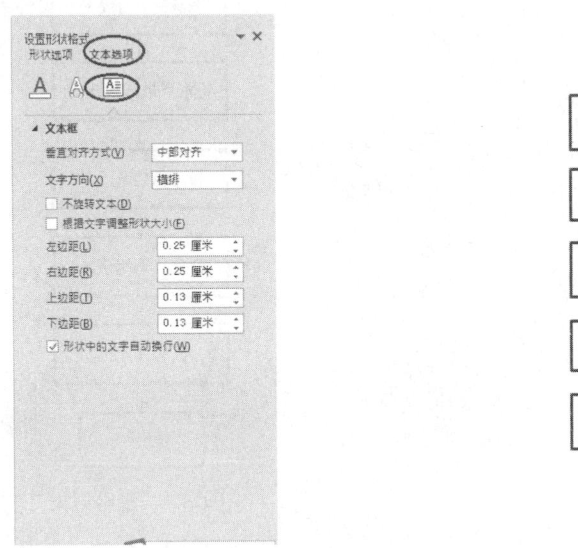

图 4-5-5　设置形状文本框内部边距

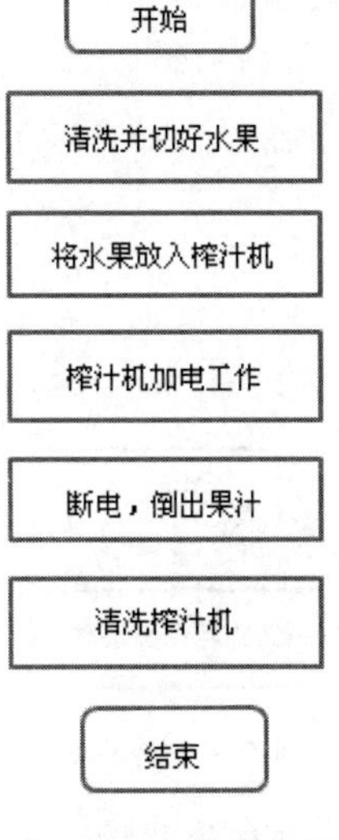

图 4-5-6　完成效果

（7）单击“插入”选项卡“插图”组中的“形状”按钮，并在“线条”类型中选择合适的连接符，例如选择“箭头”，在格式菜单形状样式组中选择合适的箭头样式，如图 4-5-7 所示。

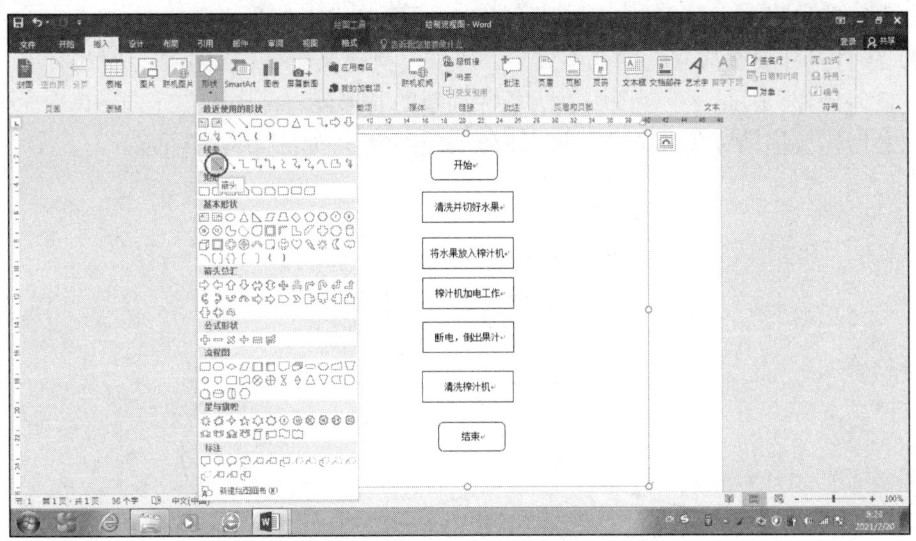

图 4-5-7　插入连接符

（8）将鼠标指针指向第一个流程图图形（不必选中），则该图形四周将出现 4 个圆形的连接点。鼠标指针指向其中一个连接点，然后按下鼠标左键拖动箭头至第二个流程图图形，则第二个流程图图形也将出现圆形的连接点。定位到其中一个连接点并释放左键，则完成两个流程图图形的连接，如图 4-5-8 所示。

（9）依次连接下面的过程，完成流程图的绘制，最终效果如图 4-5-9 所示。

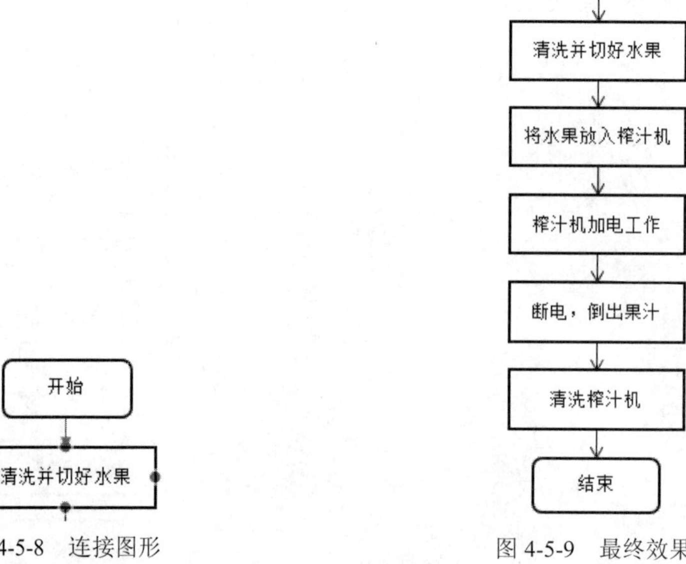

图 4-5-8　连接图形　　　　图 4-5-9　最终效果

2. 绘制条件结构流程图

（1）条件结构也称选择结构，是指在操作中通过对条件进行判断，根据条件是否成立来选择不同操作的结构。比如登录电子邮箱，要输入账号和密码，账号和密码都匹配才能登录，任何一个不匹配都会导致登录失败。要表示该操作过程，需要用条件结构流程图。菱形表示条件判断，平行四边形表示输入，其他操作与绘制顺序结构流程图一致。

（2）条件判断要么成立，要么不成立，成立时执行某个操作，不成立时执行另一个操作或不执行任何操作。因此，流程图中表示条件判断的菱形就有两个操作走向。其中肘形箭头连接符插入之后需要拖动线条上的黄色控点调整线条位置，如图 4-5-10 所示。

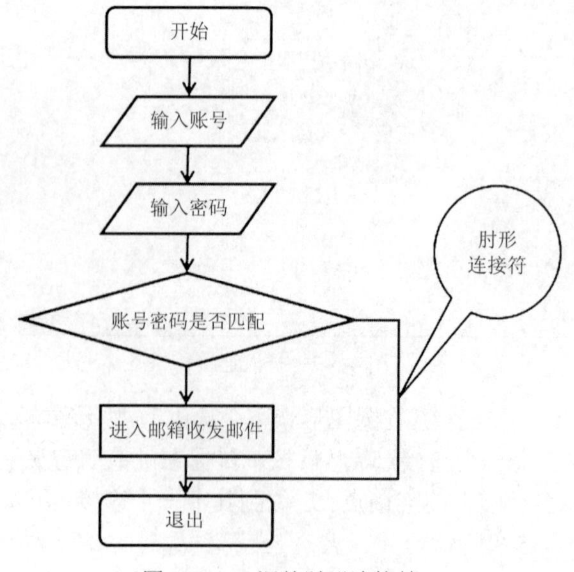

图 4-5-10　调整肘形连接符

（3）在条件判断的两个输出箭头上分别插入文本框并输入是和否，文本框采用“格式”菜单形状样式下的“透明-黑色，深色 1”，文本填充黑色，文本轮廓为无轮廓，效果如图 4-5-11 所示。

3. 循环结构流程图

循环结构是指操作过程中在一定条件下某个操作会反复执行，表示这种在特定情况下重复操作的结构就是循环结构。比如小王今天放假，想玩一天的欢乐斗地主游戏，但游戏每局都会扣掉 300 个欢乐豆，小王只有 2300 个欢乐豆，当欢乐豆数量不足时，只能提前结束游戏。表示该情况的流程图如图 4-5-12 所示。

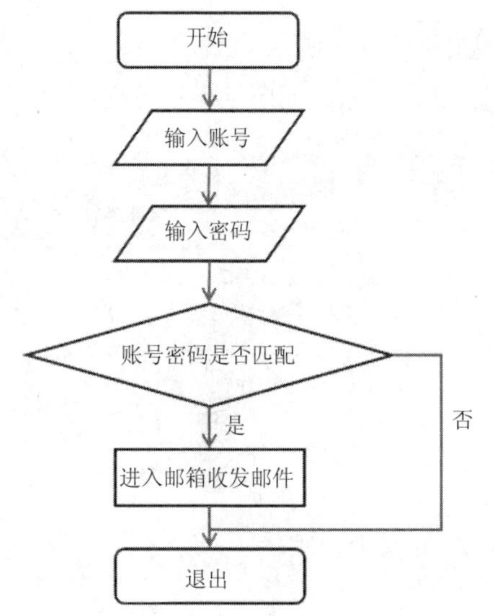

图 4-5-11　条件结构流程图效果

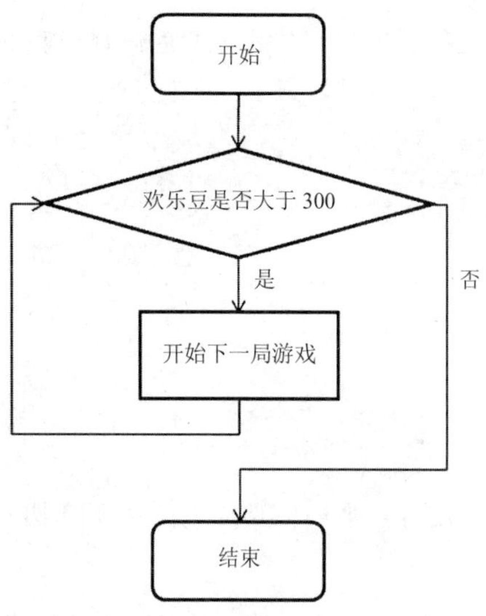

图 4-5-12　循环结构流程图

插入数学公式

利用 Word 插入图 4-5-13 所示的数学公式：

$$\Delta = \sum_{i=1}^{n} \int_{0}^{s1} \frac{M_p y \mathrm{d}s}{EJ}$$

图 4-5-13　数学公式

单击插入菜单符号组中的公式，选择“插入新公式”。在公式编辑区中选择 Δ =，如图 4-5-14 所示。

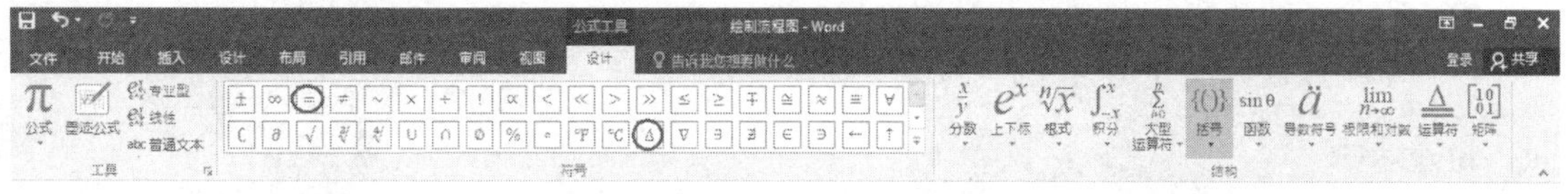

图 4-5-14　公式编辑工具

选择大型运算符下拉按钮中求和区域中的第二项，如图 4-5-15 所示。

输入求和项，然后选择积分下拉按钮中积分第二项，如图 4-5-16 所示。

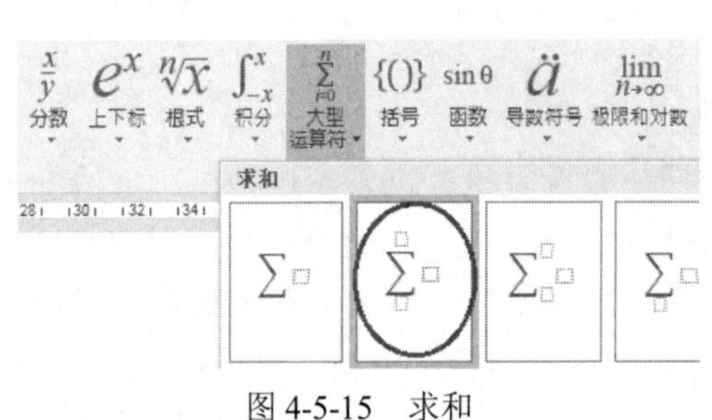
图 4-5-15　求和

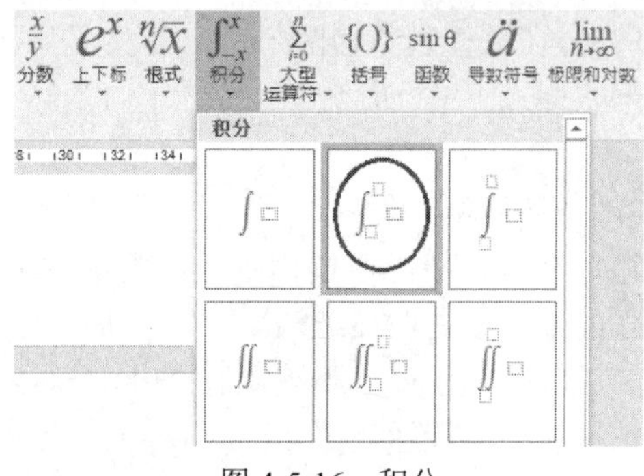
图 4-5-16　积分

输入积分项，积分式中然后选择分数（竖式），如图 4-5-17 所示。

在分母位置处输入 EJ，在分子位置处选择上下标中的下标，如图 4-5-18 所示。

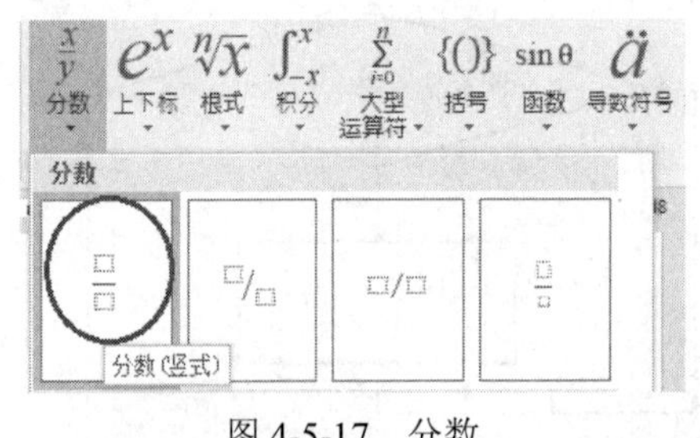
图 4-5-17　分数

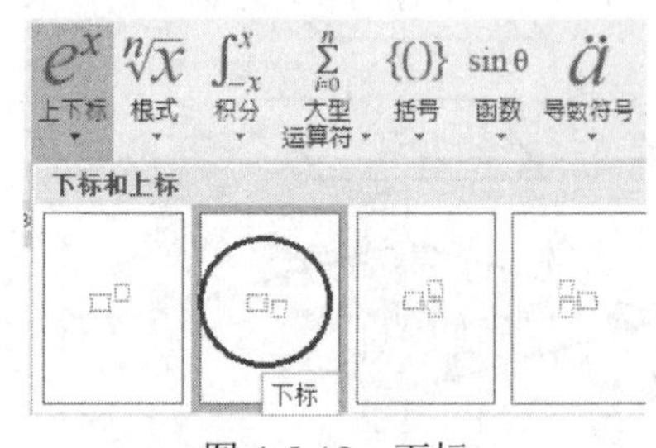
图 4-5-18　下标

输入内容，最后成功插入图 4-5-13 所示的数学公式。

任务 6　制作信封与信函

任务目标

批量制作邮件封面和通知文档。

知识与技能目标

- 了解中文信封规格。
- 了解地址域、数据库域。
- 掌握邮件合并的方法。
- 掌握域的概念。
- 掌握域规则的使用方法。

情境描述

成都农业科技职业学院计算机应用技术专业的辅导员李平完成了期末学生成绩的汇总分析处理工作，现在需要给班上学生的家长发送成绩通知书，由于有四五十名同学，李平需要快速、高效地完成成绩通知单的制作。

实现方法

Word 为用户提供了中文信封的制作向导，需要准备好收件人的相关数据。同时，使用邮件合并向导可以批量生成信函。

信封样张如图 4-6-1 所示。

图 4-6-1　信封样张

信函样张如图 4-6-2 所示。

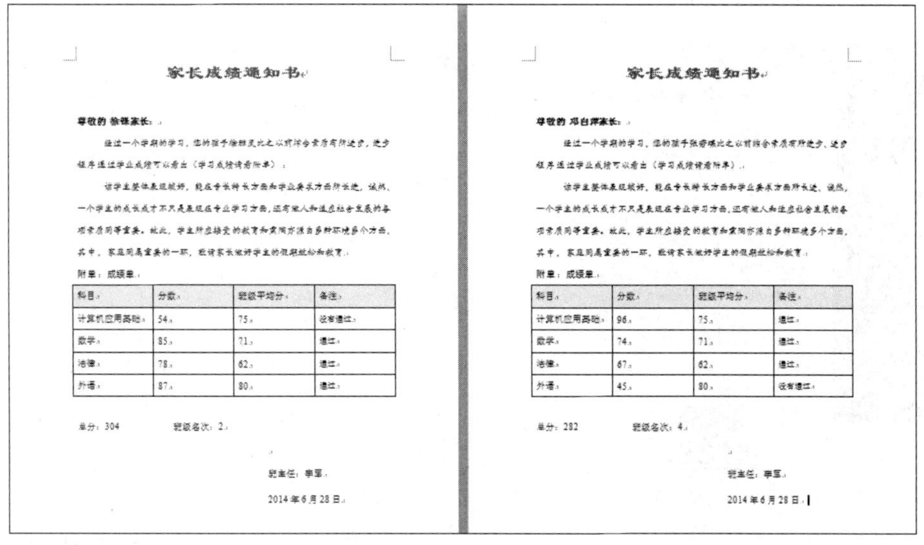

家长成绩通知书

尊敬的 徐锋家长：

经过一个学期的学习，您的孩子徐锋灵比之以前综合素质有所进步，进步程序通过学业成绩可以看出（学习成绩请看附单）。

该学生整体表现较好，能在专长特长方面和学业要求方面所长进，诚然、一个学生的成长成才不只是表现在专业学习方面，还有做人和适应社会发展的各项素质同等重要。故此，学生所应接受的教育和熏陶方源自多种环境多个方面，其中，家庭则是重要的一环，故请家长做好学生的假期监督和教育。

附单：成绩单

科目	分数	班级平均分	备注
计算机应用基础	54	75	没有通过
数学	85	71	通过
法律	78	62	通过
外语	87	80	通过

总分：304　　班级名次：2

班主任：李军

2014 年 6 月 28 日

家长成绩通知书

尊敬的 邓白萍家长：

经过一个学期的学习，您的孩子张??比之以前综合素质有所进步，进步程序通过学业成绩可以看出（学习成绩请看附单）。

该学生整体表现较好，能在专长特长方面和学业要求方面所长进，诚然，一个学生的成长成才不只是表现在专业学习方面，还有做人和适应社会发展的各项素质同等重要。故此，学生所应接受的教育和熏陶方源自多种环境多个方面，其中，家庭则是重要的一环，故请家长做好学生的假期监督和教育。

附单：成绩单

科目	分数	班级平均分	备注
计算机应用基础	96	75	通过
数学	74	71	通过
法律	67	62	通过
外语	45	80	没有通过

总分：282　　班级名次：4

班主任：李军

2014 年 6 月 28 日

图 4-6-2　信函样张

实现步骤

制作信封

1. 制作中文信封

（1）新建 Word 文档。

（2）在“邮件”菜单“创建”组中单击“中文信封”按钮，打开信封制作向导，如图 4-6-3 所示，单击“下一步”按钮，选择信封样式为国内信封-B6（176×125）。

（3）单击“下一步”按钮，在“选择生成信封的方式和数量”界面中选择“基于地址簿文件，生成批量信封”单选项，如图 4-6-4 所示。

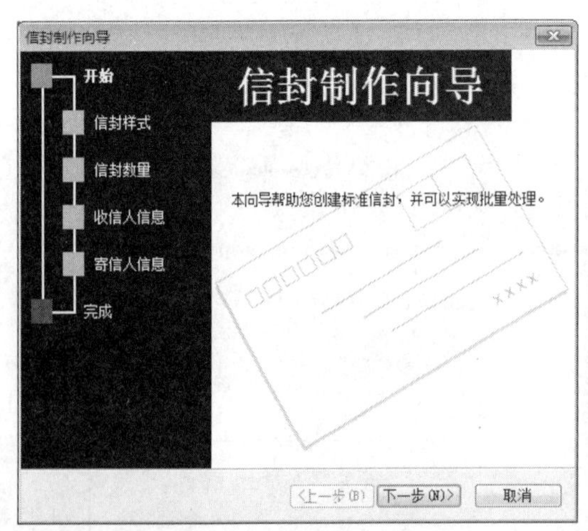

图 4-6-3 信封制作向导

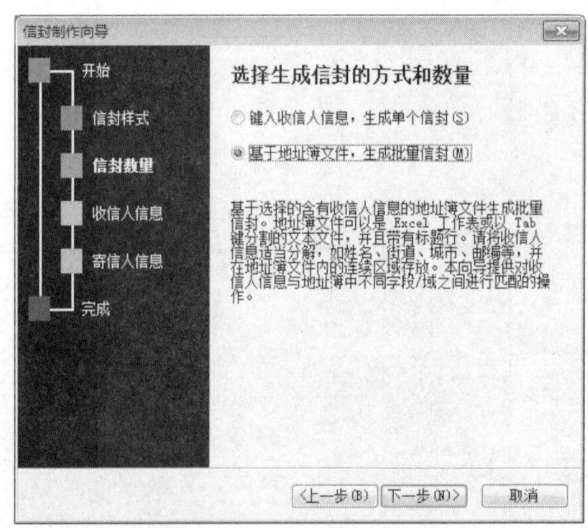

图 4-6-4 生成批量信封

（4）单击“下一步”按钮，弹出“从文件中获取并匹配收信人信息”界面，如图 4-6-5 所示。

（5）单击“选择地址簿”按钮，弹出“打开”对话框，如图 4-6-6 所示，“文件类型”选择 Excel，选择“Word 应用素材”中的“学生信息与成绩”工作簿，单击“打开”按钮。

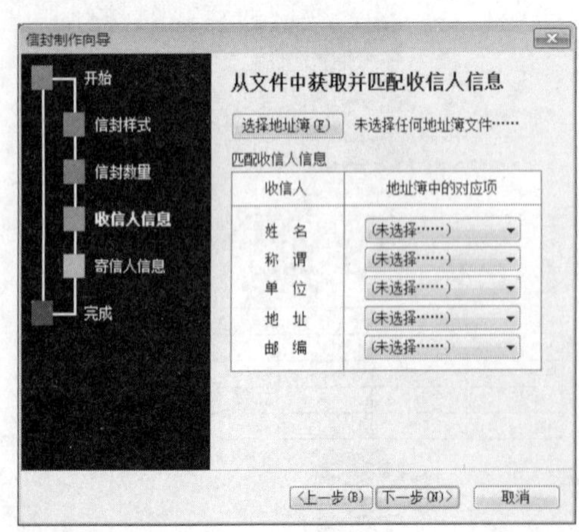

图 4-6-5 选择地址簿

图 4-6-6 “打开”对话框

（6）在“从文件中获取并匹配收信人信息”界面中选择合适的“地址簿中的对应项”

（图 4-6-7），单击“下一步”按钮，在弹出的对话框内输入寄信人信息，如辅导员姓名、单位、地址、邮政编码等信息（图 4-6-8），然后单击“下一步”按钮，如图 4-6-9 所示，单击“完成”按钮，信封制作完毕。

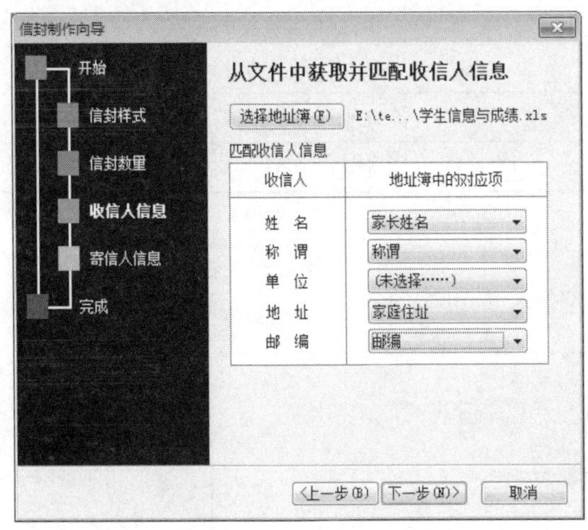

图 4-6-7　输入收信人信息

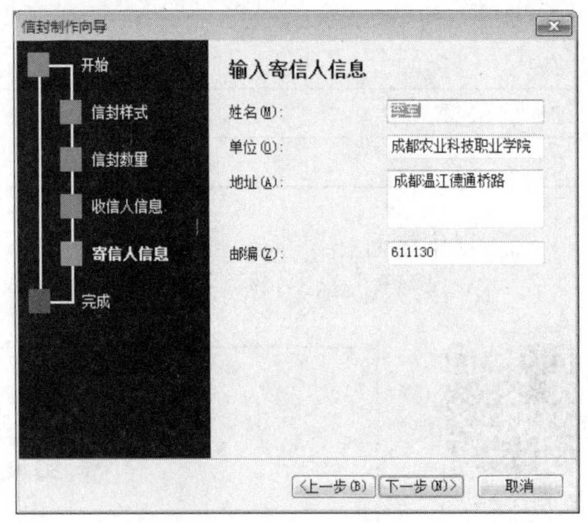

图 4-6-8　输入寄信人信息

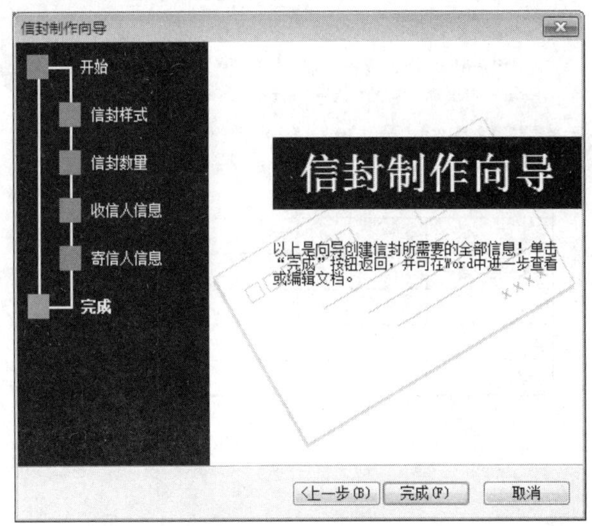

图 4-6-9　完成制作

※知识链接

信封

信封一般是指人们用于邮递信件、保守信件内容的一种交流文件信息的袋状装置，一般做成长方形的纸袋。信封与信纸配套，封面上印有公司的名称、Logo、电话和地址，方便企业寄送一些账单和文件。还有一些活动的邀请也可以通过寄送的方式到达用户的手上，不但能提升企业的形象，还能达到宣传的效果。

信封包括纪念邮资信封、普通邮资信封、美术邮资信封、首日封、纪念封、镶嵌封等。国内信封标准尺寸如表 4-6-1 所示。

表 4-6-1 国内信封标准尺寸

代号	长宽/（mm×mm）	备注
B6 号	176×125	与现行 3 号信封一致
DL 号	220×110	与现行 5 号信封一致
ZL 号	230×120	与现行 6 号信封一致
C5 号	229×162	与现行 7 号信封一致
C4 号	324×229	与现行 9 号信封一致

2. 制作信函

（1）按照图 4-6-10 所示的信函内容及格式录入文本和表格。

制作信函

家长成绩通知书

尊敬的　　家长：

经过一个学期的学习，您的孩子　　比之以前综合素质有所进步，进步程序通过学业成绩可以看出（学习成绩请看附单）。

该学生整体表现较好，能在专长特长方面和学业要求方面所长进，诚然，一个学生的成长成才不只是表现在专业学习方面，还有做人和适应社会发展的各项素质同等重要。故此，学生所应接受的教育和熏陶亦源自多种环境多个方面，其中，家庭同属重要的一环，敬请家长做好学生的假期放松和教育。

附单：成绩单

科目	分数	班级平均分	备注
计算机应用基础			
数学			
法律			
外语			

总分：　　　　　班级名次：

班主任：李军

图 4-6-10 信函内容及格式

（2）文本“家长成绩通知书”格式：隶书、小一、红色、加粗、居中对齐。

（3）文本“尊敬的　家长”格式：宋体、小四、加粗。

（4）正文“经过……教育”格式：楷体 GB_2312、小四、首行缩进 2 字符、1.8 倍行距。

（5）插入 5 行 4 列的表格，输入文本。

3. 邮件合并

（1）单击“邮件”选项卡“开始邮件合并”组中的“开始邮件合并”按钮，在下拉列表中选择“邮件合并分步向导”命令。

（2）在第（1）步中，在“选择文档类型”区域中选择“信函”单选项，如图 4-6-11 所示。

（3）在第（2）步中，在“选择开始文档”区域中选择“使用当前文档”单选项，如图 4-6-12 所示。

（4）在第（3）步中，在“选择收件人”区域中选择“使用现有列表”单选项，如图 4-6-13 所示，单击“浏览”按钮，弹出“选取数据源”对话框，如图 4-6-14 所示。

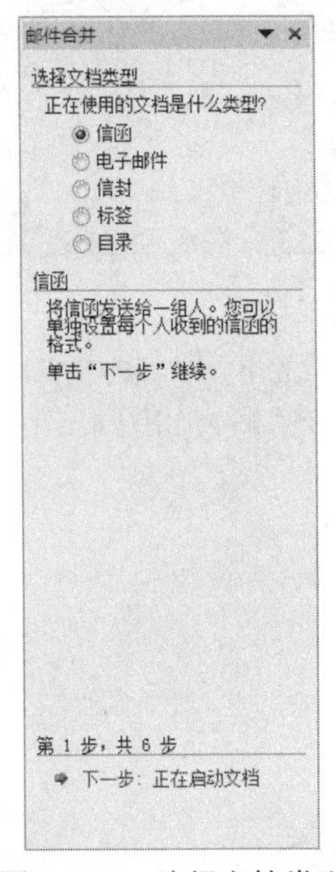

图 4-6-11　选择文档类型

图 4-6-12　选择开始文档

图 4-6-13　选择收件人

图 4-6-14　“选取数据源”对话框

选择素材文件夹中的“学生信息与成绩”工作簿，单击“打开”按钮，如图 4-6-15 所示；选择“信息与成绩”工作表，单击“确定”按钮，如图 4-6-16 所示；选择所有学生记录，单击“确定”按钮，回到第（3）步，如图 4-6-17 所示，单击“下一步，撰写信函”按钮。

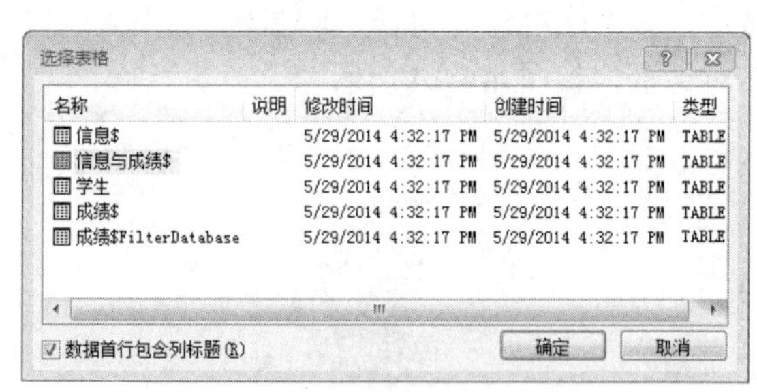

图 4-6-15　数据字段

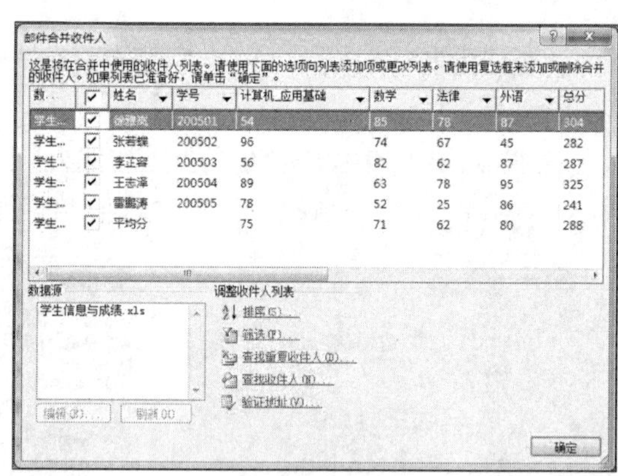

图 4-6-16　数据确定

（5）在第（4）步中，将插入点移动到正文“尊敬的　　家长:”空格位置，单击“撰写信函”区域中的“其他项目”按钮（图 4-6-18），弹出“插入合并域”对话框，如图 4-6-19 所示。

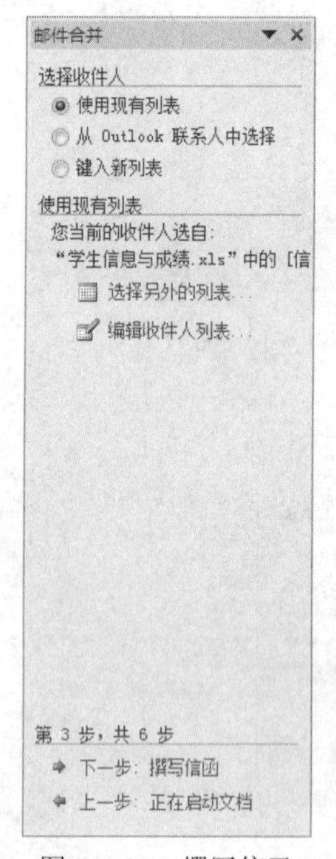

图 4-6-17　撰写信函

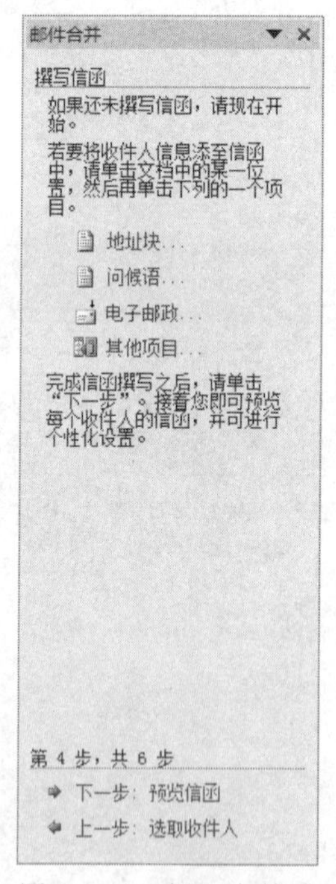

图 4-6-18　插入合并域

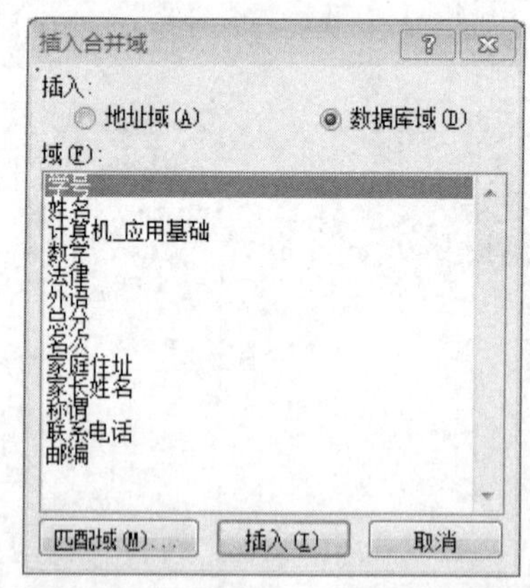

图 4-6-19　“插入合并域”对话框

选择“家长姓名”，单击“插入”按钮插入“家长姓名”域，效果如图 4-6-20 所示。按照相同方法插入“姓名”域。

在表格的第一行插入“计算机应用基础”域、“数学”域、“法律”域、“外语”域、“总分”域、“名次”域。

打开“信息与成绩”工作簿，把各科成绩与总分输入到表格内，各科平均分如图 4-6-21 所示。

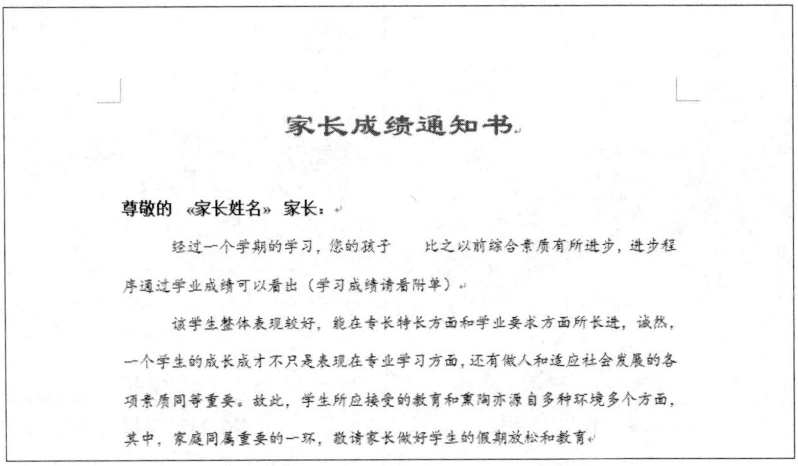

家长成绩通知书

尊敬的 «家长姓名» 家长：

经过一个学期的学习，您的孩子　　比之以前综合素质有所进步，进步程序通过学业成绩可以看出（学习成绩请看附单）

该学生整体表现较好，能在专长特长方面和学业要求方面所长进，诚然，一个学生的成长成才不只是表现在专业学习方面，还有做人和适应社会发展的各项素质同等重要。故此，学生所应接受的教育和熏陶亦源自多种环境多个方面，其中，家庭同属重要的一环，敬请家长做好学生的假期放松和教育

图 4-6-20　插入“家长姓名”域效果

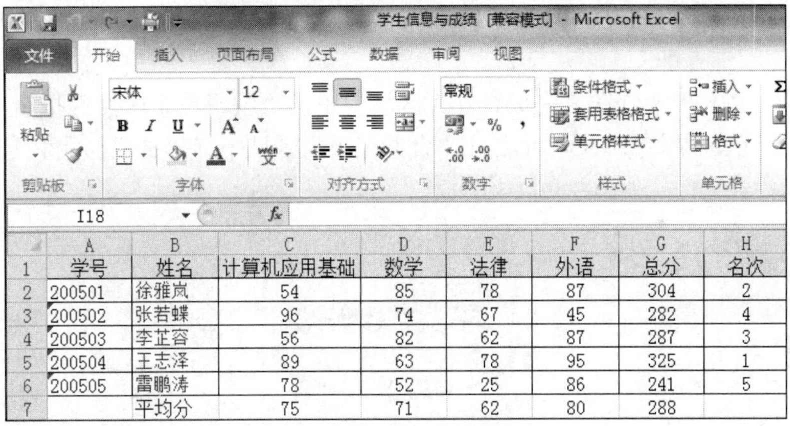

	A	B	C	D	E	F	G	H
1	学号	姓名	计算机应用基础	数学	法律	外语	总分	名次
2	200501	徐雅岚	54	85	78	87	304	2
3	200502	张若蝶	96	74	67	45	282	4
4	200503	李芷容	56	82	62	87	287	3
5	200504	王志泽	89	63	78	95	325	1
6	200505	雷鹏涛	78	52	25	86	241	5
7		平均分	75	71	62	80	288	

图 4-6-21　各科平均分

把插入点移动到“计算机应用基础”后面的“备注”单元格内，单击“邮件”选项卡“编写和插入域”组中的“规则”按钮（图 4-6-22），在下拉列表中选择“如果……那么……否则”命令，弹出“插入 Word 域：IF”对话框，如图 4-6-23 所示。

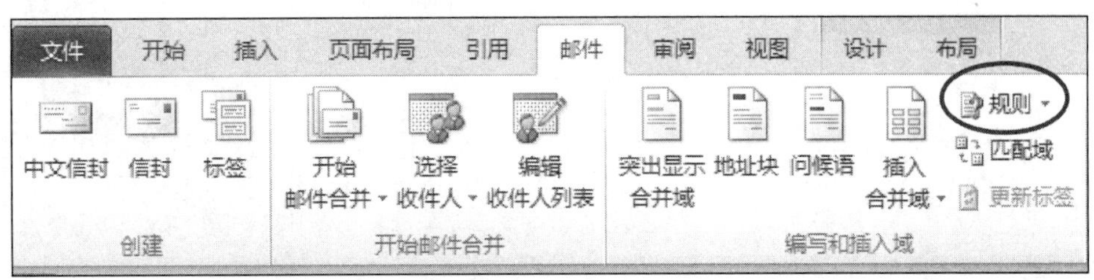

图 4-6-22　域规则

在“域名”下拉列表框中选择“计算机-应用基础”选项，在“比较条件”下拉列表框中选择“大于等于”选项，在“比较对象”文本框中输入 60，在“则插入此文字”文本框中输入“通过”，在“否则插入此文字”文本框中输入“没有通过”。

设计完成后的文档如图 4-6-24 所示。

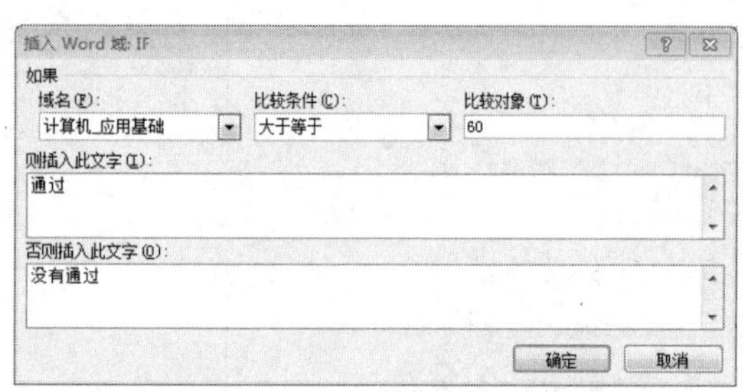

图 4-6-23 “插入 Word 域：IF”对话框

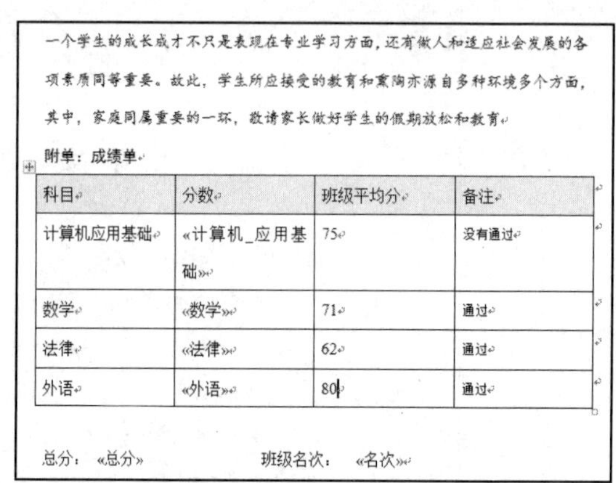

一个学生的成长成才不只是表现在专业学习方面，还有做人和适应社会发展的各项素质同等重要。故此，学生所应接受的教育和熏陶亦源自多种环境多个方面，其中，家庭同属重要的一环，敬请家长做好学生的假期放松和教育。

附单：成绩单

科目	分数	班级平均分	备注
计算机应用基础	«计算机_应用基础»	75	没有通过
数学	«数学»	71	通过
法律	«法律»	62	通过
外语	«外语»	80	通过

总分：«总分»　　班级名次：«名次»

图 4-6-24 设计完成后的文档

单击“下一步，预览信函”按钮，如图 4-6-25 所示。

（6）在第（5）步中，在“预览信函”区域中单击“收件人”浏览按钮可以预览信函，注意在编辑收件人列表中不要选中“平均分”行。单击“下一步，完成合并”按钮，如图 4-6-26 所示。

（7）在第（6）步中，在“完成合并”区域中单击“编辑单个信函”按钮，如图 4-6-27 所示，弹出“合并到新文档”对话框，在“合并记录”区域中选择“全部”单选项，单击“确定”按钮生成合并文档，如图 4-6-28 所示。

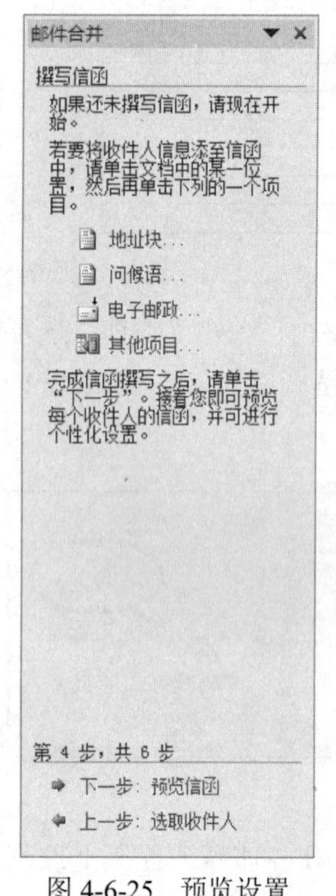

图 4-6-25 预览设置

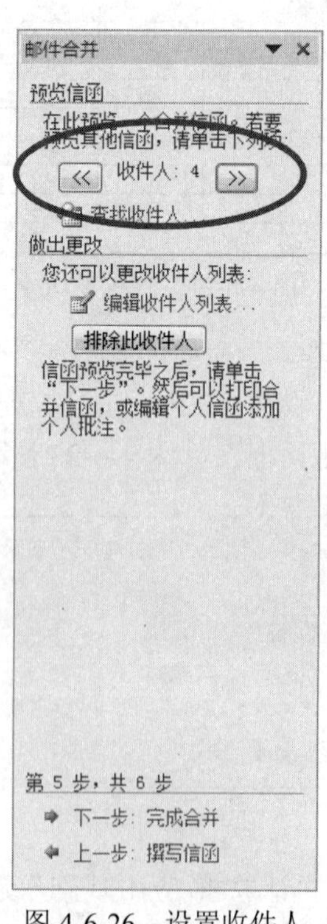

图 4-6-26 设置收件人

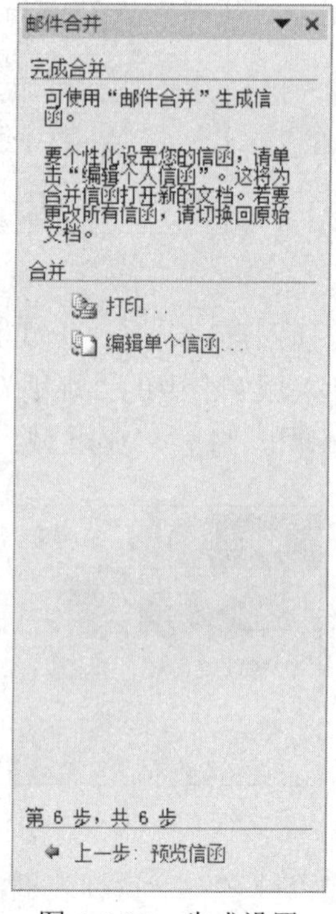

图 4-6-27 生成设置

（8）在第（6）步完成合并中单击“打印”按钮，弹出“打印”对话框，可打印合并后的文档，如图 4-6-29 所示。

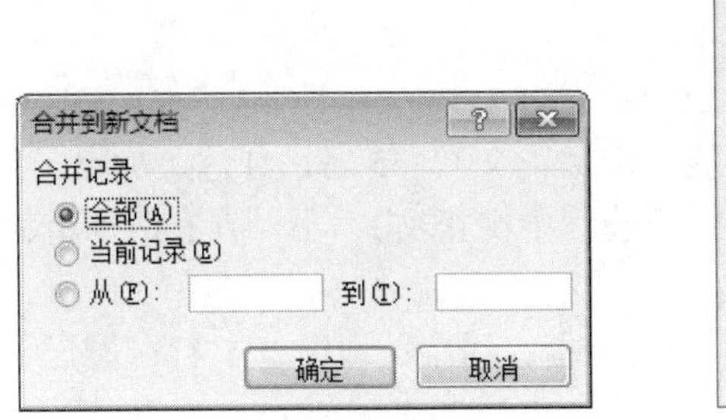

图 4-6-28　合并记录设置

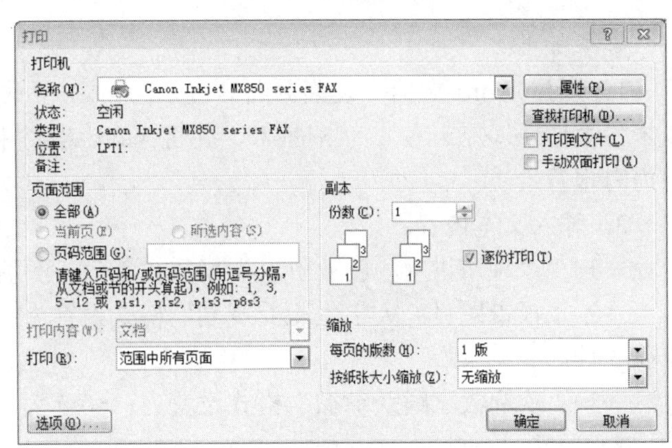

图 4-6-29　打印设置

拓展训练

一、拓展练习 1

按照要求完成下列操作：

某高校为了使学生更好地进行职场定位和职业准备，提高就业能力，学工处将于 2021 年 6 月 10 日（星期四）19:30－21:30 在校国际会议中心举办题为“领慧讲堂——大学生职业规划”就业讲座，特别邀请资深媒体人、著名艺术评论家张季先生担任演讲嘉宾。

请根据上述活动的描述，利用 Microsoft Word 2016 制作一份宣传海报（宣传海报的参考样式如图 4-7-1 所示。

图 4-7-1　宣传海报的参考样式

要求如下：

1．新建 Word 文档，设置页面高度 35 厘米，页面宽度 27 厘米，页边距（上、下）为 5 厘米，页边距（左、右）为 3 厘米，并将 Word 素材\拓展练习一\"Word-海报背景图片.jpg"设置为海报背景。

2．输入文本内容。

（1）“‘领慧讲堂’就业讲座”格式设置为：等线（中文正文）、55 磅、红色、加粗。

（2）“报告题目：大学生职业规划”格式设置为：等线（中文正文）、小一、2 倍行距、段前 3 行。

（3）“欢迎大家踊跃参加”格式设置为：60 磅、华文行楷、居中、段前 1.5 行、段后 1 行、2 倍行距。

（4）“主办：校学工外”格式设置为：等线（中文正文）、二号、42 字符处设置左对齐制表符。

3．在“主办：校学工处”位置后插入“下一页分节符”，设置第 2 页的页面纸张大小为 A4 篇幅，纸张方向设置为“横向”，页边距为“主常规”页边距定义。

4．在“日程安排”段落下面，插入对象“Word-活动日程安排.xlsx”文件，表格内容引用 Excel 文件中的内容。套用表格样式“水绿色，表样式中等深浅 13”。

5．在“报名流程”段落下面，利用 SmartArt 制作本次活动的报名流程（学工处报名、确认坐席、领取资料、领取门票），按图更改填充色与轮廓线。

6.“报告人介绍”段落设置为：等线（中文正文）、五号、首行缩进 2 个字符、单倍行距、首字下层 3 行、字沉字体为华文仿宋。

7. 插入报告人照片为“Word 素材\拓展练习一\Pic.jpg”，图片的图片样式采用“金属椭圆”，颜色饱和度为 0%，环绕方式采用“四周型”。

二、拓展练习 2

某高校学生会计划举办一场“大学生网络创业交流会”的活动，拟邀请部分专家和老师给在校学生进行演讲。因此，校学生会外联部需制作一批邀请函，并分别递送给相关专家和老师，如图 4-7-2 所示。

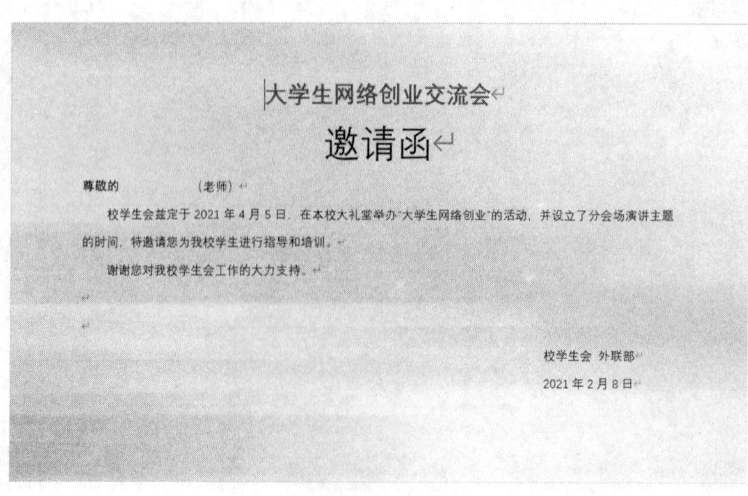

图 4-7-2　邀请函

请按如下要求，完成邀请函的制作：

1．调整文档版面，要求页面高度为 18 厘米，宽度为 30 厘米，页边距（上、下）为 2 厘米，页边距（左、右）为 3 厘米。

2．将 Word 素材\拓展练习二\“背景图片.jpg”设置为邀请函背景。

3．输入内容，调整邀请函中内容文字的字体、字号和颜色。

4．调整邀请函中内容文字段落对齐方式。

5．在“尊敬的”和“(老师)”文字之间插入拟邀请的专家和老师姓名，拟邀请的专家和老师姓名在考生文件夹下的“通讯录.xlsx”文件中。每页邀请函中只能包含 1 位专家或老师的姓名，所有的邀请函页面另外保存在一个名为“Word-邀请函.docx”文件中。

6．制作信封。

项目五　电子表格处理软件 Excel 2016 的应用

Excel 是 Microsoft Office 软件包中的通用电子表格软件，集电子表格、图表、数据库管理于一体，支持文本和图形编辑，具有功能丰富、用户界面良好等特点。利用 Excel 提供的函数计算功能，用户不用编程就可以完成日常办公的数据计算、排序、分类汇总及报表等。自动筛选技术使数据库的操作变得更加方便，为普通用户提供了便利条件，是实施办公自动化的理想工具软件之一。Microsoft Office 不断升级，其功能越来越强大。例如，2016 年 9 月正式发布的 Office 2016，作为其重要组成组件之一的 Excel 2016 在界面外观上虽然没有明显变化，但其新功能及特性在细节上有诸多优化和增强。本项目的任务操作就是基于 Excel 2016 的。

Excel 的用途如下：

- 会计专用：可以在众多财务会计表（例如现金流量表、收入表或损益表）中使用 Excel 强大的计算功能。
- 预算：无论是个人需求还是公司需求，都可以在 Excel 中创建任何类型的预算，例如市场预算计划、活动预算或退休预算。
- 账单和销售：Excel 还可以用于管理账单和销售数据，可以轻松地创建所需的表单，例如销售发票、装箱单或采购订单。
- 报表：可以在 Excel 中创建各种可反映数据分析或汇总数据的报表，例如用于评估项目绩效、显示计划结果与实际结果之间的差异的报表或用于预测数据的报表。
- 计划：Excel 是用于创建专业计划或有用计划程序（例如每周课程计划、市场研究计划、年底税收计划）的理想工具，且有助于安排每周膳食、聚会或假期计划。
- 跟踪：可以使用 Excel 跟踪时间表或列表（例如用于跟踪工作的时间表或用于跟踪设备的库存列表）中的数据。
- 使用日历：由于 Excel 工作区类似于网格，因此非常适合创建任何类型的日历，例如用于跟踪学年内活动的教学日程表和用于跟踪公司活动和里程碑的财政年度日历。

Excel 2016 的运行环境如下：

- 处理器：1GHz 或更快的 x86 或 x64 位处理器。
- 内存：2GB。
- 显示器：图形硬件加速 DirectX10，分辨率为 1280 × 800。
- 操作系统：Windows 7 Service Pack 1、Windows 8（8.1）、Windows 10 Server、Windows Server 2008 R2、Windows Server 2012（R2）。

任务 1　制作、打印“打字测试成绩详表”

任务目标

创建、打印格式规范的“打字测试成绩详表”，以便登记（或录入）学生打字测试的各种数据。

知识与技能目标

- 电子表格的基本概念和基本功能，Excel 的基本功能和运行环境、启动和退出。
- Excel 各版本之间的比较与分析。
- 工作簿和工作表的基本概念及基本操作，工作簿和工作表的建立、保存和退出；数据的输入和编辑；工作表和单元格的选定、插入、删除、复制、移动；工作表的重命名。
- 工作表的格式化，包括设置单元格格式、设置列宽和行高。使用样式、自动套用模式和使用模板等。
- 工作表的页面设置、打印预览和打印。
- *工作视图的控制。
- *宏功能的简单应用。
- *使用快捷键。

情境描述

“计算机应用基础”课程的学生成绩中有一项是“打字测试成绩”。测试前，任课教师需要创建并打印格式规范的“打字测试成绩详表”，以便在打字测试过程中及时登记各项测试数据。测试完成后，教师还需要将记载的各项测试数据录入“打字测试成绩详表”，以便进行后续成绩处理。“打字测试成绩详表”样张如图 5-1-1 所示。

打字测试成绩详表

任课教师：　　班级：　　日期：

学生信息				数据记录						成绩评价					
				第一次		第二次		第三次							
学号	姓名	性别	年龄	速度1（字/分）	正确率1（%）	速度2（字/分）	正确率2（%）	速度3（字/分）	正确率3（%）	第一次得分	第二次得分	第三次得分	总成绩（三次平均）	名次	进步曲线
201304061201	甲	男	18												
201304061202	乙	男	18												
201304061203	丙	女	18												
201304061204	丁	男	19												
201304061205	戊	男	20												
201304061206	己	女	20												
201304061207	庚	女	19												
201304061208	辛	男	20												
201304061209	壬	女	20												
201304061210	癸	女	19												
201304061211	甲2	女	20												
201304061212	乙2	男	19												
201304061213	丙2	女	19												

图 5-1-1　“打字测试成绩详表”样张

实现方法与步骤

1. 启动 Excel 2016

启动 Excel 2016 主要有下述三种方法。

方法一：依次单击“开始”→“所有程序”→Microsoft Office→Excel 2016。

方法二：双击桌面上已经创建的快捷图标。

方法三：单击快速启动栏中的任务图标。

请根据实际情况选择一种启动方法，启动 Excel 2016。正常启动 Excel 2016 后，其开始界面如图 5-1-2 所示。

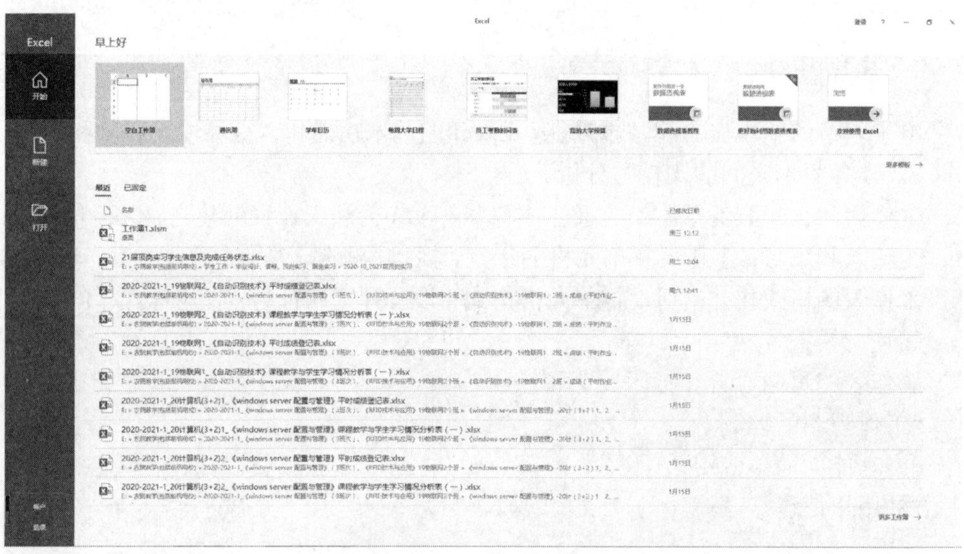

图 5-1-2 Excel 2016 开始界面

2. 查看 Excel 版本

（1）在 Excel 开始界面，单击左下角的“账户”菜单，结果如图 5-1-3 所示。

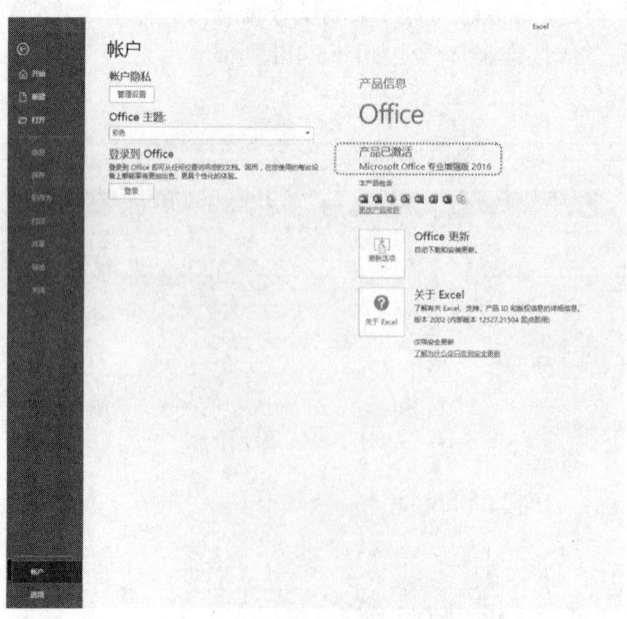

图 5-1-3 Excel 产品信息界面

（2）从 Excel 产品信息界面可查看当前使用的 Excel 版本。本例是 Microsoft Office 专业增强版 2016。

（3）单击左侧“开始”菜单，返回开始界面。

※知识链接

Excel 版本

从 1987 的年 Excel 2 for Windows 至 2019 年的 Excel 2019，Excel 版本号升到 16，发布近 20 种产品。Office 近年主要版本见表 5-1-1。

表 5-1-1　Office 近年主要版本

Office 版本	产品信息界面（以 Word 为例）	说明
Microsoft 365 订阅		Microsoft 365 订阅包含了全套正版的 Office 办公软件应用的使用权（如 Word、Excel、PowerPoint、Outlook 等），以及 OneDrive 1TB 云存储网盘空间（家庭版为 6 人每人各有 1TB）。用户可以在 Windows、MacOS、Android 和 iOS 等不同操作系统、不同计算机或手机上无限制地使用全套最新版本的微软办公应用软件
Office 2013、Office 2016、Office 2019		Office 2013 是版本 15，Office 2019 和 Office 2016 是版本 16。Office 2016 具有节省时间的功能、全新的现代外观和内置协作工具，可帮助用户更快创建和整理。此外，可以将用户的文档保存在 OneDrive 中，并从任何地方访问这些文档。另外，在功能区上新增了“操作说明搜索”框，输入需要获得帮助的问题即可获得操作方法
Office for Mac（较新版本）		是专门为 Mac 设计的 Office。通过订阅 Office 365 或购买 Office 2016 for Mac，可以使 Mac 使用 Microsoft Office 2016 版 Word、Excel、PowerPoint 等应用
Office for Mac 2011		对 Office for Mac 2011 的支持已结束

续表

Office 版本	产品信息界面（以 Word 为例）	说明
Office 2013 RT		在 Surface RT 上，只有一个版本的 Office 设计为在平板电脑的 ARM 处理器上运行
Office 2010		Microsoft Office 2010，版本号为 14。该软件有多个版本（初级版、家庭版、学生版、家庭及商业版、标准版、专业版和专业高级版以及 Office 2010 免费版和针对 Office 2007 的升级版 Office 2010）。Office 2010 可支持 32 位和 64 位 Vista 及 Windows 7，仅支持 32 位 Windows XP，不支持 64 位 XP
Office 2007	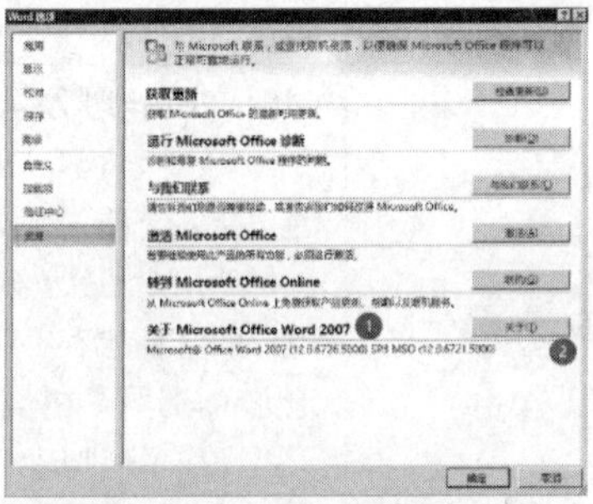	不存在适用于 Office 2007 的 64 位版本。对 Office 2007 的支持已结束
Office 2003	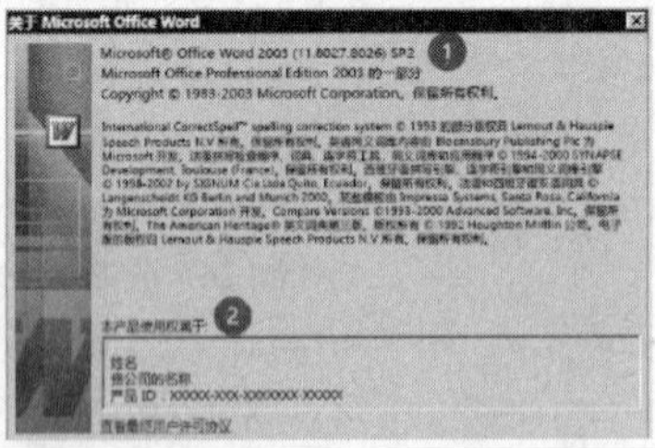	不存在适用于 Office 2003 的 64 位版本。对 Office 2003 的支持已结束

3. 使用模板创建 Excel 文档

在开始界面中，上面部分显示“空白工作簿”等部分模板（包括最近使用过的），可以选择所需模板直接创建 Excel 文档。如果显示的这些模板没有满足需要的，则可查看“更多模板”。

（1）单击右上部的“更多模板”按钮，结果如图 5-1-4 所示。

可以拖曳窗口右侧的垂直滑动块向下查看没有显示出来的更多模板。如果这些显示的模板还不能满足需要，还可以搜索联机模板。

（2）在“搜索联机模板”文本框内输入“通讯”并按 Enter 键，Excel 会自动联网搜索与“通讯”相关的更多模板，结果如图 5-1-5 所示。

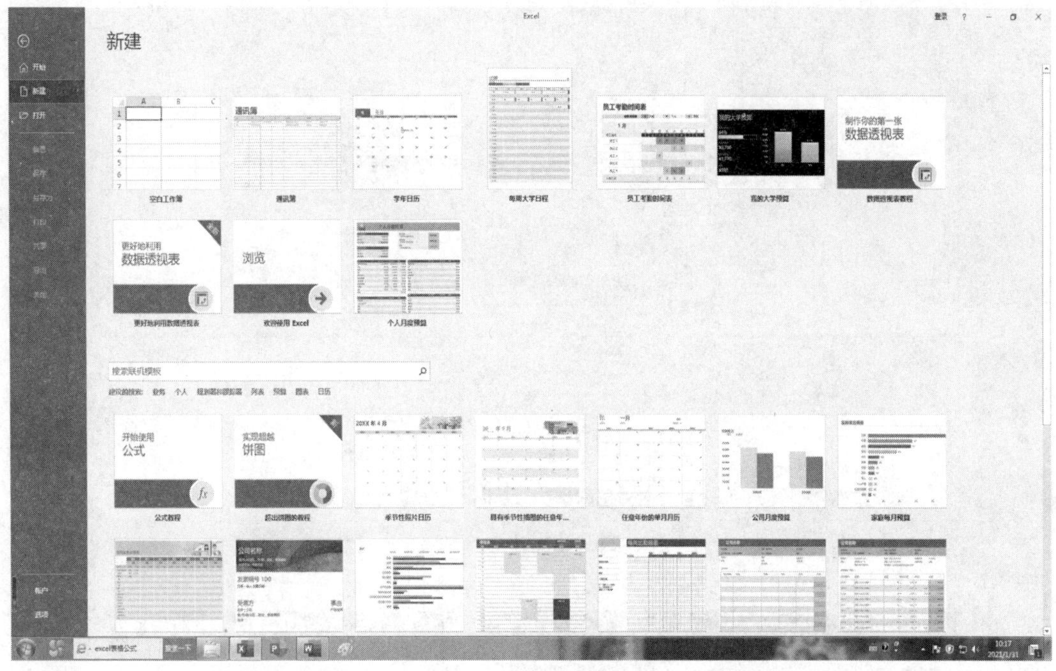

图 5-1-4　Excel 模板界面

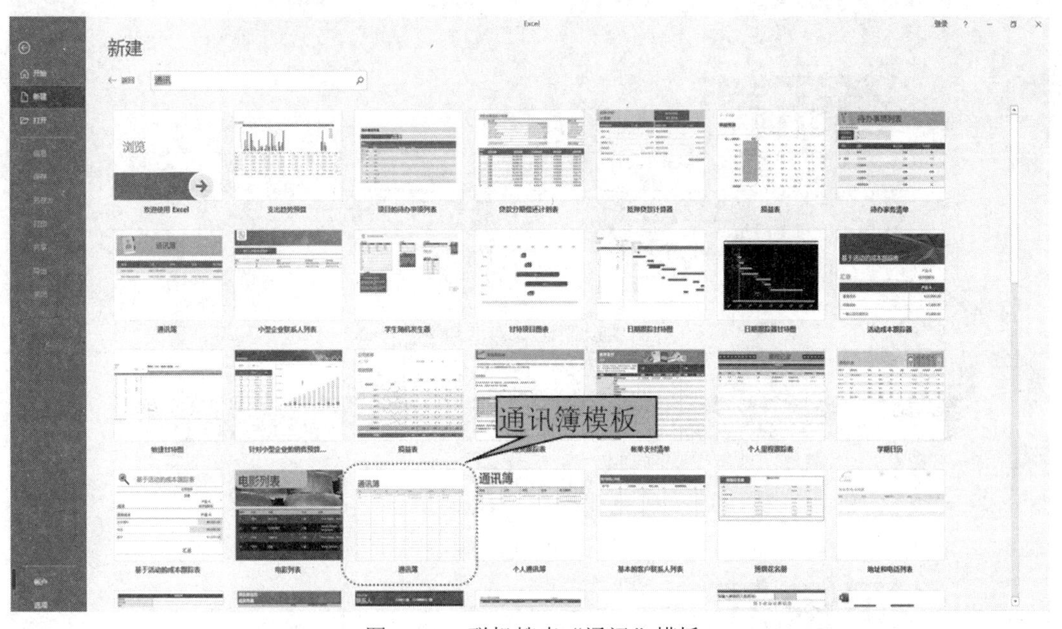

图 5-1-5　联机搜索“通讯”模板

（3）单击其中的“通讯簿”模板（相近、相似均可），弹出创建向导界面，如图 5-1-6 所示。

（4）单击“创建”按钮，便创建了一个名为“通讯簿 1”的 Excel 文档，如图 5-1-7 所示。

（5）可按实际需要修改（包括增加）其中的通讯记录形成自己所需内容。在该表“姓名”列的末行添加自己的姓名（不添加其他信息），按 Enter 键。此时，该表新增一行，同时该行自动添加了表格线，如图 5-1-8 所示。

图 5-1-6 创建向导界面

图 5-1-7 利用模板创建的“通讯簿”Excel 文档

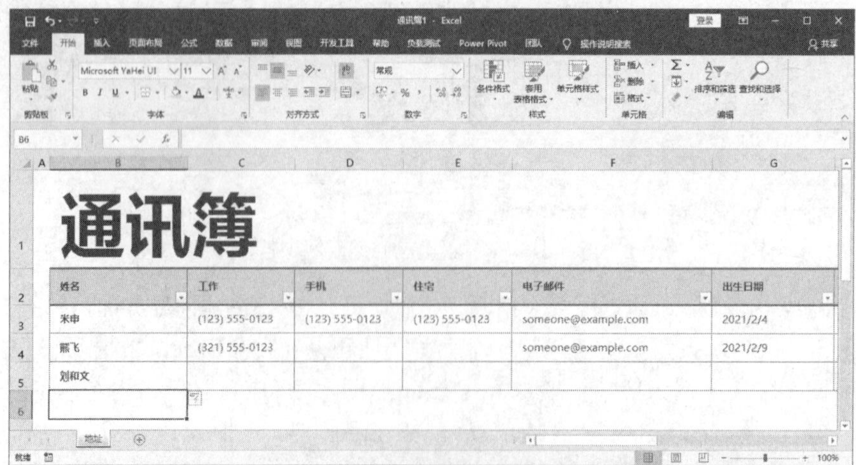

图 5-1-8 在“通讯簿”模板创建的文档中添加新行

现在不必再管本文档，继续后续操作。

4. 使用空白工作簿模板创建 Excel 文档

要创建“打字测试成绩详表”，没有具体实用的模板可利用，所以使用“空白工作簿”模板来创建。

（1）单击 Excel 窗口左上角的“文件”选项卡。

（2）单击左侧的“新建”命令。

（3）单击“空白工作簿”。此时，Excel 自动创建并打开一个名为“工作簿 1”的 Excel 文档（如果已经创建过其他文档，则本文档名称也可能是“工作簿 2”“工作簿 3”等。现在不必关心文档名称的事）。

该文档默认包括一张空白工作表，其名称（见窗口左下角）是 Sheet1，如图 5-1-9 所示。

图 5-1-9　新建的空白工作簿 Sheet1

5. 认识 Excel 2016 的工作界面

如图 5-1-10 所示，了解并掌握 Excel 2016 的工作界面，熟悉窗口组成，记住各组成部分的名称。

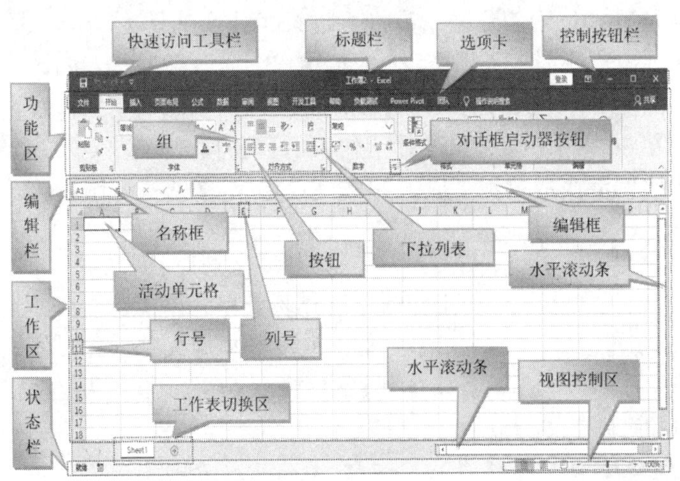

图 5-1-10　Excel 2016 的工作界面（窗口组成）

Excel 窗口主要组成部分如下：

- 快速访问工具栏：位于 Excel 工作界面的左上方，用于快速执行一些操作。使用过程中用户可以根据工作需要单击快速访问工具栏中的“自定义快速访问工具栏”按钮添加或删除快速访问工具栏中的工具。默认情况下，快速访问工具栏中包括 3 个常用按钮："保存"按钮、"撤销"按钮和"重复"按钮。

- 标题栏：位于 Excel 工作界面的最上方，用于显示当前正在编辑的电子表格名称（如"工作簿 2"）和程序名称（如 Excel）。拖动标题栏可以改变窗口的位置，双击标题栏可以最大化或还原窗口。在标题栏的右侧分别是"最小化""最大化"和"关闭"3 个窗口控制按钮。
- 功能区：位于标题栏的下方，默认情况下由 8 个选项卡组成，分别为"文件""开始""插入""页面布局""公式""数据""审阅""视图"。每个选项卡中包含不同的功能区，每个功能区由若干个组组成，每个组由若干功能相似的按钮和下拉列表组成。图 5-1-10 中的"开发工具"和 Power Pivot 等选项卡是在 Excel 安装完成后通过 Excel 选项加载的。
- 组：Excel 程序将很多功能类似的、性质相近的命令按钮集成在一起，命名为"组"。用户可以非常方便地在组中选择命令按钮来编辑电子表格，如"开始"选项卡中的"对齐方式"组。
- 启动器按钮：为了方便用户使用 Excel 表格运算分析数据，在有些"组"中的右下角还设计了一个启动器按钮，单击该按钮后，根据所在组的不同会弹出不同的命令对话框，用户可以在对话框中设置电子表格的格式或运算分析数据等。
- 工作区：位于 Excel 窗口的中间，是 Excel 对数据进行分析对比的主要工作区域，用户在此区域可以向表格输入内容并对内容进行编辑，可以进行格式设置、插入图片等操作。
- 编辑栏：位于工作区的上方，主要功能是显示或编辑所选单元格中的内容，用户可以在编辑栏中对单元格中的数值进行函数计算等操作。编辑栏的左端是"名称"框，用来显示当前选定单元格的地址。
- 工作表切换区：位于工作区下方，可进行工作表的切换（选择其中一张工作表）或多选（同时编辑处理多张工作表）、插入新工作表、删除工作表、工作表更名等操作。
- 状态栏：位于 Excel 窗口的最下方，在状态栏中可以显示工作表中的单元格状态，还可以通过单击视图切换按钮选择工作表的视图模式。在状态栏的最右侧，可以通过拖动显示比例滑块或单击"放大""缩小"按钮来调整工作表的显示比例。

※知识链接

工作簿、工作表及单元格概念

工作簿：在 Excel 中，工作簿是用来存储并处理数据的文件，其文件扩展名为.xlsx（早期版本为.xls）。一个工作簿由一张或多张工作表组成，Excel 2016 默认情况下包含一张工作表，默认名称为 Sheet1（之前版本默认包含 3 张工作表，分别是 Sheet1、Sheet2 和 Sheet3）。用户可以根据需要在一个工作簿中创建更多工作表，最多可达 255 张工作表。它类似于财务管理中所用的账簿，由多页表格组成，将相关的表格和图表存放在一起，非常便于处理。

工作表：工作表也称电子表格，类似于账簿中的账页，包含按行和列排列的单元格，是工作簿的一部分。可以使用工作表对数据进行组织和分析，能容纳的数据有字符、数字、公式、图表等。

单元格：单元格是组织工作表的基本单位，也是 Excel 进行数据处理的最小单位，输入的数据就存放在这些单元格中。它可以存储多种形式的数据，包括文字、日期、数字、声音、图形等。在执行大多数 Excel 命令或任务前，必须先选定要作为操作对象的单元格。这种用于输入、编辑数据或执行其他操作的单元格称为活动单元格或当前单元格。活动单元格周围出现黑框，并且对应的行号和列标突出显示。

工作簿、工作表及单元格的关系：工作簿、工作表及单元格之间是包含与被包含的关系，一个工作簿中可以有多张工作表，而一张工作表中含有多个单元格。工作簿、工作表与单元格的关系是相互依存的关系，它们是 Excel 中的三个最基本元素。

6. 标题文本录入

（1）确保活动单元格是 A1，否则单击单元格 A1，输入“打字测试成绩详表”并按 Enter 键。

（2）A2 目前为活动单元格，直接输入“任课教师：”；单击单元格 H2，输入“班级：”；单击单元格 M2，输入“日期：”；单击单元格 A3，输入“学生信息”；单击单元格 E3，输入“数据记录”；单击单元格 K3，输入“成绩评价”；单击单元格 E4，输入“第一次”；单击单元格 G4，输入“第二次”；单击单元格 I4，输入“第三次”；单击单元格 A5，输入“学号”，按右移键“→”，B5 成为活动单元格（不需要单击单元格 B5），直接输入“姓名”，按右移键“→”，C5 成为活动单元格，直接输入“性别”，照此方法在 D5 单元格中输入“年龄”，按光标右移键“→”，E5 成为活动单元格。

（3）在单元格 E5 中本来输入的内容是“速度（字/分）”（所有数据排成一行），但我们要将其排成两行，所以输入的方法有所不同：先输入第一行的文字“速度”，然后按一次 Alt+Enter 组合键（即同时按这两个键，也可以先按住 Alt 键不放，再按 Enter 键，然后放开 Alt 键，下同），此时光标换行（行的标号不变，仍然是第 5 行），继续输入第二行文字“（字/分）”，如图 5-1-11 所示。

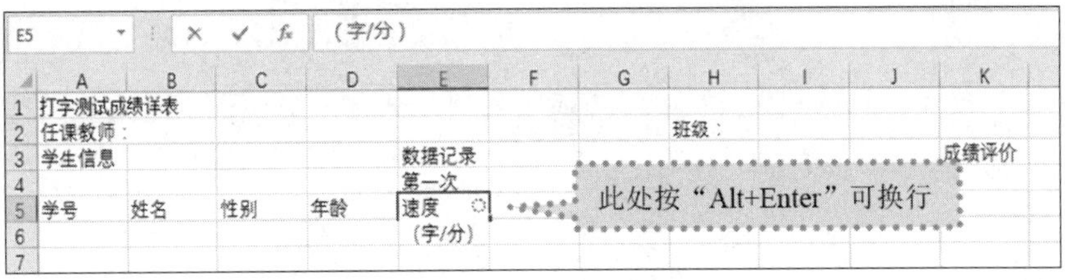

图 5-1-11　同一单元格中数据换行录入

（4）输入完第二行文字后，按右移键“→”，光标不能到达单元格 F5，只能在单元格内移动，按 Enter 键确定。

（5）单击单元格 F5，依照第（3）步方法在 F5 单元格中分两行输入，第一行为“正确率”，第二行为“（%）”，完成输入后按 Enter 键。结果如图 5-1-12 所示。

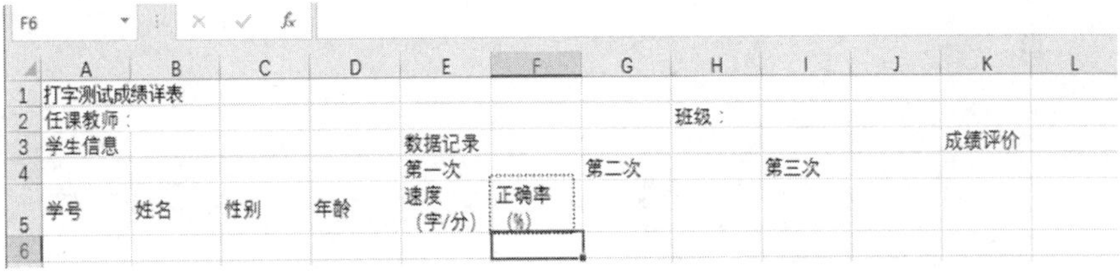

图 5-1-12　分两行录入“正确率”“%”后的结果

（6）后续“第二次”“第三次”需要录入与“第一次”相同的“速度”和“正确率”等文本，可采用复制方法。具体方法如下：将鼠标指针移至 E5 单元格内（不是边框），按住鼠标左键不放，拖动鼠标至 F5 单元格内后松开鼠标左键，此时这两个单元格（称为单元格区域，即多个连续或分散的单元格集合）同时被选定，如图 5-1-13 所示。

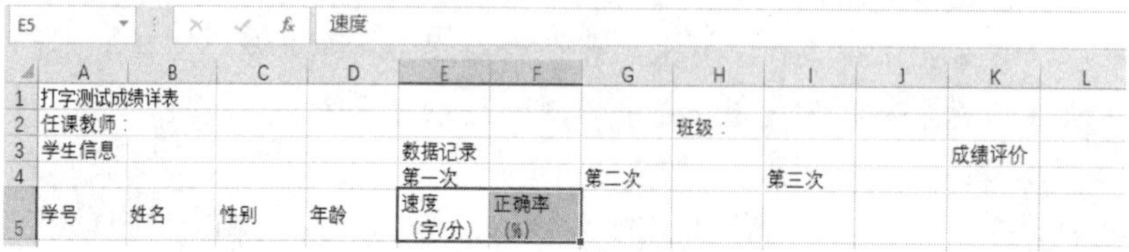

图 5-1-13　选定单元格区域

（7）按 Ctrl+C 组合键（即“复制”快捷键），单击单元格 G5，按 Ctrl+V 组合键（即“粘贴”快捷键），再单击单元格 I5，按 Ctrl+V 组合键，结果如图 5-1-14 所示。

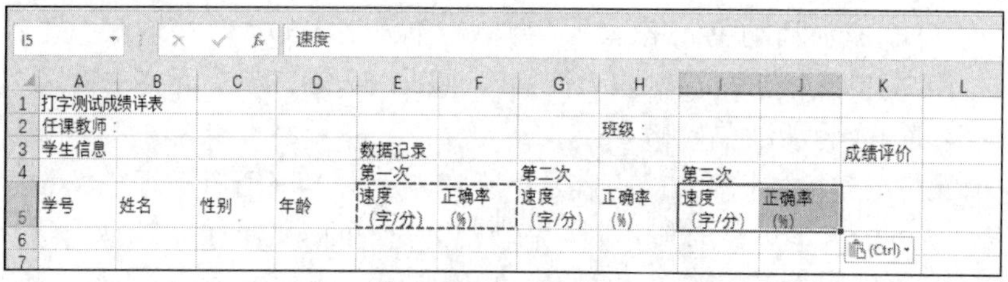

图 5-1-14　单元格区域复制粘贴结果

注意：Ctrl+V 组合键将源单元格的格式和值一并粘贴到目的单元格。

（8）单击单元格 K5，输入“第一次得分”，按 Enter 键，结果如图 5-1-15 所示。

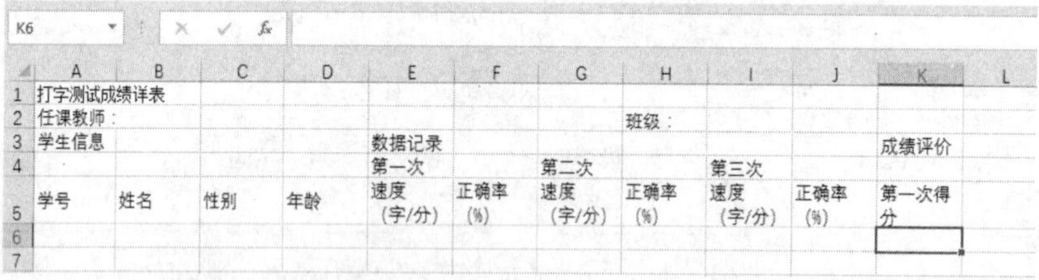

图 5-1-15　录入“第一次得分”自动换行显示

注意：图 5-1-15 中 K6 单元格输入的数据“第一次得分”被自动分成了两行，是 Excel 所为，称为“自动换行”（因为 K 列的宽度不够，需要多行才能完整显示数据）。

（9）采用复制粘贴的方法将 K5 单元格的值分别复制到 L5 和 M5 中，结果如图 5-1-16 所示。

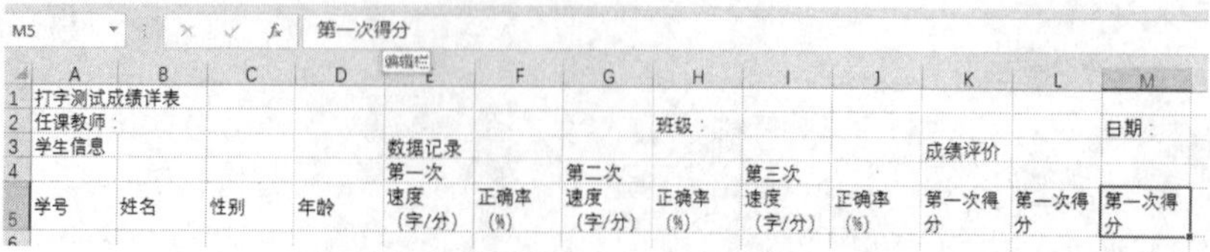

图 5-1-16　单元格复制粘贴

（10）双击单元格 L5，将光标移到“第”字后面，按一次 Delete 键，删除了“第”字后面的“一”字，直接输入“二”，按 Enter 键。

（11）单击单元格 M5，在“一”字双击，光标定位于“一”字之后（否则移动光标使其定位），按 Backspace 键，删除“一”字，输入“三”字，按 Enter 键，结果如图 5-1-17 所示。

M6

	A	B	C	D	E	F	G	H	I	J	K	L	M
1	打字测试成绩详表												
2	任课教师：							班级：					日期：
3	学生信息				数据记录						成绩评价		
4					第一次		第二次		第三次				
5	学号	姓名	性别	年龄	速度（字/分）	正确率（%）	速度（字/分）	正确率（%）	速度（字/分）	正确率（%）	第一次得分	第二次得分	第三次得分
6													
7													

图 5-1-17　单元格数据修改

提示：还可以在编辑栏中修改单元格数据。

注意：有些标题数据较多，单元格宽度不足以在一行内显示完整，可以单击“自动换行”按钮以便将单元格数据分多行排列完整。自动换行与上述按 Alt+Enter 组合键换行的性质不同，自动换行的数据在列宽足够时会排列成一行。

（12）在 N5 单元格输入“总成绩（三次平均）”，在 O5 单元格输入“名次”，在 P5 单元格输入“进步曲线”。至此，标题文本录入完成，如图 5-1-18 所示。

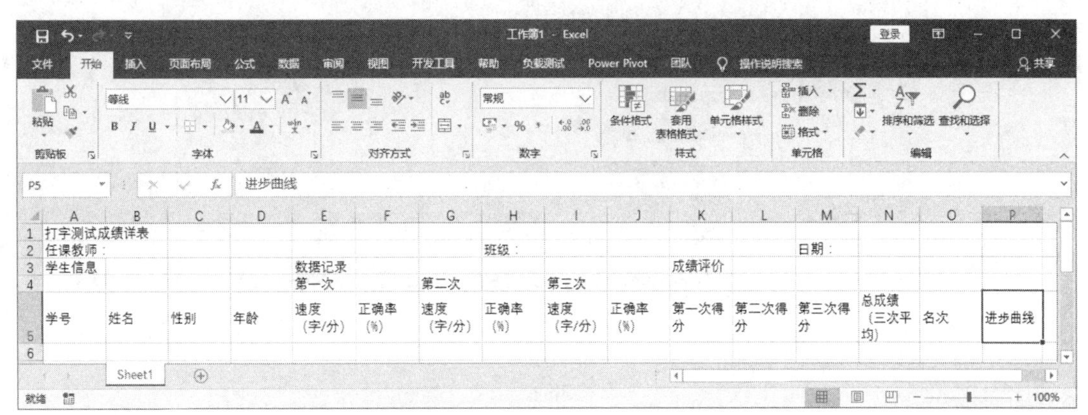

图 5-1-18　标题文本录入完成的结果

对照图 5-1-18 检查标题数据录入有无错误或错位。如果单元格数据错位，可以按住单元格边框拖移将其移到正确的位置；如果单元格数据有错，需要修改。

※知识链接

数据的修改与清除

修改数据：选中需要修改的数据，直接输入正确的数据，然后按 Enter 键。应用这种方法修改数据时，会自动删除当前单元格中的内容，保留重新输入的。双击需要修改数据的单元格，使单元格处于编辑状态，然后定位好光标插入点进行修改，完成修改后按 Enter 键确认修改。应用这种方法修改数据时，只对单元格的部分内容进行修改。选中需要修改数据的单元格，将光标插入点定位到编辑框中，然后修改数据，完成修改后按 Enter 键确认修改。应用这种方法修改数据时，只修改单元格的部分内容。

清除数据：如果工作表中有不需要的数据，可将其清除。操作方法如下：选中需要清除内容的单元格或单元格区域，在“开始”选项卡的“编辑”组中单击“清除”按钮，在下拉列表中选择需要的清除方式。全部清除，可清除单元格或单元格区域中的内容和格式；清除格式，可清除单元格或单元格区域中的格式，但保留内容；清除内容，可清除单元格或单元格区域中的内容，但保留格式；清除批注，可清除单元格或单元格区域中添加的批注，但保留单元格或单元格区域的内容及设置的格式；清除超链接，可仅清除单元格或单元格区域的超链接，也可清除单元格或单元格区域的超链接和格式；删除超链接，直接删除单元格或单元格区域的超链接和格式。清除与删除之间的区别在于，清除只是针对数据或格式，单元格或单元格区域继续保留；删除则把单元格或单元格区域全部删除，包括单元格内的数据和格式。

7. 学生信息数据录入

（1）单击 A6 单元格，输入第一位学生的学号 201304061201 并按 Enter 键，A6 单元格显示值是“2.01E+11”或者“2.01304E+11”（科学记数法），此时需要更改数字格式，方法如下：单击 A6 单元格，在“开始”选项卡的“数字”组中单击“对话框启动器”按钮 ⧉，弹出“设置单元格格式”对话框，单击“数字”标签、“数值”分类后将“小数位数”改为 0，如图 5-1-19 所示。

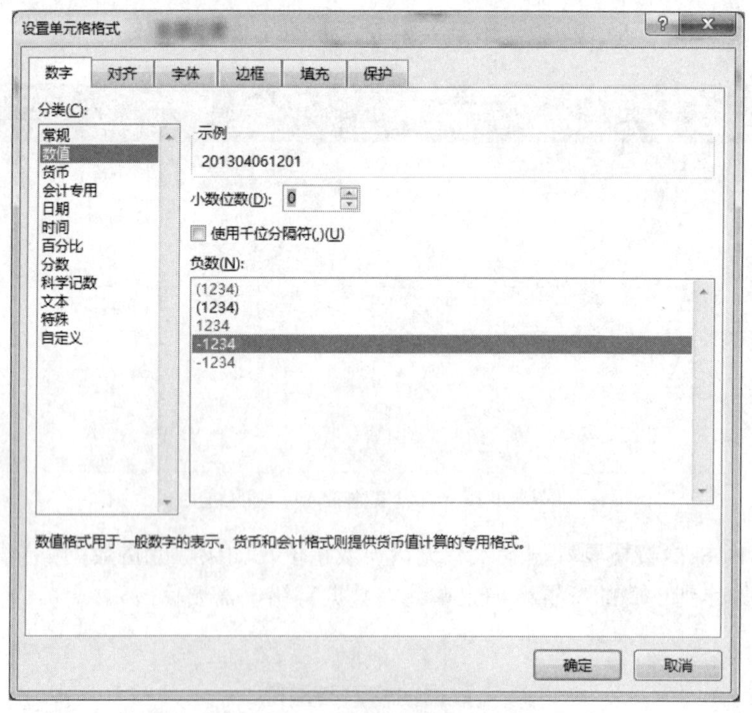

图 5-1-19　设置单元格数字分类

（2）单击“确定”按钮，A6 单元格中的数字显示为 201304061201。你会观察到此单元格的“列宽”增大了，可以将学号排列完整。

（3）用复制粘贴的方法将第一位学生的学号复制到 A7 单元格，然后将其值的最后一位“1”改为“2”，如图 5-1-20 所示。

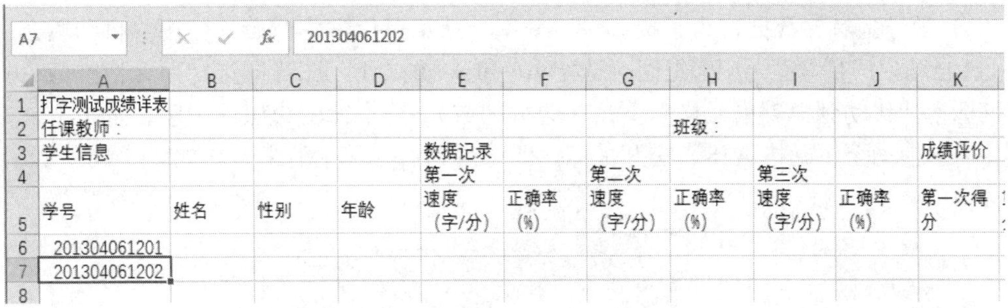

A7　　×　✓　fx　201304061202

	A	B	C	D	E	F	G	H	I	J	K
1	打字测试成绩详表										
2	任课教师：							班级：			
3	学生信息				数据记录						成绩评价
4					第一次		第二次		第三次		
5	学号	姓名	性别	年龄	速度（字/分）	正确率（%）	速度（字/分）	正确率（%）	速度（字/分）	正确率（%）	第一次得分
6	201304061201										
7	201304061202										
8											

图 5-1-20　利用复制粘贴的方法生成第二位学生的学号

※知识链接

Excel 2010 数据类型

单元格可以存储多种形式的数据，包括文字、日期、数字、声音、图形等。输入的数据可以是常量，也可以是公式和函数，Excel 能自动把它们区分为文本、数值和日期时间 3 种类型。

数值类型：Excel 将由数字 0～9 及某些特殊字符组成的字符串识别为数值型数据。单击准备输入数值的单元格，在编辑栏的编辑框中输入数值，然后按 Enter 键。在单元格中显示时，Excel 默认的数值型数据一律靠右对齐。若输入数据的长度超过了单元格的宽度，Excel 将自动调整宽度。当整数长度大于 12 位时，Excel 将自动改用科学记数法表示，例如输入 201105051101，单元格的显示将为 2.01105E+11。若预先设置的数字格式为带两位小数，则当输入数值为 3 位以上小数时，将对第 3 位小数采取“四舍五入”的方式显示。但在计算时一律以输入数而不是显示数进行，故不必担心误差。无论输入的数字位数是多少，Excel 都只保留 15 位有效数字的精度。如果数字长度超过 15 位，则 Excel 将多余的数字位舍入为 0。为避免将输入的分数视为日期，应在分数前冠以 0 并加一个空格，如输入 1/2 时，应输入“0 空格 1/2”。

日期或时间：Excel 内置了一些日期和时间格式，当输入数据与这些格式相匹配时，Excel 将它们识别为日期型数据。Excel 将日期和时间视为数字处理。工作表中的日期或时间的显示方式取决于所在单元格中的数字格式。默认时，日期或时间项在单元格中右对齐。如果 Excel 不能识别输入的日期或时间格式，则输入的内容将被视为文本并在单元格中左对齐。如果要在同一单元格中输入日期和时间，应在其间用空格分开。如果要按 12 小时制输入时间，应在时间后留一个空格，并输入 AM 或 PM，表示上午或下午。如果不输入 AM 或 PM，Excel 默认正在使用 24 小时制。在输入日期时，可以使用连字符（-）或斜杠（/），不区分大小写。若想输入当天日期或时间，可通过组合键快速完成：输入当天日期为 Ctrl+;，输入当天时间为 Ctrl+Shift+;。

文本：除去被识别为公式（公式一律以“=”开头）和数值或日期型的常量数据外，其余的输入数据 Excel 均认为是文本数据。在单元格中输入较多的就是文本信息，如输入工作表的标题、图表中的内容等。单击准备输入文本的单元格，在编辑栏的编辑框中输入文本，然后按 Enter 键。文本数据可以由字母、数字或其他字符组成，在单元格中显示时一律靠左对齐。对于全部由数字组成的文本数据，输入时应在数字前加一个单引号“'”，单引号是一个对齐前缀，使 Excel 将随后的数字作为文本处理且在单元格中左对齐；或者输入一个“=”，然后用引号将要输入的数字引起来。例如邮政编码 611130，输入时应输入“'611130”或者“='611130'”。

（4）学号是有序数据，为了提高录入效率，从第三位学生开始，使用“自动填充”方法让 Excel 自动生成后续学号。首先同时选定 A6 和 A7 两个单元格（即选定单元格区域 A6:A7），再将鼠标指针移动到 A7 单元格右下角（边框区域），待指针变为黑色十字状时按下鼠标左键不放并向下拖动至单元格 A18，松开鼠标，即可得到后续学生的学号，如图 5-1-21 所示。

A6 | 201304061201

	A	B	C	D	E	F	G	H	I	J	K	L
1	打字测试成绩详表											
2	任课教师：							班级：				
3	学生信息				数据记录						成绩评价	
4					第一次		第二次		第三次			
5	学号	姓名	性别	年龄	速度（字/分）	正确率（%）	速度（字/分）	正确率（%）	速度（字/分）	正确率（%）	第一次得分	第二次得分
6	201304061201											
7	201304061202											
8	201304061203											
9	201304061204											
10	201304061205											
11	201304061206											
12	201304061207											
13	201304061208											
14	201304061209											
15	201304061210											
16	201304061211											
17	201304061212											
18	201304061213											
19												

图 5-1-21　自动填充生成后续学生学号

※知识链接

自动填充

自动填充功能是 Excel 的一项特殊功能，利用该功能可以将一些有规律的数据或公式方便快速地填充到需要的单元格中，从而提高工作效率。在单元格中填充数据主要分为两种情况：填充相同的数据和填充序列数据。

填充相同的数据：选择准备输入相同数据的单元格或单元格区域，把鼠标指针移动到单元格区域右下角的填充柄上，待指针变为黑色“十”字状时按下鼠标左键不放并拖动至目标位置，填充的方向可以是上下或左右。

填充序列数据：Excel 提供的“数据填充”功能可以使用户快速地输入整个系列。例如，星期一、星期二、……、星期日，或一月、二月、……，或是等差、等比数列等。填充方法如下：先在单元格中输入序列的前两个数字，然后选中这两个单元格，将鼠标指针指向第二个单元格右下角，待指针变为黑色十字状时按下鼠标左键不放并拖动至准备拖动的目标位置，填充的方向可以是上下或左右。

本例中填写的学生学号是数值类型，即有大小之分。如果在录入学号时在其前面增加一个单引号（即“'”，不是中文单引号“‘”），则可完整显示学号，但此时学号被 Excel 识别为字符型（即文本），没有大小之分。文本也可采用自动填充，但是当数字位数超过 10 位时自动填充的结果不是有序增减，而是简单重复选定区域的值。

（5）从 B6 单元格开始依次录入学生的姓名。本例中，学生的姓名很特殊（假设的），是一组“序列”。对于序列，可采用自动填充生成，方法如下：单击单元格 B6，输入“甲”，将鼠标光标移至此单元格右下角的“填充柄”处，按住鼠标左键不放，拖动鼠标至单元格 B18，松开鼠标左键，Excel 自动填充后续“姓名”，如图 5-1-22 所示。

图 5-1-22　自动填充“序列”姓名

（6）将后三位学生的姓名修改为“甲 2”“乙 2”和“丙 2”。

（7）从 C6 单元格开始依次录入学生的性别。因为“性别”列的数据只可能是“男”或“女”，所以可以采用下拉选择的方法录入。

1）选定 C6～C18 单元格区域，单击“数据”选项卡“数据工具”组中的“数据有效性”按钮，在下拉列表中选择“数据验证”命令，弹出“数据验证”对话框，如图 5-1-23 所示。

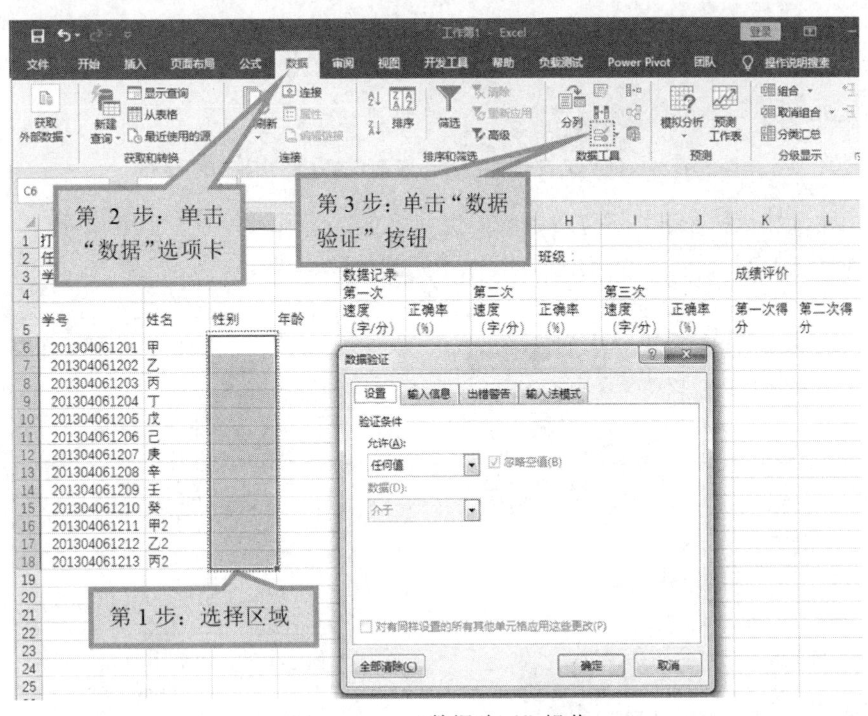

图 5-1-23　“数据验证”操作

2）在“允许”下拉列表框中选择“序列”选项。

3）在“来源”文本框中输入“男,女”（“男”“女”之间的逗号不是中文“，”），如图 5-1-24 所示。

图 5-1-24　数据验证条件设置

单击“确定”按钮，结果如图 5-1-25 所示。

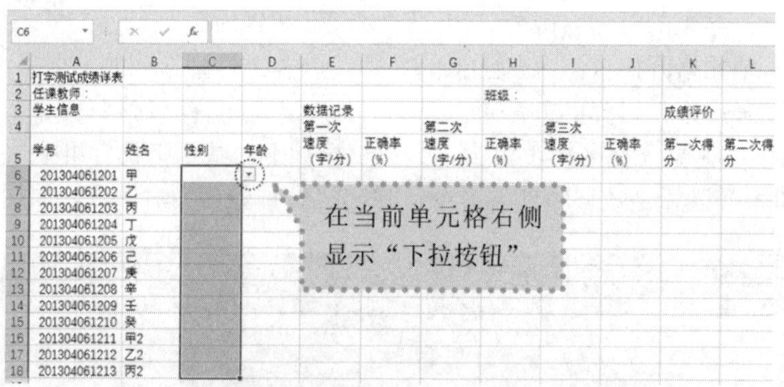

图 5-1-25　数据验证条件设置为序列后单元格出现下拉按钮

4）单击单元格 C6 右侧的下拉按钮，选择“男”选项，如图 5-1-26 所示。

5）参考图 5-1-27，用上述方法选择其他学生的性别。

图 5-1-26　通过下拉按钮选择学生性别

5	学号	姓名	性别	年龄
6	201304061201	甲	男	
7	201304061202	乙	男	
8	201304061203	丙	女	
9	201304061204	丁	男	
10	201304061205	戊	男	
11	201304061206	己	女	
12	201304061207	庚	女	
13	201304061208	辛	男	
14	201304061209	壬	女	
15	201304061210	癸	女	
16	201304061211	甲2	女	
17	201304061212	乙2	男	
18	201304061213	丙2	女	

图 5-1-27　选择其他学生性别

※知识链接

数据有效性

使用数据有效性可以控制用户输入单元格中的数据或值的类型。例如，可能希望将数据输入限制在某个日期范围、使用列表限制选择或者确保只输入正整数。当与单位中的其他人员共享工作簿并希望工作簿中所输入的数据准确无误且保持一致时，数据有效性十分有用。

（8）单击 D6 单元格，参考图 5-1-28 所示的年龄数据录入所有学生的年龄。

5	学号	姓名	性别	年龄
6	201304061201	甲	男	18
7	201304061202	乙	男	18
8	201304061203	丙	女	18
9	201304061204	丁	男	19
10	201304061205	戊	男	20
11	201304061206	己	女	20
12	201304061207	庚	女	19
13	201304061208	辛	男	20
14	201304061209	壬	女	20
15	201304061210	癸	女	19
16	201304061211	甲2	女	20
17	201304061212	乙2	男	19
18	201304061213	丙2	女	19

图 5-1-28　录入学生年龄

8. 保存工作簿

操作过程中，Excel 会定时自动保存文档。但如果完全依赖自动保存，总有些时候会让你“痛心疾首”。实践证明：重要数据录入或者重要操作完成后及时保存文档是非常有必要的。

（1）单击“文件”选项卡中的“保存”命令（或者单击快速访问工具栏中的“保存”按钮），弹出“另存为”界面，如图 5-1-29 所示。

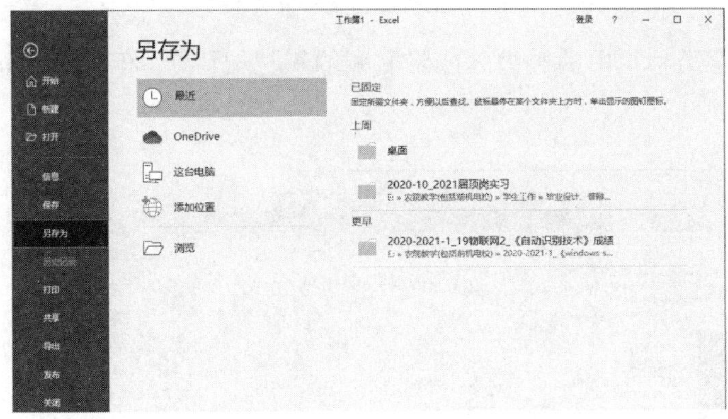

图 5-1-29　新建的 Excel 文件第一次保存时弹出的“另存为”界面

（2）单击“浏览”按钮，弹出保存位置、文件名、保存类型对话框，如图 5-1-30 所示。

图 5-1-30　“另存为”对话框

（3）选择保存位置：为方便操作，本例选择“桌面”（应该根据实际需要选择存放目录，不要把所有文档都保存在桌面上）。在“文件名”栏显示的是当前 Excel 工作簿的文件名称“工作簿 1.xlsx”，将其修改为“打字测试成绩详表.xlsx”，如图 5-1-31 所示。

图 5-1-31　修改另存文件名

（4）单击保存类型栏中的类型（或最右侧的下拉按钮），可选择所需保存类型，如图 5-1-32 所示。

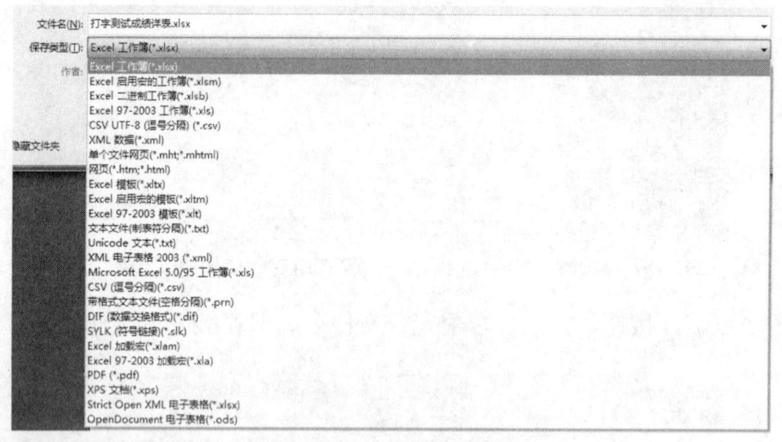

图 5-1-32　选择保存类型

注意：如果需要在低版本的 Excel 中使用文档，此选择非常必要。需要选择对应的类型，以便能正常使用；否则，低版本 Excel 无法正常使用高版本的文档。

本例不选择其他类型，再次单击“保存类型”栏，使显示的各类型消失。

（5）单击“保存”按钮，文件得以保存。在标题栏中可以看到当前文件的名称是“打字测试成绩详表.xlsx”，如图 5-1-33 所示。

提示：以后再次保存时不会出现“另存为”对话框，除非选择“另存为”命令。

（6）将鼠标移动到任务栏图标 上，选择文档“通讯簿 1”，单击窗口右上角（控制栏）的“关闭”按钮。如果编辑过该文档，则会弹出图 5-1-34 所示的保存提示，否则文档直接关闭。

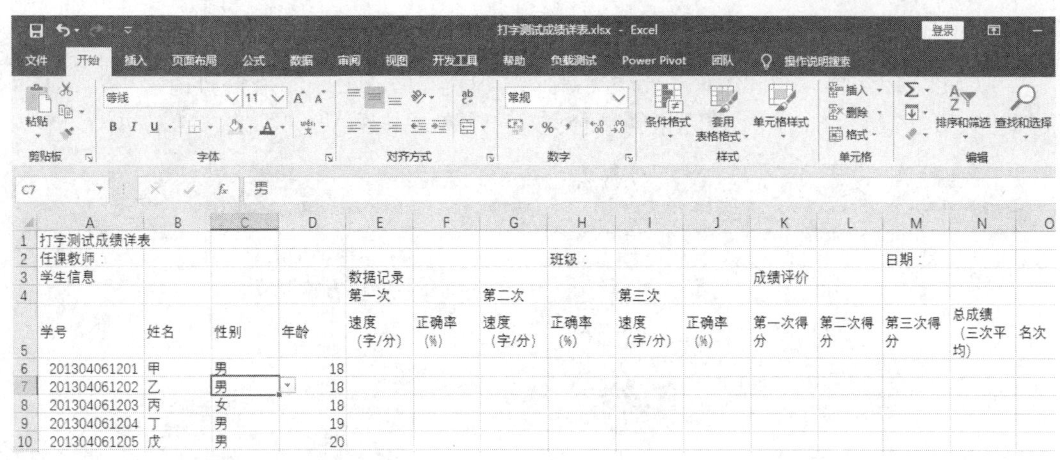

图 5-1-33　文件另存后标题栏即时更新文件名

本例操作中，若弹出保存提示，单击“不保存”按钮。

9. 工作表命名、创建新工作表

（1）当前工作表名称是 Sheet1，我们需要更名为“打字测试成绩详表”。操作方法如下：右击窗口左下角的 Sheet1，单击“重命名”按钮，直接输入“打字测试成绩详表”，按 Enter 键。

（2）新建工作表。在后续操作中，我们需要在本工作簿中增加一张工作表。单击 Excel 窗口左下角（工作表切换区）“打字测试成绩详表”右边的“新工作表”按钮⊕，Excel 增加一张名为 Sheet2 的工作表（为当前工作表），如图 5-1-35 所示。

图 5-1-34　保存提示

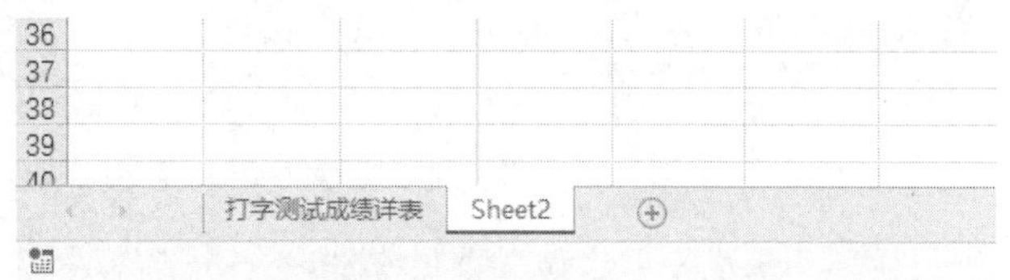

图 5-1-35　创建的新工作表 Sheet2

将“Sheet2”更名为“打字测试成绩简表”，以备后需。

（3）移动工作表。将鼠标指针移到所需移动的工作表标签上按住鼠标左键不放，水平移动鼠标直到目的位置后放开鼠标左键。练习：将“详表”拖到“简表”右侧，然后拖回原位。

（4）删除工作表。可以删除不需要的工作表。删除工作表的方法如下：右击欲删除工作表的标签，在弹出的快速菜单中选择“删除”命令；也可将不需要的工作表全部选定后一次性删除。选择多张工作表的方法如下：单击第一张工作表标签，按住 Ctrl 键不放并单击其他工作表标签，选择完毕后松开 Ctrl 键。练习：创建两张新工作表（在本列中，Excel 分别命名为“Sheet3”和“Sheet4”），将这两张新增加的工作表同时选定，然后删除。

（5）隐藏工作表、取消隐藏工作表。可以将暂时不处理的工作表“隐藏”起来，在需要处理时取消隐藏。新增一张工作表（本例为 Sheet5），右击要隐藏工作表（Sheet5）标签，在弹出的快捷菜单中选择“隐藏”命令。在任何一个工作表标签上右击并选择“取消隐藏”命令，在弹出的对话框中选择需要取消隐藏的工作表（Sheet5），单击“确定”按钮。

10. 格式处理

（1）在工作簿左下角单击“打字测试成绩详表”工作表。

（2）将 A1 单元格的文本“打字测试成绩详表”设置为整个表格的标题并居中显示。

1）选定 A1:P1 单元格区域，单击“开始”选项卡“对齐方式”组中的“合并后居中”按钮，如图 5-1-36 所示，A1:P1 单元格区域合并为一个单元格（A1），如图 5-1-37 所示。

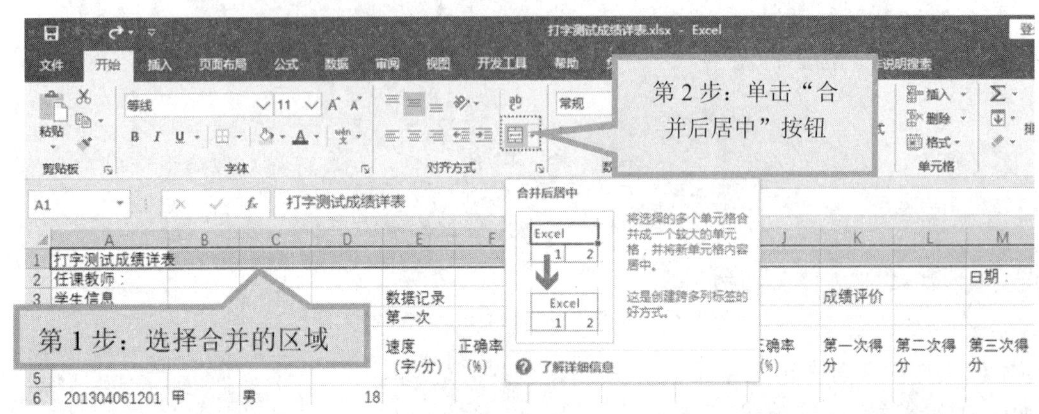

图 5-1-36 “合并后居中”操作示意

A	B	C	D	E	F	G	H	I	J	K	L	M	N	O	P
打字测试成绩详表															
任课教师：							班级：					日期：			
学生信息				数据记录						成绩评价					
				第一次		第二次		第三次							
学号	姓名	性别	年龄	速度（字/分）	正确率（%）	速度（字/分）	正确率（%）	速度（字/分）	正确率（%）	第一次得分	第二次得分	第三次得分	总成绩（三次平均）	名次	进步曲
201304061201	甲	男	18												
201304061202	乙	男	18												
201304061203	丙	女	18												
201304061204	丁	男	19												

图 5-1-37 A1:P1 单元格区域合并后居中的效果

注意：合并居中后如果再次单击“合并后居中”按钮，将取消合并居中效果。

2）保持“打字测试成绩详表”所在的单元格 A1 为活动单元格，在“样式”组中单击“单元格样式”按钮，然后选择需要的标题样式，例如“标题 1”，如图 5-1-38 所示。

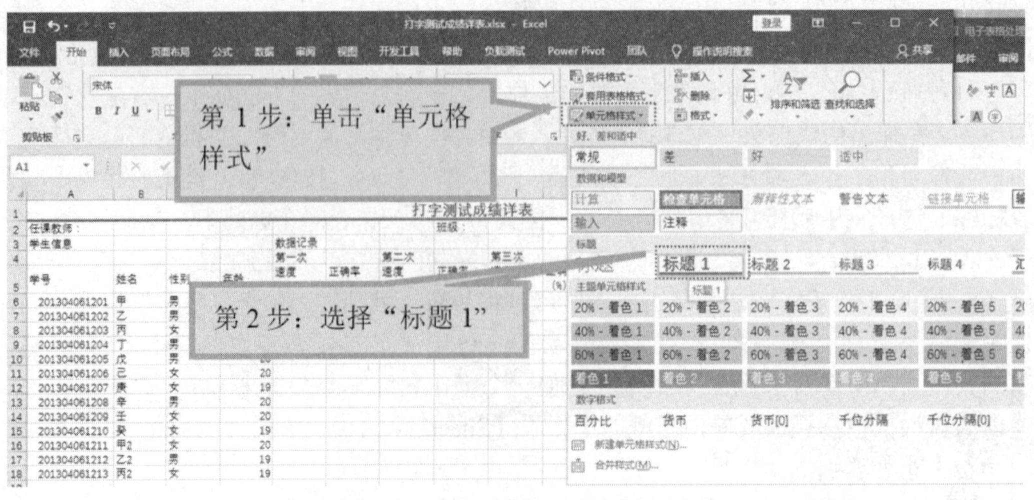

图 5-1-38 为单元格设置“标题”样式

选择“标题 1”样式后，A1 单元格格式如图 5-1-39 所示。

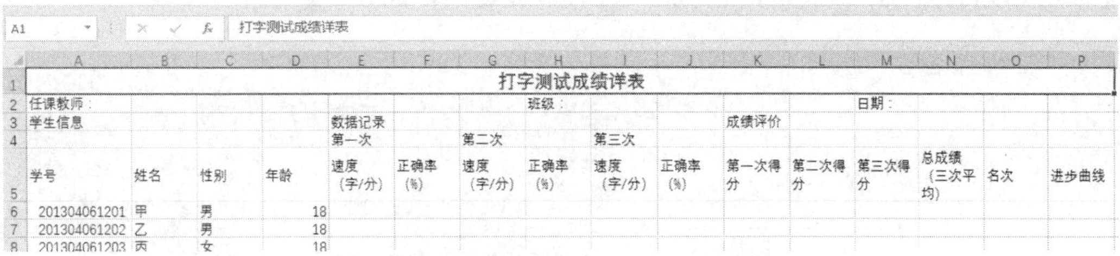

图 5-1-39　在 A1 单元格应用“标题”样式

（3）参考图 5-1-40 将 A3:D4 单元格合并居中。

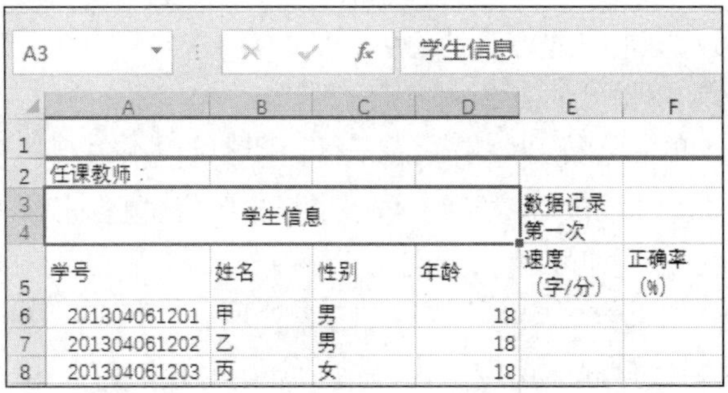

图 5-1-40　A3:D4 单元格（学生信息）合并居中效果

（4）参考图 5-1-41 分别将 E3:J3（数据记录）、E4:F4（第一次）、G4:H4（第二次）、I4:J4（第三次）和 K3:P4（成绩评价）单元格合并居中。

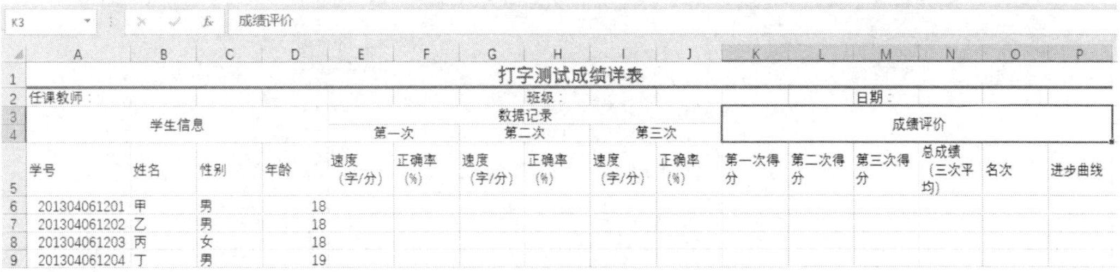

图 5-1-41　后续标题合并居中结果

（5）选定 A2:P5 单元格区域，在“样式”组中单击“单元格样式”按钮，然后选择需要的标题样式，例如“标题 3”，结果如图 5-1-42 所示。

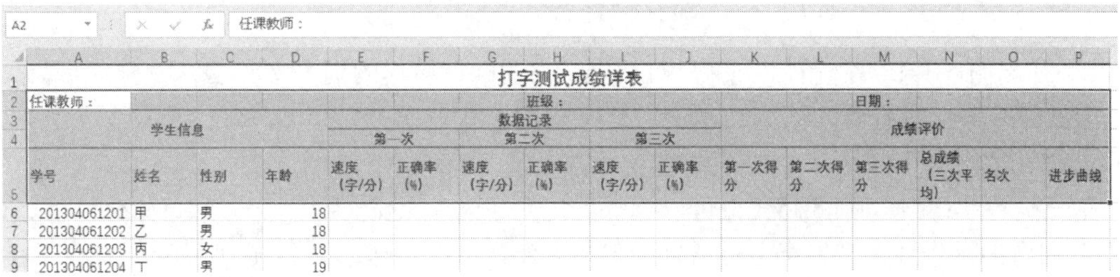

图 5-1-42　为 A2:P5 单元格区域应用“标题 3”样式的结果

（6）调整列宽。将鼠标移至列标 C 与列标 D 之间的竖线上，待鼠标形状变为↔时双击，自动根据 C 列的内容给该列设置适宜的宽度，如图 5-1-43 所示。

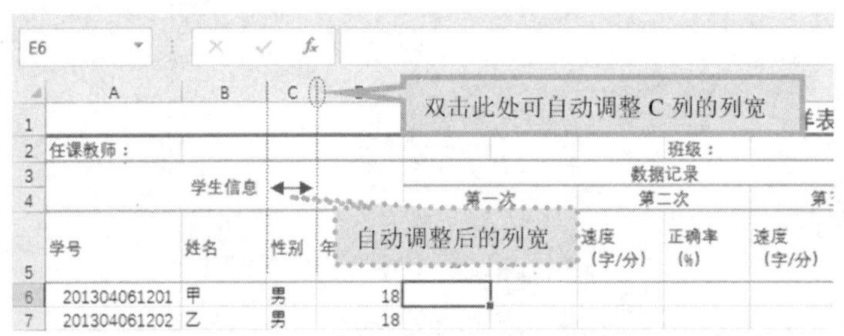

图 5-1-43　为 C 列自动设置列宽

（7）采用与第（6）步相同的方法调整 A、B 列宽度。

（8）采用与第（6）步相同的方法调整 E 列列宽。

此时，你会发现 E5 单元格排列效果变为三行，即 速度（字/分），不美观。

（9）将鼠标指针移到列标 E 与列标 F 之间的竖线上，待鼠标形状变为↔时按住鼠标左键不放，拖动鼠标向右直到感觉可将第二行文字“（字/分）”完整排列时松开鼠标左键。如果宽度仍然不够，再次右拖；如果宽度太大，可以回拖。处理后，E5 单元格显示为两行，即 速度（字/分）。

（10）为保证每次测试数据（速度与正确率）所在单元格列宽相同，可以统一设置列宽。

1）查看 E5 单元格的列宽。单击单元格 E5 后，单击“单元格”组中的“格式”按钮，从弹出的列表中选择“列宽”命令，操作如图 5-1-44 所示。

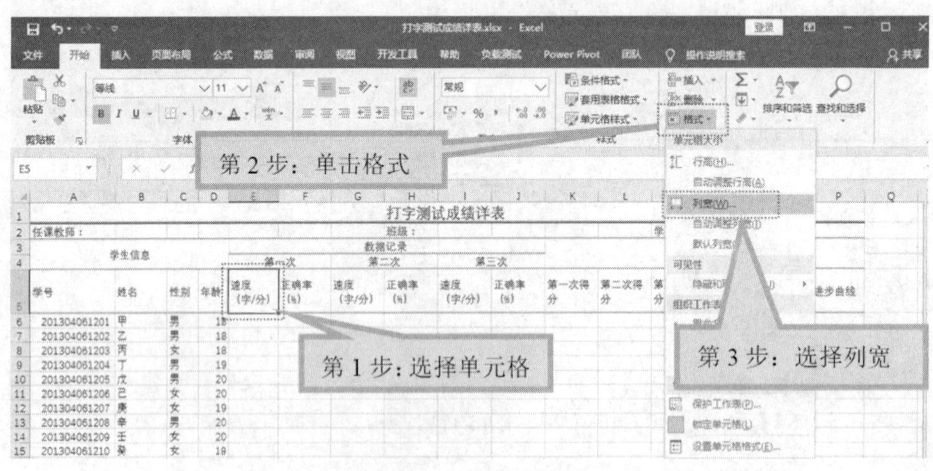

图 5-1-44　设置列宽操作

2）弹出图 5-1-45 所示的“列宽”对话框。对话框中显示的列宽“8.25”（操作时看到的数据与本例可能不相同）就是 E 列的宽度。单击“取消”按钮，不作改变。

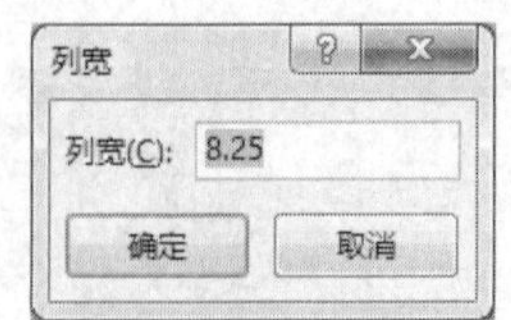

图 5-1-45　“列宽”对话框

3）选择单元格区域 F5:J5（也可以选择 F 列至 J 列），进行上述设置列宽的操作并在“列宽”对话框中输入 8.25，单击“确定”按钮。

（11）使用上述方法并按实际需要为后续各列设置适当的列宽，达到图 5-1-46 所示效果。

P5　进步曲线

	A	B	C	D	E	F	G	H	I	J	K	L	M	N	O	P
1	打字测试成绩详表															
2	任课教师：						班级：						日期：			
3	学生信息				数据记录						成绩评价					
4					第一次		第二次		第三次							
5	学号	姓名	性别	年龄	速度（字/分）	正确率（%）	速度（字/分）	正确率（%）	速度（字/分）	正确率（%）	第一次得分	第二次得分	第三次得分	总成绩（三次平均）	名次	进步曲线
6	201304061201	甲	男	18												
7	201304061202	乙	男	18												
8	201304061203	丙	女	18												

图 5-1-46　各列最适宜的列宽

注意：当前工作簿视图是“普通“方式，现在看到的页面效果不一定是实际打印出来真实结果，因此，各列宽度在后续操作（打印）部分将作进一步调整。

（12）将第 5 行各列标题居中。单击行号 5，此时整个第 5 行所有的单元格被选中，在“对齐方式”组中单击“居中”按钮，如图 5-1-47 所示，第 5 行的所有单元格依据所在列的列宽在水平方向居中（即左右居中）排列，如图 5-1-48 所示。

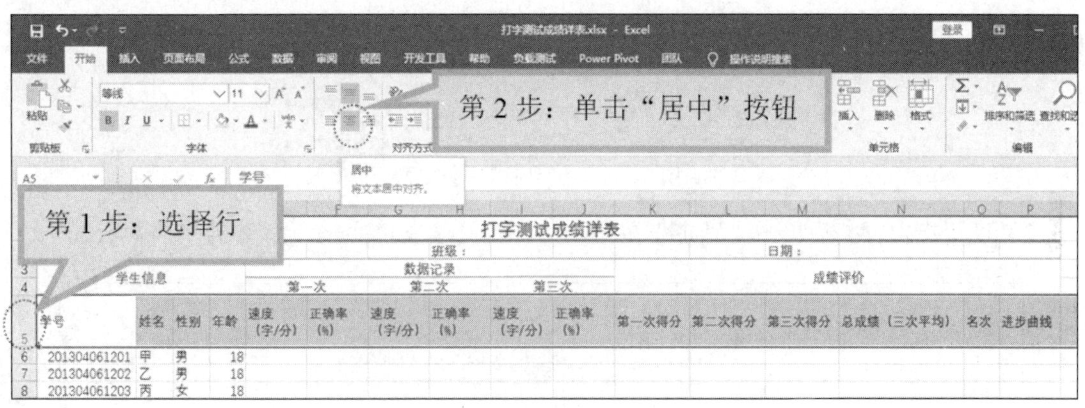

图 5-1-47　“居中”设置

A5　学号

	A	B	C	D	E	F	G	H	I	J	K	L	M	N	O	P
1	打字测试成绩详表															
2	任课教师：						班级：						日期：			
3	学生信息				数据记录						成绩评价					
4					第一次		第二次		第三次							
5	学号	姓名	性别	年龄	速度（字/分）	正确率（%）	速度（字/分）	正确率（%）	速度（字/分）	正确率（%）	第一次得分	第二次得分	第三次得分	总成绩（三次平均）	名次	进步曲线
6	201304061201	甲	男	18												
7	201304061202	乙	男	18												
8	201304061203	丙	女	18												
9	201304061204	丁	男	19												
10	201304061205	戊	男	20												

图 5-1-48　居中效果

（13）将表格总标题行（第 1 行）的“行高”增大至指定高度，以使文本“打字测试成绩详表”更加突出。

1）单击行号 1，选定第 1 行，在“单元格”组中单击 格式 按钮，在下拉列表中选择“行高”命令，如图 5-1-49 所示。

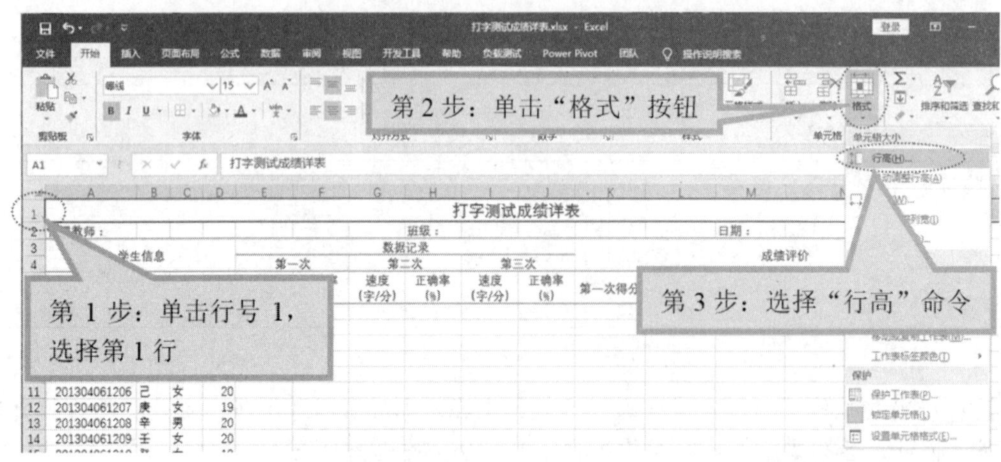

图 5-1-49 “行高”设置操作

2）单击“行高”命令后弹出图 5-1-50 所示的“行高”对话框。其中显示的行高 20.25（操作时看到的应该也是这个数据）为当前行高，直接输入指定行高 40。

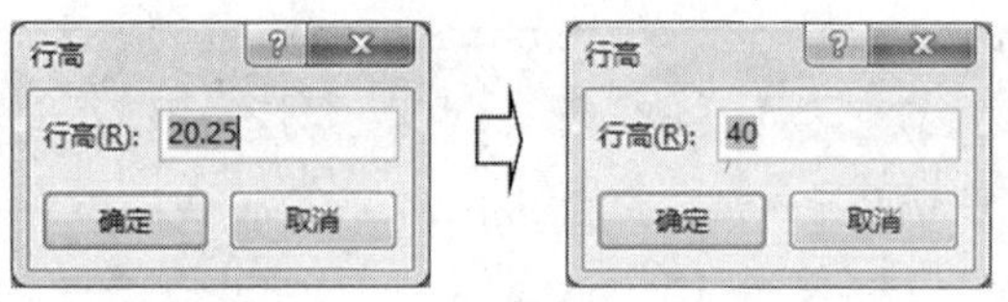

图 5-1-50 “行高”对话框

3）设置指定行高后单击“确定”按钮，第 1 行高度发生变化，如图 5-1-51 所示。

打字测试成绩详表															
任课教师：						班级：					日期：				
学生信息				数据记录						成绩评价					
				第一次		第二次		第三次							
学号	姓名	性别	年龄	速度（字/分）	正确率（%）	速度（字/分）	正确率（%）	速度（字/分）	正确率（%）	第一次得分	第二次得分	第三次得分	总成绩（三次平均）	名次	进步曲线
201304061201	甲	男	18												
201304061202	乙	男	18												
201304061203	丙	女	18												
201304061204	丁	男	19												
201304061205	戊	男	20												
201304061206	己	女	20												

图 5-1-51 “行高”设置效果

（14）为表格添加表格线（边框）。

1）选定需要添加表格线的区域（A3:P18），在“字体”组中单击“边框”下拉列表按钮，在下拉列表中选择“其他边框”命令，如图 5-1-52 所示。

2）单击“其他边框”后弹出图 5-1-53 所示的“设置单元格格式”对话框（在此对话框中当前标签是“边框”）。在“样式”栏中选择适宜的用于为表格区域添加内部线条的“样式”，然后在“预置”栏中单击“内部(I)”按钮。此时，可以在“设置单元格格式”对话框右下部的“边框”栏预览设置效果。

3）选择适宜的用于为表格区域添加外部线条（表格外边框）的“线条样式”（比内框线略粗），单击“外边框(O)”按钮，如图 5-1-54 所示。

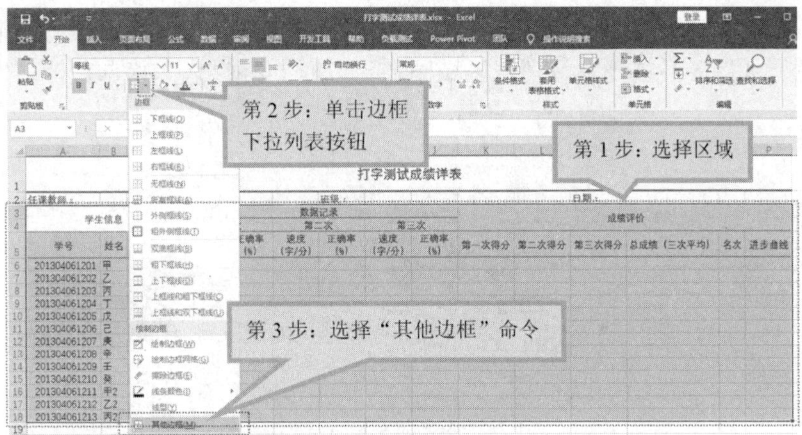

图 5-1-52　选择“其他边框”命令

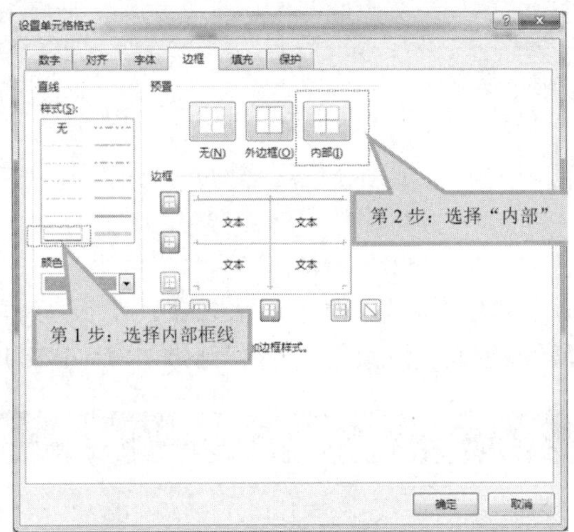

图 5-1-53　“设置单元格格式”对话框

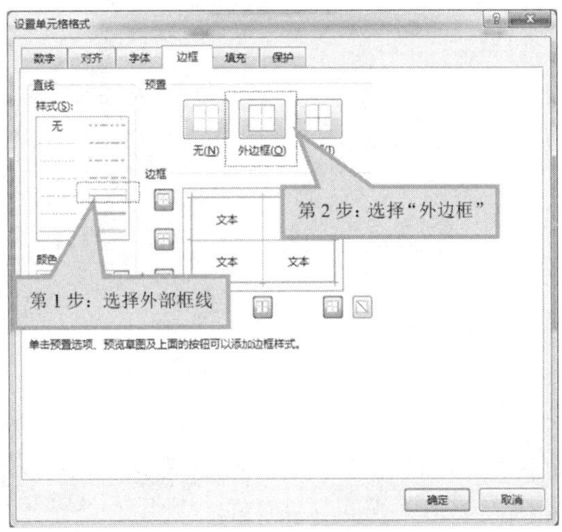

图 5-1-54　添加外部边框

4）预览添加内部边框和外部边框后的效果，如果不满意，可进行修改；如果满意，单击“确定”按钮。如图 5-1-55 所示，所选区域添加了边框（表格线），内部边框和外部边框略有不同。

打字测试成绩详表															
任课教师：						班级：						日期：			
学生信息				数据记录						成绩评价					
				第一次		第二次		第三次							
学号	姓名	性别	年龄	速度（字/分）	正确率（%）	速度（字/分）	正确率（%）	速度（字/分）	正确率（%）	第一次得分	第二次得分	第三次得分	总成绩（三次平均）	名次	进步曲线
201304061201	甲	男	18												
201304061202	乙	男	18												
201304061203	丙	女	18												
201304061204	丁	男	19												
201304061205	戊	男	20												
201304061206	己	女	20												
201304061207	庚	女	19												
201304061208	辛	男	20												
201304061209	壬	女	20												
201304061210	癸	女	19												
201304061211	甲2	女	20												
201304061212	乙2	男	19												
201304061213	丙2	女	19												

图 5-1-55　添加了内部边框和外部边框的效果

（15）为“成绩评价”中的“总成绩（三次平均）”数据区域（N6:N18）填充颜色，以达到突出显示的目的。

1）选定需要填充颜色的区域（本例为 N6:N18）。

2）在“字体”组中单击“填充颜色”下拉列表按钮，在下拉列表中选择所需的颜色（本例为主题颜色，可以选择标准色或其他颜色）。操作结果如图 5-1-56 所示。

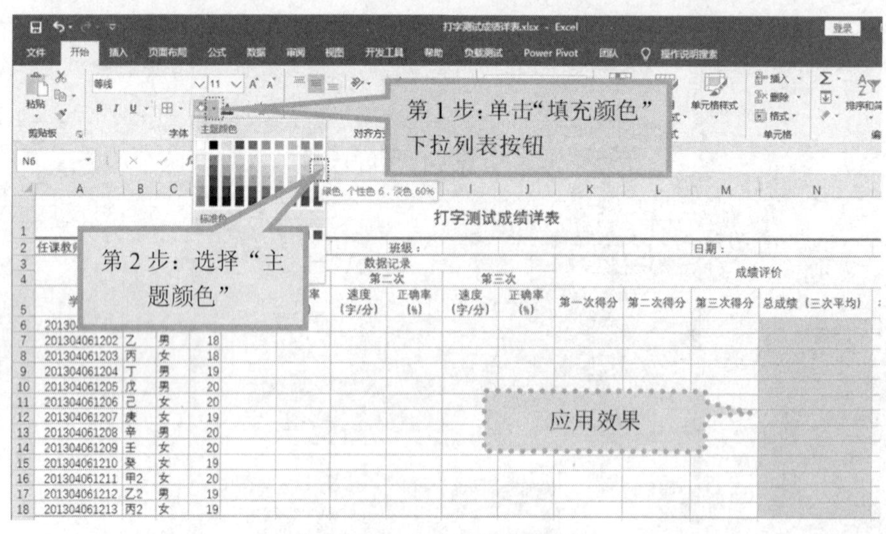

图 5-1-56　为单元格填充颜色

11．套用表格格式

以上格式处理费时费力，如果使用“套用表格格式”，将很轻松地设置表格格式。

（1）选取 A5:P18 区域，单击“样式”组中的“套用表格格式”按钮，在下拉列表中选中一种“表样式”，弹出“套用表格格式”对话框，单击“确定”按钮，操作如 5-1-57 所示。

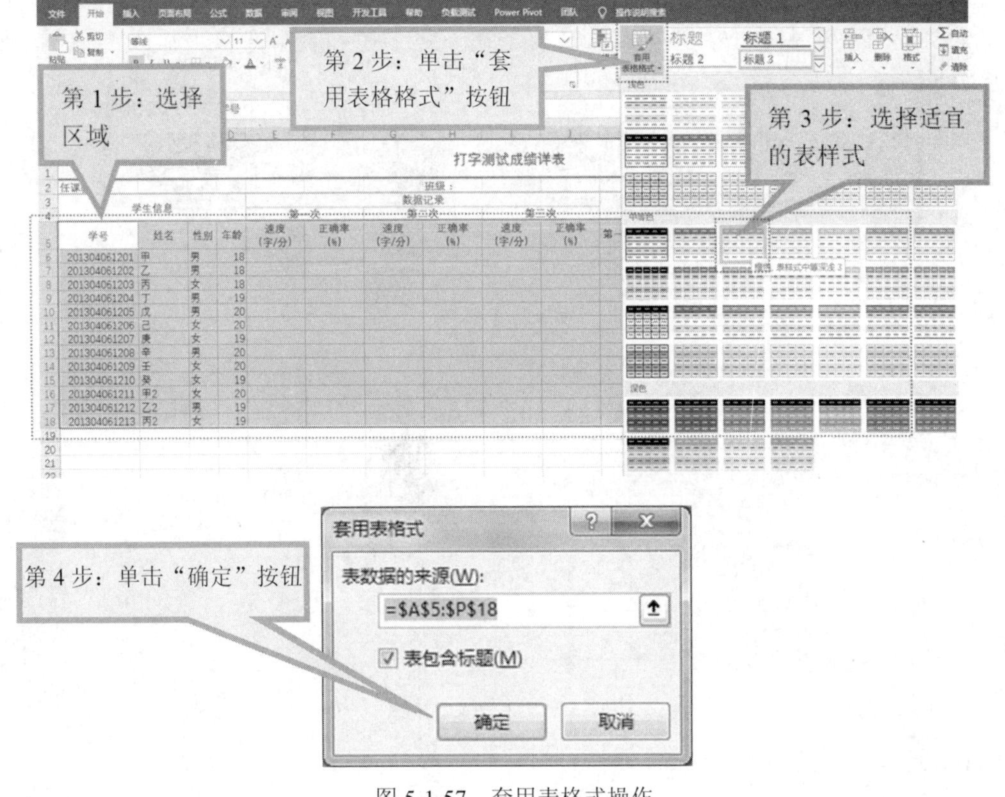

图 5-1-57　套用表格式操作

套用表样式“橙色，表样式中等深浅 3”后，所选区域格式发生变化，如图 5-1-58 所示。

打字测试成绩详表															
任课教师：						班级：						日期：			
学生信息				数据记录						成绩评价					
				第一次		第二次		第三次							
学号	姓名	性别	年龄	速度（字/分）	正确率（%）	速度（字/分）2	正确率（%）	速度（字/分）4	正确率（%）	第一次得分	第二次得分	第三次得分	总成绩（三次平均）	名次	进步曲线
201304061201	甲	男	18												
201304061202	乙	男	18												
201304061203	丙	女	18												
201304061204	丁	男	19												
201304061205	戊	男	20												
201304061206	己	女	20												
201304061207	庚	女	19												
201304061208	辛	男	20												
201304061209	壬	女	20												
201304061210	癸	女	19												
201304061211	甲2	女	20												
201304061212	乙2	男	19												
201304061213	丙2	女	19												

图 5-1-58　套用“表样式中等深浅 4”的效果

注意：套用表格式后，相当于插入了一张表格。其中，第 5 行被设置为该表格的标题行，各标题将作为数据筛选的依据（即关键字）。在一张表格中不允许出现两个相同的标题（关键字），所以 Excel 将对那些重复的标题进行加序号处理。例如，第二次数据记录中的原标题文本“速度（字/分）”被更改为“速度（字/分）2”，而原标题“正确率（%）”被更改为正确率（%）3”。不能试图删除这些序号，除非更改标题文本并且保证与其他标题文本不相同。

（2）取消列标题右下角的筛选按钮。单击任何一个出现筛选按钮的单元格，在“开始”选项卡的“编辑”组中单击“排序和筛选”按钮，在下拉列表中选择“筛选”命令，如图 5-1-59 所示。

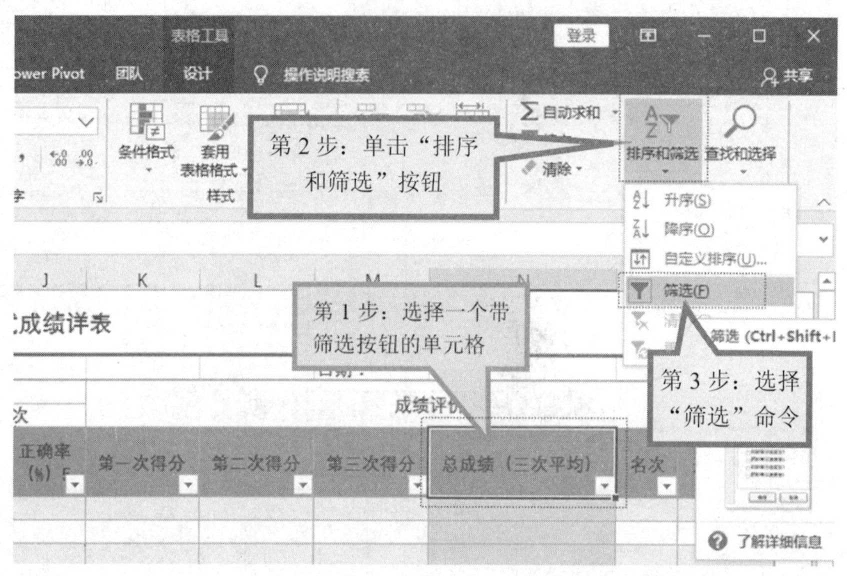

图 5-1-59　取消筛选按钮

取消筛选按钮后的效果如图 5-1-60 所示。

N5　总成绩（三次平均）

打字测试成绩详表

任课教师：　班级：　日期：

学生信息				数据记录						成绩评价					
				第一次		第二次		第三次							
学号	姓名	性别	年龄	速度（字/分）	正确率（%）	速度（字/分）2	正确率（%）3	速度（字/分）4	正确率（%）5	第一次得分	第二次得分	第三次得分	总成绩（三次平均）	名次	进步曲线
201304061201	甲	男	18												
201304061202	乙	男	18												
201304061203	丙	女	18												
201304061204	丁	男	19												
201304061205	戊	男	20												
201304061206	己	女	20												
201304061207	庚	女	19												
201304061208	辛	男	20												
201304061209	壬	女	20												
201304061210	癸	女	19												
201304061211	甲2	女	20												
201304061212	乙2	男	19												
201304061213	丙2	女	19												

图 5-1-60　取消筛选按钮后的效果

（3）对照图 5-1-61 修改标题文本。

数据记录					
第一次		第二次		第三次	
速度1（字/分）	正确率1（%）	速度2（字/分）	正确率2（%）	速度3（字/分）	正确率3（%）

图 5-1-61　套用表格式后对标题文本进行必要的修改

提示：也可以使用“表格工具/设计”选项卡“工具”组中的“转换为区域”按钮将套用的表格转换为普通的单元格区域，以方便标题文本的任意使用（本例不采用）。

12. 工作视图的控制

（1）视图切换。大多数情况下，采用“普通”视图方式（默认视图方式）进行查看、编辑。Excel 提供了多种视图方式来满足不同的需要。

1）在“视图”选项卡的“工作簿视图”组中单击“页面布局”按钮，操作及结果如图 5-1-62 所示。

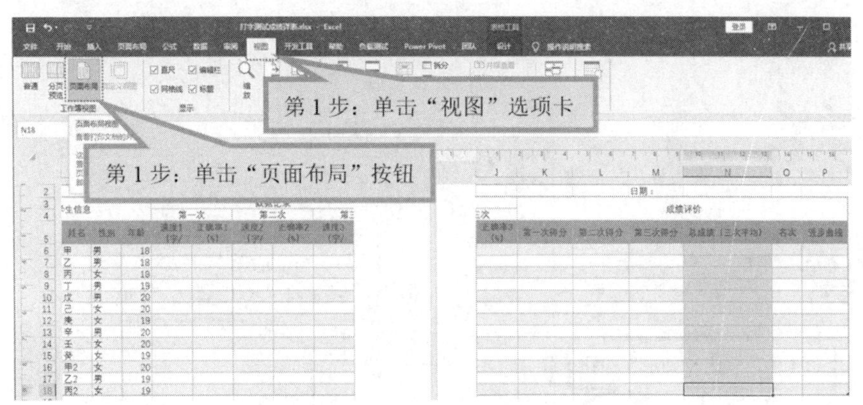

图 5-1-62　“页面布局”视图操作及效果

在“页面布局”视图下可以看到页面的起始位置和结束位置，并可查看或编辑页面上的页眉和页脚，主要用于查看文档的打印外观（类似于所见即所得）。

2）如果需要预览或调整文档打印时的分页位置，则可使用“分页预览”视图，如图 5-1-63 所示。

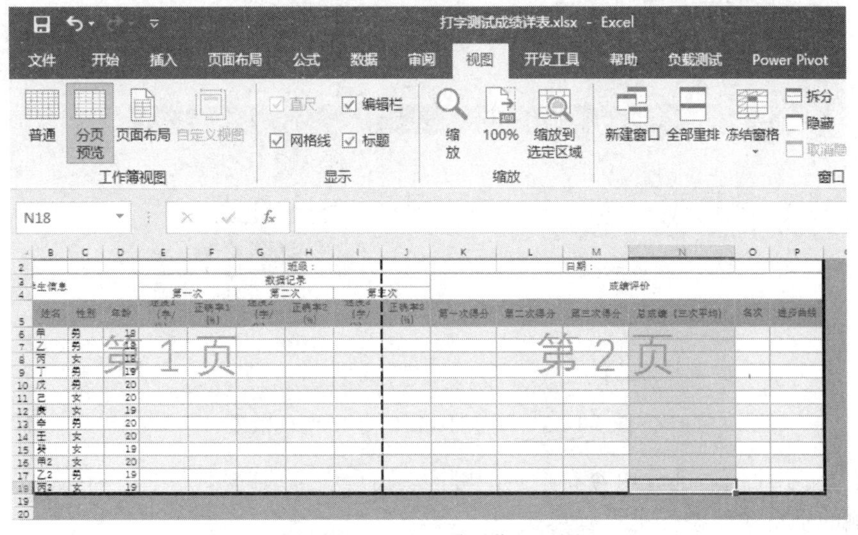

图 5-1-63　“分页预览”视图

3）单击“普通”按钮，回到“普通”视图。

（2）显示比例调整。

1）默认显示比例为 100%，将其调整至 150%，放大工作表数据，方法与步骤如图 5-1-64 所示。

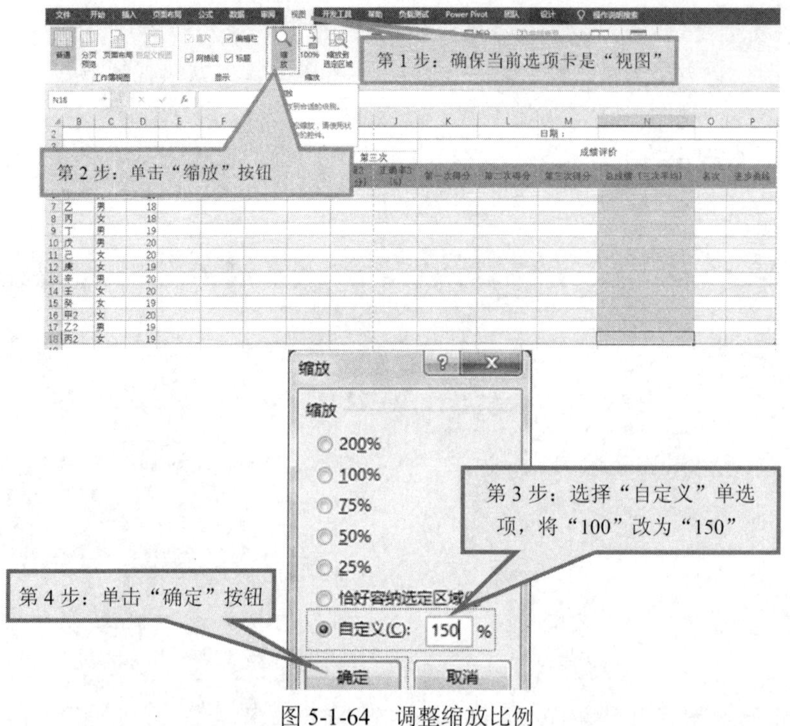

图 5-1-64　调整缩放比例

单击“确定”按钮后显示效果发生变化，如图 5-1-65 所示。

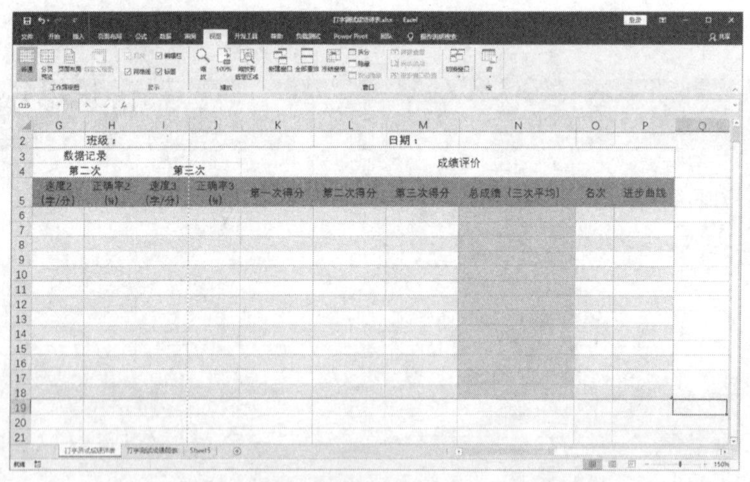

图 5-1-65　调整缩放比例为 150%的效果

2）放大显示比例后部分内容看不到，可拖动窗口右下边的水平滚动条往左直到尽头，拖动窗口右侧的垂直滚动条往上直到尽头。

3）单击 100%按钮，调整 Excel 窗口尺寸，使得当前工作表数据清单的下边和右侧均有一定的空白区域。选择全部内容（A1:P18 区域），单击“缩放到选定区域”按钮，Excel 将会自动依据高度或宽度调整缩放比例使所选区域充满整个窗口。

注意：视图方式、缩放比例的操作还可以通过窗口右下角视图控制区相应按钮进行。所有视图方式及缩放比例的调整只影响显示效果，不影响打印效果。

13．工作簿（表）页面设置及打印

新建的 Excel 工作簿默认“纸张大小”是 A4（21 厘米×29.7 厘米），“纸张方向”是“纵向”（宽度小于高度）。打印前应该进行“页面设置”和“预览”，以确保打印效果。

（1）页面设置。

1）单击状态栏右下角视图控制区的 圓（页面布局）按钮，并将缩放比例设置为 90%。如图 5-1-66 所示。

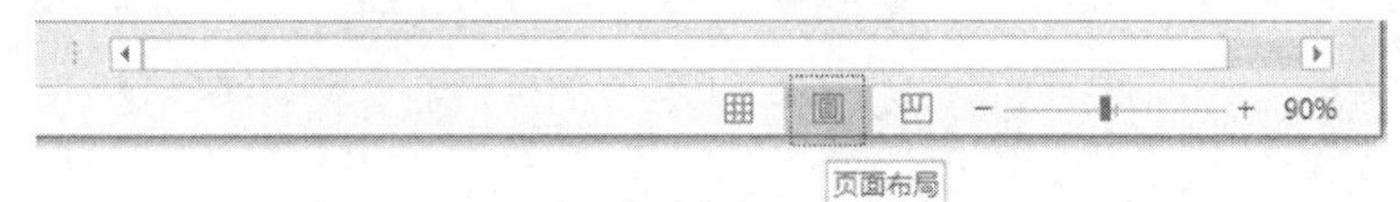

图 5-1-66　单击“页面布局”按钮

Excel 以“页面布局”视图方式（相当于实际打印效果）显示工作表，如图 5-1-67 所示。

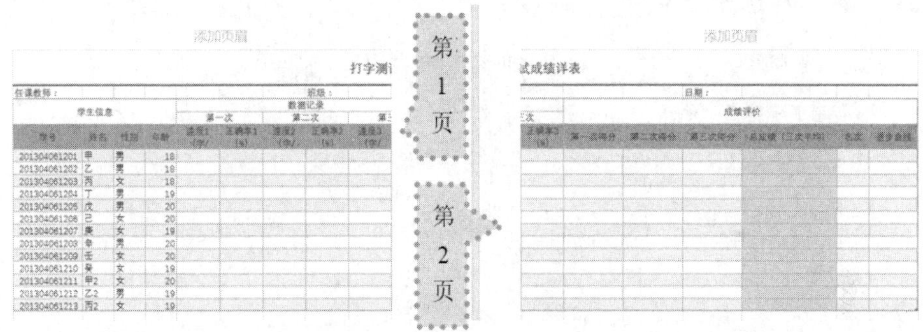

图 5-1-67　“页面布局”视图方式

从图 5-1-67 显示的结果可以明显看出，当前工作表（打字测试成绩详表）如果使用默认纸张大小和方向会打印为 2 页（即打印一份“打字测试成绩详表”需要 2 份 A4 纸）。

2）为了在一页纸上完整地打印“打字测试成绩详表”，可以考虑将纸张的方向改为“横向”（打印时，进纸方向并不改变，但打印的数据将整体旋转 90°。从效果上来看，相当于将纸张旋转了 90°）。设置方法如下：在“页面布局”选项卡的“页面设置”组中单击“纸张方向”按钮，然后选择“横向”命令，如图 5-1-68 所示。

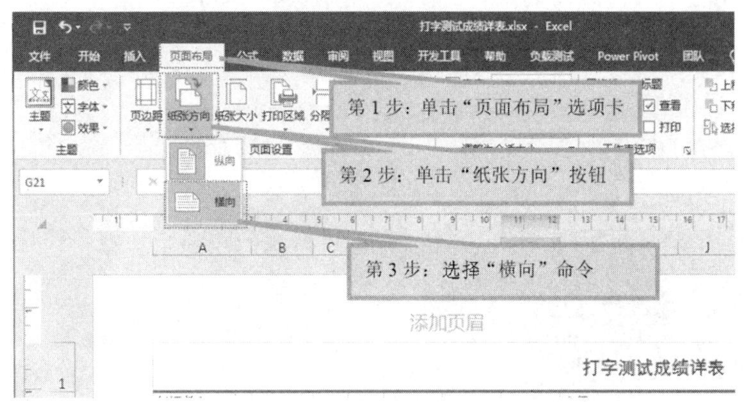

图 5-1-68　设置纸张方向

将纸张方向设置为“横向”后，如图 5-1-69 所示，同样存在“需要 2 页”的问题。

图 5-1-69　将纸张方向设置为“横向”后的效果

3）设置页边距。当一页内容稍多但又需要在一页内打印完整时，可以使用“调整页边距”（本例使用其中的“自定义边距”命令）的方法将各边距减小，从而扩大纸张打印范围。设置“自定义页边距”操作如图 5-1-70 所示。

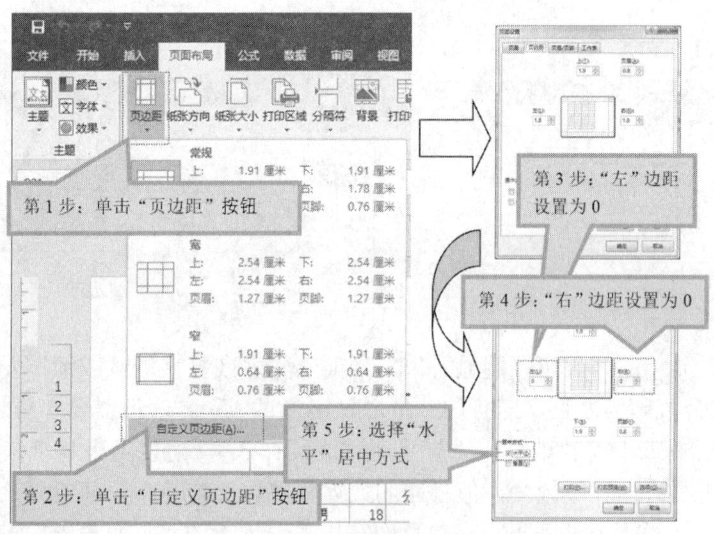

图 5-1-70　设置“自定义页边距”

4）单击“确定”按钮，效果如图 5-1-71 所示。

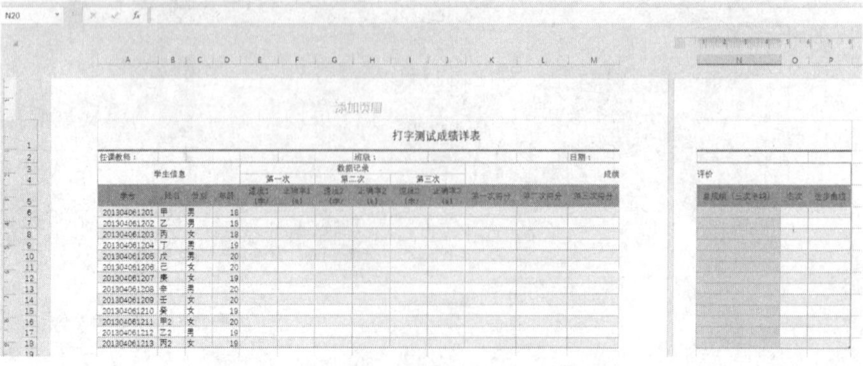

图 5-1-71　将左右边距设置为 0 的效果

很明显，最右几列同样要打印到第 2 页。看来，只能选择更大尺寸的纸张才能解决问题。

5）设置纸张大小。在“页面布局”选项卡的“页面设置”组中单击“纸张大小”按钮，在下拉列表中选择需要的纸张大小——A3（29.7 厘米×42 厘米），如图 5-1-72 所示。

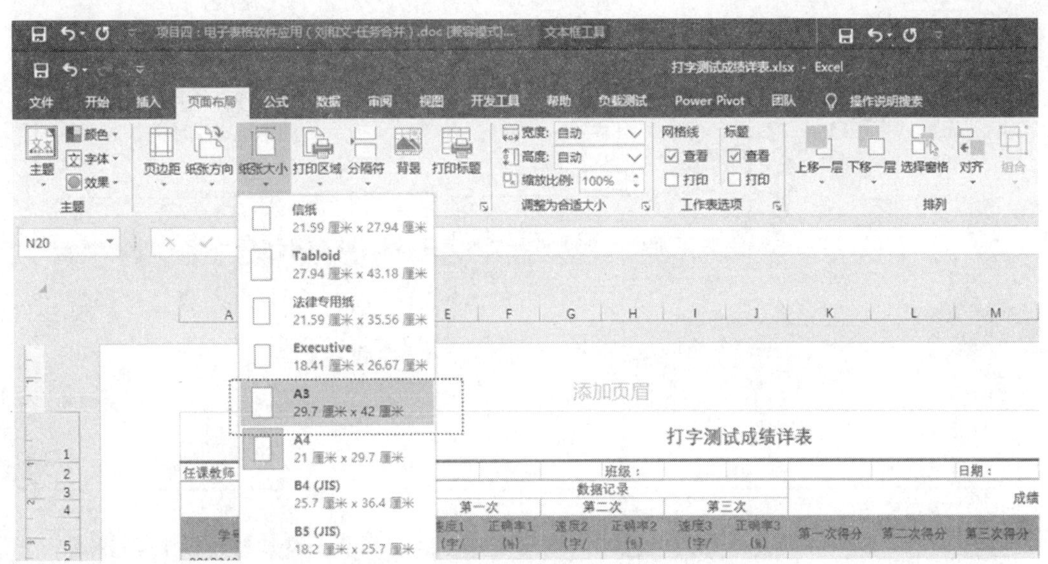

图 5-1-72　设置纸张大小为 A3

纸张大小设置为 A3 后，显示结果如图 5-1-73 所示，已经解决分 2 页打印的问题。

打字测试成绩详表

任课教师：　　班级：　　日期：

学生信息				数据记录						成绩评价					
				第一次		第二次		第三次							
学号	姓名	性别	年龄	速度1（字/	正确率1（%）	速度2（字/	正确率2（%）	速度3（字/	正确率3（%）	第一次得分	第二次得分	第三次得分	总成绩（三次平均）	名次	进步曲线
201304061201	甲	男	18												
201304061202	乙	男	18												
201304061203	丙	女	18												
201304061204	丁	男	19												
201304061205	戊	男	20												
201304061206	己	女	20												
201304061207	庚	女	19												
201304061208	辛	男	20												
201304061209	壬	女	20												
201304061210	癸	女	19												
201304061211	甲2	女	20												
201304061212	乙2	男	19												
201304061213	丙2	女	19												

打字测试成绩详表　打字测试成绩简表　Sheet5

就绪　页码：第 1 页(共 1 页)

图 5-1-73　一页内完整容纳“打字测试成绩详表”的所有数据

6）更改纸张方向或纸张大小后，为使得打印内容排列在纸张的中部，应再次调整“页边距”。在本例中，由于选用了 A3 纸张，页面较宽，因此页边距选择“宽”模式，参见图 5-1-74。

7）再次检查各列标题排列是否符合美观得体的要求，如有问题请调整。例如，图 5-1-74 中的“速度 1（字/分）”“速度 2（字/分）”和“速度 3（字/分）”没有显示完整。可将 E～J 列的列宽统一设置为 2cm。调整后的效果如图 5-1-75 所示。

8）到此为止，任务 1 基本完成。请保存文档（后续任务需要使用该文档）。

注意： 本例解决问题的方法是为了达到教学学习和教学训练的目的，实际工作中针对本例完全可以采用调整列宽的方法而不需要更改纸张大小。

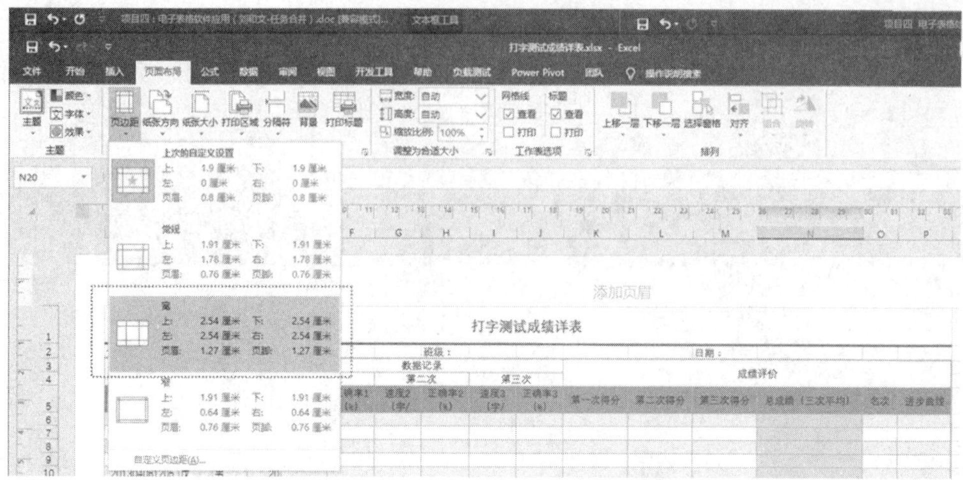

图 5-1-74　页边距选择“宽”模式

添加页眉

打字测试成绩详表

任课教师：						班级：						日期：			
学生信息				数据记录						成绩评价					
				第一次		第二次		第三次							
学号	姓名	性别	年龄	速度1（字/分）	正确率1（%）	速度2（字/分）	正确率2（%）	速度3（字/分）	正确率3（%）	第一次得分	第二次得分	第三次得分	总成绩（三次平均）	名次	进步曲线
201304061201	甲	男	18												
201304061202	乙	男	18												
201304061203	丙	女	18												
201304061204	丁	男	19												
201304061205	戊	男	20												
201304061206	己	女	20												
201304061207	庚	女	19												
201304061208	辛	男	20												
201304061209	壬	女	20												
201304061210	癸	女	19												
201304061211	甲2	女	20												
201304061212	乙2	男	19												
201304061213	丙2	女	19												

图 5-1-75　页面设置最终效果

（2）打印。

1）打印预览。打印之前，为观察实际效果应先进行打印预览。单击“文件”选项卡后，选择左侧“打印”命令，如图 5-1-76 所示。

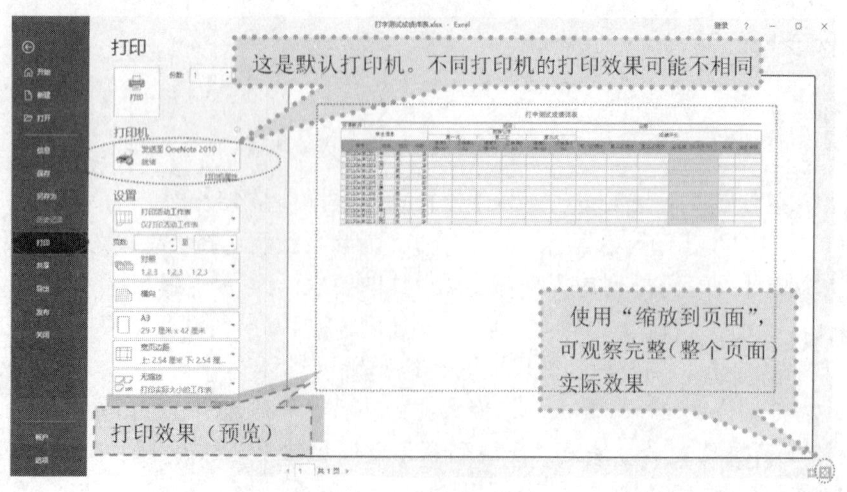

图 5-1-76　打印预览

提示：如果只预览而不打印，则单击打印窗口左上角的“返回”按钮，返回编辑状态，可以继续进行文档的编辑等处理。

2）打印。在图 5-1-76 所示的打印界面中设置好打印份数、打印对象（即打印的内容，可以选择“区域”“工作表”“工作簿”等，本例采用默认值“打印活动工作表”）等参数，在保证连接好选定的打印机（A3 幅面）、开通电源、装入所需纸张的前提下，单击“打印”按钮进行打印，弹出图 5-1-77 所示的打印提示。

注意：开始打印后，Excel 返回编辑状态，而其打印任务由操作系统控制并完成，因此可以关闭该文档甚至关闭 Excel。

14. 关闭、打开 Excel 文档，退出 Excel

（1）关闭 Excel 文档。单击“文件”选项卡后，选择“关闭”命令。

提示：当前编辑的文档关闭后，Excel 程序仍然工作，可以“新建”文档或“打开”其他已有文档继续编辑处理。

（2）打开 Excel 文档。打开“打字测试成绩详表”。在 B2 单元格中输入姓名（例如刘和文），不保存。

（3）退出 Excel。单击 Excel 窗口右上角的“关闭”按钮。因为当前文件内容修改过但没有保存，所以会出现图 5-1-78 所示的文件保存提示对话框，请根据实际情况单击“保存”或“不保存”按钮。如果要取消本次“退出 Excel”操作，则单击“取消”按钮返回编辑状态。本例单击“不保存”按钮，随即关闭 Excel。

图 5-1-77　打印提示

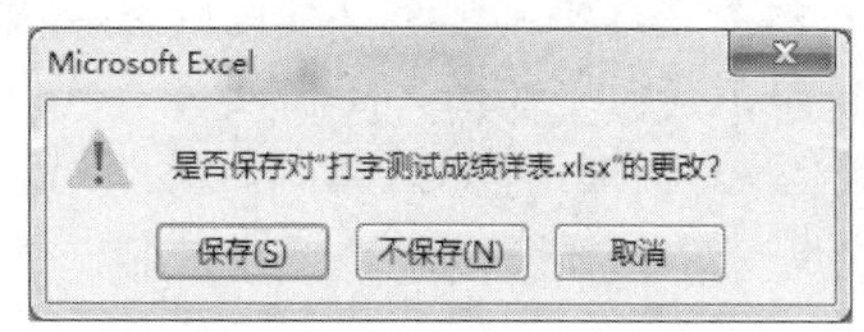

图 5-1-78　文件保存提示对话框

注意：“退出”是指不仅要关闭正在处理的 Excel 文件，而且要关闭 Excel 程序。如果只关闭 Excel 文件而不关闭 Excel 程序，则应选择“文件”选项卡中的“关闭”命令。

拓展训练①

1. 宏功能的简单使用

假如经常设置如“字体：隶书；字号：12；填充颜色：黄；字体颜色：红”的综合格式，则可以将整个操作过程录制下来保存为“宏”，以后需要在某工作表单元格区域再次进行相同的格式设置时，不必重复每一步设置操作，只需执行“宏”即可。

（1）录制宏准备工作。打开“打字测试成绩详表”，查看功能区中是否加载了“开发工具”选项卡，默认情况下不会显示“开发工具”选项卡。如果没有显示“开发工具”选项卡，则执行以下操作（图 5-1-79）。

1）单击“文件”选项卡中的“选项”命令，在随后弹出的“Excel 选项”对话框中单击“自定义功能区”选项。

2）在“自定义功能区”下的“主选项卡”列表中选择“开发工具”复选项，然后单击“确定”按钮。

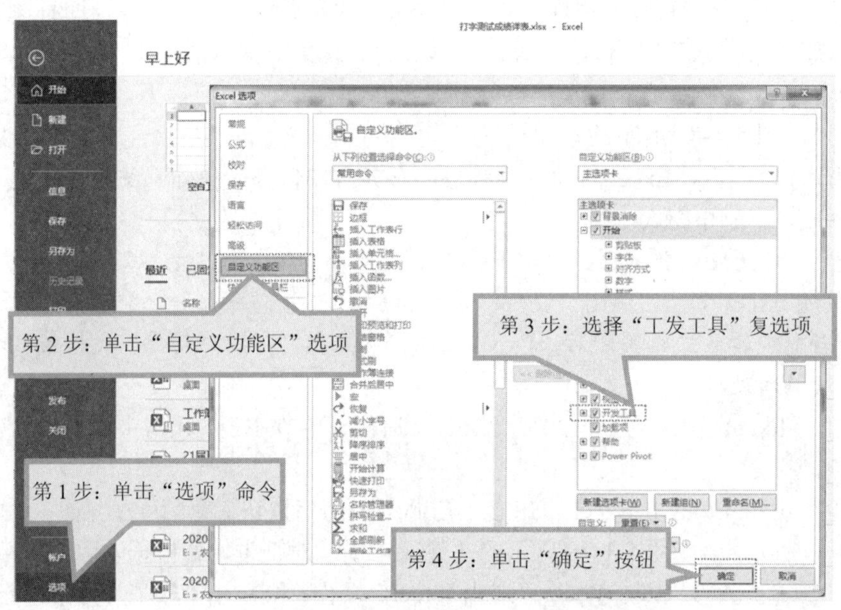

图 5-1-79　加载“开发工具”选项卡

（2）录制宏。

1）设置“普通”视图方式，调整好缩放比例。

2）单击 E4 单元格，在“开发工具”选项卡的“代码”组中单击“录制宏”按钮，弹出“录制宏”对话框，按图 5-1-80 所示设置参数（第 4～6 步），然后单击“确定”按钮开始录制，“录制宏”按钮变成了“停止录制”按钮。

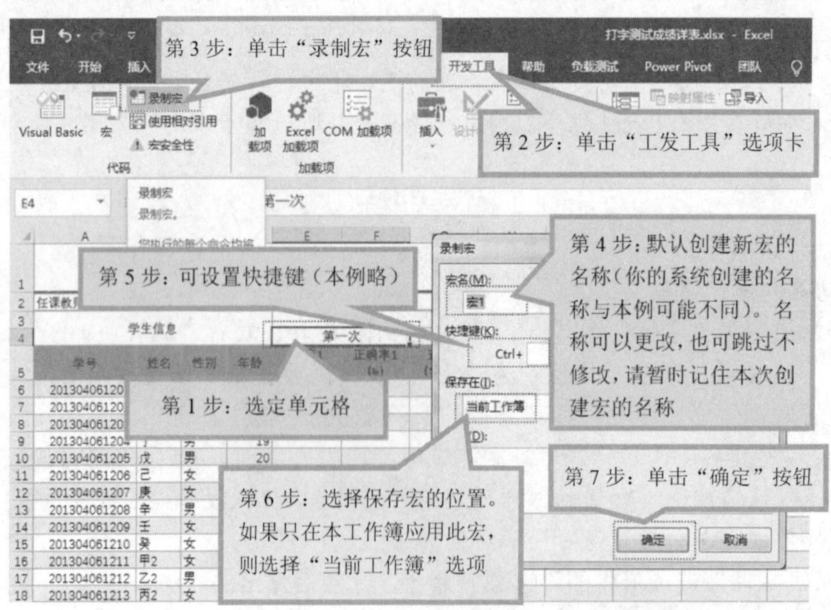

图 5-1-80　开始录制宏

3）单击“开始”选项卡，为所选定的单元格设置格式：字体为隶书，字号为 12，填充颜色为黄，字体颜色为红。

4）在“开发工具”选项卡的“代码”组中单击“停止录制”按钮。当前设置结果如图 5-1-81 所示。

E4　第一次

打字测试成绩详表													
任课教师：						班级：						日期：	
学生信息				数据记录						成绩评价			
				第一次		第二次		第三次					
学号	姓名	性别	年龄	速度1(字/分)	正确率1(%)	速度2(字/分)	正确率2(%)	速度3(字/分)	正确率3(%)	第一次得分	第二次得分	第三次得分	总成绩
201304061201	甲	男	18										
201304061202	乙	男	18										
201304061203	丙	女	18										
201304061204	丁	男	19										
201304061205	戊	男	20										
201304061206	己	女	20										
201304061207	庚	女	19										
201304061208	辛	男	20										

图 5-1-81　单元格单独格式设置结果

（3）执行宏。选择“第二次”“第三次”所在的单元格区域（G4:J4），在“开发工具”选项卡的“代码”组中单击“宏”按钮，弹出“宏”对话框，选择刚才录制的宏（如果只有一个宏则可不选择），单击“执行”按钮，如图 5-1-82 所示。

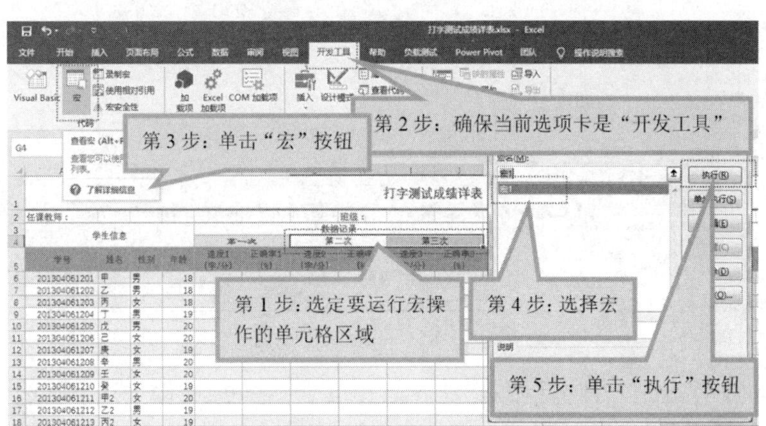

图 5-1-82　执行宏

执行宏操作后的结果如图 5-1-83 所示。

打字测试成绩详表															
任课教师：						班级：					日期：				
学生信息				数据记录						成绩评价					
				第一次		第二次		第三次							
学号	姓名	性别	年龄	速度1(字/分)	正确率1(%)	速度2(字/分)	正确率2(%)	速度3(字/分)	正确率3(%)	第一次得分	第二次得分	第三次得分	总成绩（三次平均）	名次	进步曲线
201304061201	甲	男	18												
201304061202	乙	男	18												
201304061203	丙	女	18												
201304061204	丁	男	19												
201304061205	戊	男	20												
201304061206	己	女	20												
201304061207	庚	女	19												
201304061208	辛	男	20												
201304061209	壬	女	20												
201304061210	癸	女	19												
201304061211	甲2	女	20												
201304061212	乙2	男	19												
201304061213	丙2	女	19												

图 5-1-83　执行宏操作后的结果

（4）保存文件。保存文件时，弹出图 5-1-84 所示的提示框。

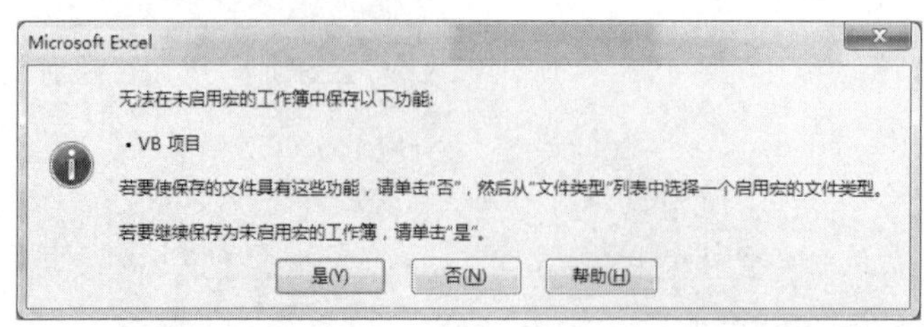

图 5-1-84　提示框

（5）单击“否”按钮，弹出“另存为”界面，选择保存位置（如桌面）后，弹出“另存为”对话框。在对话框保持文件名不变，在“保存类型”下拉列表框中选择 Excel 启用宏的工作簿(*.xlsm) 选项，如图 5-1-85 所示，然后单击“保存”按钮。

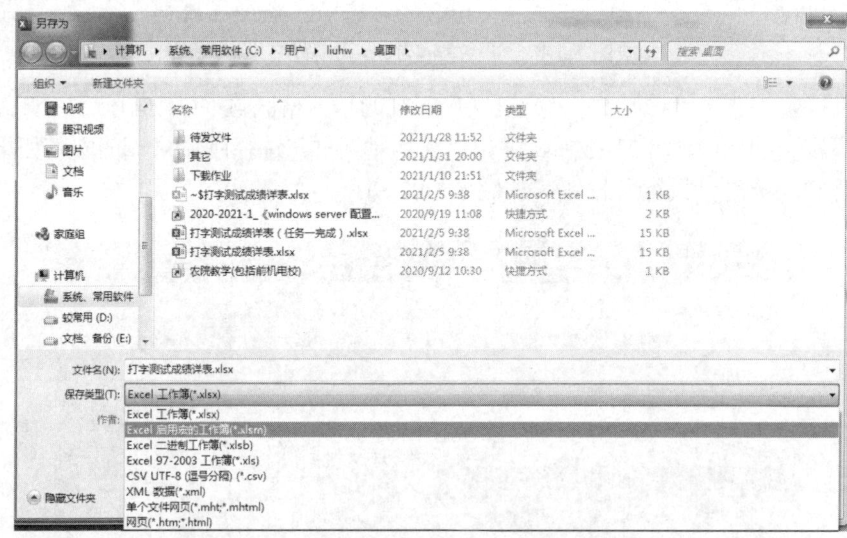

图 5-1-85　选择保存类型

当前文档的文件名是“打字测试成绩详表.xlsm”，是与原文件“打字测试成绩详表.xlsx”不同的另外一个独立文件。

注意: ① 具有宏功能的 Excel 文件扩展名为.xlsm; ② 共享工作簿不能进行宏操作。

※知识链接

宏操作

如果要在 Microsoft Excel 中重复执行多个任务，则可以录制一个宏来自动执行这些任务。宏是可运行任意次的一个操作或一组操作。创建宏就是录制鼠标单击操作和键击操作。在创建一个宏后，可以编辑宏，轻微更改其工作方式。

如每个月都要为财务主管创建一份报表，并希望将具有逾期账款的客户名称设置为红色和加粗格式，则可以创建并运行一个宏，迅速将这些格式变更应用到选中的单元格。

2. Excel 中的键盘快捷方式

（1）按键提示。无论用户位于 Office 应用程序的哪个位置，都可以通过按一些按键来快速完成任务，而无需使用鼠标。可以使用访问键（通常是按两至四个键）访问功能区上的每个命令。

1）单击“开始”选项卡，按 Alt 键，出现功能区附带新的快捷方式，称为按键提示，如图 5-1-86 所示。

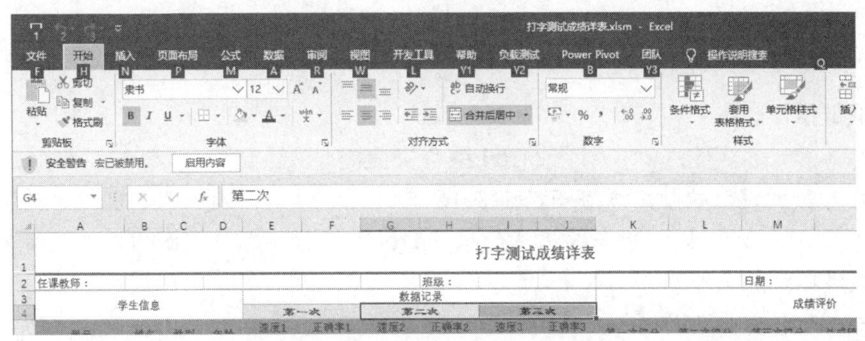

图 5-1-86　按键提示 1

2）按 W 键（相当于单击“视图”选项卡），如图 5-1-87 所示。

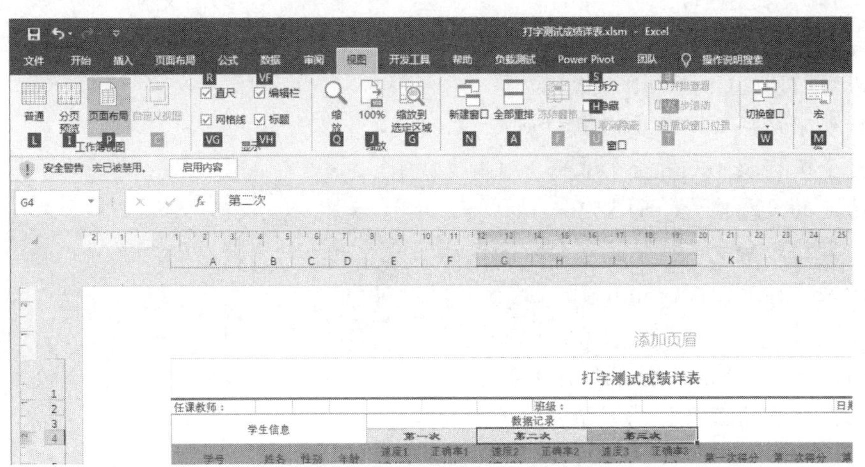

图 5-1-87　按键提示 2

3）按 P 键（相当于单击“页面布局”按钮），按 L 键（相当于单击“普通”按钮）。请根据按键提示，试试其他按键。

4）在“按键提示”状态下，再次按 Alt 键或者 Esc 键，或者单击后，按键提示将会取消。下面的键盘快捷方式可用于激活上述的快捷键提示。

- Alt+F：打开“文件”选项卡。
- Alt+H：打开“开始”选项卡。
- Alt+N：打开“插入”选项卡。
- Alt+R：打开“审阅”选项卡。
- Alt+W：打开“视图”选项卡。

（2）Ctrl 组合快捷键。单击单元格 N5，按“Ctrl+;”组合键，便在此单元格自动输入了当前日期，如图 5-1-88 所示。

打字测试成绩详表

						日期：	2021/2/6		
	第三次		成绩评价						
2	速度3（字/分）	正确率3（%）	第一次得分	第二次得分	第三次得分	总成绩（三次平均）		名次	进步曲线

图 5-1-88　按 Ctrl+;组合键输入当前日期

※知识链接

Ctrl 组合快捷键

以 Ctrl 开头的键盘快捷方式在 Excel 2016 中仍然可用。例如，Ctrl+C 组合键仍然会将内容复制到剪贴板，而 Ctrl+V 组合键仍然会从剪贴板中进行粘贴。下面列出一些常见快捷键，详尽快捷键请参考相关手册。

创建一个新的空白工作簿：Ctrl+N。

显示“打开”对话框以打开或查找文件：Ctrl+O。

保存工作簿：Ctrl+S。

关闭工作簿：Ctrl+W。

输入当前日期：Ctrl+;。

输入当前时间：Ctrl+Shift+:。

在工作表中切换显示单元格值和公式：Ctrl+`。

选择整个工作表（或者整个表格）：Ctrl+A。

剪切选定的单元格：Ctrl+X。

使用“撤销”命令来撤销上一个命令或删除最后键入的内容：Ctrl+Z。

插入新的工作表：Alt+Shift+F1。

（3）功能键。

- F1：显示“Excel 帮助”任务窗格。
- F9：计算所有打开的工作簿中的所有工作表。
- F12：显示“另存为”对话框。

请自行练习使用功能键。

任务 2　打字测试数据录入与处理（计算、统计、分析）

任务目标

在“打字测试成绩详表”中录入测试数据后，不仅需要计算每次测试的得分和总成绩以及名次等，而且需要有针对性地进行排序、筛选、汇总、模拟运算等分析处理。

知识与技能目标

- 保护和隐藏工作簿与工作表。
- 工作表窗口的拆分与冻结。

- 数据清单的概念，数据清单的建立，数据清单内容的排序、筛选、分类汇总，数据合并。
- 单元格绝对地址和相对地址的概念，工作表中公式的输入和复制，常用函数的使用。
- 设置条件格式。
- 工作表中链接的建立。
- *掌握导入外部数据并进行分析，获取和转换数据并进行处理。
- *控件的简单应用。
- *多张工作表的联动操作。
- *数据的模拟分析、运算与预测。

情境描述

学生打字测试完毕后，任课教师需要将测试数据录入“打字测试成绩详表”中，然后对这些数据进行处理。例如，计算每次测试的得分以及三次测试得分的平均值（作为打字测试的最终成绩，即总成绩），计算学生名次等。为进一步分析和掌握学生打字测试的综合学情，还应对成绩进行排序、筛选、汇总以及模拟运算（例如，如果成绩要达到 100 分，那么既定正确率下提高速度达到多少或者既定速度下提高正确率达到多少可以实现）等处理，如图 5-2-1 至图 5-2-3 所示。

O6　=RANK.AVG(N6,N$6:N$18)

打字测试成绩详表

任课教师：　　班级：　　日期：

学号	姓名	性别	年龄	速度1（字/分）	正确率1（%）	速度2（字/分）	正确率2（%）	速度3（字/分）	正确率3（%）	第一次得分	第二次得分	第三次得分	总成绩（三次平均）	名次
201304061201	甲	男	18	29	100	18	98	28	98	74.00	62.29	71.89	69.39	12
201304061202	乙	男	18	34	99	51	99	80	97	78.32	94.99	100.00	91.10	3
201304061203	丙	女	18	37	100	40	99	28	97	82.00	84.20	71.35	79.18	9
201304061204	丁	男	19	41	100	45	99	60	98	86.00	89.10	100.00	91.70	2
201304061205	戊	男	20	32	100	34	99	48	99	77.00	78.32	92.04	82.46	4
201304061206	己	女	20	27	99	32	98	36	100	71.46	75.73	81.00	76.07	10.5
201304061207	庚	女	19	28	98	24	99	74	98	71.89	68.52	100.00	80.14	8
201304061208	辛	男	20	49	97	31	98	33	100	91.10	74.77	78.00	81.29	7
201304061209	壬	女	20	44	100	41	99	26	98	89.00	85.18	69.97	81.38	6
201304061210	癸	女	19	39	98	43	99	32	98	82.46	87.14	75.73	81.78	5
201304061211	甲2	女	20	78	100	80	99	99	98	100.00	100.00	100.00	100.00	1
201304061212	乙2	男	19	32	98	27	99	36	100	75.73	71.46	81.00	76.07	10.5
201304061213	丙2	女	19	0	99	37	89	69	89	0.00	74.31	99.65	57.99	13

图 5-2-1　示例一（计算得分、总成绩和名次）

打字测试成绩详表　转到简表

任课教师：　　班级：　　日期：

学号	姓名	性别	年龄	速度1（字/分）	正确率1（%）	速度2（字/分）	正确率2（%）	速度3（字/分）	正确率3（%）	第一次得分	第二次得分	第三次得分	总成绩（三次平均）	名次	进步曲线
201304061203	丙	女	18	37	100	40	99	28	97	82.00	84.20	71.35	79.18	13.5	
			18 平均值										79.18		
201304061210	癸	女	19	39	98	43	99	32	98	82.46	87.14	75.73	81.78	7	
201304061207	庚	女	19	28	98	24	99	74	98	71.89	68.52	100.00	80.14	11	
201304061213	丙2	女	19	0	99	37	89	69	89	0.00	74.31	99.65	57.99	19	
			19 平均值										73.30		
201304061211	甲2	女	20	78	100	80	99	99	98	100.00	100.00	100.00	100.00	1	
201304061209	壬	女	20	44	100	41	99	26	98	89.00	85.18	69.97	81.38	8	
201304061206	己	女	20	27	99	32	98	36	100	71.46	75.73	81.00	76.07	15.5	
			20 平均值										85.82		
		女 平均值											79.51		
201304061202	乙	男	18	34	99	51	99	80	97	78.32	94.99	100.00	91.10	3	
201304061201	甲	男	18	29	100	18	98	28	98	74.00	62.29	71.89	69.39	18	
			18 平均值										80.25		
201304061204	丁	男	19	41	100	45	99	60	98	86.00	89.10	100.00	91.70	2	
201304061212	乙2	男	19	32	98	27	99	36	100	75.73	71.46	81.00	76.07	15.5	
			19 平均值										83.88		
201304061205	戊	男	20	32	100	34	99	48	99	77.00	78.32	92.04	82.46	6	
201304061208	辛	男	20	49	97	31	98	33	100	91.10	74.77	78.00	81.29	9	
			20 平均值										81.87		
		男 平均值											82.00		
		总计平均值											80.66		
			19.15	36.153846	99.076923	38.692308	98	49.923077	97.692308	75.30536923	80.46389231	86.20302308	80.65742821		

图 5-2-2　示例二（分类汇总）

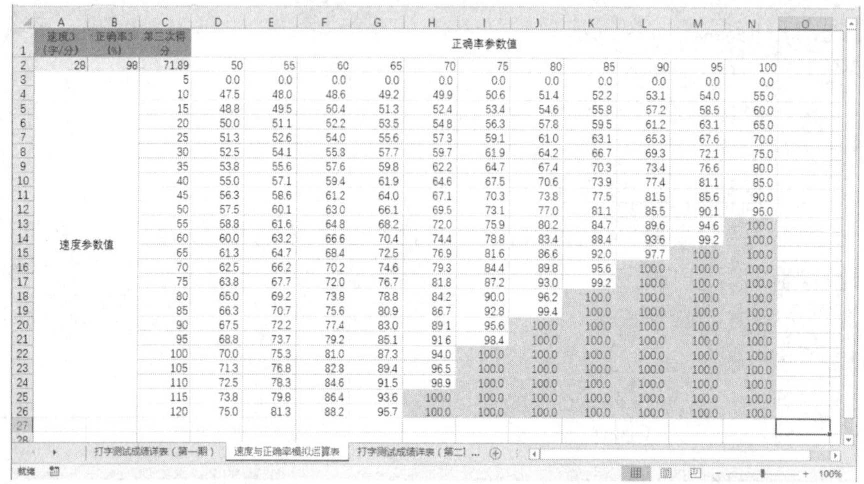

速度3(字/分)	正确率3(%)	第二次得分	正确率参数值										
28	98	71.89	50	55	60	65	70	75	80	85	90	95	100
速度参数值		5	0.0	0.0	0.0	0.0	0.0	0.0	0.0	0.0	0.0	0.0	0.0
		10	47.5	48.0	48.6	49.2	49.9	50.6	51.4	52.2	53.1	54.0	55.0
		15	48.8	49.5	50.4	51.3	52.4	53.4	54.6	55.8	57.2	58.5	60.0
		20	50.0	51.1	52.2	53.5	54.8	56.3	57.8	59.5	61.2	63.1	65.0
		25	51.3	52.6	54.0	55.6	57.3	59.1	61.0	63.1	65.3	67.6	70.0
		30	52.5	54.1	55.8	57.7	59.7	61.9	64.2	66.7	69.3	72.1	75.0
		35	53.8	55.6	57.6	59.8	62.2	64.7	67.4	70.3	73.4	76.6	80.0
		40	55.0	57.1	59.4	61.9	64.6	67.5	70.6	73.9	77.4	81.1	85.0
		45	56.3	58.6	61.2	64.0	67.1	70.3	73.8	77.5	81.5	85.6	90.0
		50	57.5	60.1	63.0	66.1	69.5	73.1	77.0	81.1	85.5	90.1	95.0
		55	58.8	61.6	64.8	68.2	72.0	75.9	80.2	84.7	89.6	94.6	100.0
		60	60.0	63.2	66.6	70.4	74.4	78.8	83.4	88.4	93.6	99.2	100.0
		65	61.3	64.7	68.4	72.5	76.9	81.6	86.6	92.0	97.7	100.0	100.0
		70	62.5	66.2	70.2	74.6	79.3	84.4	89.8	95.6	100.0	100.0	100.0
		75	63.8	67.7	72.0	76.7	81.8	87.2	93.0	99.2	100.0	100.0	100.0
		80	65.0	69.2	73.8	78.8	84.2	90.0	96.2	100.0	100.0	100.0	100.0
		85	66.3	70.7	75.6	80.9	86.7	92.8	99.4	100.0	100.0	100.0	100.0
		90	67.5	72.2	77.4	83.0	89.1	95.6	100.0	100.0	100.0	100.0	100.0
		95	68.8	73.7	79.2	85.1	91.6	98.4	100.0	100.0	100.0	100.0	100.0
		100	70.0	75.3	81.0	87.3	94.0	100.0	100.0	100.0	100.0	100.0	100.0
		105	71.3	76.8	82.8	89.4	96.5	100.0	100.0	100.0	100.0	100.0	100.0
		110	72.5	78.3	84.6	91.5	98.9	100.0	100.0	100.0	100.0	100.0	100.0
		115	73.8	79.8	86.4	93.6	100.0	100.0	100.0	100.0	100.0	100.0	100.0
		120	75.0	81.3	88.2	95.7	100.0	100.0	100.0	100.0	100.0	100.0	100.0

图 5-2-3　示例三（模拟运算表）

实现方法与步骤

准备工作：启动 Excel 2016，打开“打字测试成绩详表（任务 1 包括拓展训练完成）.xlsm”（此文档由教师事先准备好）。

1. 工作簿、工作表保护

（1）保护工作簿（结构和窗口）。可以锁定工作簿的结构，以禁止用户添加或删除工作表或显示隐藏的工作表，同时可以禁止用户更改工作表窗口的大小或位置。工作簿结构和窗口的保护可应用于整个工作簿。

1）按图 5-2-4 所示方法与步骤（共 7 步）进行操作。

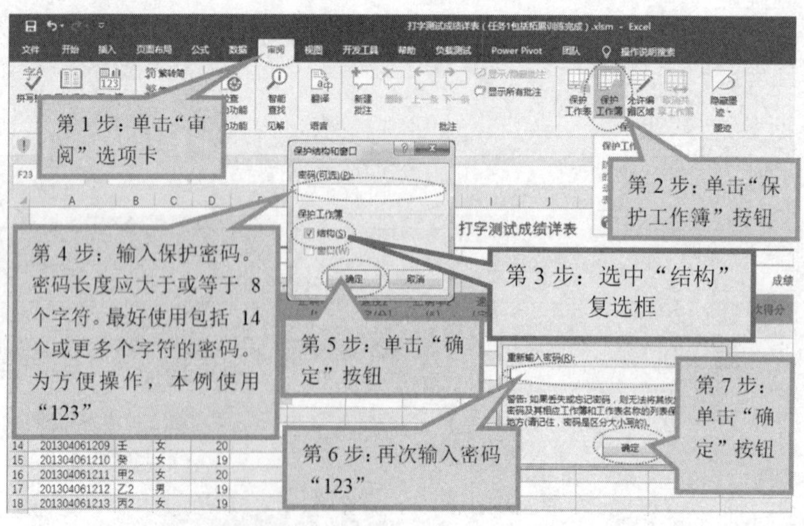

图 5-2-4　工作簿结构和窗口的保护

2）右击工作表“打字测试成绩详表”，如图 5-2-5 所示。

可见，“插入”“删除”“重命名”“隐藏”“取消隐藏”等命令均处于“不可用”状态。

3）请自行尝试：能否插入一张新工作表？（答案：不能）

打字测试成绩详表

任课教师：　　班级：

学号	姓名	性别	年龄	速度1（字/分）	正确率1（%）	速度2（字/分）	正确率2（%）	速度3（字/分）	正确率3（%）	第一次得分	第二次得分
201304061201	甲	男	18								
201304061202	乙	男	18								
201304061203	丙	女	18								
201304061204	丁	男	19								
201304061205	戊	男	20								
201304061206	己	女	20								
201304061207	庚	女	19								
201304061208	辛	男	20								
201304061209	壬	女	20								
201304061210	癸	女	19								
201304061211	甲2										
201304061212	乙2										
201304061213	丙2										

图 5-2-5　工作簿结构保护后的效果

4）请自行尝试：能否更改数据？（答案：能）

5）取消工作簿保护。再次单击“保护工作簿”按钮，弹出图 5-2-6 所示的“撤销工作簿保护”对话框，输入刚才设定的密码“123”，单击“确定”按钮。

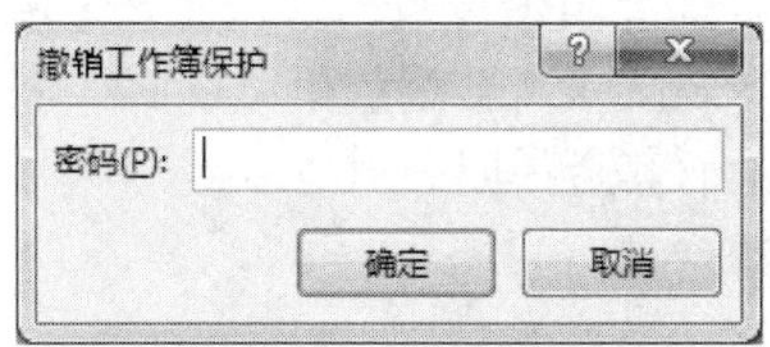

图 5-2-6　“撤销工作簿保护”对话框

（2）保护工作表。工作簿的结构和窗口保护后，仍然可以修改工作表的数据。如果要实现工作表数据不能修改，则必须使用“保护工作表”功能，方法与步骤（共 7 步）如图 5-2-7 所示。

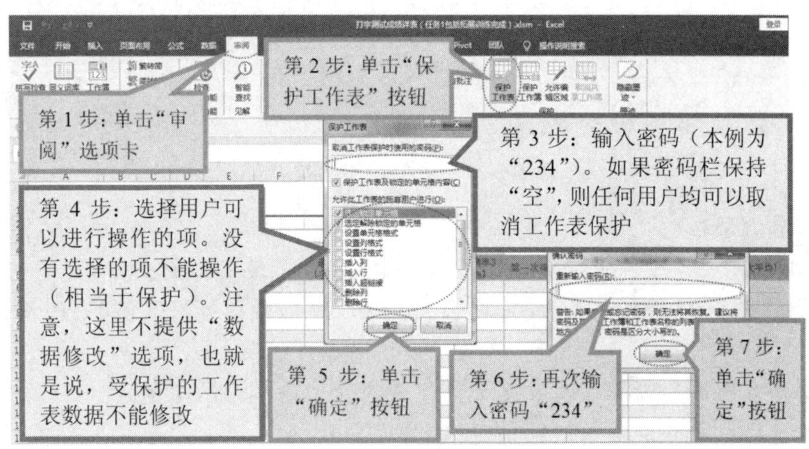

图 5-2-7　工作表的保护

1）按图 5-2-7 所示的方法与步骤（第 1～7 步）进行工作表保护操作。

注意：“保护工作表”设置完成后，原“保护工作表”按钮变成“取消工作表保护”按钮。

2）单击任意一个单元格，输入数据时弹出图 5-2-8 所示的提示框。

图 5-2-8　提示框

3）取消工作表的保护。单击“撤消工作表保护”按钮，如果设定了密码，则会弹出“撤消工作表保护”对话框，如图 5-2-9 所示，输入原来设定的密码“234”，单击“确定”按钮。

图 5-2-9　“撤消工作表保护”对话框

（3）允许特定用户编辑受保护工作表中的特定区域。

打字测试完毕后，任课教师需要将测试数据录入“打字测试成绩详表”中以便进行后期数据处理。如图 5-2-10 中所示，需要录入数据的单元格 B2、I2 和 N2 以及单元格区域 E6:P18 不受保护限制，允许用户编辑，而其余区域（例如标题、学生信息及其格式）需要保护起来，不能编辑，以避免在录入测试数据时无意修改。

打字测试成绩详表

任课教师：						班级：						日期：			
学生信息				数据记录						成绩评价					
				第一次		第二次		第三次							
学号	姓名	性别	年龄	速度1（字/分）	正确率1（%）	速度2（字/分）	正确率2（%）	速度3（字/分）	正确率3（%）	第一次得分	第二次得分	第三次得分	总成绩（三次平均）	名次	进步曲线
201304061201	甲	男	18												
201304061202	乙	男	18												
201304061203	丙	女	18												
201304061204	丁	男	19												
201304061205	戊	男	20												
201304061206	己	女	20												
201304061207	庚	女	19												
201304061208	辛	男	20												
201304061209	壬	女	20												
201304061210	癸	女	19												
201304061211	甲2	女	20												
201304061212	乙2	男	19												
201304061213	丙2	女	19												

图 5-2-10　允许用户编辑区域

方法与步骤如下：

1）如果工作表已经设置了保护，则取消工作表保护，否则跳过此步。

2）选定允许用户编辑的区域（单元格 B2、I2 和 N2 以及单元格区域 E6:P18），如图 5-2-10 所示。

提示：选择多个非连续单元格和单元格区域的方法是，按住 Ctrl 键不放，然后分别单击所需选择的单元格或者分别拖选所需单元格区域。

3）按图 5-2-11 所示（共 8 步）进行操作，为选择的区域设置允许编辑。

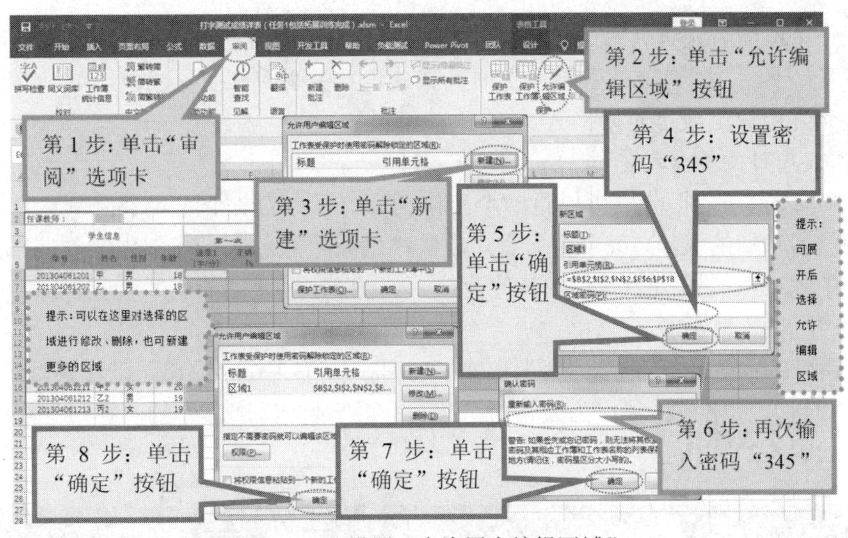

图 5-2-11　设置“允许用户编辑区域”

4）单击单元格 A19，随意输入一个数（例如 1），按 Enter 键。输入成功，并且 Excel 自动为本行添加表格线。此时，Excel 没有阻止编辑。这是为什么呢？

5）参考前述方法保护工作表（密码设置为“234”，与本次允许编辑操作设置的密码“345”不同）。

6）单击单元格 A19，随意输入一个数（例如 2）。此时，弹出图 5-2-12 所示的提示框。

图 5-2-12　提示框

注意：试图更改任何一个受保护的单元格的数字或格式都是不允许的。

7）单击“确定”按钮。

8）单击任意一个属于“允许用户编辑区域”（区域 1）内的单元格，如 E6，试图输入数据时弹出“取消锁定区域”对话框，如图 5-2-13 所示。输入密码“345”，单击“确定”按钮。

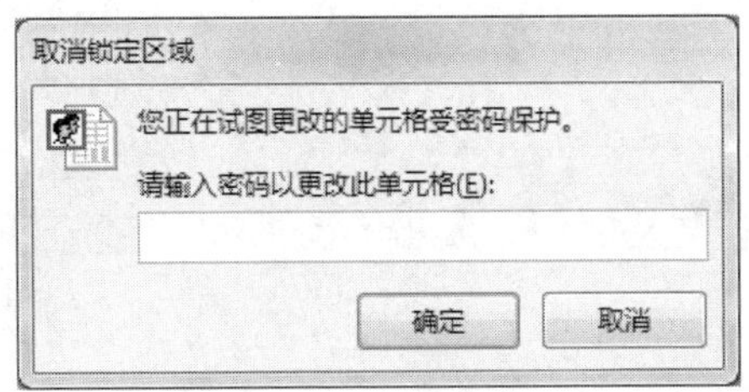

图 5-2-13　“取消锁定区域”对话框

9）再次向单元格 E6 中输入任意数字，现在可以进行编辑了。

10）单击其他属于“允许用户编辑区域”（区域 1）内的单元格，如 F6，试试能否直接输入数字。（答案：能。Excel 不再询问密码）

11）试一试：能否设置（修改）单元格格式？例如，能否将单元格 E6 设置为其他字体或字号？（答案：不能。因为工作表被保护时其格式也一并受到保护。当然，可以在进行工作表保护时设置允许用户更改单元格格式）

2. 工作表窗口的拆分和冻结

（1）工作表窗口的拆分。可以将一个工作表窗口拆分为 2 个或 4 个窗口，多个窗口之间有拆分条调整各窗口的大小，每个窗口有对应的滚动条可查看同一窗口中的不同部分。注意任何一个窗口中的操作结果都会反映到其他窗口中。可以使用此功能同时查看、编辑同一张工作表内容分隔较远的不同部分。

1）设置视图方式为“普通”，显示比例为 100%。调整 Excel 窗口，以观察整张表格内容。

2）单击 N8 单元格（将其作为表格拆分点），在“视图”选项卡的“窗口”组中单击“拆分”按钮，如图 5-2-14 所示。

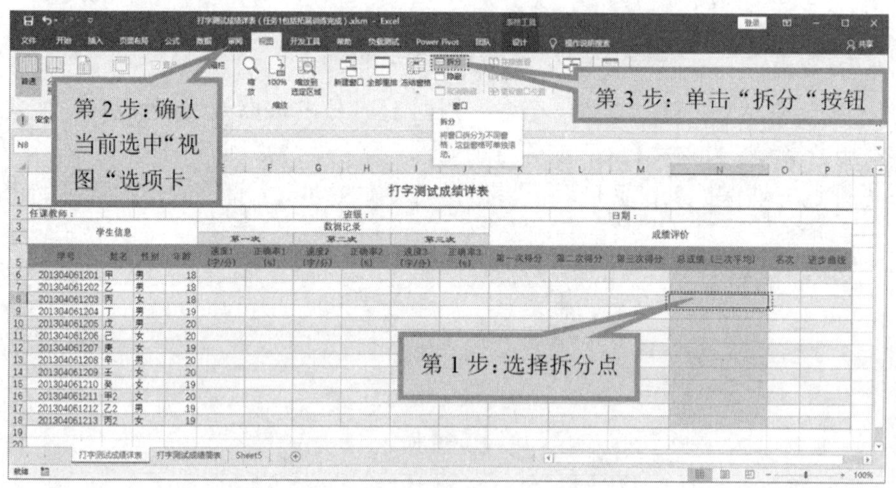

图 5-2-14　工作表窗口拆分步骤

拆分结果如图 5-2-15 所示。

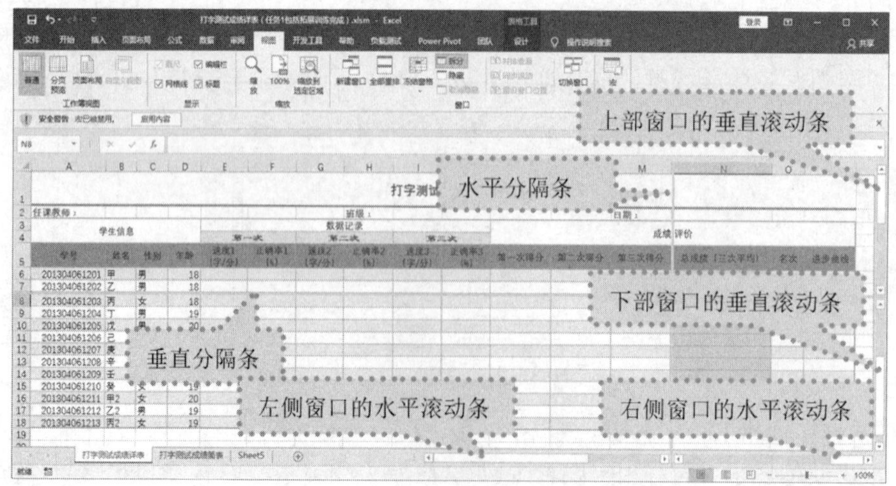

图 5-2-15　工作表窗口拆分形成 4 个窗口

从图 5-2-15 中可观察到：拆分后的窗口中增加了一条水平分隔条和一条垂直分隔条，将原窗口一分为四。每个窗口都可以使用相对应的滚动条查看不同部分的内容。

3）按住图 5-2-15 中所示的水平分隔条向左拖动到对齐 J 列与 K 列之间。此时，右侧窗口的大小（宽度）增大。拖动右侧窗口的水平滚动条可观察该窗口左右方向的不同内容。

4）将水平分隔条拖到整个窗口右侧尽头（或左侧尽头）或者双击水平分隔条，将取消水平方向的窗口拆分。

5）在上面一个窗口中单击单元格 E6，随意输入一个数字（例如 1）。拖动下面窗口对应的垂直滚动条向上直到尽头，可在下部窗口观察到刚才在上部窗口输入的数据。在任意窗口中单击单元格 F6，可在两个窗口中同时观察到选定的单元格。在两个窗口均可进行数据输入。

6）再次单击“拆分”按钮，取消工作表窗口的拆分（水平方向与垂直方向同时取消）。

（2）工作表窗口的冻结。窗口冻结的作用在于保持工作表的某个部分（如首行、首列）在其他部分滚动时仍然可见。

1）单击 E6 单元格，在“视图”选项卡的“窗口”组中单击“冻结窗格”按钮，在下拉列表中选择“冻结窗格”命令，如图 5-2-16 所示。

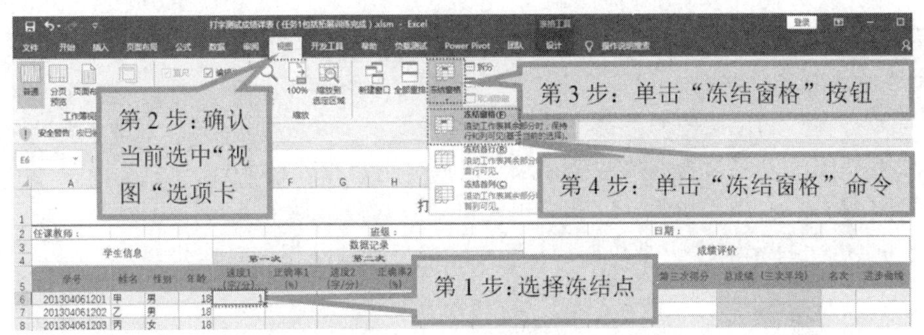

图 5-2-16　工作表窗格冻结操作步骤

2）拖动水平滚动条到最右侧，拖动垂直滚动条到最下边，显示结果如图 5-2-17 所示。

E6　　1

	A	B	C	D	F	G	H	I	J	K	L	M	N	O	P
1					打字测试成绩详表										
2	任课教师：						班级：					日期：			
3	学生信息				数据记录					成绩评价					
4					-次	第二次		第三次							
5	学号	姓名	性别	年龄	正确率1（%）	速度2（字/分）	正确率2（%）	速度3（字/分）	正确率3（%）	第一次得分	第二次得分	第三次得分	总成绩（三次平均）	名次	进步曲线
7	201304061202	乙	男	18											
8	201304061203	丙	女	18											
9	201304061204	丁	男	19											
10	201304061205	戊	男	20											
11	201304061206	己	女	20											
12	201304061207	庚	女	19											
13	201304061208	辛	男	20											
14	201304061209	壬	女	20											
15	201304061210	癸	女	19											
16	201304061211	甲2	女	20											
17	201304061212	乙2	男	19											
18	201304061213	丙2	女	19											

图 5-2-17　冻结窗格后滚动窗口时冻结区域保持可见

观察图 5-2-17 发现，垂直方向，第一位学生的相关信息看不见了，但表格标题仍然可见；水平方向，记录数据的第一列（或前几列）看不见了，但学生信息仍然完整呈现。

3）单击一次水平滚动条右侧的“微调”按钮▸，第一次数据记录全部隐藏，如图 5-2-18 所示。

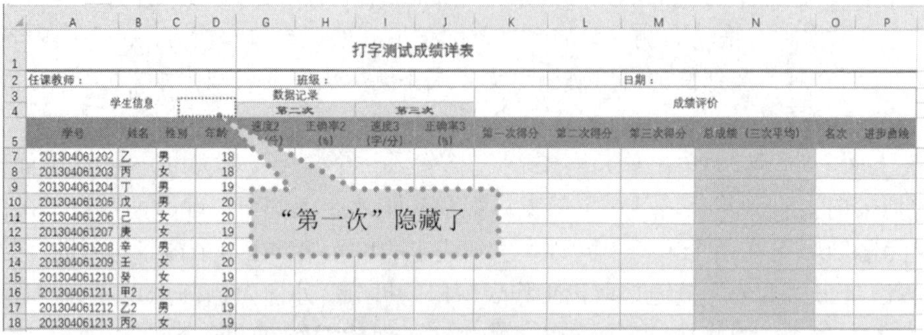

	A	B	C	D	G	H	I	J	K	L	M	N	O	P
1					打字测试成绩详表									
2	任课教师：				班级：						日期：			
3	学生信息				数据记录				成绩评价					
4					第二次		第三次							
5	学号	姓名	性别	年龄	速度2（字/分）	正确率2（%）	速度3（字/分）	正确率3（%）	第一次得分	第二次得分	第三次得分	总成绩（三次平均）	名次	进步曲线
7	201304061202	乙	男	18										
8	201304061203	丙	女	18										
9	201304061204	丁	男	19										
10	201304061205	戊	男	20										
11	201304061206	己	女	20										
12	201304061207	庚	女	19										
13	201304061208	辛	男	20										
14	201304061209	壬	女	20										
15	201304061210	癸	女	19										
16	201304061211	甲2	女	20										
17	201304061212	乙2	男	19										
18	201304061213	丙2	女	19										

“第一次”隐藏了

图 5-2-18　冻结窗格后部分区域不可见

从图 5-2-18 可见，视图正因为没有显示第一次打字测试的数据，所以第二次数据录入的单元格与学生信息更加接近。假设我们现在输入第 2 位学生的第二次打字测试数据（速度与正确率），是不是更方便观察、准确输入呢？

提示： 要取消窗格冻结，则再次单击“冻结窗格”按钮，在下拉列表中选择“取消冻结窗格”命令（本例不取消）。

3. 录入打字测试记载的源数据

1）调整视图，以完整查看“数据记录”区域，单击单元格 E6。

2）参照图 5-2-19 所示数据，在相应单元格中录入（为减少录入时间、避免录入错误，可以从教师提供的“打字测试记录数据.xlsx”文件中复制粘贴相关数据）。

1					打字测试成绩详表					
2	任课教师：						班级：			
3	学生信息				数据记录					
4					第一次		第二次		第三次	
5	学号	姓名	性别	年龄	速度1（字/分）	正确率1（%）	速度2（字/分）	正确率2（%）	速度3（字/分）	正确率3（%）
6	201304061201	甲	男	18	29	100	18	98	28	98
7	201304061202	乙	男	18	34	99	51	99	80	97
8	201304061203	丙	女	18	37	100	40	99	28	97
9	201304061204	丁	男	19	41	100	45	99	60	98
10	201304061205	戊	男	20	32	100	34	99	48	99
11	201304061206	己	女	20	27	99	32	98	36	100
12	201304061207	庚	女	19	28	98	24	99	74	98
13	201304061208	辛	男	20	49	97	31	98	33	100
14	201304061209	壬	女	20	44	100	41	99	26	98
15	201304061210	癸	女	19	39	98	43	99	32	98
16	201304061211	甲2	女	20	78	100	80	99	99	98
17	201304061212	乙2	男	19	32	98	27	99	36	100
18	201304061213	丙2	女	19	0	99	37	89	69	89

图 5-2-19　需要录入的打字测试源数据

4. 利用公式与函数计算各次得分、总成绩和名次

在本例中，每位学生要进行三次测试，每次测试后得到两个数据——“速度（字/分）”和“正确率（%）”。依据这两个测试数据按计分规则（具体表现为“计算公式”），可以计算出某次测试的“得分”（即某次测试的成绩）和学生的最终成绩（即“总成绩”，取三次测试得分的平均值）。其中，计算“得分”的基本公式是

$$得分=速度\times正确率^2+45$$

在上式中，如果用 Z 表示“得分”，用 X 表示“速度”，用 Y 表示“正确率”，用*表示×，用^表示“乘方”，那么“得分”的标准公式表达为

Z=X*Y^2+45　　　　式①

特殊规则 1：如果“速度”小于 10（字/分），则“得分”直接记为“0”分。因此，“得分”的计算公式调整为

特殊规则 1 得分=“如果，X<10，则，0，否则，Z”。

上式右侧的含义相信你能理解，但 Excel 能理解吗？如何表达呢？可以使用 Excel 提供的 IF 函数来实现，格式为

IF(logical_test,value_if_true,value_if_false)

直译为：如果（逻辑测试，逻辑测试为真时的值，逻辑测试为假时的值）。

你可以这样理解 IF 函数：如果（条件，条件成立时的取值，条件不成立时的取值）。

示例：IF (a>100, 100, a+45)

假设，a=200，那么“a>100”（逻辑测试，即条件）是成立的，则该函数返回 100（IF 函数运算的结果）；假设 a=5，那么“x>100”是不成立的（5 不可能大于 100），则该函数返回 a+45，其值是 50（=5+45）。

因此，符合特殊规则 1 的得分公式标准表达式为

Z1=IF (X<10, 0, Z)　　　　式②

特殊规则 2：考虑到得分不能有超过 100 的情况，所以得分的计算公式还需要调整为：

特殊规则 2 得分=“如果，速度<10，则，0，否则，（又如果，Z>100，则，100，否则，Z）”。

标准表达式为

Z2=IF (X<10, 0, IF (Z>100, 100, Z))　　　　式③

将式①代入式③中得到：

Z2=IF (X<10, 0, IF (X*Y^2>100, 100, X*Y^2))

考虑到本例录入的正确率不是用“百分比”表示的，所以公式中引用的“正确率”（即 Y）应除以 100。正确的得分公式如下：

Z2=IF (X<10, 0, IF (X*(Y/100)^2>100, 100, X*(Y/100)^2))

（1）计算第一位学生的“第一次得分”。单击单元格 K6（第一个学生的“第一次得分”），输入“=IF(E6<10,0,IF(E6*(F6/100)^2+45>100,100,E6*(F6/100)^2+45))”，按 Enter 键后再次单击 K6 单元格，结果如图 5-2-20 所示。公式中的 E6 就是“速度”，(F6/100)就是“正确率”，(F6/100)^2 就是“正确率^2”。

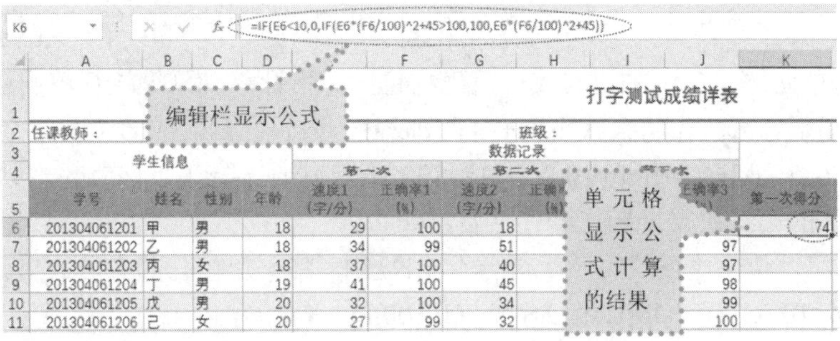

图 5-2-20　输入得分公式后 Excel 自动计算得分

（2）计算其他学生的“第一次得分”。单击单元格 K6，移动鼠标，将光标置于该单元格右下边框处，待光标变成实心“十”字状时按下鼠标左键不放，往下拖动直到单元格 K18 时松开鼠标左键，完成自动填充操作，如图 5-2-21 所示。

打字测试成绩详表

任课教师：						班级：					
学生信息				数据记录							
				第一次		第二次		第三次			
学号	姓名	性别	年龄	速度1（字/分）	正确率1（%）	速度2（字/分）	正确率2（%）	速度3（字/分）	正确率3（%）	第一次得分	第二次得分
201304061201	甲	男	18	29	100	18	98	28	98	74	
201304061202	乙	男	18	34	99	51	99	80	97	78.3234	
201304061203	丙	女	18	37	100	40	99	28	97	82	
201304061204	丁	男	19	41	100	45	99	60	98	86	
201304061205	戊	男	20	32	100	34	99	48	99	77	
201304061206	己	女	20	27	99	32	98	36	100	71.4627	
201304061207	庚	女	19	28	98	24	99	74	98	71.8912	
201304061208	辛	男	20	49	97	31	98	33	100	91.1041	
201304061209	壬	女	20	44	100	41	99	26	98	89	
201304061210	癸	女	19	39	98	43	99	32	98	82.4556	
201304061211	甲2	女	20	78	100	80	99	99	98	100	
201304061212	乙2	男	19	32	98	27	99	36	100	75.7328	
201304061213	丙2	女	19	0	99	37	89	69	89	0	

图 5-2-21 采用自动填充的方法计算其他学生的第一次得分

（3）计算第一位学生的“第二次得分”。单击单元格 K6，按 Ctrl+C 组合键，然后单击单元格 L6，按 Ctrl+V 组合键，结果如图 5-2-22 所示。仔细观察编辑栏中的公式，你发现了什么？公式中引用的单元格地址变化了。其中，原来的 E6（速度 1）变为 F6（正确率 1），原来的 F6（正确率 1）变为 G6（速度 2）。第二次得分的公式正确吗？

L6 =IF(F6<10,0,IF(F6*(G6/100)^2+45>100,100,F6*(G6/100)^2+45))

打字测试成绩详表

任课教师：						班级：					日期：
学生信息				数据记录							
				第一次		第二次		第三次			
学号	姓名	性别	年龄	速度1（字/分）	正确率1（%）	速度2（字/分）	正确率2（%）	速度3（字/分）	正确率3（%）	第一次得分	第二次得分
201304061201	甲	男	18	29	100	18	98	28	98	74	48.24
201304061202	乙	男	18	34	99	51	99	80	97	78.3234	70.7499
201304061203	丙	女	18	37	100	40	99	28	97	82	61
201304061204	丁	男	19	41	100	45	99	60	98	86	65.25
201304061205	戊	男	20	32	100	34	99	48	99	77	56.56
201304061206	己	女	20	27	99	32	98	36	100	71.4627	55.1376
201304061207	庚	女	19	28	98	24	99	74	98	71.8912	50.6448
201304061208	辛	男	20	49	97	31	98	33	100	91.1041	54.3217
201304061209	壬	女	20	44	100	41	99	26	98	89	61.81
201304061210	癸	女	19	39	98	43	99	32	98	82.4556	63.1202
201304061211	甲2	女	20	78	100	80	99	99	98	100	100
201304061212	乙2	男	19	32	98	27	99	36	100	75.7328	52.1442
201304061213	丙2	女	19	0	99	37	89	69	89	0	58.5531

图 5-2-22 复制粘贴公式后公式引用的单元格地址发生变化

（4）请将单元格 L6 中的公式改写正确：将鼠标指针移动到编辑栏单击错误之处，利用编辑方法进行局部修改，先将公式中所有 G 改成 H，然后将 F 改成 G（不分大小写）。正确的公式为“=IF(G6<10,0,IF(G6*(H6/100)^2+45>100,100,G6*(H6/100)^2+45))”。按 Enter 键后，你会发现其他学生的第二次得分随之变化（自动纠正）。

（5）计算第一位学生的“第三次得分”。用复制、粘贴及修正的方法为单元格 M6 输入正确公式“=IF(I6<10,0,IF(I6*(J6/100)^2+45>100,100,I6*(J6/100)^2+45))”。

至此，所有学生的三次得分完成公式录入与计算，如图 5-2-23 所示。

M6　=IF(I6<10,0,IF(I6*(J6/100)^2+45>100,100,I6*(J6/100)^2+45))

打字测试成绩详表													
任课教师：						班级：						日期：	
学生信息				数据记录						成绩评价			
				第一次		第二次		第三次					
学号	姓名	性别	年龄	速度1（字/分）	正确率1（%）	速度2（字/分）	正确率2（%）	速度3（字/分）	正确率3（%）	第一次得分	第二次得分	第三次得分	总成绩（三
201304061201	甲	男	18	29	100	18	98	28	98	74	62.2872	71.8912	
201304061202	乙	男	18	34	99	51	99	80	97	78.3234	94.9851	100	
201304061203	丙	女	18	37	100	40	99	28	97	82	84.204	71.3452	
201304061204	丁	男	19	41	100	45	99	60	98	86	89.1045	100	
201304061205	戊	男	20	32	100	34	99	48	99	77	78.3234	92.0448	
201304061206	己	女	20	27	99	32	98	36	100	71.4627	75.7328	81	
201304061207	庚	女	19	28	98	24	99	74	98	71.8912	68.5224	100	
201304061208	辛	男	20	49	97	31	98	33	100	91.1041	74.7724	78	
201304061209	壬	女	20	44	100	41	99	26	98	89	85.1841	69.9704	
201304061210	癸	女	19	39	98	43	99	32	98	82.4556	87.1443	75.7328	
201304061211	甲2	女	20	78	100	80	99	99	98	100	100	100	
201304061212	乙2	男	19	32	98	27	99	36	100	75.7328	71.4627	81	
201304061213	丙2	女	19	0	99	37	89	69	89	0	74.3077	99.6549	

图 5-2-23　生成三次得分

（6）计算“总成绩（三次平均）”。单击单元格 N6，输入公式“=(K6+L6+M6)/3”，按 Enter 键。Excel 会自动填充后续学生的总成绩，如图 5-2-24 所示。

N7　=(K7+L7+M7)/3

打字测试成绩详表															
任课教师：						班级：						日期：			
学生信息				数据记录						成绩评价					
				第一次		第二次		第三次							
学号	姓名	性别	年龄	速度1（字/分）	正确率1（%）	速度2（字/分）	正确率2（%）	速度3（字/分）	正确率3（%）	第一次得分	第二次得分	第三次得分	总成绩（三次平均）	名次	进步追踪
201304061201	甲	男	18	29	100	18	98	28	98	74	62.2872	71.8912	69.3928		
201304061202	乙	男	18	34	99	51	99	80	97	78.3234	94.9851	100	91.10283333		
201304061203	丙	女	18	37	100	40	99	28	97	82	84.204	71.3452	79.18306667		
201304061204	丁	男	19	41	100	45	99	60	98	86	89.1045	100	91.7015		
201304061205	戊	男	20	32	100	34	99	48	99	77	78.3234	92.0448	82.45606667		
201304061206	己	女	20	27	99	32	98	36	100	71.4627	75.7328	81	76.06516667		
201304061207	庚	女	19	28	98	24	99	74	98	71.8912	68.5224	100	80.13786667		
201304061208	辛	男	20	49	97	31	98	33	100	91.1041	74.7724	78	81.29216667		
201304061209	壬	女	20	44	100	41	99	26	98	89	85.1841	69.9704	81.38483333		
201304061210	癸	女	19	39	98	43	99	32	98	82.4556	87.1443	75.7328	81.77756667		
201304061211	甲2	女	20	78	100	80	99	99	98	100	100	100	100		
201304061212	乙2	男	19	32	98	27	99	36	100	75.7328	71.4627	81	76.06516667		
201304061213	丙2	女	19	0	99	37	89	69	89	0	74.3077	99.6549	57.98753333		

图 5-2-24　计算总成绩

提示：计算总成绩（三次平均）也可以使用函数 AVERAGE()来实现。例如，选定单元格 N6，输入“=AVERAGE(K6:M6)”，按 Enter 键，公式变了，但结果不变。这些方法均属于人工编写公式，实际上，多数时候可以采用插入函数并设置相应参数的方法来快速方便地计算数据。

（7）所有测试数据及得分计算公式编辑完成，取消工作表保护。

（8）设置“成绩”数字格式。选择单元格区域 K6:N18，在“开始”选项卡的“数字”组中单击“减少小数位数”按钮 .00→.0（数次），减少小数位数到 2 位，结果如图 5-2-25 所示。

打字测试成绩详表													
任课教师：						班级：						日期：	
学生信息				数据记录						成绩评价			
				第一次		第二次		第三次					
学号	姓名	性别	年龄	速度1（字/分）	正确率1（%）	速度2（字/分）	正确率2（%）	速度3（字/分）	正确率3（%）	第一次得分	第二次得分	第三次得分	总成绩（三次平均）
201304061201	甲	男	18	29	100	18	98	28	98	74.00	62.29	71.89	69.39
201304061202	乙	男	18	34	99	51	99	80	97	78.32	94.99	100.00	91.10
201304061203	丙	女	18	37	100	40	99	28	97	82.00	84.20	71.35	79.18
201304061204	丁	男	19	41	100	45	99	60	98	86.00	89.10	100.00	91.70
201304061205	戊	男	20	32	100	34	99	48	99	77.00	78.32	92.04	82.46
201304061206	己	女	20	27	99	32	98	36	100	71.46	75.73	81.00	76.07
201304061207	庚	女	19	28	98	24	99	74	98	71.89	68.52	100.00	80.14
201304061208	辛	男	20	49	97	31	98	33	100	91.10	74.77	78.00	81.29
201304061209	壬	女	20	44	100	41	99	26	98	89.00	85.18	69.97	81.38
201304061210	癸	女	19	39	98	43	99	32	98	82.46	87.14	75.73	81.78
201304061211	甲2	女	20	78	100	80	99	99	98	100.00	100.00	100.00	100.00
201304061212	乙2	男	19	32	98	27	99	36	100	75.73	71.46	81.00	76.07
201304061213	丙2	女	19	0	99	37	89	69	89	0.00	74.31	99.65	57.99

图 5-2-25　小数位数保留 2 位

注意：减少小数位数后，有效位后的数据将四舍五入显示，但实际存储的数据并未改变，不影响计算的精度。

（9）计算“名次”。

1）单击单元格 O6，在“公式”选项卡的“函数库”组中单击“插入函数”按钮，弹出“插入函数”对话框。

在“或选择类别”下拉列表框中选择“统计”选项，在“选择函数”列表框中选择 RANK.AVG 选项，如图 5-2-26 所示。

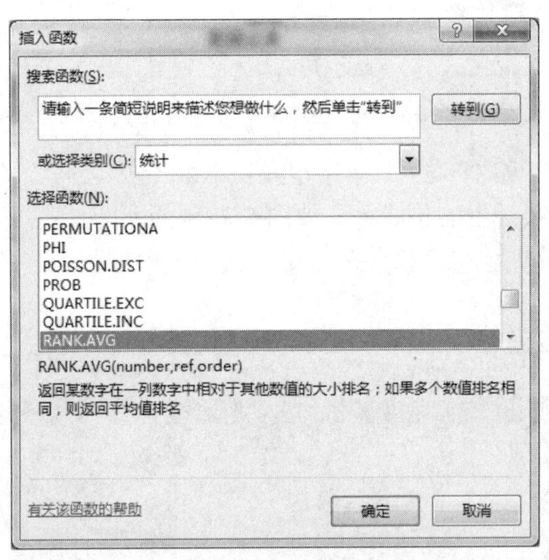

图 5-2-26　插入“排名”函数

2）单击“确定”按钮，弹出图 5-2-27 所示的“函数参数”对话框。

在 Number 文本框中输入用于计算名次的数据（第一位学生的总成绩）所在的单元格地址 N6，在 Ref 文本框中输入用于参考（即比较）的所有数据（所有学生的总成绩，包括第一位学生的总成绩）单元格区域地址 N6:N18，如图 5-2-27（a）所示。

上面的操作还可以这样进行：分别单击 Number 文本框和 Ref 文本框右侧的“折叠”按钮 ，单击或拖选所需的单元格或单元格区域，如图 5-2-27（b）所示。

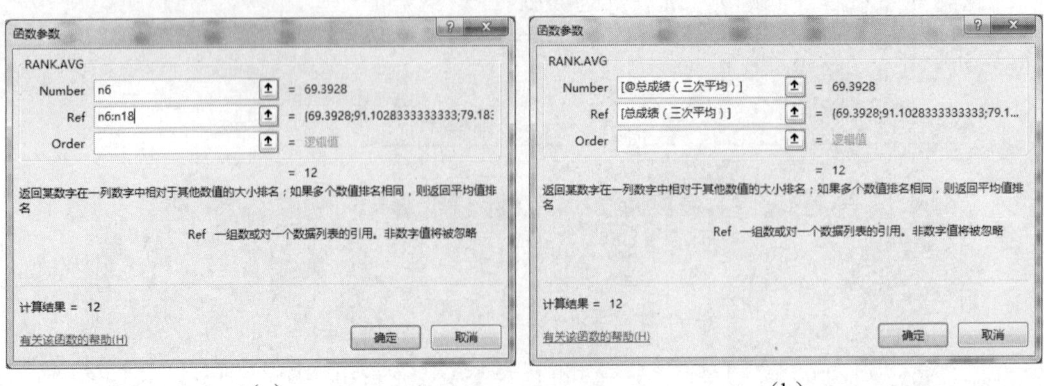

（a）　　　　（b）

图 5-2-27　“函数参数”对话框

3）单击图 5-2-27 所示的“确定”按钮，不仅计算出第一位学生的名次，而且 Excel 自动计算出其他学生的名次（实际是自动填充），如图 5-2-28 所示。

O6　=RANK.AVG(N6,N6:N18)

计算名次的公式

第一位学生的名次是：第 12 名

打字测试成绩详表

学号	姓名	性别	年龄	速度1（字/分）	正确率1（%）	速度2（字/分）	正确率2（%）	速度3（字/分）	正确率3（%）	第一次得分	第二次得分	第三次得分	总成绩（三次平均）	名次
201304061201	甲	男	18	29	100	18	98	28	98	74.00	62.29	71.89	69.39	12
201304061202	乙	男	18	34	99	51	99	80	97	78.32	94.99	100.00	91.10	3
201304061203	丙	女	18	37	100	40	99	28	97	82.00	84.20	71.35	79.18	8
201304061204	丁	男	19	41	100	45	99	60	98	86.00	89.10	100.00	91.70	2
201304061205	戊	男	20	32	100	34	99	48	99	77.00	78.32	92.04	82.46	2
201304061206	己	女	20	27	99	32	98	36	100	71.46	75.73	81.00	76.07	6.5
201304061207	庚	女	19	28	98	24	99	74	98	71.89	68.52	100.00	80.14	5
201304061208	辛	男	20	49	97	31	98	33	100	91.10	74.77	78.00	81.29	4
201304061209	壬	女	20	44	100	41	99	26	98	89.00	85.18	69.97	81.38	3
201304061210	癸	女	19	39	98	43	99	32	98	82.46	87.14	75.73	81.78	2
201304061211	甲2	女	20	78	100	80	99	99	98	100.00	100.00	100.00	100.00	1
201304061212	乙2	男	19	32	98	27	99	36	100	75.73	71.46	81.00	76.07	1
201304061213	丙2	女	19	0	99	37	89	69	89	0.00	74.31	99.65	57.99	1

图 5-2-28　学生名次（有错）

观察排名情况，你会发现有 3 个第 1 名。显然，这个排名结果有问题。

4）单击单元格 O6（第一位学生的名次），在编辑栏中可以看到其公式为“=RANK.AVG(N6,N6:N18)”，单击单元格 O7（第二位学生的名次），在编辑栏中可以看到其公式为“=RANK.AVG(N7,N7:N19)”。你注意到有什么不同吗？在自动填充过程中，用于参考的数据区域地址发生变化了（N6:N18 变成了 N7:N19），结果当然有错。为保证所有学生的总成绩参考区域不变（均与同一组数据比较），在自动填充过程中就要保证用于比较的数据区域 N6:N18 不变（实则行号不变），就需要在行号前加$符号，也就是说，参考区域地址要使用 N$6:N$18，而不是 N6:N18。

具体修正方法如下：单击单元格 O6，在编辑栏中将公式“=RANK.AVG(N6,N6:N18)”修改为“=RANK.AVG(N6,N$6:N$18)”。确认修改无误后按 Enter 键，所有学生的排名得到纠正，结果如图 5-2-29 所示。

O6　=RANK.AVG(N6,N$6:N$18)

打字测试成绩详表

任课教师：　　班级：　　日期：

学生信息				数据记录						成绩评价				
				第一次		第二次		第三次						
学号	姓名	性别	年龄	速度1（字/分）	正确率1（%）	速度2（字/分）	正确率2（%）	速度3（字/分）	正确率3（%）	第一次得分	第二次得分	第三次得分	总成绩（三次平均）	名次
201304061201	甲	男	18	29	100	18	98	28	98	74.00	62.29	71.89	69.39	12
201304061202	乙	男	18	34	99	51	99	80	97	78.32	94.99	100.00	91.10	3
201304061203	丙	女	18	37	100	40	99	28	97	82.00	84.20	71.35	79.18	9
201304061204	丁	男	19	41	100	45	99	60	98	86.00	89.10	100.00	91.70	2
201304061205	戊	男	20	32	100	34	99	48	99	77.00	78.32	92.04	82.46	4
201304061206	己	女	20	27	99	32	98	36	100	71.46	75.73	81.00	76.07	10.5
201304061207	庚	女	19	28	98	24	99	74	98	71.89	68.52	100.00	80.14	8
201304061208	辛	男	20	49	97	31	98	33	100	91.10	74.77	78.00	81.29	7
201304061209	壬	女	20	44	100	41	99	26	98	89.00	85.18	69.97	81.38	6
201304061210	癸	女	19	39	98	43	99	32	98	82.46	87.14	75.73	81.78	5
201304061211	甲2	女	20	78	100	80	99	99	98	100.00	100.00	100.00	100.00	1
201304061212	乙2	男	19	32	98	27	99	36	100	75.73	71.46	81.00	76.07	10.5
201304061213	丙2	女	19	0	99	37	89	69	89	0.00	74.31	99.65	57.99	13

图 5-2-29　纠正后的学生排名

注意：因为第 6 号（己）与第 12 号（乙 2）的总成绩相同（均为 76.07），同属第 10 名、第 11 名，因此名次取平均值（即 10.5）。

※知识链接

公式与函数

公式是在工作表中对数据进行计算和分析的式子。它可以引用同一张工作表中的其他单元格、同一个工作簿不同工作表中的单元格、其他工作簿的工作表中的单元格，对工作表数值进行加、减、乘、除等运算。因此，公式是 Excel 的重要组成部分。公式通常由算术式子或函数组成。Excel 提供了 11 类 300 余种函数，支持对工作表中的数据进行求和、求平均、汇总以及其他复杂的运算，其函数向导功能可引导用户通过系列对话框完成计算任务，操作十分方便。

在 Excel 中，人工输入公式时均以“=”开头，例如“=A1+C1”。函数的一般形式为“函数名()”，例如 SUM()。插入函数时 Excel 会自动以“=”开头，不要再人工加上“=”。公式与函数举例如表 5-2-1 所示。

表 5-2-1　公式与函数举例

举例	说明
=5+2*3	将 5 加到 2 与 3 的乘积中
=A1+A2+A3	将单元格 A1、A2 和 A3 中的值相加
=SQRT(A1)	使用 SQRT 函数返回 A1 中值的平方根
=TODAY()	返回当前日期
=UPPER("hello")	将文本“hello”转换为“HELLO”
=IF(A1>0)	测试单元格 A1，确定它是否包含大于 0 的值
=SUM(A2:A4, 15)	将单元格 A2～A4 中的数字相加，然后将结果与 15 相加
=SUMIF(A2:A5,">" & C2,B2:B5)	A2:A5 中值高于单元格 C2 对应 B2:B5 中值的和
=COUNT(A5:A8)	计算单元格区域 A5:A8 中包含数字的单元格数

公式可以包含以下部分内容或全部内容：

- 函数：是预先编写的公式，可以对一个或多个值执行运算并返回一个或多个值。函数可以简化和缩短工作表中的公式，尤其在用公式执行很长或复杂的计算时。
- 单元格引用：用于表示单元格在工作表上所处位置的坐标集。例如，显示在第 B 列和第 3 行交叉处的单元格，其引用形式为 B3。
- 运算符：一个标记或符号，指定表达式内执行的计算的类型，有数学、比较、逻辑和引用等运算符。
- 常量：不进行计算的值，因此也不会发生变化。例如数字 210 以及文本“每季度收入”都是常量。表达式及表达式产生的值都不是常量。

在公式中使用计算运算符：运算符用于指定要对公式中的元素执行的计算类型。计算时有一个默认的次序（遵循一般的数学规则），但可以使用括号更改次序。

运算符类型：计算运算符分为 4 种类型，算术、比较、文本连接和引用。

算术运算符：若要进行基本的数学运算（如加法、减法、乘法或除法）、合并数字以及生成数值结果，则使用表 5-2-2 所示的算术运算符。

表 5-2-2　算术运算符

算术运算符	含义	示例
+（加号）	加法	3+3
-（减号）	减法	3 - 1
	负数	-1
*（星号）	乘法	3*3
/（正斜杠）	除法	3/3
%（百分号）	百分比	20%
^（脱字号）	乘方	3^2

比较运算符：可以使用表 5-2-3 所示的比较运算符比较两个值。当使用这些运算符比较两个值时，结果为逻辑值 TRUE 或 FALSE。

表 5-2-3　比较运算符

比较运算符	含义	示例
=（等号）	等于	A1=B1
>（大于号）	大于	A1>B1
<（小于号）	小于	A1<B1
>=（大于等于号）	大于或等于	A1>=B1
<=（小于等于号）	小于或等于	A1<=B1
<>（不等号）	不等于	A1<>B1

文本连接运算符：可以使用与号（&）连接（联接）一个或多个文本字符串，以生成一段文本。例如"North"&"wind"的结果为"Northwind"。

引用运算符：可以使用表 5-2-4 所示的引用运算符对单元格区域进行合并计算。

表 5-2-4　引用运算符

引用运算符	含义	示例
:（冒号）	区域运算符，生成一个对两个引用之间所有单元格的引用（包括这两个引用）	B5:B15
,（逗号）	联合运算符，将多个引用合并为一个引用	SUM(B5:B15,D5:D15)
（空格）	交集运算符，生成一个对两个引用中共有单元格的引用	B7:D7 C6:C8

Excel 执行公式计算的次序。

在某些情况下，执行计算的次序会影响公式的返回值，因此了解如何确定计算次序以及如何更改次序以获得所需的结果非常重要。

计算次序：公式按特定次序计算值。Excel 中的公式始终以等号（=）开头。Excel 会将等号后面的字符解释为公式。等号后面是要计算的元素（即操作数），如常量或单元格引用。它们由计算运算符分隔。Excel 按照公式中每个运算符的特定次序从左到右计算公式。

运算符优先级：如果一个公式中有若干个运算符，Excel 将按表 5-2-5 中的次序进行计算。如果一个公式中的若干个运算符具有相同的优先顺序（例如，如果一个公式中既有乘号又有除号），则 Excel 将从左到右计算。

表 5-2-5　运算符优先级

运算符	说明
:（冒号）	区域运算
（单个空格）	区域交集运算
,（逗号）	区域并集运算
-	负数（如 -1）
%	百分比
^	乘方
*和/	乘和除
+和 -	加和减
&	连接两个文本字符串（串连）
=、<、>、<=、>=、<>	比较运算符

使用括号：若要更改求值的顺序，请将公式中要先计算的部分用括号括起来。例如，下面的公式的结果是 11，因为 Excel 先进行乘法运算后进行加法运算。该公式先将 2 与 3 相乘，然后将 5 与结果相加。

=5+2*3

但是，如果用括号对该语句进行更改，则 Excel 会先将 5 与 2 相加，然后用结果乘以 3，得到 21。

=(5+2)*3

在下例中，公式第一部分的括号强制 Excel 先计算 B4+25，然后用该结果除以单元格 D5、E5 和 F5 中值的和。

=(B4+25)/SUM(D5:F5)

※知识链接

相对引用和绝对引用

相对引用：指把一个含有单元格地址的公式复制到一个新的位置，公式不变，但对应的单元格地址发生变化，即在用一个公式填入一个区域时，公式中的单元格地址会随着行和列的变化而改变。利用相对引用可以快速实现对大量数据进行同类运算。

绝对引用：是在公式复制到新位置时单元格地址不改变的单元格引用，如果在公式中引用了绝对地址，则无论行、列如何改变，地址都不变。引用绝对地址必须在构成单元格地址的字母和数字前增加一个$符号。

5. 使用多种方式计算各测试数据的平均值

（1）计算学生平均年龄。

1）单击单元格 D19。

2）输入“=AVERAGE(D6:D18)”（不分大小写），按 Enter 键。

（2）计算“速度 1”平均值。

1）单击单元格 E19。

2）依次单击“公式”选项卡、“插入函数”按钮，弹出“插入函数”对话框。在“选择函数”栏选中 AVERAGE，单击“确定”按钮。

3）在随后弹出的“函数参数”对话框中，自动在 Number1 栏填写了 E6:E18，保持不变，单击“确定”按钮。

（3）计算“正确率 1”平均值。

1）单击单元格 F19。

2）按 Alt+=组合键，结果如图 5-2-30 所示。

F19　=SUBTOTAL(109,[正确率1

打字测试成绩详表

任课教师：　　班级：

学号	姓名	性别	年龄	速度1(字/分)	正确率1(%)	速度2(字/分)	正确率2(%)	速度3(字/分)	正确率3(%)	第一次得分
201304061201	甲	男	18	29	100	18	98	28	98	74.00
201304061202	乙	男	18	34	99	51	99	80	97	78.32
201304061203	丙	女	18	37	100	40	99	28	97	82.00
201304061204	丁	男	19	41	100	45	99	60	98	86.00
201304061205	戊	男	20	32	100	34	99	48	99	77.00
201304061206	己	女	20	27	99	32	98	36	100	71.46
201304061207	庚	女	19	28	98	24	99	74	98	71.89
201304061208	辛	男	20	49	97	31	98	33	100	91.10
201304061209	壬	女	20	44	100	41	99	26	98	89.00
201304061210	癸	女	19	39	98	43	99	32	98	82.46
201304061211	甲2	女	20	78	100	80	99	99	98	100.00
201304061212	乙2	男	19	32	98	27	99	36	100	75.73
201304061213	丙2	女	19	0	99	37	89	69	89	0.00
			19.15	36.153846	1288					

图 5-2-30　使用 Alt+=组合键输入公式

E19 单元格当前值明显是总和，其公式中 SUBTOTAL 函数的功能号（function_num）是 109。

3）单击 E19 单元格的下拉按钮，选择“平均值”选项。此时可以观察到，SUBTOTAL 函数的功能号由 109 变成了 101，101 代表计算平均值。

（4）采用各种方法（包括复制公式、自动填充等）计算后续各列的平均值，结果如图 5-2-31 所示。

打字测试成绩详表

任课教师：　　班级：　　日期：

学号	姓名	性别	年龄	速度1(字/分)	正确率1(%)	速度2(字/分)	正确率2(%)	速度3(字/分)	正确率3(%)	第一次得分	第二次得分	第三次得分	总成绩（三次平均）	名次	进步曲线
201304061201	甲	男	18	29	100	18	98	28	98	74.00	62.29	71.89	69.39	12	
201304061202	乙	男	18	34	99	51	99	80	97	78.32	94.99	100.00	91.10	3	
201304061203	丙	女	18	37	100	40	99	28	97	82.00	84.20	71.35	79.18	9	
201304061204	丁	男	19	41	100	45	99	60	98	86.00	89.10	100.00	91.70	2	
201304061205	戊	男	20	32	100	34	99	48	99	77.00	78.32	92.04	82.46	4	
201304061206	己	女	20	27	99	32	98	36	100	71.46	75.73	81.00	76.07	10.5	
201304061207	庚	女	19	28	98	24	99	74	98	71.89	68.52	100.00	80.14	8	
201304061208	辛	男	20	49	97	31	98	33	100	91.10	74.77	78.00	81.29	7	
201304061209	壬	女	20	44	100	41	99	26	98	89.00	85.18	69.97	81.38	6	
201304061210	癸	女	19	39	98	43	99	32	98	82.46	87.14	75.73	81.78	5	
201304061211	甲2	女	20	78	100	80	99	99	98	100.00	100.00	100.00	100.00	1	
201304061212	乙2	男	19	32	98	27	99	36	100	75.73	71.46	81.00	76.07	10.5	
201304061213	丙2	女	19	0	99	37	89	69	89	0.00	74.31	99.65	57.99	13	
			19.15	36.153846	99.076923	38.692308	98	49.923077	97.692308	75.30536923	80.46389231	86.20302308	80.65742821		

图 5-2-31　各列平均值计算完成

※知识链接

SUBTOTAL 函数

SUBTOTAL 函数返回列表或数据库中的分类汇总。通常使用 Excel 桌面应用程序中“数据”选项卡“大纲”组中的“分类汇总”命令更便于创建带有分类汇总的列表。一旦创建了分类汇总列表，就可以通过编辑 SUBTOTAL 函数修改该列表。

语法

SUBTOTAL(function_num,ref1,[ref2],...)

SUBTOTAL 函数语法参数如下:

- Function_num（必需），如表 5-2-6 所示。数字 1～11 或 101～111，用于指定要为分类汇总使用的函数。如果使用 1～11，将包括手动隐藏的行；如果使用 101～111，则排除手动隐藏的行；始终排除已筛选掉的单元格。

表 5-2-6 SUBTOTAL 函数的 Function_num

Function_num （包含隐藏值）	Function_num （忽略隐藏值）	函数
1	101	AVERAGE
2	102	COUNT
3	103	COUNTA
4	104	MAX
5	105	MIN
6	106	PRODUCT
7	107	STDEV
8	108	STDEVP
9	109	SUM
10	110	VAR
11	111	VARP

- Ref1（必需）。要对其进行分类汇总计算的第一个命名区域或引用。
- Ref2,...（可选）。要对其进行分类汇总计算的第 2～54 个命名区域或引用。

6. 链接（文档和工作表）

若要快速访问其他文件或网页上的相关信息，则可以在工作表单元格超链接插入工作表，还可以在特定的图表元素中插入链接。

（1）链接“成绩评价说明”文档。

1）在桌面上新建一个文本文档（方法：在桌面空白处右击，然后从弹出的快捷菜单中选择“文本文档”命令），将名称更改为“成绩评价说明”。

2）打开“成绩评价说明”文档，按图 5-2-32 所示内容输入（为减轻输入负担，其内容不必输入完，或者由教师为学生提供本文档）。

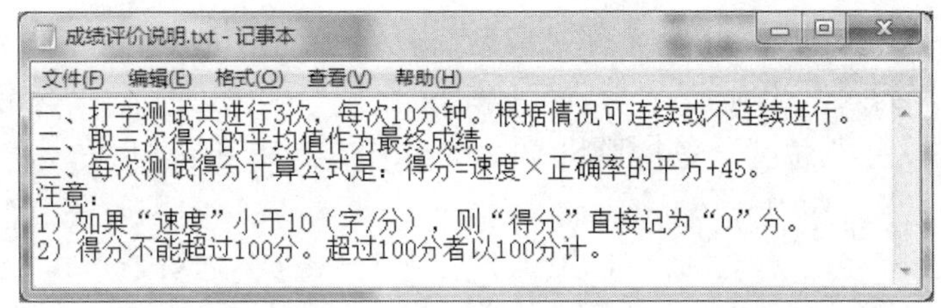
成绩评价说明.txt - 记事本

文件(F)　编辑(E)　格式(O)　查看(V)　帮助(H)

一、打字测试共进行3次，每次10分钟。根据情况可连续或不连续进行。
二、取三次得分的平均值作为最终成绩。
三、每次测试得分计算公式是：得分=速度×正确率的平方+45。
注意：
1）如果“速度”小于10（字/分），则“得分”直接记为“0”分。
2）得分不能超过100分。超过100分者以100分计。

图 5-2-32　“成绩评价说明”文档内容

3）保存、关闭该文档。返回到 Excel 界面。

4）单击单元格 K3（成绩评价），单击“插入”选项卡 插入，单击“链接”按钮，弹出“插入链接”对话框。在此对话框的“查找范围”选择“成绩评价说明”文档所在的路径“桌面”，然后在当前路径文件列表框中向下拖动滚动条直到找到“成绩评价说明”文档并单击该文档，如图 5-2-33 所示。

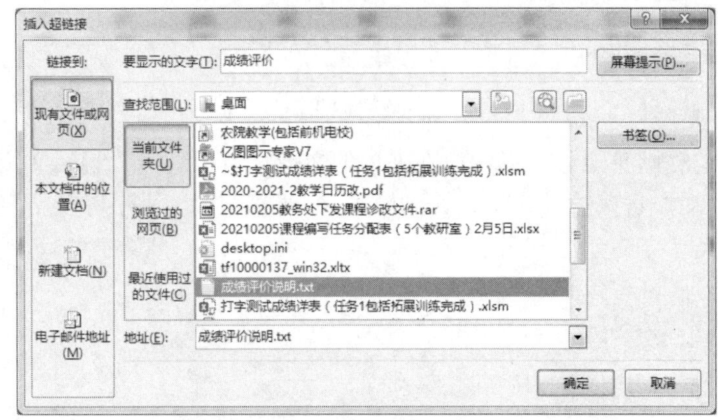

图 5-2-33　链接“成绩评价说明”文档

5）单击“确定”按钮，结果如图 5-2-34 所示。

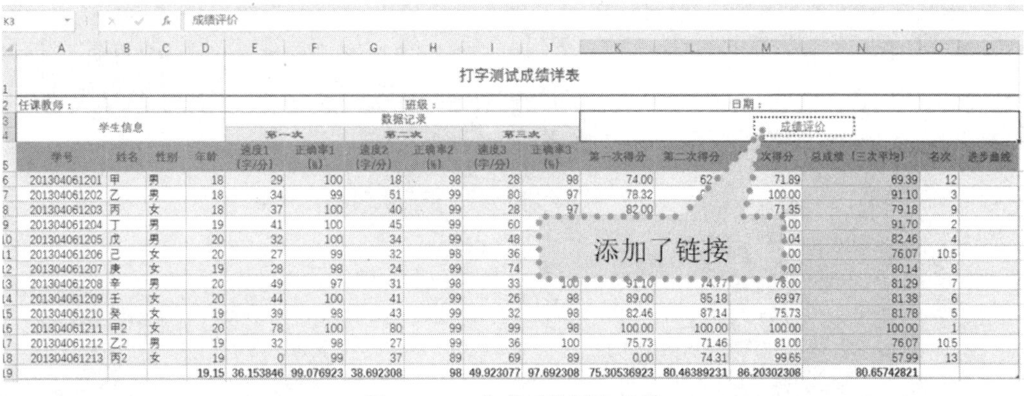

打字测试成绩详表

任课教师：　　班级：　　日期：

学号	姓名	性别	年龄	速度1(字/分)	正确率1(%)	速度2(字/分)	正确率2(%)	速度3(字/分)	正确率3(%)	第一次得分	第二次得分	[illegible]次得分	总成绩（三次平均）	名次	进步曲线
201304061201	甲	男	18	29	100	18	98	28	98	74.00	62[illegible]	71.89	69.39	12	
201304061202	乙	男	18	34	99	51	99	80	97	78.32	[illegible]	100.00	91.10	3	
201304061203	丙	女	18	37	100	40	99	28	97	82.00	[illegible]	71.35	79.18	9	
201304061204	丁	男	19	41	100	45	99	60	[illegible]	[illegible]	[illegible]	[illegible]	91.70	2	
201304061205	戊	男	20	32	100	34	99	48	[illegible]	[illegible]	[illegible]	[illegible]	82.46	4	
201304061206	己	女	20	27	99	32	98	36	[illegible]	[illegible]	[illegible]	[illegible]	76.07	10.5	
201304061207	庚	女	19	28	98	24	99	74	[illegible]	[illegible]	[illegible]	[illegible]	80.14	8	
201304061208	辛	男	20	49	97	31	98	33	100	91.10	74.77	78.00	81.29	7	
201304061209	壬	女	20	44	100	41	99	26	98	89.00	85.18	69.97	81.38	6	
201304061210	癸	女	19	39	98	43	99	32	98	82.46	87.14	75.73	81.78	5	
201304061211	甲2	女	20	78	100	80	99	99	98	100.00	100.00	100.00	100.00	1	
201304061212	乙2	男	19	32	98	27	99	36	100	75.73	71.46	81.00	76.07	10.5	
201304061213	丙2	女	19	0	99	37	89	69	89	0.00	74.31	99.65	57.99	13	
			19.15	36.153846	99.076923	38.692308	98	49.923077	97.692308	75.30536923	80.46389231	86.20302308	80.65742821		

图 5-2-34　为单元格添加链接

6）将鼠标移至“成绩评价”上，鼠标形状变成“手指”状，同时显示链接指向。

7）单击“成绩评价”，单元格链接的“成绩评价说明”文档自动打开。关闭“成绩评价说明”文档。

（2）链接到另一张工作表“打字测试成绩简表”。

1）依次单击“插入”选项卡、“形状”按钮，选中“圆角矩形”，在单元格 A20 拖画一个圆角矩形，调整其大小与位置（包括形状样式），如图 5-2-35 所示。

	A	B	C	D	E	F	G	H	I	J
1									打字测试成绩详表	
2	任课教师：							班级：		
3	学生信息				数据记录					
4					第一次		第二次		第三次	
5	学号	姓名	性别	年龄	速度1（字/分）	正确率1（%）	速度2（字/分）	正确率2（%）	速度3（字/分）	正确率3（%）
6	201304061201	甲	男	18	29	100	18	98	28	98
7	201304061202	乙	男	18	34	99	51	99	80	97
8	201304061203	丙	女	18	37	100	40	99	28	97
9	201304061204	丁	男	19	41	100	45	99	60	98
10	201304061205	戊	男	20	32	100	34	99	48	99
11	201304061206	己	女	20	27	99	32	98	36	100
12	201304061207	庚	女	19	28	98	24	99	74	98
13	201304061208	辛	男	20	49	97	31	98	33	100
14	201304061209	壬	女	20	44	100	41	99	26	98
15	201304061210	癸	女	19	39	98	43	99	32	98
16	201304061211	甲2	女	20	78	100	80	99	99	98
17	201304061212	乙2	男	19	32	98	27	99	36	100
18	201304061213	丙2	女	19	0	99	37	89	69	89
19				19.15	36.153846	99.076923	38.692308	98	49.923077	97.692308
20										
21										

图 5-2-35　插入“圆角矩形”形状

2）右击插入的“圆角矩形”形状，在弹出的快捷菜单中选择“编辑文字”命令。此时，形状内的光标在闪动，直接输入文字“转到简表”。调整形状、大小以及文字的对齐方式，效果如图 5-2-36 所示。

14	201304061209	壬	女	20	44
15	201304061210	癸	女	19	39
16	201304061211	甲2	女	20	78
17	201304061212	乙2	男	19	32
18	201304061213	丙2	女	19	0
19				19.15	36.153846
20	转到简表				
21					
22					

图 5-2-36　在“圆角矩形”形状编辑文字并居中显示

3）保持选定“圆角矩形”形状，单击“插入”选项卡“链接”组中的“链接”按钮，弹出“插入链接”对话框。在此对话框的“链接到”栏选择“本文档中的位置”选项，然后在“或在此文档中选择一个位置”列表框中选择需要链接的另一张工作表“打字测试成绩简表”，如 5-2-37 所示。确定链接无误后单击“确定”按钮。

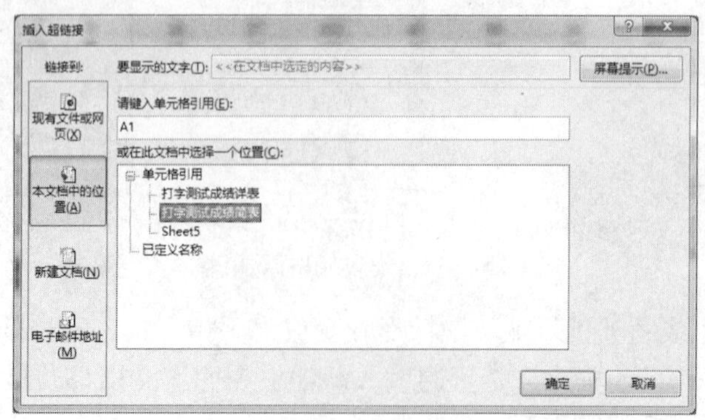

图 5-2-37　链接本工作簿中的另一张工作表

4）单击其他单元格，取消选择“转到简表”，然后单击形状“转到简表”。此时，工作表“打字测试成绩简表”成为当前工作表。

5）单击工作表“打字测试成绩详表”，继续后续操作。

6）右击选定形状，将形状拖移到标题“打字测试成绩详表”右侧适当位置，如图 5-2-38 所示。

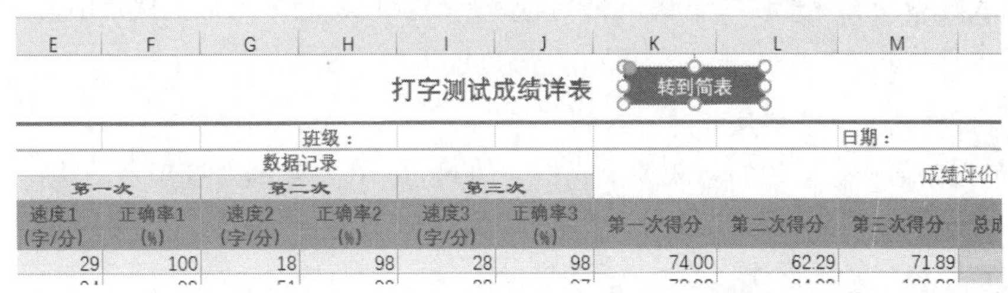

图 5-2-38　移动插入了链接的形状到指定位置

7. 突出显示前三名学生的“名次”（设置条件格式）

按图 5-2-39 所示进行操作（共 7 步）。

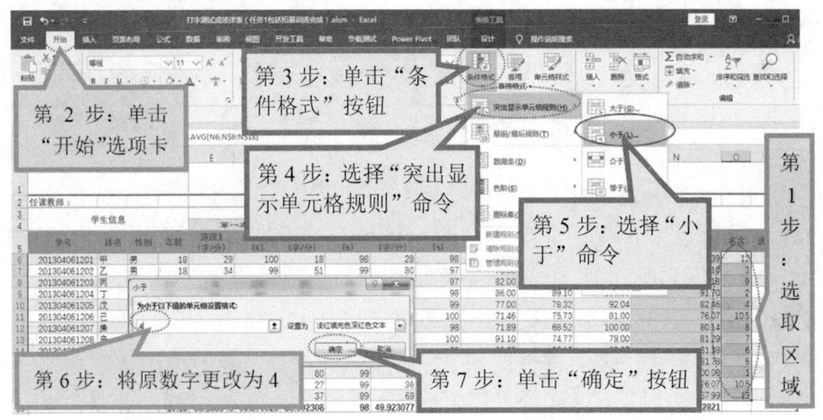

图 5-2-39　设置条件格式（突出显示前 3 名的名次）操作步骤

前三名的名次以浅红填充色深红色文本突出显示，如图 5-2-40 所示。

		日期：			
成绩评价					
第一次得分	第二次得分	第三次得分	总成绩（三次平均）	名次	进步曲线
74.00	62.29	71.89	69.39	12	
78.32	94.99	100.00	91.10	3	
82.00	84.20	71.35	79.18	9	
86.00	89.10	100.00	91.70	2	
77.00	78.32	92.04	82.46	4	
71.46	75.73	81.00	76.07	10.5	
71.89	68.52	100.00	80.14	8	
91.10	74.77	78.00	81.29	7	
89.00	85.18	69.97	81.38	6	
82.46	87.14	75.73	81.78	5	
100.00	100.00	100.00	100.00	1	
75.73	71.46	81.00	76.07	10.5	
0.00	74.31	99.65	57.99	13	
75.30536923	80.46389231	86.20302308	80.65742821		

图 5-2-40　设置条件格式效果

※知识链接

条件格式

突出显示所关注的单元格或单元格区域，强调异常值，使用数据条、颜色刻度和图标集来直观地显示数据。条件格式基于条件更改单元格区域的外观。如果条件为 True，则基于该条件设置单元格区域的格式；如果条件为 False，则不基于该条件设置单元格区域的格式。

条件格式可帮助直观地解答有关数据的特定问题。可以对单元格区域、Excel 表格或数据透视表应用条件格式。

8. 按总成绩从高到低排序（排序）

（1）单击任何一个学生的总成绩单元格（如 N6），在“数据”选项卡的“排序和筛选”组中单击“降序”按钮，结果如图 5-2-41 所示。

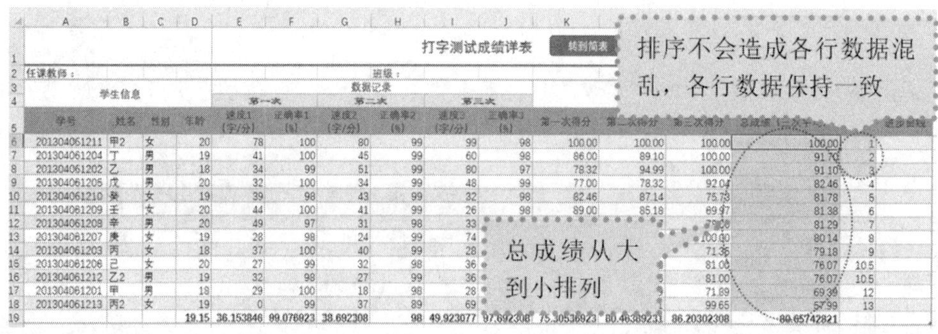

图 5-2-41　按“总成绩”降序排序

从图 5-2-41 中可以看出，所有学生按照总成绩从高到低重新排列（前三名排列到最前三行）。请你观察一下，每名学生按总成绩高低顺序重新排列后，其对应的学生信息（例如姓名）及测试数据（例如“速度 1”）是否发生错位？

（2）仅根据“总成绩”这个条件（称为“主关键字”）无法完全将第 6 号（己）和第 12 号（乙 2）区分先后顺序（因为这两个学生的总成绩相同，现在这两个学生的顺序是按录入顺序排列的）。可以再选择一个条件（如“第一次得分”，称为“次关键字”）加以区分。使用两个关键字进行排序的步骤如下：

1）确认当前活动单元格在数据区域中，在“数据”选项卡的“排序和筛选”组中单击“排序”按钮，弹出“排序”对话框，如图 5-2-42 所示。

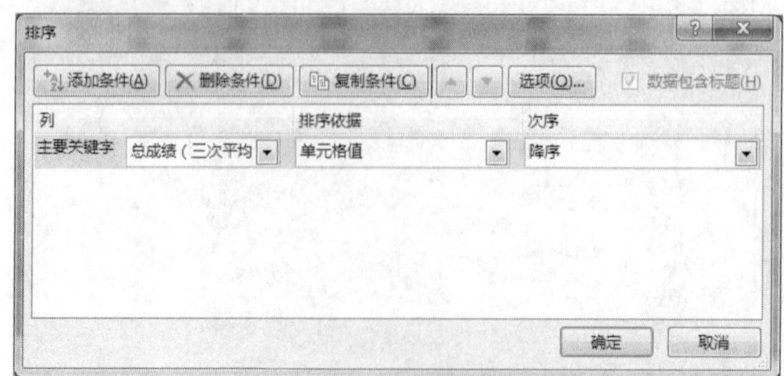

图 5-2-42　“排序”对话框

2）单击“添加条件”按钮，增加了“次要关键字”条件，如图 5-2-43 所示。

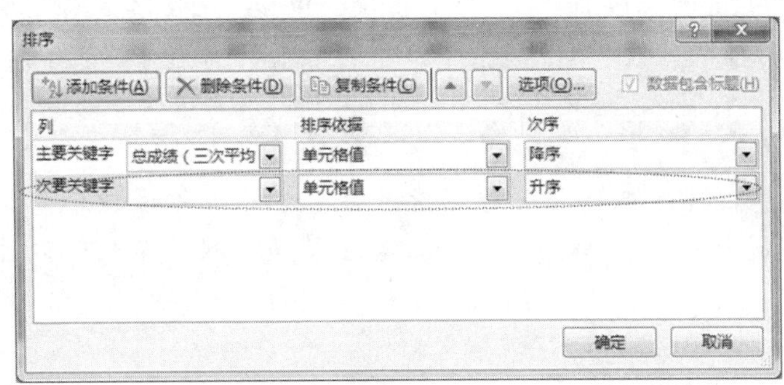

图 5-2-43　在“排序”对话框中添加条件

3）单击“次要关键字”后的空栏或下拉按钮，在下拉列表框中选择“第一次得分”选项，“排序依据”保持为“单元格值”，将“次序”列的“升序”改为“降序”，如图 5-2-44 所示。

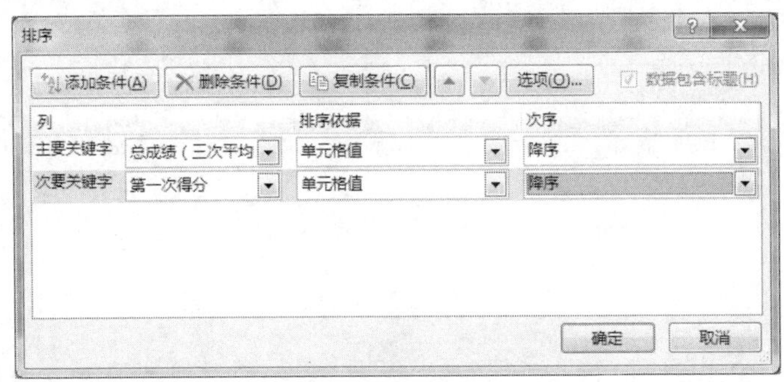

图 5-2-44　在“排序”对话框添加条件

4）单击“确定”按钮，结果如图 5-2-45 所示。

学号	姓名	性别	年龄	速度1（字/分）	正确率1（%）	速度2（字/分）	正确率2（%）	速度3（字/分）	正确率3（%）	第一次得分	第二次得分	第三次得分	总成绩（三次平均）	名次
201304061211	甲2	女	20	78	100	80	99	99	98	100.00	100.00	100.00	100.00	1
201304061204	丁	男	19	41	100	45	99	60	98	86.00	89.10	100.00	91.70	2
201304061202	乙	男	18	34	99	51	99	80	97	78.32	94.99	100.00	91.10	3
201304061205	戊	男	20	32	100	34	99	48	99	77.00	78.32	92.04	82.46	4
201304061210	癸	女	19	39	98	43	99	32	98	82.46	87.14	75.73	81.78	5
201304061209	壬	女	20	44	100	41	99	26	98	89.00	85.18	69.97	81.38	6
201304061208	辛	男	20	49	97	31	98	33	100	91.10	74.77	78.00	81.29	7
201304061207	庚	女	19	28	98	24	99	74	98	71.89	68.52	100.00	80.14	8
201304061203	丙	女	18	37	100	40	99	28	97	82.00	84.20	71.35	79.18	9
201304061212	乙2	男	19	32	98	27	99	36	100	75.73	71.46	81.00	76.07	10.5
201304061206	己	女	20	27	99	32	98	36	100	71.46	75.73	81.00	76.07	10.5
201304061201	甲	男	18	29	100	18	98	28	98	74.00	62.29	71.89	69.39	12
201304061213	丙2	女	19	0	99	37	89	69	89	0.00	74.31	99.65	57.99	13

图 5-2-45　双关键字排序结果

从图 5-2-45 可以看出第 6 号（己）排列到第 12 号（乙 2）的下面了。

※知识链接

对区域或表中的数据进行排序

对数据进行排序是数据分析不可缺少的组成部分。你可能需要执行以下操作：将名称列表按字母顺序排列，按从高到低的顺序编制产品存货水平列表，按颜色或图标对行进行排序。对数据进行排序有助于快速直观地显示数据并更好地理解数据，有助于组织并查找所需数据及最终作出更有效的决策。

可以对一列或多列数据按文本（升序或降序）、数字（升序或降序）以及日期和时间（升序或降序）进行排序，还可以按自定义序列（如大、中和小）或格式（包括单元格颜色、字体颜色或图标集）进行排序，也可以创建自己的自定义列表（Excel 提供了内置的星期日期和年月自定义列表），使用自定义列表按用户定义的顺序进行排序。大多数排序操作都是列排序，但是也可以按行排序。

Excel 表的排序条件随工作簿一起保存，每当打开工作簿时都会对该表重新应用排序，但不会保存单元格区域的排序条件。如果希望保存排序条件，以便在打开工作簿时可以定期重新应用排序，则最好使用表。这对多列排序或花费很长时间创建的排序尤其重要。

9. 只显示名列前茅的女生成绩（筛选）

（1）单击第 6 行中的任何一个列标题，如“学号”（A6），在“数据”选项卡的“排序和筛选”组中单击“筛选”按钮筛选，结果如图 5-2-46 所示。

打字测试成绩详表

任课教师：						班级：						日期：			
学生信息				数据记录						成绩评价					
				第一次		第二次		第三次							
学号	姓名	性别	年龄	速度1（字/分）	正确率1（%）	速度2（字/分）	正确率2（%）	速度3（字/分）	正确率3（%）	第一次得分	第二次得分	第三次得分	总成绩（三次平均）	名次	进步曲线
201304061211	甲2	女	20	78	100	80	99	99	98	100.00	100.00	100.00	100.00	1	
201304061204	丁	男	19	41	100	45	99	60	98	86.00	89.10	100.00	91.70	2	
201304061202	乙	男	18	34	99	51	99	80	97	78.32	94.99	100.00	91.10	3	
201304061205	戊	男	20	32	100	34	99	48	99	77.00	78.32	92.04	82.46	4	
201304061210	癸	女	19	39	98	43	99	32	98	82.46	87.14	75.73	81.78	5	
201304061209	壬	女	20	44	100	41	99	26	98	89.00	85.18	69.97	81.38	6	
201304061208	辛	男	20	49	97	31	98	33	100	91.10	74.77	78.00	81.29	7	
201304061207	庚	女	19	28	98	24	99	74	98	71.89	68.52	100.00	80.14	8	
201304061203	丙	女	18	37	100	40	99	28	97	82.00	84.20	71.35	79.18	9	
201304061212	乙2	男	19	32	98	27	99	36	100	75.73	71.46	81.00	76.07	10.5	
201304061206	己	女	20	27	99	32	98	36	100	71.46	75.73	81.00	76.07	10.5	
201304061201	甲	男	18	29	100	18	98	28	98	74.00	62.29	71.89	69.39	12	
201304061213	丙2	女	19	0	99	37	89	69	89	0.00	74.31	99.65	57.99	13	
			19.15	36.153846	99.076923	38.692308	98	49.923077	97.692308	75.30536923	80.46389231	86.20302308	80.65742821		

图 5-2-46　执行“筛选”命令后出现“筛选”按钮

从图 5-2-46 可见，所有各列标题右下角均出现一个下拉按钮，也称“下拉箭头”。这里的下拉按钮用于用户选择筛选条件。

（2）单击“性别”列标题右下角的下拉按钮，在列出的筛选条件中单击“全选”选项（Excel 默认选择了“全选”选项，单击后便取消选择“全选”），再单击“女”（选择条件为“女”），如图 5-2-47 所示。

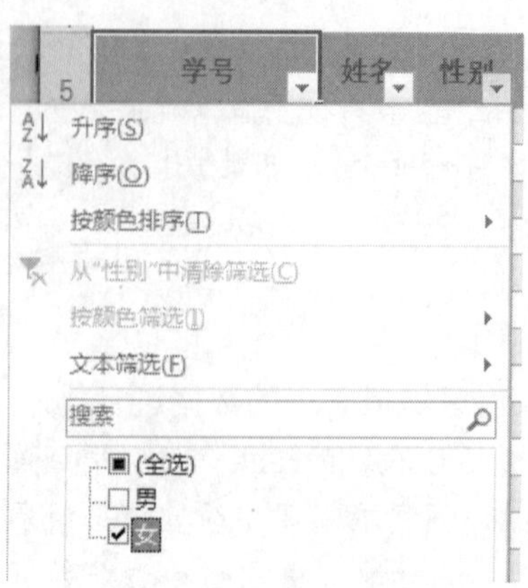

图 5-2-47　设置筛选条件为“女”

（3）单击“确定”按钮，结果如图 5-2-48 所示。

	A	B	C	D	E	F	G	H	I	J	K	L	M	N	O	P
1					打字测试成绩详表 转到简表											
2	任课教师：						班级：						日期：			
3	学生信息				数据记录						成绩评价					
4					第一次		第二次		第三次							
5	学号	姓名	性别	年龄	速度1（字/分）	正确率1（%）	速度2（字/分）	正确率2（%）	速度3（字/分）	正确率3（%）	第一次得分	第二次得分	第三次得分	总成绩（三次平均）	名次	进步曲线
6	201304061211	甲2	女	20	78	100	80	99	99	98	100.00	100.00	100.00	100.00	1	
10	201304061210	癸	女	19	39	98	43	99	32	98	82.46	87.14	75.73	81.78	5	
11	201304061209	壬	女	20	44	100	41	99	26	98	89.00	85.18	69.97	81.38	6	
13	201304061207	庚	女	19	28	98	24	99	74	98	71.89	68.52	100.00	80.14	8	
14	201304061203	丙	女	18	37	100	40	99	28	97	82.00	84.20	71.35	79.18	9	
16	201304061206	己	女	20	27	99	32	98	36	100	71.46	75.73	81.00	76.07	10.5	
18	201304061213	丙2	女	19	0	99	37	89	69	89	0.00	74.31	99.65	57.99	13	
19				19.15	36.153846	99.142857	42.428571	97.428571	52	96.857143	70.97278571	82.15647143	85.38618571	79.50514762		

图 5-2-48 按“性别”是“女”的筛选结果

观察图 5-2-48 中列标题性别右下角的按钮形状与其他列的按钮形状有什么不同。

（4）单击“名次”列标题右下角的下拉按钮，选择“数字筛选”中的“小于”，在弹出的“自定义自动筛选方式”对话框中输入比较值 4，单击“确定”按钮。这样只有名列前三名的女生数据行才显示出来，如图 5-2-49 所示。

				打字测试成绩详表 转到简表										
任课教师：						班级：						日期：		
学生信息				数据记录						成绩评价				
				第一次		第二次		第三次						
学号	姓名	性别	年龄	速度1（字/分）	正确率1（%）	速度2（字/分）	正确率2（%）	速度3（字/分）	正确率3（%）	第一次得分	第二次得分	第三次得分	总成绩（三次平均）	名次
201304061211	甲2	女	20	78	100	80	99	99	98	100.00	100.00	100.00	100.00	1
			19.15	36.153846	100	80	99	99	98	100	100	100	100	

图 5-2-49 按“性别”为“女”和“名次”为前三名的筛选结果

（5）取消筛选。再次单击“筛选”按钮 筛选。

※知识链接

对区域或表中的数据进行筛选

使用自动筛选来筛选数据可以快速方便地查找和使用单元格区域或表中数据的子集。例如，可以筛选以仅查看指定的值、筛选以查看顶部或底部的值、筛选以快速查看重复值。对单元格区域或表中的数据进行筛选后，即可重新应用筛选以获得最新的结果，或者清除筛选以重新显示所有数据。

筛选过的数据仅显示满足指定条件（条件：所指定的限制查询或筛选的结果集中包含哪些记录的条件）的行，并隐藏不希望显示的行。筛选数据之后，对于筛选过的数据的子集不需要重新排列或移动即可复制、查找、编辑、设置格式、制作图表和打印。还可以按多个列进行筛选。筛选器是累加的，意味着每个追加的筛选器都基于当前筛选器，从而进一步减少了所显示数据的子集。当使用“查找”对话框搜索筛选数据时，将只搜索所显示的数据，而不搜索未显示的数据。若要搜索所有数据，则清除所有筛选。

使用自动筛选可以创建 3 种筛选类型：按值列表、按格式和按条件。对于每个单元格区域或列表来说，这 3 种筛选类型是互斥的。例如，不能既按单元格颜色又按数字列表进行筛选，只能在两者中任选其一；不能既按图标又按自定义筛选进行筛选，只能在两者中任选其一。

要确定是否应用了筛选，可注意列标题中的图标，如表 5-2-7 所示。

表 4-2-7　列标题图标形状、名称及含义

列标题图标形状	名称	含义	备注
	下拉箭头	表示已启用但是未应用筛选	当您在已启用但是未应用筛选的列的标题上悬停时，会显示一个“(全部显示)”的屏幕提示，如 姓名：(全部显示)
	“筛选”按钮	表示已应用筛选	当在已筛选列的标题上悬停时，会显示一个关于应用于该列的筛选的屏幕提示，如 性别：等于“女” 或 名次：小于“4”

10. 按“性别”“年龄”计算“总成绩”平均值（分类汇总）

（1）按“性别”排序。要根据“性别”进行汇总，必须先将“性别”列进行排序（降序或升序均可）。选定“性别”列中的任意一个单元格，如 C7，在“数据”选项卡的“排序和筛选”组中单击“降序”按钮，结果如图 5-2-50 所示。

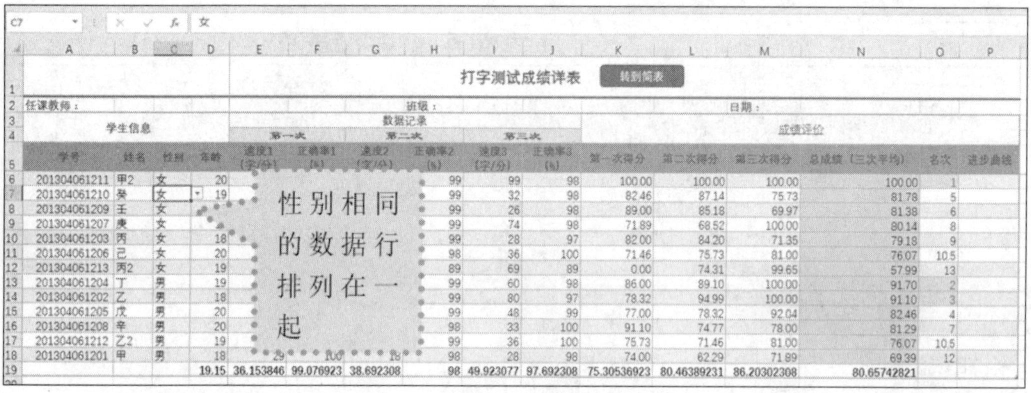

C7　女

打字测试成绩详表　转到简表

任课教师：　班级：　日期：

学号	姓名	性别	年龄	速度1（字/分）	正确率1（%）	速度2（字/分）	正确率2（%）	速度3（字/分）	正确率3（%）	第一次得分	第二次得分	第三次得分	总成绩（三次平均）	名次	进步曲线
201304061211	甲2	女	20				99	99	98	100.00	100.00	100.00	100.00	1	
201304061210	癸	女	19				99	32	98	82.46	87.14	75.73	81.78	5	
201304061209	壬	女					99	26	98	89.00	85.18	69.97	81.38	6	
201304061207	庚	女					99	74	98	71.89	68.52	100.00	80.14	8	
201304061203	丙	女	18				99	28	97	82.00	84.20	71.35	79.18	9	
201304061206	己	女	20				98	36	100	71.46	75.73	81.00	76.07	10.5	
201304061213	丙2	女	19				89	69	89	0.00	74.31	99.65	57.99	13	
201304061204	丁	男	19				99	60	98	86.00	89.10	100.00	91.70	2	
201304061202	乙	男	18				99	80	97	78.32	94.99	100.00	91.10	3	
201304061205	戊	男	20				99	48	99	77.00	78.32	92.04	82.46	4	
201304061208	辛	男	20				98	33	100	91.10	74.77	78.00	81.29	7	
201304061212	乙2	男	19				99	36	100	75.73	71.46	81.00	76.07	10.5	
201304061201	甲	男	18	29	100	18	98	28	98	74.00	62.29	71.89	69.39	12	
			19.15	36.153846	99.076923	38.692308	98	49.923077	97.692308	75.30536923	80.46389231	86.20302308	80.65742821		

性别相同的数据行排列在一起

图 5-2-50　按“性别”排序

（2）将表格转换为普通的单元格区域。

1）单击表格（A5:P19）内任何一个单元格（例如 A5），会发现“数据”选项卡“分级显示”组中的“分类汇总”按钮 分类汇总 不可用（表格样式不能进行分类汇总），如图 5-2-51 所示。

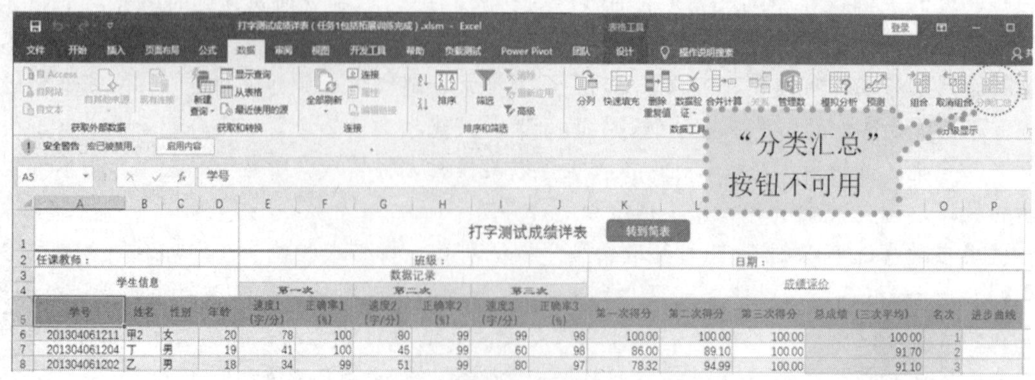

图 5-2-51　表格样式不能进行分类汇总

2）确保当前单元格属于表格内（A5:P19）内的任意一个单元格（例如 A5），单击“设计”选项卡“工具”组中的“转换为区域”按钮，在随后弹出的提示对话框中单击“是”按钮，如图 5-2-52 所示。

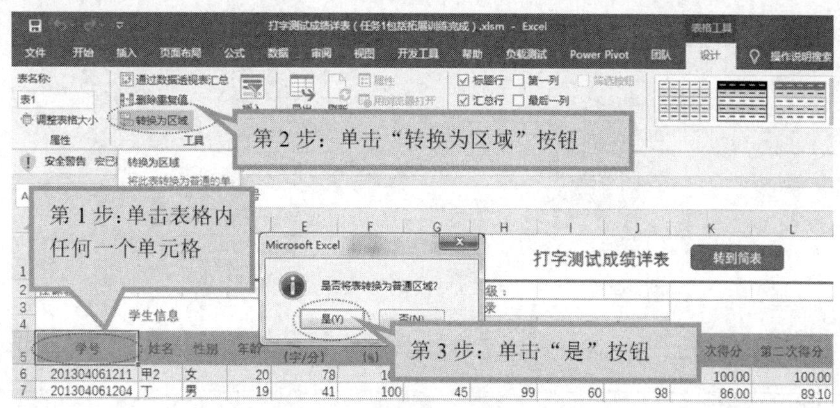

图 5-2-52　将表格转换为普通区域

3）保持当前单元格不变，单击“数据”选项卡，此时，“分类汇总”按钮 可用。单击“分类汇总”按钮 ，弹出“无法确定列标签”提示框，如图 5-2-53 所示，单击“取消”按钮。

（3）按“性别”分类汇总。

1）选择单元格区域 A5:P18。

2）单击“数据”选项卡“分级显示”组中的“分类汇总”按钮，弹出“分类汇总”对话框。在“分类字段”下拉列表框中选择“性别”选项（分类的依据），在“汇总方式”下拉列表框中选择“平均值”选项（汇总的结果），在“选定汇总项”列表框中选择“总成绩（三次平均）”复选项（汇总的对象，去除其他勾选的汇总项），其他选项不变，如图 5-2-54 所示。单击“确定”按钮，汇总结果如图 5-2-55 所示。

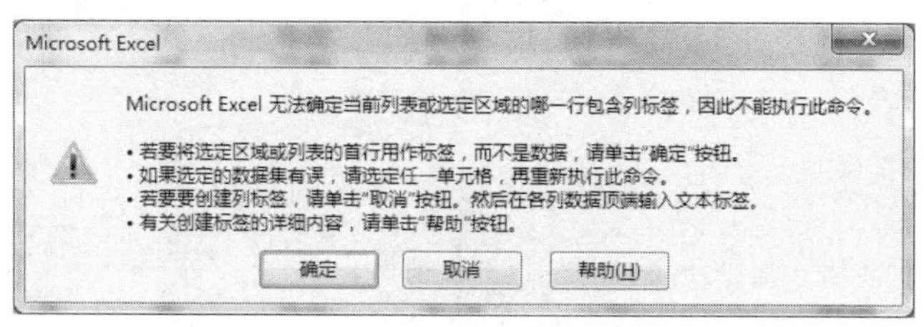

图 5-2-53　“无法确定列标签”提示框

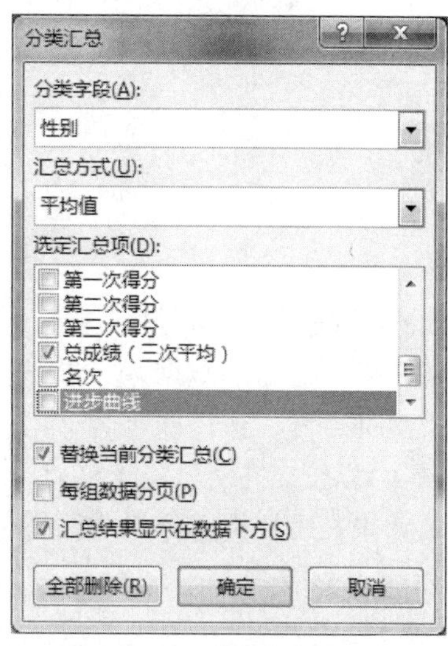

图 5-2-54　“分类汇总”选项设定

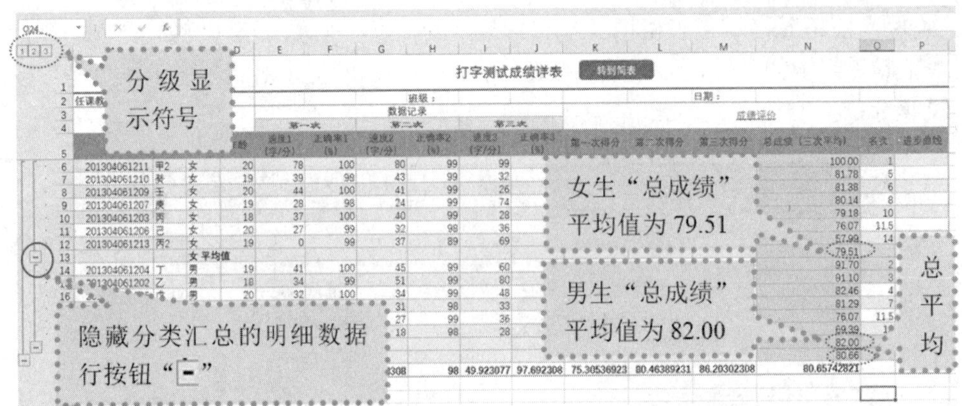

图 5-2-55　按“性别”汇总男女生总成绩平均值

3）单击分级显示符号 2，结果如图 5-2-56 所示，只显示汇总数据（明细数据行被隐藏）。

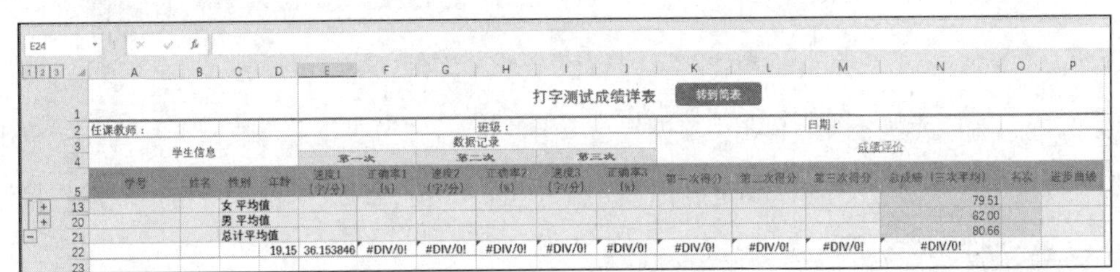

图 5-2-56　只显示汇总数据

4）单击第 13 行前的 + 按钮，将显示女生的详细数据和汇总数据，如图 5-2-57 所示。

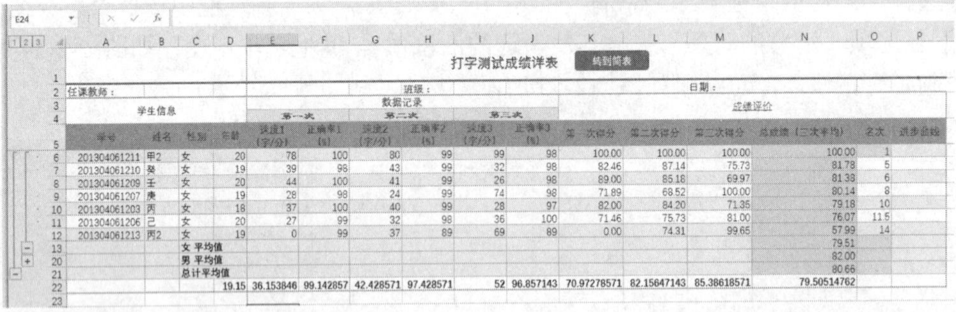

图 5-2-57　显示女生的详细数据和汇总数据

5）删除汇总。保持刚才汇总后选择的区域不变（如果已经变化，则选择所有用于汇总的源数据和汇总后的数据），再次单击“分类汇总”按钮，在弹出的“分类汇总”对话框中，单击“全部删除”按钮即可。

（4）按“性别”和“年龄”汇总。

如果在上述汇总结果中需要同时包含依据“年龄”的汇总数据，那么执行以下步骤：

1）选择单元格区域 A5:P18，单击“数据”选项卡“排序和筛选”组中的“排序”按钮，然后应用前述相关多关键字排序的方法按“性别”（降序）、“年龄”（升序）进行排序。排序的“主要关键字”是“性别”，排序结果如图 5-2-58 所示。

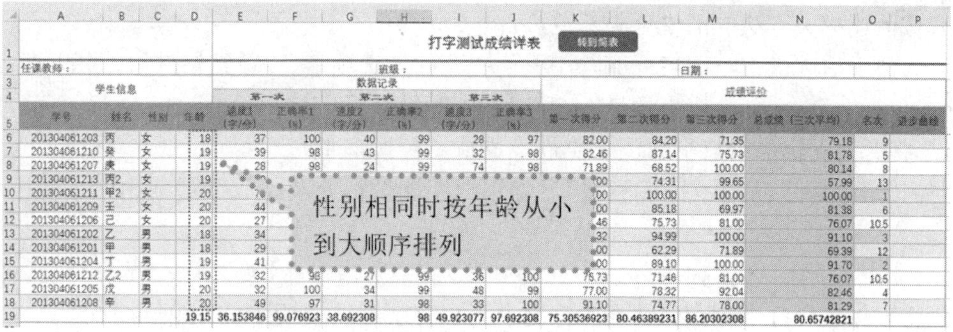

打字测试成绩详表　转到简表

任课教师：　班级：　日期：

学生信息				数据记录						成绩评价					
				第一次		第二次		第三次							
学号	姓名	性别	年龄	速度1(字/分)	正确率1(%)	速度2(字/分)	正确率2(%)	速度3(字/分)	正确率3(%)	第一次得分	第二次得分	第三次得分	总成绩（三次平均）	名次	进步曲线
201304061203	丙	女	18	37	100	40	99	28	97	82.00	84.20	71.35	79.18	9	
201304061210	癸	女	19	39	98	43	99	32	98	82.46	87.14	75.73	81.78	5	
201304061207	庚	女	19	28	98	24	99	74	98	71.89	68.52	100.00	80.14	8	
201304061213	丙2	女	19							[illegible]	74.31	99.65	57.99	13	
201304061211	甲2	女	20	[illegible]						[illegible]	100.00	100.00	100.00	1	
201304061209	壬	女	20	44						[illegible]	85.18	69.97	81.38	6	
201304061206	己	女	20	27						[illegible]	75.73	81.00	76.07	10.5	
201304061202	乙	男	18	34						[illegible]	94.99	100.00	91.10	3	
201304061201	甲	男	18	29						[illegible]	62.29	71.89	69.39	12	
201304061204	丁	男	19	41						[illegible]	89.10	100.00	91.70	2	
201304061212	乙2	男	19	32	98	27	99	36	100	75.73	71.46	81.00	76.07	10.5	
201304061205	戊	男	20	32	100	34	99	48	99	77.00	78.32	92.04	82.46	4	
201304061208	辛	男	20	49	97	31	98	33	100	91.10	74.77	78.00	81.29	7	
			19.15	36.153846	99.076923	38.692308	98	49.923077	97.692308	75.30536923	80.46389231	86.20302308	80.65742821		

性别相同时按年龄从小到大顺序排列

图 5-2-58　按“性别”和“年龄”排序的结果

2）参考前述方法依据“性别”进行分类汇总。

3）再次单击“分级显示”组中的“分类汇总”按钮，弹出“分类汇总”对话框，在“分类字段”下拉列表框中选择“年龄”选项，对“汇总方式”和“选定汇总项”不作修改，取消选中“替换当前分类汇总”复选框，以免替换掉依据“性别”生成的汇总数据，最后单击“确定”按钮，如图 5-2-59 所示，结果如图 5-2-60 所示。

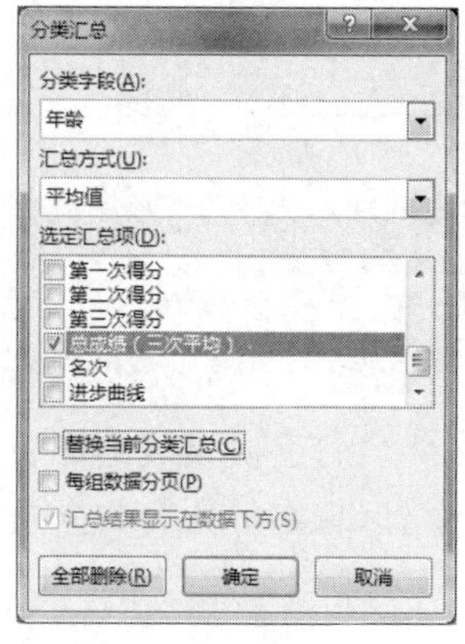

图 5-2-59　二级汇总

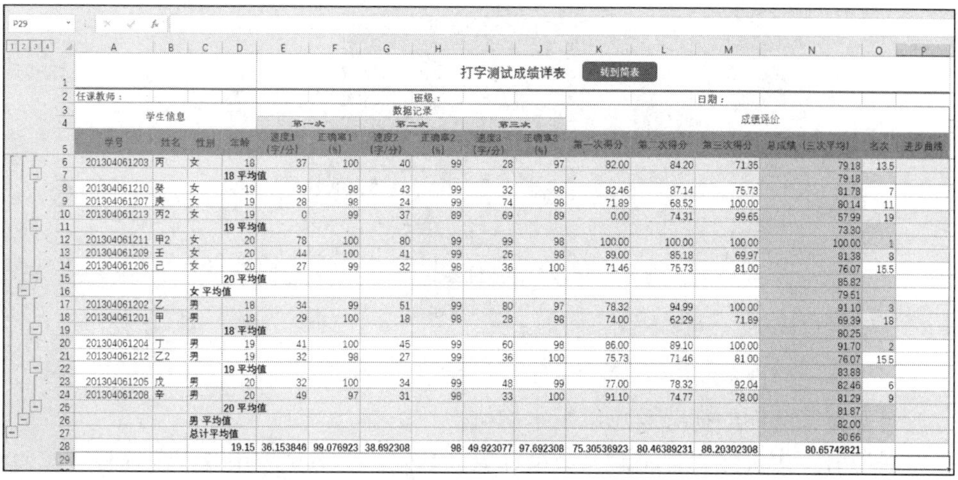

打字测试成绩详表　转到简表

任课教师：　班级：　日期：

学生信息				数据记录						成绩评价					
				第一次		第二次		第三次							
学号	姓名	性别	年龄	速度1(字/分)	正确率1(%)	速度2(字/分)	正确率2(%)	速度3(字/分)	正确率3(%)	第一次得分	第二次得分	第三次得分	总成绩（三次平均）	名次	进步曲线
201304061203	丙	女	18	37	100	40	99	28	97	82.00	84.20	71.35	79.18	13.5	
			18 平均值										79.18		
201304061210	癸	女	19	39	98	43	99	32	98	82.46	87.14	75.73	81.78	7	
201304061207	庚	女	19	28	98	24	99	74	98	71.89	68.52	100.00	80.14	11	
201304061213	丙2	女	19	0	99	37	89	69	89	0.00	74.31	99.65	57.99	19	
			19 平均值										73.30		
201304061211	甲2	女	20	78	100	80	99	99	98	100.00	100.00	100.00	100.00	1	
201304061209	壬	女	20	44	100	41	99	26	98	89.00	85.18	69.97	81.38	8	
201304061206	己	女	20	27	99	32	98	36	100	71.46	75.73	81.00	76.07	15.5	
			20 平均值										85.82		
		女 平均值											79.51		
201304061202	乙	男	18	34	99	51	99	80	97	78.32	94.99	100.00	91.10	3	
201304061201	甲	男	18	29	100	18	98	28	98	74.00	62.29	71.89	69.39	18	
			18 平均值										80.25		
201304061204	丁	男	19	41	100	45	99	60	98	86.00	89.10	100.00	91.70	2	
201304061212	乙2	男	19	32	98	27	99	36	100	75.73	71.46	81.00	76.07	15.5	
			19 平均值										83.88		
201304061205	戊	男	20	32	100	34	99	48	99	77.00	78.32	92.04	82.46	6	
201304061208	辛	男	20	49	97	31	98	33	100	91.10	74.77	78.00	81.29	9	
			20 平均值										81.87		
		男 平均值											82.00		
		总计平均值											80.66		
			19.15	36.153846	99.076923	38.692308	98	49.923077	97.692308	75.30536923	80.46389231	86.20302308	80.65742821		

图 5-2-60　按“性别”和“年龄”多级汇总的结果

4）按前述相关方法取消“分类汇总”。

5）为便于后续操作，请自行删除 19 行（“开始”选项卡、“单元格”组、“删除”按钮、“删除工作行”命令），并按“学号”（升序）排序。

11. 将两期测试成绩取平均值作为最终成绩（数据合并）

假如该班进行了两期“打字测试”，学生打字测试得分及总成绩最终由两期的平均值来决定。

（1）准备工作。

1）将工作表“打字测试成绩详表”更名为“打字测试成绩详表（第一期）”。

2）插入一张新工作表并更名为“打字测试成绩详表（第二期）”。

3）将工作表“打字测试成绩详表（第一期）”中 A1:P18 单元格区域中的所有数据及格式复制到工作表“打字测试成绩详表（第二期）”中。

4）在实际应用时，应该将工作表“打字测试成绩详表（第二期）”中的源数据修改为实际的第二期测试数据。对于本例，为简化起见，只对第一位学生的源数据作修改（速度 1 改为 50，速度 2 改为 55，速度 3 改为 60），其他数据不作修改，如图 5-2-61 所示。

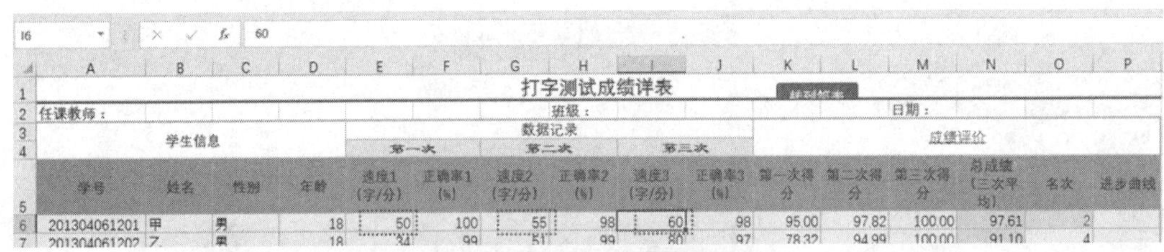

图 5-2-61 第二期数据修改

5）再插入一张新工作表并更名为“打字测试成绩详表（合并）”，将工作表“打字测试成绩详表（第一期）”中 A5:D18 单元格区域中的所有数据及格式复制到工作表“打字测试成绩详表（合并）”中，如图 5-2-62 所示。

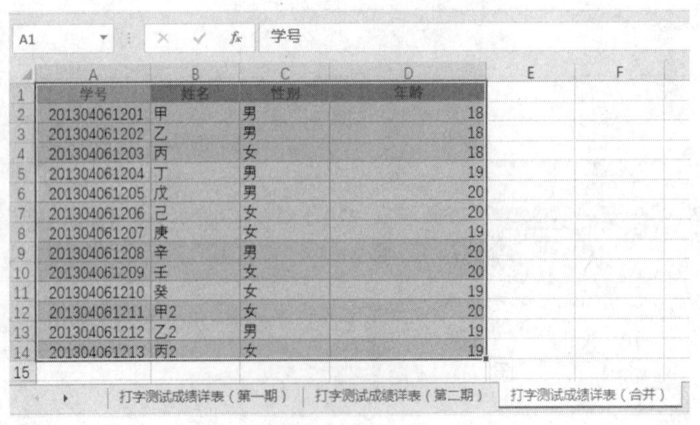

图 5-2-62 将学生信息复制到新表中

（2）合并计算两期的得分及总成绩平均值。

1）确保当前工作表是“打字测试成绩详表（合并）”，然后单击 E2 单元格（作为合并计算的插入点）。

2）在“数据”选项卡的“数据工具”组中单击“合并计算”按钮 合并计算，弹出图 5-2-63 所示的“合并计算”对话框。

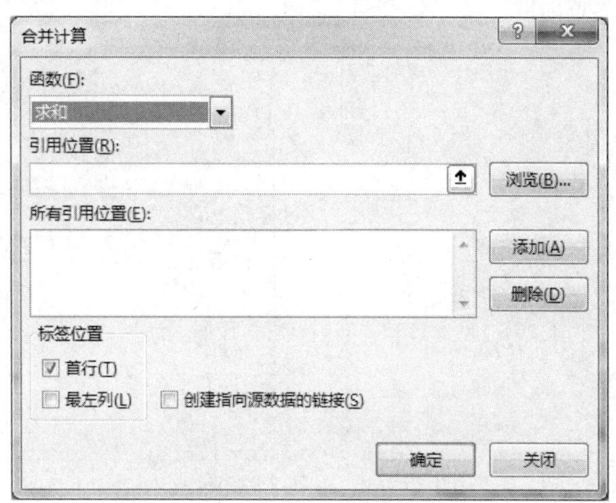

图 5-2-63　“合并计算”对话框

3）在“函数”下拉列表框中选择“平均值”选项，单击“引用位置”空文本框后的“折叠”按钮，“合并计算”对话框缩放为“合并计算-引用位置”，如图 5-2-64 所示。

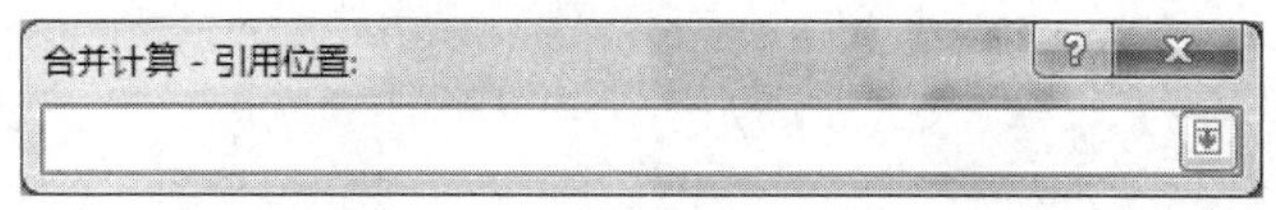

图 5-2-64　“合并计算-引用位置”对话框

4）选择工作表“打字测试成绩详表（第一期）”，拖选单元格区域 K5:N18，如图 5-2-65 所示。

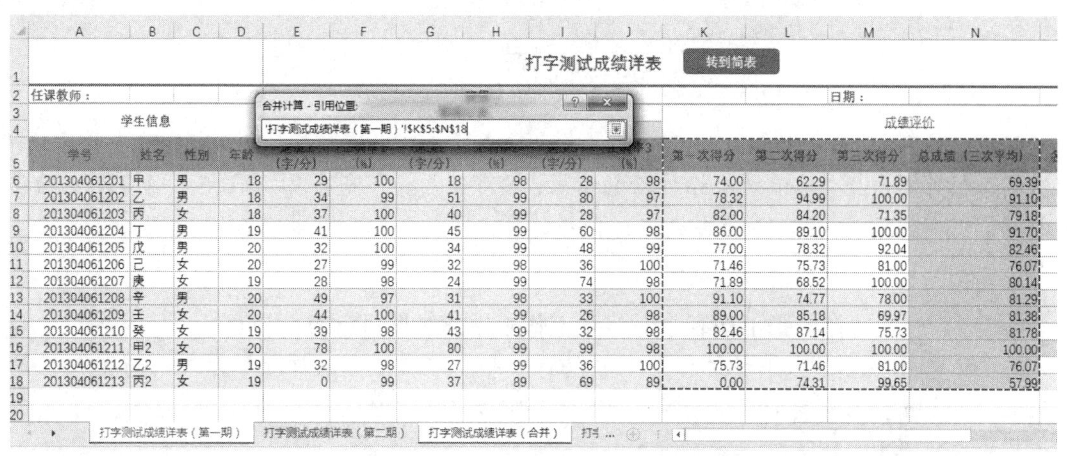

学号	姓名	性别	年龄	(字/分)	(%)	(字/分)	(%)	(字/分)	(%)	第一次得分	第二次得分	第三次得分	总成绩（三次平均）
201304061201	甲	男	18	29	100	18	98	28	98	74.00	62.29	71.89	69.39
201304061202	乙	男	18	34	99	51	99	80	97	78.32	94.99	100.00	91.10
201304061203	丙	女	18	37	100	40	99	28	97	82.00	84.20	71.35	79.18
201304061204	丁	男	19	41	100	45	99	60	98	86.00	89.10	100.00	91.70
201304061205	戊	男	20	32	100	34	99	48	99	77.00	78.32	92.04	82.46
201304061206	己	女	20	27	99	32	98	36	100	71.46	75.73	81.00	76.07
201304061207	庚	女	19	28	98	24	99	74	98	71.89	68.52	100.00	80.14
201304061208	辛	男	20	49	97	31	98	33	100	91.10	74.77	78.00	81.29
201304061209	壬	女	20	44	100	41	99	26	98	89.00	85.18	69.97	81.38
201304061210	癸	女	19	39	98	43	99	32	98	82.46	87.14	75.73	81.78
201304061211	甲2	女	20	78	100	80	99	99	98	100.00	100.00	100.00	100.00
201304061212	乙2	男	19	32	98	27	99	36	100	75.73	71.46	81.00	76.07
201304061213	丙2	女	19	0	99	37	89	69	89	0.00	74.31	99.65	57.99

图 5-2-65　拖选“引用位置”

5）单击“合并计算-引用位置”对话框中的“展开”按钮。在随后出现的“合并计算”对话框中单击“添加”按钮，所选区域 K5:N18 添加到对话框中的“所有引用位置”文本框中，如图 5-2-66 所示。

6）再次在“合并计算”对话框中单击“引用位置”文本框后的“折叠”按钮，选择工作表“打字测试成绩详表（第二期）”中的单元格区域 K5:N18，并将其添加到“所有引用位置”文本框中。在“合并计算”对话框下边“标签位置”栏确保选中“首行”复选项，如图 5-2-67 所示。

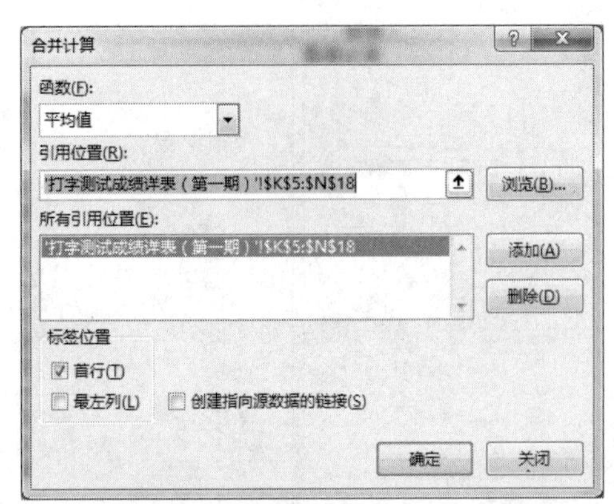

图 5-2-66 “合并计算”添加了“引用位置”1

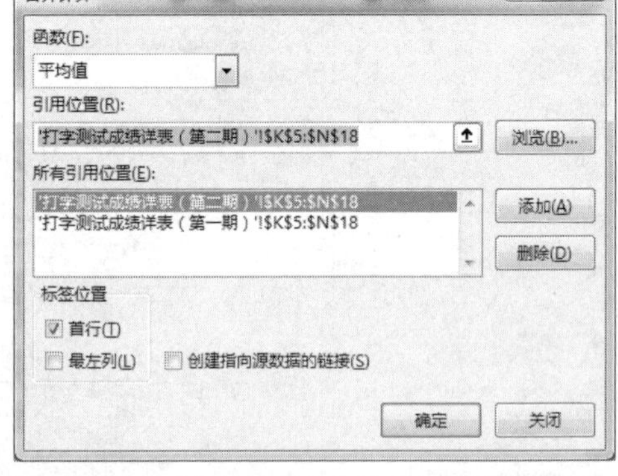

图 5-2-67 “合并计算”添加了“引用位置”2

7）单击图 5-2-67 所示“合并计算”对话框中的“确定”按钮，便在工作表“打字测试成绩详表（合并）”中生成了合并计算后的数据，如图 5-2-68 所示。

H2 83.5000666666667

	A	B	C	D	E	F	G	H
1	学号	姓名	性别	年龄	第一次得分	第二次得分	第三次得分	总成绩（三次平均）
2	201304061201	甲	男	18	84.50	80.05	85.95	83.50
3	201304061202	乙	男	18	78.32	94.99	100.00	91.10
4	201304061203	丙	女	18	82.00	84.20	71.35	79.18
5	201304061204	丁	男	19	86.00	89.10	100.00	91.70
6	201304061205	戊	男	20	77.00	78.32	92.04	82.46
7	201304061206	己	女	20	71.46	75.73	81.00	76.07
8	201304061207	庚	女	19	71.89	68.52	100.00	80.14
9	201304061208	辛	男	20	91.10	74.77	78.00	81.29
10	201304061209	壬	女	20	89.00	85.18	69.97	81.38
11	201304061210	癸	女	19	82.46	87.14	75.73	81.78
12	201304061211	甲2	女	20	100.00	100.00	100.00	100.00
13	201304061212	乙2	男	19	75.73	71.46	81.00	76.07
14	201304061213	丙2	女	19	0.00	74.31	99.65	57.99
15								

打字测试成绩详表（第一期） 打字测试成绩详表（第二期） 打字测试成绩详表（合并） 打字测试成绩简表 Sheet5

图 5-2-68 合并计算生成的汇总数据

注意：①单元格 H2 的值“83.50”是第一期总成绩 69.39 与第二期总成绩 97.61 的平均值。②从编辑栏可以看出，该值是最终计算的结果，没有使用“引用”，因此此值不会自动变动（不会因源数据变化而变化），除非再次进行合并计算。

※知识链接

在一张工作表中对多张工作表中的数据进行合并计算

若要汇总和报告多张单独工作表中数据的结果，可以将每张单独工作表中的数据合并到一张工作表（或主工作表）中。所合并的工作表可以与主工作表位于同一个工作簿中，也可以位于其他工作簿中。如果在一张工作表中对数据进行合并计算，则可以更加轻松地对数据进行定期或不定期的更新和汇总。

例如，如果有一张包含每个地区办事处开支数据的工作表，则可使用数据合并将这些开支数据合并到公司的开支工作表中。这张主工作表中可以包含整个企业的销售总额和平均值、当前的库存水平和销售额最高的产品。

拓展训练②

1. 多张工作表的联动操作

前述相关“合并计算”得到的数据是固定值，如果源数据更改，那么合并计算的结果是不会随之更正的。使用联动操作，可以实现最终结果随源数据变化而更新。

（1）单击“打字测试成绩详表（第一期）”，使其成为当前工作表。选定单元格区域 A5:N5，按 Ctrl+C 组合键复制。

（2）单击“打字测试成绩简表”（当前单元格是 A1），按 Ctrl+V 组合键粘贴，结果如图 5-2-69 所示。

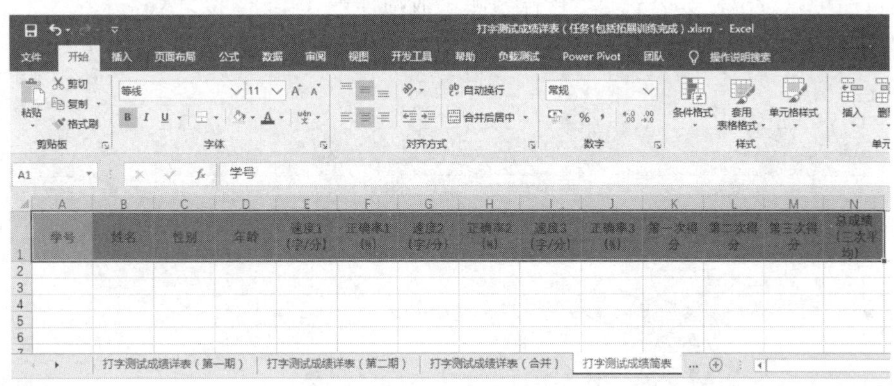

图 5-2-69　为“打字测试成绩简表”复制表头

（3）单击选定单元格 A2，输入“=”后单击工作表“打字测试成绩详表（第一期）”中的单元格 A6，如图 5-2-70 所示。

A6　=''打字测试成绩详表（第一期）'!A6

打字测试成绩详表　转到简表

任课教师：　班级：

学号	姓名	性别	年龄	速度1(字/分)	正确率1(%)	速度2(字/分)	正确率2(%)	速度3(字/分)	正确率3(%)	第一次得分	第二次得分
201304061201	甲	男	18	29	100	18	98	28	98	74.00	62.
201304061202	乙	男	18	34	99	51	99	80	97	78.32	94.
201304061203	丙	女	18	37	100	40	99	28	97	82.00	84.
201304061204	丁	男	19	41	100	45	99	60	98	86.00	89.
201304061205	戊	男	20	32	100	34	99	48	99	77.00	78.
201304061206	己	女	20	27	99	32	98	36	100	71.46	75.
201304061207	庚	女	19	28	98	24	99	74	98	71.89	68.
201304061208	辛	男	20	49	97	31	98	33	100	91.10	74.
201304061209	壬	女	20	44	100	41	99	26	98	89.00	85.
201304061210	癸	女	19	39	98	43	99	32	98	82.46	87.
201304061211	甲2	女	20	78	100	80	99	99	98	100.00	100.
201304061212	乙2	男	19	32	98	27	99	36	100	75.73	71.
201304061213	丙2	女	19	0	99	37	89	69	89	0.00	74.

打字测试成绩详表（第一期）　打字测试成绩详表（第二期）　打字测试成绩详表（合并）　打字测试成绩简表　Sheet5

图 5-2-70　引用单元格操作

（4）按 Enter 键，返回当前工作表，单元格 A1 已经引用了“打字测试成绩详表（第一期）”A6 的数据。单击单元格 A1，结果如图 5-2-71 所示。

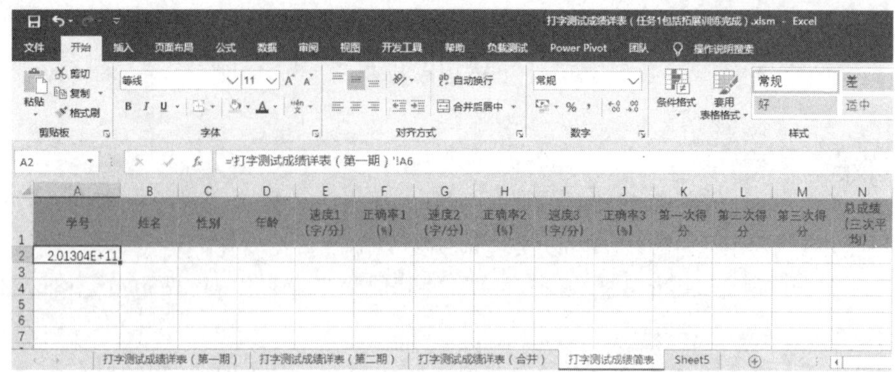

图 5-2-71　引用单元格结果

从编辑栏可以看出，其公式是“='打字测试成绩详表（第一期）'!A6”。

（5）拖选单元格区域 A2:N2，按 Ctrl+R 组合键（向右自动填充），结果如图 5-2-72 所示。

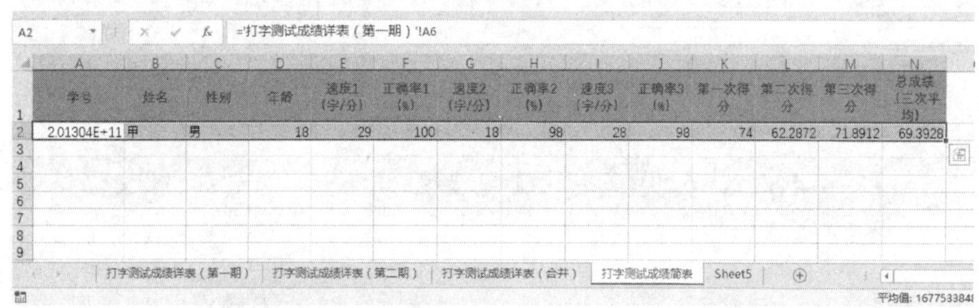

图 5-2-72　向右自动填充结果

（6）单击单元格 E2，在编辑栏可看到其公式是“='打字测试成绩详表（第一期）'!E6”，只引用了第一期的数据。要将第二期的相同数据也引用进来并取平均值，则必须修改公式。修改方法如下：

1）直接输入“=average(”，如图 5-2-73 所示。

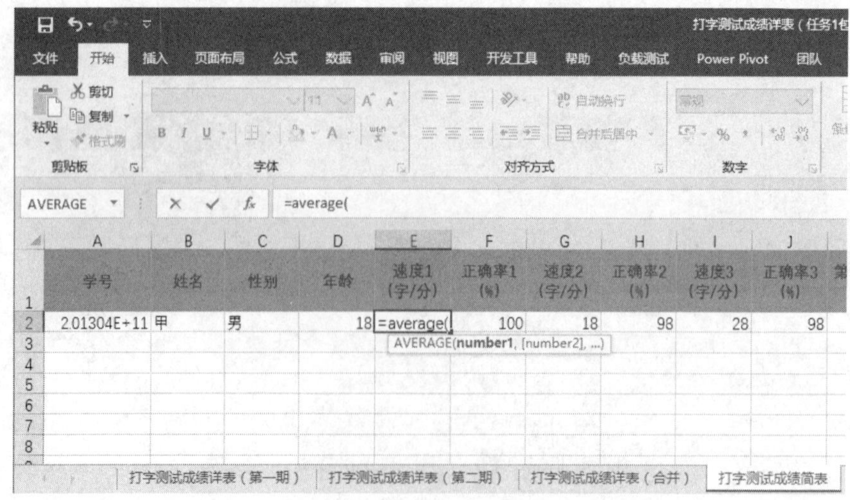

图 5-2-73　输入“平均”公式

2）单击“打字测试成绩详表（第一期）的单元格 E6，如图 5-2-74 所示。

图 5-2-74　单击单元格 E6

3）紧接着输入“,”（逗号），单击“打字测试成绩详表（第二期）”的单元格 E6，再输入“)”（右括号）。输入完毕，单击工作表“打字测试成绩简表”，结果如图 5-2-75 所示。

图 5-2-75　引用单元格 E6

认真观察编辑栏的公式是否正确。如果不正确，可以手工编辑修改。

4）选定单元格区域 E2:N2，按 Ctrl+R 组合键（向右自动填充），后续各单元格公式自动纠正。单击 N2 单元格，查看其公式是否是“=AVERAGE('打字测试成绩详表（第一期）'!N6,'打字测试成绩详表（第二期）'!N6)”。

5）确认上述操作结果无误后继续以下操作。

（7）拖选单元格区域 A2:N14，按 Ctrl+D 组合键（向下自动填充），结果如图 5-2-76 所示。

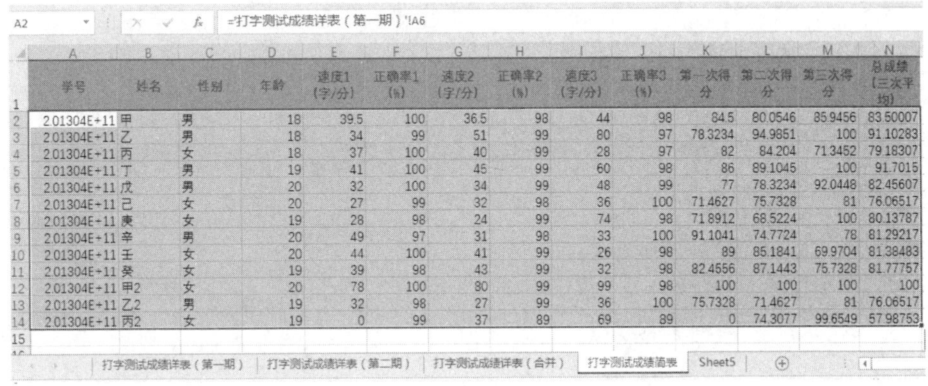

=打字测试成绩详表（第一期）'!A6

学号	姓名	性别	年龄	速度1（字/分）	正确率1（%）	速度2（字/分）	正确率2（%）	速度3（字/分）	正确率3（%）	第一次得分	第二次得分	第三次得分	总成绩（三次平均）
2.01304E+11	甲	男	18	39.5	100	36.5	98	44	98	84.5	80.0546	85.9456	83.50007
2.01304E+11	乙	男	18	34	99	51	99	80	97	78.3234	94.9851	100	91.10283
2.01304E+11	丙	女	18	37	100	40	99	28	97	82	84.204	71.3452	79.18307
2.01304E+11	丁	男	19	41	100	45	99	60	98	86	89.1045	100	91.7015
2.01304E+11	戊	男	20	32	100	34	99	48	99	77	78.3234	92.0448	82.45607
2.01304E+11	己	女	20	27	99	32	98	36	100	71.4627	75.7328	81	76.06517
2.01304E+11	庚	女	19	28	98	24	99	74	98	71.8912	68.5224	100	80.13787
2.01304E+11	辛	男	20	49	97	31	98	33	100	91.1041	74.7724	78	81.29217
2.01304E+11	壬	女	20	44	100	41	99	26	98	89	85.1841	69.9704	81.38483
2.01304E+11	癸	女	19	39	98	43	99	32	98	82.4556	87.1443	75.7328	81.77757
2.01304E+11	甲2	女	20	78	100	80	99	99	98	100	100	100	100
2.01304E+11	乙2	男	19	32	98	27	99	36	100	75.7328	71.4627	81	76.06517
2.01304E+11	丙2	女	19	0	99	37	89	69	89	0	74.3077	99.6549	57.98753

图 5-2-76　向下自动填充结果

（8）单击工作表“打字测试成绩详表（第二期）”，将最后一位学生（丙 2）的“速度 1”改为 20（原先为 0），返回工作表“打字测试成绩简表”，查看最后一位学生的总成绩是否变化（原先为 57.98753，现在为 68.75453）。

2. 获取外部数据（导入文本文档、引用工作表单元格）

（1）获取文本文档数据。

1）在桌面上创建一个文本文档“任课教师.txt”（也可由教师提供此文档）作为外部数据。

2）双击该文档，输入图 5-2-77 所示的内容（列之间的间隔使用 Tab 键），保存并关闭。

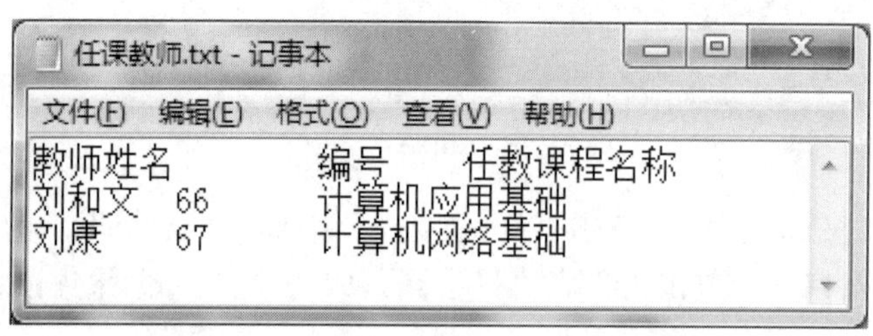

图 5-2-77 “任课教师.txt”文档的内容

3）在桌面上创建一个文件名为“任课教师.xlsx”的 Excel 文件（或早期版本的“任课教师.xls”）。

4）双击桌面上的“任课教师.xlsx”文件（打开该文件）。该文件只有一张空表，活动工作表为 Sheet1，Sheet1 的活动单元格是 A1，保持此时状态。

5）单击“数据”选项卡“获取外部数据”组中的“自文本”按钮，弹出“导入文本文件”对话框，单击选择桌面上的“任课教师.txt”，单击“导入”按钮，如图 5-2-78 所示。

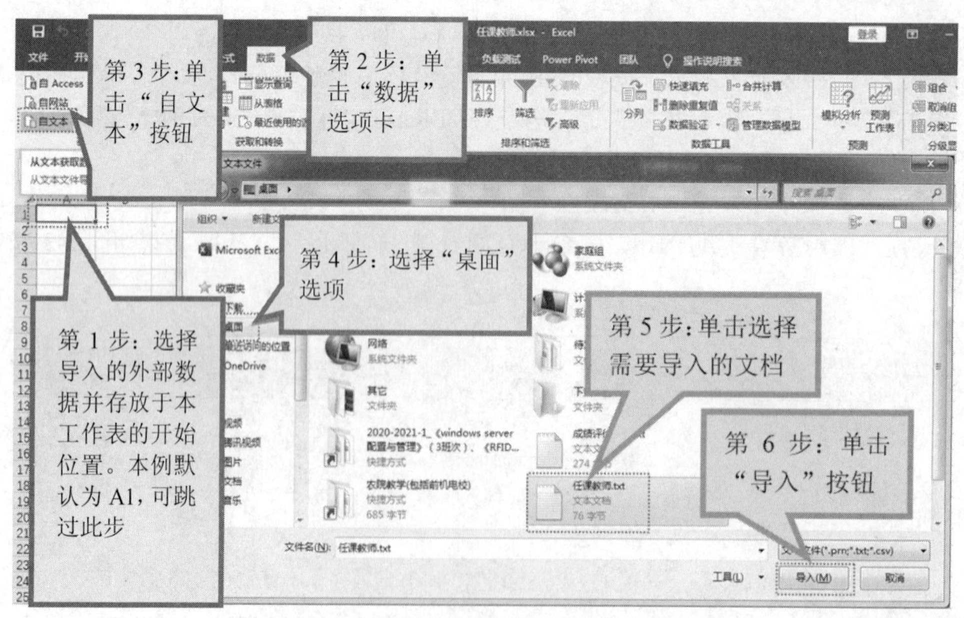

图 5-2-78 获取外部数据（来自文本）操作步骤

6）单击图 5-2-78 所示的“导入”按钮，弹出图 5-2-79 所示的“文本导入向导”对话框。

7）在图 5-2-79 所示界面中保持选择的分隔符号（默认选择），选定“数据包含标题”复选项，单击“下一步”按钮，结果如图 5-2-80 所示。

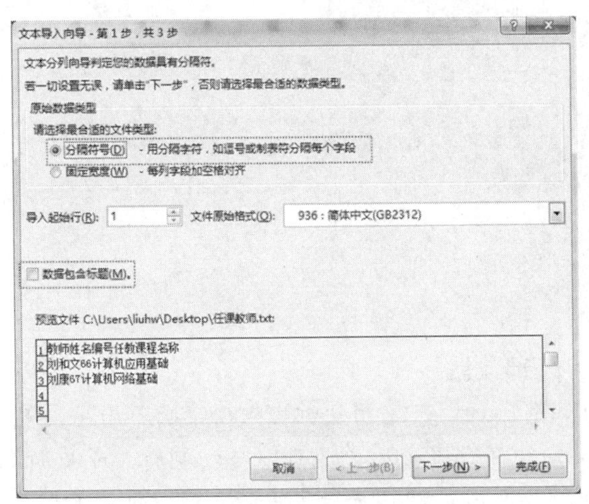

图 5-2-79　文本导入向导 1

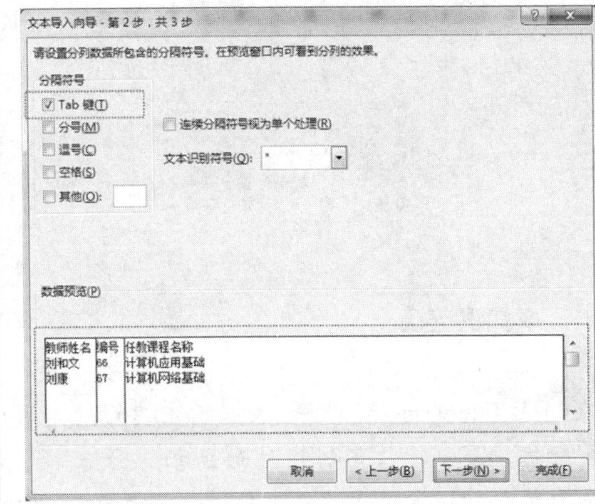

图 5-2-80　文本导入向导 2

注意：如果在“数据预览”列表框看到的效果不正确，则说明创建文本文档所使用的间隔符不是“Tab”（制表符）。此时，可以选择分隔符号为“空格”或“其他”试试。

8）单击图 5-2-80 所示的“下一步”按钮，结果如图 5-2-81 所示。

9）保持“列数据格式”不变，单击“完成”按钮，弹出图 5-2-82 所示的“导入数据”对话框，确定“数据的放置位置”（你可以在此选择）无误后单击“确定”按钮。

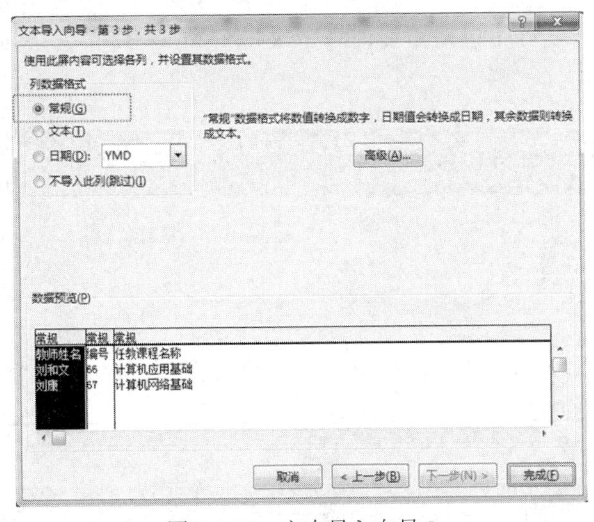

图 5-2-81　文本导入向导 3

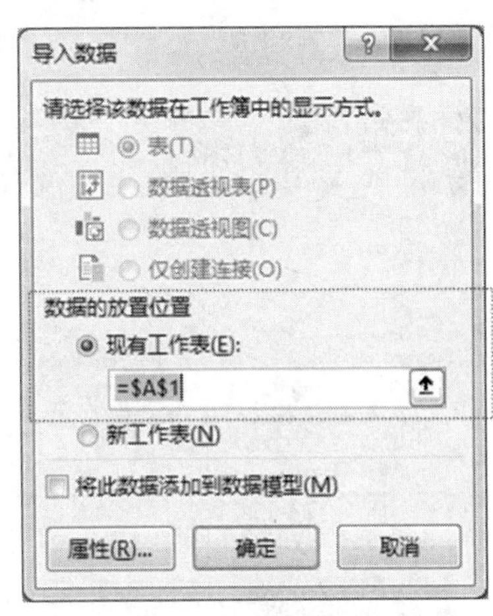

图 5-2-82　“导入数据”对话框

“任课教师.txt”的文本内容便导入工作簿“任课教师.xlsx”中的工作表 Sheet1 中，如图 5-2-83 所示。

10）保存“任课教师.xlsx”工作簿（不要关闭，后续操作还要用）。

注意：已经导入了外部数据的单元格不能再导入其他数据，除非删除这些单元格原数据。

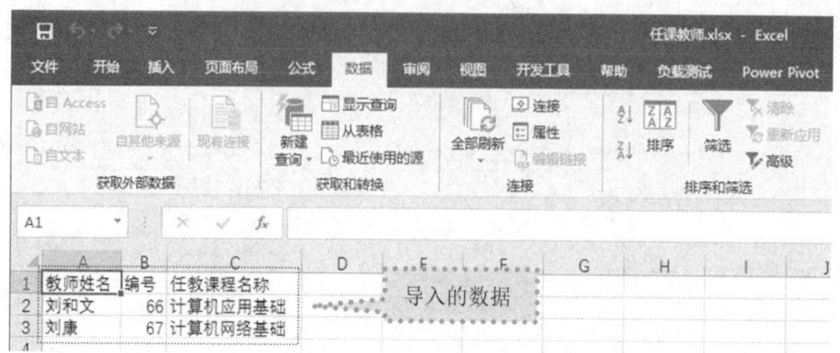

图 5-2-83　文本导入到工作表中

※知识链接

连接（导入）外部数据

从 Excel 连接到外部数据的主要好处是可以在 Excel 中定期分析此数据，而不用重复复制数据，复制操作不仅耗时而且容易出错。连接到外部数据之后，还可以自动刷新（或更新）来自原始数据源的 Excel 工作簿，而无论该数据源是否用新信息进行了更新。可以使用 Office 数据连接（.odc）文件从 Excel 文件连接到 SQL Server 数据库。SQL Server 是功能完备的关系数据库程序，专门面向要求最佳性能、可用性、可伸缩性和安全性的企业范围的数据解决方案。

（2）引用 Excel 单元格数据。

1）选择工作簿“打字测试成绩详表（任务 1 包括拓展训练完成）.xlsm”，选择工作表“打字测试成绩详表（第一期）”。

2）单击 B2 单元格，输入“=”后单击任务栏中的“任课教师.xlsx”，然后单击其中的 A2 单元格。

3）返回工作簿“打字测试成绩详表（任务 1 包括拓展训练完成）.xlsm”，B2 单元格显示结果如图 5-2-84 所示。

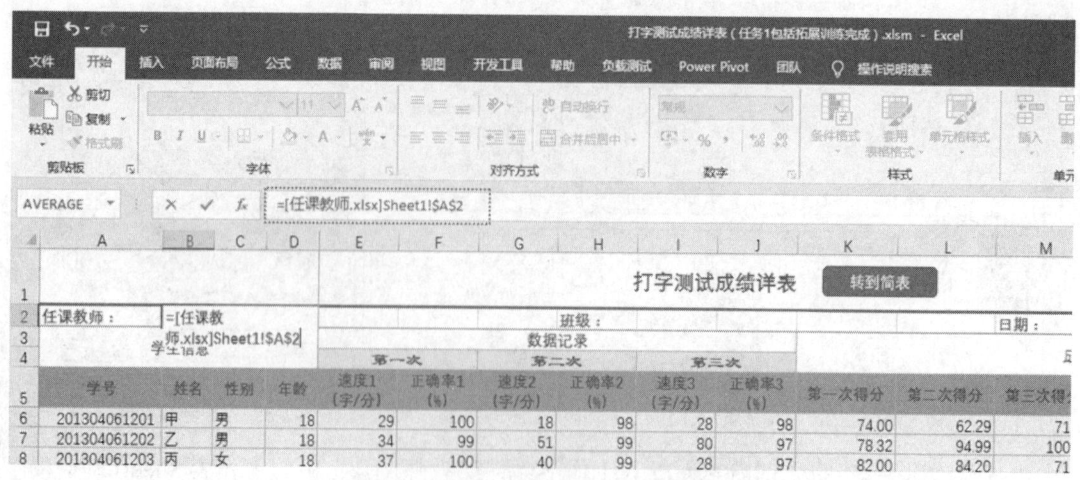

图 5-2-84　工作表连接建立后的数据引用

可以看到，B2 单元格内容是“=[任课教师.xlsx]Sheet1!$A$2”，意思是 B2 单元格的值等于工作簿“任课教师.xls”中工作表 Sheet1 中 A2 单元格的值。

4）按 Enter 键，B2 单元格数据显示为“刘和文”，如图 5-2-85 所示。

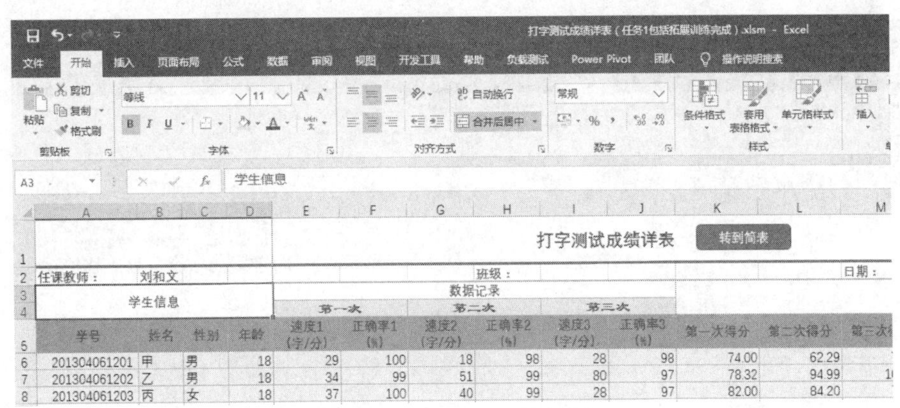

图 5-2-85　工作表连接建立后数据引用显示值

（3）导入文本的更新。

1）打开“任课教师.txt”文档，将第二行“刘和文”修改为“刘和全”，增加一行，内容是“周某　　68　　计算机应用基础”，结果如图 5-2-86 所示。保存并关闭该文档。

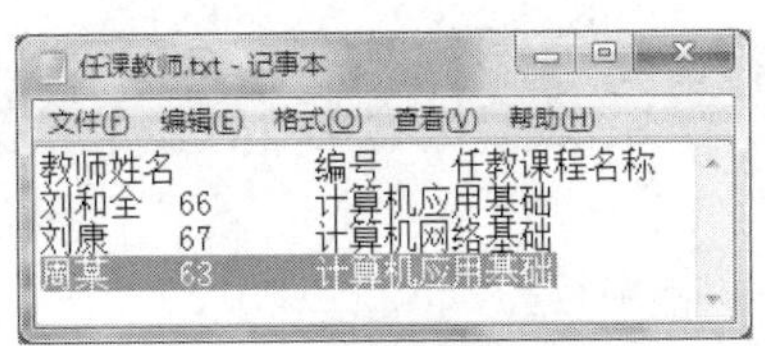

图 5-2-86　源文件数据修改

2）选择工作簿“任课教师.xlsx”，单击“数据”选项卡“连接”组中的“全部刷新”按钮，在弹出的“导入文本文件”对话框中选择“任课教师.txt”选项，如图 5-2-87 所示。

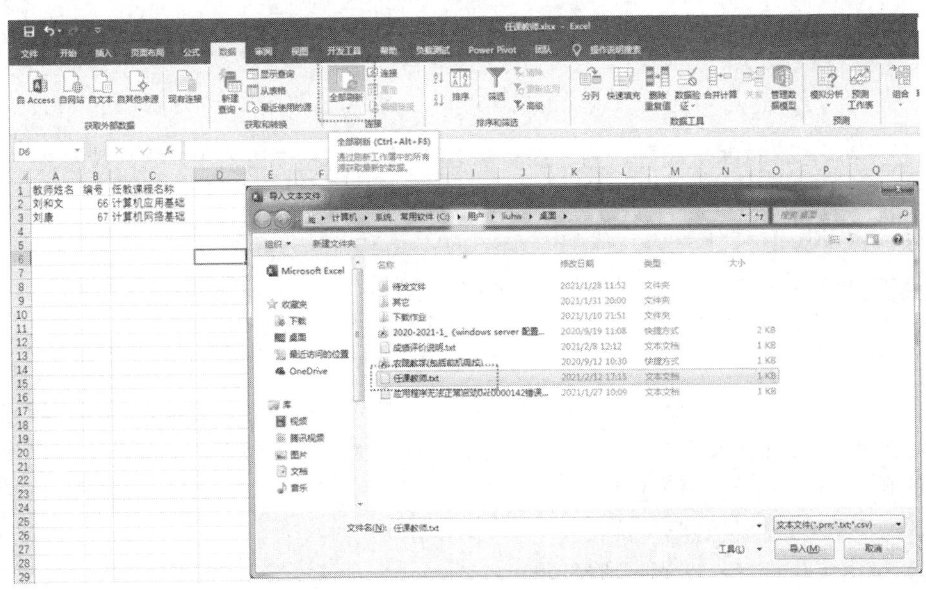

图 5-2-87　更新连接

3）单击“导入”按钮，结果如图 5-2-88 所示（数据已经更新）。

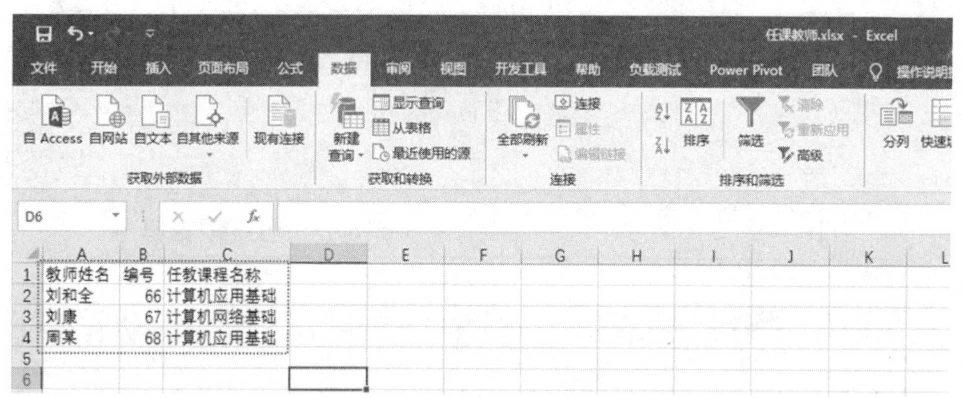

图 5-2-88 导入数据已更新的结果

4）保存并关闭工作簿“任课教师.xlsx”。选择工作簿“打字测试成绩详表（任务 1 包括拓展训练完成）.xlsm”，单击工作表“打字测试成绩详表（第一期）”中的 B2 单元格，结果如图 5-2-89 所示。

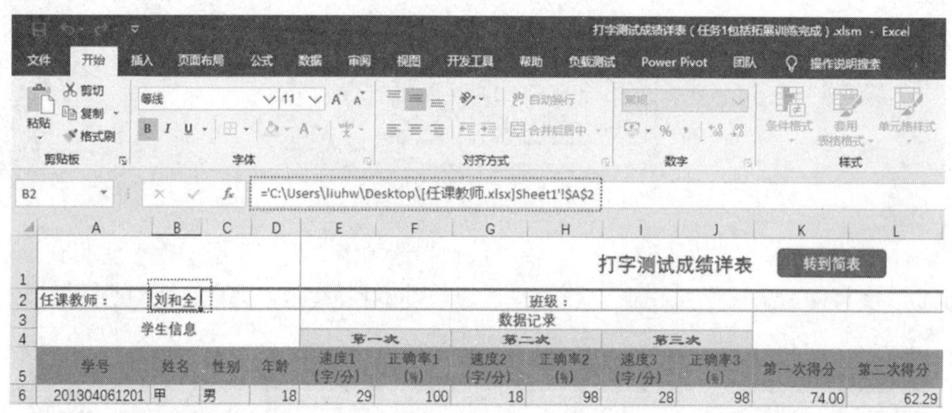

图 5-2-89 源文件关闭后引用地址的变化

你会发现，任课教师自动更新为“刘和全”。请在编辑栏中查看 B2 单元格的数据（公式）有什么变化？

注意： 源 Excel 文件关闭后编辑栏显示的不是“=[任课教师.xlsx]Sheet1!$A$2”，而是“='C:\Users\liuhw\Desktop\[任课教师.xlsx]Sheet1'!$A$2”，其中“C:\Users\liuhw\Desktop\”是“任课教师.xlsx”文件存放的目录（存放文件的路径，也可理解为文件夹）。

3. 控件的简单使用

Excel 提供了多个用于从列表中选择项目的对话框工作表控件，让输入数据更轻松。控件示例有列表框、组合框、数字调整按钮、滚动条、复选框或选项按钮等。复选框适用于有多个选项的表单。当用户只有一种选择时，使用选项按钮更合适。

以下为使用复选框设置学生成绩是否有效的示例。

（1）单击工作表“打字测试成绩详表（第一期）”的 Q5 单元格，调整列宽为“12”，输入文本“成绩有效否”，如图 5-2-90 所示。

打字测试成绩详表　转到简表

任课教师：刘和全　班级：　日期：

学号	姓名	性别	年龄	速度1（字/分）	正确率1（%）	速度2（字/分）	正确率2（%）	速度3（字/分）	正确率3（%）	第一次得分	第二次得分	第三次得分	总成绩（三次平均）	名次	进步曲线	成绩有效否
学生信息				数据记录：第一次		第二次		第三次		成绩评价						
201304061201	甲	男	18	29	100	18	98	28	98	74.00	62.29	71.89	69.39	12		
201304061202	乙	男	18	34	99	51	99	80	97	78.32	94.99	100.00	91.10	3		
201304061203	丙	女	18	37	100	40	99	28	97	82.00	84.20	71.35	79.18	9		
201304061204	丁	男	19	41	100	45	99	60	98	86.00	89.10	100.00	91.70	2		
201304061205	戊	男	20	32	100	34	99	48	99	77.00	78.32	92.04	82.46	4		
201304061206	己	女	20	27	99	32	98	36	100	71.46	75.73	81.00	76.07	10.5		
201304061207	庚	女	19	28	98	24	99	74	98	71.89	68.52	100.00	80.14	8		
201304061208	辛	男	20	49	97	31	98	33	100	91.10	74.77	78.00	81.29	7		
201304061209	壬	女	20	44	100	41	99	26	98	89.00	85.18	69.97	81.38	6		
201304061210	癸	女	19	39	98	43	99	32	98	82.46	87.14	75.73	81.78	5		
201304061211	甲2	女	20	78	100	80	99	99	98	100.00	100.00	100.00	100.00	1		
201304061212	乙2	男	19	32	98	27	99	36	100	75.73	71.46	81.00	76.07	10.5		
201304061213	丙2	女	19	0	99	37	89	69	89	0.00	74.31	99.65	57.99	13		

图 5-2-90　新增列

（2）如图 5-2-91 所示，①单击“开发工具”选项卡；②单击“插入”按钮；③单击“复选框（窗体控件）”选项；④在单元格 Q5 附近按住鼠标左键拖画一个尺寸适宜的矩形后松开鼠标左键。此时，便产生了一个复选框控件。

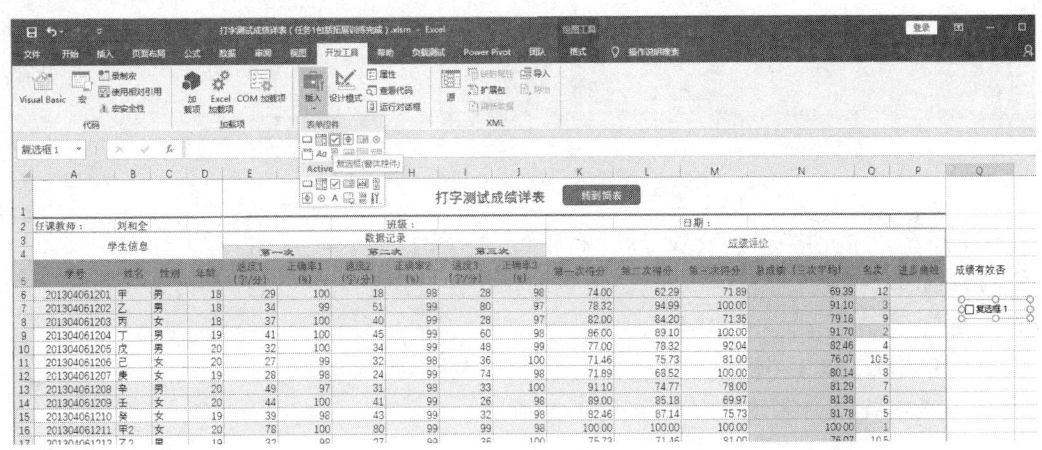

图 5-2-91　插入“复选框”控件

（3）右击刚才插入的“复选框”控件，从弹出的快捷菜单中选择“编辑文字”命令，如图 5-2-92 所示。

（4）输入文本“有效”，使用 Delete 键删除其后原来的文本“复选框 1”（此时，你可能看不到删除的结果）。单击其他单元格，查看效果，如图 5-2-93 所示。

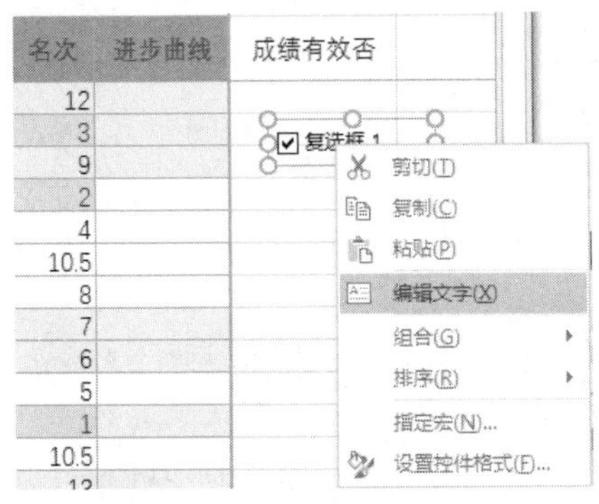

图 5-2-92　选择“编辑文字”命令

成绩评价

得分	总成绩（三次平均）	名次	进步曲线	成绩有效否
71.89	69.39	12		
00.00	91.10	3		☑ 有效
71.35	79.18	9		
00.00	91.70	2		
92.04	82.46	4		

图 5-2-93　单击其他单元格的效果

（5）右击控件“复选框”，从弹出的快捷菜单中选择“设置控件格式”命令，弹出“设置控件格式”对话框，如图 5-2-94（a）所示。

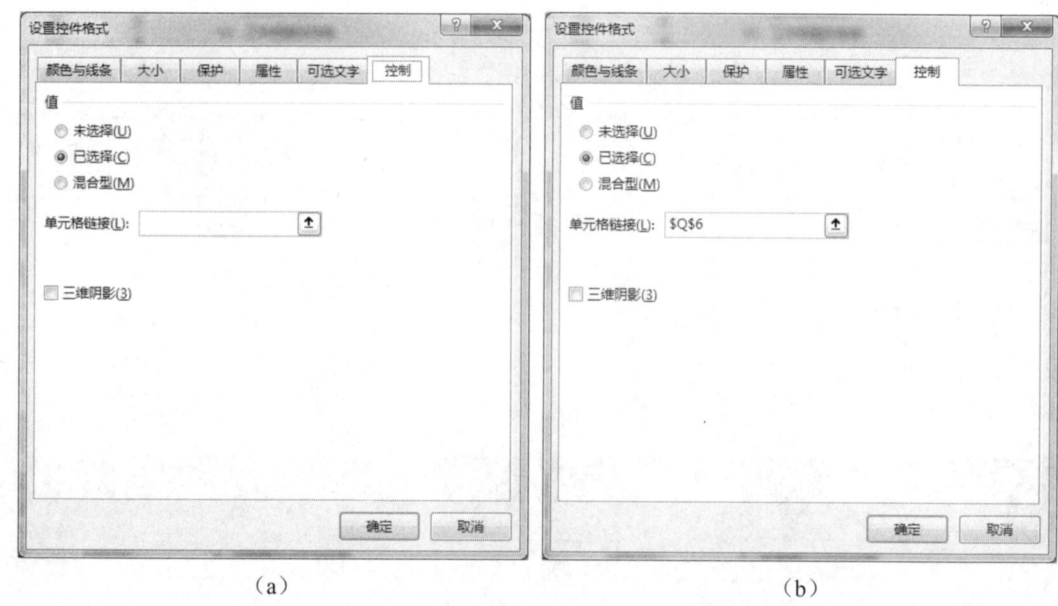

（a）　　（b）

图 5-2-94　“设置控件格式”对话框

（6）单击“单元格链接”栏，然后单击单元格 Q6，结果如图 5-2-94（b）所示。

（7）单击“确定”按钮，单元格 Q6 的值由控件设置为 TRUE（选定状态），如图 5-2-95 所示。

（8）单击其他单元格取消选择控件后单击此控件，此时取消选中该控件，单元格 Q6 的值重新设置为 FALSE（未选状态），如图 5-2-96 所示。

图 5-2-95　复选框控件设置单元格的默认值

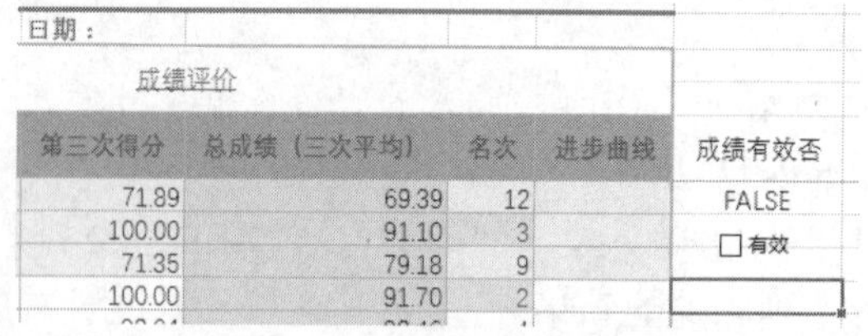

图 5-2-96　单击复选框后单元格值的变化

（9）单击单元格 Q6，单击“开始”选项卡“对齐方式”组中的“左对齐”按钮，右击复选框控件，调整其尺寸（能在单元格 Q6 中完整放下，并与其中的文本有间距），拖动控件至单元格 Q6 中，如图 5-2-97 所示。

（10）从单元格 Q18 开始选择单元格区域 Q18:Q6，然后按 Ctrl+D 组合键，完成向下自动填充，如图 5-2-98 所示。

（11）单击处于单元格 Q6 中的复选框，所有复选框都处于选中状态，单元格 Q6 的值更改为“TRUE”，其他单元格值未变，如图 5-2-99 所示。

为什么单元格 Q7 中的控件设置为“选定”状态，其对应设置值仍然是 FALSE 呢？

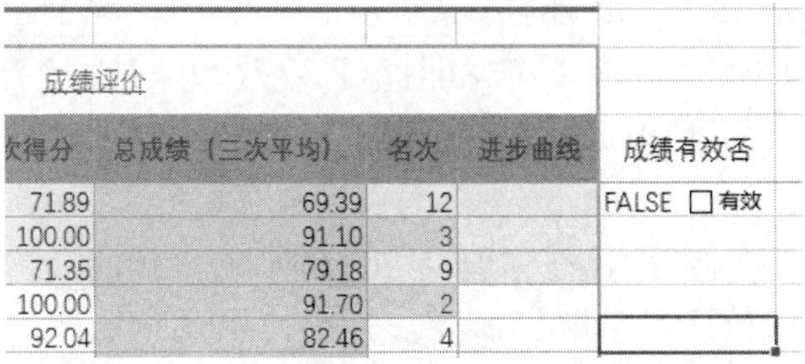

图 5-2-97　调整复选框控件位置与尺寸 　　图 5-2-98　复选框控件自动填充

（12）右击单元格 Q7 中的复选框控件，从弹出的快捷菜单中选择“设置控件格式”命令，弹出“设置控件格式”对话框。在对话框中的“单元格链接”栏可以看出，此控件所链接的单元格仍然是 Q6，将其设置（或修改）为 Q7（或$Q$7），单击“确定”按钮后单元格 Q7 的值立即被更新为 TRUE，如图 5-2-100 所示。

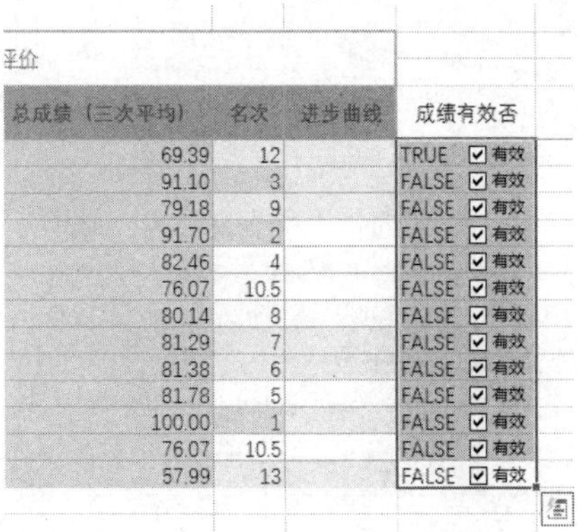

图 5-2-99　单击复选框改变单元格 Q6 的值 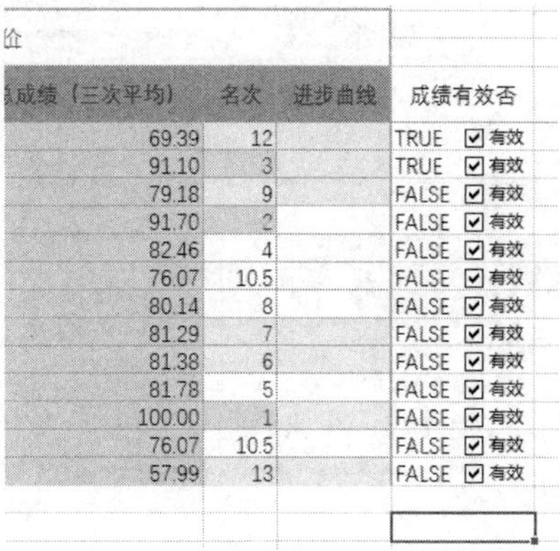　　图 5-2-100　第 2 个复选框链接到单元格 Q7 后的结果

（13）按前述方法，设置其余复选框控件的“单元格链接”，使得每个控件链接其对应的单元格，结果如图 5-2-101 所示。

图 5-2-101　所有复选框链接到其对应单元格后的结果

4. 预测（单变量求解及模拟运算）

（1）单变量求解。在工作表“打字测试成绩详表（第一期）”中查看学号为201304061213的学生（最后一名学生）的“第二次得分”是74.3，该成绩是由第二次测试的“速度”（37字/分）与“正确率”（89%）决定的。假如我们想知道“在正确率不变即保持89%的情况下，速度要达到多少第二次得分能够达到90分呢？”或者“在速度不变即保持37字/分的情况下，正确率要达到多少第二次得分能够达到90分呢？”，利用Excel模拟分析中的单变量求解功能可以轻松解决这些问题。

1）单击单元格L18（即最后一名学生的第二次得分），在“数据”选项卡的“预测”组中单击“模拟分析”按钮，在下拉列表中选择“单变量求解”命令，弹出“单变量求解”对话框，在“目标值”文本框中输入90，单击“可变单元格”文本框后的折叠按钮，再单击单元格G18（即该学生第二次测试“速度”所在的单元格），按Enter键，单击“确定”按钮，开始求解。求解过程显示在“单变量求解状态”提示框内，求解答案填写在工作表相应的单元格内，如图5-2-102所示。

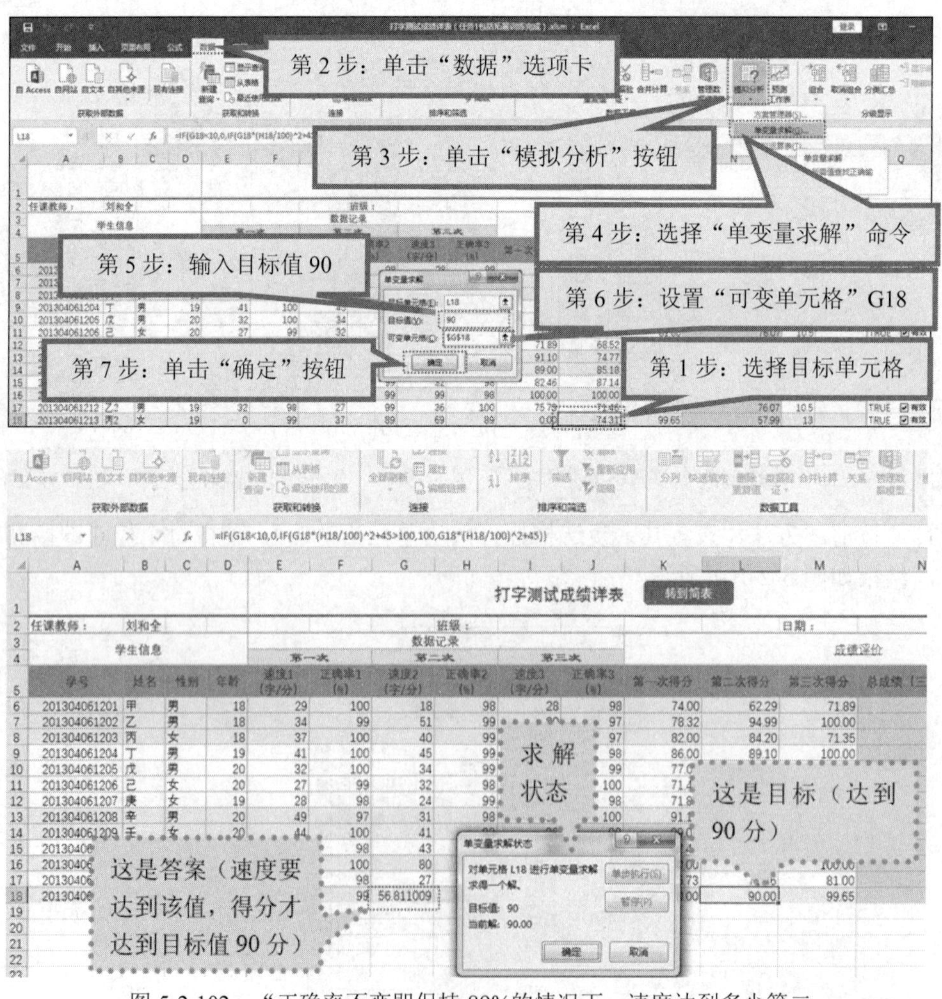

图5-2-102 “正确率不变即保持89%的情况下，速度达到多少第二次得分能够达到90分呢”单变量求解过程及求解答案

如图 5-2-102 所示，要达到 90 分，在正确率不变的情况下，速度至少达到 56.811009。如果不更改原数据，则单击“单变量求解状态”提示框中的“取消”按钮，本例单击“取消”按钮。

2）参考图 5-2-103，使用前述单变量求解方法求解：保持速度不变的情况下，得分要达到 90 分，那么正确率要达到多少呢？

图 5-2-103　“速度不变即保持 37 字/分的情况下，正确率达到多少第二次得分能够达到 90 分呢”单变量求解过程及求解答案

从求解结果可以看出，如果速度保持 37 字/分不变，得分要达到 90 分，那么正确率必须达到 110.282%。正确率超过了 100%，显然这是不可能的。也就是说，目前的打字速度，无论正确率提高多少（最高 100%），得分始终无法达到 90 分。要想提高成绩，必须提高速度。

（2）模拟运算表。打字测试某次得分是由“速度”和“正确率”综合决定的。假如我们想知道“速度和正确率各为多少时得分可以达到 100 呢？”因为“速度”与“正确率”两个参数综合作用“得分”，所以这个问题有许多答案。我们可以利用 Excel 提供的“模拟运算表”来求解这个问题。

1）选取单元格区域 I5:M6，按 Ctrl+C 组合键复制，插入工作表，按 Ctrl+V 组合键粘贴，结果如图 5-2-104 所示。

2）将上述插入的工作表名称更改为“速度与正确率模拟运算表”。

3）选取 C 列和 D 列（方法如下：将鼠标指针移到 C 列列标上按住鼠标左键不放，向右拖动鼠标至 D 列列标后松开鼠标左键），然后在选取区域内的任意位置右击，在弹出的快捷菜单中选择“删除”命令，留下有用数据，单击单元格 C2，查看编辑栏公式是否正确，结果如图 5-2-105 所示。

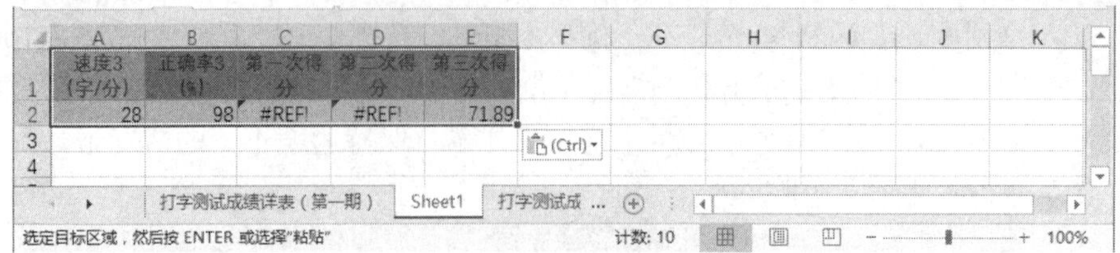

图 5-2-104 复制所需基础数据和公式到新工作表中

图 5-2-105 保留有用数据、确保公式正确

4）从单元格 C3 开始往下依次输入速度参数值 5，10，15，…，120（可采用自动填充方法），然后合并单元格区域 A3:B26，输入文字“速度参数值”；从单元格 D2 开始往右依次输入正确率参数值 50，55，60，…，100，然后合并单元格区域 D1:N1，输入文字“正确率参数值”，如图 5-2-106 所示。

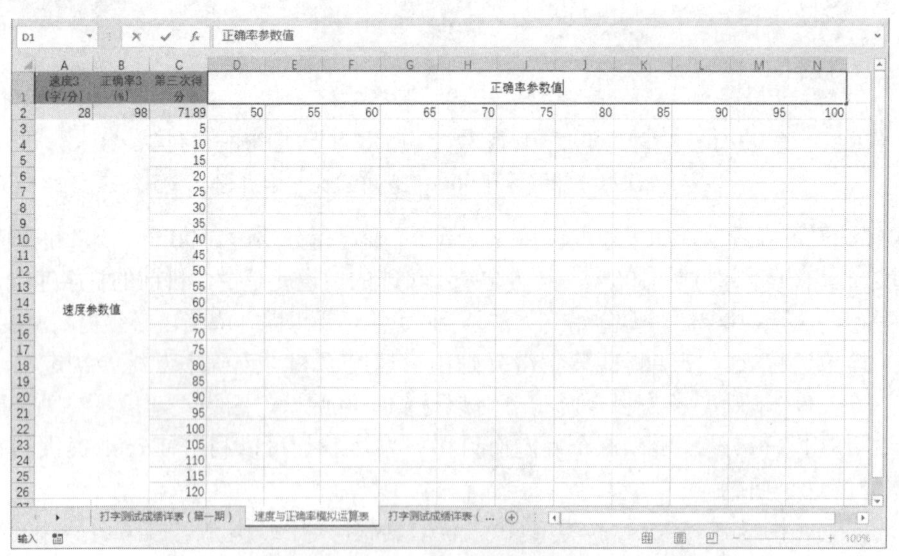

图 5-2-106 输入模拟运算参数

5）选择单元格区域 C2:N26，在“数据”选项卡的“预测”组中单击“模拟分析”按钮，在下拉列表中选择“模拟运算表”命令，弹出“模拟运算表”对话框。确认光标在对话框的“输入引用行的单元格”文本框内，单击单元格 B2，将选择的单元格地址$B$2（绝对引用形式）填写在“输入引用行的单元格”文本框内，然后单击“输入引用列的单元格”文本框的空白处

（即将光标置于本框），单击单元格 A2。至此，“模拟运算表”对话框中的参数设置完毕，如图 5-2-107 所示。

	A	B	C	D	E	F	G	H	I	J	K	L	M	N
1	速度3（字/分）	正确率3（%）	第三次得分	正确率参数值										
2	28	98	71.89	50	55	60	65	70	75	80	85	90	95	100
3			5											
4			10											
5			15											
6			20											
7			25											
8			30											
9			35											
10			40											
11			45											
12			50											
13			55											
14	速度参数值		60											
15			65											
16			70											
17			75											
18			80											
19			85											
20			90											
21			95											
22			100											
23			105											
24			110											
25			115											
26			120											

图 5-2-107　“模拟运算表”对话框中的参数设置

6）确认上述参数无误后单击“确定”按钮，生成“模拟运算表”，如图 5-2-108 所示。

	A	B	C	D	E	F	G	H	I	J	K	L	M	N
1	速度3（字/分）	正确率3（%）	第三次得分	正确率参数值										
2	28	98	71.89	50	55	60	65	70	75	80	85	90	95	100
3			5	0	0	0	0	0	0	0	0	0	0	0
4			10	47.5	48.025	48.6	49.225	49.9	50.625	51.4	52.225	53.1	54.025	55
5			15	48.75	49.5375	50.4	51.3375	52.35	53.4375	54.6	55.8375	57.15	58.5375	60
6			20	50	51.05	52.2	53.45	54.8	56.25	57.8	59.45	61.2	63.05	65
7			25	51.25	52.5625	54	55.5625	57.25	59.0625	61	63.0625	65.25	67.5625	70
8			30	52.5	54.075	55.8	57.675	59.7	61.875	64.2	66.675	69.3	72.075	75
9			35	53.75	55.5875	57.6	59.7875	62.15	64.6875	67.4	70.2875	73.35	76.5875	80
10			40	55	57.1	59.4	61.9	64.6	67.5	70.6	73.9	77.4	81.1	85
11			45	56.25	58.6125	61.2	64.0125	67.05	70.3125	73.8	77.5125	81.45	85.6125	90
12			50	57.5	60.125	63	66.125	69.5	73.125	77	81.125	85.5	90.125	95
13			55	58.75	61.6375	64.8	68.2375	71.95	75.9375	80.2	84.7375	89.55	94.6375	100
14	速度参数值		60	60	63.15	66.6	70.35	74.4	78.75	83.4	88.35	93.6	99.15	100
15			65	61.25	64.6625	68.4	72.4625	76.85	81.5625	86.6	91.9625	97.65	100	100
16			70	62.5	66.175	70.2	74.575	79.3	84.375	89.8	95.575	100	100	100
17			75	63.75	67.6875	72	76.6875	81.75	87.1875	93	99.1875	100	100	100
18			80	65	69.2	73.8	78.8	84.2	90	96.2	100	100	100	100
19			85	66.25	70.7125	75.6	80.9125	86.65	92.8125	99.4	100	100	100	100
20			90	67.5	72.225	77.4	83.025	89.1	95.625	100	100	100	100	100
21			95	68.75	73.7375	79.2	85.1375	91.55	98.4375	100	100	100	100	100
22			100	70	75.25	81	87.25	94	100	100	100	100	100	100
23			105	71.25	76.7625	82.8	89.3625	96.45	100	100	100	100	100	100
24			110	72.5	78.275	84.6	91.475	98.9	100	100	100	100	100	100
25			115	73.75	79.7875	86.4	93.5875	100	100	100	100	100	100	100
26			120	75	81.3	88.2	95.7	100	100	100	100	100	100	100

打字测试成绩详表（第一期）　速度与正确率模拟运算表　打字测试成绩详表（...

平均值: 73.75　计数: 300　求和: 22124.93　100%

图 5-2-108　速度与正确率模拟运算表

7）选取单元格区域 D3:N26，为其设置条件格式（值等于 100 时突出显示）、数字格式（类型：数值，小数位数：1），结果如图 5-2-109 所示。

8）通过观察图 5-2-109 所示的模拟运算表即可很轻松、准确地回答前面提出的问题。例如，只要“速度达到 115 且正确率达到 70%”或者“速度达到 55 且正确率达到 100%”（以及图 5-2-109 所示得分为 100 分的其他情况），该次测试得分就可以达到 100 分。

思考：“模拟运算表”功能适用于本例“总成绩（三次平均）”吗？

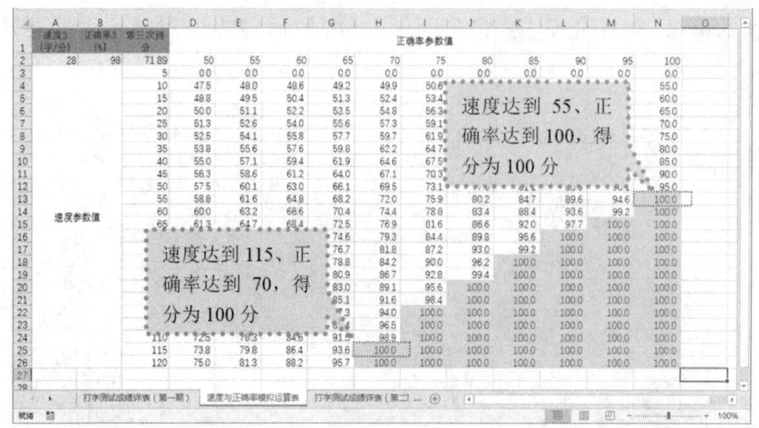

图 5-2-109　模拟运算表数字格式、条件格式设置效果

5. 获取和转换数据（导入网站表格）

（1）新建来自网站的查询。

1）如图 5-2-110 所示。单击“数据”选项卡“获取和转换”组中的“新建查询”按钮，从弹出的下拉列表中选择“从其他源”→“自网站”命令。

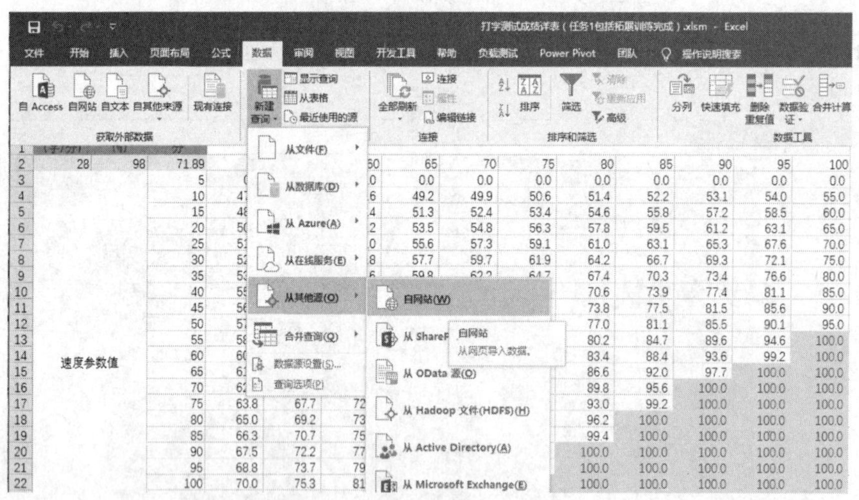

图 5-2-110　新建查询（自网站）

2）弹出图 5-2-111（a）所示的“从 Web”对话框。在 URL 文本框中输入要访问的网站网址（查询 Excel 快捷键，例如 http://www.officezhushou.com/excel/jiqiao/kuaijiejian.html），如图 5-2-111（b）所示。

（a）　　（b）

图 5-2-111　“从 Web”对话框

3）单击图 5-2-111 所示“从 Web”对话框中的“确定”按钮，经过短暂连接查询后弹出图 5-2-112 所示的“导航器”对话框。

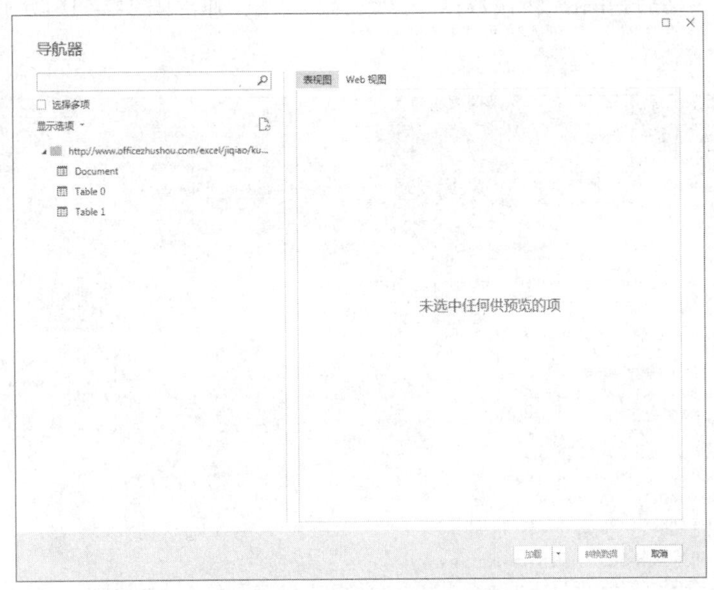

图 5-2-112　“导航器”对话框

提示：网站中包含的表格显示在导航器左栏，你可以单击它们后在对话框右栏查看所选表格的内容。

4）单击图 5-2-112 所示“导航器”对话框左栏中的 Table 1 选项，结果如图 5-2-113 所示。

Column1	Column2
Excel中处理工作表的快捷键	Excel中处理工作表的快
插入新工作表	Shift+F11或Alt+Shift+F1
移动到工作簿中的下一张工作表	Ctrl+PageDown
移动到工作簿中的上一张工作表	Ctrl+PageUp
选定当前工作表和下一张工作表	Shift+Ctrl+PageDown
取消选定多张工作表	Ctrl+ PageDown
选定其他的工作表	Ctrl+PageUp
选定当前工作表和上一张工作表	Shift+Ctrl+PageUp
对当前工作表重命名	Alt+O H R
移动或复制当前工作表	Alt+E M
删除当前工作表	Alt+E L
Excel工作表内移动和滚动的快捷键	Excel工作表内移动和滚
向上、下、左或右移动一个单元格	箭头键
移动到当前数据区域的边缘	Ctrl+箭头键
移动到行首	Home
移动到工作表的开头	Ctrl+Home
移动到工作表的最后一个单元格，位于数据中的最右列的最下	Ctrl+End
向下移动一屏	PageDown
向上移动一屏	PageUp
向右移动一屏	Alt+PageDown
向左移动一屏	Alt+PageUp

图 5-2-113　在“导航器”对话框查看表格内容

提示：如果需要选定多个表格，请勾选“选择多项”复选框。

（2）转换数据。

1）确认所需表格后，单击“转换数据”（或加载）按钮，弹出图 5-2-114 所示的“Power Query 编辑器”窗口。

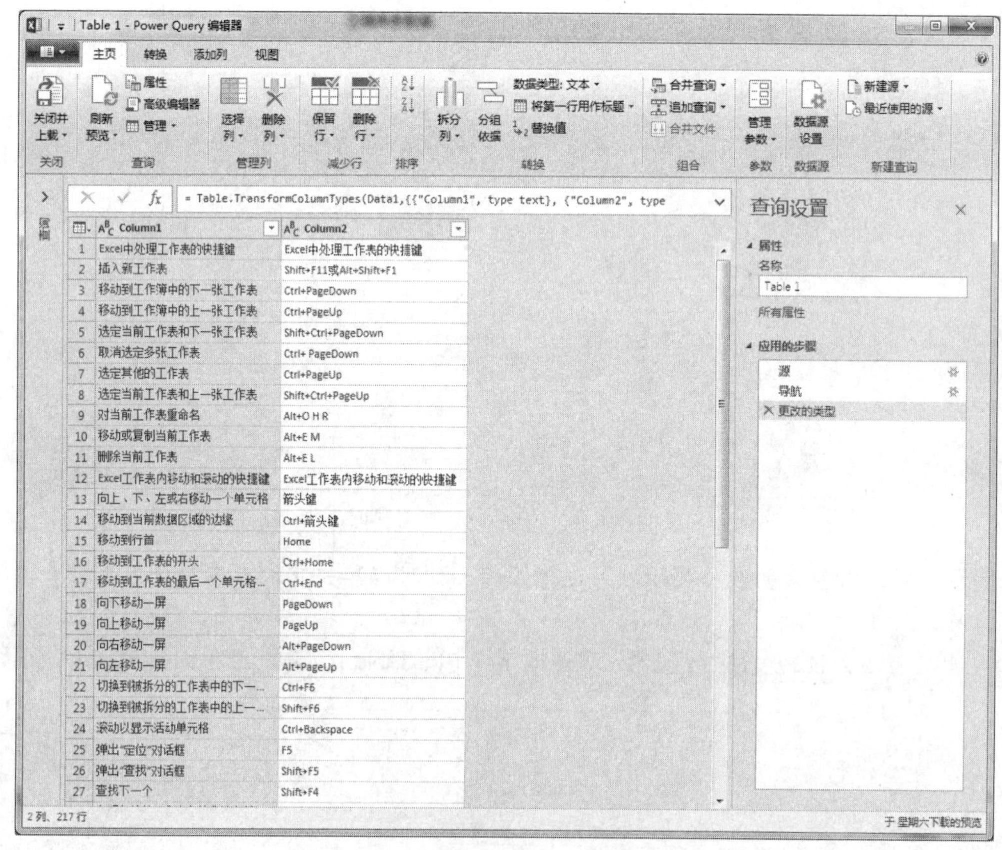

图 5-2-114 “Power Query 编辑器”窗口

提示：可以在“Power Query 编辑器”窗口中编辑表格（不影响源数据），形成所需的数据和格式。

2）本例不进行编辑。单击“Power Query 编辑器”窗口右上角的“关闭”按钮，弹出图 5-2-115 所示的“是否保留更改”对话框。

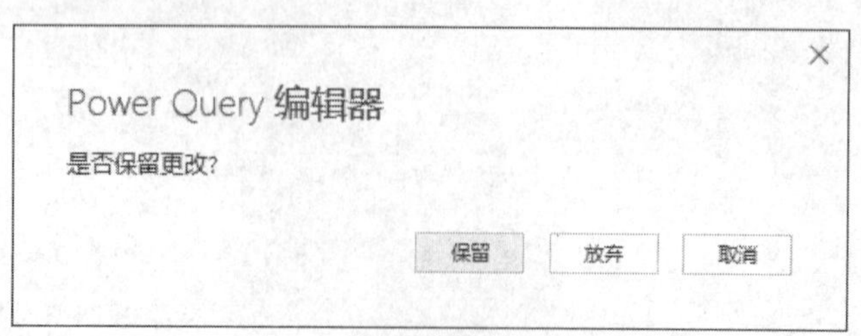

图 5-2-115 “是否保留更改”对话框

3）单击“保留”按钮，结果如图 5-2-116 所示。

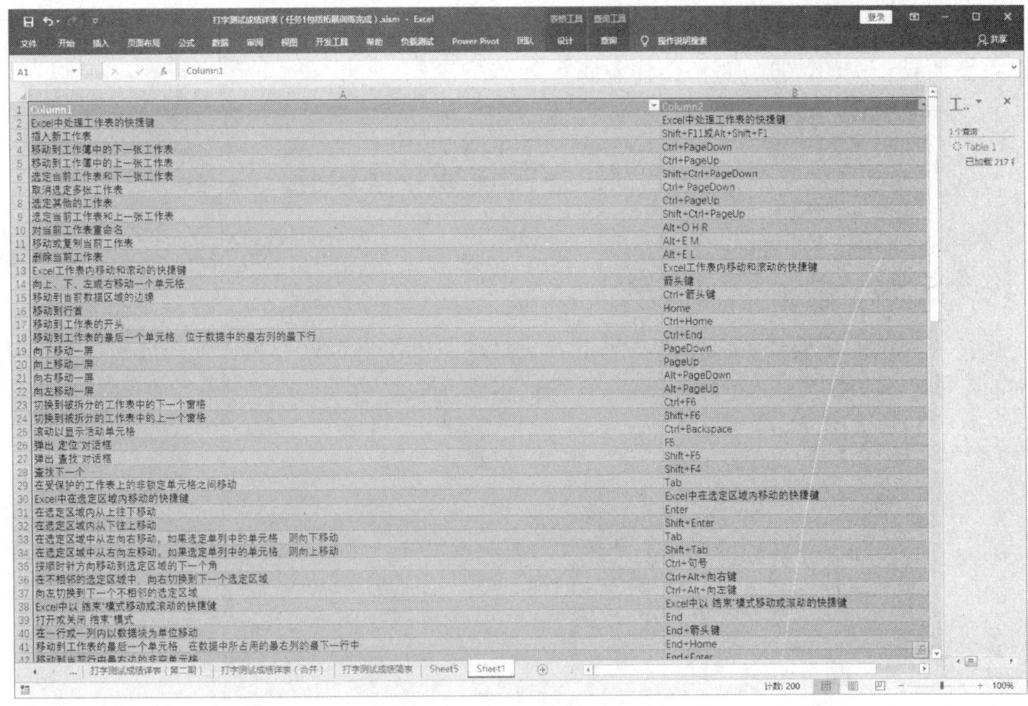

图 5-2-116　查询数据加载到新工作表

提示：保留查询后，Excel 默认将查询数据加载到自动新建的工作表中，并在窗口的右侧显示所有创建的查询。

（3）查询编辑、删除与加载。右击窗口右侧的查询（Table 1），弹出该查询的快捷菜单，如图 5-2-117 所示。

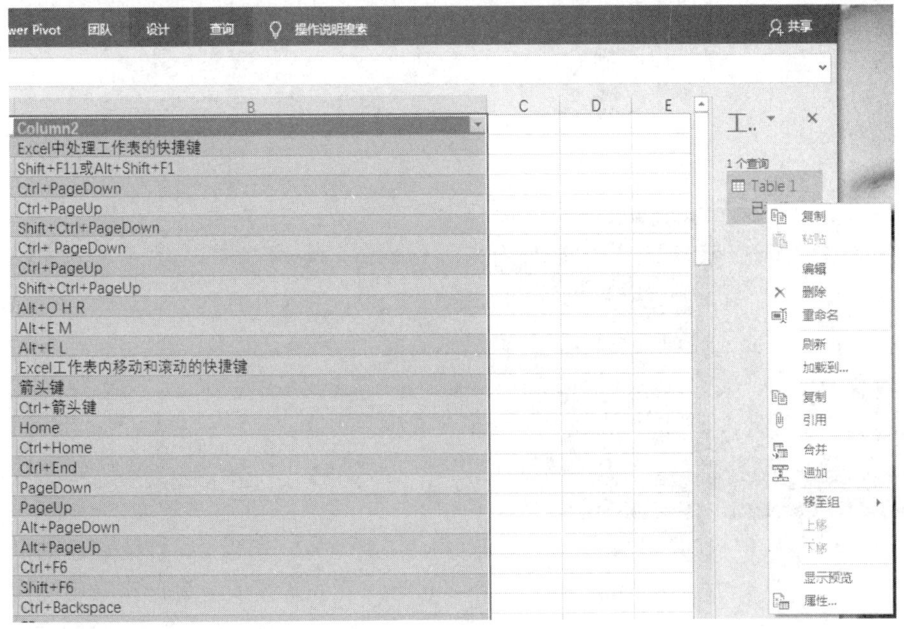

图 5-2-117　查询的快捷菜单

可以选择“删除”菜单删除该查询或者选择“刷新”菜单刷新数据，还可以选择“加载”菜单重新加载查询的数据到当前工作表或新工作表中。

任务3　打字测试成绩图表化

任务目标

将打字测试的重要数据以图表、报告方式呈现，以便直观查看和分析，进一步掌握学生打字的学情。

知识与技能目标

- 图表的建立、编辑、修改和修饰。
- 数据透视表和数据透视图的使用。
- *迷你图的创建。

情境描述

任课教师将测试数据录入“打字测试成绩详表”后，虽然可以通过数据处理（如计算平均值、排序、筛选及汇总等）掌握打字学情，但是它们不仅不能形象直观地表现，而且有些统计分析等处理操作不便或过于繁杂甚至无法完成。

采用柱形图、饼图及迷你图可以形象直观地表现数据及其变化，采用透视表与透视图可以非常方便地进行计算平均值、男女生人数计数等统计，以及男女生得分比较、预测及相应图形展现的操作。示例如图5-3-1至图5-3-3所示。

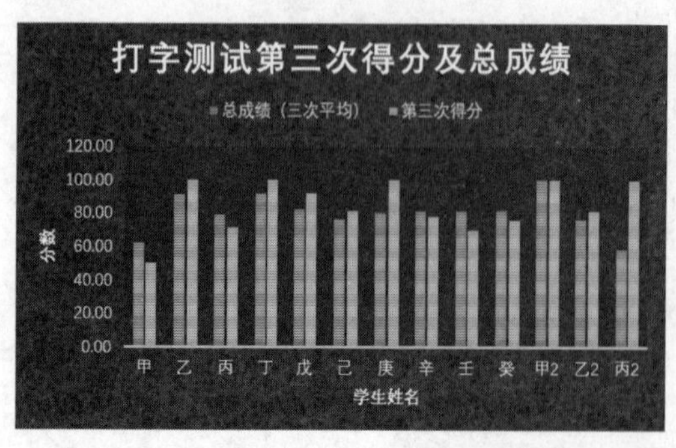

图5-3-1　示例一（柱形图展现所有学生的得分及成绩）

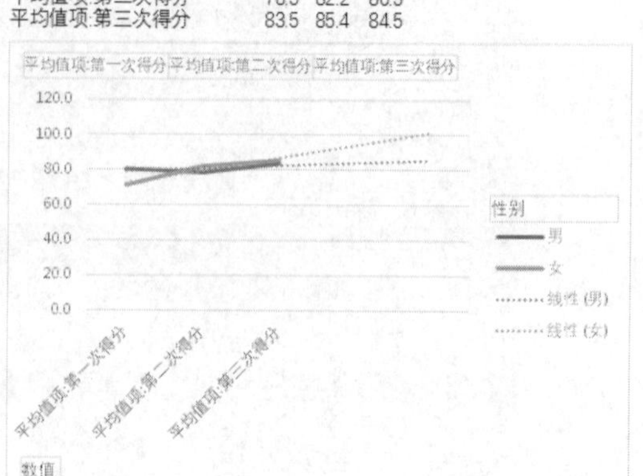

值	列标签 男	女	总计
平均值项:第一次得分	80.4	71.0	75.3
平均值项:第二次得分	78.5	82.2	80.5
平均值项:第三次得分	83.5	85.4	84.5

图5-3-2　示例二（透视表及透视图展现男女生得分平均值比较及预测）

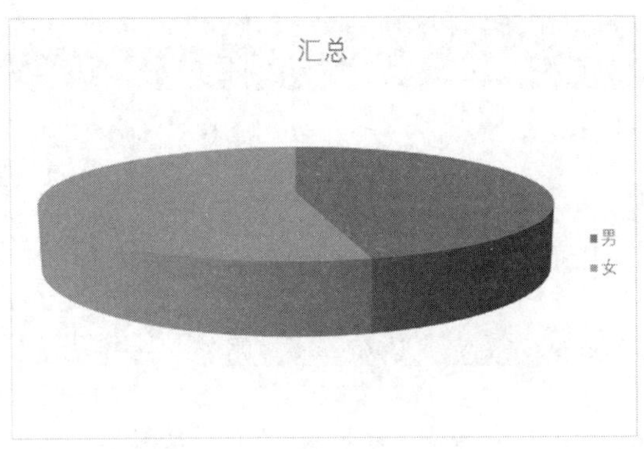

图 5-3-3　示例三（透视图展示男女生人数比例）

实现方法与步骤

1. 使用柱形图展示学生的得分与成绩（插入图表）

打开工作簿“打字测试成绩详表（任务 2 包括拓展训练完成）.xlsm”（由教师提供）。打开时如果出现“链接更新”提示框，单击“不更新”按钮。

单击窗口左下角的 ◂ 按钮，直到看到第一张工作表。单击工作表标签“打字测试成绩详表（第一期）”。

（1）利用簇状柱形图直观显示各学生的总成绩。

1）选定“姓名”和“总成绩（三次平均）”两列的所有详细数据及列标题（即单元格区域 B5:B18,N5:N18），方法如下：将鼠标指针移动到单元格 B5 内，按住鼠标左键不放向下拖动鼠标，当鼠标指针到达单元格 B18 时松开鼠标左键，此时选定了区域 B5:B18，按住 Ctrl 键不放，将鼠标指针移动到单元格 N5 内，按住鼠标左键不放向下拖动鼠标，当鼠标指针到达单元格 N18 时松开鼠标左键，再放开 Ctrl 键，此时又增选了区域 N5:N18，两个区域一起被选择，如图 5-3-4 所示。

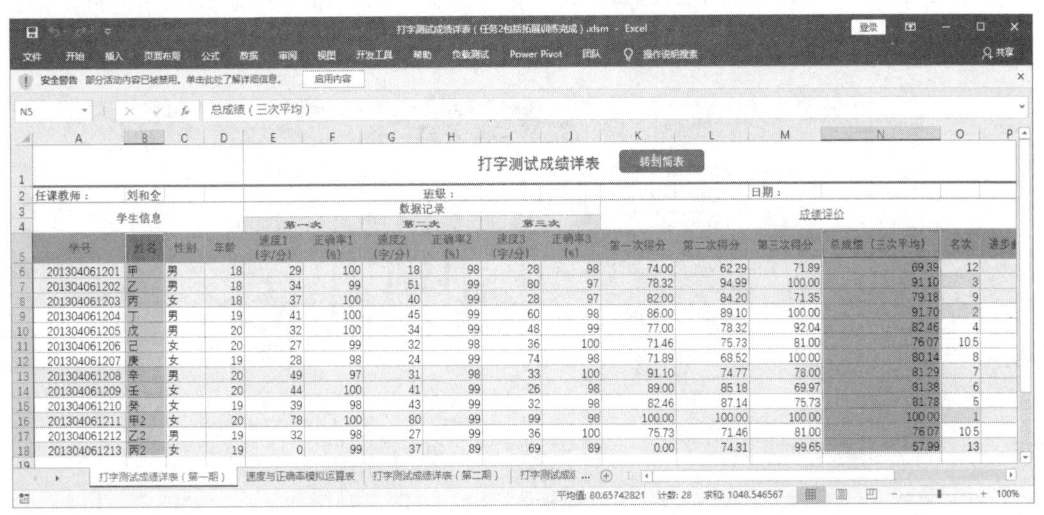

打字测试成绩详表

任课教师：刘和全　班级：　日期：

学号	姓名	性别	年龄	速度1（字/分）	正确率1（%）	速度2（字/分）	正确率2（%）	速度3（字/分）	正确率3（%）	第一次得分	第二次得分	第三次得分	总成绩（三次平均）	名次
201304061201	甲	男	18	29	100	18	98	28	98	74.00	62.29	71.89	69.39	12
201304061202	乙	男	18	34	99	51	99	80	97	78.32	94.99	100.00	91.10	3
201304061203	丙	女	18	37	100	40	99	28	97	82.00	84.20	71.35	79.18	9
201304061204	丁	男	19	41	100	45	99	60	98	86.00	89.10	100.00	91.70	2
201304061205	戊	男	20	32	100	34	99	48	99	77.00	78.32	92.04	82.46	4
201304061206	己	女	20	27	99	32	98	36	100	71.46	75.73	81.00	76.07	10.5
201304061207	庚	女	19	28	98	24	99	74	98	71.89	68.52	100.00	80.14	8
201304061208	辛	男	20	49	97	31	98	33	100	91.10	74.77	78.00	81.29	7
201304061209	壬	女	20	44	100	41	99	26	98	89.00	85.18	69.97	81.38	6
201304061210	癸	女	19	39	98	43	99	32	98	82.46	87.14	75.73	81.78	5
201304061211	甲2	女	20	78	100	80	99	99	98	100.00	100.00	100.00	100.00	1
201304061212	乙2	男	19	32	98	27	99	36	100	75.73	71.46	81.00	76.07	10.5
201304061213	丙2	女	19	0	99	37	89	69	89	0.00	74.31	99.65	57.99	13

平均值: 80.65742821　计数: 28　求和: 1048.546567

图 5-3-4　选择两个单元格区域

2）在“插入”选项卡的“图表”组中单击“插入柱形图或条形图”按钮，如图 5-3-5 所示。

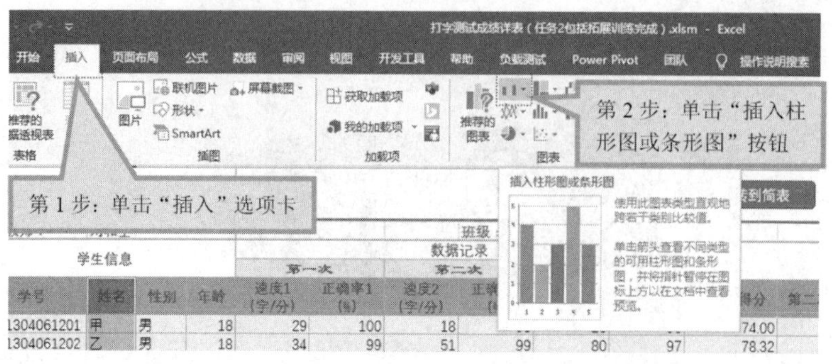

图 5-3-5　单击“插入柱形图或条形图”按钮

3）在“插入柱形图或条形图”下拉列表中选择“簇状柱形图”选项，如图 5-3-6 所示。

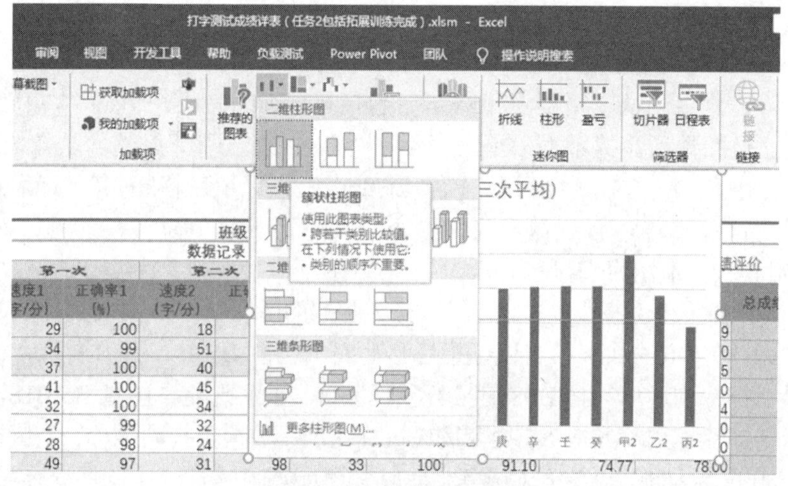

图 5-3-6　插入簇状柱形图

如图 5-3-7 所示，在当前工作表内嵌入一张标题为“总成绩（三次平均）”的柱形图。注意，在功能区中增加了“图表工具”的两个子选项卡（“设计”和“格式”）。

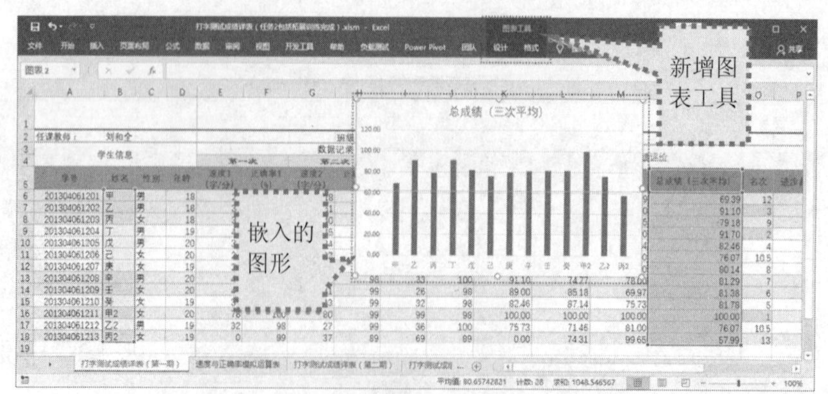

图 5-3-7　在当前工作表中嵌入簇状柱形图

注意：在编辑栏的“名称”框中可以看到该图形的名称为“图表 2”。Excel 根据用户插入图表的次数自动编号（包括删除了的图表也要计数）。你的图表名称序号可能与此不同。

（2）更改图表样式。确认当前嵌入的图表被选定，单击“图表设计”中的“设计”选项卡，在“图表样式”组中选择“样式 3”，如图 5-3-8 所示。

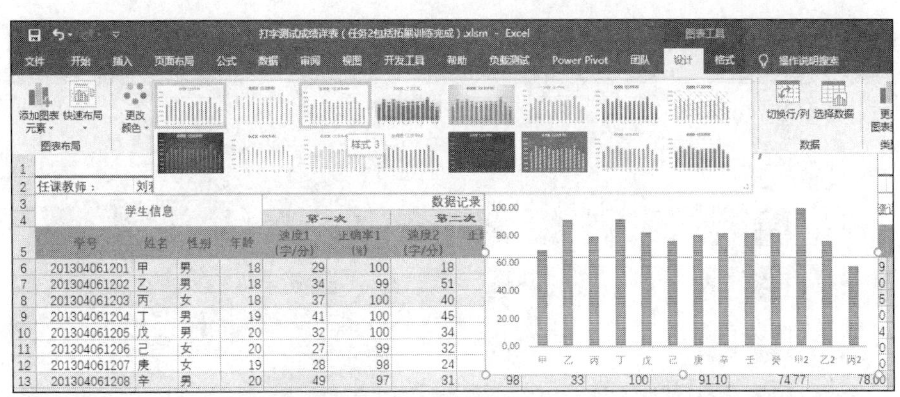

图 5-3-8　更改图表样式

更改图表样式后的结果如图 5-3-9 所示。

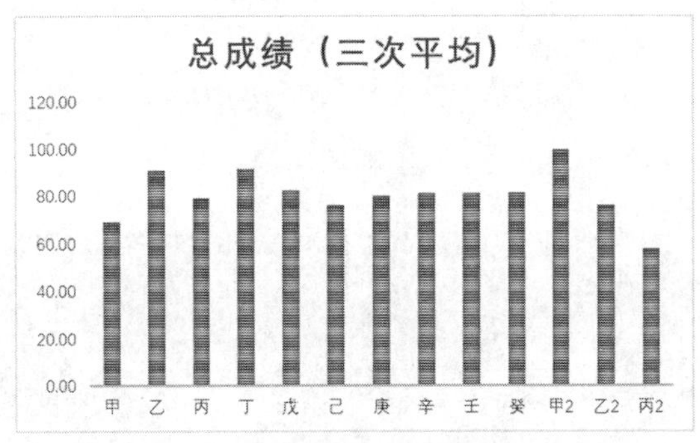

图 5-3-9　更改图表样式后的结果

（3）更改图表形状样式。

1）在“格式”选项卡“形状样式”组中单击“其他”按钮，如图 5-3-10 所示。

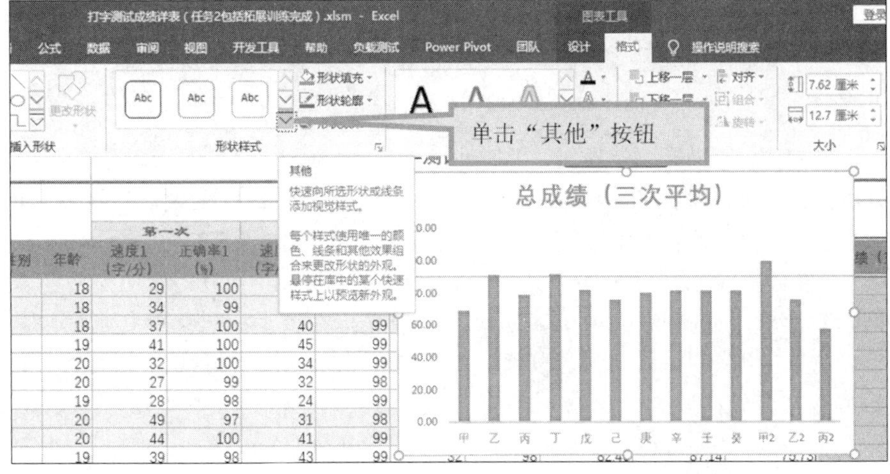

图 5-3-10　单击“其他”按钮

2）根据需要选择一种形状样式，本例选择 浅色 1 轮廓，彩色填充 - 橙色，强调颜色 2，如图 5-3-11 所示。

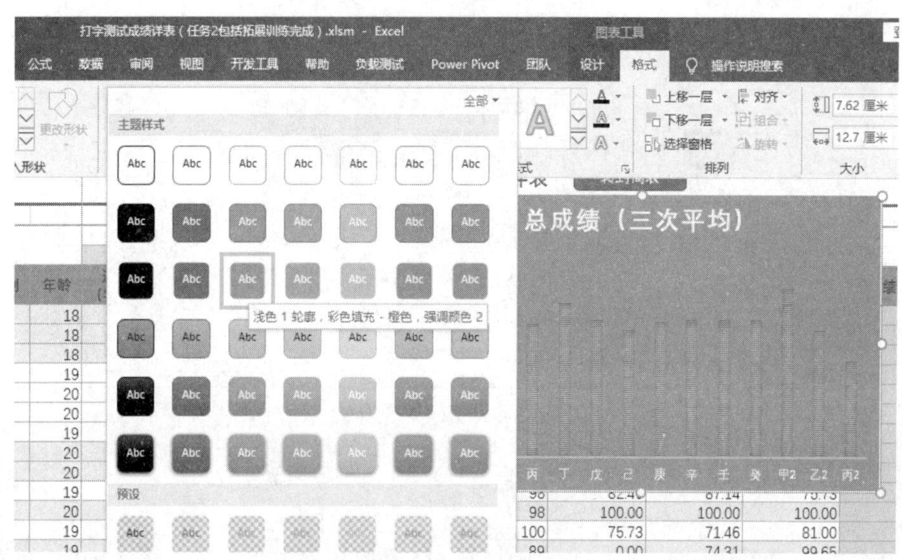

图 5-3-11　选择图表的形状样式

更改图表形状样式后的结果如图 5-3-12 所示。

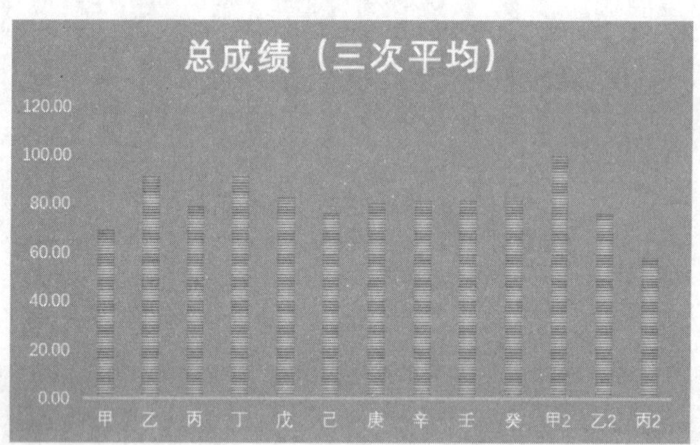

图 5-3-12　更改图表形状样式后的结果

（4）在图表中添加“第三次得分”图例项。

1）移动刚才插入的图表到 A19，保持选定状态。在“图表工具/设计”选项卡的“数据”组中单击“选择数据”按钮，弹出“选择数据源”对话框。如图 5-3-13 所示。

2）在“选择数据源”对话框中单击“图例项（系列）”栏中的“添加”按钮，弹出“编辑数据系列”对话框，如图 5-3-14（a）所示。当前光标在“系列名称”文本框内，单击单元格 M5（即“第三次得分”），“编辑数据系列”对话框中的“系列名称”文本框内会实时填写选择的工作表及其单元格地址。单击“系列值”文本框右侧的“折叠”按钮，对话框将折叠。在工作表内拖选“第一次得分”下的所有数据（即区域 M6:M18，不包括列标题），所选区域即填写在“编辑数据系列”文本框内，如图 5-3-14（b）所示。

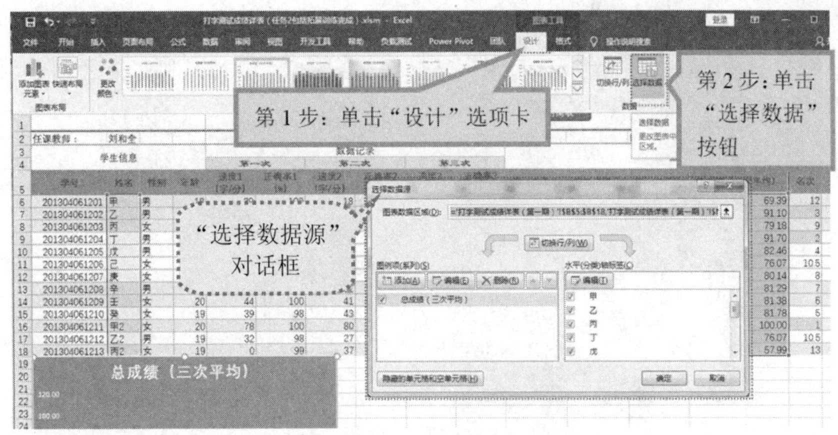

图 5-3-13　选择数据源操作

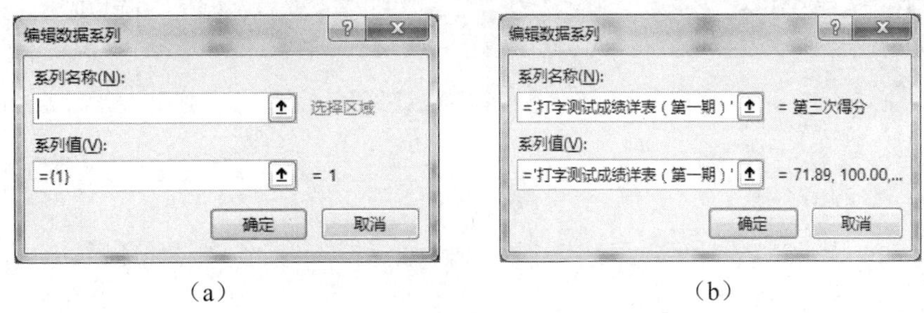

（a）　　　　　　　　　　　　（b）

图 5-3-14　编辑数据系列

3）确认无误后按 Enter 键（或者单击“编辑数据系列”对话框中的“确定”按钮），图表立即更新，增加了“第一次得分”。此时，返回“选择数据源”对话框，可以继续选择其他数据列或删除已有的数据列，如图 5-3-15 所示。

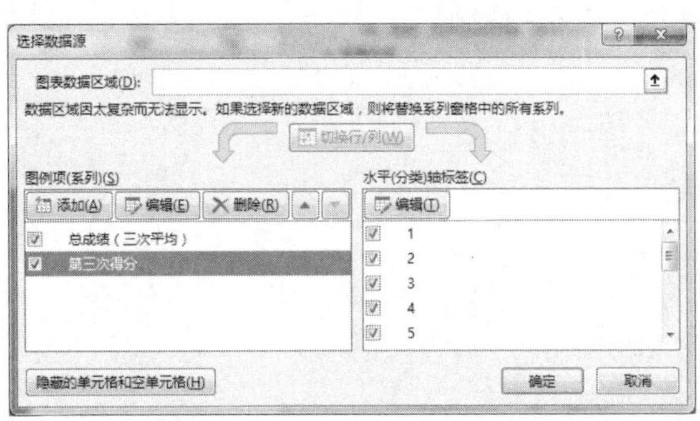

图 5-3-15　“选择数据源”对话框

注意：可单击“选择数据源”对话框的“编辑”按钮选择项（列标题）对应的具体数据。

4）如果不需要再添加或删除图例项（本例如此），则单击“选择数据源”对话框中的“确定”按钮，图表更新结果如图 5-3-16 所示。

（5）调整图表元素及布局。

1）在“图表工具/设计”选项卡的“图表布局”组中单击“添加图表元素”按钮，在下拉列表中选择“图表标题”→“图表上方”命令，如图 5-3-17 所示。

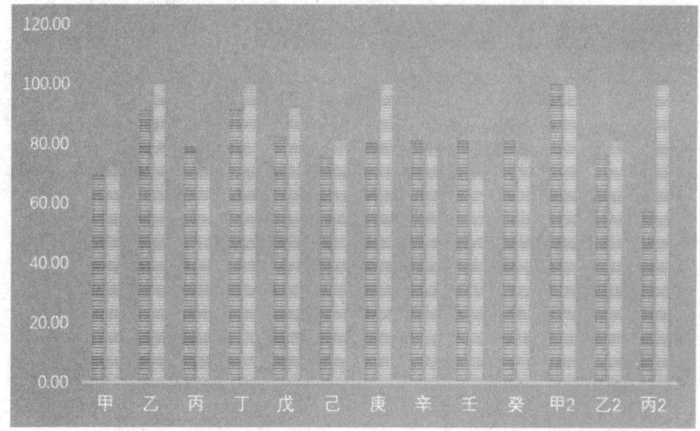

图 5-3-16 图表更新结果

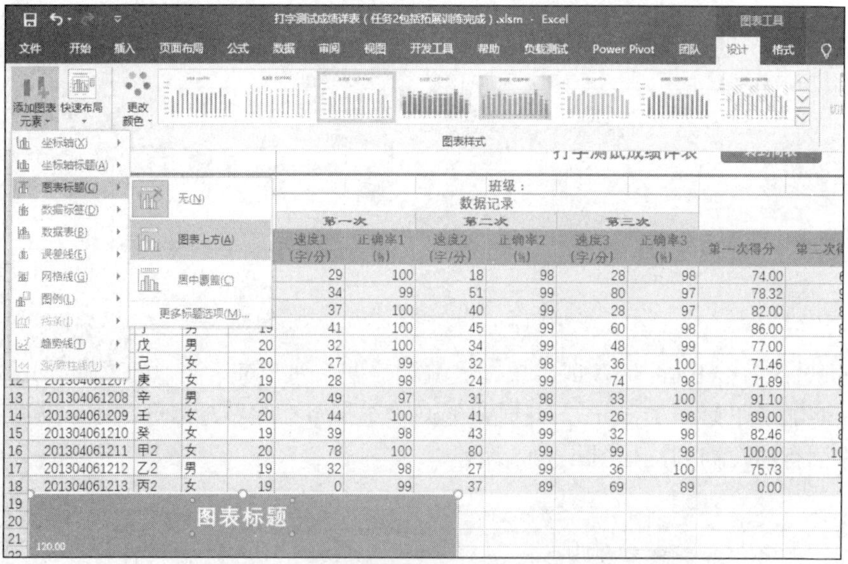

图 5-3-17 设置图表标题并显示于图表上方

设置图表标题后的结果如图 5-3-18 所示。

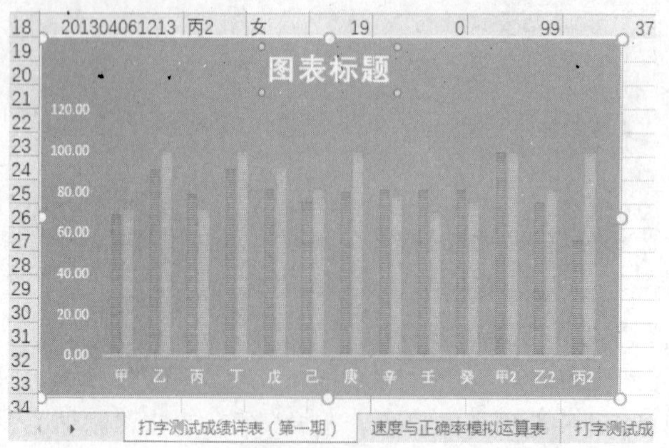

图 5-3-18 设置“图表标题”后的结果

2）将“图表标题”文字改为“打字测试第三次得分及总成绩”，结果如图 5-3-19 所示。

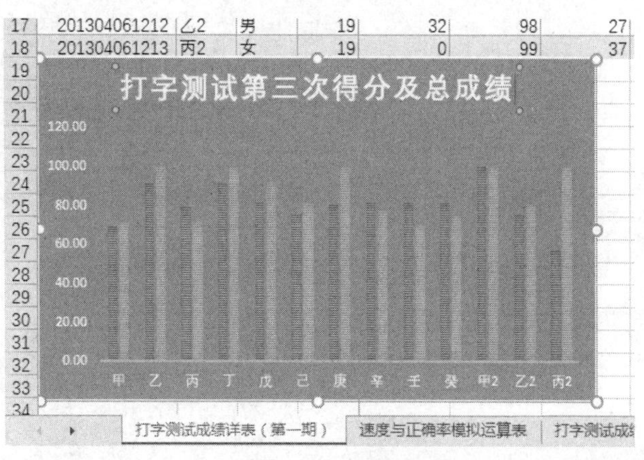

图 5-3-19　更改图表标题

3）在“图表工具/设计”选项卡的“图表布局”组中单击“添加图表元素”按钮，在下拉列表中选择“图列”→“顶部”命令，如图 5-3-20 所示。

图 5-3-20　设置图例及显示位置

4）用类似方法为图表添加“主要横坐标轴标题”和“主要纵坐标轴标题”，并将“横坐标轴标题”设置为“学生姓名”，将“纵坐标轴标题”设置为“分数”，结果如图 5-3-21 所示。

（6）设置图表填充背景。

1）单击“格式”选项卡，确保在“当前所选内容”组中选择的是“图表区”。单击“形状填充”按钮，在下拉列表中选择“纹理”选项，将鼠标指针移动到“紫色网格”纹理时图表会及时显示应用效果，确认无误后选择“紫色网格”，如图 5-3-22 所示。

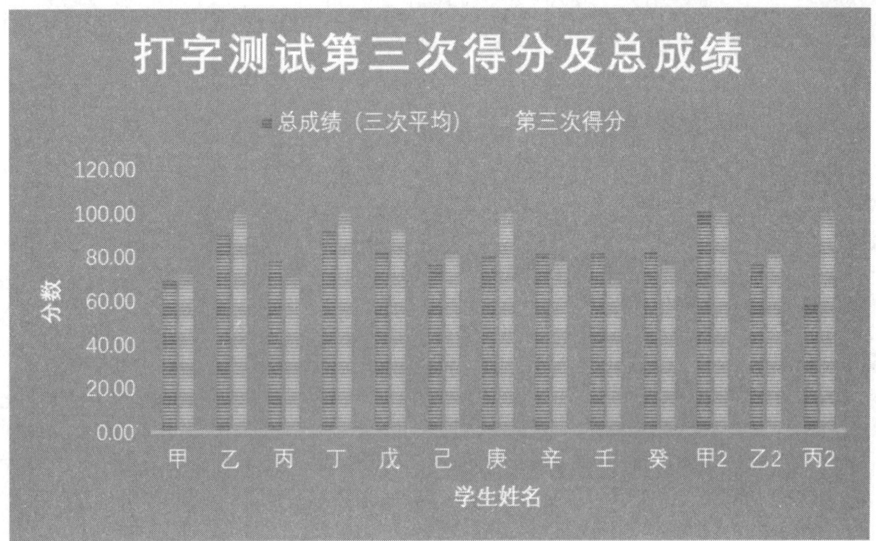

图 5-3-21　设置坐标轴标题

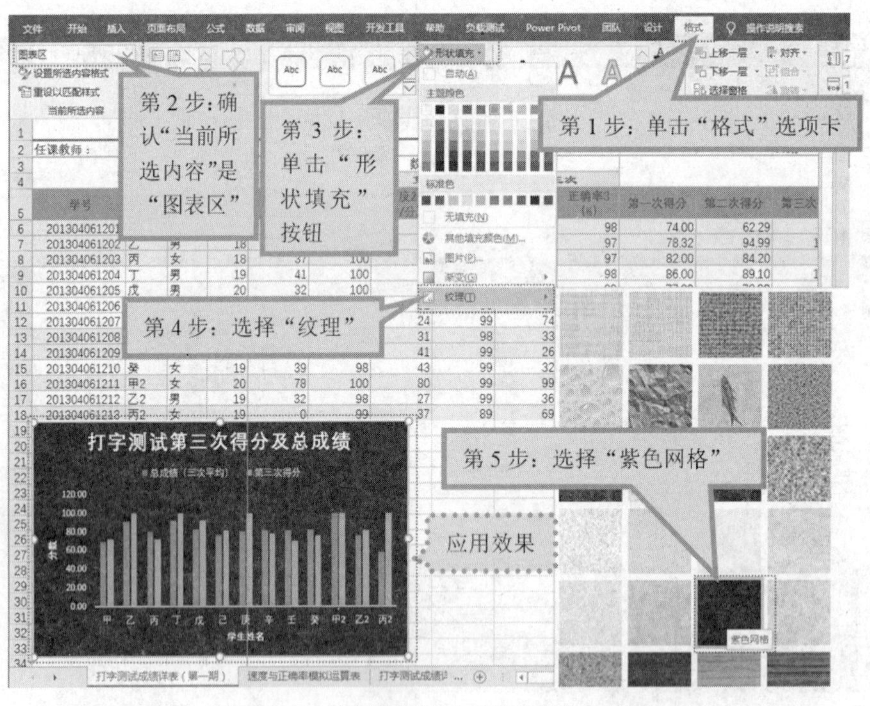

图 5-3-22　为图表区填充“紫色网络”纹理

2）在“当前所选内容”组中单击“绘图区”（单击图表的中央也可以选择“绘图区”），再单击“形状填充”按钮，选择“深蓝”标准色，如图 5-3-23 所示。

（7）绘图区随源数据的变化。

将学生“甲”的“速度 3”原值改为“10”，“正确率 3”原值改为“70”，观察图表的“绘图区”有什么变化，如图 5-3-24 所示。

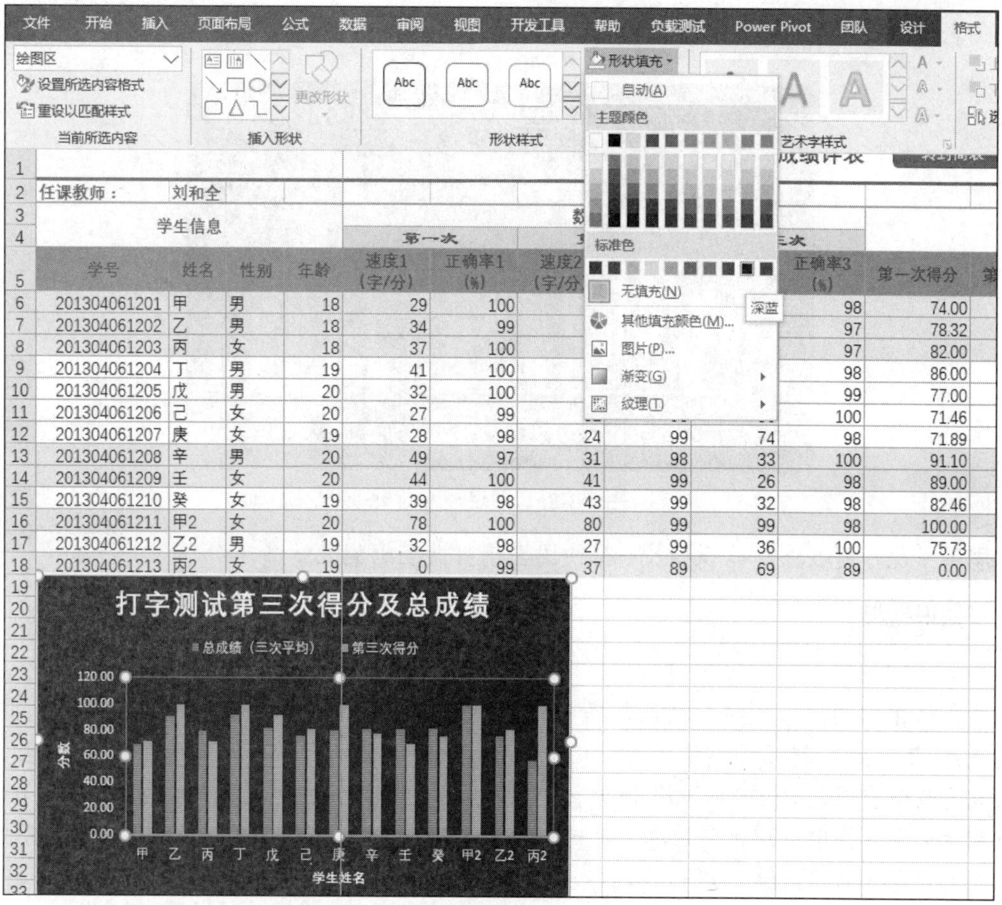

图 5-3-23　为绘图区填充“深蓝”标准色

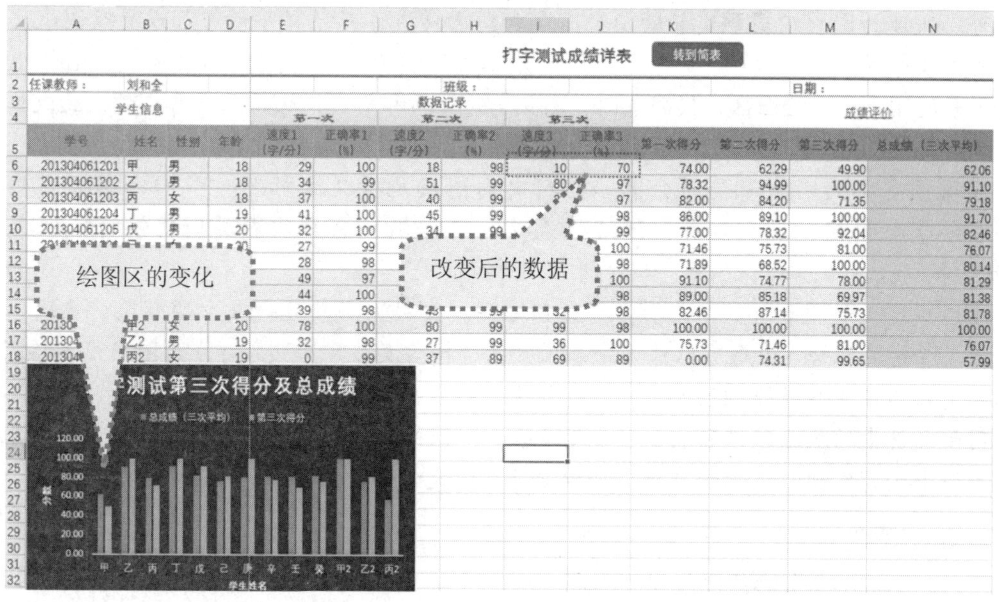

图 5-3-24　图表随源数据变化而自动变化

图表最终效果见图 5-3-25。

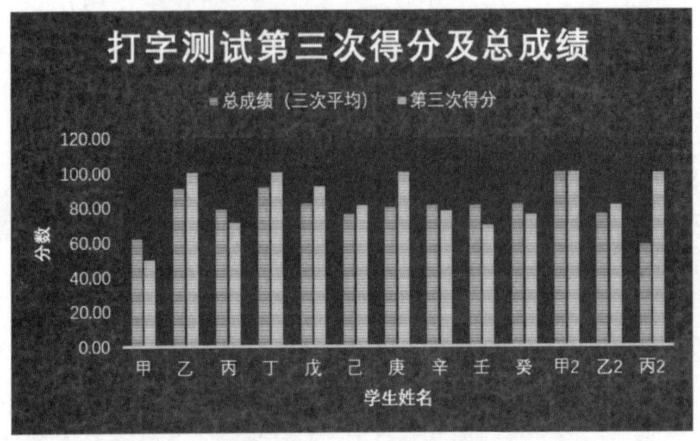

图 5-3-25　图表最终效果

思考：就目前数据，能否插入一张饼图显示男女生比例呢？

※知识链接

图表

图表用于以图形形式显示数值数据系列，使你更容易理解大量数据以及不同数据系列之间的关系。Excel 支持多种类型的图表，可帮助你使用对受众有意义的方式来显示数据。创建图表或更改现有图表时，可以从各种图表类型（如柱形图或饼图）及其子类型（如三维图表中的堆积柱形图或饼图）中进行选择；也可以通过在图表中使用多种图表类型来创建组合图。

图表中包含许多元素。默认情况下会显示其中一部分元素，而其他元素可以根据需要添加。通过将图表元素移到图表中的其他位置、调整图表元素的大小或者更改格式，可以更改图表元素的显示。还可以删除你不希望显示的图表元素。

可以快速为图表应用预定义的图表布局和图表样式，而不必手动添加或更改图表元素或者设置图表格式。Excel 提供了多种有用的预定义布局和样式，但也可以手动更改各图表元素（如图表的图表区、绘图区、数据系列或图例）的布局和格式，从而根据需要对布局或样式进行微调。

应用预定义的图表布局时会有一组特定的图表元素（如标题、图例、模拟运算表或数据标签）按特定的排列顺序显示在图表中，可以从为每种图表类型提供的各种布局中进行选择。

应用预定义的图表样式时，会基于你所应用的文档主题（主题是主题颜色、主题字体和主题效果三者的组合，主题可以作为一套独立的选择方案应用于文件中）为图表设置格式，以便你的图表与你组织或你自己的主题颜色（文件中使用的颜色的集合，一组颜色）、主题字体（应用于文件中的主要字体和次要字体的集合，一组标题和正文文本字体）以及主题效果（应用于文件中元素的视觉属性的集合，一组线条和填充效果）匹配。

2. 插入联机图片

（1）单击单元格 H20 作为图片的插入点。单击“插入”选项卡“插图”组中的“联机图片”按钮，如图 5-3-26 所示。弹出图 5-3-27（a）所示的“插入图片”对话框。

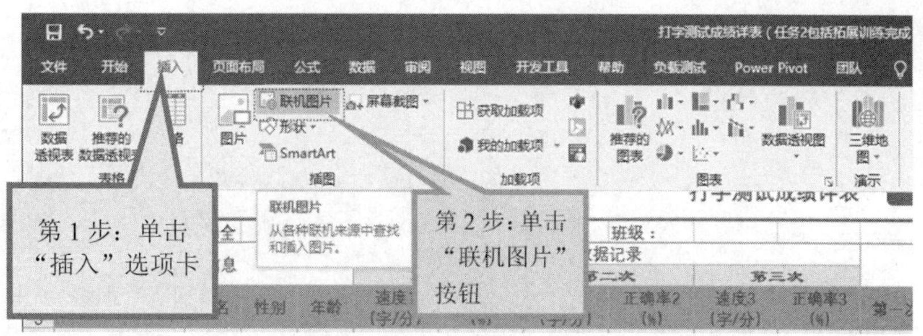

图 5-3-26　“联机图片”按钮

（a）

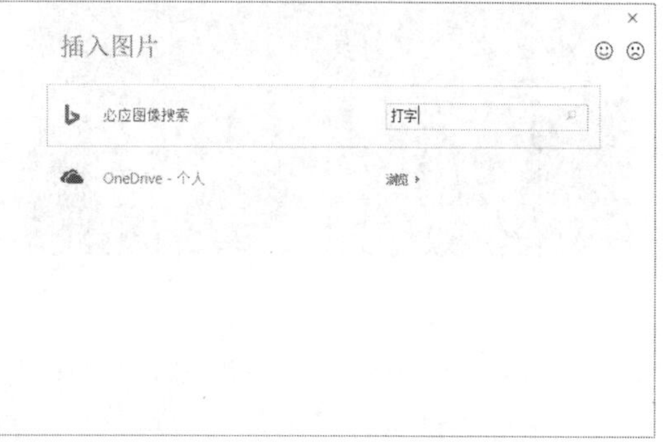

（b）

图 5-3-27　“插入图片”对话框

（2）在“必应图像搜索”文本框中输入“打字”，如图 5-3-27（b）所示。

（3）弹出图 5-3-28 所示的“联机 图片”对话框。

（4）拖动窗口右侧的滚动条找到所需的图片，如图 5-3-29 所示。

图 5-3-28　“联机 图片”对话框

图 5-3-29　在“联机 图片”对话框中查找所需图片

（5）单击所需图片后单击“插入”按钮，结果如图 5-3-30 所示。

（6）删除多余的图片、调整图片尺寸及位置。

注意：刚才插入的图片有两张并且是被选定的。

1）首先在图片之外单击，取消选择图片。

2）单击第 2 张图片（不要单击其中的链接）从而选择了第 2 张图片（图片周围出现 8 个圈）。单击图片的边框（图片内文字处无光标闪动），按 Delete 键删除图片。

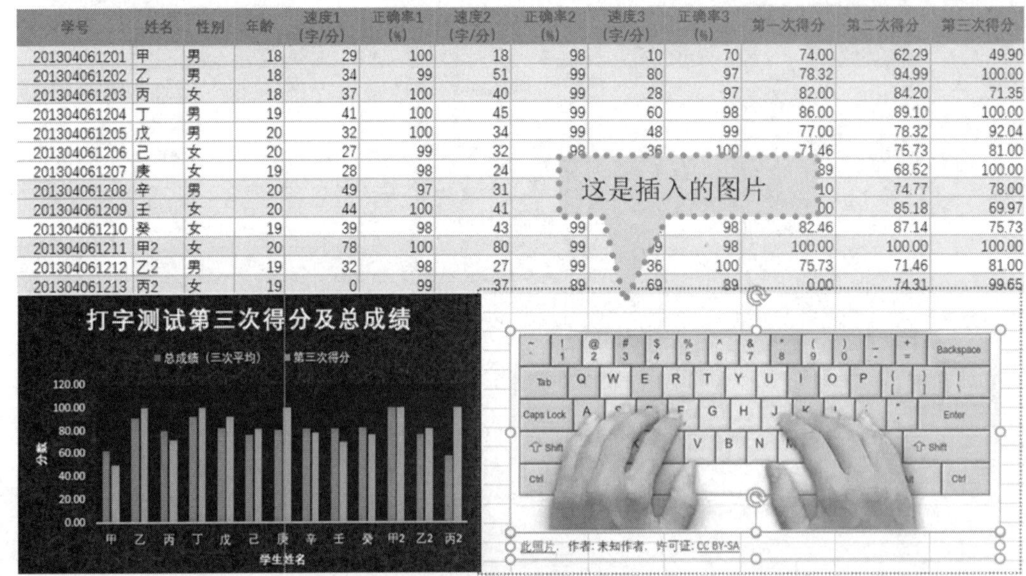

图 5-3-30　插入图片

3）单击第 1 张图片，拖动任何一个图片周围的圈可以调整图片尺寸，移动鼠标在图片范围内按下鼠标左键可移动图片（也可使用键盘上的方向键移动），结果如图 5-3-31 所示。

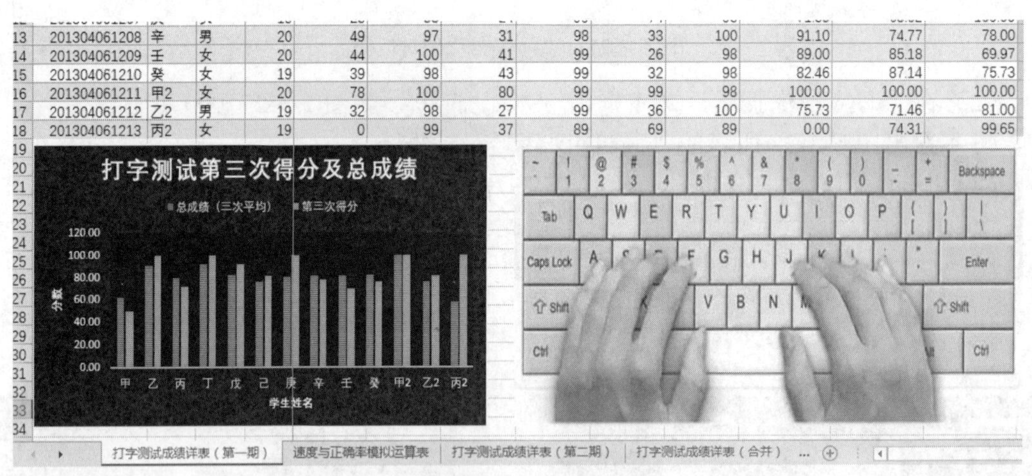

图 5-3-31　调整图片

3. 利用数据透视表和数据透视图统计显示各次得分的平均值

（1）选择单元格区域 A5:O18，单击“插入”选项卡“图表”组中的“数据透视图”按钮，选择“数据透视图和数据透视表”命令，弹出“创建数据透视表”对话框，如图 5-3-32 所示。

（2）单击“创建数据透视表”对话框中的“确定”按钮，自动新建一张工作表并在此新工作表中生成数据透视表和透视图，如图 5-3-33 所示。

（3）在窗口右上侧的“选择要添加到报表的字段”列表框中选中“性别”复选框，自动将选择的“文本”（非“数值”）字段默认作为“轴（类别）”（即透视表中的“行标签”、透视图中横轴），如图 5-3-34 所示。

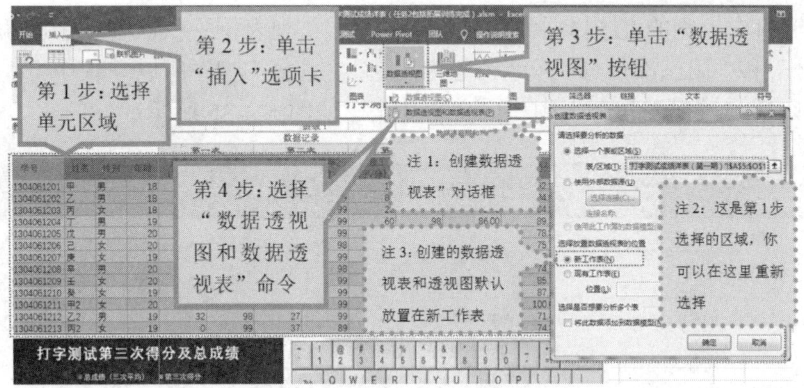

图 5-3-32　插入“数据透视图和数据透视表”操作

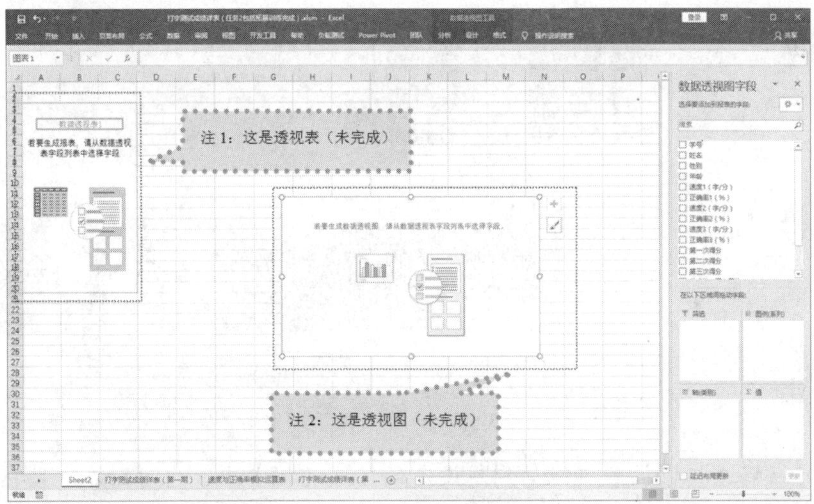

图 5-3-33　新插入的工作表及在新工作表中插入的空白数据透视表和数据透视图

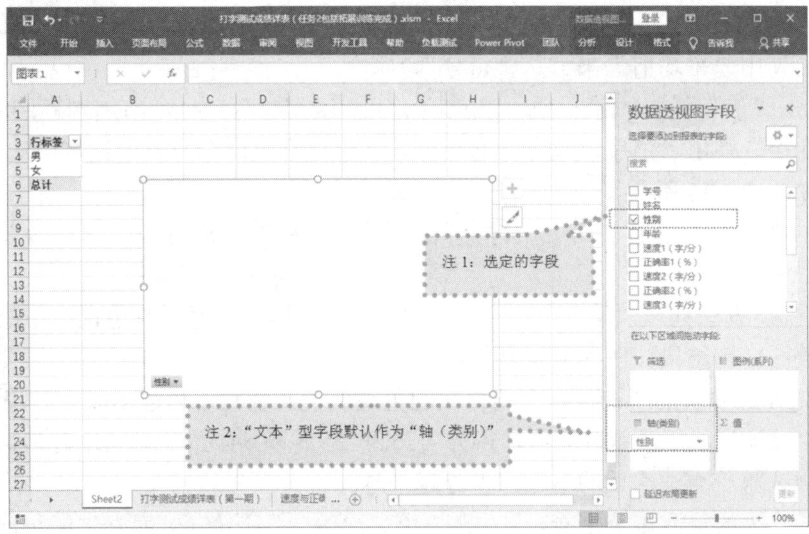

图 5-3-34　选择的第一个字段默认设置为“轴（类别）”

（4）在窗口右上侧的“选择要添加到报表的字段”列表框中依次选中字段“第一次得分”“第二次得分”和“第三次得分”。因为这些字段是“数值”型，所以默认作为“值”（汇总数据）。增选字段后，透视表和透视图相应自动变化，如图 5-3-35 所示。

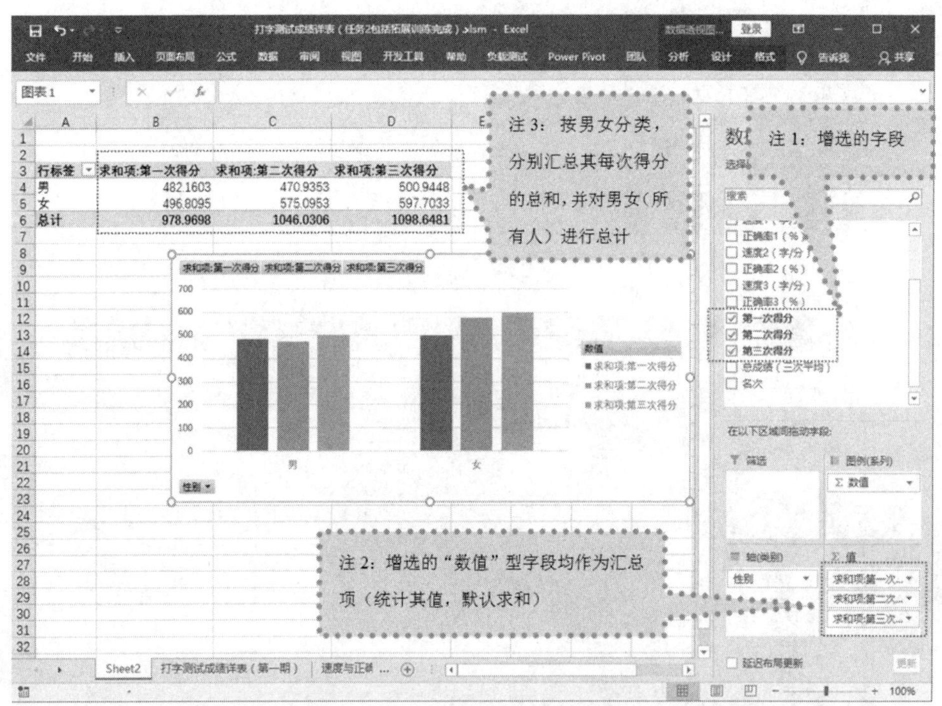

图 5-3-35 新增“值”字段

提示：可以将这些字段直接拖动到想设定的区域（栏）中，也可以在这些区域（栏）中随意拖动。在某区域（栏）如果不需要某字段，可以将其拖出栏外。默认情况下，“值”区域中的数据采用以下方式对数据透视表中的基本源数据进行汇总：数值使用 SUM（求和）函数，文本值使用 COUNT（计数）函数。

本例需要使用“平均值”来汇总“得分”。

（5）单击“值”栏内的第一项“求和项：第一次得分”，从弹出的快捷菜单中选择“值字段设置”命令，弹出“值字段设置”对话框。在“值字段汇总方式”区域中选择“平均值”计算类型，如图 5-3-36 所示。

（6）单击“确定”按钮，“第一次得分”的汇总方式从“求和”变为“平均值”，如图 5-3-37 所示。

（7）按上述方法处理“第二次得分”和“第三次得分”，然后对透视表中的所有数值设置“小数位数：1”，结果如图 5-3-38 所示。

从图 5-3-38 透视表的统计数据及透视图的直观展现，我们可以得出以下结论：

- 从“总计”的每次得分来看，得分（75.3、80.5 和 84.5）呈现递增趋势，说明学生打字测试随着测试次数的增加，得分越来越高。
- 从男女生的每次得分来看，男生的“第二次得分”下降了，而女生的每次得分逐步提高，说明女生在打字测试中比较稳定。

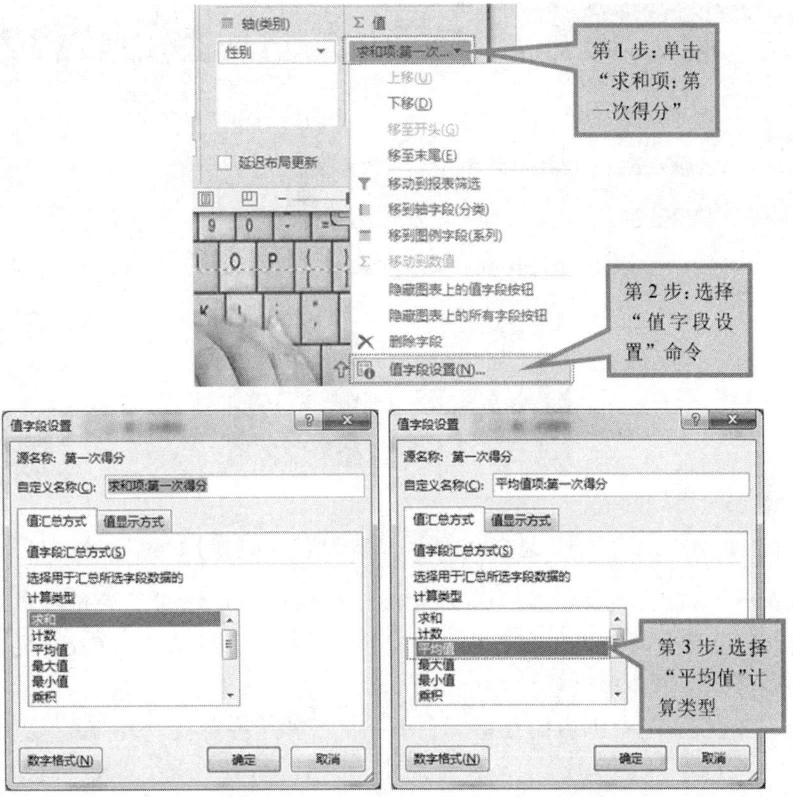

图 5-3-36　设置“汇总方式”为“平均值”计算类型

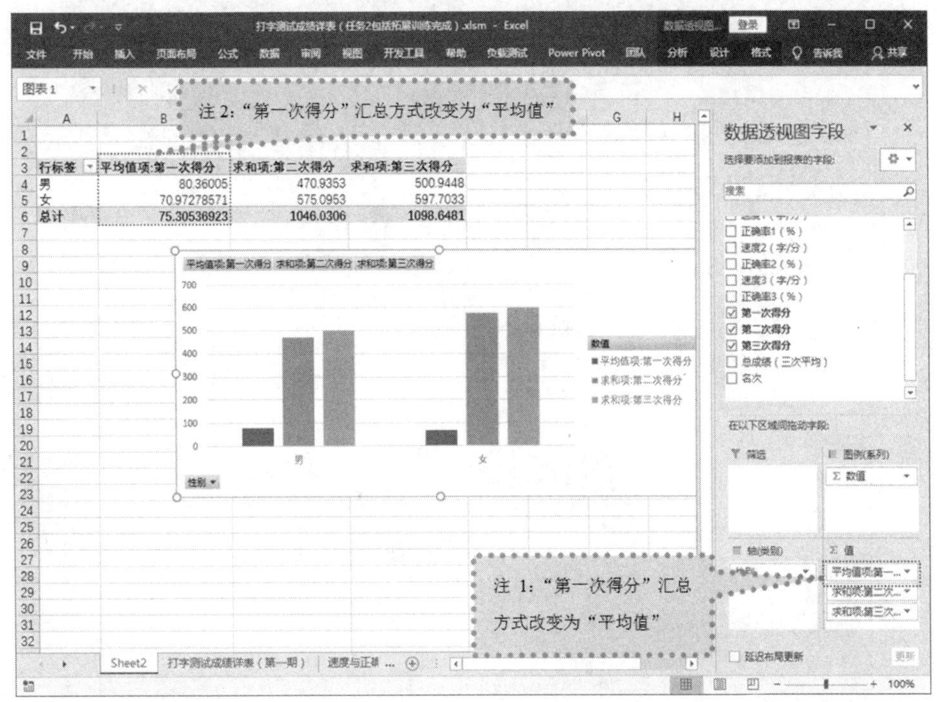

图 5-3-37　“汇总方式”改变为“平均值”

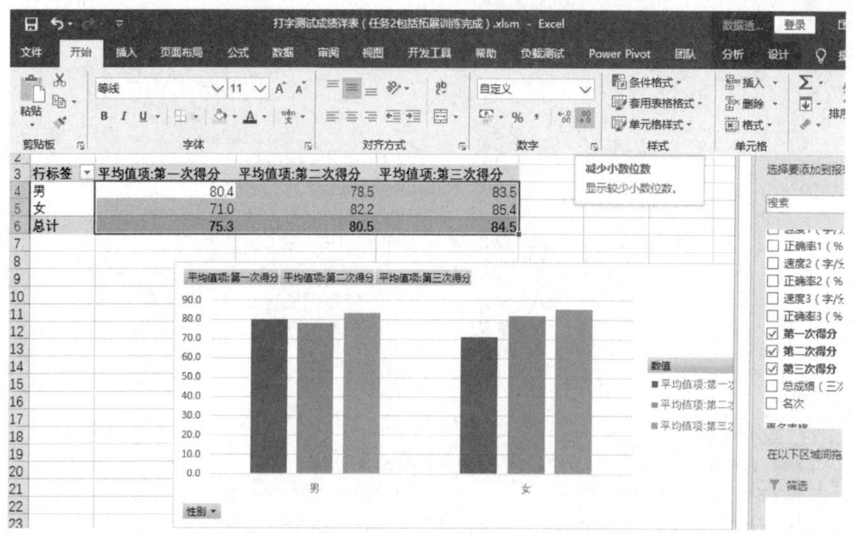

图 5-3-38　各次得分汇总方式设置为“平均值”并设置小数位为 1 的结果

思考：假如将测试次数增加（例如增加 2 次，总共 5 次），你能预测最终成绩［即“总成绩（五次平均）］”是男生高还是女生高吗？要回答这个问题，可以使用 Excel 提供的数据透视图中的“预测趋势线”来帮助求解。

（8）单击“透视表”范围内的任意一个单元格（即选择透视表），在“数据透视表工具/分析”选项卡的“工具”组中单击“数据透视图”按钮，弹出“插入图表”对话框，选择“折线图”类中的“折线图”，如图 5-3-39 所示。

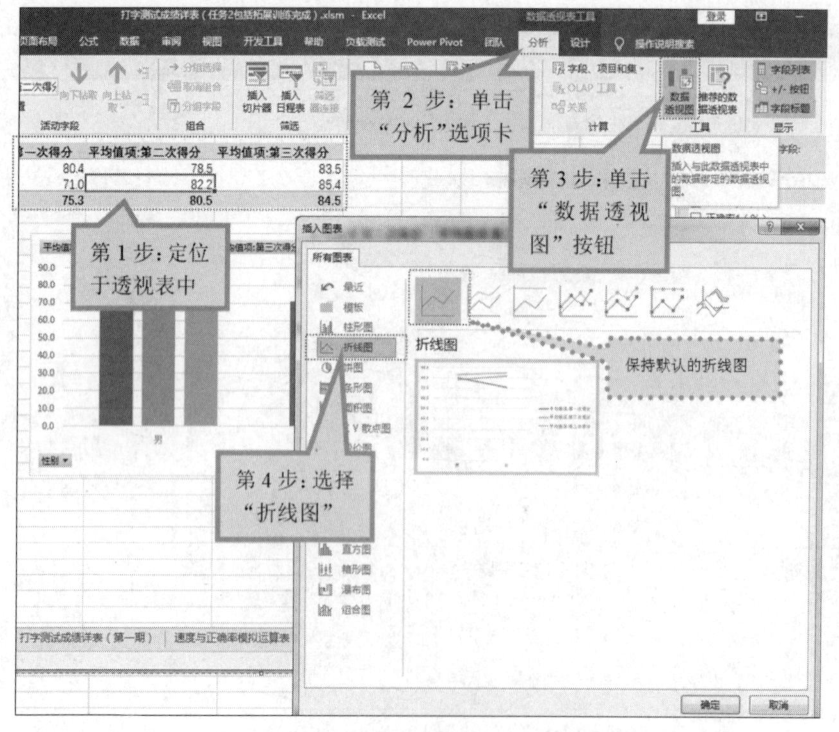

图 5-3-39　为透视表插入“数据透视图”（折线图）的操作步骤

（9）单击“插入图表”对话框中的“确定”按钮，便在当前工作表中插入了透视图，如图 5-3-40 所示。

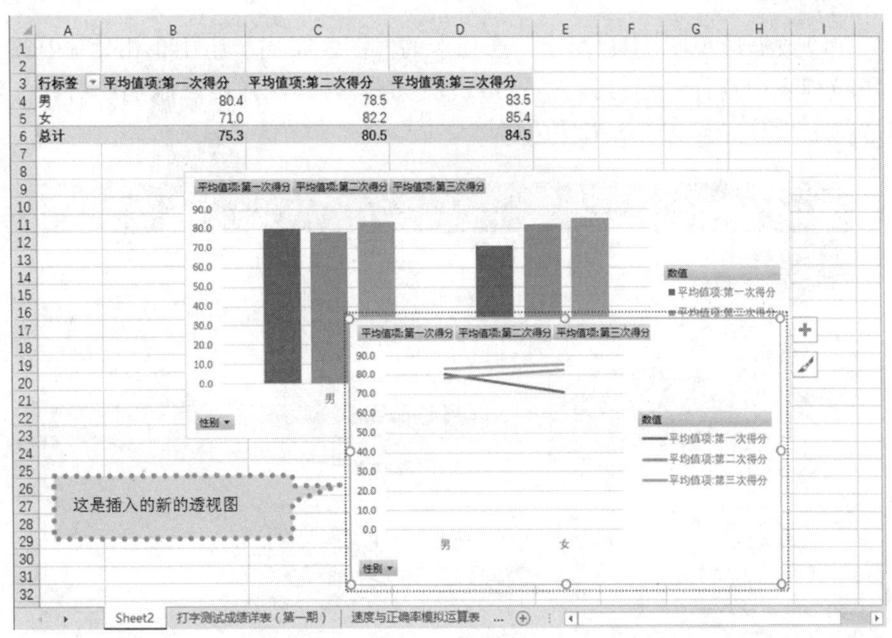

图 5-3-40　在当前工作表中插入透视图

提示：透视图的数据来源于透视表。为了更好地观察，你可以将其缩放并移动。

（10）如图 5-3-40 所示，在透视图中将“性别”作为行标签（水平方向的分类）没有什么意义。确认当前对象是折线型“透视图”，在“数据透视图工具/设计”选项卡的“数据”组中单击“切换行/列”按钮，透视图中的水平分类改变为从“性别”改为“得分”，使得透视图有分析价值，如图 5-3-41 所示。

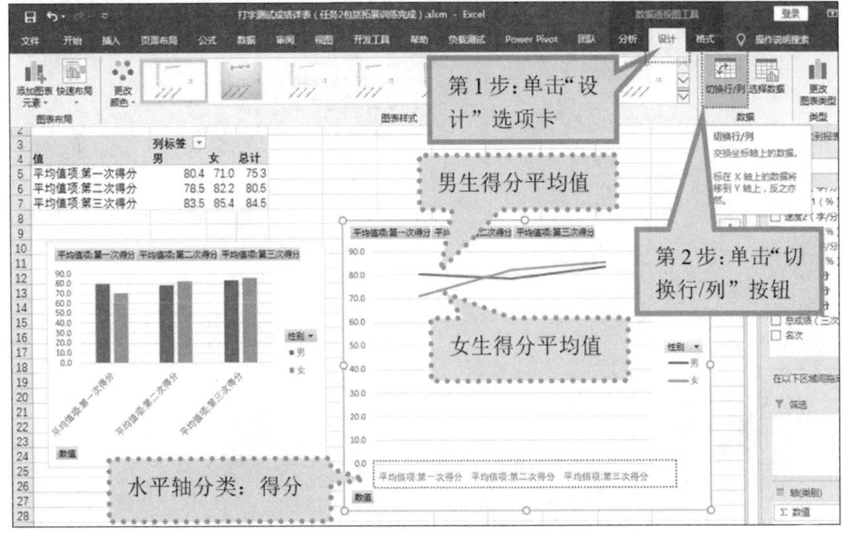

图 5-3-41　切换行/列

图 5-3-41 所示的透视图非常形象直观地展现了男女生各次得分的平均值，更重要的是可以看到得分的变化。那么，通过这种变化趋势是否可以预测“第四次得分”“第五次得分”的可能结果呢？

（11）在“数据透视图工具/设计”选项卡的“图表布局”组中单击“添加图表元素”按钮，在下拉列表中选择“趋势线”→“线性预测”命令，弹出“添加趋势线”对话框，保持选择“男”选项，如图 5-3-42 所示。

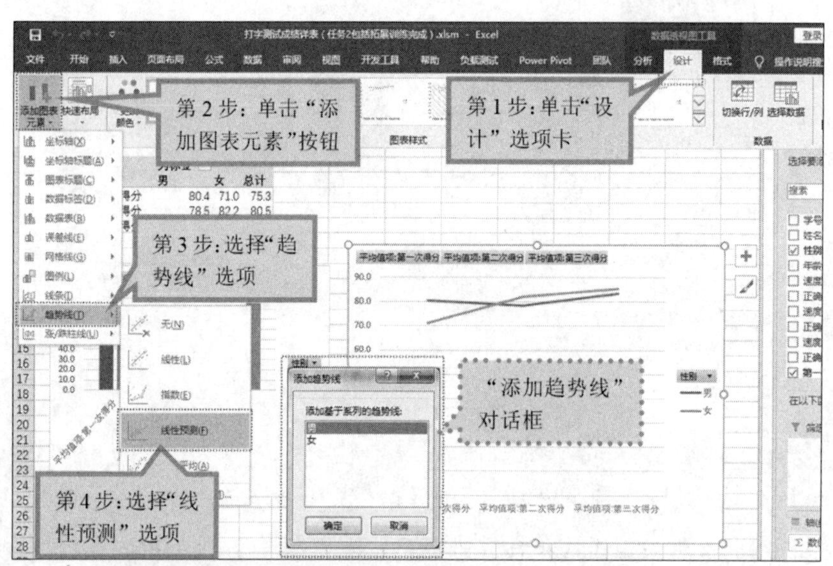

图 5-3-42 在透视图中添加男生得分平均值线性预测趋势线操作

（12）单击“添加趋势线”对话框中的“确定”按钮，透视图中便添加了一条“线性（男）”的趋势线，如图 5-3-43 所示。

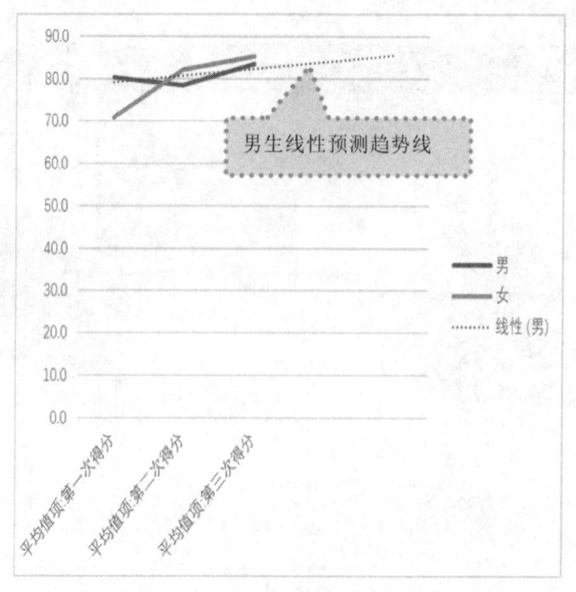

图 5-3-43 在透视图中添加男生得分平均值线性预测趋势线效果

（13）使用上述方法添加“线性（女）”的趋势线，如图 5-3-44 所示。

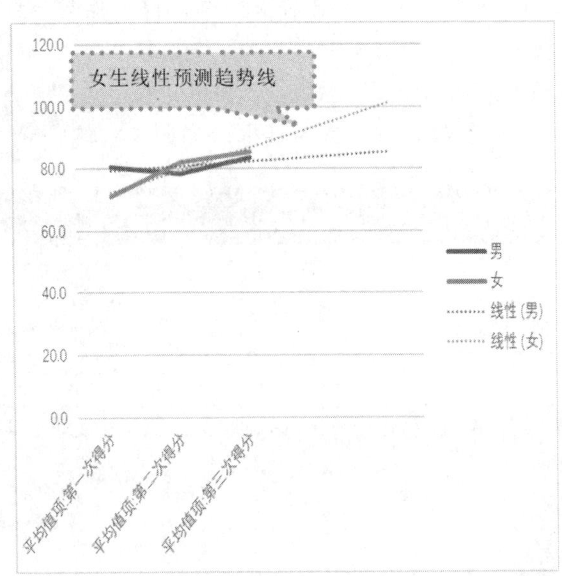

图 5-3-44　在透视图中添加女生得分平均值线性预测趋势线

从图 5-3-44 所示的男女生得分平均值线性预测趋势线来看，女生的得分会越来越高。

说明：本例中，由于数据量（仅凭 13 位学生的 3 次测试）不足，因此得出的结论是不可靠的。所有结论只是为了帮助读者学习、应用 Excel 时参考分析。

（14）按实际要求对透视图作适当的格式处理，并将该工作表的名称改为“男女生各次得分平均值及线性预测趋势”。

※知识链接

数据透视表和数据透视图

数据透视表对汇总、分析、浏览和呈现汇总数据非常有用；数据透视图有助于形象地呈现数据透视表中的汇总数据，以便轻松查看比较、模式和趋势。两种报表都能让你就研究对象的关键数据作出正确的判断和明智的决策。

数据透视表是一种可以快速汇总大量数据的交互式方法。使用数据透视表可以深入分析数值数据，并且可以回答一些预料不到的数据问题。要分析相关的汇总值，尤其是在合计较大的数字列表并对每个数字进行多种比较时，通常使用数据透视表。在数据透视表中，源数据中的每列或每个字段都成为汇总多行信息的数据透视表字段（字段：在数据透视表或数据透视图中，来源于源数据中字段的一类数据。数据透视表具有行字段、列字段、页字段和数据字段。数据透视图有系列字段、分类字段、页字段和数据字段）。

数据透视图报表提供数据透视表中的数据的图形表示形式，此时的数据透视表称为相关联的数据透视表。与数据透视表相同，数据透视图报表也是交互式的。创建数据透视图报表时，数据透视图报表筛选将显示在图表区中，以便排序和筛选数据透视图报表的基本数据。相关联的数据透视表中的任何字段布局更改和数据更改都将立即在数据透视图报表中反映出来。

与标准图表相同，数据透视图报表显示数据系列、类别、数据标记和坐标轴，还可以更改图表类型及其他选项，如标题、图例位置、数据标签和图表位置。

4. 利用数据透视表和透视图统计显示男女生比例

（1）在 Excel 窗口左下角的“工作表切换区”中选择工作表“打字测试成绩详表（第一期）”，选择单元格区域 B5:C18。

（2）在“插入”选项卡的“图表”组中单击“数据透视表”按钮，在下拉列表中选择“数据透视图”命令，弹出“创建数据透视图”对话框，如图 5-3-45 所示。

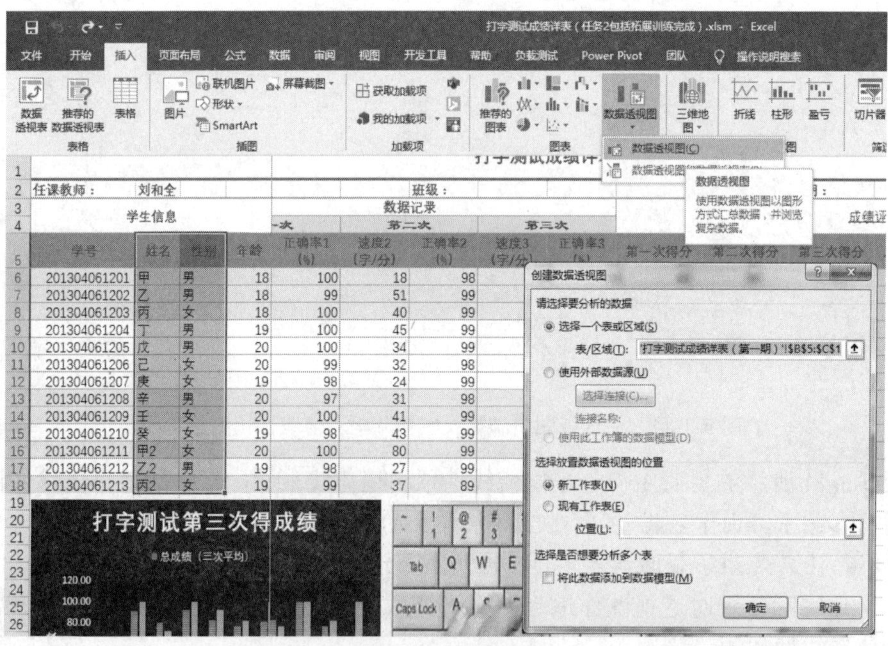

图 5-3-45　插入透视图

（3）在“创建数据透视图”对话框中，选择“现有工作表”单选项，然后单击单元格 N20，结果如图 5-3-46 所示。

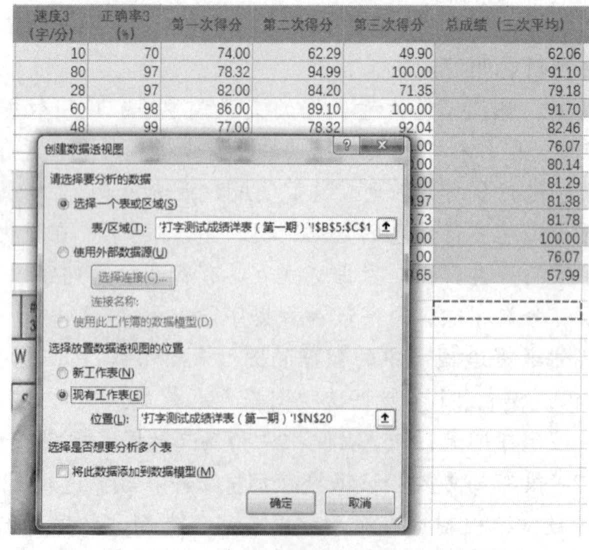

图 5-3-46　选择放置插入透视图的位置

（4）单击“确定”按钮，结果如图 5-3-47 所示。

图 5-3-47　插入透视图结果

（5）在窗口右上侧的“选择要添加到报表的字段”列表框中选中“姓名”和“性别”复选框，Excel 自动将选择的两个字段（非数值型）作为“轴（类别）”，如图 5-3-48 所示。

图 5-3-48　选择字段作为轴

（6）将“轴（类别）”栏中的“姓名”字段拖到右侧“值”栏内，其汇总方式自动设置为“计数”（即姓名的数量），透视图类型默认设置为“簇状柱形图”，如图 5-3-49 所示。

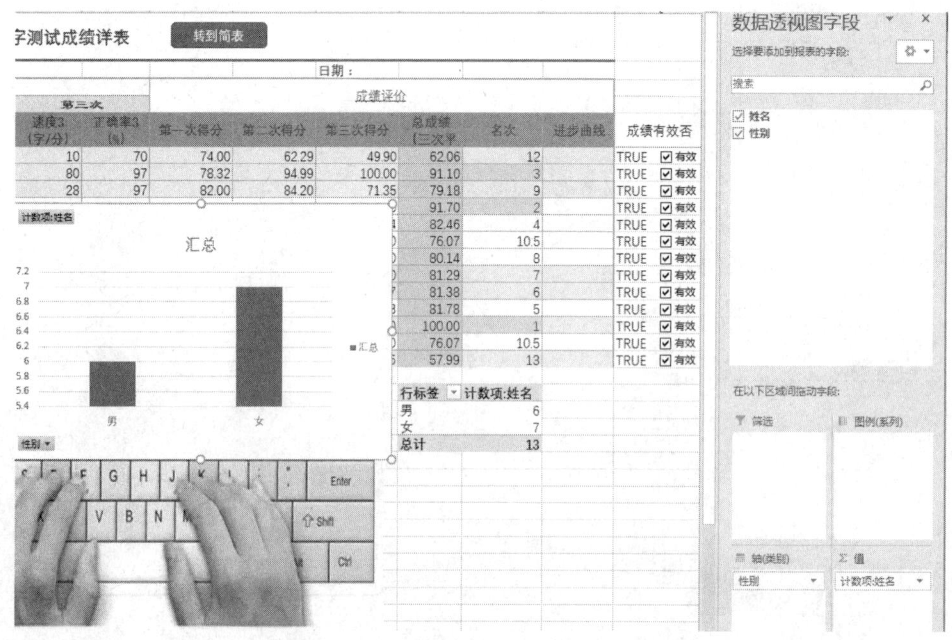

图 5-3-49　设置“姓名”为“值”类

（7）单击“数据透视图工具/设计”选项卡“类型”组中的“更改图表类型”按钮，在弹出的“更改图表类型”对话框中单击“饼图”选项，然后选择“三维饼图”，如图 5-3-50 所示。

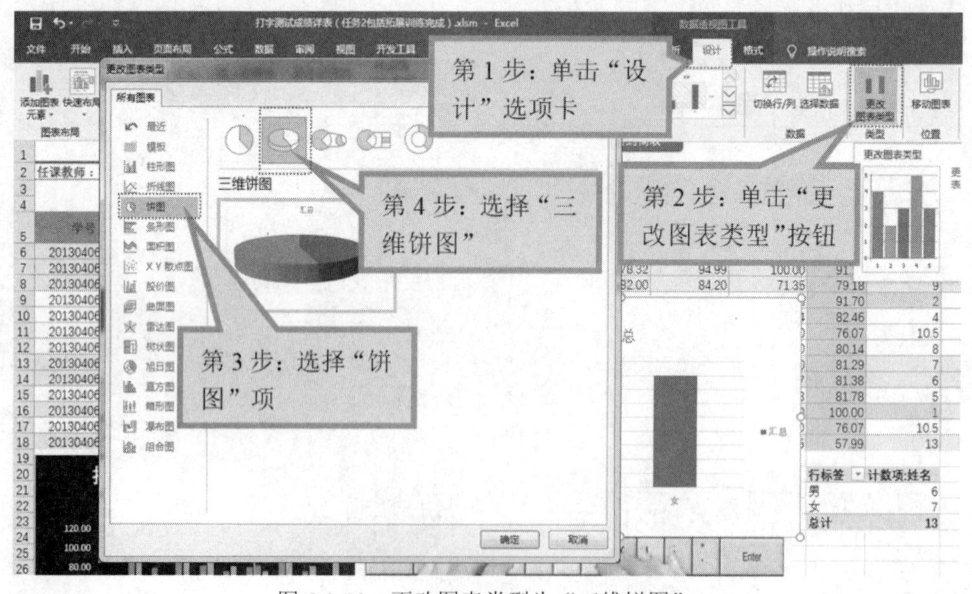

图 5-3-50　更改图表类型为“三维饼图”

（8）单击“更改图表类型”对话框中的“确定”按钮，透视图以三维饼图展示男女生人数比例，如图 5-3-51 所示。

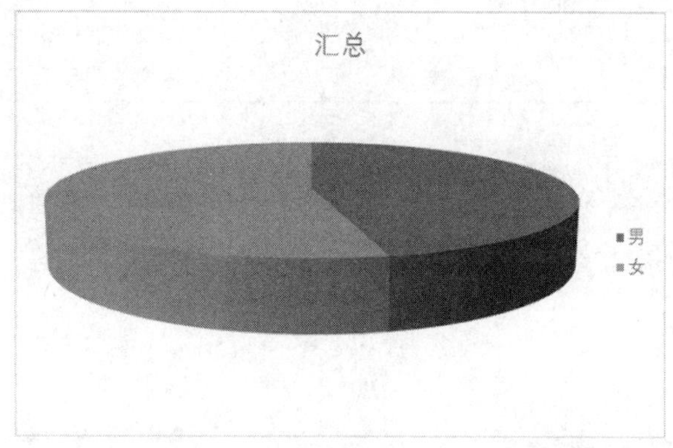

图 5-3-51　三维饼图展示男女生人数比例

（9）单击“三维饼图”透视图，其右上侧将出现“图表元素”工具 + ，单击可显示“图表元素”的选项，如图 5-3-52 所示。

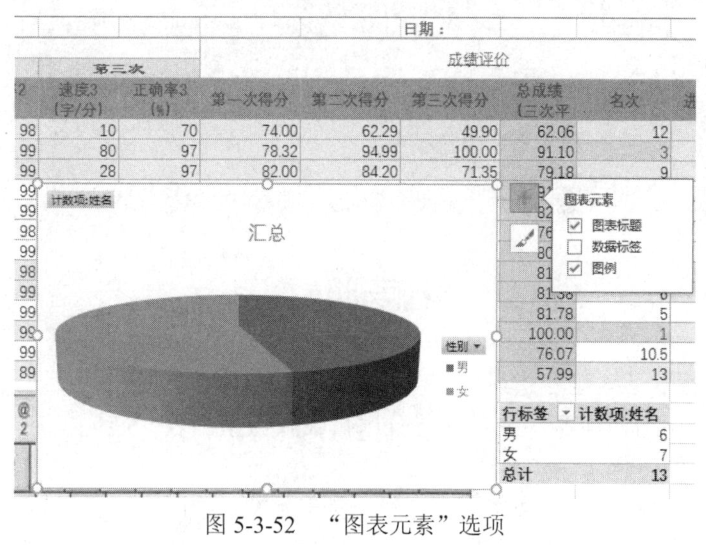

图 5-3-52　“图表元素”选项

（10）勾选“数据标签”复选框，在弹出的下拉列表中选择“数据标注”选项，如图 5-3-53 所示。

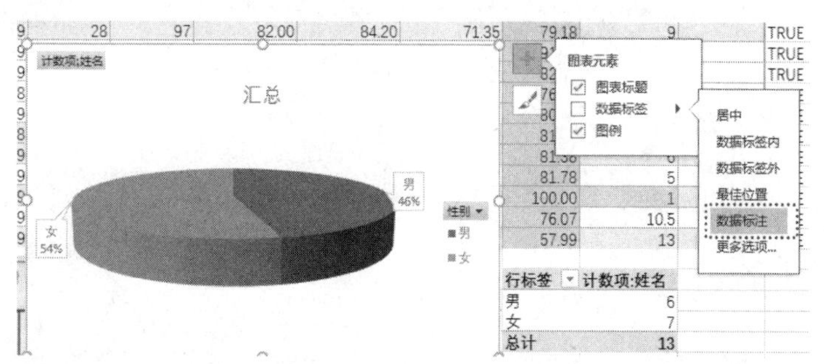

图 5-3-53　为饼图添加“数据标注”

（11）单击饼图中的文本“汇总”，将其内容更改为“男女生人数比例”，调整饼图尺寸及位置，如图 5-3-54 所示。

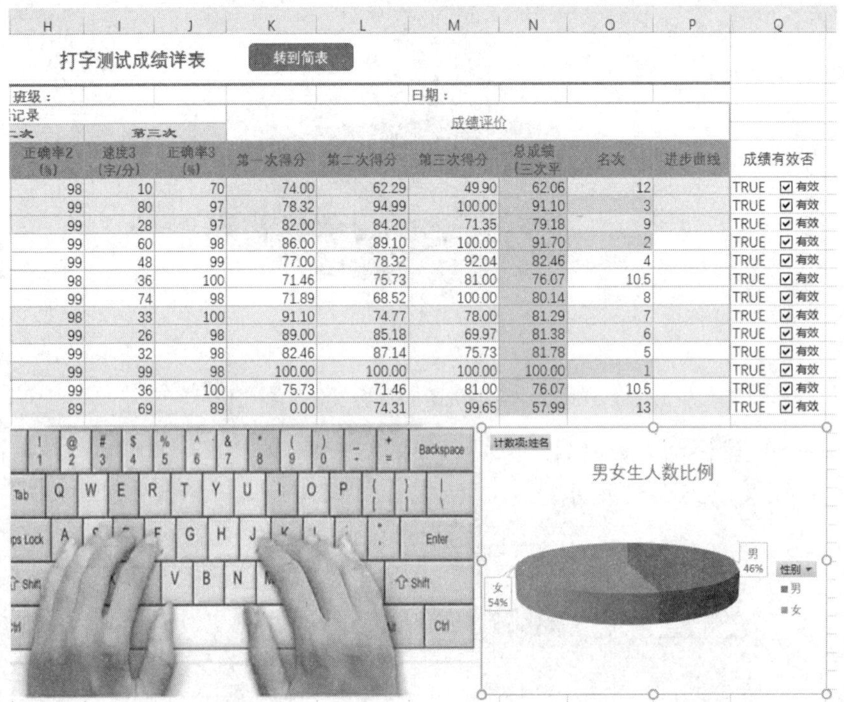

图 5-3-54　更改饼图标题、调整尺寸及位置

拓展训练③

1. 使用迷你图展示学生各次得分变化（进步）状况

在一个单元格中将对应学生的各次得分用折线（微型图表）展现出来，以便直观观察某学生各次测试得分的变化（进步）情况。

（1）在工作表“打字测试成绩详表（第一期）”中单击单元格 P6（准备插入迷你图的单元格），在“插入”选项卡的“迷你图”组中单击“折线”按钮，弹出“创建迷你图”对话框，如图 5-3-55 所示。

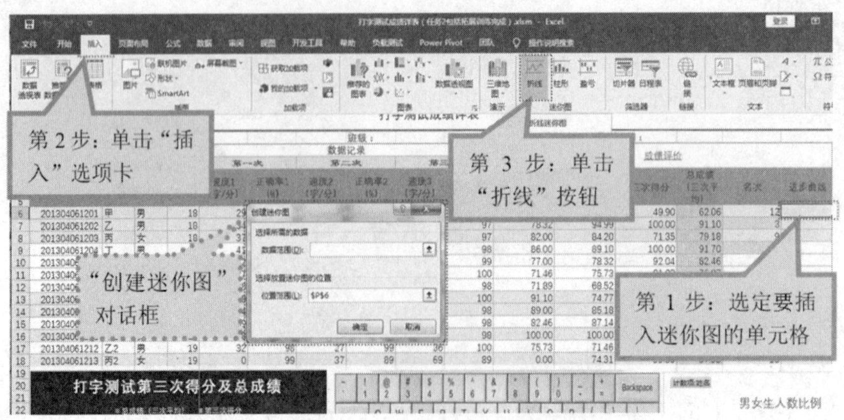

图 5-3-55　创建迷你图操作 1

（2）在图 5-3-55 所示的“创建迷你图”对话框中，单击“数据范围”文本框右侧的折叠按钮，对话框折叠成一栏，拖选单元格区域 K6:M6，如图 5-3-56 所示。

（3）单击图 5-3-56 所示的“创建迷你图”对话框中的“展开”按钮，确认对话框中的各参数（数据范围和位置范围）无误后单击“确定”按钮，如图 5-3-57 所示。

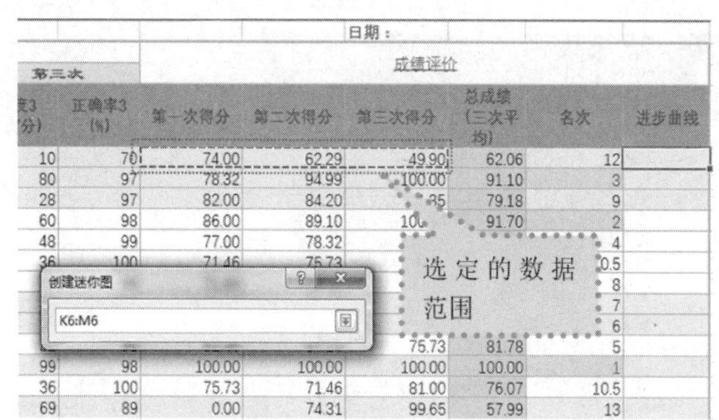

图 5-3-56　创建迷你图操作 2

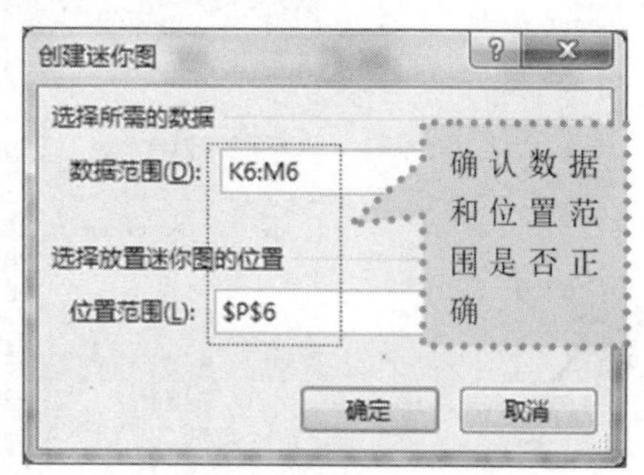

图 5-3-57　创建迷你图操作 3

在单元格 P6 中创建的迷你图如图 5-3-58 所示。

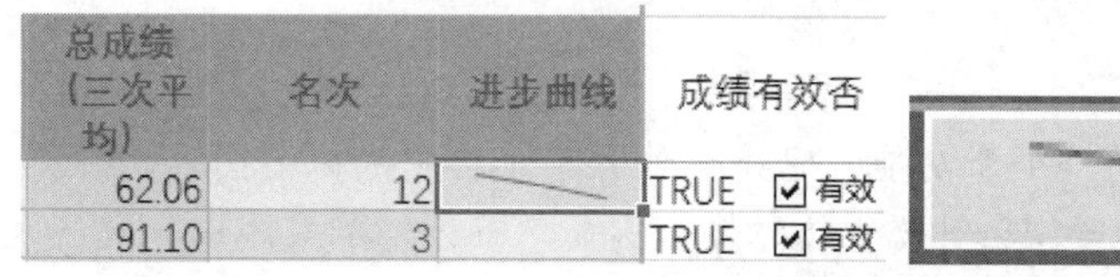

图 5-3-58　创建的迷你图

（4）确认当前活动单元格是 P6，在“迷你图工具/设计”选项卡的“显示”组中选中“高点”复选项，然后单击“样式”组中的“标记颜色”按钮，在下拉列表中选择“高点”→“红色”选项，如图 5-3-59 所示。

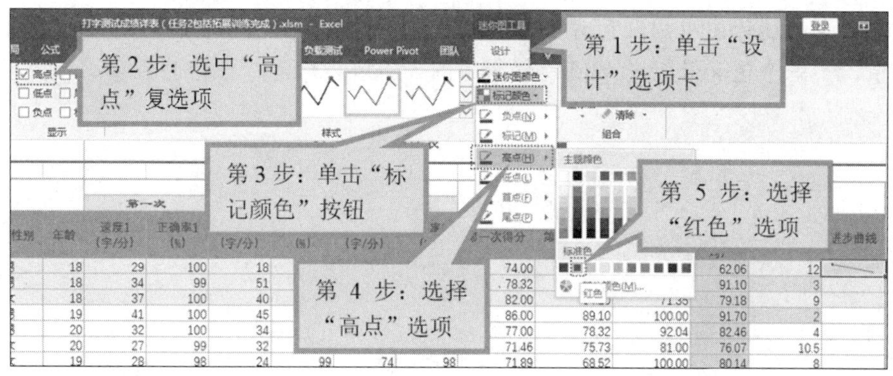

图 5-3-59　用红色突出显示迷你图数据中的最高点操作步骤

迷你图如图 5-3-60 所示。

（5）用自动填充方法（例如选定单元格区域 P18:P6 后按 Ctrl+D 组合键）创建后续学生的迷你图，结果如图 5-3-61 所示。

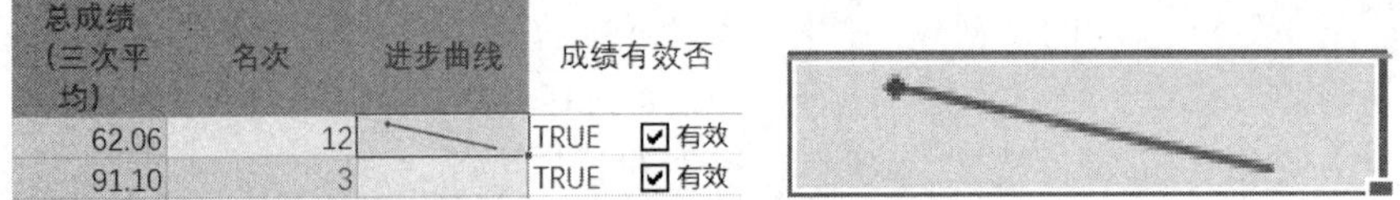

总成绩（三次平均）	名次	进步曲线	成绩有效否	
62.06	12		TRUE	☑有效
91.10	3		TRUE	☑有效

图 5-3-60　迷你图中红色标注最高点

第一次得分	第二次得分	第三次得分	总成绩（三次平均）	名次	进步曲线
74.00	62.29	49.90	62.06	12	
78.32	94.99	100.00	91.10	3	
82.00	84.20	71.35	79.18	9	
86.00	89.10	100.00	91.70	2	
77.00	78.32	92.04	82.46	4	
71.46	75.73	81.00	76.07	10.5	
71.89	68.52	100.00	80.14	8	
91.10	74.77	78.00	81.29	7	
89.00	85.18	69.97	81.38	6	
82.46	87.14	75.73	81.78	5	
100.00	100.00	100.00	100.00	1	
75.73	71.46	81.00	76.07	10.5	
0.00	74.31	99.65	57.99	13	

图 5-3-61　迷你图创建完成

※知识链接

迷你图

迷你图是 Excel 2016 中的一个新功能，它是工作表单元格中的微型图表，可提供数据的直观表示。使用迷你图可以显示一系列数值的趋势（例如季节性增加或减少、经济周期），也可以突出显示最大值和最小值。当数据更改时，可以立即在迷你图中看到相应变化。在数据旁边放置迷你图可达到最佳效果。

与 Excel 工作表上的图表不同，迷你图不是对象，它实际上是单元格背景中的微型图表。因此，可以在单元格中输入文本并使用迷你图作为背景。

可以通过从样式库（使用在选择一个包含迷你图的单元格时出现的“设计”选项卡）中选择内置格式来向迷你图应用配色方案。可以通过“迷你图颜色”或“标记颜色”按钮来选择高值、低值、第一个值和最后一个值的颜色（例如高值为绿色，低值为橙色）。

项目六　演示文稿制作软件 PowerPoint 2016 的应用

任务 1　制作毕业答辩 PPT

任务目标

制作一份毕业论文答辩 PPT。

知识与技能目标

- 认识 PowerPoint 2016 工作界面。
- 掌握演示文稿的创建、保存、打开方法。
- 掌握幻灯片的基本操作方法。
- 掌握幻灯片样式设置。
- 掌握文本和段落的处理方法。
- 掌握对象的插入与编辑。
- 掌握 SmartArt 的使用。
- 掌握母版的编辑。

情境描述

毕业论文是各高校学生在毕业之际的必修课，检验学生综合运用所学知识，结合实际独立完成课题的能力。毕业论文是否合格要经过有组织、有准备、有计划、有鉴定的毕业答辩来审查。王海同学临近毕业，经过两个月的努力完成了毕业论文，现在即将进行毕业论文答辩，他需要做一份精致的 PPT 来展示毕业论文的内容，帮助自己顺利通过答辩。

实现方法

PPT 是毕业答辩时用来呈现毕业论文内容的重要工具，制作尽可能精美细致、形象直观、庄重大方，所以毕业答辩 PPT 既要有文字，又要有反映设计中的图片、图表等内容，把毕业论文内容形象化、直观化、可视化，但又不能太花哨。

本任务虚拟王海同学毕业论文答辩 PPT，主要包括演示文稿的创建、保存、关闭、打开；幻灯片的插入、选定、删除、移动；文本框的插入、格式设置；图片以及形状的插入、格式设置；SmartArt 的使用；文字和段落的处理；幻灯片的主题设计；母版的编辑等。

样张如图 6-1-1 所示。

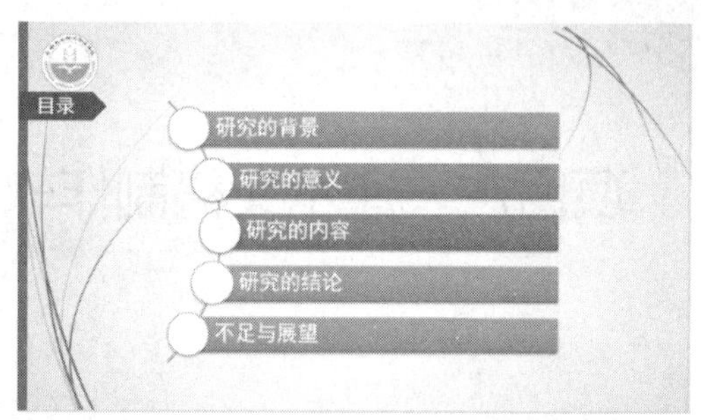

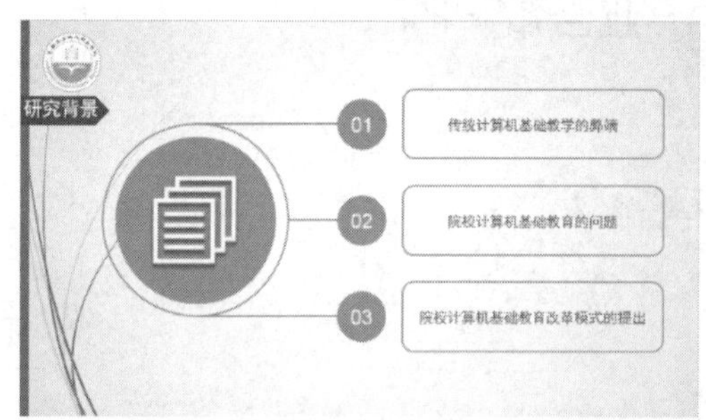

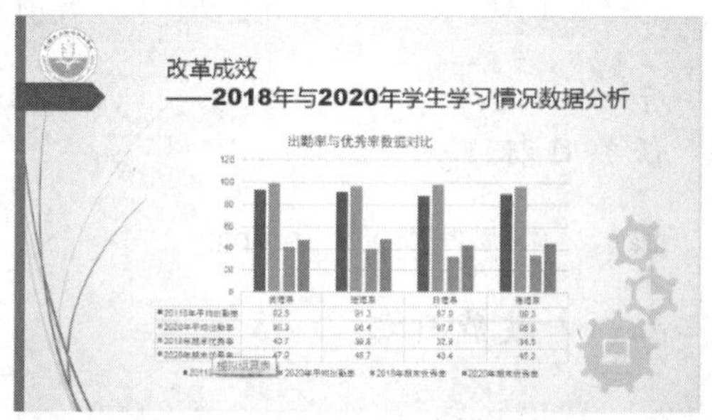

图 6-1-1　PPT 样张

实现步骤

本任务所用素材：素材\PowerPoint 素材\任务 1 素材。

1. 认识工作界面

（1）启动 PowerPoint 2016。Office 2016 安装完毕之后，会在开始菜单中写入 PowerPoint 2016 的快捷方式，单击它启动 PowerPoint 2016，会出现图 6-1-2 所示的界面，如果最近使用 PowerPoint 处理过文档，会显示在“最近使用的文档”列表中，单击该文档可以直接打开；也可以单击　　“打开其他演示文稿”打开不在列表中的 PPT。

单击“空白演示文稿”可以新建一个 PPT。

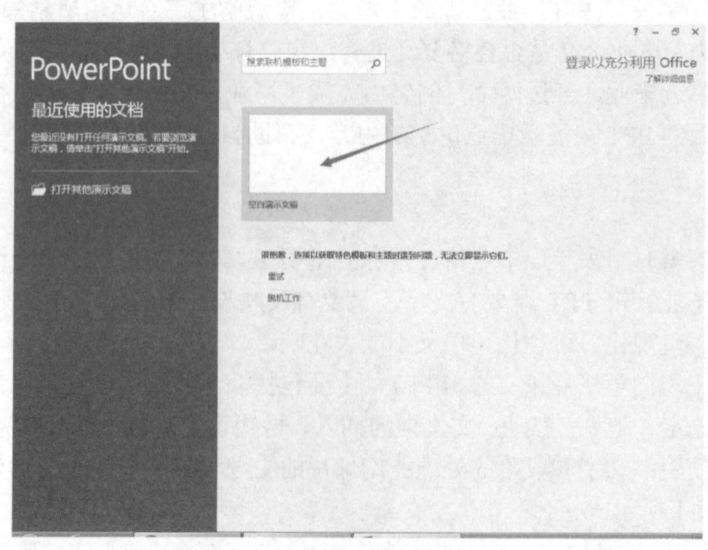

图 6-1-2　PPT 启动界面

PowerPoint 2016 工作界面如图 6-1-3 所示。

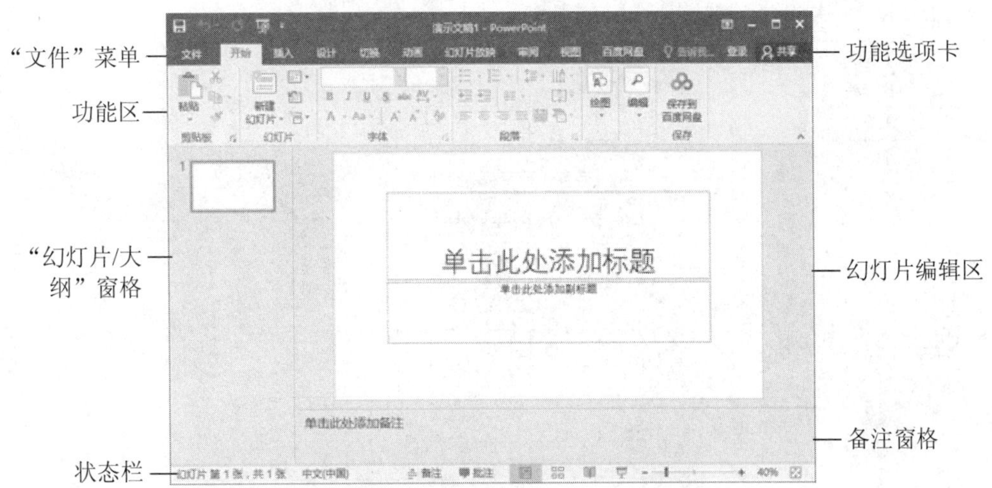

图 6-1-3　PowerPoint 2016 工作界面

2. 保存演示文稿

单击快速访问工具栏中的“保存”按钮或者选择“文件”菜单中的“保存”或“另存为”命令，弹出“另存为”窗口，如图 6-1-4 所示，单击“这台电脑”选项列表中的项目或“浏览”选项，在弹出的“另存为”对话框中选择文件的保存位置并输入文件名，单击“保存”按钮即可，如图 6-1-5 所示。

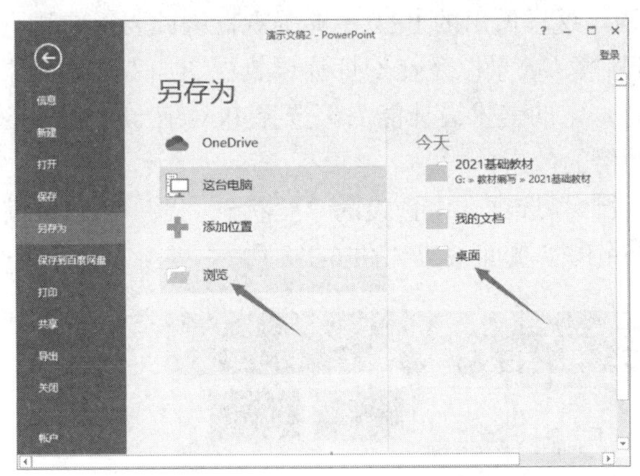

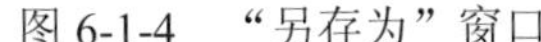

图 6-1-4　“另存为”窗口

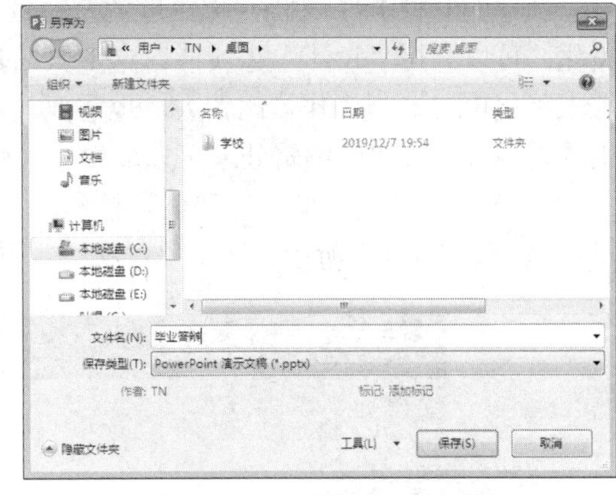

图 6-1-5　“另存为”对话框

如果计算机中安装了网盘客户端，还可以把文件保存到云盘。单击“保存到网盘”按钮，会自动启动网盘客户端，登录成功之后，选定一个文件夹，再上传保存在本地的文件即可。

3. 认识版式

新建的 PPT 只有一张幻灯片，要增加幻灯片，可以在“开始”选项卡上单击“新建幻灯片”按钮，选择一种版式的幻灯片插入，就可以增加一张新幻灯片。所谓“幻灯片版式”是指包含幻灯片上显示的所有内容的格式、位置和占位符框。如图 6-1-6 所示，幻灯片版式有“标题幻灯片”“标题和内容”“两栏内容”等，用于 PPT 封面和 PPT 内容的不同展示样式。

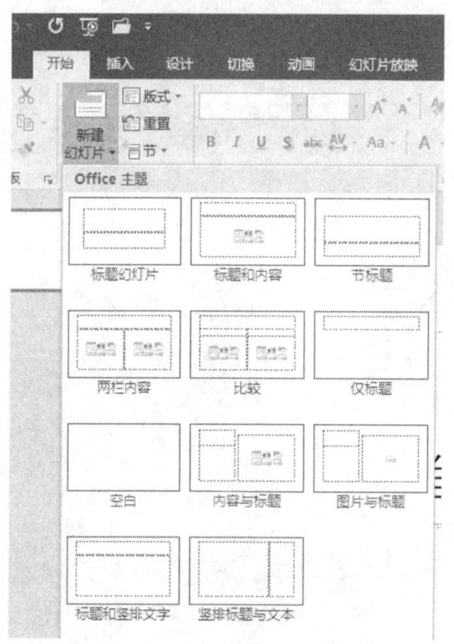

图 6-1-6　幻灯片版式

无论新建幻灯片时选择了什么版式，都可以通过“开始”选项卡“幻灯片”这组命令中的“版式”按钮 版式 重置版式，也可以直接在幻灯片上添加、编辑或删除占位符以满足布局需求。

4. 选择、编辑主题

新建的空白 PPT 文档是无主题的空白纸张，这样做出的 PPT 不够美观，因此要对它进行美化。可以利用“设计”选项卡设定 PPT 的背景、前景以及在幻灯片母版视图加入装饰元素等来美化 PPT，但工作量比较大，也需要具有一定的美术设计能力。选择 PowerPoint 预置的主题再进行个性化的编辑处理可以取得事半功倍的效果。

（1）选择主题。此处，我们直接利用“设计”选项卡中预设的“丝状”主题，再进行编辑处理。如图 6-1-7 所示，选定“丝状”主题后 PPT 页面效果如图 6-1-8 所示。

图 6-1-7　选择主题

图 6-1-8　“丝状”主题效果

（2）编辑主题。可以编辑处理预设的主题以更具个性化。“设计”选项卡的“变体”命令组中，除了可以选择预设好的变体来改变幻灯片的配色方案之外，还可以对幻灯片的颜色、字体、效果、背景样式进行单独设置。这里只改变幻灯片的字体，选择幻灯片的字体为“微软雅黑”，如图 6-1-9 所示。

图 6-1-9　改变字体

（3）设置幻灯片尺寸。在“设计”选项卡中可以设置幻灯片尺寸及纸张方向，默认是宽约 33 厘米、高约 19 厘米的 16:9 宽屏样式，如图 6-1-10 所示。如果不需要打印或对 PPT 播放显示没有特别要求，则可以不做更改。

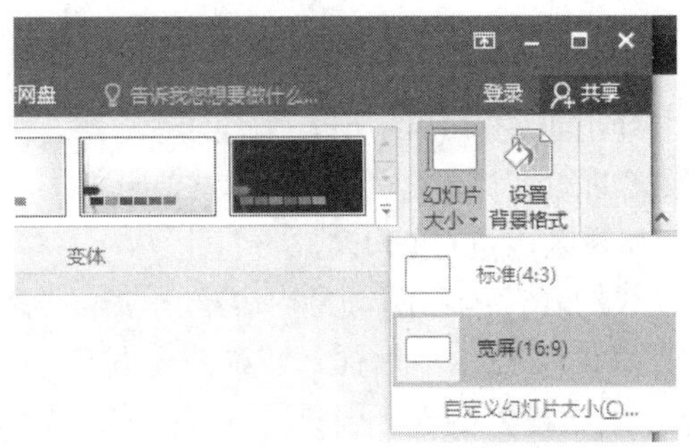

图 6-1-10　幻灯片尺寸

※知识链接

PPT 主题与 PPT 模板

PPT 主题是指幻灯片的风格，是颜色、字体和外观效果的组合，使用主题可以简化专业设计师水准的演示文稿的创建过程。PowerPoint 2016 还提供了 PPT 的设计模板。PPT 模板是指已经设计好的幻灯片的结构方案，是一张幻灯片或一组幻灯片的图案或蓝图。模板包含版式、主题和背景样式，甚至还可以包含内容。应用主题或设计模板可以避免在同一个演示文稿中幻灯片风格不统一，使幻灯片的整体效果协调一致，而且可以在输入幻灯片内容时看到文稿设计方案，从而增强演示文稿编辑的直观性。PPT 模板可以单独保存成文件，文件扩展名为.potx。

5. 母版编辑

要在所有幻灯片或某种版式的幻灯片上显示相同的内容，高效率的操作就是进行母版编辑。所谓“母版”，就是用于设置幻灯片的样式、存储有关设计模板信息的幻灯片，包括字形、占位符的大小或位置、背景设计和配色方案等。在“视图”选项卡中单击“幻灯片母版”按钮，进入幻灯版母版编辑状态，如图 6-1-11 所示。

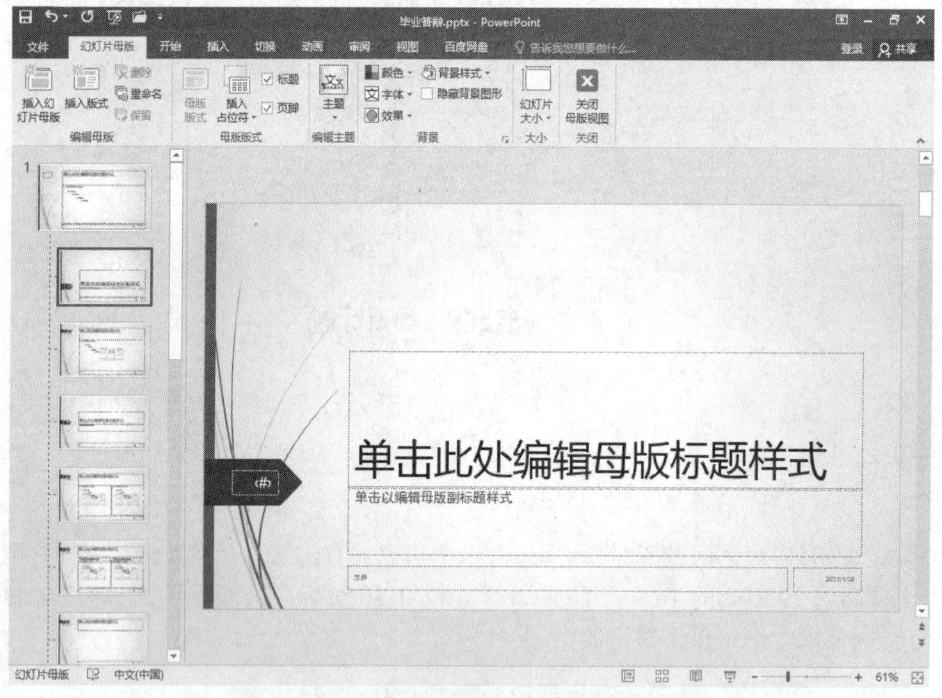

图 6-1-11　幻灯片母版编辑状态

左侧幻灯片大纲窗格中列出了幻灯片的所有版式的缩略图，如果某个版式的幻灯片要显示一个相同内容，或这种版式的幻灯片要使用与其他版式不同的字体、字形、字色，就选中该版式的缩略图，然后在右侧编辑区内进行编辑。

选中“标题和内容”版式幻灯片缩略图，将内容框内从第一级到第五级文字尺寸分别改成 24 点、20 点、18 点、16 点、14 点，然后插入装饰图，调整图片的尺寸、位置、倾斜度，如图 6-1-12 所示。这样所有“标题和内容”版式幻灯片都有这个装饰图，默认各级字体尺寸就是上面设定的尺寸。

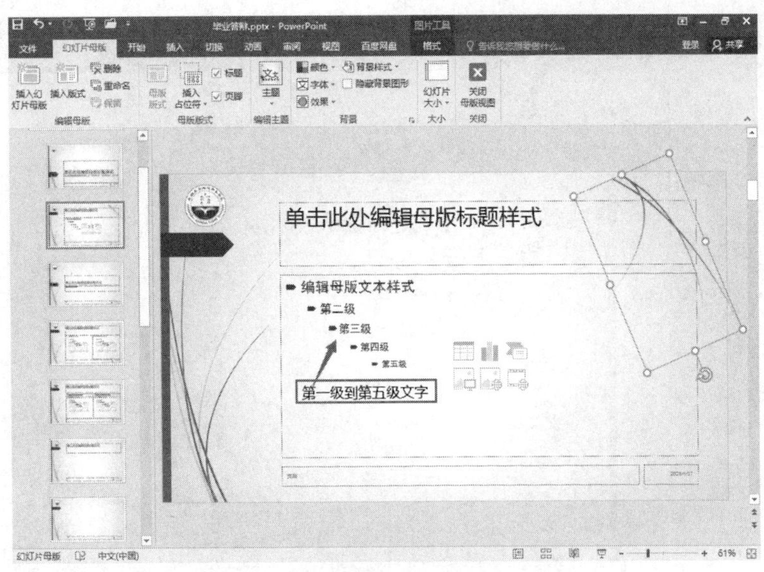

图 6-1-12　“标题和内容”母版编辑

选中“空白”版式幻灯片，在“幻灯片母版”选项卡中单击“插入占位符”按钮，选中“文本”命令，如图 6-1-13（a）所示；在幻灯片红色图形上插入文本占位符，删除占位符内原有内容，输入“输入文本”四个字，设置字体为黑体、白色、24 磅，如图 6-1-13（b）所示。这样所有版式为空白的幻灯片可以在图形上方便地输入文字，不用再插入文本框。

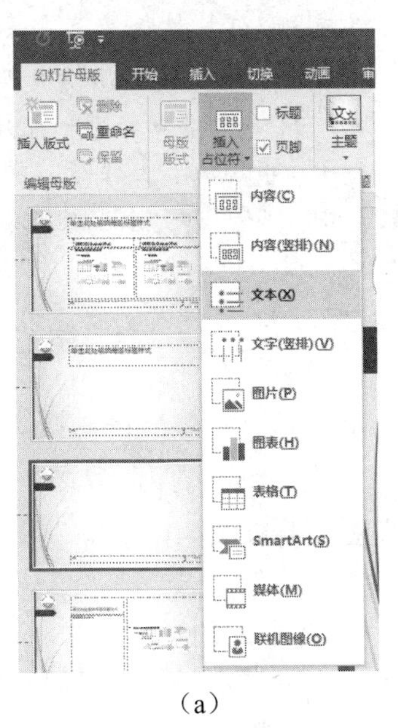

（a）

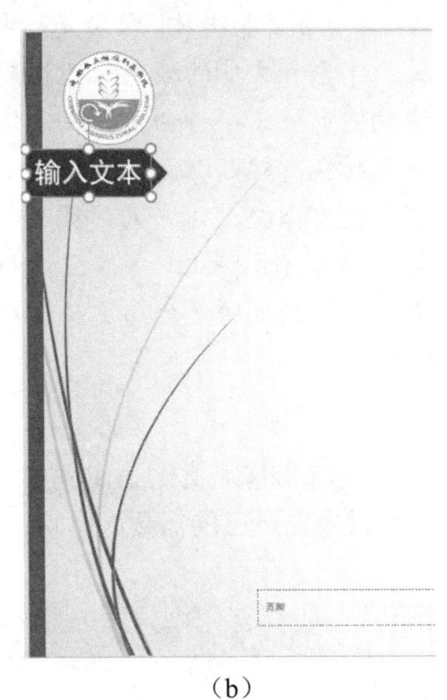

（b）

图 6-1-13　母版插入占位符

如果所有的幻灯片都要显示相同的内容，比如要在所有幻灯片上显示学校的 Logo，则拖动幻灯片大纲窗格的滚动条到最顶部，选中第一张编号为 1 的幻灯片，然后插入 Logo，调整图片的尺寸和位置，然后浏览所有版式幻灯片，插入的 Logo 是否与幻灯片原有内容相互覆盖，调整它们的位置，最后单击“关闭母版视图”按钮，母版编辑就完成了，如图 6-1-14 所示。

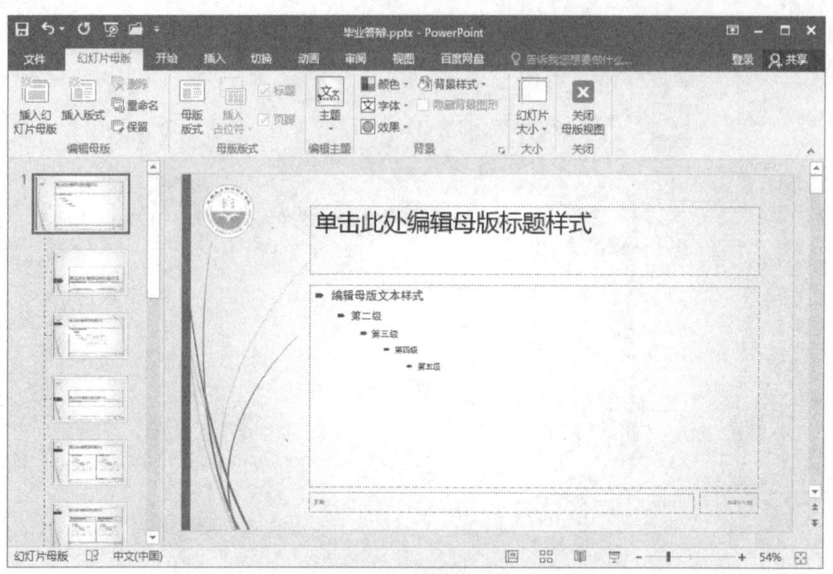

图 6-1-14 插入 Logo

※知识链接

母版

幻灯片母版是存储关于模板信息的设计模板的一个元素，其中模板信息包括字形、占位符大小、位置、背景设计和配色方案。PowerPoint 2016 演示文稿中的每个关键组件都拥有一个母版，如幻灯片、备注和讲义。母版是一种特殊的幻灯片，幻灯片母版控制了某些文本特征，如字体、字号、字形和文本的颜色，还控制了背景色和某些特殊效果如阴影和项目符号样式；包含在母版中的图形及文字将会出现在每张幻灯片及备注中。所以，如果在一个演示文稿中使用幻灯片母版的功能，就可以做到整个演示文稿格式统一，可以减小工作量，提高工作效率。

使用母版功能可以更改以下几方面的设置：标题、正文和页脚文本的字形；文本和对象的占位符位置；项目符号样式；背景设计和配色方案。

使用幻灯片母版的目的是全局更改幻灯片（如替换字形），并使该更改应用到演示文稿中的所有幻灯片。

6. 编辑幻灯片内容

幻灯片样式编辑和基础美化工作完成之后，就可以开始编辑幻灯片内容了。在编辑幻灯片内容时，也可以根据自己的需要，调整、插入和删除幻灯片默认的占位符，重新编辑文字格式等。

（1）幻灯片一般都有一个封面。新建幻灯片第一张是默认的封面格式，在标题框中输入 PPT 标题——“毕业论文答辩”，在副标题框中输入“文科院校计算机基础教育改革初探”。在幻灯片上部插入横排文本框，输入学院名称，文字格式：黑体、18 号、分散对齐，如图 6-1-15 所示。

（2）使用 SmartArt。PowerPoint 的 SmartArt 能够快速将文字转换成多种不同布局的 SmartArt 图形，信息和观点以更美观的视觉表示形式来呈现，使信息传达更快速、轻松、有效。

在“开始”选项卡中单击“新建幻灯片”按钮，选择新幻灯片的布局为“标题和内容”，插入一张新幻灯片。

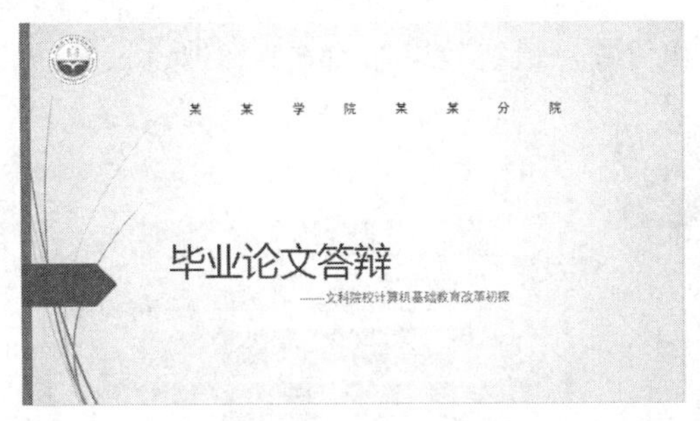

图 6-1-15　PPT 封面

删除“标题”占位框，在“内容”框中输入毕业答辩内容的目录：“研究的背景”“研究的意义”“研究的内容”“研究的结论”“不足与展望”等，如图 6-1-16（a）所示，选中文字后右击，在弹出的快捷菜单中选择“转换为 SmartArt”→“其他 SmartArt 图形”命令，在弹出的对话框中选择“垂直曲形列表”转换完毕，如图 6-1-16（b）所示。

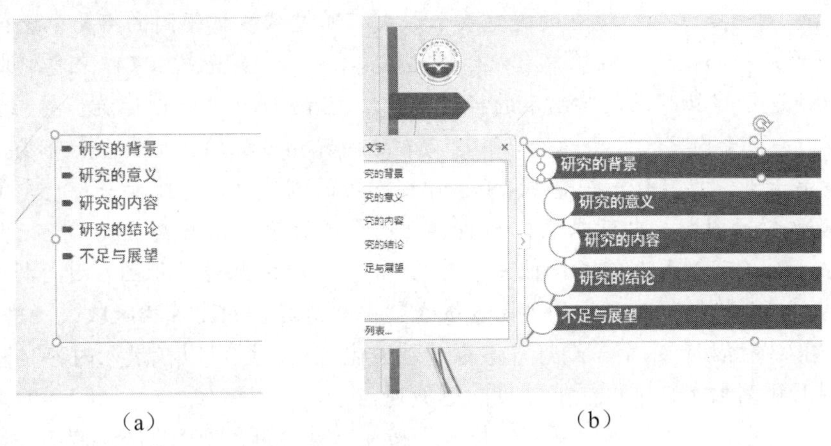

（a）　（b）

图 6-1-16　文字转换为 SmartArt

美化和调整转换之后的图形。选中 SmartArt 图形，在“SmartArt 工具/设计”选项卡中单击“更改颜色”按钮和“SmartArt 样式”按钮美化图形，如图 6-1-17 所示。

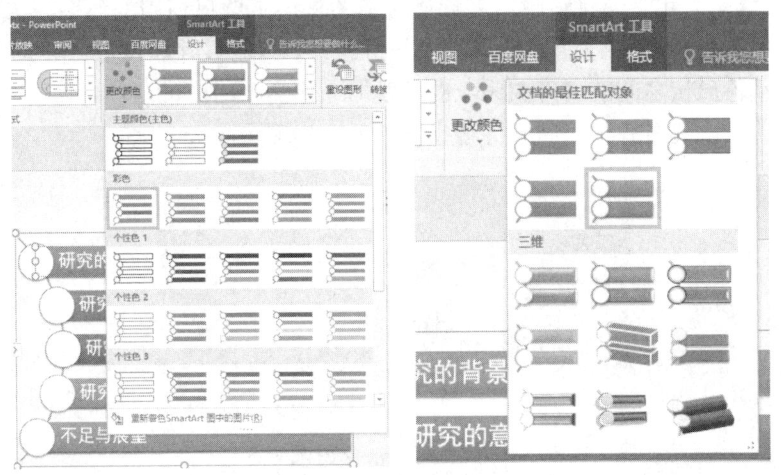

图 6-1-17　改变 SmartArt 颜色与样式

然后调整图形的尺寸和位置，最终效果如图 6-1-18 所示。

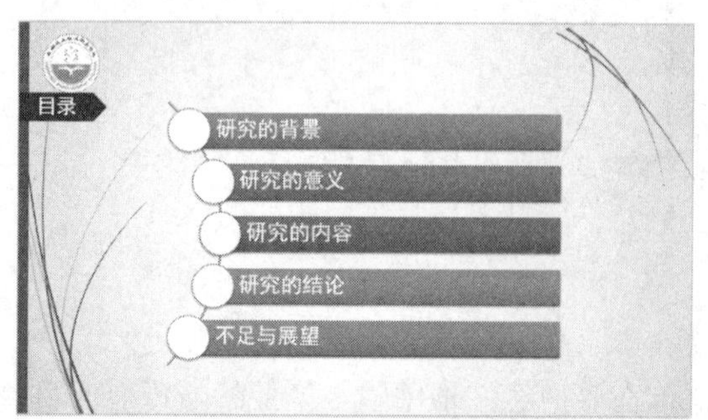

图 6-1-18　SmartArt 最终效果

※知识链接

SmartArt 图形

SmartArt 图形是信息和观点的视觉表示形式，通过从多种不同的布局中进行选择来创建 SmartArt 图形，从而快速、轻松、有效地传达信息，是从 Office 2007 以来各版本 Office 软件提供给用户快速创建具有设计师水准的插图的方法。SmartArt 可以创建流程图、结构图、列表、层次、矩阵、关系等内容，只要能恰当选择与表达内容相匹配的图形类型和布局，就能使幻灯片的表达更显专业、更有效、更美观。SmartArt 图形的创建可以像上面一样，先录入文字，然后转换为 SmartArt 图形，也可以插入 SmartArt 图形之后录入相关文字。

SmartArt 除了可以用来创建各种关系图之外，还可以用来对多张图片进行排版，选中所需排版的图片，在“格式”选项卡的“图片板式”中选择适合的图片排版版式，单击即可应用。

（3）插入图形和艺术字。幻灯片进行基础美化之后，还可以在录入内容时进行进一步的美化，用图形和艺术字装饰页面能使页面更美观。

在“开始”选项卡中单击“新建幻灯片”按钮，选择新幻灯片的布局为“空白”，插入一张新幻灯片。

在“插入”选项卡中单击“形状”按钮，选中“椭圆”，按 Shift 键拖动鼠标，画出一个正圆。在“格式”选项卡上设置形状的填充颜色和形状轮廓的颜色。由于本幻灯片使用系统内置的主题，“形状填充”和“形状轮廓”里默认显示的是该主题里使用的色系，选择一种颜色即可。复制这个圆，调整圆的填充色、轮廓色及轮廓粗细、圆的尺寸和位置，在页面拖动形状时，会有辅助线显示各形状之间的对齐关系，也可以框选住需要对齐的形状，使用“格式”选项卡中的“对齐”功能快速对齐。形状对齐效果如图 6-1-19 所示。

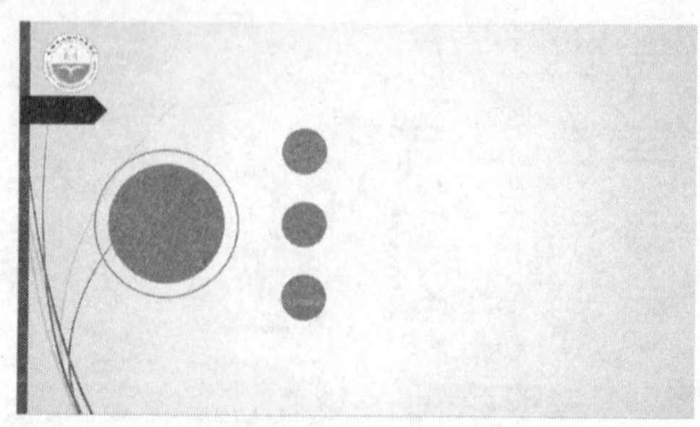

图 6-1-19　形状对齐效果

在圆形之间画连接线，在“插入”选项卡的“形状”中选择“直线”，鼠标移动到圆形附近时，会显示一些吸附点，线条如果附着在吸附点上，形状移动时线条会随形状移动，不会断开，如图 6-1-20 左所示。连接线画好后设置线条的颜色和粗细，连接线效果如图 6-1-20 右所示。

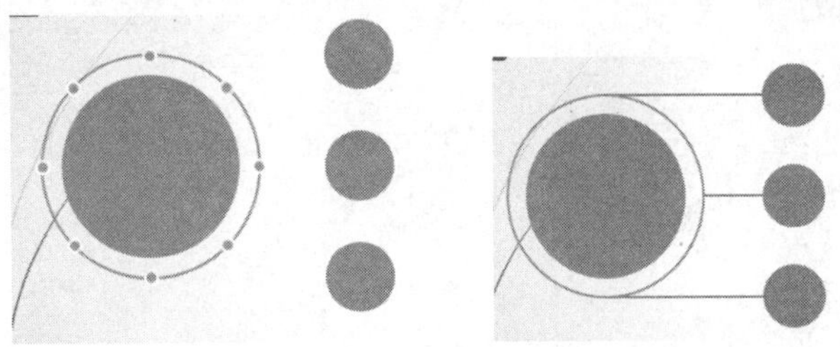

图 6-1-20　连接线效果

在“插入”选项卡“艺术字”中随意选择一种艺术字，再在“插入”选项卡“符号”中选择符号，弹出“符号”对话框，在“字体”下拉列表框中选择 Wingdings 2 选项，选择图 6-1-21 所示的符号插入艺术字文本框中。

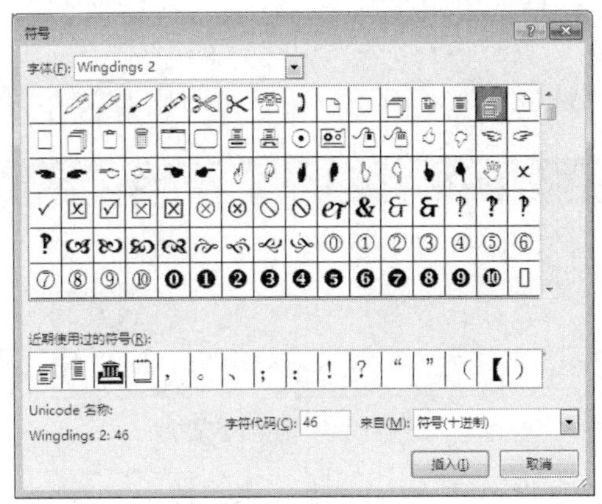

图 6-1-21　插入符号

设置该符号的字体颜色为白色，并改变字体大小，在“格式”选项卡“艺术字样式”栏中的“文字效果”里选择“阴影”→“向下偏移”选项，如图 6-1-22 左所示，移动该艺术字到合适位置。插入艺术字效果如图 6-1-22 右所示。

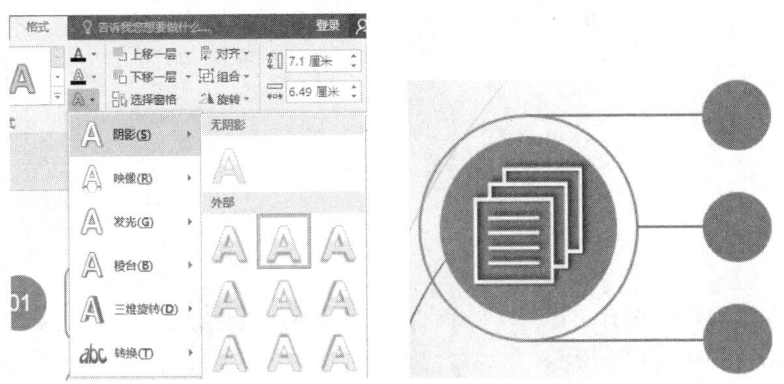

图 6-1-22　插入艺术字效果

最后插入几个圆角矩形，并在形状上添加相应的文字，最终效果如图 6-1-23 所示。

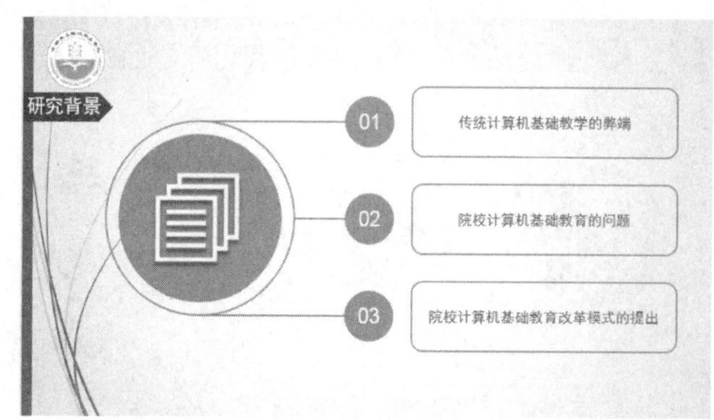

图 6-1-23　最终效果

（4）插入图表和图像。在使用数据说明时，图表具有更形象、更直观的优势。可以从其他软件中截取数据生成的图表，也可以在 PowerPoint 中利用 Excel 插件生成图表。

新建一张“仅标题”的幻灯片，在标题栏中输入“改革成效——2018 年与 2020 年学生学习情况数据分析”。在“插入”选项卡中单击“图表”按钮，弹出“插入图表”对话框，选择“簇状柱形图”，在弹出的 Excel 插件中输入图 6-1-24 所示的相关数据，图表便自动生成。

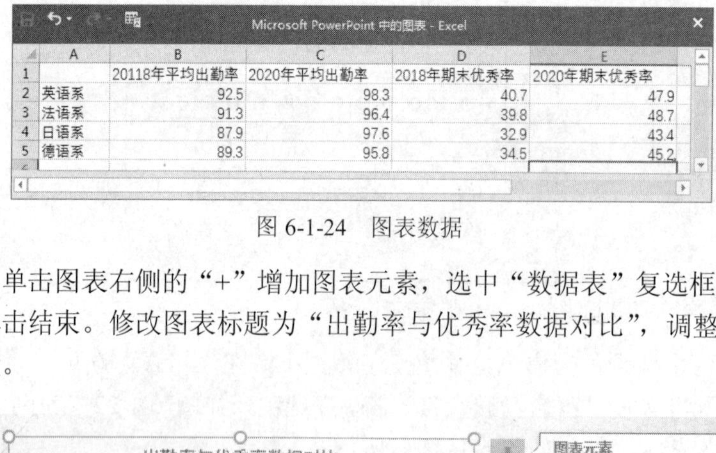

Microsoft PowerPoint 中的图表 - Excel

	A	B	C	D	E
1		20118年平均出勤率	2020年平均出勤率	2018年期末优秀率	2020年期末优秀率
2	英语系	92.5	98.3	40.7	47.9
3	法语系	91.3	96.4	39.8	48.7
4	日语系	87.9	97.6	32.9	43.4
5	德语系	89.3	95.8	34.5	45.2

图 6-1-24　图表数据

选中图表，单击图表右侧的“+”增加图表元素，选中“数据表”复选框，如图 6-1-25 所示，在空白处单击结束。修改图表标题为“出勤率与优秀率数据对比”，调整图表尺寸，把图表移到合适位置。

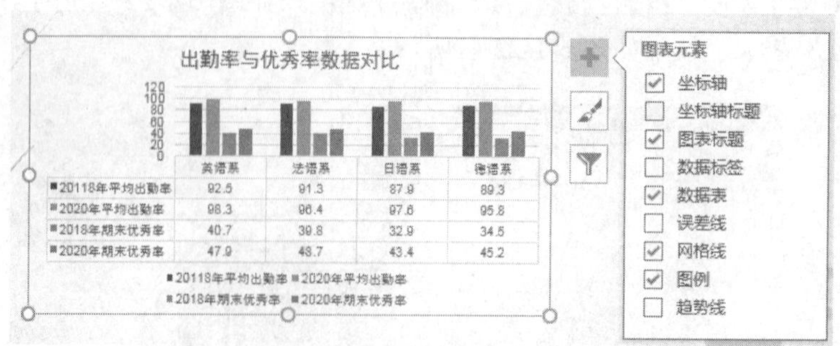

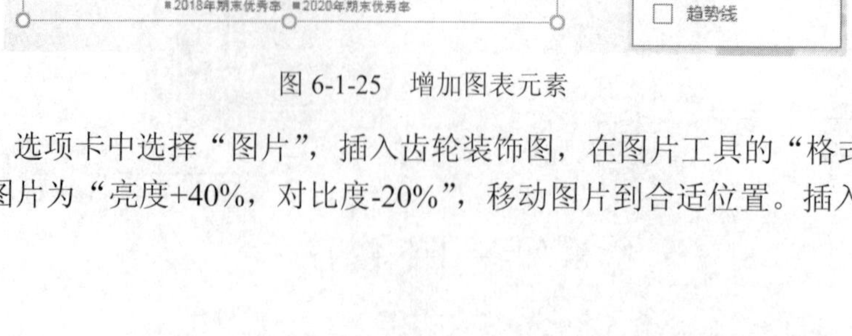

图 6-1-25　增加图表元素

在“插入”选项卡中选择“图片”，插入齿轮装饰图，在图片工具的“格式”选项卡“更正”项中调整图片为“亮度+40%，对比度-20%”，移动图片到合适位置。插入图表效果如图 6-1-26 所示。

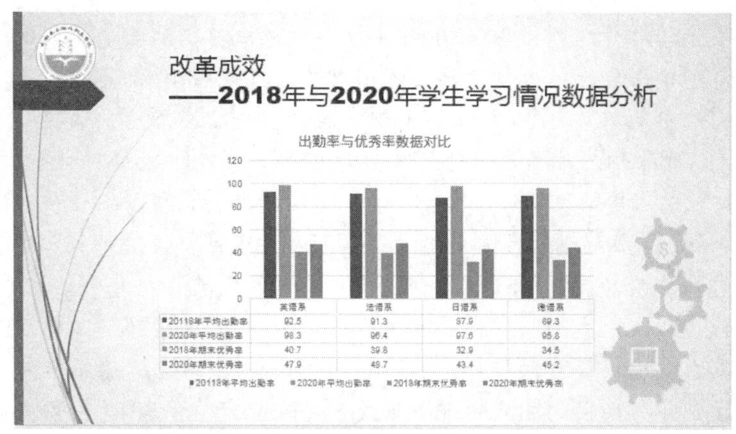

图 6-1-26　插入图表效果

（5）设置链接。设置链接可以快速跳转到其他位置，可以是本幻灯片中的其他页，也可以是其他文件，方便解说时快速出现引用的内容帮助解释。下面设置本幻灯片中的跳转。

回到目录页，选择“研究的内容”矩形框并右击，在弹出的快捷菜单中选择“超链接”命令，弹出图 6-1-27 所示的“插入超链接”对话框，对话框右侧显示可以链接的对象有“现有文件或网页”“本文档中的位置”“新建文档”“电子邮件地址”等。单击“本文档中的位置”选项，在“请选择文档中的位置”列表框中选择“改革成效”选项，单击“确定”按钮，即可设置超链接，在 PPT 播放时鼠标移到“研究的内容”矩形框会变成“手”形，单击即可跳转到第四张幻灯片。

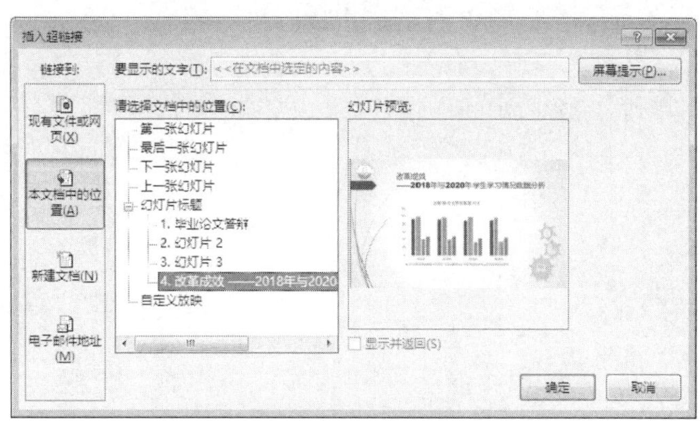

图 6-1-27　“插入超链接”对话框

（6）完成毕业论文答辩 PPT。论文答辩 PPT 是辅助讲解者展示讲解内容的工具，播放时由演讲者手动切换。使用 PowerPoint 状态栏上的“幻灯片放映”按钮或“幻灯片放映”选项卡或 F5 键即可播放幻灯片。

除了内容编辑之外，设置合适的动画和页面切换效果会使 PPT 更生动、更有吸引力。

※知识链接

幻灯片的操作、PowerPoint 视图

幻灯片除了上面介绍的插入操作之外，还有选择、删除、移动和复制。选择幻灯片可以在“幻灯片/大纲”窗格或幻灯片浏览视图中进行：单击幻灯片缩略图，可以选择单张幻灯片；

要选择不连续的多张幻灯片，则按住 Ctrl 键不放，再依次单击需要选择的幻灯片；要选择连续的多张幻灯片，则单击要连续选择的第一张幻灯片，按住 Shift 键不放，再单击需要选择的最后一张幻灯片。选中幻灯片之后按 Delete 键；或者右击，在弹出的快捷菜单中选择“删除幻灯片”命令，可以删除幻灯片。要移动或复制幻灯片，选中幻灯片之后右击，在弹出的快捷菜单中选择“剪切”或“复制”命令，然后将鼠标定位到目标位置并右击，在弹出的快捷菜单中选择“粘贴”命令，完成移动或复制幻灯片（也可以按下鼠标左键不放，拖动鼠标到合适的位置释放移动幻灯片，或者按住 Ctrl 键拖动鼠标到合适的位置释放复制幻灯片）。

在上面的操作过程中，我们一直在 PowerPoint 2016 的普通视图下工作，PowerPoint 2016 提供了多种视图模式以编辑查看幻灯片，在工作界面下方或“视图”选项卡中单击视图切换按钮中的任意一个按钮即可切换到相应的视图模式下。PowerPoint 2016 提供了 4 种视图方式，分别是普通视图、幻灯片浏览视图、阅读视图和备注页视图。普通视图：PowerPoint 2016 默认显示普通视图，在该视图中可以同时显示幻灯片编辑区、“幻灯片/大纲”窗格以及备注窗格，主要用于调整演示文稿的结构及编辑单张幻灯片中的内容；幻灯片浏览视图：在幻灯片浏览视图模式下可以浏览幻灯片在演示文稿中的整体结构和效果，在该模式下也可以改变幻灯片的版式和结构，如更换演示文稿的背景、移动或复制幻灯片等，但不能对单张幻灯片的具体内容进行编辑；阅读视图：该视图仅显示标题栏、阅读区和状态栏，主要用于浏览幻灯片的内容，在该模式下演示文稿中的幻灯片将以窗口尺寸放映；备注页视图：备注页视图与普通视图相似，只是没有“幻灯片/大纲”窗格，在此视图下幻灯片编辑区中完全显示当前幻灯片的备注信息。

拓展训练①

1．练习一，参考图 6-1-28 所示的样张完善论文答辩 PPT。

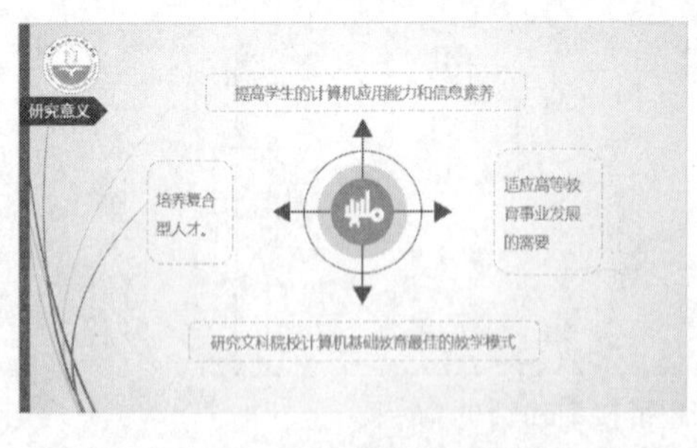

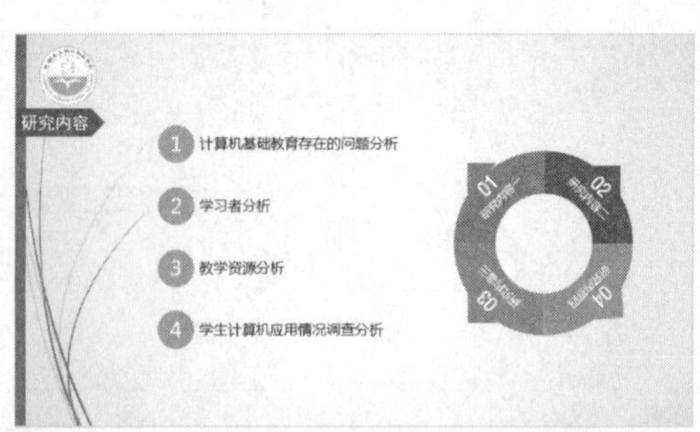

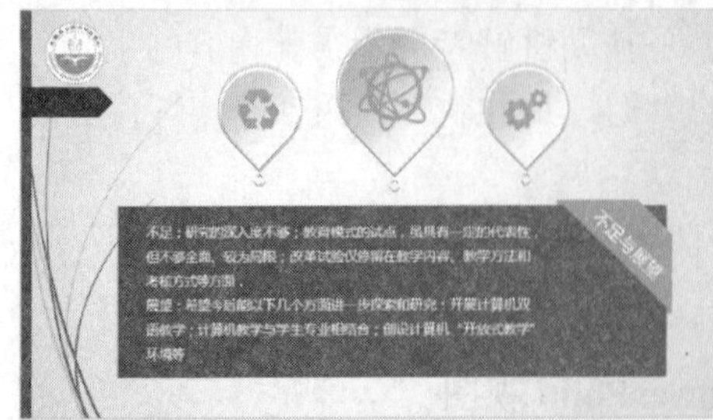

图 6-1-28　PPT 样张

2．练习二，按要求完成任务，保存好 PPT，在学习本项目任务 2 之后设置动画。

（1）在拓展练习 2 文件夹下，将“PPT_素材.pptx”文件另存为“PPT.pptx”。

（2）为演示文稿应用拓展练习 2 文件夹下的主题“员工培训主题.thmx”，然后再应用“微软雅黑”的主题字体。

（3）在幻灯片 2 中插入拓展练习 2 文件夹下的图片“欢迎图片.jpg”，并应用“棱台形椭圆，黑色”的图片样式，参考“完成效果.docx”文件中的样例效果将图片和文本置于合适的位置。

（4）将幻灯片 3 中的项目符号列表转换为 SmartArt 图形，布局为“降序基本块列表”，为每个形状添加超链接，链接到相应的幻灯片 4、5、6、7、8、9、11。

（5）在幻灯片 5 中，参考样例效果，将项目符号列表转换为 SmartArt 图形，布局为“组织结构图”，将文本“监事会”和“总经理”的级别调整为“助理”；在采购部下方添加“北区”和“南区”两个形状，分支布局为“标准”。

（6）在幻灯片 9 中，使用拓展练习 2 文件夹下的“学习曲线.xlsx”文档中的数据，参考样例效果创建图表，不显示图表标题和图例，垂直轴的主要刻度单位为 1，不显示垂直轴；在图表数据系列的右上方插入正五角星形状，并应用“强烈效果-橙色，强调颜色 3”形状样式（正五角星形状为图表的一部分，无法拖曳到图表区以外）。

（7）在幻灯片 10 中，参考样例效果，适当调整各形状的位置与尺寸，将“了解”“开始熟悉”“达到精通”三个文本框的形状更改为“对角圆角矩形”，但不要改变这些形状原先的样式与效果。

（8）将幻灯片 11 的版式修改为“图片与标题”在右侧的图片占位符中插入图片“员工照片.jpg”，并应用一种合适的图片样式。

（9）在幻灯片 13 中，将文本设置为在文本框内水平和垂直都居中对齐，将文本框设置为在幻灯片中水平和垂直都居中；为文本添加一种合适的艺术字效果。

（10）为演示文稿添加幻灯片编号，且标题幻灯片中不显示。

（11）在所有幻灯片的右下角插入图片“公司 Logo.jpg”，并适当调整其尺寸。

任务 2　制作环保公益宣传片 PPT

任务目标

制作一个环保公益宣传的演示文稿。

知识与技能目标

- 掌握幻灯片的动画设置。
- 掌握幻灯片的切换方法。
- 掌握背景音乐的插入和设置。
- 掌握幻灯片的播放方式。
- 掌握演示文稿的发布。

情境描述

通过丰富有趣的环保公益宣传，向广大群众宣传节能减排、生态环保理念和知识，引导人们从小事做起、从自身做起，增强群众爱护环境、爱护生态的自觉性，增强环保意识，养成环保习惯，让环保的思想深入每个人的心中；并以此带动相关群众、群体环保，从而影响整个社会的公民共同环保、共同关爱我们的地球家园。

宣传片要能对公众具备吸引力，必须生动有趣、形象具体，文字、图像、动态效果缺一不可。本任务虚拟一个向公众进行环保公益宣传的 PPT 片头和片尾，主要包括幻灯片动画设置、幻灯片的切换方法、插入背景音乐和幻灯片的播放方式。

实现方法

宣传片样张如图 6-2-1 所示。

图 6-2-1 宣传片样张

实现步骤

本任务所用素材：素材\PowerPoint 素材\任务 2 素材。

1. 设计幻灯片的样式

（1）调整幻灯片尺寸。删除幻灯片上的标题框与副标题框。在“设计”选项卡“幻灯片大小”中选择“自定义幻灯片大小”，弹出“幻灯片大小”对话框，输入宽度 30 厘米，高度 19 厘米，如图 6-2-2 所示。单击“确定”按钮，在弹出的对话框中选择“确保适合”完成幻灯片大小设置。

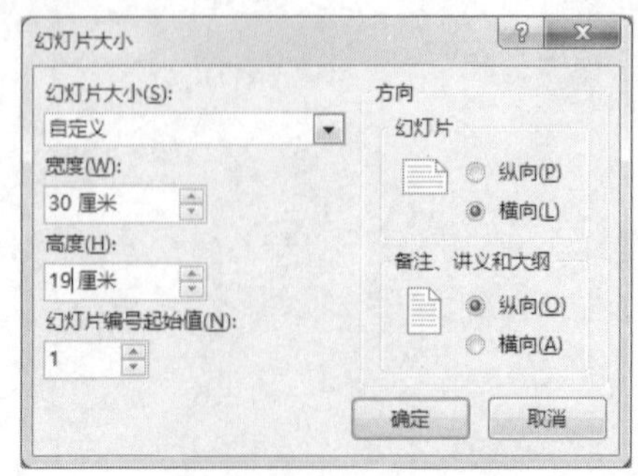

图 6-2-2 设置幻灯片大小

（2）设计一个与宣传主题相符的个性化的样式，新建演示文稿后单击“设计”选项卡“设置背景格式”按钮，在“设置背景格式”窗格中选中“渐变填充”；“预设渐变”选择“顶部聚光”；“渐变光圈”删除中间的“停止点 2”，选中“停止点 1”，打开“颜色”列表，选择“其他颜色”，在弹出的“颜色”对话框“自定义”中输入红色 203、绿色 230、蓝色 125，单击“确定”按钮，再选中“停止点 2”；打开“颜色”列表，输入红色 133、绿色 165、蓝色 41，单击“确定”按钮，完成背景格式设置，如图 6-2-3 所示。

图 6-2-3　设置背景格式

2. 向幻灯片中添加素材

向幻灯片片头和片尾添加宣传主题所要使用的文字、图像、形状。

（1）片头制作。

第一步：插入素材图片“绿草房子”，调整图片尺寸以适应幻灯片尺寸。

第二步：插入一个与幻灯片页面尺寸一致的矩形形状，黑色填充、无边框。

第三步：插入一个文本框，输入文字“用心保护世界 用心热爱地球”，黑体、白色、28 磅字，置于幻灯片中部右侧。

第四步：再插入一个文本框，输入文字“不要旁观，请加入行动者的行列”，黑体、深红色、20 磅字，置于“用心保护世界 用心热爱地球”下方

第五步：插入形状“左箭头”，填充红色、无轮廓；形状效果选择“发光”→“金色 8pt 发光 个性色 4”，置于两个文本框中间，如图 6-2-4 所示。

第六步：插入矩形形状，要能覆盖上面第三步输入的文字“用心保护世界 用心热爱地球”，黑色填充、无轮廓。

第七步：插入“地球”图片。调整图片尺寸和位置，为了看清素材之间的关系，先暂时把覆盖幻灯片的大矩形设置为其他颜色，调整好之后再改回黑色，如图 6-2-5 所示。

图 6-2-4　文字位置

图 6-2-5　插入地球图片

至此，片头所需的素材添加完毕，下面制作片尾。

（2）片尾制作。

第八步：插入一张新的空白幻灯片，在“设置背景格式”中选中“渐变填充”，之前设置的填充方案就应用到了这张新幻灯片上了。

第九步：插入素材图片“蓝天大树”，置于幻灯片中部，调整图片宽度以适应幻灯片宽度。

第十步：插入一个矩形形状，矩形高度与插入图片一致，宽度为 12 厘米左右，白色填充、无轮廓，在“格式”选项卡“形状填充”中选择“其他填充颜色”，在“颜色”对话框“标准”标签里设置矩形透明度为 73%。将矩形置于素材图片中大树之上。

第十一步：复制矩形，宽度改为 7.5 厘米，同样放于素材图片大树之上。

第十二步：插入文本框，输入文字“你”，宋体，30 磅，深红色；复制该文本框，输入文字“我”。

第十三步：继续插入三个文本框，输入文字“栽一棵树 栽一棵树”，黑体、24 磅、深红色；输入文字“我们共同为地球添”黑体、20 磅、深红色；输入文字“绿”，黑体、48 磅、深红色。

至此，片尾素材添加完毕。片尾素材布局如图 6-2-6 所示。

图 6-2-6　片尾素材布局

3. 设置动画

（1）切换到“动画”选项卡，打开“动画窗格”界面，如图 6-2-7 所示。

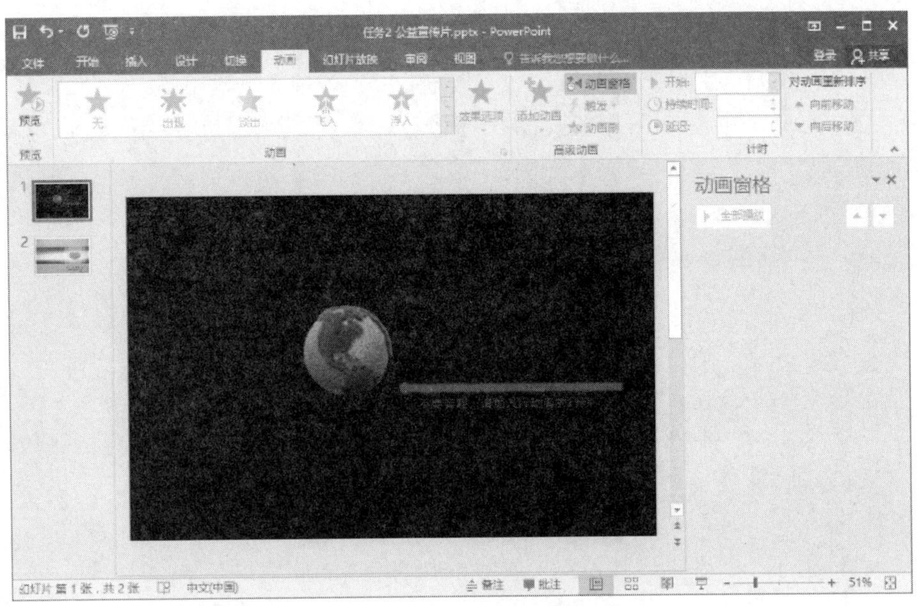

图 6-2-7　打开“动画窗格”界面

（2）选中地球，打开“动画”命令组，如图 6-2-8 所示，下拉窗格中列出了“进入”“强调”“退出”“动作路径”四种类型的动画。PowerPoint 2016 中“进入”动画一共有 40 种，“强调”动画一共有 24 种，“退出”动画一共有 40 种，“动作路径”动画一共有 63 种。单击下拉窗格可以查看更多效果的动画。

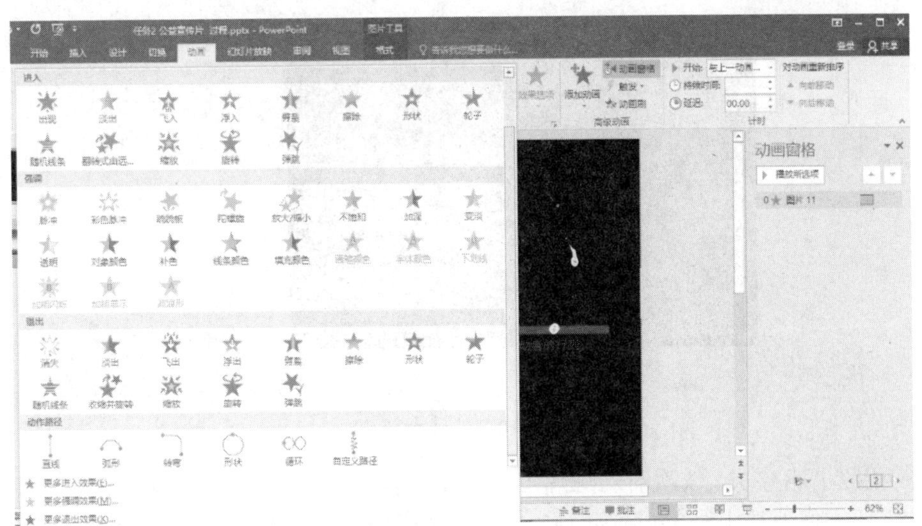

图 6-2-8　添加“淡出”进入动画

选择“淡出”进入动画，此时动画窗格里增加了一个动作，图片添加顺序不同，显示的内容也就会不同，这里显示的是“图片 11”。

（3）保持选中地球，单击“添加动画”按钮（要在“动画”命令组中再次设置动画，就是替换对象原来设置的动作；要在同一对象上设置多重动画，就需要“添加动画”进行设置），单击“其他动作路径”动画，选择“向右”运行，如图 6-2-9 所示。

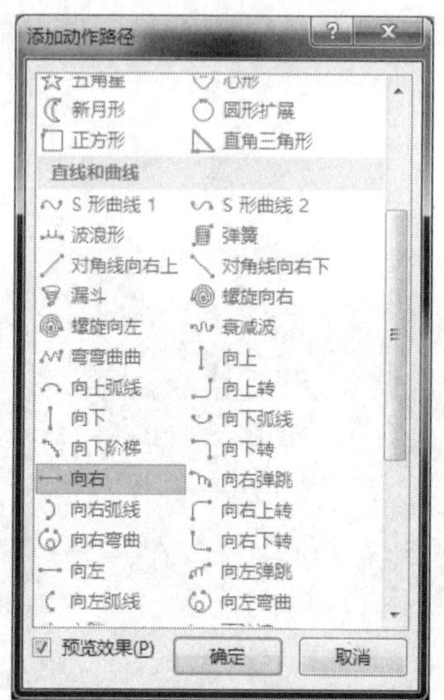

图 6-2-9 添加“动作路径”动画

（4）继续保持选中地球，对地球添加第三个动画，选择“强调”动画中的“陀螺旋”。至此，地球的动作添加完毕，地球的全部动画如图 6-2-10 所示。

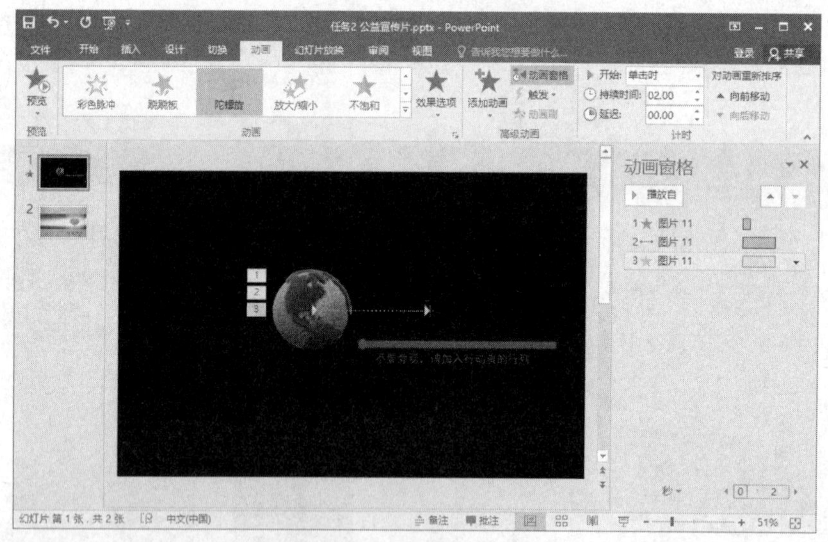

图 6-2-10 地球全部动画

（5）依照上述方法，依次对幻灯片各对象设置动画。幻灯片上的图形较多，且相互重叠，难以选定。要方便地选中对象设置动画，可以先选中幻灯片上的一个图形，然后在“格式”选项卡上打开“选择窗格”，如图 6-2-11（a）所示。窗格内罗列了本张幻灯片上的全部对象，对象的名称是插入时的默认名称，可以重命名以便于识别。单击即可选中对应的对象。单击右侧的眼睛符号可以控制对象的显示和隐藏。

各对象所设置的动画如下：

- 遮盖文字的小黑矩形形状，对它添加“向右”的动作路径动画。
- 覆盖背景图片的大黑矩形形状设置“淡出”的退出动作。

- 对文字“用心保护世界　用心热爱地球”设置“字体颜色”动画。
- 左箭头设置“展开”的进入动作。
- 文字“不要旁观，请加入行动者的行列”设置“挥鞭式”进入动作。

设置完毕后共有 8 个动画，结果如图 6-2-11（b）所示。

（a）

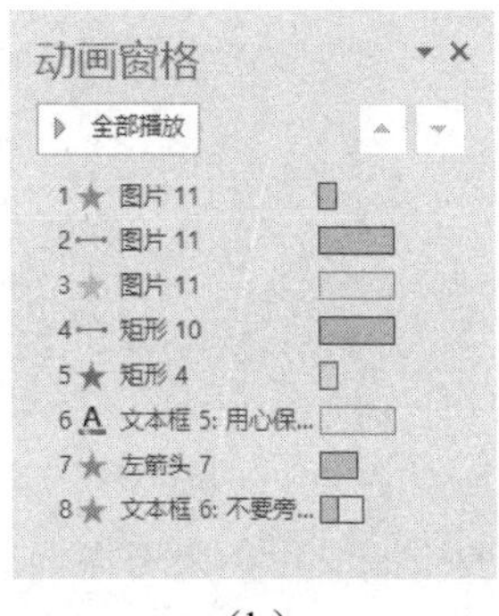

（b）

图 6-2-11　选择窗格及片头动画

PowerPoint 中动画触发方式有三种：“单击开始”“与上一动画同时”和“上一动画之后”。添加的动画默认触发方式为“单击开始”，即单击动画才被触发，把动画窗格拖宽一点会看到动画左边有鼠标图形。图 6-2-11（b）所示的动画列表左边的数字是该动画的触发顺序。设置触发方式为“与上一动画同时”则数字消失；设置触发方式为“上一动画之后”则动画左侧会显示一个时钟。可以通过动画左侧显示内容快速了解动画触发方式。

（6）第 6 个“字体颜色”动画需要做进一步处理。在动画窗格选中该动画，单击右侧的下拉按钮，在下拉列表中选择“效果选项”选项，弹出图 6-2-12（a）所示的对话框，在“字体颜色”下拉列表框中选择“其他颜色”选项，在“自定义”标签中红色设置为 136，绿色设置为 2，蓝色设置为 2，即深红色，如图 6-2-12（b）所示。

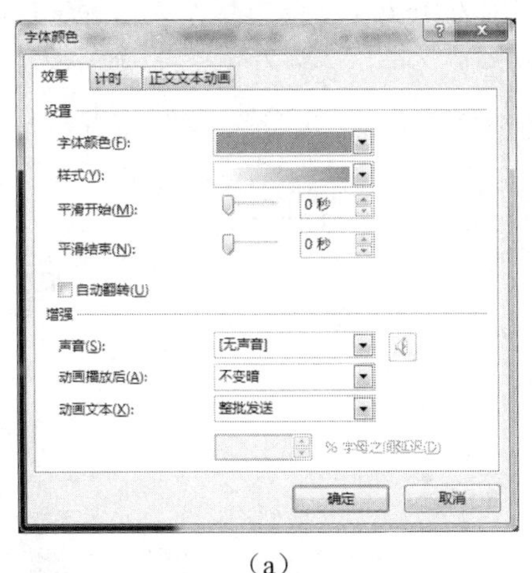

（a）

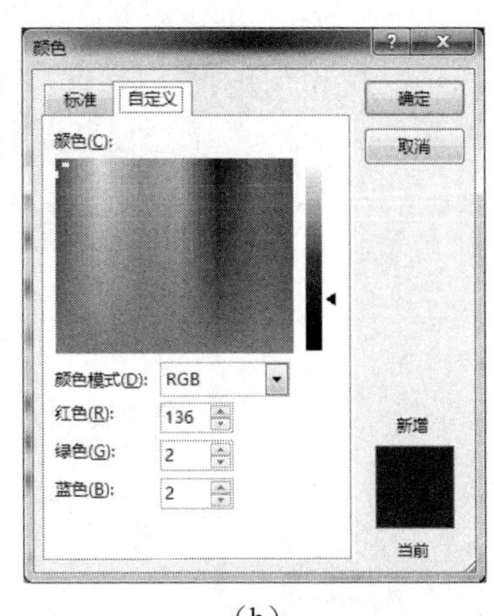

（b）

图 6-2-12　设置字体颜色

（7）对添加进来的动作进行编辑。调整动作顺序，动作可以鼠标拖动改变顺序。把小黑矩形的“向右”动作（即第四个动作）拖到第二位，“字体颜色”动作（即第六个动作）拖到第五位，其他不变，如图 6-2-13 所示。

图 6-2-13 调整动作顺序

（8）为了让地球和小矩形在向右运动时能运动出视野，把两个向右运动的终点箭头端（即红色端）拖出幻灯片，注意拖动时按住 Shift 键，这样可以保持箭头水平状态，如图 6-2-14 所示。

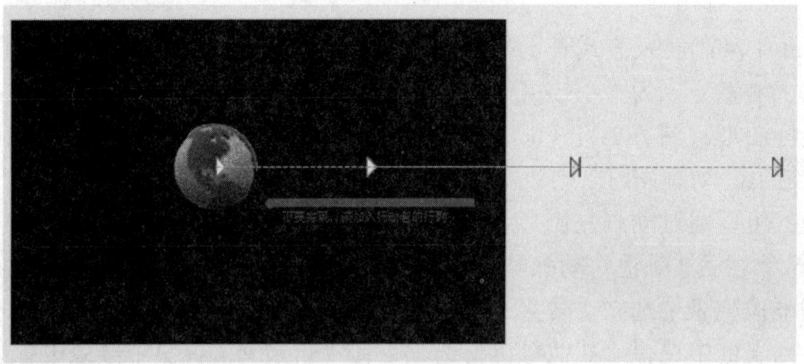

图 6-2-14 调整动作路径

（9）现在处理第一个淡出动画。单击第一个动画右侧的下拉按钮，在下拉列表框中选择“计时”选项，弹出“计时”对话框，在“开始”下拉列表框中把动作开始方式设置为“与上一动画同时”，在“期间”下拉列表框中输入动作持续时间为“2.5 秒”，如图 6-2-15 所示。

图 6-2-15 调整淡出动画

（10）用相同方法依次修改列表中 2～8 这 7 个动作。

动画 2：上一动画之后，中速（2 秒）。

动画 3：与上一动画同时，中速（2 秒）。

动画 4：与上一动画同时，慢速（3 秒）。

动画 5：上一动画之后，中速（2 秒）。

动画 6：上一动画之后，快速（1 秒）。

动画 7：上一动画之后，快速（1 秒）。

动画 8：上一动画之后，非常快（0.5 秒）。

设置完毕后的动作顺序如图 6-2-16 所示。

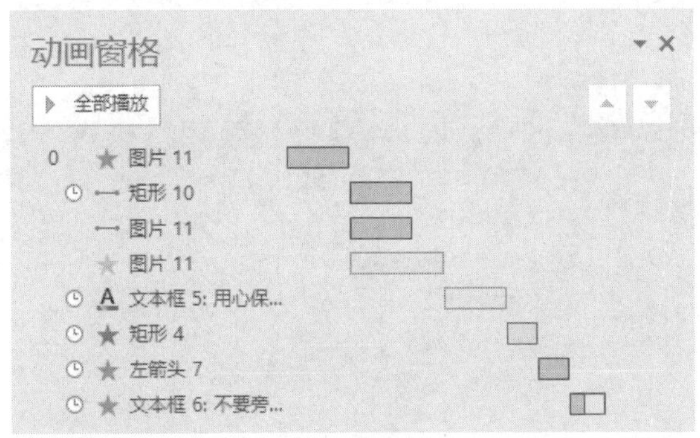

图 6-2-16　设置完毕后的动作顺序

（11）对第二张幻灯片的各元素设置动画。较宽的半透明矩形形状添加“圆形扩展”的进入动作，打开“计时”对话框，“开始”设置为“与上一动画同时”，“期间”设置为“中速（2 秒）”，“重复”设置为“直到下一次单击”，如图 6-2-17 所示。

图 6-2-17　矩形动画效果

（12）用相同方式，文字“你”添加“基本缩放”的进入动画，设置为“与上一动画同时”“快速（1 秒）”。

（13）选中文字“你”文本框，单击“动画”选项卡的“动画刷”工具，把该动画复制到文字“我”。

（14）文字“栽一棵树 栽一棵树”添加“空翻”进入动画，设置为“上一动画之后”“快速（1 秒）”。

（15）文字“我们共同为地球添”添加“淡出”进入动画，设置为“上一动画之后”“中速（2 秒）”。

（16）文字“绿”添加“弹跳”进入动画，设置为“与上一动画同时”“中速（2 秒）”；再添加强调动画“放大/缩小”，设置效果选项为“尺寸”自定义为 120%，计时为“上一动画之后”“中速（2 秒）”。

设置完毕后的动作顺序如图 6-2-18 所示。

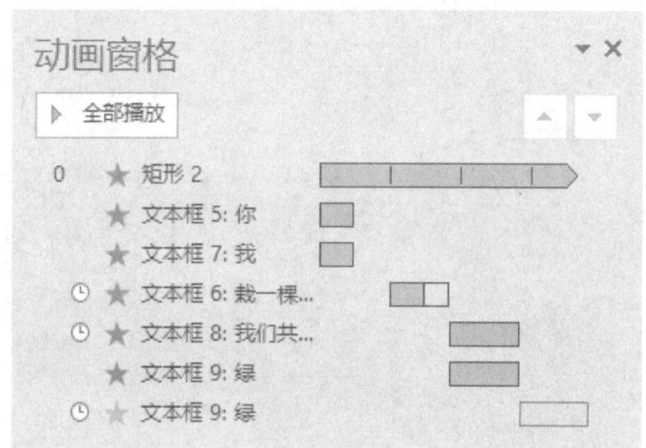

图 6-2-18 设置完毕后的动作顺序

4. 幻灯片放映

（1）单击“幻灯片放映”选项卡“开始放映幻灯片”组中的“从头开始”按钮，播放幻灯片查看效果，如图 6-2-19 所示。

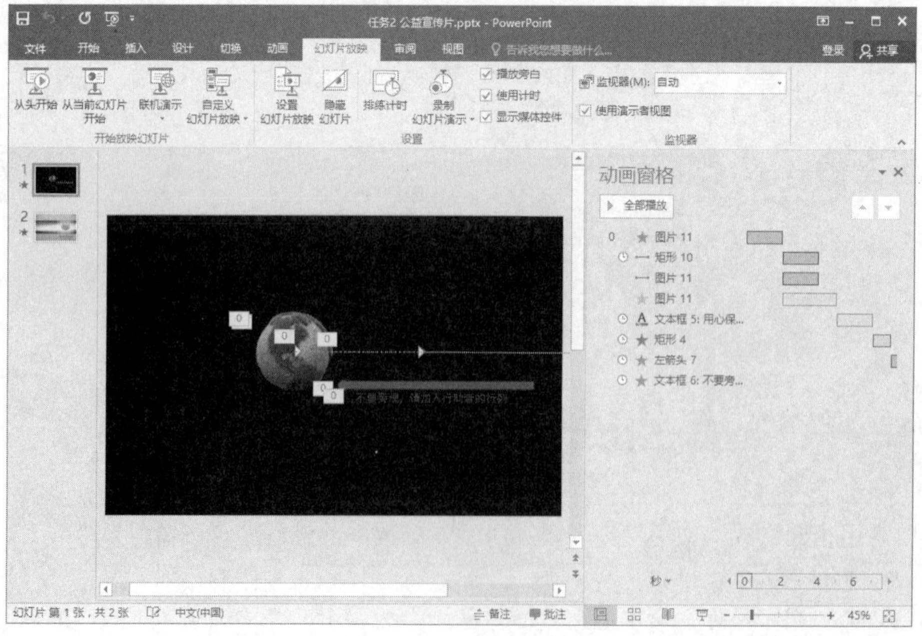

图 6-2-19 播放幻灯片

※知识链接

幻灯片放映

我们可以选择广播方式放映幻灯片。广播幻灯片就是通过 Internet 向远程访问群体广播 PowerPoint 2016 演示文稿。当我们在 PowerPoint 中放映幻灯片时，访问群体可以通过浏览器同步观看。使用 PowerPoint 2016 中的“广播放映幻灯片”功能，演示者可以在任意位置通过 Web 与任何人共享幻灯片放映。首先要向访问群体发送链接（URL），然后邀请的每个人都可以在他们的浏览器中观看幻灯片放映的同步视图。

当我们不希望将演示文稿的所有部分展现给观众，而需要根据不同的观众选择不同的放映部分时，可以根据需要自定义幻灯片放映。打开演示文稿，单击“幻灯片放映”选项卡“开始放映幻灯片”组中的“自定义幻灯片放映”按钮，在下拉列表中选择“自定义放映”选项，弹出“自定义放映”对话框，单击“新建”按钮，弹出“定义自定义放映”对话框，在“在演示文稿中的幻灯片”列表框中选择合适的幻灯片，单击“添加”按钮将其添加至“在自定义放映中的幻灯片”列表框，单击“确定”按钮返回“自定义放映”对话框，再单击“放映”按钮即可开始放映自定义的幻灯片。

5. 幻灯片切换

（1）选中第二张幻灯片，在“切换”选项卡下设置幻灯片切换方式为“随机线条”，在“效果选项”按钮的下拉列表中选择随机线条的样式，此处选择“垂直”选项；换片方式取消选中“单击鼠标时”复选框，选中“设置自动换片时间”复选框并设置为 0，如图 6-2-20 所示。

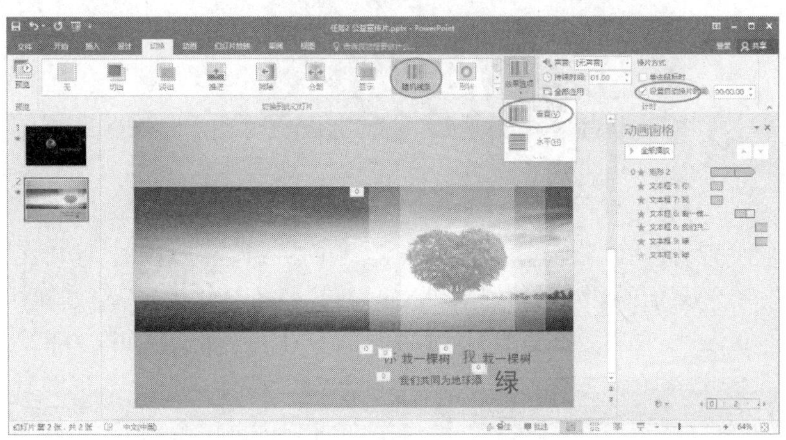

图 6-2-20　设置幻灯片切换

（2）选中第一张幻灯片，在“切换”选项卡下选中“设置自动换片时间”复选框并设置为 0。

（3）单击“切换”选项卡中的“预览”按钮或播放演示文稿，查看播放效果。

※知识链接

设置放映方式

在默认情况下，PowerPoint 2016 会按照预设的演讲者放映方式来放映幻灯片，但放映过程需要人工控制。在 PowerPoint 2016 中还有两种放映方式：观众自行浏览和展台浏览。操作方法如下：打开一个演示文稿，切换至“幻灯片放映”选项卡，单击“设置”组中的“设置幻灯片放映”按钮，弹出“设置放映方式”对话框，即可在“放映类型”区域中看到三种放映方式，各方式含义如下：

- “演讲者放映”单选按钮：演讲者放映是最常用的放映方式，在放映过程中以全屏显示幻灯片。演讲者能控制幻灯片的放映、暂停演示文稿、添加会议细节，还可以录制旁白。
- “观众自行浏览”单选按钮：可以在标准窗口中放映幻灯片。在放映幻灯片时，可以拖动右侧的滚动条或滚动鼠标上的滚轮实现幻灯片的放映。
- “在展台浏览”单选按钮：在展台浏览是三种放映类型中最简单的方式，自动全屏放映幻灯片，并且循环放映演示文稿，在放映过程中，除了通过超链接或动作按钮来进行切换以外，其他功能都不能使用，如果要停止放映，只能按Esc键。

5. 添加背景音乐

（1）单击“插入”选项卡“媒体”组中的“音频”按钮，在下拉列表中选择“PC上的音频”选项，如图6-2-21所示。

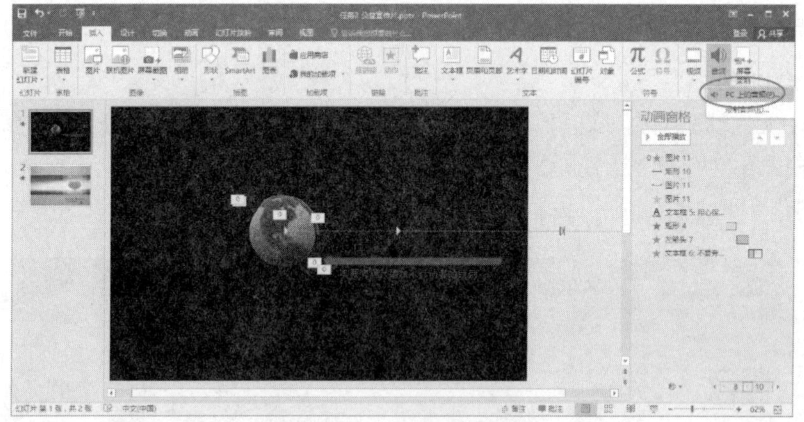

图6-2-21 插入背景音乐

（2）找到要插入的与幻灯片同步的音乐文件，单击“插入”按钮，然后在“音频工具/播放”选项卡中设置音乐的开始方式为“自动”，并勾选“跨幻灯片播放”“放映时隐藏”“循环播放，直到停止”复选项。这样，在播放幻灯片期间就有背景音乐了，如图6-2-22所示。

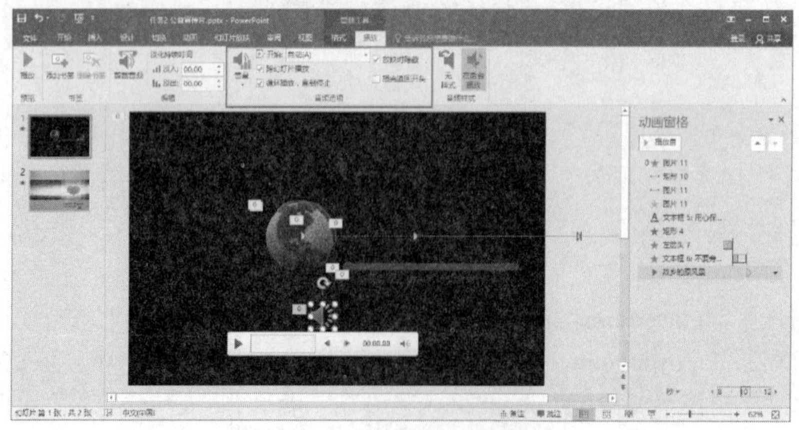

图6-2-22 设置背景音乐播放方式

（3）在“动画窗格”界面，由于音频是在最后插入的，因此位于所有动作之后，为了让幻灯片一开始播放就有背景音乐，需要对动作进行重新排序，将音乐拖动到第一个动作之后，并设置音乐动作为“从上一项开始”，如图 6-2-23 所示。

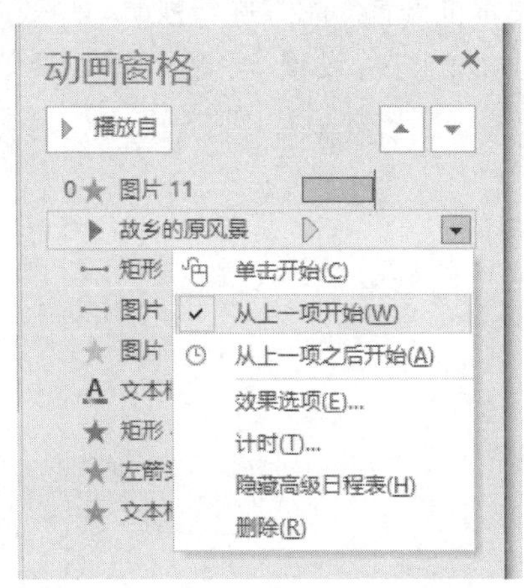

图 6-2-23　调整背景音乐顺序

（4）播放演示文稿，查看整体效果。

※知识链接

打包演示文稿

所谓打包，是指将独立的已组合起来共同使用的单个或多个文件集成在一起，生成一种独立于运行环境的文件。将 PPT 打包能解决运行环境的限制和文件损坏或无法调用的不可预料的问题，比如打包文件能在没有安装 PowerPoint、Flash 等环境下运行，以及在目前主流的各种操作系统下运行。单击“文件”→“保存并发送”→“将演示文稿打包成 CD”命令，在弹出的对话框中选择要打包的文件，单击“复制到文件夹”按钮，在对话框中为 CD 命名，选择保存的位置后单击“确定”按钮。

拓展训练②

1. 练习一，根据本任务学习的知识，对本项目任务 1 制作毕业答辩 PPT 中完成的文稿设置合适的动画，设置幻灯片不同放映方式，自行浏览效果。

2. 练习二，按要求完成任务。把本项目任务 1 课后拓展练习二中完成的 PPT 按下列要求添加动画：

（1）在幻灯片 5 中，为 SmartArt 图形添加“淡出”进入动画效果，效果选项为“一次级别”。

（2）在幻灯片 9 中，为图表添加“擦除”进入动画效果，方向为“自左侧”，序列为“按系列”，并删除图表背景部分的动画。

（3）在幻灯片 10 中，为 3 个对角圆角矩形添加“淡出”进入动画，持续时间都为“0.5 秒”，“了解”形状首先自动出现，“开始熟悉”和“达到精通”两个形状在前一个形状的动画完成之后，依次自动出现。为弧形箭头形状添加“擦除”进入动画效果，方向为“自底部”，持续时间为“1.5 秒”，要求与“了解”形状的动画同时开始，与“达到精通”形状的动画同时结束。

（4）在幻灯片 11 中，为幻灯片左侧下方的文本占位符和右侧的图片添加“淡出”进入动画效果，要求两部分动画同时出现并同时结束。

（5）在幻灯片 13 中，为文本框设置“陀螺旋”强调动画效果，并重复到下一次单击为止。

为除了首张幻灯片之外的其他幻灯片设置一种恰当的切换效果。

项目七　计算机网络与 Internet 应用

随着计算机技术的迅猛发展，计算机的应用逐渐渗透到各技术领域和整个社会的各个方面。社会的信息化、数据的分布处理、各种计算机资源的共享等各种应用要求都在推动计算机技术朝着群体化方向发展，促使计算机技术与通信技术紧密结合。计算机网络属于多机系统的范畴，是计算机和通信这两大现代技术相结合的产物。

计算机网络就是利用通信设备和线路将地理位置分散、功能独立的多个计算机互连起来，以功能完善的网络软件（即网络通信协议、信息交换方式和网络操作系统等）实现网络中资源共享和信息传递的系统。计算机网络使网上的用户可以共享网上计算机的软硬件资源。本项目包括网络与 Internet 应用、电子邮件收发应用和 Internet 扩展应用三个任务。

任务 1　网络与 Internet 应用

网络与 internet 应用

任务目标

了解网络的基本概念及 Internet 搜索功能的使用。

知识与技能目标

- 了解网络的基本概念。
- 了解搜索引擎的基本原理和分类。
- 掌握搜索引擎的高级搜索功能。
- 学会使用百度、谷歌、雅虎搜索引擎的“高级搜索”和“高级应用”功能完成相关信息的搜索。

情境描述

成都农业科技职业学院电子信息分院计算机应用专业学生李三即将毕业，准备撰写题为《信息化在农业行业中的应用》的毕业论文，需要查阅相关资料信息作为参考材料。

实现方法

每位同学按照给定的步骤和关键词查询相关资料，收集整理后建立以“姓名+日期”为文件名的 Word 文档，并上传到作业文件夹中。

实现步骤

1. TCP/IP 的配置

（1）单击“开始”→“控制面板”命令，选择“网络和共享中心”选项，打开图 7-1-1 所示的“网络和共享中心”窗口。

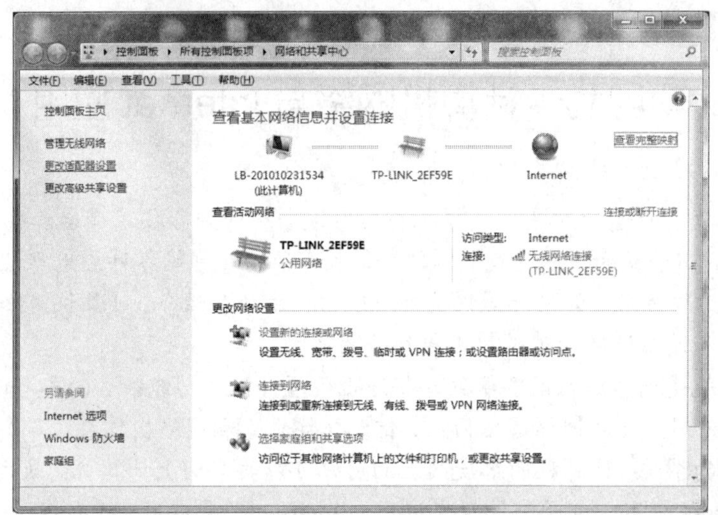

图 7-1-1 “网络和共享中心”窗口

（2）选择“更改适配器设置”选项，打开“网络连接”窗口，如图 7-1-2 所示。

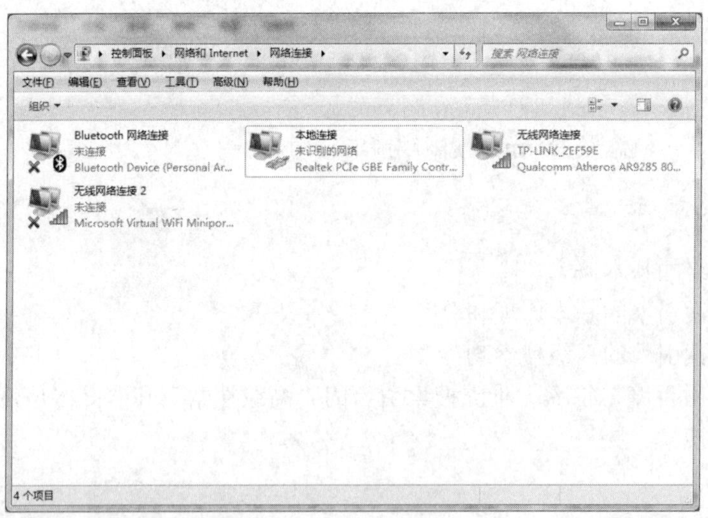

图 7-1-2 “网络连接”窗口

（3）单击“本地连接”，在弹出的对话框中单击“属性”按钮，弹出图 7-1-3 所示的“本地连接 属性”对话框。

（4）选择 Internet Protocol Version 4（TCP/IPv4），单击“属性”按钮，弹出图 7-1-4 所示的对话框，在相应位置输入本机 IP 地址、子网掩码、默认网关及 DNS 服务器的 IP 地址，单击“确定”按钮，网络配置完毕。

2. 网络共享的配置

（1）在“资源管理器”窗口中选择要设置共享的文件夹或打印机等设备，右击并选择“共享”命令，弹出“新加卷 (E:) 属性”对话框，默认打开“共享”选项卡，如图 7-1-5 所示。

（2）单击“高级共享”按钮，弹出“高级共享”对话框，如图 7-1-6 所示，选择“共享此文件夹”复选项，根据需要设置共享用户数及权限，单击“确定”按钮，共享设置完毕。

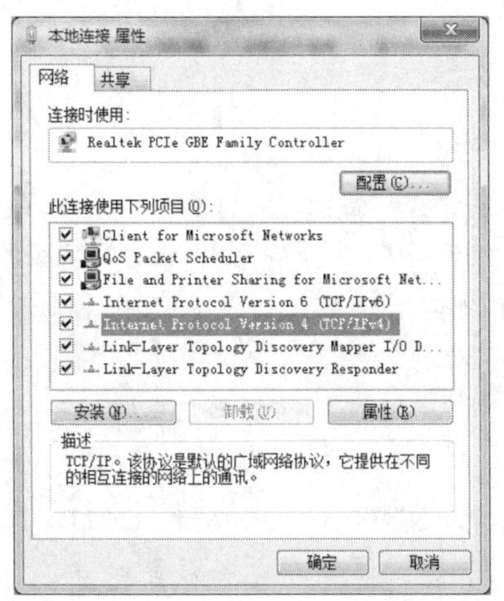

图 7-1-3　“本地连接 属性”对话框

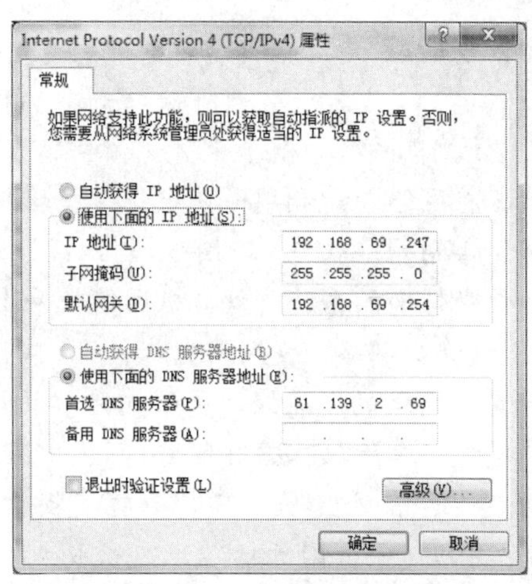

图 7-1-4　设置网络属性值

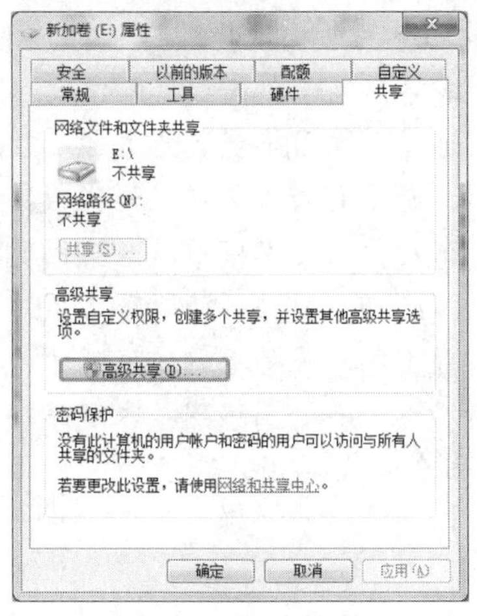

图 7-1-5　“共享”选项卡

图 7-1-6　“高级共享”对话框

在网络中的其他计算机上单击“开始”→“运行”命令，输入“\\你的计算机的 IP 地址”或“\\你的计算机名称”，访问共享的文件，如图 7-1-7 所示。

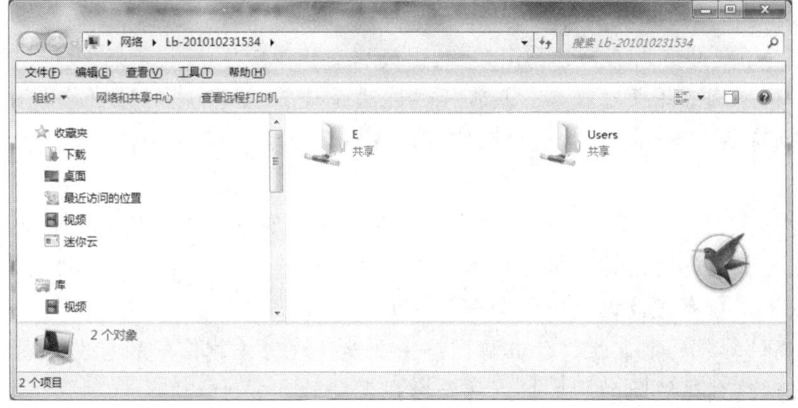

图 7-1-7　访问共享的文件

※知识链接

计算机网络

1. 计算机网络的概念

计算机网络就是利用通信设备和线路将地理位置分散、功能独立的多个计算机互连起来，以功能完善的网络软件（即网络通信协议、信息交换方式和网络操作系统等）实现网络中资源共享和信息传递的系统。计算机网络使网上的用户可以共享网上计算机的软硬件资源。

2. 计算机网络的发展历史

计算机网络的发展经历了面向终端的计算机网络、计算机—计算机网络和开放式标准化计算机网络三个阶段。20 世纪 60 年代中期，由终端—计算机之间的通信发展到计算机—计算机之间直接通信，这就是早期以数据交换为主要目的的计算机网络。1976 年，CCITT 通过 X.25 建议书；1977 年，国际标准化组织成立 SC16 分委员会，着手研究开放系统互连参考模型（Open System Interconnection/Reference Model，OSI/RM）。20 世纪 70 年代初期，仅有 4 个节点的分组交换网——美国国防部高级研究计划局网络（Advanced Research Project Agency Network，ARPANET）的运行获得了极大成功，标志着网络的结构日趋成熟。ARPANET 称为广域网，使用的是 TCP/IP 协议，它通常采用租用电话线路、电话交换线路或铺设专用线路进行通信。一般不同的部门要求建立不同类型的网络，对通信子网就要进行重复投资，因此邮电部门首先提出了公用数字通信网，网中既可以传送图像、语音信号，又可以传送数字信号，并可作为各种计算机网络的公用通信子网。20 世纪 70 年代后期，大规模集成电路出现，局域网因为投资少、使用方便灵活，得到了广泛的应用和迅猛的发展。与广域网相比，它们有共性，如分层的体系结构，又有不同的特性，如局域网为节省费用而不采用存储转发的方式，而是由单个的广播信道来连接网上的计算机。从 20 世纪 80 年代末开始，局域网技术发展成熟，出现了光纤及高速网络技术、多媒体、智能网络，整个网络就像一个对用户透明的庞大的计算机系统。计算机网络发展为以 Internet 为代表的互联网。

3. 计算机网络的功能和特点

各种网络在数据传送、具体用途及连接方式上都不尽相同，但一般网络都具有以下功能和特点：

（1）资源共享。充分利用计算机资源是组建计算机网络的重要目的之一。资源共享除共享硬件资源外，还包括共享数据和软件资源。

（2）数据通信能力。利用计算机网络可实现各计算机之间快速、可靠地传送数据，进行信息处理，如传真、电子邮件（E-mail）、电子数据交换（EDI）、电子公告牌（BBS）、远程登录（Telnet）、信息浏览等通信服务。数据通信能力是计算机网络最基本的功能。

（3）均衡负载，互相协作。通过网络可以缓解用户资源短缺的矛盾，使各种资源得到合理的调配。

（4）分布处理。一方面，对于一些大型任务，可以通过网络分散到多台计算机上进行分布式处理，也可以使各地的计算机通过网络资源共同协作进行联合开发、研究等；另一方面，计算机网络促进了分布式数据处理和分布式数据库的发展。

（5）提高计算机的可靠性。计算机网络系统能实现对差错信息的重发，网络中的各计算机还可以通过网络成为彼此的后备机，从而增强系统的可靠性。

4. 计算机网络的分类

根据不同的角度、不同的划分原则，可将计算机网络分为不同的类型。

按网络的作用范围和计算机之间的相互距离划分，可将计算机网络分为局域网、城域网和广域网。

- 局域网（Local Area Network，LAN）：分布范围一般在几米到几千米之间，最大不超过十多千米，如校园网。
- 城域网（Metropolitan Area Network，MAN）：适合一个地区、一个城市或一个行业系统使用，分布范围一般在十几千米到上百千米。
- 广域网（Wide Area Network，WAN）：分布范围可达几千千米至上万千米，横跨洲际，Internet 就是典型的广域网。

按网络数据传输与交换系统的所有权划分，可将计算机网络分为专用网和公共网。

- 专用网：如用于军事的军用网络。
- 公共网：如基于电信系统的公用网络。

按网络的拓扑结构，可将计算机网络分为总线型网络、星型网络、环型网络、树型网络等。

按传输的信道不同，可将计算机网络分为基带网、宽带网、模拟网和数字网。

5. 计算机体系结构

由于世界各大型计算机厂商均推出了各自的网络体系结构，因此国际标准化组织于 1978 年提出“开放系统互连参考模型”，即著名的 OSI 参考模型。它将计算机网络体系结构的通信协议规定为物理层、数据链路层、网络层、传输层、会话层、表示层、应用层七层，受到计算机界和通信业的极大关注。经过多年的发展和推进，OSI 参考模型已成为各种计算机网络结构的参考标准。

（1）物理层。物理层与传输媒介密切相关。

与 ISO 物理层有关的连接设备有集线器、中继器、传输媒介连接器、调制解调器等。

物理层主要解决的问题是连接类型、物理拓扑结构、数字信号、位同步方式、带宽使用、多路复用等。

（2）数据链路层。数据链路层的作用是将物理层的位组成称为“帧”的信息逻辑单位，进行错误检测，控制数据流，识别网上的每台计算机。

与 OSI 数据链路层有关的网络连接设备有网桥、智能集线器、网卡。

数据链路层主要解决的问题是逻辑拓扑结构、媒介访问、寻址、传输同步方式及连接服务。

（3）网络层。网络层处理网间的通信，其基本目的是将数据移到一个特定的网络位置。网络层选择通过网际网的一个特定的路由，而避免将数据发送给无关的网络，并负责确保正确数据经过路由选择发送到由不同网络组成的网际网。

网络层主要解决的问题是寻址方式、交换技术、路由寻找、路由选择、连接服务和网关服务等。

（4）传输层。传输层的基本作用是为上层处理过程掩盖计算机网络下层结构的细节，提供通用的通信规则。

传输层主要解决的问题是地址/名称转换、寻址方法、段处理和连接服务等。

（5）会话层。会话层实现服务请求者和提供者之间的通信，会话层主要解决的问题是对话控制和会话管理。

（6）表示层。表示层能把数据转换成一种能被计算机以及运行的应用程序理解的约定格式，还可以压缩或扩展，并加密或解密数据。表示层主要解决的问题是翻译和加密。

（7）应用层。应用层包含了针对每项网络服务的所有问题和功能，如果说其他 6 层通常提供支持网络服务的任务和技术，则应用层提供了完成指定网络服务功能所需的协议，应用层主要解决的问题是网络服务、服务通告、服务使用。

6. 计算机网络协议

计算机网络中实现通信必须有一些约定，对速率、传输代码、代码结构、传输控制步骤、出错控制等制定标准。网络协议是计算机网络中通信各方事先约定的通信规则的集合。例如通信双方以怎样的控制信号联络、发送方如何保证数据的完整性和正确性、接收方如何应答等。在同一个网络中，可以有多种协议同时运行。

为了使两个节点之间能进行对话，必须在它们之间建立通信工具（即接口），使彼此之间能进行信息交换。接口包括两部分：一是硬件装置，功能是实现节点之间的信息传送；二是软件装置，功能是规定双方进行通信的协议。协议通常由三部分组成：一是语义部分，用于决定双方对话的类型；二是语法部分，用于决定双方对话的格式；三是变换规则，用于决定通信双方的应答关系。

由于节点之间的联系很复杂，因此在制定协议时，一般把复杂成分分解成一些简单的成分，再将它们复合起来。最常用的复合方式是层次方式，即上一层可以调用下一层，而与再下一层不发生关系。通信协议的分层规定如下：把用户应用程序作为最高层，把物理通信线路作为最低层，将其间的协议处理分为若干层，规定每层处理的任务，也规定每层的接口标准。

常见的网络协议有以下几种：

（1）TCP/IP 协议。TCP/IP 协议是 Internet 信息交换、规则、规范的集合，是 Internet 的标准通信协议，主要解决异种计算机网络的通信问题，使网络在互连时隐藏技术细节，为用户提供一种通用的、一致的通信服务。

其中，TCP 是传输控制协议，规定了传输信息怎样分层、分组和在线路上传输；IP 是网际协议，定义了 Internet 上计算机之间的路由选择，把各种网络的物理地址转换为 Internet 地址。

TCP/IP 协议是 Internet 的基础和核心，是 Internet 使用的通用协议。其中，传输控制协议 TCP 对应于 OSI 参考模型的传输层协议，它规定一种可靠的数据信息传递服务。IP 协议又称互联网协议，对应于 OSI 参考模型的网络层，是支持网间互联的数据报协议。TCP/IP 协议与低层的数据链路层和物理层无关，这是 TCP/IP 的重要特点，正因如此，它能广泛地支持由低层的数据链路层和物理层两层协议构成的物理网络结构。

（2）PPP 协议与 SLIP 协议。PPP 是点对点协议，SLIP 是串行线路 Internet 协议。它们是为了利用低速且传输质量一般的电话线实现远程入网而设计的协议。用户要通过拨号方式访问 WWW、FTP 等资源，必须通过 PPP/SLIP 协议建立与 ISP 的连接。

（3）其他协议。此外，常见协议还有文件传输协议 FTP、邮件传输协议 SMTP、远程登录协议 Telnet、WWW 系统使用的超文本传输协议 HTTP 等，这些都是常用的应用层协议。

7. TCP/IP 协议

接入 Internet 的通信实体共同遵守的通信协议是 TCP/IP 协议集。TCP/IP 是一种网络通信协议，它规范了网络上的所有通信设备，尤其是一个主机与另一个主机之间的数据往来格式以及传送方式。TCP/IP 是 Internet 的基础协议，也是一种计算机数据打包和寻址的标准方法。TCP/IP 协议集的核心是网间协议（Internet Protocol，IP）和传输控制协议（Transmision Control Protocol，TCP）。它们在数据传输过程中主要实现以下功能：

- 由 TCP 协议把数据分成若干数据包，给每个数据包写上序号，以便接收端把数据还原成原来的格式。
- IP 协议给每个数据包写上发送主机和接收主机的地址。一旦写上源地址和目的地址，数据包就可以在物理网上传送数据。IP 协议还具有利用路由算法进行路由选择的功能。
- 这些数据包可以通过不同的传输途径（路由）进行传输，由于路径不同，加上其他的原因可能出现顺序颠倒、数据丢失、数据失真甚至重复的现象。这些问题都由 TCP 协议来处理，它具有检查和处理错误的功能，必要时还可以请求发送端重发。

简单地说，IP 协议负责数据的传输，而 TCP 协议负责数据的可靠传输。

8. IP 地址

通常将连入 Internet 的计算机称为 Internet 网络服务器或 Internet 宿主机(Host Computer)，它们都有自己唯一的网络地址，并使用 TCP/IP 协议互联与传输文件。最终用户的计算机连接到这台网络服务器上，称为客户机。因此最终用户是通过这台网络服务器的地址与 Internet 沟通的。

在 Internet 上，每个网络和每台计算机都被分配一个 IP 地址，这个 IP 地址在整个 Internet 网络中是唯一的，IP 地址是供全球识别的通信地址。在 Internet 上通信必须采用这种 32 位的通用地址格式才能保证 Internet 成为向全球开放的互联数据通信系统，这是全球认可的计算机网络标识方法。

（1）IP 地址的构成。IP 地址由一些具有特定意义的 32 位二进制数组成。由于二进制数不便于记忆，因此采用二—十进制转换将每 8 位二进制数转换为 3 位十进制数，并用“.”分隔成 4 组。例如：

二进制数 11001010 01110001 00011011 00001010

十进制数 202.113.27.10

根据二—十进制的转换约定，每组十进制数不超过 255（8 位二进制数最大表示范围）。

由前述内容可知，通过 Internet 入网的每台主机（服务器）必须有唯一的 IP 地址才能保证互通信息、共享资源。IP 地址由两部分组成，即网络标识和主机标识（主机名），网络标识中的某些信息还代表网络的种类。

（2）IP 地址分类。按照 IP 协议中对作为 Internet 网络地址的约定，将 32 位二进制数地址分为三类，即 A 类地址、B 类地址和 C 类地址。每类地址网络中 IP 地址结构即网络标识和主机标识的长度都不同。

A 类 IP 地址一般用于主机数多达 160 余万台的大型网络，高 8 位代表网络号，后 3 个 8 位代表主机号。32 位的高三位为 000；十进制的第 1 组数值范围为 000 ~ 127。IP 地址范围为 001.x.y.z ~ 126.x.y.z。

B 类 IP 地址一般用于中等规模的各地区网管中心，前两个 8 位代表网络号，后两个 8 位代表主机号。32 位的高三位为 100；十进制的第 1 组数值范围为 128 ~ 191。IP 地址范围为 128.x.y.z ~ 191.x.y.z。

C 类地址一般用于规模较小的本地网络，如校园网等。前 3 个 8 位代表网络号，低 8 位代表主机号。32 位的高三位为 110，十进制第 1 组数值范围为 192 ~ 223。IP 地址范围为 192.x.y.z ~ 223.x.y.z。一个 C 类地址可连接 256 台主机。

一个 C 类 IP 地址可用屏蔽码技术改为 128 个子网段，每个子网段可连接相应的主机数。C 类地址标志的网络之间只有通过路由器能工作。

（3）IP 地址的分配。IP 地址由国际组织按级别统一分配，机构用户在申请入网时可以获取相应的 IP 地址。

最高一级 IP 地址由国际网络信息中心（Network Information Center，NIC）负责分配，它是负责分配 A 类 IP 地址、授权分配 B 类 IP 地址的组织，并有权刷新 IP 地址。

分配 B 类 IP 地址的国际组织有三个：InterNIC、APNIC 和 ENIC。ENIC 负责欧洲地区，InterNIC 负责北美地区，设在日本东京大学的 APNIC 负责亚太地区。我国 Internet 地址（B 类地址）由 APNIC 分配，由邮电部数据通信局或相应网管机构向 APNIC 申请地址。

C 类地址由地区网络中心向国家级网络管理中心（如 CHINANET 的 NIC）申请分配。

（4）IPv6 是什么。

近年来，随着互联网用户数的飞速增长，IPv4 的地址资源已枯竭，IPv6 正向我们走来。那么，什么是 IPv6 呢？IPv6（Internet Protocol Version6）也称下一代互联网协议，它是 IETF 组（Internet 工作任务组）设计的用来替代现行的 IPv4 协议的一种新的 IP，具有扩展的寻址能力、简化的报头格式、认证和加密能力等特点。IPv6 拥有的地址数约是 IPv4 的 8×10^{28} 倍，达到 2^{128} 个，基本上可以为地球表面每平方米分配 1000 个地址，不但解决了网络地址资源的数量问题，而且为除计算机外的设备接入互联网扫清了障碍。未来“云大物移”等前沿技术中 IPv6 将会成为一种标配。

IPv6 地址是由 128 位分为 8 个 16 位的块，每个块转换成由冒号分隔的 4 位十六进制数。

例如，下面是以二进制格式表示，并分成 8 个 16 位的块的 IPv6 地址：

0010000000000001 0000000000000000 0011001000110100 1101111111100001

0000000001100011 0000000000000000 0000000000000000 1111111011111011

每个块转换成十六进制并以“:”符号分隔：

2001:0000:3238:DFE1:0063:0000:0000:FEFB

即使在转换成十六进制格式后，IPv6 地址仍然显得冗长。IPv6 提供了以下规则来缩短地址：

规则 1：丢弃前导 0（ES）。

在第 5 块，0063，前面的两个 0 可以省略，如（第 5 块）。

2001:0000:3238:DFE1:63:0000:0000:FEFB

规则 2：如果两个以上的块包含连续的 0，忽略所有这些并换上双冒号::，如（第 6 块和第 7 块）。

2001:0000:3238:DFE1:63::FEFB

0 的连续的块可以被替换为仅一次::，所以如果仍有为 0 的块中的地址则也可以是缩小到单个 0，如（第二块）。

2001:0:3238:DFE1:63::FEFB

9. 域名系统

由于数字地址标识不便于记忆，因此产生了一种字符型标识，即域名（Domain Name）。国际化域名与 IP 地址相比更直观一些。域名地址在 Internet 实际运行时由专用的服务器（Domain Name Server，DNS）转换为 IP 地址。

域名从左到右构造，表示的范围从小到大（从低到高），高一级域包含低一级域名，域名的级通常不超过 5。一个域名由若干元素或标号组成，并由“.”分隔，称为域名字段。为增强可读性和记忆性，建议被分隔的各域名字段长度不要超过 12 个字符。各域名字段的大小写通用。例如 WWW.CCTV.COM 就是合理有效的域名。一个域名字段（亦称地址）最右边为顶级域，最左边为该台网络服务器的机器名称。一般域名格式如下：

网络服务器主机名.单位机构名.网络名.顶级域名

其中，顶级域名分为三类：通用顶级域名、国家顶级域名和国际顶级域名。

（1）通用顶级域名描述的机构如表 7-1-1 所示。

表 7-1-1　通用顶级域名描述的机构

通用顶级域名	机构
gov	政府部门
edu	大学或其他教育组织
ac	科研机构
com	工商业组织
mil	非保密性军事机构
org	其他民间组织或非赢利机构
net	网络运行和服务机构

（2）国家或地区代码如表 7-1-2 所示。

表 7-1-2　国家或地区代码

国家或地区	代码
中国	cn
加拿大	ca
英国	uk
澳大利亚	au
日本	jp
德国	de
法国	fr

（3）国际顶级域名，即.int，国际联盟、国际组织可在其下注册。

美国国防部的国防数据网络中心（DDNNIC）负责 Internet 最高层（顶级）域名的注册和管理，并同时负责 IP 地址的分配工作。

由于 Internet 源于美国，因此通常美国公司或机构没有国家代码，只以企业性质代码为后缀。例如，美国波音（Boeing）公司的域名为 Boeing.COM。

1994 年以前，我国还没有独立的域名管理系统，只是借用了德国的电子邮件域名系统和加拿大的域名系统，并在 DNN、NIC 上注册了我国的最高域名 CN。1994 年 5 月 4 日，中国科学院把 CN 域名下的服务器从德国移回国内，并由中国科学院网络中心登记 CN 网络域名。同时，成立了中国互联网信息中心（CNNIC），统一协调、管理、规划全国最高域名 CN 下的二级注册、IP 地址分配等工作。我国域名可表示如下：

网络服务器主机名.单位机构名.网络名（通用顶级域名）.国家顶级域名（CN）

3. 搜索常见的搜索引擎地址

访问表 7-1-3 中的搜索引擎，了解其主要功能。

表 7-1-3 常见搜索引擎

序号	地区	搜索引擎名称	搜索引擎地址
1	中国	百度	http://www.baidu.com
		网易	http://www.163.com
		搜狗	http://www.sogou.com
2	美国	谷歌	http://www.google.com
		雅虎	http://www.yahoo.com
3	欧洲	EuroFerret	http://www.euroferret.com
		NETI	http://www.neti.ee
4	日本	Asiaco Japan	http://japan.asiaco.com

你还知道哪些搜索引擎？请在表 7-1-4 中列举。

表 7-1-4 其他搜索引擎

序号	地区	搜索引擎名称	搜索引擎地址

4. 搜索引擎高级运用技巧

常见搜索技巧如表 7-1-5 所示。

表 7-1-5 常见搜索技巧

序号	搜索要求	搜索引擎	搜索命令
1	搜索含“搜索引擎优化”，要求结果格式为 Word 格式	Baidu	filetype:doc 搜索引擎优化
		Google	filetype:doc 搜索引擎优化

续表

序号	搜索要求	搜索引擎	搜索命令
2	搜索关键字“电子商务”，但结果中不要出现“网络营销”字样	Baidu	电子商务-(网络营销)
		Google	电子商务-网络营销
3	搜索腾讯网中关于“网络营销”的内容	Baidu	site:(www.qq.com)网络营销
		Google	网络营销 site:www.qq.com

5. 通过搜索引擎搜集商务信息

（1）通过百度搜索引擎（自己查找、选择）搜索三家成都本地提供农业信息化支持与服务的公司，对每家公司的公司名称、联系方式、公司网址、公司简介、解决方案等信息进行摘录。

（2）搜索两个专利介绍网站，并搜索一条关于成都农业科技职业学院的专利技术。

专利网站 1：http://www.patent.com.cn/（中国专利信息网）

专利网站 2：http://www.sipo.gov.cn/sipo2008/zljs/（国家知识产权局）

对专利的专利申请号、公开号、授权公开日、省市代码及专利介绍进行摘录。

（3）某公司的主打产品是“温湿度传感器”，现在该公司希望了解该产品在网络市场中的行情，请根据实际情况摘录以下搜索引擎对应的注册公司数、发布产品数量、供应信息数量、求购信息数量。

阿里巴巴：http://search.china.alibaba.com/

中国制造网：http://cn.made-in-china.com/

中国五金网：http://www.365wj.com/

（4）请在不同的网站分别收集摘录一款 MP4、土壤盐度传感器、三星手机在美国和中国市场的价格，并注明信息来源。

（5）搜索效率与关键词。

在百度、雅虎、谷歌里搜索“中国大学”，看其收录相关网页的数量和花费时间。然后换成“中国最好的大学”“中国西南最好的大学”“中国西南最好的师范大学等，看其收录网站数量的变化，以及搜索结果与关键词的对应情况。

※知识链接

搜索引擎

搜索引擎是指根据一定的策略，运用特定的计算机程序从互联网上搜集信息，对信息进行组织和处理后为用户提供检索服务，将与用户检索相关的信息展示给用户的系统。搜索引擎包括全文索引、目录索引、元搜索引擎、垂直搜索引擎、集合式搜索引擎、门户搜索引擎、免费链接列表等。

使用搜索引擎可执行简单查询和高级查询，在搜索引擎中输入关键词，然后单击“搜索”按钮，系统会很快返回查询结果，这是最简单的查询方法，但是查询的结果不准确，可能包含许多无用信息。为了更加准确地查询到需要的信息，可以使用高级查询功能，常见高级查询方法有以下几种：

（1）双引号（" "）。给要查询的关键词加上双引号（半角，以下要加的其他符号同此）

可以实现精确的查询，这种方法要求查询结果要精确匹配，不包括演变形式。例如在搜索引擎的文本框中输入“电传”，就会返回网页中有“电传”这个关键字的网址，而不会返回诸如“电话传真”之类的网页。

（2）使用加号（+）。在关键词的前面使用加号，也就等于告诉搜索引擎该单词必须出现在搜索结果中的网页上。例如在搜索引擎中输入“+电脑+电话+传真”就表示要查找的内容必须要同时包含电脑、电话、传真三个关键词。

（3）使用减号（-）。在关键词的前面使用减号，也就意味着在查询结果中不能出现该关键词，例如在搜索引擎中输入“电视台-中央电视台”，就表示最后的查询结果中一定不包含“中央电视台”。

（4）通配符（*和?）。通配符包括星号（*）和问号（?），前者表示匹配的数量不受限制，后者只匹配一个字符，主要用在英文搜索引擎中。例如输入“computer*”，就可以找到 computer、computers、computerised、computerized 等单词，而输入“comp?ter”只能找到 computer、compater、competer 等单词。

（5）使用布尔检索。所谓布尔检索，是指通过标准的布尔逻辑关系来表达关键词与关键词之间逻辑关系的一种查询方法，这种查询方法允许输入多个关键词，各关键词之间的关系可以用逻辑关系词来表示。

and，称为逻辑“与”，用 and 进行连接，表示所连接的两个词必须同时出现在查询结果中。例如输入“computer and book”，要求查询结果中必须同时包含 computer 和 book。

or，称为逻辑“或”，表示所连接的两个关键词中任意一个出现在查询结果中即可。例如输入“computer or book”，就要求查询结果中可以只有 computer 或只有 book，或同时包含 computer 和 book。

not，称为逻辑“非”，表示所连接的两个关键词中应从第一个关键词概念中排除第二个关键词。例如输入“automobile not car”，就要求查询的结果中包含 automobile（汽车），但不包含 car（小汽车）。

near，表示两个关键词之间的词距不能超过 n 个单词。

在实际使用过程中，可以将各种逻辑关系综合运用，灵活搭配，以便进行更加复杂的查询。

（6）使用元词检索。大多数搜索引擎都支持“元词”（metawords）功能，依据这类功能，用户把元词放在关键词的前面，这样就可以告诉搜索引擎想要检索的内容具有哪些明确的特征。例如，在搜索引擎中输入“title: 清华大学”，就可以查到网页标题中带有“清华大学”的网页。在输入的关键词后加上 domainorg，就可以查到所有以.org 为后缀的网站。

其他元词还包括 image（用于检索图片）、link（用于检索链接到某个选定网站的页面）、URL（用于检索地址中带有某个关键词的网页）。

（7）区分大小写。这是检索英文信息时要注意的一个问题，许多英文搜索引擎可以让用户选择是否要求区分关键词的大小写，该功能对查询专有名词有很大的帮助。例如，Web 专指万维网或环球网，而 web 表示蜘蛛网。

（8）特殊搜索命令。intitle 是多数搜索引擎都支持的针对网页标题的搜索命令。例如输入“intitle: 家用电器”，表示要搜索标题含有“家用电器”的网页。

任务 2　电子邮件收发应用

任务目标

掌握电子邮件收发方法。

知识与技能目标

- 了解电子邮件的工作原理。
- 掌握邮件账户的设置步骤。
- 熟练掌握电子邮件的发送与接收。
- 学会使用 Outlook 收发电子邮件。
- 掌握邮件群发。

情境描述

端午节（元旦节）要到了，成都农业科技职业学院电子信息分院准备召开端午节知识竞赛（迎新年晚会），王海同学作为活动的组织者，邀请老师和各班级学生代表参加，王海同学给老师发邀请函并通知分院各班级班长组织学生代表参加。

实现方法

各班级同学按学号以 5～6 人为单位进行分组，每位同学模拟竞赛组织者向任课教师发送一份精美的邀请函，同时向本小组其他成员（各班级学生代表）发送活动通知。

实现步骤

1. Outlook 的工作环境

Outlook 的工作界面如图 7-2-1 所示。

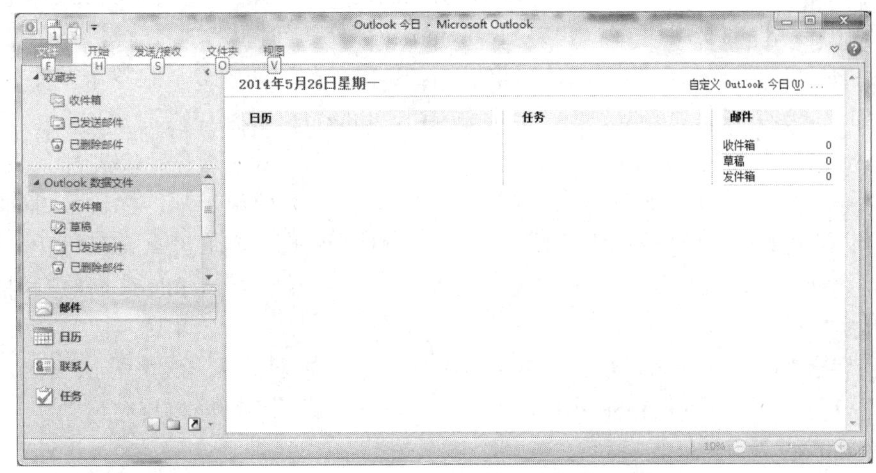

图 7-2-1　Outlook 的工作界面

单击“开始”选项卡，在 Outlook 2010 中任务显示在三个位置：待办事项列表、任务、日历中的“日常任务列表”，如图 7-2-2 所示。

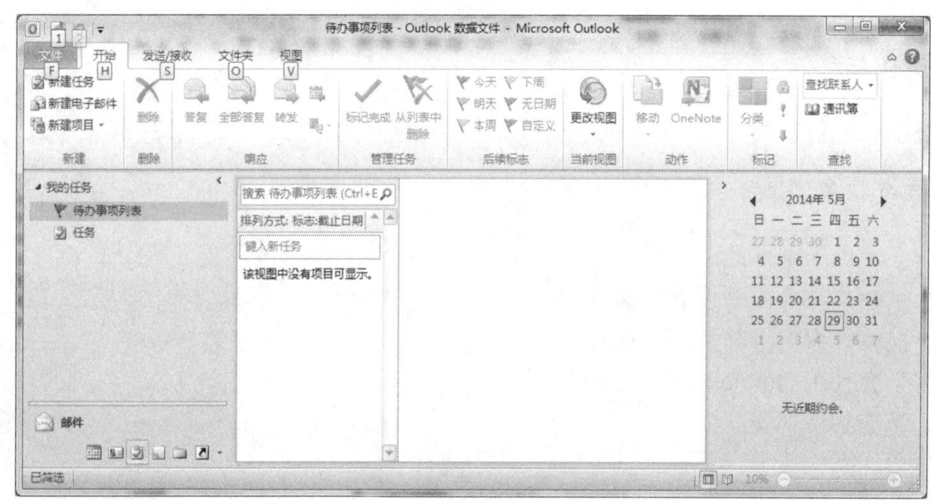

图 7-2-2　日常任务列表

若要查看相应任务，可执行以下任一操作：

- 在“导航”窗格中单击“任务”。单击某个任务以在阅读窗格（是 Outlook 中的一个窗口，无须打开即可预览项目。若要在“阅读窗格”中显示项目，则单击该项目）中进行查看，或双击该任务以在新窗口中将其打开。
- 在“日常任务列表”中。日常任务列表仅出现在 Outlook“日历”中的日视图和周视图中。若要只显示当前任务的数量，则在“日历”中“视图”选项卡的“布局”组中单击“日常任务列表”，然后单击“最小化”按钮。

2. 邮件账户的设置

在使用 Microsoft Outlook 2010 发送和接收电子邮件之前，必须先添加和配置电子邮件账户。如果曾经使用过早期版本的 Microsoft Outlook，当前在同一台计算机上安装了 Outlook 2010，则会自动导入账户设置。Outlook 支持 Microsoft Exchange、POP3（是用来从 Internet 电子邮件服务器检索电子邮件的常用协议）和IMAP（Internet 邮件访问协议，与仅提供一个服务器收件箱文件夹的 POP3 等 Internet 电子邮件协议不同，IMAP 允许创建多个服务器文件夹，以便保存和组织邮件，这些邮件可从多台计算机访问）。Internet 服务提供商（ISP，一种以提供 Internet 接入，使用诸如电子邮件、聊天室或万维网为业的企业。有些 ISP 是跨国的，在许多地方提供接入服务，而其他服务商局限在一个特定地区内）或电子邮件管理员可为你提供在 Outlook 中设置电子邮件账户所必需的配置信息，电子邮件账户包含在配置文件中。配置文件包含账户、数据文件以及指定电子邮件保存位置的设置。首次运行 Outlook 时将自动创建一个新配置文件。

（1）首次启动 Outlook 2010 时添加电子邮件账户。如果是第一次使用 Microsoft Outlook 或在一台新计算机上安装 Outlook 2010，那么“自动账户设置”功能将自动启动，并为电子邮件账户配置账户设置。此设置过程只需提供姓名、电子邮件地址和密码。如果无法自动配置电子邮件账户，则必须手动输入其他必需信息。

操作步骤如下：

第一步：启动 Outlook。当系统提示配置电子邮件账户时，单击“是”按钮，然后单击“下一步”按钮，弹出图 7-2-3 所示的“添加新账户”对话框。

图 7-2-3　“添加新账户”对话框

第二步：输入姓名、电子邮件地址和密码。按照提示输入姓名、电子邮件地址及密码，邮件地址由邮件服务商提供，如果还没有电子邮件地址，可从邮件服务商处申请。目前腾讯 QQ（mail.qq.com）、网易（mail.163.com）、新浪（mail.sina.com.cn）等服务商都提供免费邮箱申请，可根据自身需要申请合适的邮箱。

第三步：单击“下一步”按钮。在配置账户时会显示一个进度指示器，配置过程可能需要几分钟。成功添加账户后，可以通过单击“添加其他账户”按钮来添加其他账户。若要退出“添加新账户”对话框，则单击“完成”按钮。如果不能自动连接到指定的服务器，则选择手动配置服务器设置或其他服务器类型进行手动设置，相关配置参数请查阅邮件服务商的信息。

※知识链接

电子邮件及电子邮件地址

电子邮件通常又称 E-mail。E-mail 地址具有以下统一的标准格式：用户名@主机域名。用户名就是在主机上使用的用户码，@符号后面是使用的邮箱服务器的计算机域名。@可以读成“at”，也就是“在”的意思。整个 E-mail 地址可以理解为网络中某台主机上的某个用户的地址。比如zhangshan@163.com。

（2）在 Outlook 中添加电子邮件账户。

操作步骤如下：

第一步：单击“文件”→“信息”命令，在“账户信息”下单击“账户设置”按钮，如图 7-2-4 所示。

第二步：在弹出的“账户设置”对话框（图 7-2-5）中单击“新建”按钮，在“添加新账户”对话框中选择默认设置，单击“下一步”按钮。

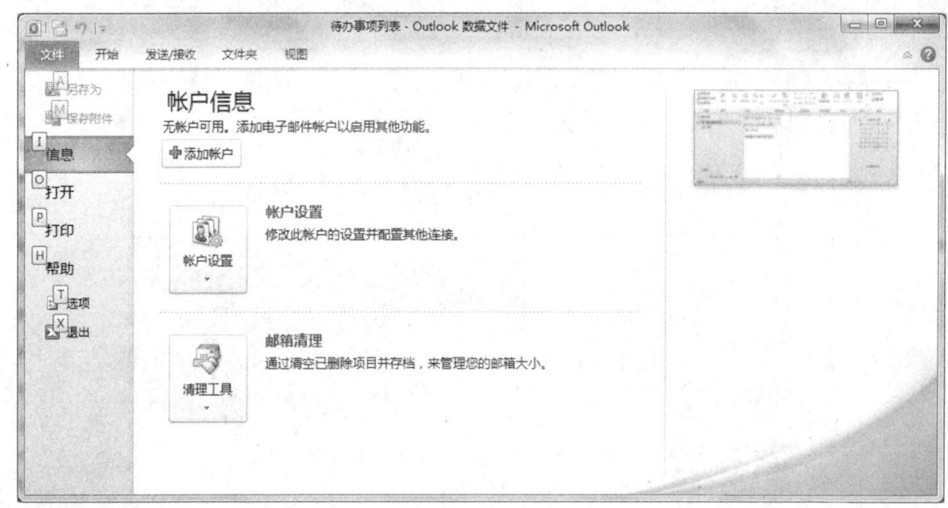

图 7-2-4　账户设置

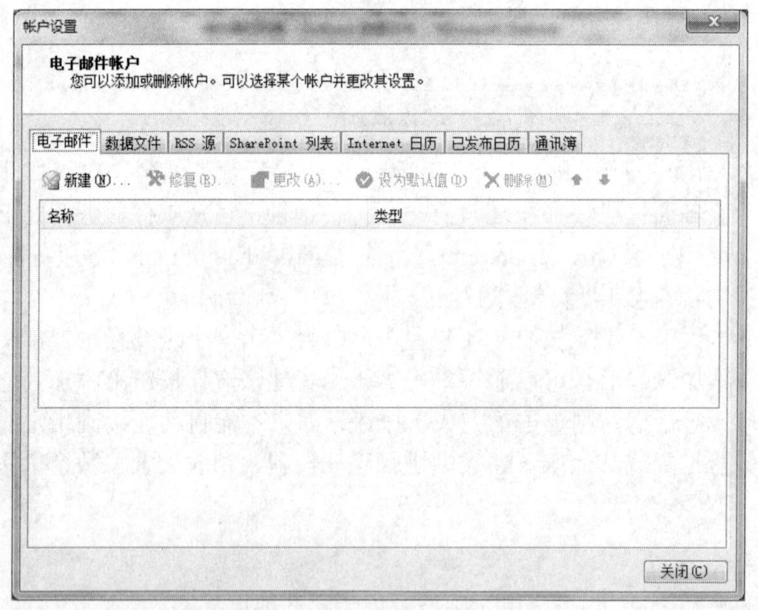

图 7-2-5　“账户设置”对话框

第三步：输入姓名、电子邮件地址和密码，单击“下一步”按钮。设置过程可能需要几分钟。若要退出“添加新账户”对话框，则单击“完成”按钮。

（3）QQ 邮箱的 Outlook 2010 设置。

操作步骤如下：

第一步：进入 QQ 邮箱的 Webmail 操作方式（可通过 QQ 或 mail.qq.com 登录）。在 Webmail 页面中单击“设置”→“账户”，勾选“POP3/SMTP 服务”中的“开启 POP3/SMTP 服务”复选项，单击“保存更改”按钮保存设置，如图 7-2-6 所示。

由于 QQ 邮箱开启了二代密码保护，如果你的 QQ 没有开通二代密码保护，则需要按照步骤申请密保，如图 7-2-7 所示。

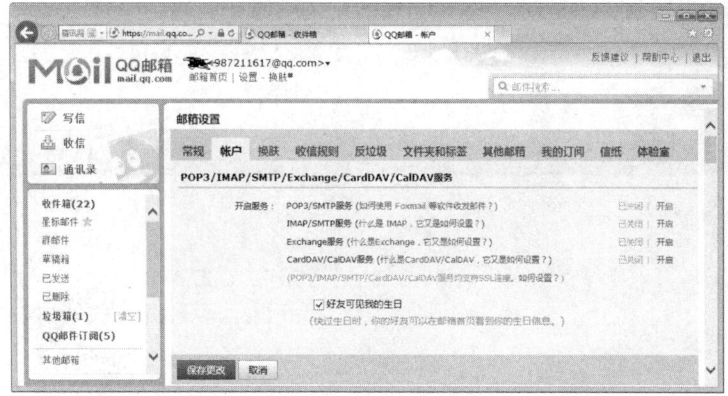

图 7-2-6　Webmail 页面

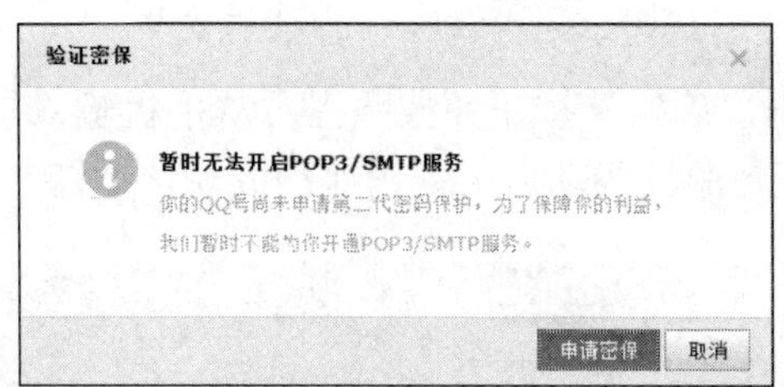

图 7-2-7　申请密保

选择立即绑定手机，按照提示完成密保手机绑定，如图 7-2-8 至图 7-2-10 所示。

图 7-2-8　立即绑定手机

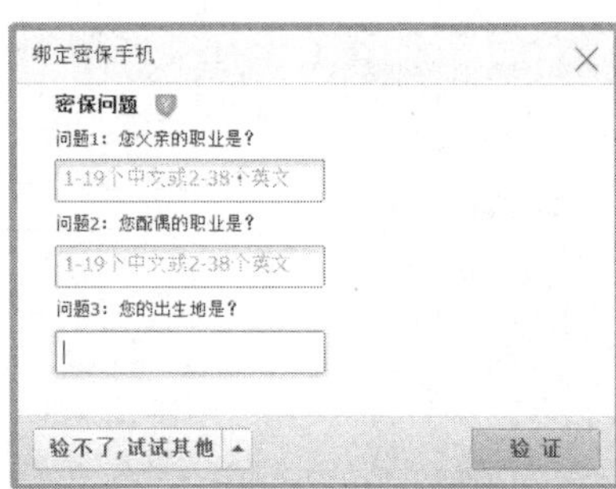

图 7-2-9　回答密保问题

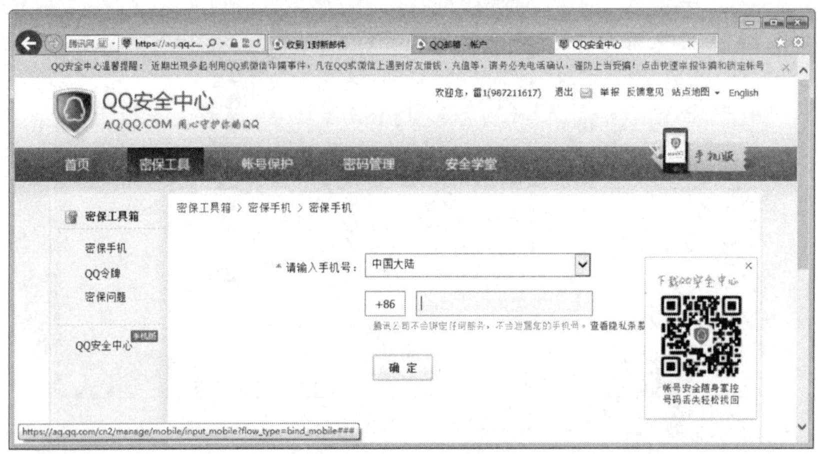

图 7-2-10　输入密保手机号码

输入手机号码后，单击“确定”按钮并按照提示从手机输入短信发送到指定号码，完成手机与 QQ 邮箱绑定的验证，验证成功后，密码保护成功，如图 7-2-11 所示。

图 7-2-11　密码保护成功

再次回到图 7-2-6 所示的 Webmail 页面，开启 POP3/SMTP 服务，此时可实现成功开启并生成授权码，如图 7-2-12 所示，记住此授权码，以便在后期客户端配置时使用。

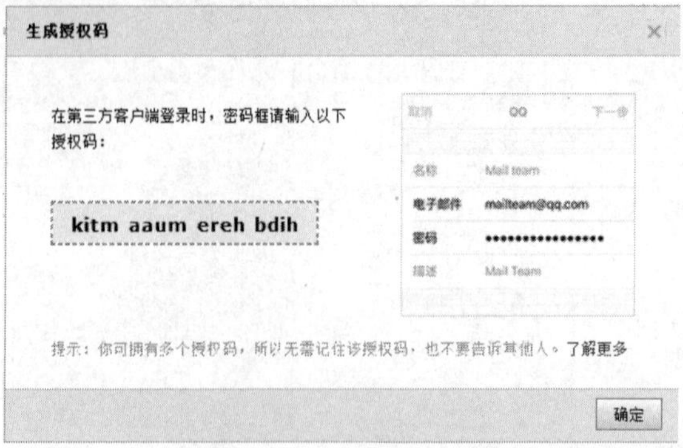

图 7-2-12　生成授权码

第二步：单击“文件”→“信息”命令，单击“添加账户”按钮，如图 7-2-13 所示，进入添加新账户向导。

第三步：选择“电子邮件账户”单选项，单击“下一步”按钮，如图 7-2-14 所示。

图 7-2-13　添加账户

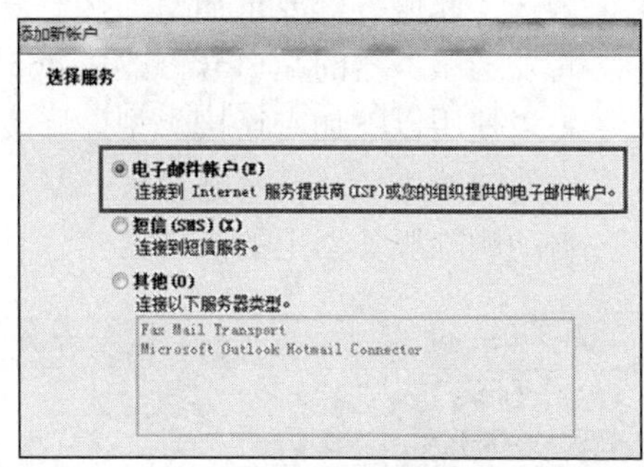

图 7-2-14　选择电子邮件账户

第四步：选择“手动配置服务器设置或其他服务器类型”单选项，单击“下一步”按钮，如图 7-2-15 所示。

第五步：选择“Internet 电子邮件”单选项，单击“下一步”按钮，如图 7-2-16 所示。

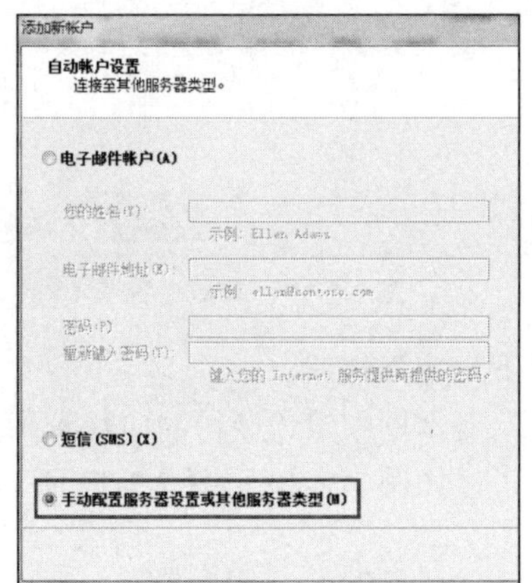

图 7-2-15　账户设置

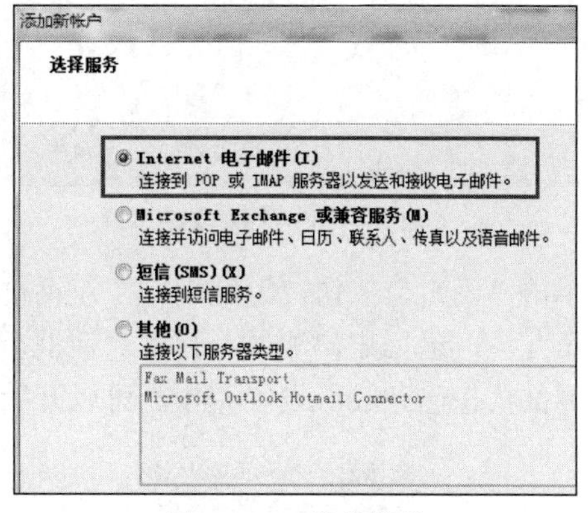

图 7-2-16　选择服务

第六步：按照图 7-2-17 所示填入信息，然后单击“其他设置”按钮。

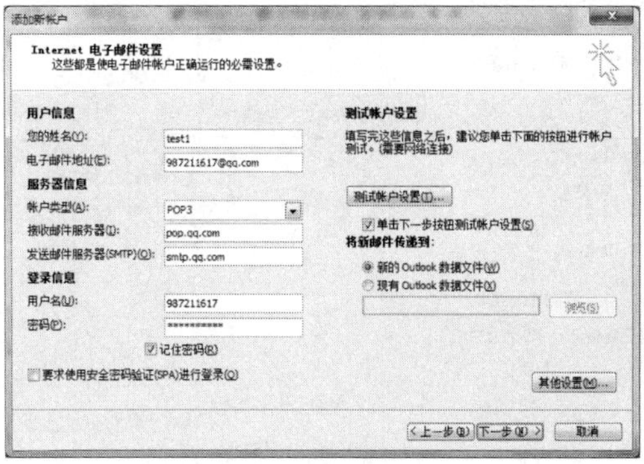

图 7-2-17　电子邮件设置

第七步：在弹出对话框的“发送服务器”选项卡中选择“我的发送服务器（SMTP）要求验证”复选项，如图 7-2-18 所示。

第八步：在“高级”选项卡中进行以下操作（图 7-2-19）：

- 勾选“此服务器要求加密连接”复选项。
- 将发送服务器的端口号修改成 465 或 587。
- 将“使用以下加密连接类型”修改为 SSL 连接。
- 取消勾选“××天后删除服务器上的邮件副本”复选项（非常重要，否则 Outlook 会自动删除服务器上的邮件）。

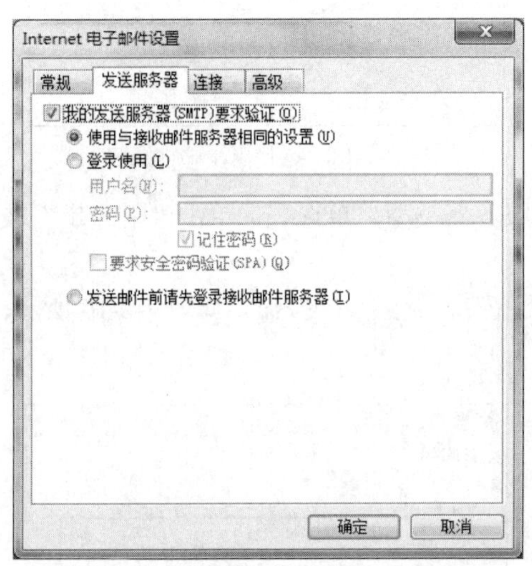
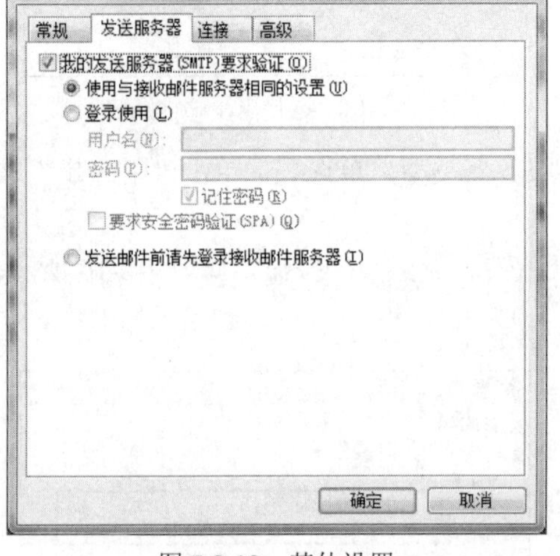

图 7-2-18　其他设置

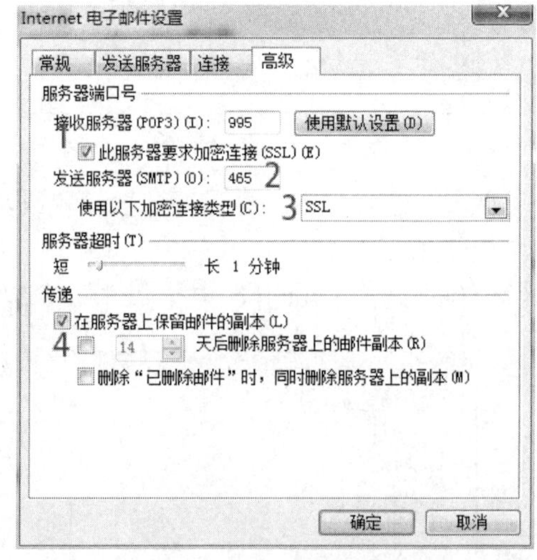

图 7-2-19　其他设置

单击“确定”按钮，返回上一个对话框，单击“下一步”按钮。

第九步：进行账户测试，弹出对话框，在“密码”文本框中输入获得的二代密码授权码，账户测试状态已完成，设置完毕，可以开始收发邮件了，如图 7-2-20 至图 7-2-22 所示。

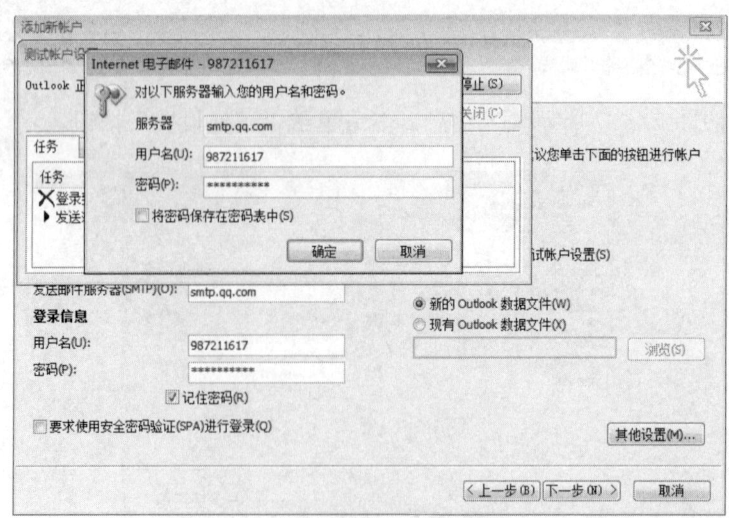

图 7-2-20　账户测试对话框

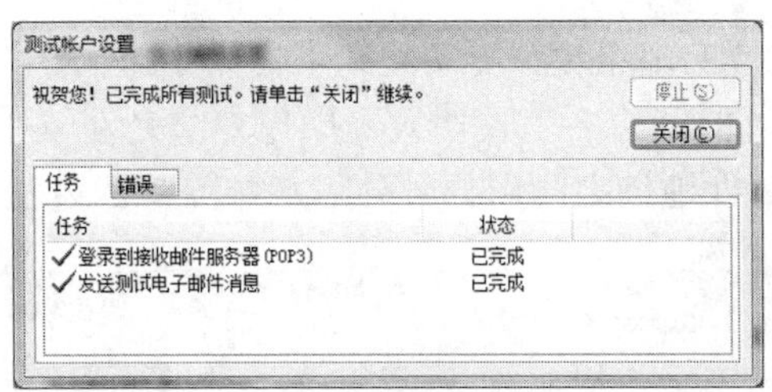

图 7-2-21　测试成功

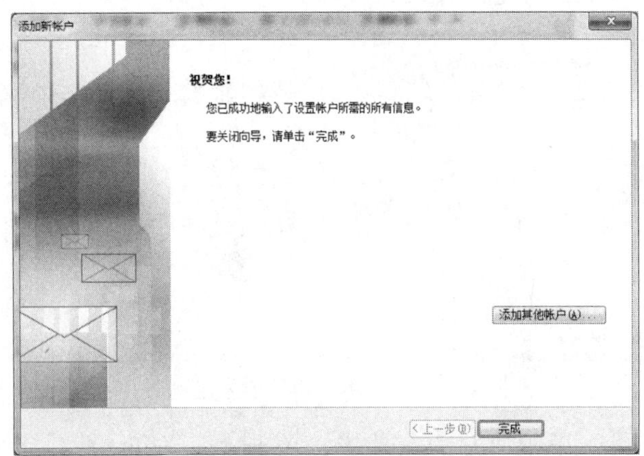

图 7-2-22　完成设置

3. Outlook 电子邮件的收发

（1）发送电子邮件。

1）每位同学用自己设置的邮箱模拟竞赛组织者向任课教师发送一份精美的邀请函。

单击“开始”选项卡中的“新建电子邮件”按钮，在弹出的界面中输入任课教师公布的教师邮箱地址，将你自己设计的邀请函发送给任课教师，其中收件人为必填内容，主题为“***节日活动邀请函”，如需附加文件，则选择附加文件添加。邮件撰写完毕后单击“发送”按钮来发送电子邮件给任课教师，如图 7-2-23 所示。

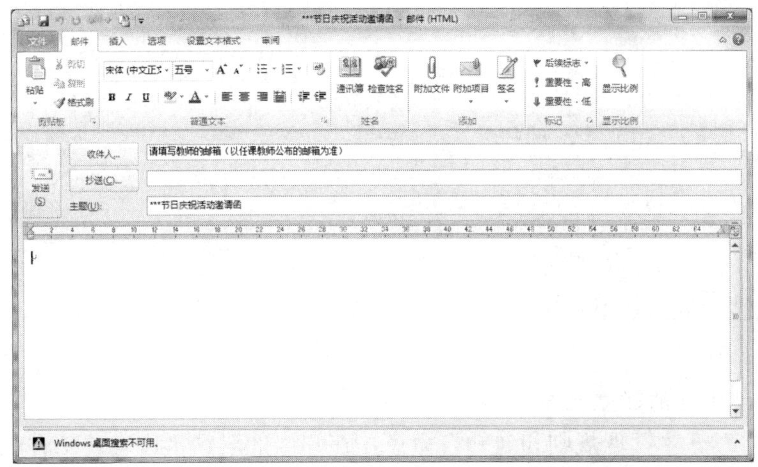

图 7-2-23　给任课教师发送邮件

2）每位同学用自己设置的邮箱模拟竞赛组织者向本小组同学发送一份通知。

操作步骤同上，邮件可群发给多个收件人，操作方法是在“收件人”栏中一次填入本小组多名同学的邮件地址，邮件地址之间用分号分隔，如图 7-2-24 所示。

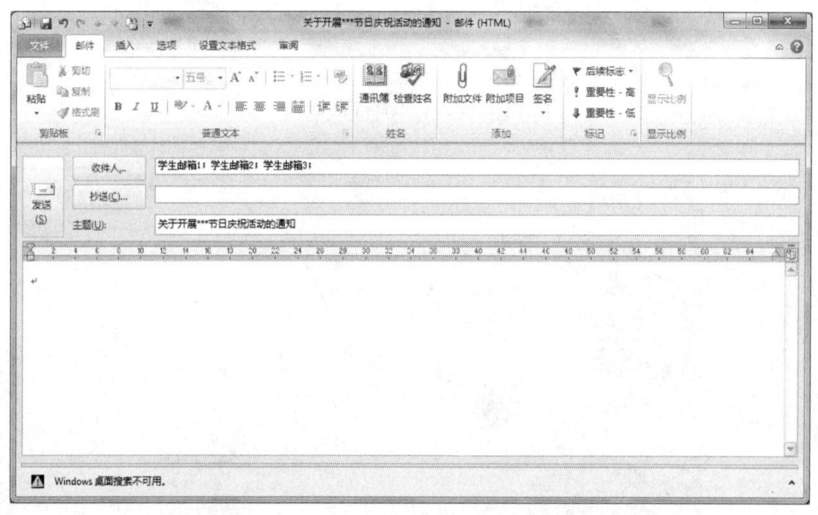

图 7-2-24　向本小组同学发送邮件

（2）接收电子邮件。单击“发送/接收”选项卡“发送和接收”组中的“发送/接收所有文件夹”按钮，即可接收邮件。单击邮件账户对应的收件箱，找到对应的邮件，双击即可查看指定的邮件，如图 7-2-25 所示。

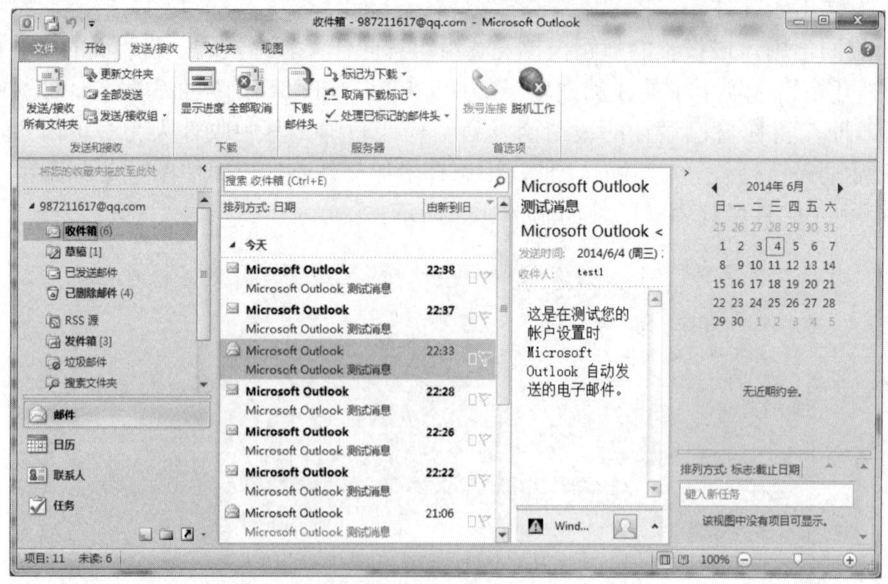

图 7-2-25　接收邮件

4. 邮件收件规则的建立

单击“文件”→“管理规则和通知”命令，在弹出的对话框中新建邮件收件规则，如图 7-2-26 所示。

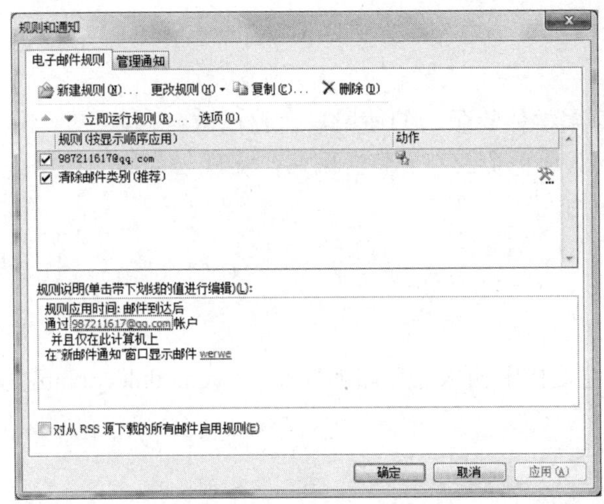

图 7-2-26　新建邮件收件规则

任务 3　Internet 扩展应用

Internet 扩展应用

任务目标

- 了解云计算的基本工作原理。
- 掌握云存储的配置。
- 掌握云存储的使用。
- 了解云的架构和服务模式。
- 了解云计算的优势与劣势。
- 了解物联网和大数据的基本概念。

知识与技能目标

- 掌握云存储的申请方法。
- 掌握云存储的资源管理。
- 掌握云资源的下载及使用。
- 了解云计算的工作原理。
- 了解云服务。
- 了解云应用的优缺点。
- 了解物联网和大数据的基本概念。

情境描述

成都农业科技职业学院的王海同学经常在计算机实验室和寝室等场所学习，平时一些电子文件资料通过 U 盘来复制，经常遇到存储空间不够、病毒频发、存储介质丢失等尴尬的情况，听说网上有很多免费的云存储平台效果不错，可有效地解决依靠移动介质传递数据的问题，可随时随地访问文件资料，王海同学决定试一试，效果究竟如何，让我们随王海同学一起体验吧。

实现方法

每位同学模拟王海同学体验微云的使用，在腾讯微云存储平台申请一个存储空间，并实现云存储的使用；访问其他免费云存储资源网站，实现云存储的使用；通过网络查询云应用，了解生活中常见的云应用。

实现步骤

1. 校园私有云存储的使用

（1）在浏览器的地址栏中输入云存储地址 http://yun.cdnkxy.com，如图 7-3-1 所示。

图 7-3-1　云存储地址

（2）云的使用。在“用户名”文本框中输入学生本人学号，在“密码”文本框中输入账号密码（默认为身份证号后 6 位），登录后随王海一起体验云应用，如图 7-3-2 所示。

图 7-3-2　学院云界面

单击“上传文件”按钮，然后单击“添加文件”按钮，可以一次上传多个文件。添加完成后单击“关闭”按钮，即可在“我的文件”中查看并下载文件，如图 7-3-3 所示。

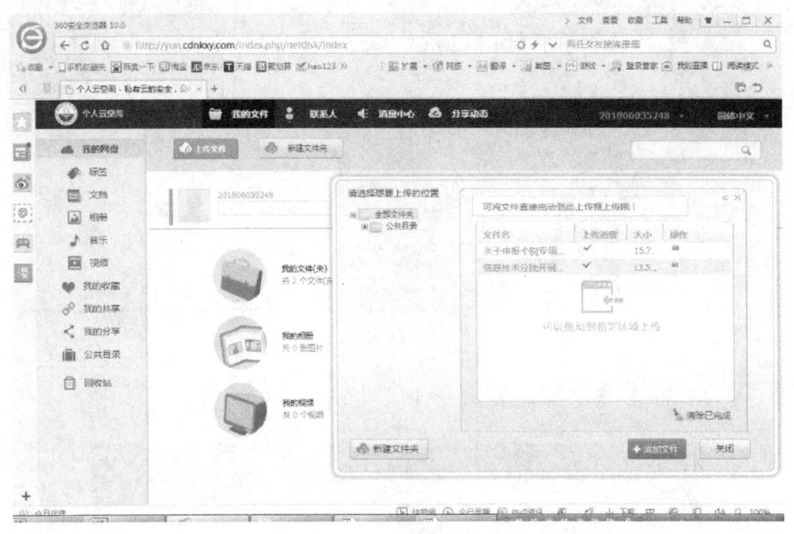

图 7-3-3　学院云应用

提示：文件的下载不受地点的限制，只要登录云即可查看自己的资源。

类似于 Windows 系统资源管理器的文件管理，云界面上传的文件云端会根据文件的类型自动将文件放在指定的文档类型中，上传过程中不用再指定传输的文件夹。如果系统中的文件夹不能完全满足文件分类的需要，可以单击“新建文件夹”按钮建立新的文件夹，然后单击“上传文件”按钮时可在“请选择想要上传的位置”列表中选择新建的文件夹，即可将文件上传到指定的文件夹中，如图 7-3-4 所示。

图 7-3-4　文件管理

（3）云客户端的使用。选择主界面中的下载客户端，下载网盘管家（Windows）客户端并按照提示信息进行安装，如图 7-3-5 所示。

图 7-3-5　下载客户端

安装完毕后启动运行云客户端，如图 7-3-6 所示。

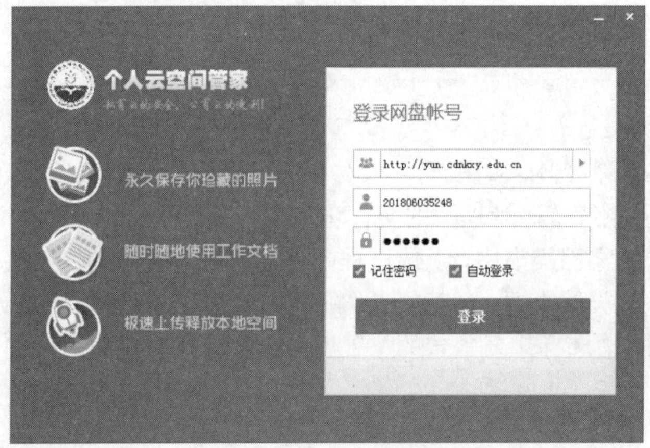

图 7-3-6　运行云客户端

单击任务栏上的个人云空间同步盘图标或“开始”菜单中的“个人云空间”选项打开云客户端管理界面，此时即可在本地资源管理器中管理云资源，在客户端对文件资源的操作自动与云端的资源同步，如图 7-3-7 和图 7-3-8 所示。

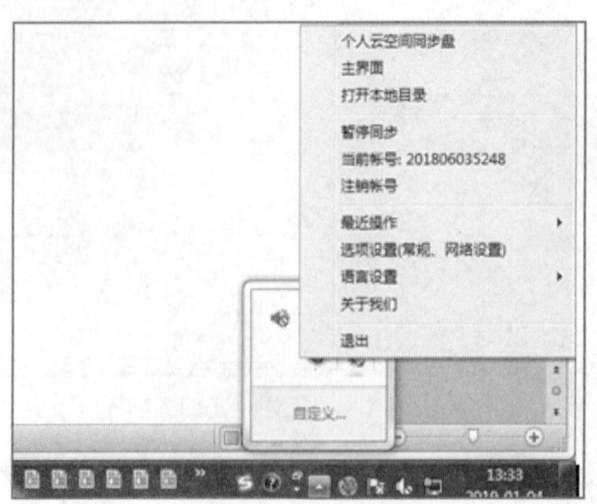

图 7-3-7　同步文件

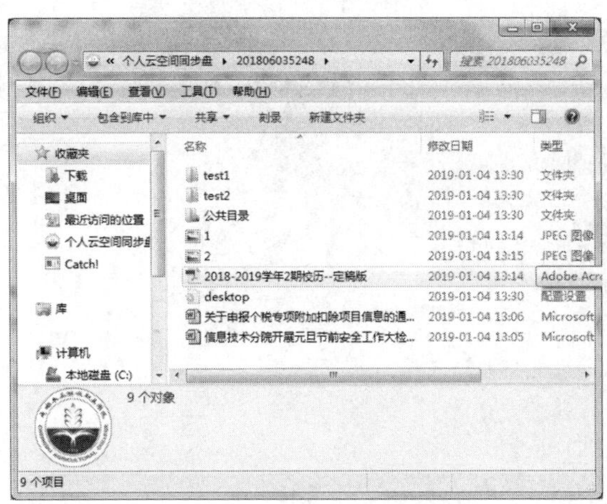

图 7-3-8　云客户端管理

客户端可安装在不同位置的不同终端设备（包括手机、iPad 等智能终端设备）上，用手持终端设备扫描图 7-3-5 中的二维码，按照提示下载并安装客户端，实现在手机、iPad 等智能终端设备上使用管理云资源。

2. 腾讯微云的应用

同学们看一看，王海同学使用云存储与传统的存储方式相比是不是更方便，那么接下来每位同学就使用自己的 QQ 账号开始使用自己的云存储吧。

在浏览器的地址栏中输入 www.weiyun.com，选择网页版，在页面中输入 QQ 号码和密码，如图 7-3-9 所示。

图 7-3-9　登录腾讯微云

单击“登录”按钮，进入腾迅微云应用界面，如图 7-3-10 所示。

使用方法与校园私有云存储应用的相同。

单击右上角的腾讯图标，在下拉列表中选择下载客户端，如图 7-3-11 所示。

安装完毕后，可在任务栏或“开始”菜单中直接打开本地客户端，方便管理云端，如图 7-3-12 所示。

你还知道哪些云服务？请与同学分享。

图 7-3-10　腾讯微云应用界面

图 7-3-11　腾讯微云客户端

图 7-3-12　管理云端

项目八　信息安全

21 世纪信息技术快速发展，已经成为一个国家政治、军事、经济和文教等事业发展的决定性因素。但是，目前网络和信息传播途径中蛰伏着诸多不安全因素，信息文明还面临着诸多威胁和风险，信息安全问题已成为制约信息化发展的瓶颈，是关系国家发展的重要问题，随着全球信息化进程的加速而显得越来越重要。

信息安全是指信息系统（包括硬件、软件、数据、人、物理环境及其基础设施）受到保护，不因偶然的或者恶意的原因而遭到破坏、更改、泄露，系统连续、可靠、正常地运行，信息服务不中断，最终实现业务连续性。信息安全主要包括以下五方面内容：保密性、真实性、完整性、未授权复制和所寄生系统的安全性。信息安全本身范围很大，其中包括如何防范商业企业机密泄露、防范青少年对不良信息的浏览、个人信息的泄露等。网络环境下的信息安全体系是保证信息安全的关键，主要包括计算机信息安全和移动端信息安全。

信息安全技术并不是单纯的一项技术、一种手段或一种管理措施，而是一个相互关联又相互制约的体系，应着重从该角度理解安全的概念。本项目包括计算机信息安全和智能手机信息安全两个任务，其中计算机信息安全包括杀毒软件的使用、系统的备份和还原两个子任务。

任务 1　杀毒软件的使用

杀毒软件应用

任务目标

通过计算机杀毒软件的部署和使用保障计算机系统和信息的安全。

知识与技能目标

- 掌握常见杀毒软件的使用方法。
- 掌握 360 杀毒软件的全盘扫描、实时防护等常用功能。
- 掌握 360 杀毒软件添加白名单和黑名单的方法，对计算机病毒进行有效的防护。
- 掌握 360 安全卫士的下载、安装和更新方法。
- 掌握使用 360 安全卫士进行木马查杀、清理插件的方法。
- 掌握使用 360 安全卫士清理使用痕迹、查看网络连接及进程的方法。
- 掌握防火墙工具的使用方法。
- 掌握常用防火墙参数设置方法，保护计算机免受黑客入侵和其他互联网安全威胁，保护个人信息的私密性。

情境描述

计算机已经是我们生活和工作中的重要工具，计算机的安全主要表现在计算机系统的安全和信息的安全两个方面。

王海同学的计算机在没有运行任何应用程序的情况下突然变得很慢，而且磁盘空间迅速减少，磁盘上的文件莫名丢失，还有些文件的名字及图标也发生了改变，后来发现是计算机中病毒了，于是利用 360 杀毒软件进行杀毒处理。

实现方法

计算机病毒和网络病毒是计算机信息安全最常见的威胁，目前通常使用杀毒软件对计算机进行防护，掌握杀毒软件的使用方法是计算机使用者必备的技能。

本任务主要通过 360 免费杀毒软件和 360 安全卫士的安装和使用，对计算机病毒进行检测、处理，从而达到对计算机系统安全的防护目的。

※知识链接

计算机信息安全

信息安全有两层含义：数据（信息）的安全和信息系统的安全。数据的安全是指保证所处理数据的机密性、完整性、真实性、不可抵赖性、可控性和可用性。信息系统的安全是指构成信息系统的三大要素的安全，即信息基础设施安全、信息资源安全和信息管理安全。

影响计算机信息安全的因素有以下几种：

（1）天灾人祸造成的威胁。

- 自然或意外的事故，如地震、火灾、水灾等导致硬件的破坏，进而导致网络通信中断、网络数据丢失和损坏。
- 偷窃，指偷窃信息和服务。
- 蓄意破坏，主要是指恐怖组织的活动。
- 战争造成的破坏。

（2）物理介质造成的威胁。

（3）系统漏洞造成的威胁。

（4）黑客的恶意攻击。

（5）计算机病毒。

计算机病毒是计算机信息、网络信息及个人隐私信息最常见的威胁。要保证计算机信息及个人隐私的安全，必须在计算机系统中安装杀毒软件。

计算机信息系统威胁的三个方面如下：

- 直接对计算机系统的硬件设备进行破坏。
- 对存放在系统存储介质上的信息进行非法获取、篡改和破坏等。
- 在信息传输过程中对信息非法获取、篡改和破坏等。

※知识链接

计算机病毒

1. 计算机病毒的概念

计算机病毒（Computer Virus）在《中华人民共和国计算机信息系统安全保护条例》中被明确定义，是指编制者在计算机程序中插入的破坏计算机功能或者破坏数据，影响计算机使用并且能够自我复制的一组计算机指令或程序代码。与医学上的“病毒”不同，计算机病毒不是天然存在的，是某些人利用计算机软件和硬件所固有的脆弱性编制的一组指令集或程序代码，它能通过某种途径潜伏在计算机的存储介质（或程序）里，当达到某种条件时被激活，通过修改其他程序的方法将自己的精确复制或演化的形式放入其他程序中，从而感染其他程序，对计算机资源进行破坏，对被感染用户有很大的危害。

2. 计算机病毒的特点

（1）自我复制性。计算机病毒可以像生物病毒一样繁殖，当正常程序运行时，它也运行进行自身复制，是否具有繁殖、感染的特征是判断某段程序为计算机病毒的首要条件。

（2）传染性。计算机病毒不但本身具有破坏性，更有害的是具有传染性，一旦病毒被复制或产生变种，其速度之快令人难以预防，传染性是病毒的基本特征。在生物界，病毒通过传染从一个生物体扩散到另一个生物体。在适当的条件下，它可大量繁殖，并使被感染的生物体表现出病症甚至死亡。同样，计算机病毒也会通过各种渠道从已被感染的计算机扩散到未被感染的计算机，在某些情况下造成被感染的计算机工作失常甚至瘫痪。与生物病毒不同的是，计算机病毒是一段人为编制的计算机程序代码，这段程序代码一旦进入计算机并得以执行，就会搜寻其他符合其传染条件的程序或存储介质，确定目标后将自身代码插入其中，达到自我繁殖的目的。只要一台计算机感染病毒，如不及时处理，病毒就会在这台计算机上迅速扩散。计算机病毒可通过各种可能的渠道，如软盘、硬盘、移动硬盘、计算机网络去传染其他的计算机。当在一台计算机上发现病毒时，往往在这台计算机上用过的软盘均已感染病毒，与这台计算机联网的其他计算机也可能已被该病毒感染。是否具有传染性是判别一个程序是否为计算机病毒的重要条件。

（3）潜伏性。有些病毒像定时炸弹，何时发作可预先设计。比如黑色星期五病毒，不到预定时间一点都觉察不出来，等到条件具备时就爆炸，破坏系统。一个编制精巧的计算机病毒程序进入系统之后一般不会立即发作，可在磁盘里存储一段时间，一旦得到运行机会，就会四处繁殖、扩散。潜伏性的第二种表现指计算机病毒的内部往往有一种触发机制，不满足触发条件时，计算机病毒除了传染外不做任何破坏。触发条件一旦得到满足，有的在屏幕上显示信息、图形或特殊标识，有的则执行破坏系统的操作，如格式化磁盘、删除磁盘文件、对数据文件做加密、封锁键盘、使系统死锁等。

（4）隐蔽性。计算机病毒具有很强的隐蔽性，有的可以通过病毒软件检查出来，有的根本查不出来，有的时隐时现、变化无常，这类病毒处理起来很困难。

（5）破坏性。计算机中毒后，会导致正常的程序无法运行、把计算机内的文件删除或受到不同程度的损坏。

（6）可触发性。病毒因某个事件或数值的出现，诱使病毒实施感染或进行攻击的特性称为可触发性。为了隐蔽自己，病毒必须潜伏，但若一直潜伏病毒既不能感染也不能进行破坏，便失去了杀伤力。病毒既要隐蔽又要维持杀伤力，它必须具有可触发性。病毒的触发机制用来控制感染和破坏动作的频率。病毒具有预定的触发条件，可能是时间、日期、文件类型或某些特定数据等。病毒运行时，触发机制检查预定条件是否满足，如果满足，启动感染或破坏动作，使病毒进行感染或攻击；如果不满足，使病毒继续潜伏。

3. 计算机病毒的分类

计算机病毒大致分为以下 7 种类型：

- 引导型病毒：主要通过感染磁盘上的引导扇区或改写磁盘分区表（FAT）来感染系统。早期的计算机病毒大多属于这类病毒。
- 文件型病毒：主要以感染.com、.exe 等可执行文件为主，被感染的可执行文件在执行的同时，病毒被加载并向其他正常的可执行文件传染或执行破坏操作。大多文件型病毒常驻内存。
- 宏病毒：是一种寄存于微软 Office 文档或模板的宏中的计算机病毒，是利用宏语言编写的。由于 Office 软件在全球有着广泛的用户，因此宏病毒的传播十分迅速和广泛。
- 蠕虫病毒：与一般的计算机病毒不同，蠕虫病毒不采用将自身复制附加到其他程序中的方式来复制自己，也就是说它不需要将其自身附着到宿主程序上。蠕虫病毒主要通过网络传播，具有极强的自我复制能力、传播性和破坏性。
- 特洛伊木马型病毒：实际上就是黑客程序，一般不对计算机系统进行直接破坏，而是通过网络控制其他计算机，包括窃取秘密信息、占用计算机系统资源等现象。
- 网页病毒：使用脚本语言将有害代码直接写在网页上，当浏览网页时会立即破坏本地计算机系统，轻者修改或锁定主页，重者格式化硬盘。
- 混合型病毒：兼有上述计算机病毒特点的病毒统称为混合型病毒，所以它的破坏性更强，传染的机会更多，杀毒也更加困难。

4. 计算机病毒的传播途径

计算机病毒主要通过复制文件、发送文件、运行程序等操作传播，通常有以下几种传播途径：

- 移动存储设备：包括 U 盘、硬盘、移动硬盘、光盘、磁带等。硬盘是数据的主要存储介质，因此也是计算机病毒感染的主要目标。
- 网络：目前大多数病毒通过网络进行传播，破坏性很强。

5. 计算机病毒的表现现象

- 平时运行正常的计算机突然经常性无缘无故地死机。
- 运行速度明显变慢。
- 打印和通信发生异常。
- 系统文件的时间、日期、大小发生变化。
- 磁盘空间迅速减少。
- 收到陌生人发来的电子邮件。
- 自动链接到一些陌生网站。
- 计算机不识别硬盘。
- 操作系统无法正常启动。
- 部分文档丢失或被破坏。

- 网络瘫痪。

6. 计算机病毒程序的一般构成

病毒程序一般由三个基本模块组成，即安装模块、传染模块和破坏模块。

（1）安装模块。病毒程序必须通过自身的程序实现自启动并安装到计算机系统中，不同类型的病毒程序会使用不同的安装方法。

（2）传染模块。传染模块包括以下三部分内容：

- 传染控制部分。病毒一般都有一个控制条件，一旦满足这个条件就开始感染。例如，病毒先判断某个文件是否是.EXE 文件，如果是就传染，否则寻找下一个文件。
- 传染判断部分。每个病毒程序都有一个标记，在传染时将判断这个标记，如果磁盘或者文件已经被传染就不再传染，否则传染。
- 传染操作部分。在满足传染条件时进行传染操作。

（3）破坏模块。计算机病毒的最终目的是进行破坏，其破坏的基本手段就是删除文件或数据。破坏模块包括两部分：激发控制和破坏操作。

对每一个病毒程序来说，安装模块、传染模块是必不可少的，而破坏模块可以直接隐含在传染模块中，也可以单独构成一个模块。

实现步骤

1. 安装 360 杀毒软件

360 杀毒软件是 360 安全中心出品的一款完全免费的杀毒软件，其安装程序的下载网址为 http://www.360.com/。打开网址后，选择“360 杀毒”下载，本例下载到本地磁盘 D:。

在磁盘 D:下找到 360 安装文件，双击进行安装，图 8-1-1 所示为 360 安装界面，可以通过单击“更改目录”按钮重新设置安装目录。

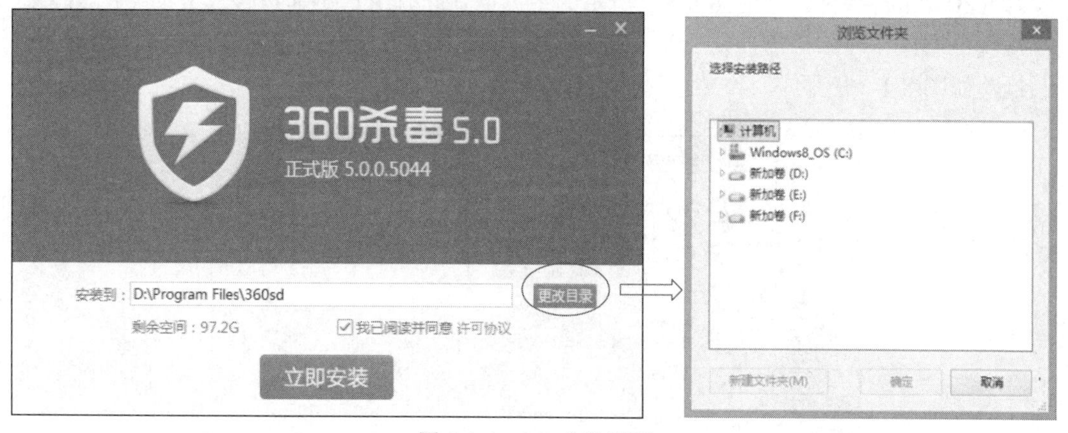

图 8-1-1　360 安装界面

设置好安装目录后，单击“立即安装”按钮，根据安装向导完成安装。安装完成后该软件会自动运行，也可以通过桌面快捷图标和“开始”菜单打开运行，运行后出现图 8-1-2 所示的界面，并且可以在桌面右下角的任务栏通知区域看到图标。

图 8-1-2 360 杀毒界面

※知识链接

360 杀毒软件

360 杀毒是中国用户量最大的杀毒软件之一，它创新性地整合了五大领先防杀引擎，即国际知名的 BitDefender 病毒查杀引擎、小红伞病毒查杀引擎、360 云查杀引擎、360 主动防御引擎、360QVM 人工智能引擎。五个引擎智能调度，提供全时全面的病毒防护，不但查杀能力出色，而且能第一时间防御新出现的病毒木马。360 杀毒完全免费，无需激活码，轻巧、快速、不卡机，误杀率远远低于其他杀毒软件的。360 杀毒独有的技术体系占用极少的系统资源，对系统运行速度的影响微乎其微。

2. 360 杀毒软件的基本设置和使用

要求：检查本地磁盘 C:是否有病毒，如有病毒则进行处理。

打开 360 杀毒软件，出现图 8-1-2 所示的主界面，此时用户可通过操作界面中的相关命令进行常规杀毒操作，如果需要进行针对性设置，则选择右上角的“设置”命令，弹出“设置”对话框，如图 8-1-3 所示。

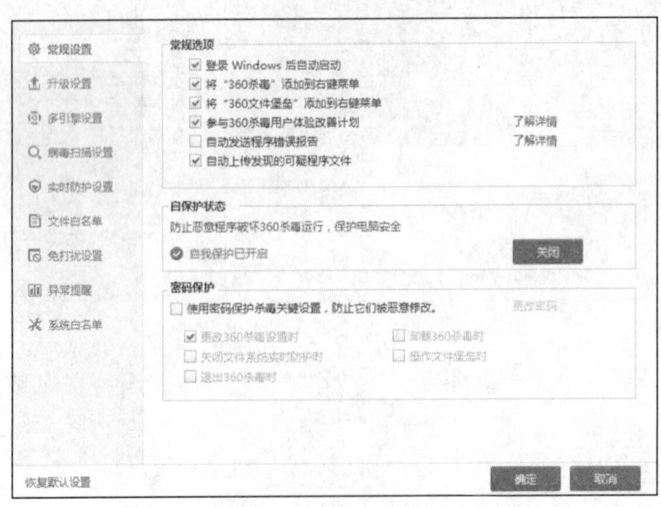

图 8-1-3 “设置”对话框

在“设置”对话框中选择“病毒扫描设置”选项卡，根据需要选择右侧的参数，设置完成后单击“确定”按钮返回到主界面。例如，在“需要扫描的文件类型”区域中选择“仅扫描程序及文档文件”单选项，在“发现病毒时的处理方式”区域中选择“由用户选择处理”单选项，在“其他扫描选项”区域中选择“扫描磁盘引导扇区”“跳过大于 100MB 的压缩包”和“在全盘扫描时启用智能扫描加速技术”复选项，如图 8-1-4 所示。

图 8-1-4　“病毒扫描设置”选项卡

在主界面中单击“全盘扫描”或“快速扫描”按钮，开始对计算机系统设置、常用软件、内存活跃度、开机启动项及所有磁盘文件进行扫描杀毒。“全盘扫描”是对整个磁盘的所有文件进行查杀，花费时间比较长，如图 8-1-5 所示；“快速扫描”仅查杀 Windows 的主要系统文件，大约 3 分钟即可完成。

图 8-1-5　360 杀毒的全盘扫描界面

“快速扫描”或“全盘扫描”完成后，会显示扫描结果，如图 8-1-6 所示。如果扫描显示计算机出现严重破坏，则可以单击“电脑救援”按钮。

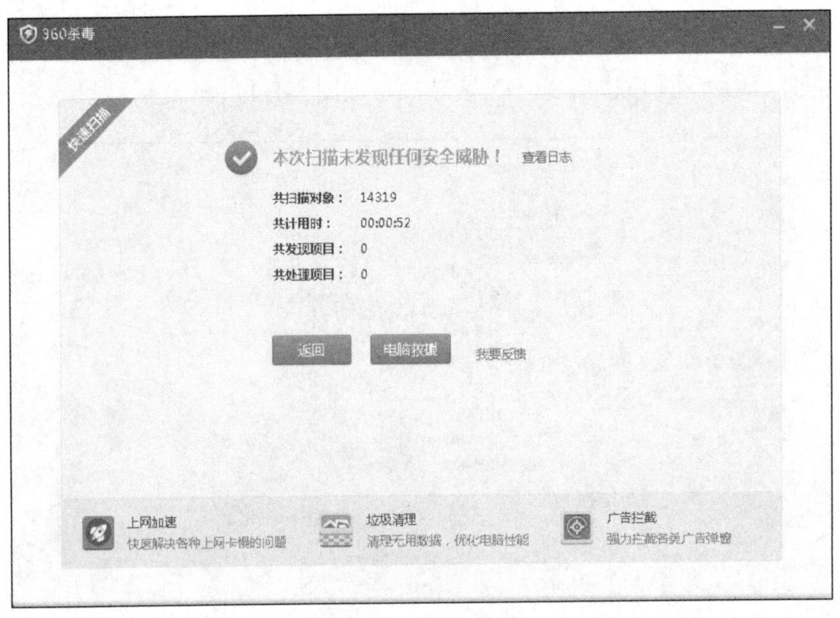

图 8-1-6　扫描结果

在 360 杀毒软件中，用户可以根据自己的需要对计算机中的指定位置进行扫描，单击主界面右下角的“自定义扫描”按钮可以按照需求设置需要杀毒扫描的文件和目录。例如只对系统盘 C:进行扫描，在主界面中单击“自定义扫描”按钮，弹出“自定义扫描内容”界面，如图 8-1-7 所示，选择“Windows 8_OS（C:）”复选项后单击“扫描”按钮进入自定义扫描，扫描完成后会显示扫描结果。

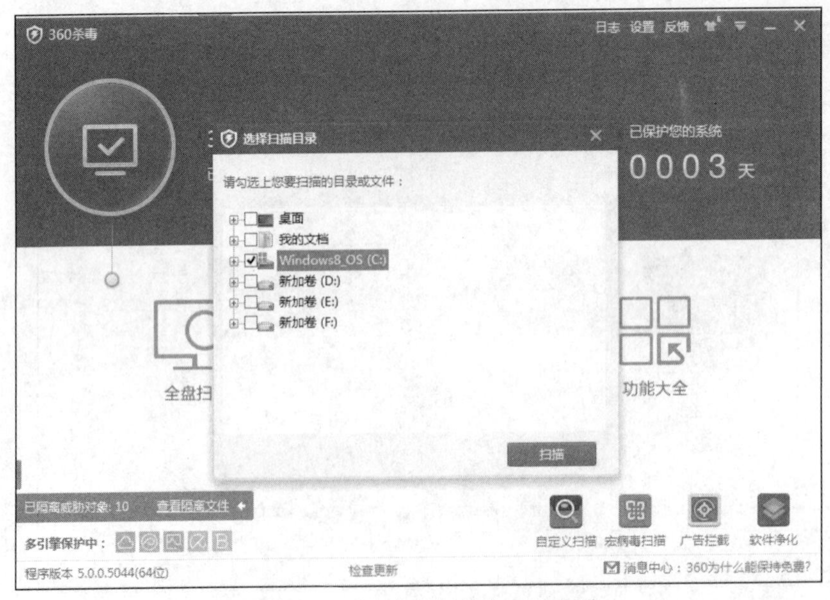

图 8-1-7　“自定义扫描内容”界面

根据扫描结果，发现有安全威胁，可以单击主界面左下角的“已隔离威胁对象”后的“查看隔离文件”命令进行查看，出现图 8-1-8 所示的“360 恢复区”对话框，在其中选中所需恢复项前对应的复选框，在“操作”区域中选择处理方式，单击“删除”按钮则删除文件，单击“恢复”按钮则不处理误报的文件。

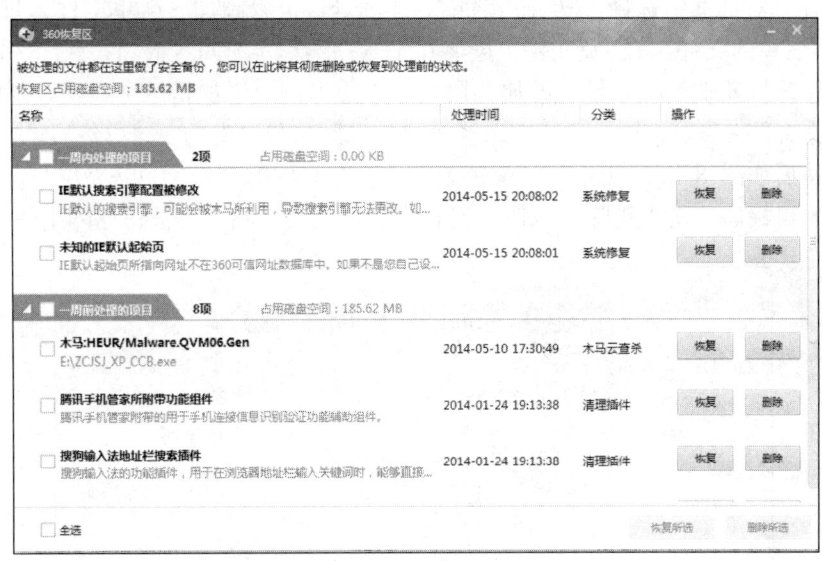

图 8-1-8　“360 恢复区”对话框

在“设置”对话框中选择“实时防护设置”选项卡，界面如图 8-1-9 所示，可以设置防护级别、监控的文件类型和发现病毒时的处理方式。设置完成后单击“确定”按钮返回主界面。如果校园网用户要对局域网的威胁进行防御，则可以选择“其他防护选项”区域中的“拦截局域网”复选项。

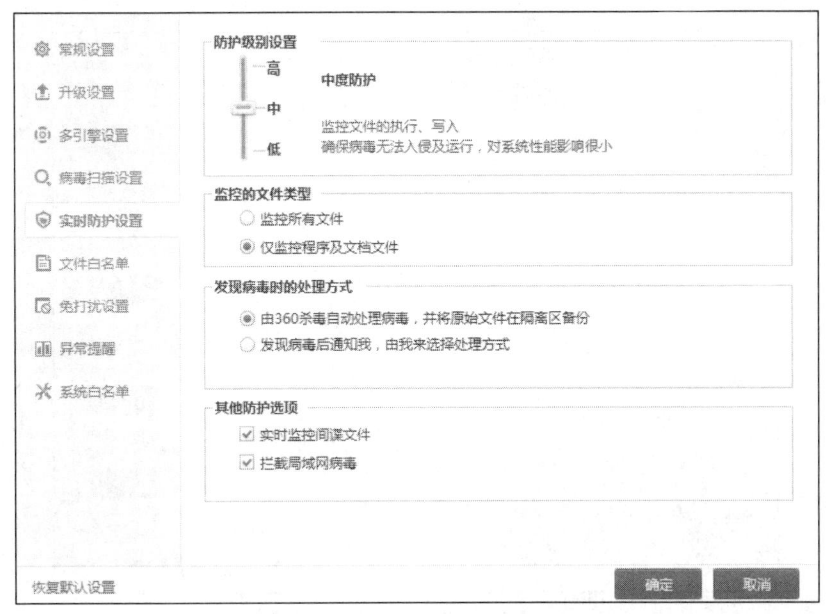

图 8-1-9　“实时防护设置”选项卡

360 杀毒软件有时会出现误报的情况，此时要对信任列表进行设置。例如打开记事本程序 notepad.exe 等可执行程序，360 实时防护弹出“木马”提示对话框，如果确信该程序为误报，则可以将该程序添加到系统白名单中，下次打开这些程序时，360 就不会弹出木马提示对话框，而是正常打开程序。

在“设置”对话框中选择“文件白名单”选项卡，可以添加白名单文件、目录及文件扩展名，加入白名单的文件、目录及文件扩展名在杀毒扫描和实时防护时将被跳过。例如要将“新加卷（E:）计算机基础教材”目录添加到白名单中，单击“添加目录”按钮，弹出图 8-1-10 所示的“浏览文件夹”对话框，在其中选择需要加入到白名单中的目录，然后单击“确定”按钮，添加成功后如图 8-1-11 所示。如果需要删除白名单中的文件、目录及文件扩展名，则选中需要删除的目标后单击“删除”按钮。设置完成，单击“确定”按钮返回主界面。

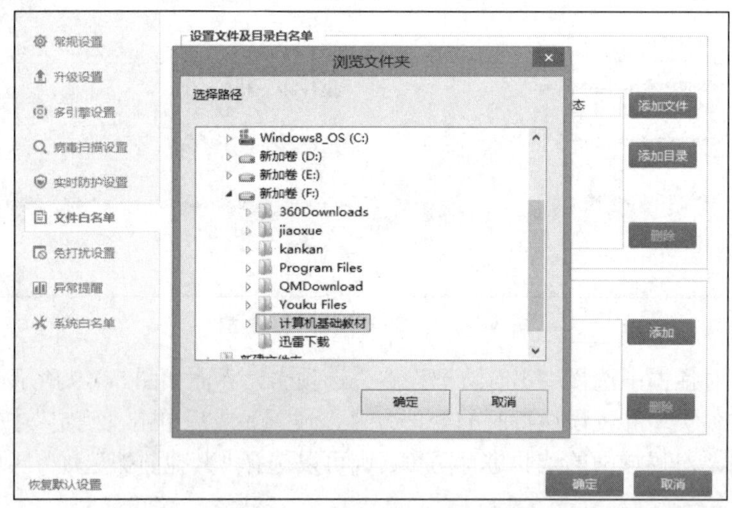

图 8-1-10 “浏览文件夹”对话框

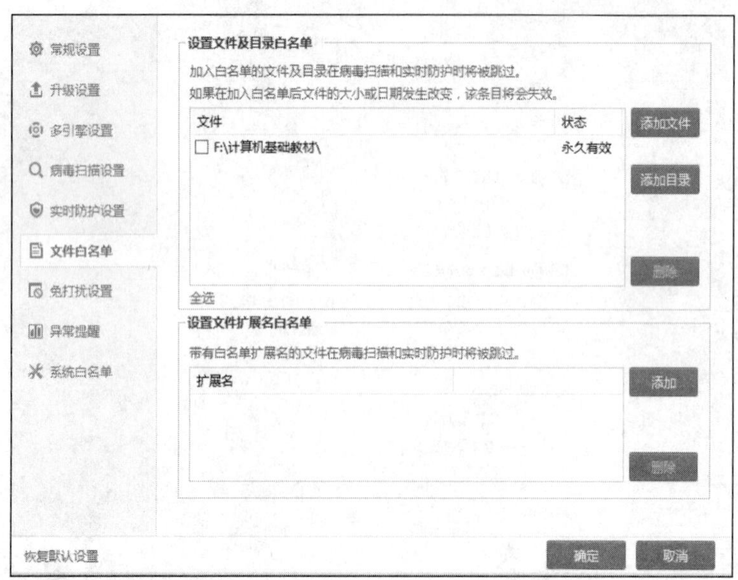

图 8-1-11 文件白名单设置界面

在“设置”对话框中，还可以设置免打扰和异常提醒，选择相应的选项卡设置即可。例如系统资源占用以及上网环境出现异常时360软件会提醒加速。在“设置”对话框中，选择“异常提醒”选项卡，在“上网环境异常提醒”“进程追踪器”和“系统盘可用空间检测”区域进行设置，如图8-1-12所示。设置完成后单击“确定”按钮返回主界面。

常规设置
升级设置
多引擎设置
病毒扫描设置
实时防护设置
文件白名单
免打扰设置
异常提醒
系统白名单
上网环境异常提醒
在检测到系统中上网环境异常时，提醒您进行上网加速
进程追踪器
记录进程启动历史，以及资源占用信息
系统盘可用空间监测
在系统盘可用空间过低时提醒您进行清理，以提高系统性能
自动校正系统时间
自动联网同步系统时间，提高系统稳定性
恢复默认设置
确定
取消

图8-1-12 “异常提醒”选项卡

在“设置”对话框中选择“升级设置”和“多引擎设置”选项卡，可根据需要选择右侧的参数设置关于病毒库的升级时间和选择360杀毒引擎，如图8-1-13所示。设置完成后单击“确定”按钮返回主界面。

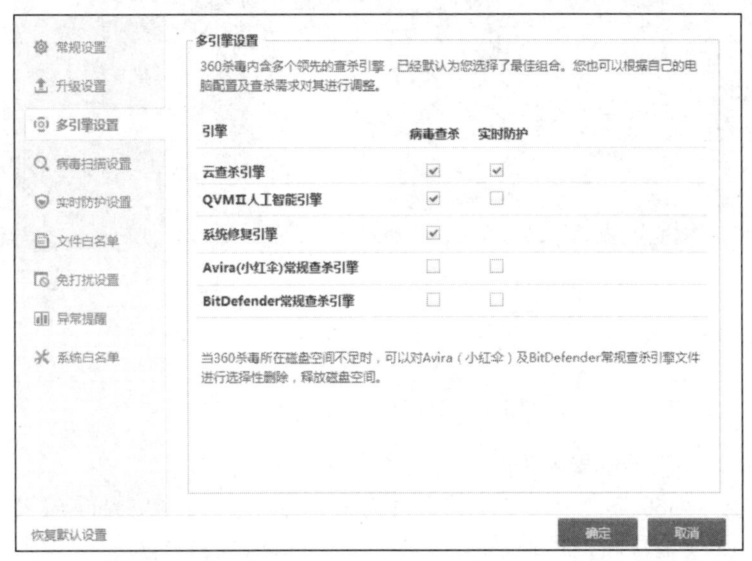

图8-1-13 “多引擎设置”选项卡

在“日志”对话框中可以查看或导出病毒扫描情况和防护日志，如图8-1-14所示。

图 8-1-14　360 杀毒日志查看界面

3. 360 杀毒软件的其他功能设置

要求：对本机系统进行优化设置和系统急救。

单击主界面中的“功能大全”按钮，可以根据实际需求对系统安全、系统优化、系统急救等进行设置和查看，如图 8-1-15 所示。

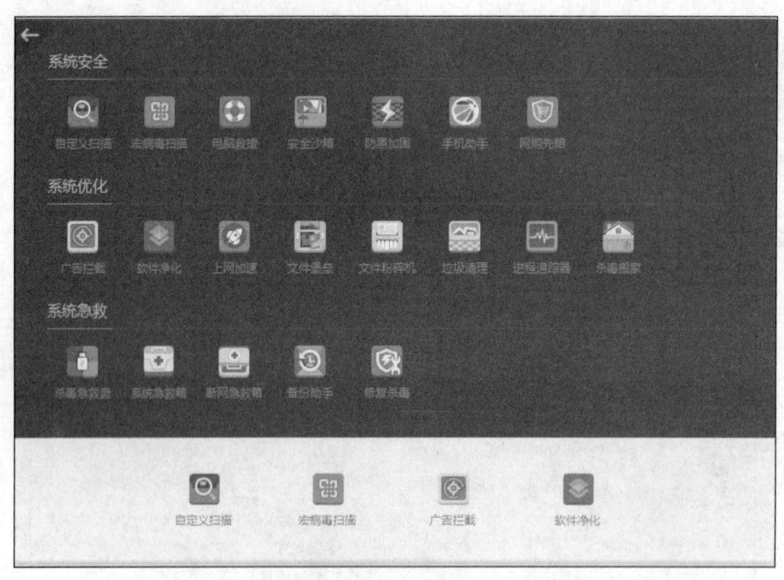

图 8-1-15　360 功能大全界面

4. 360 安全卫士的下载、安装以及安全更新

360 安全卫士应用

360 安全卫士是一款由奇虎 360 公司推出的功能强、效果好、受用户欢迎的安全软件。360 安全卫士拥有查杀木马、清理插件、修复漏洞、电脑体检、电脑救援、保护隐私等多种功能，并独创了“木马防火墙”功能，依靠抢先侦测和云端鉴别，可全面、智能地拦截各类木马，保护用户的账号、隐私等

重要信息。其安装程序的下载网址为http://www.360.com，打开网址后，选择“360 安全卫士”下载，下载后进行默认安装。

安装完成后，在任务栏通知区域出现图标。打开 360 安全卫士主界面，选择“系统修复”选项卡，进入系统漏洞扫描界面，如图 8-1-16 所示，可以修复系统高危漏洞并进行功能性更新，扫描范围包括操作系统及多种应用程序。单击“常规修复”按钮，程序会自动扫描存在的漏洞并列出需要更新的补丁；如果有可选漏洞需要修复，则单击“漏洞修复”按钮修复漏洞。

图 8-1-16　系统漏洞扫描界面

5. 使用 360 安全卫士进行木马查杀

打开 360 安全卫士主界面，选择“木马查杀”选项卡，进入木马查杀界面，如图 8-1-17 所示。

图 8-1-17　木马查杀界面

单击“快速扫描”按钮，等待程序对系统进行扫描。

扫描完成后，自动弹出结果界面，选中需要处理的内容，单击“立即处理”按钮。处理完毕后，重启系统完成修复。

6. 使用 360 安全卫士清理使用痕迹

要求：由于本机使用过程中产生太多的垃圾和插件导致运行较慢，因此请清除本机上的垃圾和插件等，从而提高运行效率。

打开 360 安全卫士，单击“电脑清理”选项卡，出现图 8-1-18 所示的界面，在此界面中可以清理计算机使用过程中产生的垃圾、插件以及使用和上网痕迹等。

图 8-1-18 “电脑清理”选项卡

先勾选需要清理的内容，再单击“一键清理”按钮，可以清理计算机使用和上网过程中产生的痕迹；也可以选择“自动清理”功能，360 安全卫士会在系统空闲时自动进行清理。

7. 使用 360 安全卫士查看网络连接和程序运行情况

打开 360 安全卫士，选择“电脑体检”选项卡，在其中单击“立即体检”按钮，360 安全卫士会自动对计算机系统、软件以及计算机运行的速度等进行检测，检查完成后需要处理的会在检查结果中显示出来，如果要查看联网和应用程序对网络的使用情况，则选择界面右侧“功能大全”下的“流量防火墙”选项（图 8-1-19）或右击任务栏上的 360 安全卫士图标并选择“流量防火墙”命令，进入 360 安全卫士的流量防火墙界面，如图 8-1-20 所示，即可查看正在连接网络的程序。

在“电脑体检”选项卡的“功能大全”界面下选择“任务管理器”选项，进入 360 安全卫士的任务管理器窗口，如图 8-1-21 所示，在此界面下可以查看正在运行的程序，也可以关闭和终止运行异常的应用程序和不安全的进程。

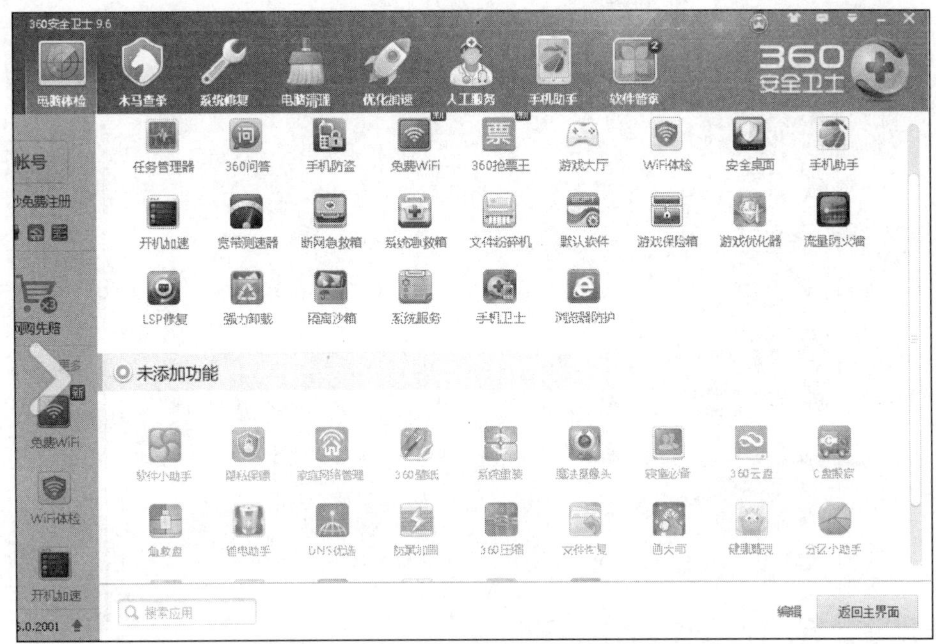

图 8-1-19　360 安全卫士功能大全界面

360流量防火墙

管理网速　网络体检　保护网速　局域网防护　3G小助手　防蹭网　网络连接　测网速　无线路由管理

当前有 26 个程序正在访问网络或曾经访问过网络，共建立 64 个连接，暂未发现可疑程序存在。

管理软件的上网速度，看网页、看视频、玩网络游戏前可通过"管理"限制占网速的访问网络，加快上网速度。

名称	安全等级	下载速度	上传速度	限制下载	限制上传	已下载流量	已上传流量	连接数	管理
QQ.exe 即时通讯软件QQ的主程序…	安全	0.7KB/S	1.7KB/S	无限制	无限制	1.6MB	429.2KB	8	
QQ.exe 即时通讯软件QQ的主程序…	安全	0KB/S	0KB/S	无限制	无限制	1.4MB	216KB	8	
360下载管理程序 360升级管理器程序，对36…	安全	7.5KB/S	0.1KB/S	无限制	无限制	1.3MB	104.5KB	8	
360tray.exe 360安全卫士的实时监控程…	安全	0KB/S	0KB/S	无限制	无限制	326.9KB	40.4KB	2	
360Safe.exe 360安全卫士的主程序，杀…	安全	0KB/S	0KB/S	无限制	无限制	78.7KB	30.5KB	9	
QQProtect.exe QQ安全防护进程	安全	0KB/S	0KB/S	无限制	无限制	5.9KB	5.8KB	2	
Alipaybsm.exe Alipay Browser Safe Monitor	安全	0KB/S	0KB/S	无限制	无限制	5.1KB	2.7KB	--	
WINWORD.EXE Microsoft Word的主程序，…	安全	0KB/S	0KB/S	无限制	无限制	4.4KB	2.2KB	--	

正在连接网络的程序(16)　隐藏的系统服务(10)　所有程序　下载速度：8.2KB/S　上传速度：1.9KB/S

图 8-1-20　360 流量防火墙管理界面

8. 使用 360 安全卫士对系统进行优化加速

要求：本机开机启动时间太长，请关闭一些不必要的开机启动项和服务。

打开 360 安全卫士，单击"优化加速"选项卡，出现图 8-1-22 所示的界面，在其中可以对系统、开机和网络进行优化加速。例如要优化开机时间，可选择"启动项"进行优化设置。

图 8-1-21　360 任务管理器

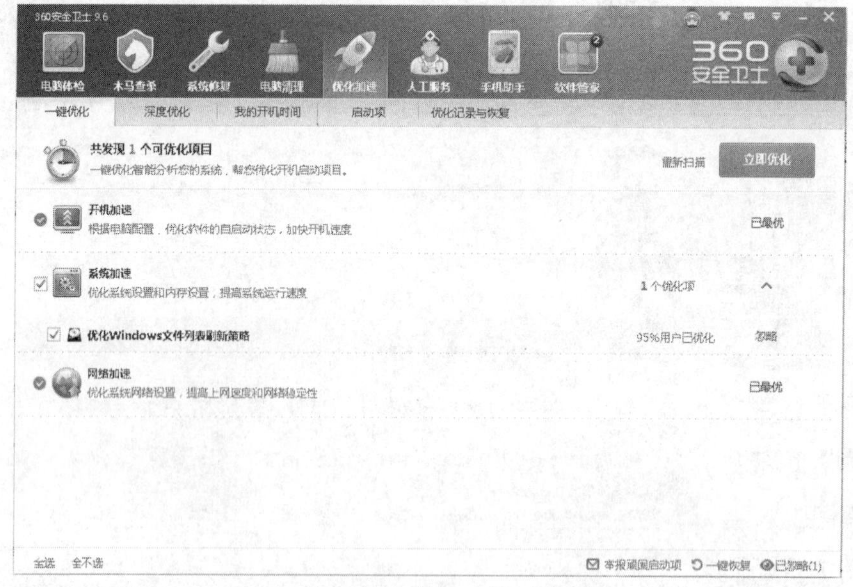

图 8-1-22　360 安全卫士优化加速

拓展训练

1. 使用 Windows 的系统和安全功能

Windows 操作系统本身已经提供了强大和便捷的“系统和安全”功能，与第三方软件相比更容易实现启动状态的安全防护，以及安全规则的集中配置和部署。进入 Windows 系统后选择“控制面板”→“系统和安全”选项，弹出“系统和安全”界面，如图 8-1-23 所示，在其中能够设置不同的用户账户和访问权限，对计算机、软件和用户设置安全策略，对数据和文件进行备份和还原，使用 Windows 防火墙控制网络访问，使用管理工具对整个系统安全进行有效设置。

图 8-1-23　“系统和安全”界面

本次训练要求如下：

（1）学习 Windows 防火墙的使用，在“高级安全 Windows 防火墙”窗口（图 8-1-24）中，根据需要配置出站规则、入站规则、连接安全规则等，保护计算机免受黑客攻击，保护计算机中的重要信息。

图 8-1-24　“高级安全 Windows 防火墙”窗口

（2）学习 Windows 系统设置，通过设置系统虚拟内存、远程设置和启动、系统灾难恢复等保证系统性能和使用安全，如图 8-1-25 所示。

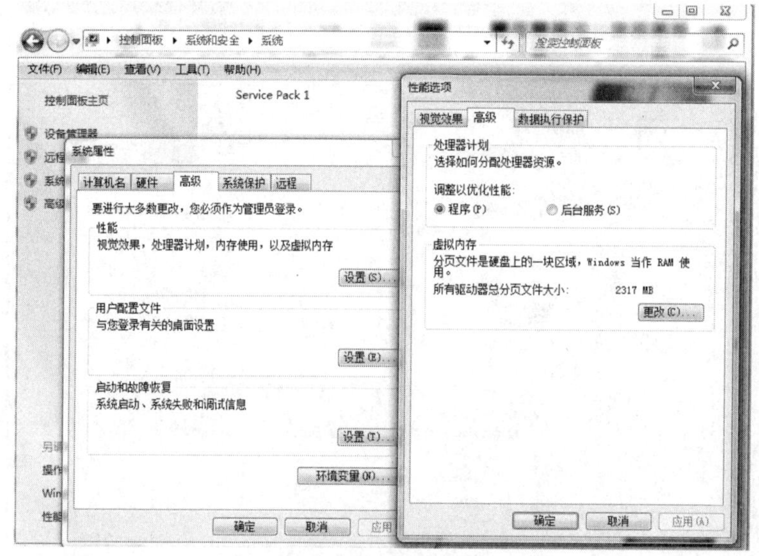

系统备份与还原

图 8-1-25 高级设置

（3）学习 Windows 备份和还原的使用，定时备份系统中的重要数据，创建系统还原点，在需要时还原数据。

（4）学习 Windows 管理工具的使用，设置符合需要的本地安全策略，选择启用或禁用相关服务，加固系统安全。

（5）学习 Windows 组策略的使用，设置用户权限，禁用来宾账户（Guest），设置开机策略，全方位地对系统安全设置进行管理，提升系统安全性能，如图 8-1-26 所示。

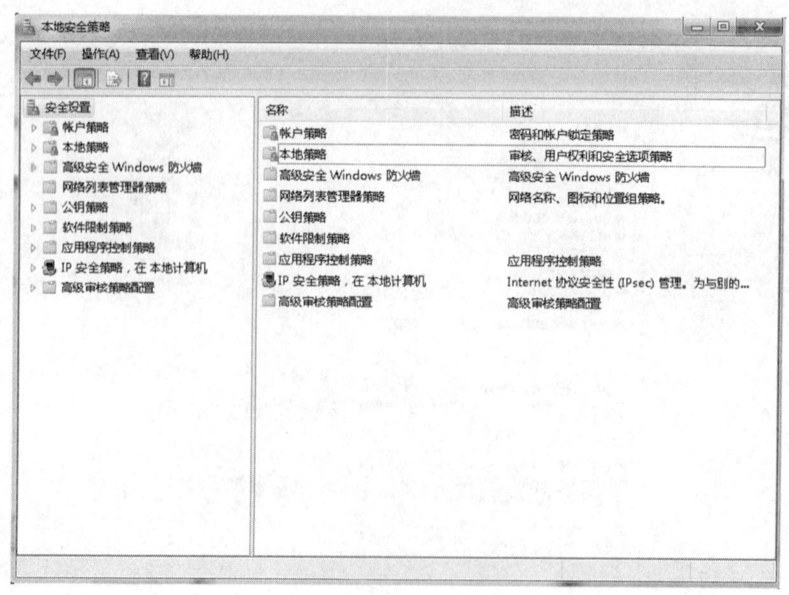

图 8-1-26 组策略

2. 配置安全可靠的计算机防护系统

在网络环境下，计算机系统非常容易遭到攻击和破坏，因此做好系统的防护和保障工作非常重要。安全可靠的计算机防护系统分为多个层次，主要包括系统漏洞的修复、安装杀毒软件、安装防火墙、建立系统备份等。

本次训练要求如下：

（1）对系统和应用软件进行必要的设计和更新，及时为系统漏洞打最新补丁，以便保障系统总是处于防护外来病毒和打击的最佳状态。

（2）安装杀毒软件，预先对计算机病毒进行防范，坚持定期更新病毒库和杀毒程序，以应对新出现的或变种的病毒，最大限度地发挥出杀毒软件应有的功效。

（3）设计主机防火墙，保护计算机不受木马程序、恶意软件或黑客软件的攻击，监控系统的运行状态，查看日志了解计算机最新的安全状况。

（4）使用系统备份软件对操作系统和数据进行预先的备份，将重要数据备份到非系统盘内相对安全的空间以便在需要时将其恢复。

任务 2 系统的备份和还原

任务目标

通过对系统文件和数据的备份与还原，保障计算机中的文件和数据在丢失或损坏时可以进行修复和恢复，从而保证计算机系统和信息的安全。

知识与技能目标

- 掌握数据备份和还原软件的使用。
- 掌握常用的系统数据备份和还原的方法。
- 掌握一键 GHOST 软件的使用。
- 掌握 SuperRecovery 数据恢复软件的使用。

情境描述

计算机系统中的重要数据、档案或历史记录，无论是对企业用户还是对个人用户都是至关重要的，一旦不慎丢失，轻则辛苦积累起来的心血付之东流，重则影响企业的正常运作，给科研和生产造成巨大的损失。计算机安全专家威廉·史密斯说：“创建这些数据也许只花了 10 万元，但当你在关键时刻打算把它们全都找回来时，你得准备 100 万元的支票。”

王海的计算机因为病毒攻击或人为误操作而造成系统死机、崩溃和文件丢失，而丢失的计算机中的文件和数据非常重要，幸好王海进行了系统和数据备份，在发生故障时只需要进行还原和恢复就能够找回所丢失的文件，这样减少了因文件丢失给企业和王海个人造成的巨大损失。

实现方法

计算机常常因为病毒攻击或人为误操作而造成系统死机、崩溃或文件丢失，日常要对系统进行定时备份，当遇到故障时可利用日常备份快速还原系统。计算机中的某些文件和数据丢失后，要使用数据恢复软件来恢复被误删除或格式化的数据和文件，重建文件系统。目前通常使用一键 GHOST 软件对系统进行还原，使用 SuperRecovery 数据恢复软件实现对丢失数据和文件的修复和恢复。掌握系统备份还原软件和数据恢复软件的使用方法是信息化时代计算机使用者必备的技能。

本任务主要介绍如何利用一键 GHOST 软件对操作系统进行备份和还原保护，通过拓展训练使用系统自带的系统工具中的系统备份和还原工具对计算机系统进行备份和保护，利用 SuperRecovery 数据恢复软件对计算机上的数据文件进行恢复和修复。

※知识链接

数据备份与恢复

数据备份是容灾的基础，是指为防止系统出现操作失误或系统故障导致数据丢失，而将全部或部分数据集合从应用主机的硬盘或阵列复制到其他存储介质的过程，就是将数据以某种方式加以保留，以便在系统需要时重新恢复和利用。数据备份包括系统数据备份、用户数据备份和网络数据备份。

系统数据备份主要是针对计算机系统中的操作系统、设备驱动分区、磁盘、分区表、系统应用软件及常用软件工具等的备份。常用系统数据备份工具和方法有系统还原卡、克隆大师 GHOST 和系统自带的备份工具等。

用户数据备份是针对具体应用程序和用户产生的数据，将用户的重要数据与操作系统数据分别进行存储备份。在实际应用中，用户数据备份的重要性远大于系统数据备份的，因为系统数据丢失以后通常都可以恢复，如操作系统损坏可以通过光盘重新安装；而用户数据丢失以后，一般难以弥补，最简单的例子就是 Word 文档被删除以后，恢复起来十分困难。常用用户数据备份工具有 Second Copy、File Genie 等。

网络数据备份是一套比较成熟的备份方法，其基本设计思想是利用一台服务器连接合适的备份设备，实现对整个网络系统各主机上关键业务数据的自动备份管理。常见基于备份结构的网络数据备份系统有基于网络附件存储（DAS-Based）结构、基于局域网（LAN- Based）结构、基于 SAN 结构的 LAN-Free 和 Server-Free 结构等。

数据备份的策略主要有三种：完全备份、增量备份和差分备份。

- 完整备份：每次都对系统中的所有数据进行备份。
- 增量备份：是只备份上次备份以后有变化的数据。
- 差分备份：是只备份上次完全备份以后有变化的数据。

数据恢复就是把遭受到破坏、删除和修改的数据还原为可使用数据的过程。对计算机应用系统来说，数据可以分为系统数据和用户数据两大类。对于系统数据，由于变化很小，具有通用性，恢复起来相对比较容易，一般不会造成灾难性后果。而对于用户数据，有时是无法用金钱来衡量的，因此对用户数据恢复有着更重要的意义。

系统数据恢复包括系统还原、分区还原、磁盘还原、分区表还原等。

用户数据恢复常常要借助有效的工具，常用数据恢复工具有 DATACOMPASS、PC300、FinalData、EasyRecovery、EasyUndelete、SuperRecovery 等。

实现步骤

1. 安装和运行一键 GHOST 软件

一键 GHOST 是“DOS 之家”出品的系统备份还原软件，其安装程序的下载网址为 http://doshome.com/yj。打开网址后，找到一键 GHOST 硬盘版，单击“立即下载”按钮进行下载。

※知识链接

一键 GHOST 软件

一键 GHOST 是“DOS 之家”首创的 4 种版本（硬盘版、光盘版、U 盘版、软盘版）同步发布的启动盘，适应各种用户需要，既可独立使用，又能相互配合，主要功能包括：一键备份系统、一键恢复系统、中文向导、GHOST 和 DOS 工具箱。一键 GHOST 是高智能的 GHOST，只需按一个键，就能实现全自动无人值守操作，非常简单便捷。

在下载目录下，将下载文件解压，双击“一键 GHOST 硬盘版.exe”，出现如图 8-2-1 所示的“一键 GHOST 安装程序”对话框，根据安装向导，单击“下一步”按钮，直到最后一步单击“完成”按钮。

关闭正在运行的其他窗口，运行本软件，出现图 8-2-2 所示的“一键备份系统”对话框，选择“转移”选项（图 8-2-3），弹出图 8-2-4 所示的“个人文件转移工具”对话框，设置好相关参数后单击“转移”按钮即立即自动一键转移。

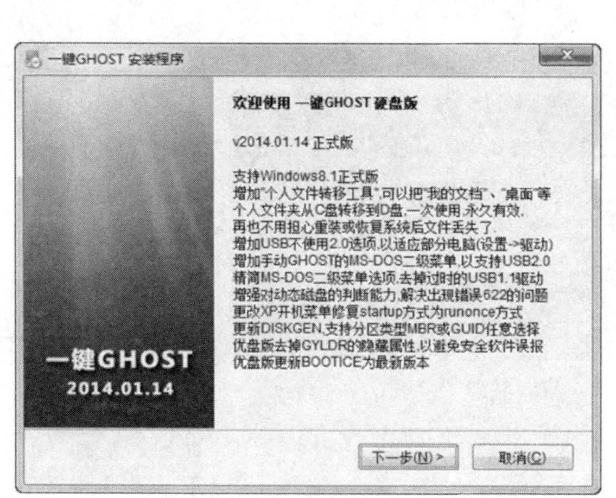

图 8-2-1 “一键 GHOST 安装程序”对话框

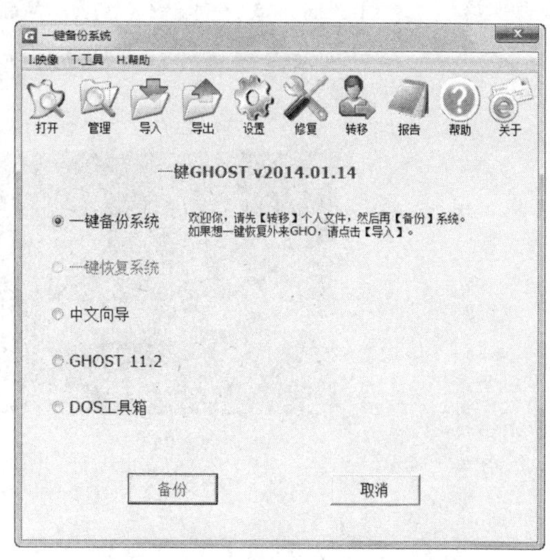

图 8-2-2 “一键备份系统”对话框

图 8-2-3 选择“转移”选项

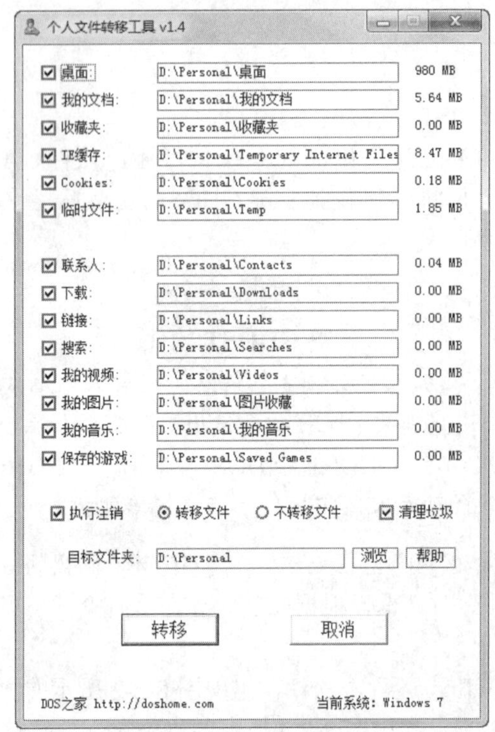

图 8-2-4 “个人文件转移工具”对话框

运行一键 GHOST 软件有三种方法：Windows 下运行（通过“开始”菜单）、开机菜单运行（图 8-2-5）和开机按 K 键运行。如果以上三种方法都不能运行，则可以用同一版本的光盘版和 U 盘版运行。

图 8-2-5 通过开机菜单运行一键 GHOST 软件

2. 使用一键 GHOST 软件对系统进行备份和还原

打开一键 GHOST 软件，在主界面中选择“一键备份系统”单选项，再单击“备份”按钮，此时系统会提示自动重启，如图 8-2-6 所示。

在重启界面中选择“一键 GHOST”选项进入 GRUB4DOS 菜单，如图 8-2-7 所示。

在 GRUB4DOS 菜单中根据提示选择“启动一键 GHOST”选项，进入 MS-DOS 一级菜单，如图 8-2-8 所示。

在“MS-DOS 一级菜单”界面中选择 1KEY GHOST 11.5，进入 MS-DOS 二级菜单，如图 8-2-9 所示。

图 8-2-6　计算机重启并运行一键 GHOST

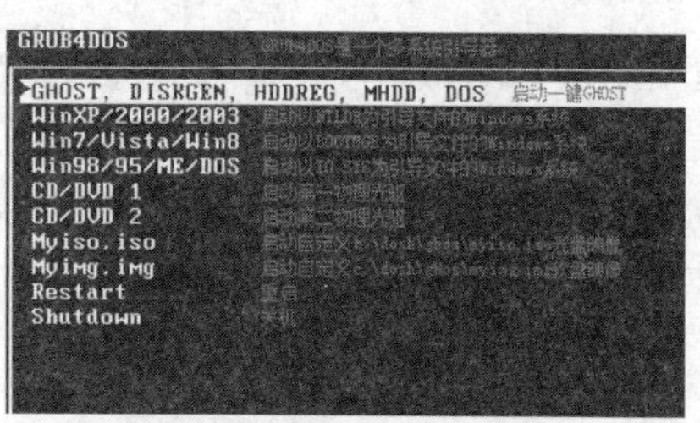

图 8-2-7　GRUB4DOS 菜单

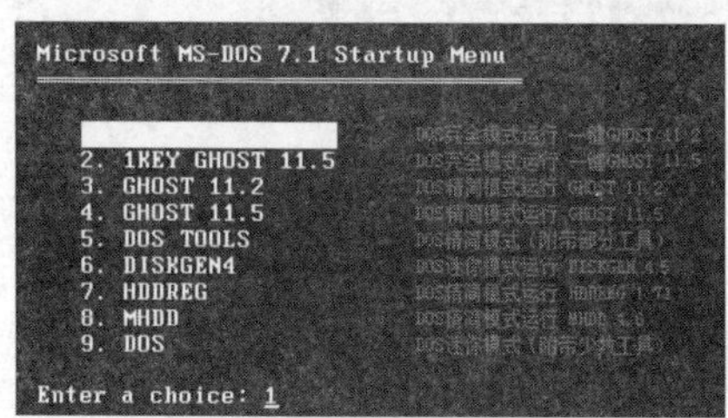

图 8-2-8　MS-DOS 一级菜单

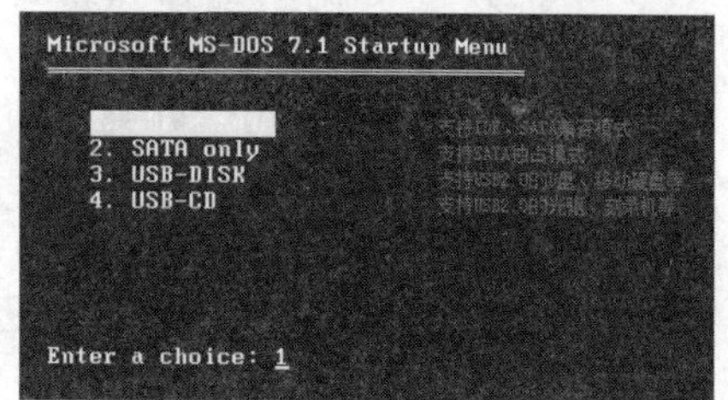

图 8-2-9　MS-DOS 二级菜单

在“MS-DOS 二级菜单”界面中选择 IDE/SATA，进入备份确认界面，如图 8-2-10 所示。根据不同情况（C:盘映像是否存在）会从主窗口自动进入不同的警告窗口，不存在 GHO，则出现“备份”窗口；存在 GHO，则出现“恢复”窗口。

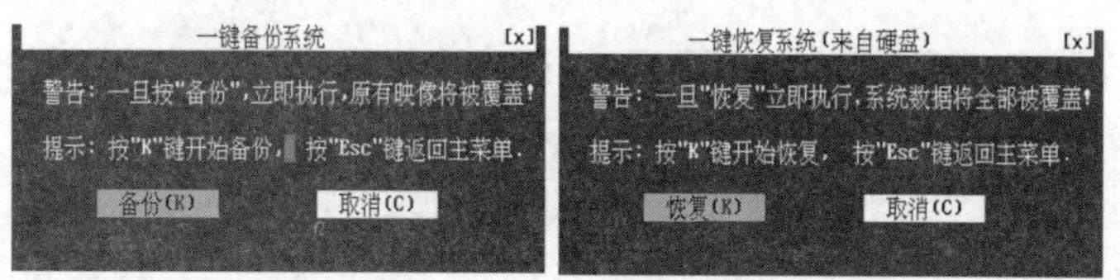

图 8-2-10　备份确认界面

在确认界面中单击“确认”按钮后将进入 GHOST 系统备份界面，如图 8-2-11 所示。一键 GHOST 软件将在计算机的最后一个硬盘分区中新建隐藏文件夹 ghost（~1），并生成系统映像文件，默认文件名为 c_pan.gho。注意，要保证硬盘中有足够的空间来存放映像文件。

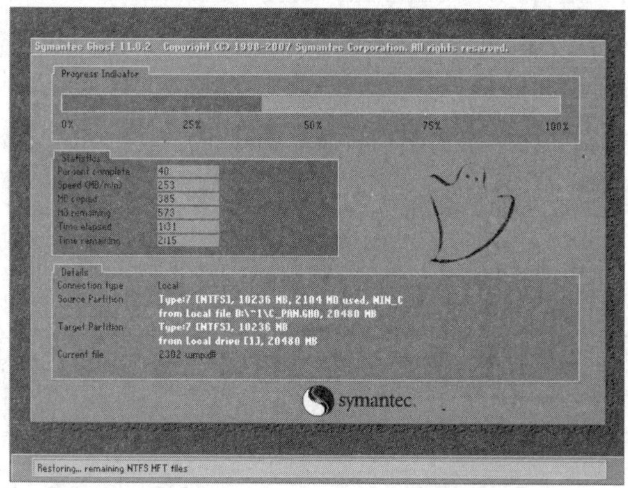

图 8-2-11　GHOST 系统备份界面

使用一键 GHOST 软件还原系统。只要对系统进行过备份，在硬盘上有 c_pan.gho 映像文件，就能方便地使用该文件对系统进行还原，还原过程类似于备份过程。

根据需要对一键 GHOST 软件进行参数设置。

启动一键 GHOST 软件，在主界面中选择“设置”选项，弹出图 8-2-12 所示的“一键 GHOST 设置”对话框，单击“方案”选项卡，选择“装机方案”单选项。

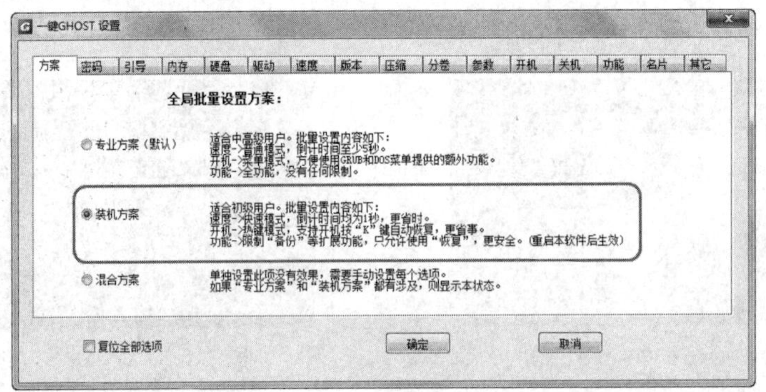

图 8-2-12 “一键 GHOST 设置”对话框

单击“密码”选项卡，如图 8-2-13 所示，设置使用本软件的登录密码，以保证在多人共用一台计算机的情况下不被非法用户侵入。

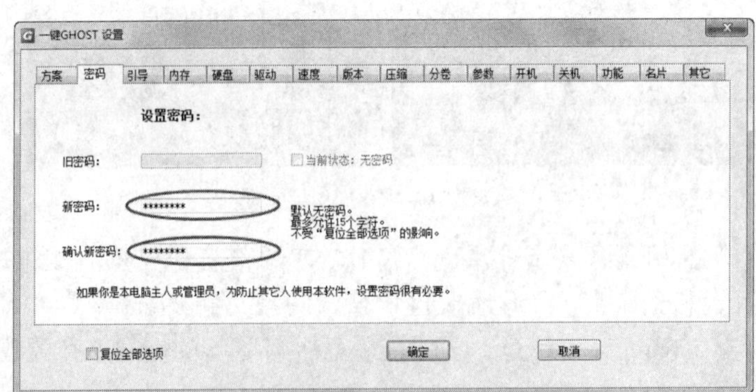

图 8-2-13 “密码”选项卡

单击“引导”选项卡，如图 8-2-14 所示，设置使用本软件的引导模式。

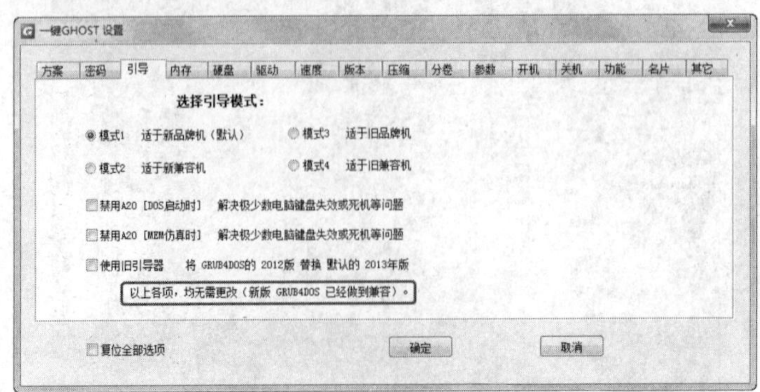

图 8-2-14 “引导”选项卡

单击“内存”选项卡，如图 8-2-15 所示，设置使用本软件的内存模式。

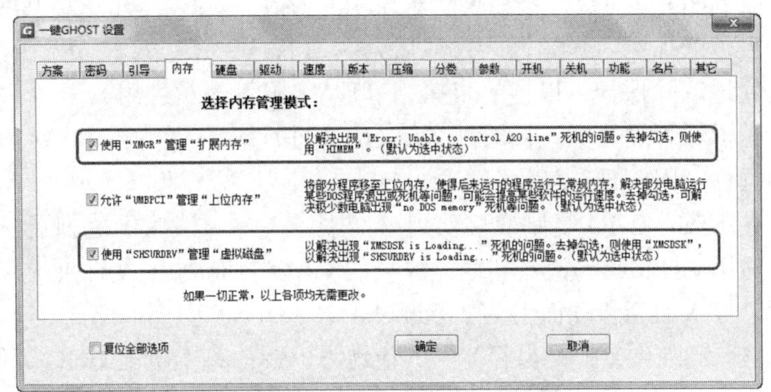

图 8-2-15　“内存”选项卡

单击“硬盘”选项卡，如图 8-2-16 所示，设置硬盘接口类型。

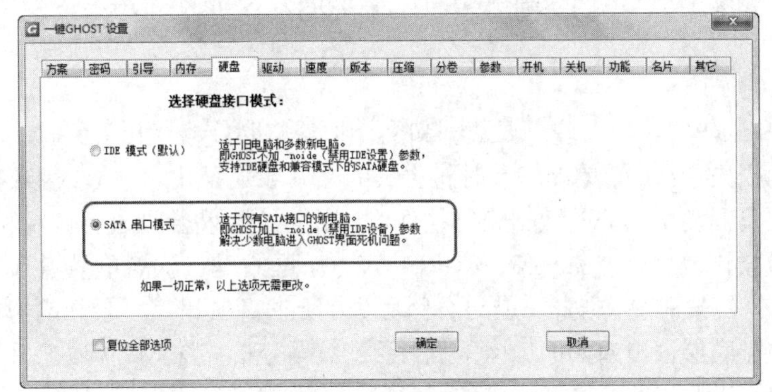

图 8-2-16　“硬盘”选项卡

一键 GHOST 软件还支持压缩/分卷及辅助性参数自定义，生成映像文件深度隐藏，能有效防止误删除或病毒恶意删除。

3. 使用一键 GHOST 软件对映像文件进行管理

在主界面中选择“I.映像”菜单，如图 8-2-17 所示。由于一键映像（c_pan.gho）受特殊保护，因此禁止一般用户在资源管理器里对其本身进行直接操作，但为了便于高级用户或管理员对映像进行管理，提供了该专用菜单。

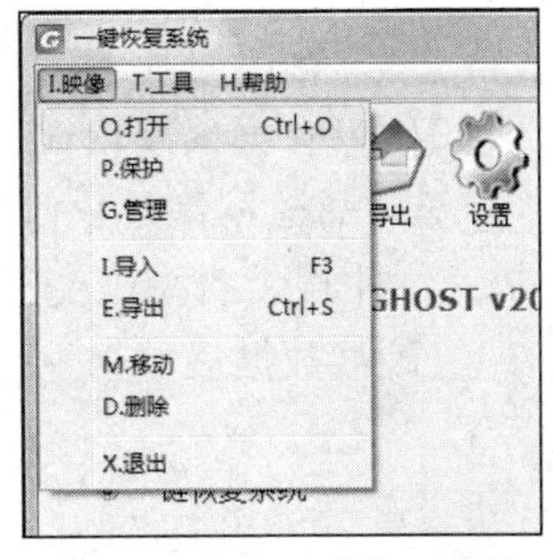

图 8-2-17　“I.映像”菜单

- 打开：如果默认映像存在，则用 GHOSTEXP 打开，用于编辑 GHO，例如添加、删除、提取 GHO 里的文件；如果默认映像不存在，则直接打开 GHOSTEXP。
- 保护：去掉或加上防删属性（仅最后分区为 NTFS 时有效），例如单击“是”按钮即可永久性地解除保护，以便于直接“管理”（限管理员使用）。
- 管理：在资源管理器里直接对默认的 GHO 进行操作，例如手动导入、导出、移动或删除等操作（限管理员使用）。
- 导入：将外来的 GHO 复制或移动到~1 文件夹中，一般用于免刻录安装系统，例如将下载的通用 GHO 或同型号其他计算机的 GHO 复制到~1 文件夹中（原 GHO 的文件名任意，导入后会自动改名为 c_pan.gho）。
- 导出：将一键映像复制（另存）到其他地方，例如将本机的 GHO 复制到 U 盘等移动设备，为其他同型号计算机“导入”所用，以达到共享的目的。
- 移动：将一键映像移动到其他地方，例如再次一键备份时不想覆盖原来的 GHO，可将前一次的 GHO 转移到其他位置。
- 删除：删除一键映像（文件夹~1 不会被删除），一般不常用。

拓展训练

1．在生活和工作中，当一些重要数据和文件被误删除或格式化丢失时，可能会给个人或企业带来巨大的损失。因此希望能够及时将丢失的文件或数据找回，减少因数据或文件丢失带来的损失，为此我们利用相关的数据恢复软件对计算机文件和数据进行修复和恢复。

超级硬盘数据恢复软件（SuperRecovery）官方中文版是一款简单易用且功能强大的数据恢复软件，可以恢复被删除、被格式化、分区丢失的数据。其采用了最新的数据扫描引擎，以只读的方式从磁盘底层读出原始的扇区数据，经过数据分析算法，扫描后把丢失的目录和文件在内存中重新建立出原先的分区和原先的目录结构，数据恢复的效果非常好。另外，超级硬盘数据恢复软件还具有十余项独创的文件恢复技术，可以节省大量恢复数据的时间，文件恢复的成功率也相应提高。

SuperRecovery 超级硬盘数据恢复软件可以帮助恢复误删除或者误格式化的文件数据，甚至分区表破坏或者重新分区多次后也能恢复出原来的数据，GHOST 误操作后也能扫描到尚未覆盖破坏到的目录结构；支持 DOC、XLSX、PPT、JPG、PDF、AVI、MPG、3GP、MP4、WAV、RM、RMVB、MOV、PDF、PSD、CDR、DWG、ZIP、RAR 等多种文件格式，支持 FAT、FAT32、NTFS 类型的分区，支持 Windows NT/2000/XP/2003/Vista/7 操作系统，是 Windows 平台上的一款优秀的数据恢复工具。

本次训练要求如下：

（1）学习安装 SuperRecovery 超级硬盘数据恢复软件。

（2）学习利用 SuperRecovery 超级硬盘数据恢复软件恢复格式化分区的内容，即使硬盘分区表被破坏或者重新分区多次、分区大小或者类型改变也能恢复出原来的目录结构。

（3）学习利用 SuperRecovery 超级硬盘数据恢复软件恢复 Windows 不能打开的硬盘或 U 盘盘符，即打开盘符的时候系统提示格式化。

（4）学习利用 SuperRecovery 超级硬盘数据恢复软件从磁盘镜像文件中进行恢复，镜像文件可以是.dsk、.img、.whx、.hdd 等扩展名的文件。

（5）学习利用 SuperRecovery 超级硬盘数据恢复软件恢复 IDE 硬盘、SCSI 硬盘、SATA 硬盘、USB 移动硬盘、U 盘、SD 卡等存储介质上被误删除的数据。

2．使用系统自带的系统备份和还原工具进行备份和还原。通过“开始”→“所有程序”→“附件”→“系统工具”→“系统备份”命令进行备份，备份过程可根据备份向导完成，备份之后通过“开始”→“所有程序”→“附件”→“系统工具”→“系统还原”命令进行系统还原操作，即可还原到系统备份时的状态。

任务 3　智能手机信息安全

任务目标

通过了解移动端（智能手机）信息安全主要威胁，利用手机安全管家保障智能手机中信息和应用软件的安全，从而保证智能手机系统、应用软件和信息的安全。

知识与技能目标

- 了解智能手机信息安全的威胁及危害。
- 掌握智能手机安全的防护技术及相关防护软件的使用。
- 掌握智能手机安全防护恶意软件的方法。

情境描述

2018 年，信息泄露事件、电信网络诈骗事件频发，移动端安全形势严峻。1 月，广州一位女博士遭遇“假冒公检法”诈骗，损失 85 万元；5 月，“隐流者”刷榜病毒入侵国内七成应用市场；8 月，苹果芯片供应商——台积电遭遇勒索病毒，3 天内损失 10 亿元人民币；11 月，万豪酒店称旗下喜达屋酒店遭第三方非法入侵，5 亿客人的信息被泄露。移动端的主要设备就是智能手机（掌上电脑+手机=智能手机），已经成为人们生活中不可或缺的重要工具，随着 5G 时代的到来，手机智能化水平越来越高，使智能手机集通讯、电子商务、信息处理、个人娱乐等多种功能于一体，给人们带来众多便利的同时，也带来了越来越多的信息安全隐患。中国科学院心理研究所发布的报告显示，80%的手机用户正面临移动安全威胁。

很多市民收到过类似“10086”发来的短信。6 月的一天，王海的手机收到了一条号码为 10086 发来的短信息，提醒他所使用手机号码的积分可以兑换几百元的短信费，王海没多想就点进去看有 600 元钱，就把这个网址输进去，准备兑换，还把身份证和银行卡号输进去了，第二天就发现银行卡上的存款不见了。而且王海同学的手机每天总有收不完的垃圾短信和骚扰电话，究竟发垃圾短信和骚扰电话的广告或诈骗公司是如何知道他的手机号码的呢？

实现方法

目前手机恶意软件的五大恶意行为是恶意扣费、远程控制、隐私窃取、恶意传播、资费消耗，这些恶意行为在绝大多数情况下都没有经过用户同意或授权。据统计，80%的手机恶意软件至少存在两种或两种以上恶意行为，要防止恶意行为，可以通过手机安全软件和用户的安全防范意识两个方面来解决。

本任务主要介绍如何使用手机安全软件保护智能手机的安全，常见手机安全软件有腾讯手机管家、LBE 安全大师、360 手机卫士、金山手机卫士等。下面以腾讯手机管家的使用为例，通过腾讯手机管家的安全设置和恶意软件防护方法来防止智能手机隐私泄露，保证电子商务交易过程中的支付安全，了解智能手机安全使用的基本常识。

※知识链接

智能手机信息安全

腾讯安全联合实验室移动安全实验室发布了《2018 年手机安全报告》(以下简称《报告》)，揭秘泄露个人信息的三大风险：恶意网址、风险 Wi-Fi、木马病毒。个人信息泄露导致用户被骚扰、被诈骗，而泄露的原因是未妥善处理个人信息的快递单、身份证复印件等文件。

手机频繁出现广告弹窗，很可能是感染了木马病毒。木马病毒不仅会影响用户的使用体验，而且可能会窃取用户的个人信息。此前曾有用户因感染木马病毒，导致银行卡内存款被盗刷。恶意网址则打着色情和博彩类的名义，诱导用户访问，带来账号密码丢失或者隐私信息泄露等威胁。《报告》显示，腾讯手机管家在 2018 年共拦截恶意网址达 5554.07 亿次，有效帮助用户避开恶意网址的风险。

腾讯手机管家（原QQ 手机管家）是腾讯旗下一款永久免费的手机安全与管理软件，功能包括病毒查杀、骚扰拦截、软件权限管理、手机防盗及安全防护、用户流量监控、空间清理、体检加速、软件管理等。

（一）基本功能

1. 体检加速

一键优化：全方位掌握手机状况，轻松一按解决手机反应迟缓的问题。

2. 健康优化

流量监控：实时统计当月流量，防止超额。

深度清理：清理垃圾缓存文件、软件卸载残余文件及多余安装包。

空间清理：对 SD 卡进行一键分析，清除垃圾文件、安装包、音频等。

进程管理：关闭后台软件，提升手机速度。

电池健康：智能调节系统参数和关闭耗电功能设置，最多可为手机省电达 70%（需要下载腾讯电池管家）。

3. 安全防护

骚扰拦截：基于业界领先的云端智能拦截系统，轻松拦截垃圾信息，屏蔽骚扰电话。

病毒查杀：腾讯手机管家杀毒引擎，配合自主研发的云端查杀技术，已通过全球知名的 AV-Test 2013 移动杀毒认证与西海岸实验室安全测试等国际认证，从此手机实现无缝的安全保护。

隐私空间：对重要隐私信息进行加密，确保个人隐私不被暴露，实现全面的隐私保护。

软件权限管理：管理手机权限，防止应用“越界”。

手机防盗：只需要绑定 QQ，能通过网页实现对手机的远程控制、定位被盗手机、清除手机上的隐私信息。

4. 软件管理

下载软件：下载经腾讯手机管家、安全管家认证的手机软件、游戏。

更新软件：更新老版软件，防止漏洞出现。

安装软件：将 apk 包里的软件安装到手机或 SD 卡上。

卸载软件：卸载多余软件，提升手机空间。

5. 更多插件

有手机评测、微云网盘、扣费扫描、微信安全、IP 拨号、安全话费充值、来去电归属地查询等实用功能。

（二）特色功能

1. 手机加速

小火箭加速平均提升手机速度 35%。用户可以查看正在运行的后台程序，选择要关闭的后台程序，单击结束进程，即可清理多余后台进程，释放手机内存。还可以设置保护名单，结束进程时默认不关闭保护名单中的程序。腾讯手机管家专门为进程管理功能开发了一个趣味插件，首创了小火箭加速手机。

2. 管家安全登录一扫即上

有时需要在非私人计算机上登录 QQ，比如在机场候机、入住有计算机的酒店、在朋友家里、办公室、网吧等处输入 QQ 密码会容易被盗号。所以腾讯手机管家对此进行了更新，首创了管家登录，只要扫描一下 QQ 的二维码，即可登录。既避免了盗号的风险，又提高了 QQ 登录的速度，而且赶上二维码的潮流，真是“一剑三雕”。

3. 秘拍一拍即锁

隐私空间可用来加密手机中的隐私图片、视频、文件和短信。在开启隐私保护的过程中，用户还可以关联 QQ 号，如果不小心遗忘隐私空间的密码，可凭借 QQ 账号找回密码。为保护隐私空间入口的隐蔽性，在添加隐私文件后，还特地设计了双指合拢滑动关闭隐私空间入口的功能。打开手机管家秘拍功能，拍摄的照片会即时地添加到隐私空间里。

4. 流量监控

流量监控功能可实时统计当月手机上网流量。设置好每月套餐限额、月结算日并开启流量监控功能，用户就可以实时查看剩余流量，管家还默认开启流量定期自动校正功能，可保证流量数据精确；开启已用流量超过 90%提示和流量超额自动断网功能，可防止流量超额扣费。开启日已用流量提醒，当日用流量超过设置额度时，管家会弹出提醒；开启锁屏流量监控，可杜绝锁屏时后台软件偷跑流量；开启 Wi-Fi 断开异常提醒，在 Wi-Fi 无意断开时，管家会自动暂停手机下载软件、视频等耗费大额 2G/3G/4G 流量的操作。

5. 四级安全防护

防护 58%的应用隐私泄漏。累计查杀病毒 5699 万次，腾讯手机管家为所有用户提供 VIP 的贵宾服务，通过四级安全防护切实保障用户的手机安全。通过软件界面安全等级的显示，可以让用户实时了解当前手机的安全系数，给予用户最直观的手机安全体验。

6. 保护微信安全

腾讯手机管家在此前的版本中就具备“微信安全”功能，与微信中“我的账号”的“手机安全防护”进行入口对接，全面扫描微信支付、登录环境、账号安全、隐私泄露问题。最终与微信的“手机安全防护”形成闭环体验。

7. PK 附近网速

腾讯手机管家（iPhone App Store）4.5 版新加入了“PK 附近的网速”功能，可以与附近使用 iPhone 版手机管家的用户进行 PK，游戏开始后，两位选手就在赛道上奔跑，跑在前面的网速胜出，将网速 PK 游戏化。

8. 精准分类

腾讯手机管家通过深入挖掘用户需求，依托机器学习和大数据分析，推动手机清理“精细化”功能升级，更智能高效地释放手机内存，打造更畅快的手机使用体验。腾讯手机管家清理加速功能，从对软件缓存、多余安装包进行精准分类，到通过云端大数据向用户推荐个性化清理方案。同时，腾讯手机管家作为腾讯官方微信清理工具，“微信专清”在精准分类缓存文件的基础上，增加“清理提醒”事项，如提醒朋友圈图片视频和表情删除后可重新下载，不影响使用；而聊天中的图片和视频删除后不可恢复，清理时需谨慎处理。

9. 举报街边牛皮癣

腾讯手机管家上线“举报街边牛皮癣”功能，通过用户的自发举报，避免牛皮癣诈骗造成的财产损失。腾讯手机管家依托腾讯安全云库、QQ 微信独特的社交大数据和 8 亿用户手动标记，拥有全球最大骚扰拦截数据库和强大的反诈骗能力，精准识别来电者身份，智能自动拦截诈骗、骚扰、广告推销等类型电话，全面防御电信网络诈骗，打击牛皮癣广告诈骗，守护用户的财产安全。

实现步骤

1. 腾讯手机管家的安装和运行

打开智能手机上的应用商店或浏览器，搜索“腾讯手机管家”App（iPhone 手机到 App Store 下载），单击“下载”进行下载并安装。不同版本的软件操作界面会有一定的差异。

2. 手机防火墙的配置

（1）在手机桌面上找到“腾讯手机管家”并单击，如图 8-3-1 所示。

图 8-3-1 手机桌面

（2）进入腾讯手机管家软件界面，然后单击“一键优化”进行系统优化，如图 8-3-2 所示，优化过程主要对系统进行清理，如图 8-3-3 所示。

（3）在系统清理优化完成后，如要进行垃圾清理请点击“去清理”按钮，如要进行手机安全检测，包括支付安全、隐私保护、上网安全和病毒监测等方面，则需要选择“去开启”继续深入优化，如图 8-3-4 所示，优化完成后如图 8-3-5 所示，可以对网络环境、支付安全等进行安全体检，保证手机系统和环境的安全设置。

图 8-3-2　手机管家软件界面

图 8-3-3　手机管家优化过程

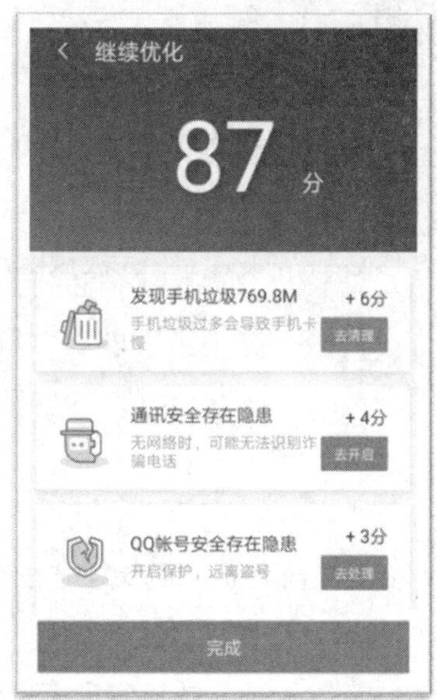

图 8-3-4　手机管家体检界面

图 8-3-5　手机管家体检界面

3. 在腾讯手机管家中将短信病毒屏蔽

（1）进入腾讯手机管家主界面，在其中找到“骚扰拦截”功能并单击进入，如图 8-3-6 所示。开启该功能后，系统将提示是否开启云拦截，点击“立即开启”按钮即可开启拦截功能，如图 8-3-7 所示。

（2）上述方法仅能启用拦截功能，如果要彻底地杜绝骚扰，还需要开启安全防护功能。具体方法如下：进入手机管家的“安全防护”功能，如图 8-3-8 所示，在安全防护界面中选择右上角的“齿轮”图标按钮，进入安全防护设置界面，如图 8-3-9 所示。在安全防护设置中，开启“恶意网址拦截”功能，如图 8-3-10 所示，即可拦截手机短信病毒。

图 8-3-6 骚扰拦截选择

图 8-3-7 云拦截启用

图 8-3-8 安全防护选择界面

图 8-3-9 安全防护设置界面

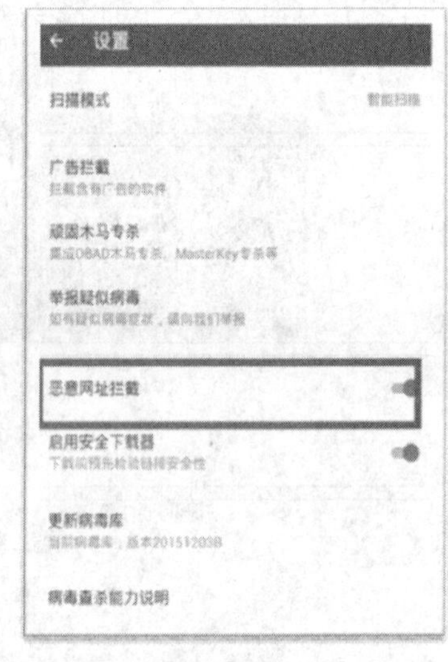

图 8-3-10 开启“恶意网址拦截”功能

4. 手机软件管理的配置

（1）手机软件管理。如果手机中的软件出现新版本，软件管理能够检测到可升级的应用并将其升级到最新的版本，还可以在软件管理中搜索应用进行下载或者是卸载软件，如图 8-3-11 所示。

（2）进行清理加速。对于内存容量较小的手机来说，使用时间长了就会发生卡顿死机的情况，此时需要进行垃圾和缓存清理。首先进行垃圾扫描，在垃圾扫描完成后，单击左上角的“清理加速”按钮，如图 8-3-12 所示，进入垃圾清理操作界面，选择“一键清理加速”即可清除手机缓存和垃圾文件，释放手机内存，加速手机运行。

5. 手机软件管理的实用工具配置

（1）手机管家还具有流量监控、扫描附近免费的 Wi-Fi（需要允许开启定位权限）、微信清理和 QQ 清理等更多功能，如图 8-3-13 所示。

图 8-3-11　软件管理操作界面

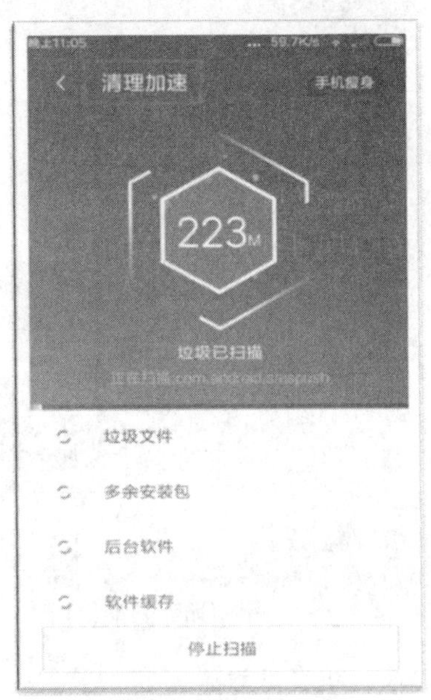

图 8-3-12　垃圾扫描界面

6. 在腾讯手机管家中使用定制功能

（1）打开腾讯手机管家，正式启动后单击下面的“功能定制”选项，如图 8-3-14 所示。

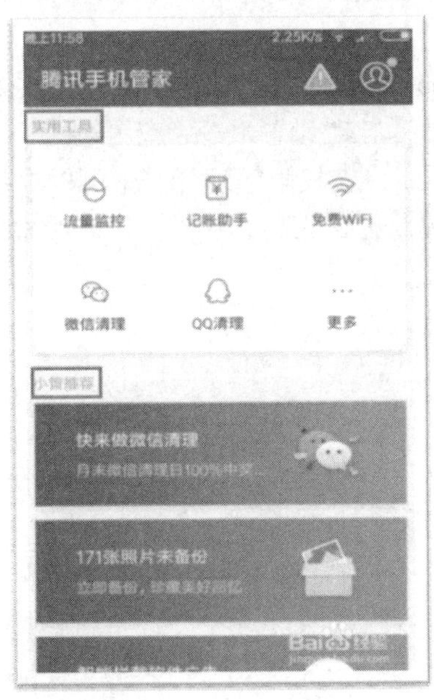

图 8-3-13　实用工具操作界面

图 8-3-14　功能定制选择界面

（2）打开之后，可以看到多项额外的功能，在诸多定制功能中选择所需项，然后单击定制功能后对应的“安装”按钮，即可添加所需要的功能，如图 8-3-15 所示。

（3）对于不需要的功能，可以单击图 8-3-15 下面的“已添加功能卡片”，进入已添加功能操作界面，显示已经安装的定制功能，单击对应项后面的“移除”按钮即可移除不需要的软件，如图 8-3-16 所示。

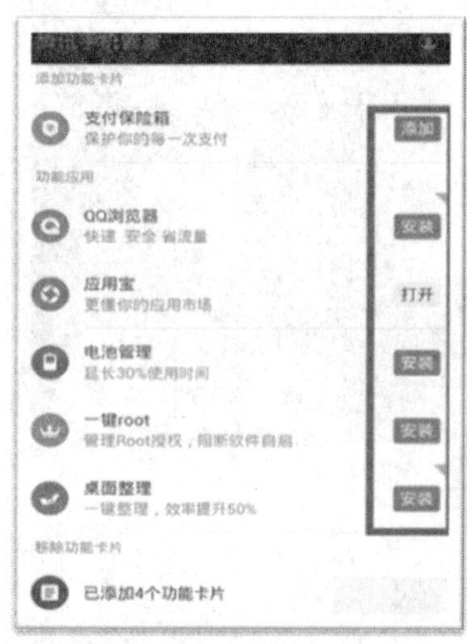

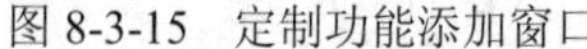
图 8-3-15 定制功能添加窗口

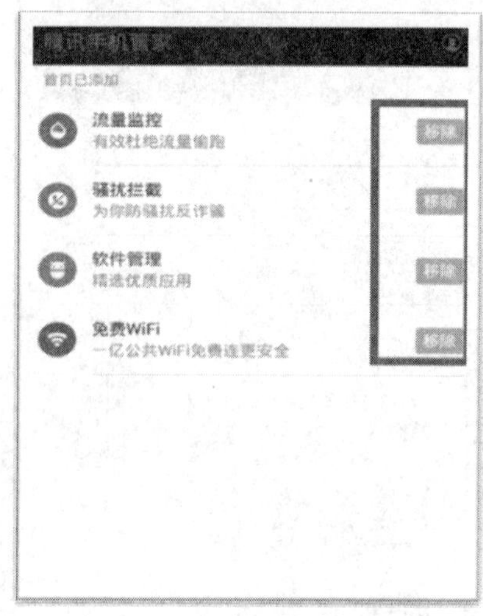

图 8-3-16 已添加功能操作界面

7. 智能手机自身权限的安全设置

凌晨 2 点时，你知道你手机中的 App 正在做什么吗？

Monkey Jump2 是一款游戏应用 App，它对手机的使用权限有：读取通讯录、读取上网记录、获取位置、发送短信、直接拨打电话。也就意味着该 App 可以在你不知情的情况下直接用你的手机打电话、发短信等，此时诈骗短信和电话就会威胁手机，那么要如何解决呢？如何限制手机应用软件的权限呢？

保障智能手机信息安全，防止手机信息泄露的另外一个方面就是对手机应用软件权限进行设置。打开手机，找到手机桌面上的齿轮图标，依次单击“设置”→“应用通知”→“权限管理”→“权限”，进入权限设置界面，如图 8-3-17 所示。在权限管理界面中可以对各应用程序访问手机短信、电话、通讯录、位置信息等的权限按需设置（安卓系统和苹果系统可能有一定的差异）。

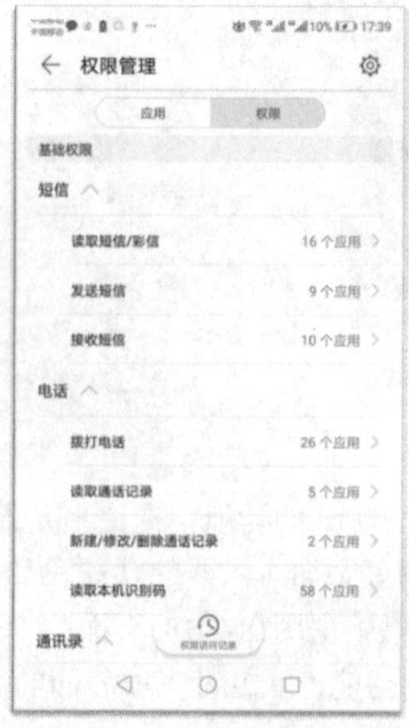

图 8-3-17 权限设置界面

8. 智能手机信息安全使用常识

（1）不要轻信陌生人发来的二维码信息，如果扫描二维码后打开的网站要求安装新应用程序，则不要轻易安装。

（2）遇到交易对方有明显古怪行为的，应当提高警惕，不要轻信对方的说辞。

（3）保持设置手机开机密码的习惯。在手机中安装360手机卫士等可以加密的软件，对移动支付软件增加一层密码，这样即使有人破解了开机密码，支付软件仍可以有密码保护。登录密码和支付密码也要设置为不同的。如果邮箱、社交网站（如微博）等的登录名与支付账户名一致，则保证密码不同。不要把密码保存在手机里，或者设置成生日、车牌等。

（4）使用数字证书、宝令、支付盾、手机动态口令等安全必备产品。

（5）“电子密码器失效”“U盾升级”等属于不法分子常用的诈骗术语，如果收到类似短信又无法判断真伪，应直接拨打银行的官方客服电话联系银行工作人员进行咨询，或者到银行网点柜台办理，绝对不能通过短信中的网址登入网银。

（6）出门不要将银行卡、身份证及手机放在同一个地方。如果一同丢失，他人可使用支付软件的密码找回功能更改密码，危险程度极高。

（7）一旦手机突然没有信号，在排除了信号问题和手机故障后，要查询SIM卡是否被他人补办，并将支付平台内的余额转出。

（8）使用360手机卫士等手机安全软件，其具有盗版网银识别、木马病毒查杀、网络环境监控、支付环境监控、网址安全扫描、二维码扫描监控和短信加密认证等多项支付安全功能，可以有效拦截最新的木马，拦截木马读取短信等行为。

（9）由于伪基站诈骗在2013年下半年非常流行，骗子通过伪基站技术可以将发信号码伪装成银行官方客服号码，因此即使是银行官方客服号码发来的类似短信，也不要轻信。如果收到此类短信后自己确有担忧，也一定不要直接拨打短信中留下的联系电话，而是要通过银行官方客服进行咨询。

（10）如果手机丢失，应第一时间找手机运营商挂失手机号码并补办，同时使用安全软件的防盗功能远程删除手机里的支付数据，并打电话给银行和第三方支付供应商冻结相关业务。可以在电脑上登录支付宝等账号，关闭无线支付业务。登录电脑端修改社交软件密码。万一发生被盗用账户资金的情况，应立即拨打110报警。

各章练习题

计算机基础练习题

一、单选题

1．世界上第一台电子计算机诞生于（　　）年。

A．1939　　B．1946　　C．1952　　D．1958

2．构成 CPU 的主要部件是（　　）。

A．内存和控制器　　B．内存、控制器和运算器

C．高速缓存和运算器　　D．控制器和运算器

3．计算机采用的逻辑元件的发展顺序是（　　）。

A．晶体管、电子管、集成电路、大规模集成电路

B．电子管、晶体管、集成电路、大规模集成电路

C．晶体管、电子管、集成电路、芯片

D．电子管、晶体管、集成电路、芯片

4．计算机系统由（　　）组成。

A．主机和显示器　　B．微处理器和软件

C．硬件系统和应用软件系统　　D．硬件系统和软件系统

5．一般计算机硬件系统有五大部分，下面不属于这五大部分的是（　　）。

A．运算器　　B．软件

C．输入设备和输出设备　　D．控制器

6．硬盘属于（　　）。

A．内部存储器　　B．外部存储器

C．只读存储器　　D．输出设备

7．计算题：11101+100101=（　　　），110111-10010=（　　　），124D=（　　　）B，129D=（　　　）B，7EH=（　　　）O =（　　　）D=（　　　）B。

8．下列字符中，ASCII 码值最小的是（　　）。

A．a　　B．A　　C．x　　D．Y

9．要放置 10 个 24×24 点阵的汉字字模，需要（　　）存储空间。

A．72B　　B．72b　　C．720B　　D．72KB

10．已知字符 B 的 ASCII 码的二进制数是 1000010，则字符 F 的 ASCII 码的十六进制是（　　）。

A．70　　B．46　　C．65　　D．37

11．RAM 的特点是（　　）。
   A．海量存储器
   B．存储在其中的信息可以永久保存
   C．一旦断电，存储在其上的信息将全部消失，且无法恢复
   D．只是用来存储数据的
12．计算机辅助设计简称（　　）。
   A．CAE　　B．CAM　　C．CAT　　D．CAD
13．下面关于显示器的叙述中，正确的是（　　）。
   A．显示器是输入设备　　B．显示器是输入/输出设备
   C．显示器是输出设备　　D．显示器是存储设备
14．将高级语言编写的程序翻译成机器语言程序，采用的两种翻译方式是（　　）。
   A．编译和解释　　B．编译和汇编　　C．编译和连接　　D．解释和汇编
15．下列叙述中，正确的是（　　）。
   A．CPU 能直接读取硬盘上的数据
   B．CPU 能直接存取内存储器
   C．CPU 由存储器、运算器和控制器组成
   D．CPU 主要用来存储程序和数据
16．在计算机中字节是常用单位，它的英文名为（　　）。
   A．Byte　　B．bit　　C．net　　D．com
17．8 位字长的计算机可以表示的无符号整数的最大值是（　　）。
   A．8　　B．16　　C．255　　D．256
18．下列选项中，不属于计算机的主要技术指标的是（　　）。
   A．字长　　B．内存容量　　C．质量　　D．时钟脉冲
19．微机的字长是 4 个字节，这意味着（　　）。
   A．能处理的最大数值为 4 位十进制数 9999
   B．能处理的字符串最多由 4 个字符组成
   C．在 CPU 中作为一个整体加以传送处理的为 32 位二进制代码
   D．在 CPU 中运算的最大结果为 2 的 32 次方
20．某台计算机的内存容量为 512MB，硬盘容量为 1TB，硬盘的容量是内存容量的（　　）倍。
   A．200　　B．160　　C．2048　　D．2000
21．计算机硬件能够直接识别和执行的语言是（　　）。
   A．C 语言　　B．汇编语言　　C．机器语言　　D．符号语言
22．为解决某个特定问题而设计的指令序列称为（　　）。
   A．语言　　B．程序　　C．软件　　D．系统
23．下列关于计算机键盘说法错误的是（　　）。
   A．Shift 键称为上档键　　B．CapsLock 键称为大写字母锁定键
   C．Tab 键称为制表键　　D．Delete 键称为空格键
24．显示器现实图像的清晰程度，主要取决于显示器的（　　）。
   A．类型　　B．亮度　　C．尺寸　　D．分辨率

25. 在计算机中，对汉字进行传输、处理和存储时使用汉字的（　　）。

A. 字形码　B. 国际码　C. 输入码　D. 机内码

26. 汉字的国标码与其内码存在的关系是：汉字的内码=汉字的国标码+（　　）。

A. 8080H　B. 1010H　C. 3232H　D. 1616H

27. 在标准 ASCII 码表中，已知英文字母 D 的 ASCII 码是 68，则字母 A 的 ASCII 码是（　　）。

A. 64　B. 65　C. 96　D. 97

28. JPEG 是一个用于数字信号压缩的国际标准，其压缩对象是（　　）。

A. 音频信号　B. 静态图像　C. 动态图像　D. 视频

29. 英文字符的标准 ASCII 码码长是（　　）bit。

A. 7　B. 8　C. 6　D. 16

30. 计算机的系统总线是计算机各部件间传递信息的公共通道，分为（　　）。

A. 数据总线和控制总线　B. 数据总线和地址总线

C. 地址总线和控制总线　D. 数据总线、地址总线和控制总线

31. 下列选项属于计算机安全设置的是（　　）。

A. 定期备份重要数据　B. 不下载来路不明的软件及程序

C. 停掉 Guest 账户　D. 安装杀（防）毒软件

32. UPS 的中文译名是（　　）。

A. 稳压电源　B. 不间断电源　C. 高能电源　D. 调压电源

33. 组成微型主机的部件是（　　）。

A. 内存和硬盘　B. CPU、显示器和键盘

C. CPU 和内存　D. CPU、内存、硬盘、显示器和键盘

34. 下列叙述中，正确的是（　　）。

A. 内存中存放的只有程序代码

B. 内存中存放的只有数据

C. 内存中存放的既有程序代码又有数据

D. 外存中存放的是当前正在执行的程序代码和所需的数据

35. 下列不是数字音频的文件格式的是（　　）。

A. WAV　B. GIF　C. MP3　D. MID

36. 面向对象的程序设计语言是一种（　　）。

A. 依赖于计算机的低级程序设计语言

B. 计算机能直接执行的程序设计语言

C. 可移植性较好的高级程序设计语言

D. 执行效率较高的程序设计语言

37. 下列各类计算机程序语言中，不属于高级程序设计语言的是（　　）。

A. Visual Basic 语言　B. C++语言

C. FORTRAN 语言　D. 汇编语言

38. 计算机上广泛使用的 Windows 系统是（　　）。

A. 多任务操作系统　B. 单任务操作系统

C. 实时操作系统　D. 批处理操作系统

39．用来存储当前正在运行的应用程序和其相应存储数据的存储器是（　　）。
A．RAM　B．硬盘　C．ROM　D．CD-ROM

40．计算机指令由（　　）两部分组成。
A．运算符和运算数　B．操作数和结果
C．操作码和操作数　D．数据和字符

41．下列说法中错误的是（　　）。
A．磁盘驱动器和盘片是密封在一起的，不能随意更换盘片
B．硬盘可以是多张盘片组成的盘片组
C．硬盘的技术指标除容量外，还有转速
D．硬盘安装在机箱内，属于主机的组成部分

Windows 7 操作系统应用练习题

一、选择题

1．下列各组软件中，全部属于应用软件的是（　　）。
A．程序语言处理程序、操作系统、数据库管理系统
B．文字处理程序、编辑程序、UNIX 操作系统
C．财务处理软件、金融软件、WPS Office 2012
D．Word 2016、Photoshop、Windows 7

2．下列关于操作系统的叙述中，正确的是（　　）。
A．操作系统是计算机软件系统中的核心软件
B．操作系统属于应用软件
C．Windows 是计算机的唯一操作系统
D．操作系统的五大功能是启动、打印、显示、文件存取和关机

3．下面不属于系统软件的是（　　）。
A．DOS　B．Windows 7　C．UNIX　D．Office 2016

4．操作系统的功能是（　　）。
A．将源程序编译成目标程序　B．控制和管理系统的硬件和软件资源的使用
C．负责诊断计算机的故障　D．负责外设与主机之间的信息交换

5．Windows 系统中提供了一种（　　），以方便进行应用程序间信息的复制或移动等。
A．编辑技术　B．复制技术
C．剪贴板技术　D．磁盘操作技术

6．下列有关回收站的叙述，错误的是（　　）。
A．回收站不占用磁盘空间
B．如果确定回收站中的所有内容无保留价值，可清空回收站
C．误删除的文件可通过回收站还原
D．回收站的内容可以删除

7．Windows 对话框中的（　　）是给用户提供信息的。

A．列表框　　B．复选框　　C．文本框　　D．数值框

8．Windows 的剪贴板是（　　）中的一块区域。

A．内存　　B．显示存储器

C．硬盘　　D．Windows

9．在“Windows 任务管理器”中不能查看的信息是（　　）。

A．内存的使用状态　　B．硬盘的使用状态

C．CPU 的使用情况　　D．运行的应用程序名称

10．按（　　）组合键可以快速启动默认的中文输入法。

A．Ctrl+空格键　　B．Ctrl+Alt

C．Ctrl+Z　　D．Ctrl+.

11．按（　　）组合键可以实现在中文输入法之间轮换打开。

A．Ctrl+空格键　　B．Ctrl+Alt　　C．Ctrl+Shift　　D．Ctrl+.

12．按（　　）组合键可以实现中英文标点符号的切换。

A．Ctrl+空格键　　B．Ctrl+Alt　　C．Ctrl+Z　　D．Ctrl+.

13．按（　　）组合键可以实现全角与半角的切换。

A．Shift+空格键　　B．Ctrl+Alt　　C．Ctrl+Shift　　D．Alt+.

14．在 Windows 系统中，当打开一个文件后，全部选中其中内容的快捷键是（　　）。

A．Ctrl+V　　B．Ctrl+A　　C．Ctrl+X　　D．Ctrl+C

15．下列有关操作系统“附件”的描述中错误的是（　　）。

A．操作系统“附件”中包含系统自带的一些工具软件

B．通过“附件”中的“计算器”可以完成日常的一些计算任务

C．“附件”中附带的“录音机”不能录制系统播放的音乐，只能录制话筒声音

D．对于系统不带有的一个生僻字，可以通过附件中的工具录入

16．如果想要快速获取当前计算机的详细配件信息，如 CPU 型号、频率、内存容量、操作系统版本、用户名称等信息，可以通过以下步骤（　　）快速实现。

A．在桌面上的“计算机”图标上右击并选择“属性”命令

B．通过“附件”中的“系统信息”工具

C．通过“资源管理器”中的“计算机”窗口获取。

D．通过“控制面板”中的“管理工具”获取

17．Windows 目录采用的是（　　）。

A．表格型结构　　B．图形结构　　C．网型结构　　D．树状结构

18．数据和数据是以（　　）形式存储在磁盘上。

A．集合　　B．文件　　C．目录　　D．记录

19．在 Windows 系统中，“复制”的快捷键是（　　）。

A．Ctrl+C　　B．Ctrl+A　　C．Ctrl+X　　D．Ctrl+B

20．在 Windows 系统中，单击一个文件名后，按住（　　）键，再单击另外几个文件，可选定一组不连续的文件。

A．Ctrl　　B．Alt　　C．Shift　　D．Tab

21．在 Windows 中，单击第一个文件名后，按住（　　）键，再单击最后一个文件，可选定一组连续的文件。

A．Ctrl　　B．Alt　　C．Shift　　D．Tab

22．下列不能作为文件名的是（　　）。

A．Abc.3bn　　B．145.com　　C．mm?c.exe　　D．1cd.bmp

23．Windows 默认保存文件的文件夹是（　　）。

A．我的文档　　B．桌面　　C．收藏夹　　D．最近文档列表

24．通过鼠标左键拖动文件到另外的文件夹中完成的操作是（　　）。

A．新建文件　　B．移动　　C．删除　　D．创建快捷文件

25．选定文件或文件夹后，下列（　　）操作不能删除所选文件或文件夹。

A．按 Delete 键

B．选择“文件”菜单中的“删除”命令

C．单击该文件夹，打开快捷菜单，选择“剪切”命令

D．单击工具栏中的“删除”按钮

26．下列操作不能进入文件或文件夹名称编辑状态的是（　　）。

A．选择文件或文件夹对象后按 F2 键

B．单击两次要编辑名称的文件或文件夹对象

C．在要编辑名称的文件或文件夹对象上右击并选择“重命名”命令

D．双击要编辑名称的文件或文件夹对象

27．关于查找文件或文件夹，下列说法正确的是（　　）。

A．有多种方法打开查找窗口

B．只能按名称、修改日期或文件类型查找

C．查找到的文件或文件夹只能由资源管理器窗口列出

D．只能利用“我的电脑”打开查找窗口

28．在 Windows 7 操作系统中，将打开窗口拖动到屏幕顶端，窗口会（　　）。

A．关闭　　B．消失　　C．最大化　　D．最小化

29．在 Windows 7 操作系统中，显示桌面的快捷键是（　　）。

A．Win+D　　B．Win+P　　C．Win+Tab　　D．Alt+Tab

30．在 Windows 7 操作系统中，打开外接显示设置窗口的快捷键是（　　）。

A．Win+D　　B．Win+P　　C．Win+Tab　　D．Alt+Tab

31．安装 Windows 7 操作系统时，系统磁盘分区必须为（　　）格式才能安装。

A．FAT　　B．FAT16　　C．FAT32　　D．NTFS

32．文件的类型可以根据（　　）来识别。

A．文件的大小　　B．文件的用途　　C．文件的扩展名　　D．文件的存放位置

33．为了保证 Windows 7 安装后能正常使用，采用的安装方法是（　　）。

A．升级安装　　B．卸载安装　　C．覆盖安装　　D．全新安装

34．在 Windows 7 中个性化设置包括（　　）。

A．主题　　B．桌面背景　　C．窗口颜色　　D．声音

35．在 Windows 7 中可以完成窗口切换的方法是（　　）。

A．按 Alt+Tab 组合键　　B．单击要切换窗口的任何可见部位

C．按 Win+Tab 组合键　　D．单击任务栏上要切换的应用程序按钮

36．下列属于 Windows 7 控制面板中的设置项目的是（　　）。

A．单击“最大化”按钮　　B．按“还原”按钮

C．双击标题栏　　D．拖曳窗口到屏幕顶端

37．使用 Windows 7 的备份功能创建的系统镜像可以保存在（　　）上。

A．内存　　B．硬盘　　C．光盘　　D．网络

38．在 Windows 7 操作系统中，属于默认库的有（　　）。

A．文档　　B．音乐　　C．图片　　D．视频

39．以下网络位置中，可以在 Windows 7 中进行设置的是（　　）。

A．家庭网络　　B．小区网络　　C．工作网络　　D．公共网络

40．当 Windows 系统崩溃后，可以通过（　　）来恢复。

A．更新驱动　　B．使用之前创建的系统镜像

C．使用安装光盘重新安装　　D．卸载程序

二、应用题

1．在 C:盘下进行答题。

（1）在 C:盘下新建一个“计算机”文件夹和一个“信工”文件夹。

（2）在文件夹“计算机”中分别新建一个 Word 文件和一个 Excel 文件，分别命名为“2018 级.docx”和“2019 级.xls”；在文件夹“信工”中建立一个 PowerPoint 文件，命名为“2020 级.pptx”；在文件夹“信工”中创建一个子文件夹 xt1，为 xt1 创建一个名称为 tt11111 的快捷方式。

（3）将文件“2018 级.docx”重命名为“2021 级.docx”，并移动到“信工”文件夹下。

（4）将文件夹“信工”中的“2020 级.pptx”文件的属性设置为“只读”和“隐藏”。

（5）将文件夹“计算机”中的“2019 级.xlsx”文件复制到“信工”文件夹中，并删除文件夹“信工”中的“2020 级.pptx”文件。

文字处理软件 Word 2016 的应用练习题

一、选择题

1．用户初次启动 Word 2016 时，Word 2016 打开了一个空白的文档窗口，其对应的文档的临时文件名为（　　）。

A．Doc1.doc　　B．Doc1.docx　　C．Doc1.pdf　　D．Doc1.txt

2．第一次存盘会弹出（　　）。

A．“保存”对话框　　B．“打开”对话框

C．“另存为”对话框　　D．“退出”对话框

3．Word 2016 中文版属于（　　）软件包。

A．Windows 7　　B．WPS 2012　　C．CCED 2010　　D．Office 2016

4．在一个段落上连击鼠标（　　）次，则选取该段落。

A．1　　B．2　　C．3　　D．4

5．“字体”对话框中不包括（　　）选项卡。

A．字体　　B．字符间距　　C．文字效果　　D．段落格式

6．在 Word 2016 中，如果要选定整个文档，则应先将光标移动到文档左侧的选定栏，然后（　　）。

A．双击　　B．连续击 3 次鼠标左键

C．单击　　D．双击鼠标右键

7．每年的元旦，某信息公司要发大量内容相同的信，只是信中的称呼不同，为了不做重复的编辑工作，提高效率，可以用（　　）功能实现。

A．邮件合并　　B．书签　　C．信封和选项卡　　D．复制

8．Word 2016 字形、字体、字号的默认设置值是（　　）。

A．常规型、宋体、四号　　B．常规型、宋体、五号

C．常规型、宋体、六号　　D．常规型、仿宋体、五号

9．Word 中，表示“查找”的快捷键是（　　）。

A．Ctrl+F　　B．Ctrl+A　　C．Ctrl+H　　D．Ctrl+X

10．下面不属于 Word 2016 的视图类型的是（　　）。

A．页面视图　　B．大纲视图

C．普通视图　　D．Web 版式视图

11．在 Word 的编辑状态，文档窗口显示出水平标尺，则当前视图方式（　　）。

A．可能是普通视图或页面视图方式

B．可能是页面视图或大纲视图方式方式

C．一定是全屏显示视图方式

D．一定是全屏显示视图或大纲视图方式

12．在 Word 的编辑状态为文档设置页码，可以使用（　　）菜单中的命令。

A．“工具”　　B．“编辑”　　C．“格式”　　D．“插入”

13．下列（　　）不是“页面设置”对话框中的选项卡。

A．页边距　　B．纸型　　C．版式　　D．对齐方式

二、应用题

在 C:盘下新建文档 Word.docx，按照要求完成下列操作并以保存文档。

小文是实验三中的校长助理，她的主要工作是帮助校长安排各种活动、起草各种文件。学校打算在 2020 年 9 月 1 日举行一次教学技巧研讨会，会议将在学校 1 号教学大楼 601 会议厅举行。所有参加会议的老师目录保存在“参会老师名单.xlsx”中，校长办公室电话为 010-88888888。请按如下要求，完成邀请函的制作：

1．调整文档版面，要求页面高度为 18 厘米、宽度为 22 厘米，上页边距为 3 厘米，下页边距为 1 厘米，页边距（左、右）为 2 厘米。

2．制作一份邀请函，以“校长：杨华文”名义发出邀请，邀请函中需要包含标题、收件人名称、教学技巧会时间、教学技巧会地点和邀请人。

3．对邀请函进行适当的排版，具体要求：改变字体、加大字号，且标题部分（“邀请函”）采用不同的字体微软雅黑和字号一号，正文部分（“以×××老师”开头）采用不同的字体黑体和字号 14。

4．将邀请函背景设置为“水滴”文理背景。

5．为文档添加页眉，要求页眉内容包含校长的联系电话。

6．运用邮件合并功能制作内容相同、收件人不同（收件人为“参会老师目录.xlsx”中的每个人，采用导入方式）的多份邀请函，要求先将合并主文档以“邀请函.docx”为文件名进行保存，再进行效果预览后生成可以单独编辑的单个文档“邀请函 1.docx”。

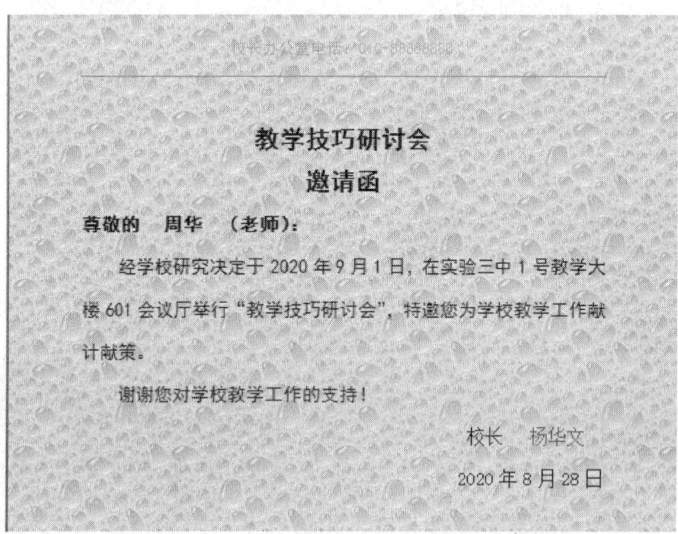

教学技巧研讨会

邀请函

尊敬的　周华　（老师）：

经学校研究决定于 2020 年 9 月 1 日，在实验三中 1 号教学大楼 601 会议厅举行“教学技巧研讨会”，特邀您为学校教学工作献计献策。

谢谢您对学校教学工作的支持！

校长　杨华文

2020 年 8 月 28 日

电子表格处理软件 Excel 2016 的应用练习题

一、单选题

1．在默认情况下，Excel 2016 为每个新建的工作簿创建（　　）张工作表。

A．1　　B．2　　C．3　　D．256

2．Excel 2016 表格文件默认的扩展名为（　　）。

A．.ppt　　B．.dom　　C．.xls　　D．.xlsx

5．Excel 2016 工作表 A2 单元格的值为 356798.2356，执行某些操作之后，在 A2 单元格中显示“#”符号串，说明（　　）。

A．公式有错，无法计算　　B．数据已因操作失误而丢失

C．引用了无效的单元格　　D．单元格显示宽度不够

6．在 Excel 工作表某列的第一个单元格中输入等差数列的起始值，然后（　　）到等差数列最后一个数值所在的单元格，可以完成逐一增加的等差数列填充输入。

A．拖动单元格右下角的填充柄

B．按住 Shift 键，左键拖动单元格右下角的填充柄

C．按住 Alt 键，左键拖动单元格右下角的填充柄

D．按住 Ctrl 键，左键拖动单元格右下角的填充柄

7．在 Sheet2 中位于第 2 行第 4 列的单元格地址为（　　）。

A．2D　　B．2C　　C．C2　　D．D2

8．下列（　　）是 2 行第 B 列单元格的绝对引用。

A．B$2　　B．$B2　　C．$B$2　　D．B12

9．用筛选条件“数学>80 与平均分>=78”筛选成绩后，在筛选结果中都是（　　）。

A．数学>80 且平均分>=78 的记录　　B．平均分>=78 的记录

C．数学>80 或平均分>=78 的记录　　D．数学>80 的记录

10．数值型数据的系统默认对齐方式是（　　）。

A．右对齐　　B．左对齐　　C．居中　　D．垂直居中

11．把单元格指针移到 AZ100 的最简单的方法是（　　）。

A．拖动滚动条

B．按 Ctrl+AZ100 组合键

C．在“名称”框中输入 AZ100，并按 Enter 键

D．先用 Ctrl+→键移到 AZ 列，再用 Ctrl+↓键移到 100 行

12．在公式中输入 C1+D1 是（　　）。

A．相对引用　　B．绝对引用　　C．混合引用　　D．任意引用

13．单击第一张工作表标签，按住 Shift 键并单击第 5 张工作表标签，则选中（　　）张工作表。

A．0　　B．1　　C．2　　D．5

14．无论显示的数字位数有多少，Excel 都只保留（　　）位的数字精度。

A．14　　B．15　　C．16　　D．17

15．如果输入以（　　）开始，则 Excel 认为单元格的内容为一个公式。

A．!　　B．=　　C．*　　D．&

16．Excel 中用来进行乘的标记为（　　）。

A．^　　B．()　　C．!　　D．*

17．Excel 主界面窗口中编辑栏中的 fx 按钮用来插入（　　）。

A．文字　　B．数字　　C．公式　　D．函数

18．在 Excel 中，假定一个单元格所存入的公式为“=15*2+6”，则当该单元格处于非编辑状态时显示的内容为（　　）。

A．36　　B．=15*2+6　　C．15*2+6　　D．=36

19．若在 A1 单元格中输入(123)，则 A1 单元格中的内容为（　　）。

A．字符串 123　　B．字符串（123）

C．数值 123　　D．-123

20．在向一个单元格输入公式或函数时，其前导字符必须是（　　）。

A．>　　B．<　　C．=　　D．%

21．Excel 中，不能进行自动填充的序列是（　　）。

A．等差序列　　B．等比数列　　C．星期　　D．年月日

22．下列叙述中正确的是（　　）。

A．Excel 将工作簿的每张工作表分别作为一个文件夹保存

B．Excel 允许一个工作簿中包含多张工作表

C．Excel 的图表一定与生成该图表的有关数据处于同一张工作表上

D．Excel 工作表的名称由文件名决定

23．Excel 中，下列（　　）不是一个有效的位置或选定区域。

A．E2　　B．4F　　C．B2:D4　　D．y9:z12

24．使用工作表建立图表后，下列说法中正确的是（　　）。

A．如果改变了工作表的数据，图表不变

B．如果改变了工作表的数据，图表也将立刻随之改变

C．如果改变了工作表的数据，图表将在下次打开工作表时改变

D．如果更改了图表类型，图表将在下次打开工作表时改变

25．“开始”选项卡“编辑”组中的“清除”不能（　　）。

A．清除单元格中的内容　　B．清除单元格中的内容

C．清除单元格中的批注　　D．删除单元格

二、应用题

1．打开素材文件 Excel.xlsx。

（1）将 Sheet1 工作表的 A1:D1 单元格合并为一个单元格，内容水平居中，计算各职称（高工、工程师、助工）人数（请用 COUNTIF 函数）和基本工资平均值（请用 AVERAGEIF 函数，数值型，保留小数点后 0 位），置于 G5:G7 和 H5:H7 单元格区域；利用条件格式对 F4:H7 单元格区域设置"绿-黄-红色阶"。

（2）选取 F4:F7 列（职称）和 H4:H7 列（基本工资平均值）列建立“三维簇状柱形”，图表标题位于图表上方，图表标题为“人员工资统计图”，设置“显示模拟运算表”，设置背景墙格式为“图案填充”，填充样式为“虚线网络”，将图插入到表 F9:K24 单元格区域，将工作表命名为“某单位人员工资统计表”，保存 Excel.xlsx 文件。

2．打开素材文件 Exc.xlsx，对工作表“产品销售情况表”内数据清单的内容建立数据透视表，按行为“季度”，列为“产品类别”，数据为“销售额（万元）”求和布局，并置于现工作表的 I10:N15 单元格区域，工作表名不变，保存 Exc.xlsx 文件。

演示文稿制作软件 PowerPoint 2016 的应用练习题

一、选择题

1．一个 PowerPoint 演示文稿通常由若干（　　）组成。

A．幻灯片　　B．工作表　　C．动画　　D．母版

2. 要让幻灯片播放时的切换出现不同效果，应该在（　　）选项卡设置。

A. 动画　　B. 审阅　　C. 切换　　D. 开始

3. PowerPoint 中（　　）功能可以实现观看放映时自动播放。

A. 动画　　B. 切换　　C. 排练计时　　D. 审阅

4. PowerPoint 中建立演示文稿的方法是（　　）。

A. 根据现有内容　　B. 根据现有模板

C. 根据自定义模板　　D. 以上全部

4. 关于设置 PowerPoint 动画，下列（　　）是错误的。

A. 对象出现是可以设置动画，退出时则不能

B. 不同对象可以设置不同动画

C. 不同对象可以设置不同动画持续时间

D. 同一对象可以叠加多个动画效果

5. 新建一个演示文稿时第一张幻灯片的默认版式是（　　）。

A. 项目清单　　B. 两栏文本　　C. 标题幻灯片　　D. 空白

6. 在 PowerPoint 中，下列说法正确的是（　　）。

A. 在 PowerPoint 中播放的影片文件，只能在播放完毕后才能停止

B. 插入的视频文件在 PowerPoint 幻灯片视图中不会显示图像

C. 只能在播放幻灯片时，才能看到影片效果

D. 在设置影片为“单击播放影片”属性后，放映时用鼠标单击会播放影片，再次单击则停止影片播放

7. 如果要在幻灯片放映过程中结束放映，以下操作中不能采取的是（　　）。

A. 按 Alt+F4 组合键

B. 按 Pause 键

C. 按 Esc 键

D. 在幻灯片放映视图中右击，在快捷菜单中选择结束

8. PowerPoint 中，如果要设置文本链接，可以选择（　　）菜单中的“超级链接”。

A. 编辑　　B. 格式　　C. 工具　　D. 插入

9. 将 Word 文档的大纲加入 PowerPoint 中，可用下列（　　）方法。

A. 在 Word 中，选择“文件”→“发送”→Microsoft Office PowerPoint 选项

B. 在 PowerPoint 中，从“插入”选项卡中选择“幻灯片（从大纲）”

C. 在 PowerPoint 中，从“插入”选项卡中选择“幻灯片（从文件）”

D. 将 Word 文档另存为 PPT 格式

10. 在 PowerPoint 中，对已创建的多媒体演示文稿可以用（　　）命令转移到其他未安装 PowerPoint 的机器上。

A. 打包　　B. 发送　　C. 复制　　D. 设置放映方式

二、应用题

1. 建立页面一：版式为“标题幻灯片”；标题内容为“思考与练习”并设置为黑体 72；副标题内容为“--小学语文”并设置为宋体、28、倾斜。

2．建立页面二：版式为“只有标题”；标题内容为“1．有感情地朗读课文”并设置为隶书 36 分散对齐；将标题设置“左侧飞入”动画效果并伴有“打字机”声音。

3．建立页面三：版式为“只有标题”；题内容为“2．背诵你认为写得好的段落”并设置为隶书 36 分散对齐；将标题设置“盒状展开”动画效果并伴有“鼓掌”声音。

4．建立页面四：版式为“只有标题”；标题内容为“3．把课文中的好词佳名抄写下来”并设置为隶书、36、分散对齐；将标题设置“从下部缓慢移入”动画效果并伴有“幻灯放映机”声音。

5．设置应用设计主题为“暗香扑面”。

6．将所有幻灯片的切换方式只设置为“每隔 6 秒”换页。

计算机网络与 Internet 应用练习题

一、选择题

1．信息安全的特征是（　　）。

A．完整性、保密性、真实性、可用性和可控性

B．共享性、保密性、真实性、可用性和可控性

C．维护性、实时性、真实性、可用性和可控性

D．共享性、保密性、真实性、实用性和可控性

2．防火墙按照使用范围来划分可以分为（　　）。

A．软件防火墙和硬件防火墙　　B．主机防火墙和网络防火墙

C．包过滤防火墙和代理防火墙　　D．包过滤防火墙和网关防火墙

3．下列关于计算机病毒的说法错误的是（　　）。

A．计算机病毒能自我复制　　B．计算机病毒具有隐蔽性

C．计算机病毒是一种程序　　D．计算机病毒是一种危害计算机的生物病毒

4．计算机病毒破坏的主要对象是（　　）。

A．磁盘　　B．磁盘驱动器

C．CPU　　D．程序和数据

5．下列关于计算机病毒的说法错误的是（　　）。

A．有些病毒仅能攻击某一种操作系统，如 Windows

B．病毒一般附着在其他应用程序之后

C．每种病毒都会给用户造成严重后果

D．有些病毒能损坏计算机硬件

6．下列关于网络病毒的描述错误的是（　　）。

A．网络病毒不会对网络传输速度造成影响

B．与单片机病毒相比，加快了病毒传播的速度

C．传播介质是网络

D．可通过电子邮件传播

7．先于或随着操作系统的系统文件载入内存，从而获得计算机特定控制权并进行传染和破坏的病毒是（　　）。

A．文件型病毒　　B．引导区型病毒
C．宏病毒　　D．网络病毒

8．下列设备中，能在微型计算机之间传播病毒的是（　　）。

A．打印机　　B．鼠标　　C．键盘　　D．U 盘

9．为了预防计算机病毒，对外来磁盘应采取（　　）。

A．禁止使用　　B．先查毒，后使用
C．使用后就杀毒　　D．随便使用

10．发现计算机感染病毒后，以下操作可用来清除病毒的是（　　）。

A．使用杀毒软件　　B．扫描磁盘
C．整理磁盘碎片　　D．重新启动计算机

11．根据攻击来源的不同，信息安全威胁通常可分为（　　）。

A．人为威胁和自然威胁　　B．非授权方和信息泄露
C．计算机病毒和拒绝服务攻击　　D．自身失误和破坏数据完整性

12．数据备份最常见的策略有（　　）。

A．完全备份　　B．增量备份　　C．差分备份　　D．以上都是

13．用户的需求如下：每星期一需要正常备份，在一周的其他天内只希望备份从上一天到目前为止发生变化的文件和文件夹，他应该选择的备份类型是（　　）。

A．正常备份　　B．增量备份　　C．副本备份　　D．差异备份

14．硬盘主引导记录 MBR 位于整个硬盘的 0 柱面 0 磁头 1 扇区（可以看做是硬盘的第一个扇区），共（　　）个字节。

A．2048　　B．1024　　C．512　　D．268

15．文档资料的一般存放目录为 C:盘下的（　　）中。

A．MyDocuments　　B．Windows
C．temp　　D．Windows\system32

16．磁道从外向内自数字（　　）开始顺序编号。

A．001　　B．0　　C．1　　D．1024

17．磁盘每个有效盘面都有一个盘面号，按顺序从上而下自数字（　　）开始依次编号，它与磁头号是对应的。

A．0　　B．1　　C．1024　　D．001

18．下列 IP 地址中，非法的 IP 组是（　　）。

A．222.197.256.2 和 193.197.184.144
B．127.0.0.1 和 192.168.0.21
C．202.196.64.1 和 114.114.114.114
D．255.255.255.0 和 10.10.10.1

19．一般而言，Internet 环境中的防火墙建立在（　　）。

A．每个子网的内部　　B．内部子网之间
C．内部网络与外部网络之间　　D．以上 3 个选项都不对

20．域名中的后缀.mil 表示机构所属类型为（　　）。

A．军事机构　　B．政府机构　　C．教育机构　　D．商业公司

21．目前网络传输介质中传输速率最高的是（　　）。

A．双绞线　　B．同轴电缆　　C．光缆　　D．电话线

22．IPv4 协议地址由 32 位二进制数组成，IPv6 协议地址由（　　）位二进制数组成。

A．64　　B．128　　C．256　　D．255

23．一般邮件系统发送邮件使用的协议是（　　）。

A．SNMP　　B．ARP　　C．POP3　　D．SMTP

二、应用题

1．访问诗词名句网 https://www.shicimingju.com/，查找孟浩然的《春晓》，并将其对应的页面以文本文件格式保存到桌面上，命名为"春晓.txt"。

2．练习使用 Outlook 接收邮件、撰写邮件、添加附件、发送及抄送邮件、将邮件地址保存到通讯录等。

3．启动和配置 Windows 7 内置防火墙。

参考文献

[1] 梁先宇，姚建如．计算机应用基础实训及习题[M]．北京：北京理工大学出版社，2008．

[2] 王茜．大学计算机应用基础实验指导[M]．北京：清华大学出版社，2012．

[3] 孙莹光，李玮．大学计算机基础实验教程（Windows 7+Office 2010）[M]．2 版．北京：清华大学出版社，2013．

[4] 付永钢．计算机信息安全技术[M]．北京：清华大学出版社，2012．

[5] 冯俊．算法与程序设计基础教程[M]．北京：清华大学出版社，2010．

[6] 吴文虎．程序设计基础[M]．北京：清华大学出版社，2010．

[7] 吴良杰．程序设计基础[M]．北京：人民邮电出版社，2012．

[8] 王晓东．算法设计与分析[M]．3 版．北京：清华大学出版社，2014．

[9] Tim Bell．不插电的计算机科学[M]．孙俊峰，杨帆译．武汉：华中科技大学出版社，2010．